JN273977

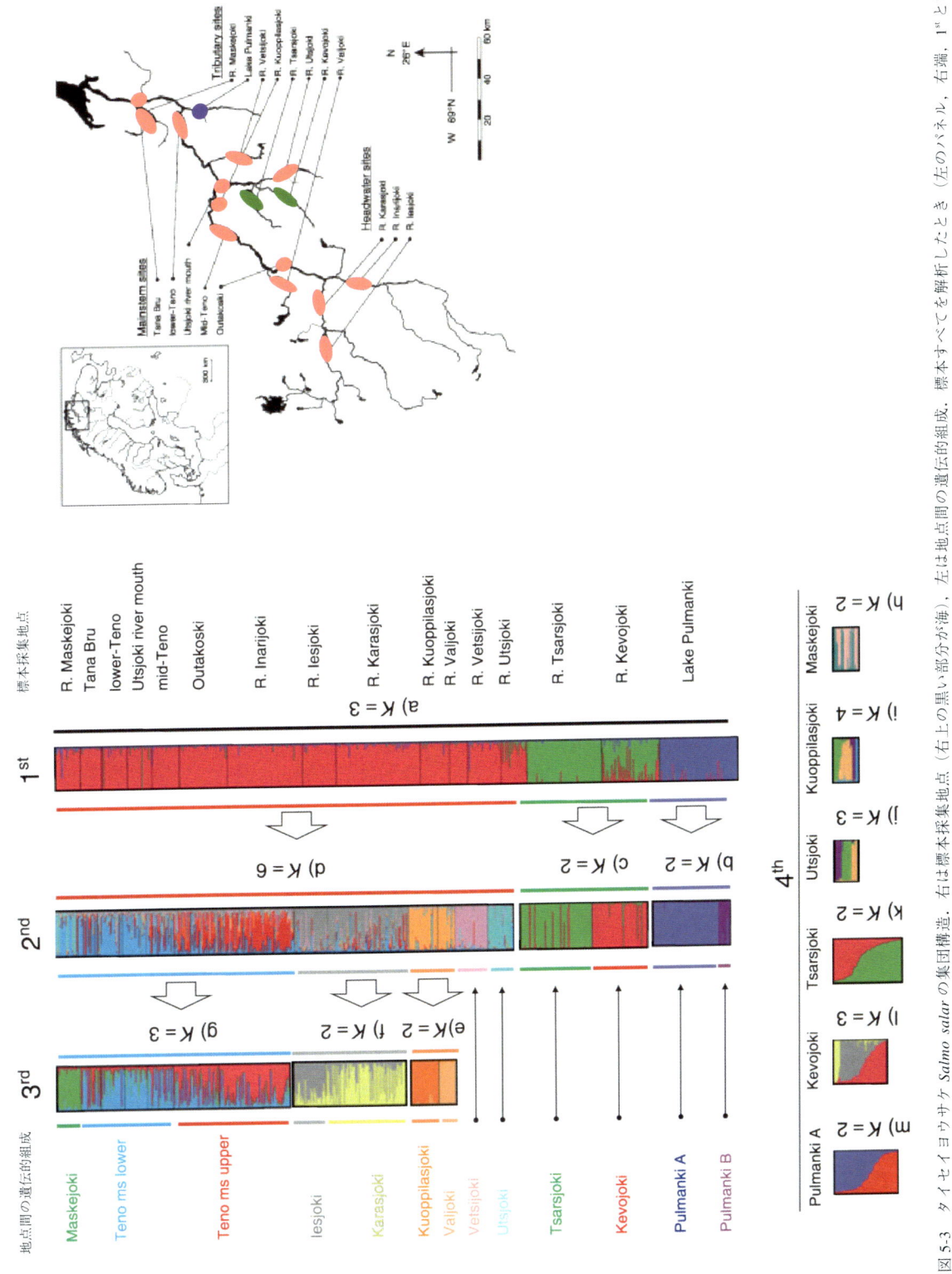

図 5-3 タイセイヨウサケ *Salmo salar* の集団構造。右は標本採集地点。右上の黒い部分が海で、左は地点間の遺伝的組成。標本すべてを解析したとき（左のパネル、右端、1$^{st}$ という ラベルがついているもの）3つの遺伝的に明瞭に異なる集団が見える。右の地図上の標本採集地点の色分けに相当。次に、その3集団をそれぞれで解析、もっとも大きな ピンクの集団では6つ、緑と紫ではそれぞれ2つの遺伝的に異なる部分集団が認められる。ピンクの集団は、さらに小規模な部分集団に分 かれる。(Vähä ら、2007 を改変)

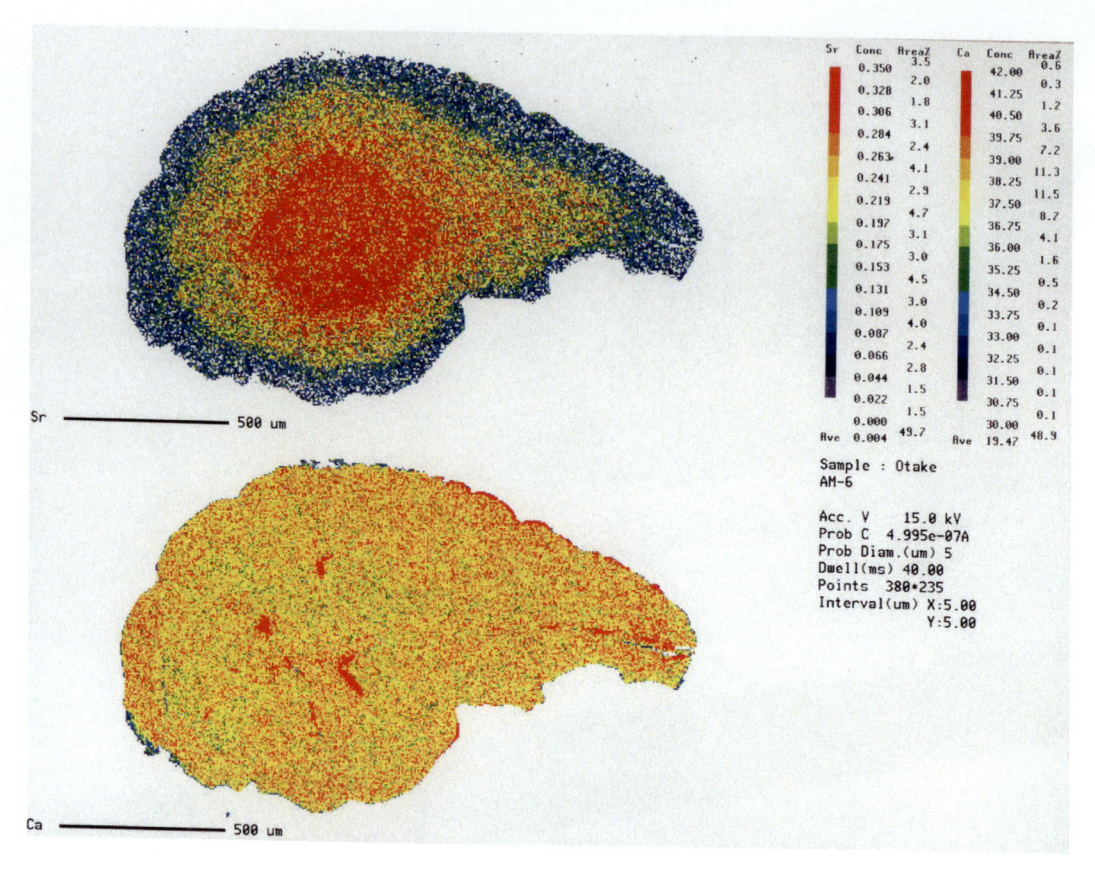

図9-5 河川に遡上した直後のアユの耳石におけるストロンチウム（上）とカルシウム（下）の濃度マップ．耳石核を通る断面を研磨・表出し，EPMAにより直径1μmのプローブ径で断面上をスキャン分析した．赤色は濃度が高く，黄色から青色へと濃度が低くなることを示す．ストロンチウムは耳石の中心部分で濃度が高く，その後徐々に低くなり，縁辺部で急激に減少しており，それぞれ海域生活期，河口生活期，河川遡上期に当たる．カルシウム濃度に変化はみられない．

# 魚類生態学の基礎

塚本勝巳 編

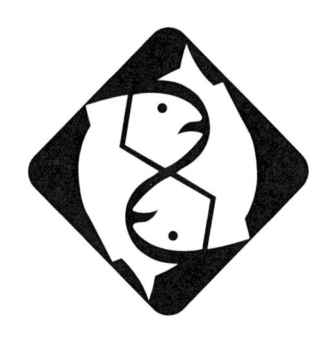

恒星社厚生閣

## はじめに

　魚を研究対象としている人に「魚類生態学とは何か？」とたずねると，実に様々な答えが返ってくる．魚類の生態研究は多岐に亘っている．学際的な仕事も多い．そのため，ひとそれぞれに異なった魚類生態学のイメージがあるのだろう．個体，個体群，種，群集など，研究対象のとらえ方によって，それぞれに異なる魚類生態学がある．

　魚類生態学は生態学や魚類学の一分野ということができる．また同時に，行動学，生理学，水産学，海洋科学の各分野にも深く関わっている．したがって，これらをひとくくりにまとめて定義するのは難しい．そもそも，その必要もないかもしれない．しかし今，環境問題が山積し，漁業資源の枯渇が叫ばれているとき，現在の魚類生態学の研究展開を広く，横断的に俯瞰しておくことは意味がある．生物資源の持続的利用，絶滅危惧種の保護，生態系の保全を図るには，ありとあらゆる手法を駆使して，対象を様々な角度から総合的に理解する，生態学的な見方が必要となるからである．

　近年の研究手法の急速な発展により，現代の魚類生態学は目覚ましい展開を見せている．本書はこれを受けて，多彩な広がりを見せつつ，それぞれに深化している現代魚類生態学の各分野を，できる限り広く網羅し，わかりやすく解説することに努めた．これから生態学を学ぼうとする人がこの一冊を読めば，最新の魚類生態学の基本的事柄は全てわかる，最高のガイダンス書を目指した．また他分野の研究者にとっては，本書を読むことによって魚類生態学という広く，奥深い学問を一望することができる参考書としての機能も持たせるよう構成した．

　本書は概論、方法論、各論の3部構成となっている．これによって魚類生態学の重要な概念，主要な研究手法，多様な研究展開を的確に伝えることを狙った．本書を読むことによって，魚の不思議な行動や社会，特異な生態や生活史に対する興味と探求心が，読者に湧き上がってくれば幸いである．また，第2部として「方法論」を設けたことは，本書最大の特徴となっている．本章が新しく魚類の生態研究を始めようという人にとって，直ちに役立つ実戦的情報になれば編者著者共に無上の喜びである．

　本書は主に，現在魚類生態研究の第一線で活躍する新進気鋭の研究者によって執筆された．25名の執筆者は全員魚類生態学のおもしろさを生き生きと描写し，魅力あふれる章に仕上げてくれた．これらの方々の協力がなければ，この膨大な学問分野をコンパクトな一冊の書として紹介することは到底できなかった．編者として深く感謝する．また本書を完成に漕ぎ着けるまで，忍耐と情熱をもって支えてくれた恒星社厚生閣の小浴正博さんに厚くお礼申し上げる．

2010年8月1日

塚本勝巳

執筆者一覧（五十音順）

青山　潤　　1969年生，東京大学大学院（農・博）修了．
　　　　　　現在，東京大学大気海洋研究所教授．

赤川　泉　　1955年生，東京大学大学院（農・博）修了．
　　　　　　元，東海大学海洋学部海洋生物学科教授．

大竹二雄　　1951年生，東京大学大学院（農・博）修了．
　　　　　　元，東京大学大学院農学生命科学研究科教授．

奥田　昇　　1969年生，京都大学大学院（理・博）修了．
　　　　　　現在，神戸大学内海域環境教育研究センター教授．

片野　修　　1956年生，京都大学大学院（理・博）修了．
　　　　　　元，（独）水産総合研究センター　増養殖研究所内水面研究部主幹研究員．

黒木真理　　1979年生，東京大学大学院（農・博）修了．
　　　　　　現在，東京大学大学院農学生命科学研究科准教授．

桑村哲生　　1950年生，京都大学大学院（理・博）単位取得満期退学
　　　　　　現在，中京大学名誉教授，中京大学先端共同研究機構社会学研究所特任研究員．

幸田正典　　1957年生，京都大学大学院（理・博）単位修得退学
　　　　　　現在，大阪公立大学大学院理学研究科特任教授．

阪倉良孝　　1967年生，東京大学大学院（農・博）修了．
　　　　　　現在，長崎大学大学院総合生産科学域教授．

佐藤克文　　1967年生，京都大学大学院（農・博）修了．
　　　　　　現在，東京大学大気海洋研究所教授．

佐原雄二　　1949年生，東京大学大学院（理・博）修了．
　　　　　　現在，弘前大学名誉教授．

篠田　章　　1972年生，東京大学大学院（農・博）修了．
　　　　　　現在，東京医科大学生物学教室准教授．

小路　淳　　1972年生，京都大学大学院（農・博）修了．
　　　　　　現在，福井県立大学海洋生物資源学部准教授．

勝呂尚之　　1965年生，近畿大学大学院（農・博）修了．
　　　　　　現在，かながわ淡水魚復元研究会会長．

須之部友基　1957年生，九州大学大学院（農・博）修了．
　　　　　　元，東京海洋大学水圏科学フィールド教育研究センター館山ステーション教授．

田川正朋　　1962年生，東京大学大学院（理・博）修了．
　　　　　　現在，京都大学大学院農学研究科准教授．

田中　克　　1943年生，京都大学大学院（農・博）修了．
　　　　　　現在，京都大学名誉教授，舞根森里海研究所長．

*塚本勝巳　　1948年生，東京大学大学院（農・博）中退．
　　　　　　現在，東京大学名誉教授．

中井克樹　　1961年生，京都大学大学院（理・博）修了．
　　　　　　現在，滋賀県立琵琶湖博物館特別研究員．

益田玲爾　　1965年生，東京大学大学院（農・博）修了．
　　　　　　現在，京都大学フィールド科学教育研究センター舞鶴水産実験所教授．

峰岸有紀　　1977年生，東京大学大学院（農・博）修了．
　　　　　　現在，東京大学大気海洋研究所准教授．

山下　洋　　1954生，東京大学大学院（農・博）修了．
　　　　　　現在，京都大学名誉教授．

吉永龍起　　1972年生，東京大学大学院（農・博）修了．
　　　　　　現在，北里大学海洋生命科学部教授．

渡邊　俊　　1971年生，東京大学大学院（農・博）修了．
　　　　　　現在，近畿大学農学部准教授．

渡邊良朗　　1952年生，北海道大学大学院（水産・博）修了．
　　　　　　現在，東京大学名誉教授．

*は編者

# 魚類生態学の基礎　目次

はじめに ......................................................................................（塚本勝巳）

## 第1部　概　論 ............................................................................................... 1
### 1章　環　境 ............................................................（篠田　章・塚本勝巳）...... 1
　§1. 水圏地理 ............................................................................................. 1
　　　1-1　水の分布（1）　1-2　深度（高度）（1）　1-3　緯　度（3）　1-4　水塊構造と海流（4）
　§2. 魚類をとりまく環境 .............................................................................. 4
　　　2-1　環境媒体としての水（4）　2-2　物理環境（5）　2-3　化学環境（7）
　　　2-4　生物環境（8）
　§3. 生息域 ............................................................................................... 10
　　　3-1　陸　域（10）　3-2　海　域（10）

### 2章　生活史 ..............................................................................（吉永龍起）...... 12
　§1. 生活史 ............................................................................................... 12
　§2. 魚類の生活史 ..................................................................................... 13
　§3. 生命表 ............................................................................................... 14
　§4. 生活史形質の変異（生活史多型）...................................................... 15
　§5. 生活史：$r$-戦略と $K$-戦略 ............................................................... 17
　§6. おわりに ........................................................................................... 18

### 3章　行　動 ..............................................................................（桑村哲生）...... 19
　§1. 魚類の生態と行動の研究 ................................................................... 19
　§2. 動物行動に関する2つのなぜ ............................................................. 20
　§3. エソロジーから行動生態学へ ............................................................ 22
　§4. 適応度と行動の関係 .......................................................................... 23
　§5. 魚類の行動学と行動生態学 ............................................................... 24

### 4章　社　会 ..............................................................................（幸田正典）...... 27
　§1. 動物社会の研究 ................................................................................. 27
　§2. なわばり，順位，群れ，種間社会 ..................................................... 28
　　　2-1　なわばり（28）　2-2　群　れ（29）　2-3　順　位（30）　2-4　種間社会（31）
　§3. 配偶システム・共同繁殖 ................................................................... 32
　　　3-1　配偶システムと繁殖戦術（32）　3-2　一夫一妻とハレム型一夫多妻（33）
　　　3-3　なわばり訪問型複婚（35）　3-4　非なわばり型複婚（乱婚）（35）
　　　3-5　古典的一妻多夫（36）　3-6　共同繁殖（36）

5章　集団と種分化 ………………………………………… (峰岸有紀・塚本勝巳) …… 42
　§1. 集団遺伝学の基礎 …………………………………………………………………… 42
　　　1-1　何を調べるのか？　どう調べるのか？（42）
　　　1-2　ハーディー・ワインベルグ平衡－遺伝子頻度と遺伝子型頻度の関係（44）
　　　1-3　集団の遺伝的多様性の定量（46）　1-4　集団間の遺伝的差異の定量（47）
　　　1-5　遺伝的浮動と遺伝子流動のバランス（48）
　§2. 魚類の集団構造 ……………………………………………………………………… 49
　§3. 種分化と進化 ………………………………………………………………………… 51
　§4. 魚類における集団研究の応用 ……………………………………………………… 53

6章　回　遊 ……………………………………………………………… (塚本勝巳) …… 57
　§1. 回遊環 ………………………………………………………………………………… 57
　§2. 回遊魚 ………………………………………………………………………………… 58
　§3. 回遊メカニズム ……………………………………………………………………… 59
　　　3-1　回遊の3条件（59）　3-2　解発メカニズム（60）　3-3　航海メカニズム（63）
　§4. 通し回遊現象 ………………………………………………………………………… 64
　　　4-1　回遊型（64）　4-2　通し回遊魚（65）　4-3　回遊か, 残留か（67）
　§5. 回遊行動の進化 ……………………………………………………………………… 68
　　　5-1　回遊群と残留群の緯度クライン（68）　5-2　回遊の進化仮説（69）

## 第2部　方法論

7章　形態観察 ……………………………………………………………… (渡邊　俊) …… 73
　§1. 採集と保存 …………………………………………………………………………… 73
　　　1-1　採　集（73）　1-2　固定と保存（73）
　§2. 形態測定 ……………………………………………………………………………… 74
　　　2-1　外部形態（74）　2-2　内部形態（77）　2-3　卵仔稚魚の形態（78）
　　　2-4　同　定（80）
　§3. 機能と形態 …………………………………………………………………………… 80
　§4. 発育と形態 …………………………………………………………………………… 82
　§5. 集団・種分化と形態 ………………………………………………………………… 84
　§6. おわりに ……………………………………………………………………………… 86

8章　遺伝子解析 …………………………………………………………… (青山　潤) …… 87
　§1. 生態学における遺伝子解析 ………………………………………………………… 87
　§2. 遺伝子マーカー ……………………………………………………………………… 89
　　　2-1　アイソザイム（アロザイム）（89）　2-2　ミトコンドリアDNA（89）
　　　2-3　核DNA（91）
　§3. 研究対象 ……………………………………………………………………………… 92

3-1　種レベル（92）　3-2　集団レベル（94）　3-3　血縁・個体レベル（95）
　§ 4. 解析手法 ································································································· 95
　　　4-1　塩基配列の解析（95）　4-2　断片長の解析（96）　4-3　特定領域の検出（96）
　§ 5. 遺伝子は真実を語るか？ ················································································ 97
　　　5-1　データの質（97）　5-2　解析結果（98）
　§ 6. 生態学における遺伝子解析の役割 ······································································ 98

## 9章　耳石解析 ·································································································（大竹二雄）······ 100
　§ 1. 耳石の一般特性 ·························································································· 100
　§ 2. 耳石輪紋の形成と解析 ·················································································· 102
　　　2-1　日周輪（102）　2-2　年　輪（102）
　§ 3. 耳石を用いた生態解析手法 ············································································· 103
　　　3-1　耳石標識と応用研究（103）　3-2　微量元素組成と回遊履歴研究（104）
　§ 4. 耳石研究における新しい展開 ·········································································· 107

## 10章　安定同位体分析 ·························································································（奥田　昇）······ 110
　§ 1. 安定同位体分析の原理と利用法 ········································································ 110
　　　1-1　安定同位体比とは？（110）　1-2　魚類生態学のツールとしての安定同位体（111）
　　　1-3 安定同位体による食性解析（111）　1-4　安定同位体による食物網解析（112）
　§ 2. 安定同位体分析の実用例 ················································································ 114
　　　2-1　宇和島の食物網（114）　2-2　沿岸生態系の生産構造（115）
　　　2-3　ホタルジャコの栄養段階（116）
　　　2-4　ホタルジャコから見た沿岸生態系の健全性（118）

## 11章　行動観察 ·································································································（益田玲爾）······ 120
　§ 1. 行動観察の基礎 ·························································································· 120
　§ 2. 観察結果の定量化 ······················································································· 121
　§ 3. スキューバ潜水による観察 ············································································· 122
　§ 4. シュノーケリングおよび河岸・海岸からの観察 ····················································· 123
　§ 5. 飼育条件下における行動観察 ·········································································· 125
　　　5-1　飼育実験の心得（125）　5-2　飼育水槽内での観察（125）
　　　5-3　実験水槽内での観察（126）
　§ 6. 行動の観察から仮説・検証へ ·········································································· 127
　　　6-1　シマアジの寄りつき行動の個体発生（127）
　　　6-2　マアジのクラゲに対する寄りつき行動の機能の成長に伴う変化（128）
　§ 7. 行動観察の漁業への応用 ················································································ 129
　　　7-1　釣りおよび定置網漁業への応用（129）　7-2　栽培漁業への応用（130）
　§ 8. おわりに ··································································································· 130

12章 個体識別 ·········································································(片野 修・勝呂尚之)······ 132
　§1. 個体識別の考え方 ································································································ 132
　§2. 斑紋などの特徴による識別 ··················································································· 133
　§3. 鰭切り標識 ········································································································· 134
　§4. イラストマー ······································································································ 137
　§5. 焼き入れ標識 ····································································································· 139
　§6. 標識装着法 ········································································································· 140
　§7. 標識の評価 ········································································································· 142

13章 バイオロギング ·········································································(佐藤克文)······ 144
　§1. 手法論 ··············································································································· 144
　　　1-1　バイオロギングとは？（144）　1-2　装置開発の歴史（145）
　　　1-3　手法の利点と欠点（146）
　§2. 応用事例 ············································································································ 147
　　　2-1　遊泳行動（147）　2-2　温度生理（151）　2-3　画像による環境情報取得（156）

第3部　各　論 ····················································································································· 161
14章 変態と着底 ·······································································(田川正朋・田中 克)······ 161
　§1. 総　論 ··············································································································· 161
　　　1-1　魚類の変態とは，典型的なヒラメを例に（161）
　　　1-2　変態する魚と変態しない魚（162）　1-3　変態・着底の体サイズによる考察（163）
　　　1-4　変態日齢と変態サイズ（164）　1-5　魚類変態の生理学的側面（165）
　§2. 変態着底の具体例 ································································································ 165
　　　2-1　底生魚類の変態と着底（165）　2-2　浮魚類の変態（167）
　　　2-3　変態と着底をめぐる生理生態（169）

15章 生残と成長 ···············································································(山下 洋)······ 172
　§1. 資源変動 ············································································································ 172
　§2. 生　残 ··············································································································· 173
　　　2-1　死亡率（173）　2-2　初期減耗要因（174）
　§3. 成　長 ··············································································································· 176
　　　3-1　成長速度（176）　3-2　成長速度を決める要因（177）
　§4. 成長と生残との関係 ····························································································· 178
　　　4-1　成長速度と生残（178）　4-2　密度効果（179）
　§5. 研究手法 ············································································································ 180

16章 性転換 ······················································································(須之部友基)······ 182
　§1. 研究の経緯 ········································································································· 182

§2. 雌雄性のタイプ ................................................................ 183
§3. 性転換の進化モデル ......................................................... 183
  3-1 条件付戦略と性転換（184） 3-2 代替戦略（185）
§4. 魚類の成熟機構 ................................................................ 185
§5. 雌性先熟魚の婚姻システムと内分泌機構 ......................... 185
  5-1 婚姻システム（185） 5-2 内分泌機構（187）
§6. 雄性先熟魚の婚姻システムと内分泌機構 ......................... 188
  6-1 婚姻システム（188） 6-2 内分泌機構（189）
§7. 双方向性転換魚の婚姻システムと内分泌機構 .................. 189
  7-1 婚姻システム（189） 7-2 内分泌機構（190）
§8. まとめ ............................................................................... 192

## 17章 寿命と老化 ･･････････････････････････････････････（吉永龍起）･････ 195
§1. 寿命と老化の定義 ............................................................ 195
  1-1 寿命とは（195） 1-2 老化とは（195）
§2. 生存曲線の3型 ................................................................ 196
§3. 魚類の長寿記録 ................................................................ 197
§4. 魚類の老化 ....................................................................... 198
  4-1 老化の兆候（198） 4-2 環境条件と老化（199） 4-3 老化のパタン（199）
§5. 寿命を決める遺伝子 ......................................................... 199
§6. どのように（how？）、そしてなぜ（why？）老化して死ぬのか ............ 200
  6-1 老化はどのようにして起こるのか？（201） 6-2 老化はなぜ起こるのか？（202）
§7. 寿命研究の今後の課題 ..................................................... 203

## 18章 採餌生態 ･････････････････････････････････････････（佐原雄二）･････ 204
§1. 採餌生態が語るもの ......................................................... 204
§2. 用語の問題「摂餌」と「採餌」ほか ................................ 205
§3. 食性 .................................................................................. 205
  3-1 食性の幅広さ（205） 3-2 形態と食性（206） 3-3 成長に伴う食性の変化（206）
  3-4 最適採餌理論（207） 3-5 体サイズと餌サイズ（208）
§4. 日周期と採餌 .................................................................... 208
  4-1 環境の日周期と採餌（208） 4-2 採餌活動時間帯の季節変化（209）
  4-3 採餌活動の個体変異（210）
§5. 潮汐周期と採餌 ................................................................ 210
§6. 捕食リスクと採餌 ............................................................ 211
  6-1 $\mu/f$ 最小化法則と成長に伴う棲み場変化（212）

19章 捕食と被食 ………………………………………………………（小路　淳）…… 214
　§1. 捕　食 ……………………………………………………………………………… 214
　　　1-1　魚類はどのような餌を食べて育つか？（214）　1-2　仔稚魚の摂餌と生残（215）
　§2. 被　食 ……………………………………………………………………………… 218
　　　2-1　捕食者（218）　2-2　被食に影響する要因（219）　2-3　被食の回避（221）

20章 産卵と子の保護 ………………………………………………（赤川　泉）…… 223
　§1. 繁殖に関する基本概念 …………………………………………………………… 223
　　　1-1　繁殖成功度（223）　1-2　コストとベネフィット（224）
　　　1-3　雄は競い，雌は選ぶ（225）
　§2. 生活史戦略と繁殖 ………………………………………………………………… 226
　　　2-1　繁殖開始齢と産卵期（226）　2-2　卵数と卵サイズ（226）
　　　2-3　1回産卵・多回産卵（227）　2-4　子の保護と生活史戦略（227）
　§3. 産　卵 ……………………………………………………………………………… 228
　　　3-1　雌雄の分布，なわばりや巣の形成（228）　3-2　配偶者選択（229）
　　　3-3　受精様式（229）　3-4　産卵様式と代替戦術（231）　3-5　雄の代替戦術（232）
　　　3-6　精子競争（232）　3-7　浮性卵と沈性卵を産む魚の産卵戦略（233）
　　　3-8　産卵行動の進化と謎の産卵（236）
　§4. 子の保護 …………………………………………………………………………… 237
　　　4-1　誰が保護するか（237）　4-2　保護様式（238）
　　　4-3　保護のコストとベネフィット（238）　4-4　子の保護の進化（239）
　§5. 最後に ……………………………………………………………………………… 240

21章 攻　撃 …………………………………………………………（阪倉良孝）…… 242
　§1. 攻撃行動研究の黎明 ……………………………………………………………… 242
　　　1-1　イトヨの攻撃行動（242）　1-2　アユの摂餌なわばり（243）
　§2. 繁殖と摂餌に関わる攻撃行動 …………………………………………………… 243
　　　2-1　適応度（243）　2-2　淡水魚の攻撃行動研究（244）
　§3. 攻撃行動の生理学的・遺伝学的メカニズム …………………………………… 245
　　　3-1　攻撃行動とホルモン（245）　3-2　攻撃行動と遺伝（246）
　§4. 初期生活史の中での攻撃行動 …………………………………………………… 246
　　　4-1　なぜ個体発生過程を追うのか？（246）　4-2　ブリの行動攻撃の個体発生（246）
　　　4-3　攻撃行動を修飾する要因（247）
　　　4-4　ブリ稚魚の群れの社会構造と生態学的意義（248）
　　　4-5　仔魚から稚魚への行動変化（248）

22章 なわばり ………………………………………………………（幸田正典）…… 251
　§1. 研究の歴史 ………………………………………………………………………… 251
　§2. なわばりの経済学 ………………………………………………………………… 252

§ 3. 二重なわばり・三重なわばり ................................................. 253
　§ 4. なわばり分類 ........................................................................... 256
　§ 5. なわばりの防衛対象（種内なわばりと種間なわばり） ....... 257
　§ 6. 二重，三重なわばりによる多種共存 ..................................... 259
　§ 7. なわばり重複と体長差の原理 ................................................. 259
　§ 8. 紳士協定・親愛なる敵現象 ..................................................... 261

23 章　群れ行動 ........................................................（益田玲爾）...... 264
　§ 1. 群れの機能の多様性 ................................................................. 264
　§ 2. 群れの捕食者回避機能 ............................................................. 265
　§ 3. 摂餌，学習，繁殖その他の機能 ............................................. 266
　§ 4. 群れ維持の感覚器と生理的メカニズム ................................. 267
　§ 5. 群れの離合集散と構成員数 ..................................................... 269
　§ 6. 群れ構成員の均一性 ................................................................. 270
　§ 7. 群れ行動の個体発生 ................................................................. 271
　§ 8. 群れ行動の進化 ....................................................................... 273
　§ 9. 群れ研究の展望 ....................................................................... 273

24 章　共　生 ............................................................（黒木真理）...... 275
　§ 1. 共生の定義 ............................................................................... 275
　　　1-1　生物の共生（275）　1-2　共生の定義（275）　1-3　共進化（276）
　　　1-4　魚類の共生（277）
　§ 2. 相利共生 ................................................................................... 277
　　　2-1　クマノミとイソギンチャク（277）　2-2　ハゼとテッポウエビ（278）
　　　2-3　掃除する魚（278）　2-4　発光する魚（280）　2-5　栽培する魚（280）
　§ 3. 片利共生 ................................................................................... 281
　　　3-1　コバンザメ（281）　3-2　カクレウオ（282）
　§ 4. 寄　生 ....................................................................................... 282
　　　4-1　托卵魚（282）　4-2　矮　雄（283）　4-3　ヤツメウナギ類（284）
　§ 5. おわりに ................................................................................... 284

25 章　個体数変動 ....................................................（渡邊良朗）...... 287
　§ 1. マイワシ類の個体数変動 ......................................................... 287
　　　1-1　個体数変動の歴史（287）　1-2　生活史特性と死亡率変動（288）
　　　1-3　新規加入量の決定（290）　1-4　レジームシフト（291）
　§ 2. 大変動する種と安定な種 ......................................................... 292
　　　2-1　卵の性質と個体数変動幅（292）　2-2　生息海域と個体数変動幅（293）
　　　2-3　高緯度水域への適応と大変動（294）　2-4　繁殖戦略と個体数変動（298）

26章　外来魚による生態系の攪乱 ………………………………………（中井克樹）…… 299
　§1. 海外における生態系攪乱 ……………………………………………………………… 299
　　　1-1　古典的な外来魚導入例（299）　1-2　ヴィクトリア湖の悲劇（300）
　§2. 日本国内の事例：琵琶湖と伊豆沼を中心に ………………………………………… 301
　　　2-1　侵略的外来魚の侵入と増殖（301）　2-2　既存の生物群集への影響（303）
　　　2-3　生息抑制の試みとその効果（305）
　§3. 外来魚対策の今後 ……………………………………………………………………… 307
　　　3-1　生息抑制の目標：根絶か低密度管理か（307）
　　　3-2　「伊豆沼方式」の課題と展開（307）
　　　3-3　ブルーギル対策の必要性（308）

# 第1部　概　論
# 1章　環　境

> 魚類の生態を正しく理解するためには，魚類が生活する場となっている水圏の環境がいかなるものかを知ることが必要である．その環境はまず，緯度や深度あるいは高度などの地理的条件によって大きく異なる．また一口に環境といっても，温度，塩分，栄養塩などの物理・化学的な非生物環境要因から，個の魚をとりまく餌生物，捕食者，同種他個体などの生物要因まで多種多様な環境がある．さらには一つの海岸線の中にも砂浜，藻場，珊瑚礁などの異なる生息域があり，それぞれの生息域の環境と密接に関連して魚の生態的特性が生じる．ここでは本書の最初の章として，魚類を取り巻く水圏環境を地理，環境要因，生息域の観点から俯瞰してみよう．

## §1. 水圏地理

### 1-1　水の分布

地球表面の75%は水に覆われており，その量は約14億$km^3$にもなる．地球が水の惑星と呼ばれる理由である．地球上の水は海水と陸水に大別できる．陸水はさらに万年氷・氷河，地下水，土壌水，湖沼，河川に区分される．海水は97.5%と地球における水の分布の大部分を占めており，万年氷・氷河の2.0%，地下水の0.6%がこれに続く．我々が通常利用する水源となっている淡水湖と河川の占める割合はそれぞれ0.007%と0.0001%と極めて少ない．しかし，これら淡水湖や河川は，地球上の水の大部分を占める海洋外洋域に比べて環境の変化に富むため，魚類における多様性や生態系の複雑さを生んだ．現在，地球上に存在する魚類の種数はおよそ2万5千種といわれるが，このうち淡水，もしくは汽水を生息域として利用している種数は1万種にも達する．

### 1-2　深度（高度）

地球表面の凹凸の高度差は，海面を基準（0m）として陸上最高地のエベレストの＋8,848mから海洋最深部のマリアナ海溝の－11,035mまで，約20kmの範囲にわたっている．陸地の平均高度は840m，海洋の平均水深は3,800mであり，地球表面を全て平らにならして完全な球体にすると水深2,430mの海洋がすべての地球表面を覆うことになる．

海洋環境の基本的な区分として，海底の水深と陸地からの距離に基づいた"沿岸域（neritic zone）"と"外洋域（oceanic zone）"がある．沿岸域は水深が200mより浅い大陸棚と陸岸によって囲まれた海域であり，外洋域は水深200m以深の海域である．大陸棚の平均水深は約130mであり，氷河期に波などの浸食作用によって平坦になった海岸平野がその起源である．約2万年前から7,000年前まで続いた100m以上の海面上昇の結果，氷河期の海岸平野が海中に没して現在の大陸棚を形成した．沿岸域は大陸の縁に沿って存在するので，河川を通じて陸から様々な物質の供給を受ける．このため，

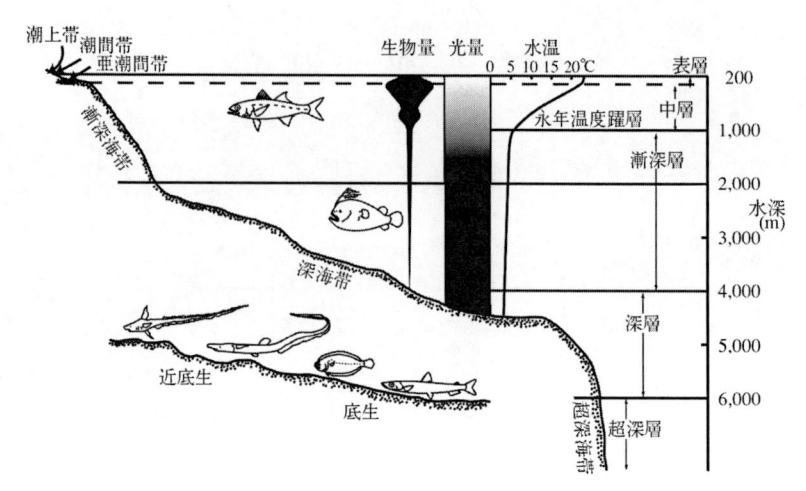

図 1-1　海洋の生態区分と環境
　　　底生環境は潮上帯，潮間帯，亜潮間帯，漸深海帯，深海帯，超深海帯に区分される．水柱環境は表層，中層，漸深層，深層，超深層に区分される．魚類はその生息環境から漂泳性，近底生，底生と区分することができる．水温は 200～1,000m にかけて急激に減少し，永年温度躍層を形成する．光量は水深 1,000m ほどで生物に感知できない程度にまで減少する．生物量は表層付近で最大となり，その後急激に減少していく．

栄養塩が豊富で 1 次生産力が高く，魚類の現存量も大きい．
　また，さらに詳細な区分法もある．まず海を，海底に沿った"底生環境（benthic environment）"と海表面から海底までの"水柱環境（pelagic environment）"に大きく 2 分する（図 1-1）．底生環境は深度によって大きく生態的条件が異なるので，海岸から沖合方向に向かって以下の 6 つの生態区分に分かれる．

1. 潮上帯（supralittorial zone）：波，しぶきの影響下にある地帯
2. 潮間帯（littoral zone）：大潮の満潮線と小潮の干潮線の間の海岸地帯
3. 亜潮間帯（sublittorial zone）：小潮の干潮線から水深約 200m まで
4. 漸深海帯（bathal zone）：水深 200m から 2,000m まで
5. 深海帯（abyssal zone）：水深 2,000m から 6,000m まで
6. 超深海帯（hadal zone）：水深 6,000m 以深

一方，海洋の水柱環境は深度によって以下の 5 つに区分される．

1. 表層（epipelagic zone）：海表面から水深 200m まで
2. 中層（mesopelagic zone）：水深 200m から 1,000m まで
3. 漸深層（bathypelagic zone）：水深 1,000m から 4,000m まで
4. 深層（abyssopelagic zone）：水深 4,000m から 6,000m まで
5. 超深層（hadopelagic zone）：水深 6,000m 以深

このような様々な生態環境に生息する魚類については，本章の最後で概説することにする．
　河川は地下水が地上に湧き出る場所を水源として始まり，標高の低い方へと流れて，海や湖沼の河口に注ぎ込んで終わる．一般に，源流に近い上流域は傾斜が激しく川幅の狭い渓流であるが，下流に行くにつれて徐々に傾斜が緩やかとなって川幅も広くなり，流れも緩やかになる．雨量の多い時期だけ一時的に流れる，枯れ川や水無し川と呼ばれる川もある．外見上は水がなくても地下で水が流れて

いる伏流の場合もある．日本の河川は短くて川幅が狭く，急流が多い．日本の河川で最も標高差が大きいのは，富山県東部を流れる黒部川である．北アルプス・鷲羽岳に発する水源の標高は2,924mで，日本海に注ぐ．河川の構造を詳細にみると，水深の浅い「瀬」では流れが早く，深い「淵」では流れが緩やかである．瀬には比較的大きな石が多く，淵は砂泥底となっていることが多い．瀬はさらに，流れが早く，白波の立っている「早瀬」と比較的緩やかな流れで，白波の立たない「平瀬」に分かれる．流れの強さや底質に合わせて，淡水魚の索餌場や産卵場が決まっている．

世界で最も高い場所にある湖は，ペルーとボリビア国境にあるチチカカ湖で，標高3,810mに位置する．卵生メダカ類やヒルナマズ類，カラチ，イスピなどの在来固有種の他，ニジマス，ブラウントラウト，ペヘレイといった魚類が外部から移入されている．逆に，最も低い場所にある湖はアラビア半島北西部の死海で，海抜−418mに湖面をもつ．湖水の塩分濃度は約30%と海水の10倍も高い．したがって魚類は生息できず，湧水が発生する1ヶ所を除いて認められない．

最も深い湖は，ロシアのバイカル湖で，最大水深はおよそ1,700mある．貯水量も23,000km$^3$と世界最大の淡水湖である．世界で最も古い古代湖でもあり，もともと海溝であったが2,500万年に海から孤立して，その後徐々に淡水化してきた地溝湖である．チョウザメ科，カジカ科，サケ科など60種以上の魚種が生息し，多数の固有種が生息する．面積が最大の湖は，中央アジアと東ヨーロッパの境界にあるカスピ海で，面積は374,000km$^2$ある．平均塩分濃度12.6の塩湖で，湖水の激しい蒸発と流入河川の水量不足によって現在，湖面標高は低下している．日本で最大面積の湖は滋賀県の琵琶湖である．面積は674km$^2$，最大水深104mの淡水湖である．生態系は多様性に富み，ナマズ科やコイ科などの固有種が生息する．

湖水の透明度は，一般に生物量が多く微生物の発生しやすい富栄養湖では低く，貧栄養湖では高い．バイカル湖や北海道の摩周湖のような世界最高の透明度を誇る湖から，汚染や藻類の異常繁茂のため潜水しても自分の手足も見えないような湖沼まで様々である．

## 1-3 緯　度

海洋構造を水平的に見た場合，最も目をひく特徴は緯度による海面水温の違いであろう．海面水温は，熱帯外洋域では30℃を超えることがあり，極域では海水の氷点の−1.9℃まで下がる．年平均海面水温に基づいて海洋を4つに区分することができる．25℃より高い熱帯，15〜25℃以下の亜熱帯，2℃（南限）あるいは5℃（北限）〜15℃以下の温帯，そして2℃（南限）または5℃（北限）以下の極帯である．海面水温の年間変動は熱帯や極帯で小さく（2〜5℃程度），温帯や亜熱帯で大きい（6〜10℃）．季節風の影響を強く受ける北太平洋と北大西洋の東部では，年変動は18℃にも達する．

全海洋の平均塩分は約35psu（practical salinity unit）であるが，海面の塩分分布は一様ではない．閉鎖的な紅海（40psu）や地中海（〜39psu）の塩分濃度は高く，同じく閉鎖的な地形であっても淡水の流入が多いバルト海は0〜15psuと河口並の低塩分となっている．海面塩分の分布は蒸発，降水，河川からの淡水流入で大まかに決まる．また緯度や陸地との遠近関係により異なる．降水が少なく蒸発の大きい中緯度（20〜30°）の海域に高塩分の海域が見られる．一方，降水量が多く融氷の影響を受ける極域やその周辺海域では低塩分となっている．外洋域の塩分範囲はおよそ32〜38psu，沿岸域は27〜30psuである．河口域は海と川の，海水と淡水の出会いの場であるので，場所や水深により塩分の変異が大きい．また潮汐によって0〜30psuと大きな変動を示す．外洋域の塩分年間変動は小さく，0.3psu程度であるが，沿岸域では蒸発や降水の影響が大きいため変動幅は大きくなる．河口，

潮間帯，ラグーンでは日変動が非常に大きく，その環境で生息する生物にとっては頻繁な浸透圧調節が重要となる．

### 1-4　水塊構造と海流

緯度や地形により海洋表層の温度や塩分が異なることをみてきたが，さらに詳細にみてみると水温と塩分の特徴によって海洋はいくつかの水塊に分けられる．それぞれの水塊は異なる環境を形成し，生息する生物群集も異なる．水塊はそれぞれ独自の海流系と密接に関連する．海流は洋上の卓越風によって駆動され，これに地球の東向きの自転効果が加わって，北半球では時計回りの循環パターンを形成する．逆に南半球では海流は左側に偏向するため，反時計回りの循環となる．赤道の北では貿易風が北東から定常的に吹いているので，西に向かう北赤道海流ができる．この海流は大陸にぶつかると北向きに流れを変え，西岸境界流と呼ばれる非常に強い海流となる．北太平洋での黒潮，北大西洋では湾流がそれにあたる．北緯40°付近では東向きの偏西風が卓越するため，これらの海流は東に転向する．その後，北太平洋では北米大陸西岸に沿って南下するカリフォルニア海流，北大西洋ではカナリー海流として南に向かい，亜熱帯循環（subtropical gyre）と呼ばれる海流循環が完結する．南半球では，南東から吹く貿易風が西向きの南赤道海流を起こすため，北半球とは鏡像関係になる反時計回りのジャイア渦を形成する．

北太平洋の亜熱帯循環の高緯度側には反時計回りの亜寒帯循環（subarctic gyre）が形成される．これは親潮，亜寒帯海流，アラスカ海流，アリューシャン海流，東カムチャッカ海流で構成される．北大西洋の亜寒帯循環は，北大西洋海流が北極海まで北上するため，あまり明瞭でない．北半球と違って東西を陸で遮られていない南半球の亜寒帯域には亜寒帯循環は形成されず，代わりに南極大陸を巡る南極環流がある．

仔魚期を遊泳力のないプランクトンとして過ごす魚類にとって，海流は分散や成育場への加入に重要な役割を果たす．また黒潮と親潮がぶつかって混合する三陸沖などの海流の接点は栄養塩が豊富で生物生産が盛んになり，好漁場が形成される．

## §2. 魚類をとりまく環境

### 2-1　環境媒体としての水

魚類にとって水圏環境の最大の特徴は水という媒体である．陸上生命の環境媒体となっている空気に比べ，水は比重が大きく，粘性が高い．また比熱が大きく，熱伝導率は高い．このため水を媒体とする魚類は陸上脊椎動物と生理・生態面で大きく異なる適応をみせている．空中に比べて水中は大きな浮力が働くため，運動・摂餌・繁殖など，生活史のあらゆる局面で生物の生き様に大きな違いを生んだ．陸の生物体には大きな重力が働くので，活発な運動を可能にするためには，抗重力筋が必要である．陸上動物は四肢の抗重力筋を使って地表から体を持ち上げることにより，地表との摩擦抵抗から解放され，素早い運動ができるようになった．一方，水中で大きな浮力が得られる海の生き物は，抗重力筋を必要としない．魚類には原始的な体節構造がそのまま体軸に沿って明瞭に残っており，これを用いて前進運動を行う．すなわち重力の働く鉛直方向に体を保持するためにエネルギーは不要で，前進運動のためのみにエネルギーを費やせばよいことになる．中性浮力の観点からいえば，海の生物は水中のどの一点にも容易に定位することができ，自在に3次元空間を利用しているといえる．一方陸上の生物は，一時的に空中に舞い上がることのできる鳥類や昆虫などがいるとはいえ，これとても

繁殖や摂餌は基本的に地表で行うので，巨視的に見れば全て重力によって地表に貼りつけられて暮す2次元空間の生物とみることができる．

水は空気に比べて比熱と熱伝導度が大きいので，海の生物は体温を外界より高く保ち続けることが難しい．それゆえ海の生命はほとんどが変温動物で，例外的に外洋性のサメやマグロに見られる，体温を環境水より高く保てる保温機構が存在する程度である．また，水は空気に比べて粘性が高いので，水中では大きな摩擦抵抗が働く．水中における抵抗を軽減し，運動能力の向上を追求した結果，魚類は一般に抵抗の少ない流線型の，いわゆる魚型になった．

## 2-2　物理環境

1）水　温　　海洋は主に日射の赤外線により温められる．海表面1m以浅で赤外線の98％が吸収され，熱に変換されるので，日射による温暖効果は海洋表面に限られる．深度が増すにつれて水温は低下するが，その減少率は一定ではなく，中層（100〜400 m）において水温が急激に低下する（図1-1, 1-2）．この温度勾配が最も急な水層は永年温度躍層と呼ばれ，この上下で水温差は20℃にもなる．永年温度躍層は暖かく低密度の表層水と冷たく高密度の深層水の間にあるため，密度の差も大きくこの水層は密度躍層とも呼ばれる（図1-2）．海洋の物質循環や動物の鉛直移動もこの水温と密度の急な勾配によって大きな制約を受けている．永年温度躍層から深くなるにつれて水温は徐々に低下し，水深2,000〜3,000mで4℃前後，それ以深では0〜3℃になる．この水深では表層で見られたような緯度による温度差は少なく，熱帯から極域までの温度差はせいぜい2〜3℃である．温帯域の表層では，季節によって水温の鉛直分布が異なる．冬期は日射が少なく海表面は冷却される．この冷却に加えて

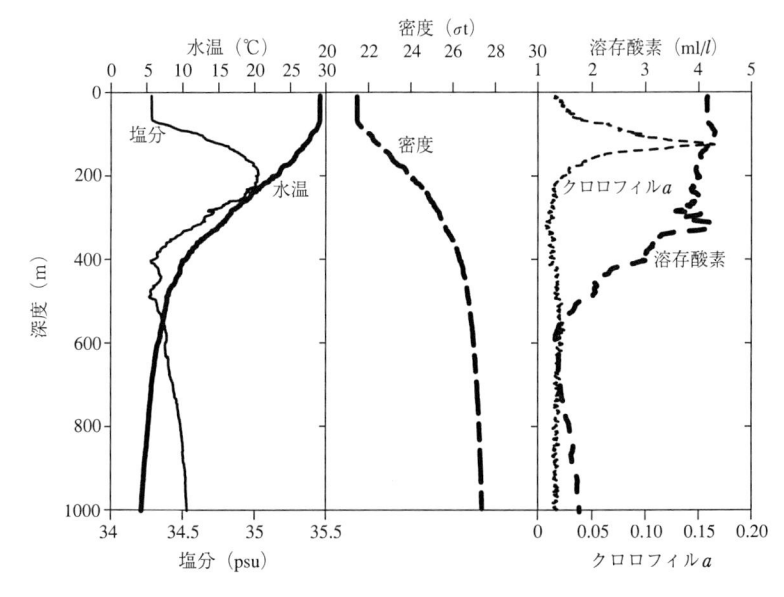

図 1-2　CTD観測から得られた水深1,000mまでの鉛直プロファイル（2006年7月に学術研究船白鳳丸KH-06-2航海において北緯15°，東経142°で観測したもの）．
　水温（左，太線），塩分（左，実線），密度（中，破線），溶存酸素（右，太破線），クロロフィル$a$（右，破線）の鉛直変化をそれぞれ示す．水温は表面から100m程度まで29℃程度でほぼ一定だが，水深500mまでに約20℃も一気に低下する．その後も低下は続き1,000mで5℃程度になる．塩分は表層に低塩分が見られ，水深200mで極大値をとる．水温と塩分で決まる密度は，水深100mから急速に増加する．400m程度から増加の度合いは小さくなるが，1,000mまで徐々に増加していく．溶存酸素量は100〜300mで最大になり，その後急激に減少して約600mで極小値をとる．植物プランクトンの指標であるクロロフィル$a$量は密度躍層の上部である水深150mで鋭いピークを形成し，300m以深では低値のまま一定である．

風や波の起こす乱流混合により，海表面から一定の深度まで水温が一定である海洋表層混合層が形成される．春から夏にかけて日射が強くなって海面水温が上昇し，風が弱まって乱流による下層への熱移動がなくなると表層に季節的温度躍層が形成される．熱帯域では年間を通じて海洋表層混合層は浅く，表層に温度躍層が存在している．こうした水温環境の違いは変温動物である魚類の生理に大きな影響を与える．

2）**塩　分**　海水には様々な塩類が溶けている．海水の塩分濃度は場所によって異なるが，その主要成分の存在比は全海洋のあらゆる深度を通じて驚くほどよく似ている．塩素（$Cl^-$：質量百分率 55.04%）とナトリウム（$Na^+$：30.60%）で大半の 86% を占め，加えて硫酸イオン（$SO_4^{2-}$：7.71%），マグネシウム（$Mg^{2+}$：3.68%），カルシウム（$Ca^{2+}$：1.17%），カリウム（$K^+$：1.17%）の6元素で 99% を超える．これに重炭酸イオン（$HCO_3^-$），臭素（$Br^-$），ホウ酸（$B(OH)_3$），ストロンチウム（$Sr^{2+}$），フッ素（$F^-$）を加えた11イオンを構成する元素を海水の主要元素と呼び，全塩類の 99.9% を占める．

魚類の体液は種を問わずほぼ同様なイオン組成と濃度を示し，その浸透圧は約 300m Osm/kg $H_2O$ と海水のほぼ 1/3 に保たれている．この生理的メカニズムは浸透圧調節（osmoregulation）と呼ばれ，ここでは鰓，腎臓，腸が重要な役割を果たしている．海水中では高濃度のイオンが鰓や体表から体内に流入し，逆に体内の水は流出して，魚体は脱水される傾向にある．体内で過剰となる1価のイオンを鰓の塩類細胞（Chloride cell）から能動的に排出し，海水を積極的に飲んで腸から水分のみ吸収することで不足する水分を補っている．また腎臓が体液と等張な尿をつくり，主に2価のイオンを排出する．逆に，淡水中では外界の水が体内に侵入し，体内のイオンは流出する．したがって淡水魚では，腎臓で多量の薄い尿を作り，イオンを体内に保持しつつ，過剰な水分だけ体外に排出する．同時に環境水に溶けている微量のイオンを鰓から能動的に吸収し，体内に不足しがちなイオンを補っている．

淡水あるいは海水のどちらか一方にだけ生息できる種を狭塩性魚（stenohaline fishes）といい，双方の環境で生息できる種を広塩性魚（euryhaline fishes）と呼ぶ．広塩性魚の中には一生の中で淡水と海水を往き来する種があり，これらは通し回遊魚と呼ばれている．代表的なものに川で産卵し海で成長するサケ科魚類，その反対に海で産卵し川で成長するウナギや産卵とは関係なく川と海を往き来するアユなどがあげられる．

3）**光**　他の液体に比べて水は光をよく透過するが，空気の透過率に比べるとずっと低い．海面を透過する太陽光の内，赤外線（波長 780nm 以上）と紫外線（380nm 以下）は海表面付近で散乱・吸収されてしまう．残り 50% は可視光線（400〜700nm）であり，海中をより深くまで到達する（図1-1）．光の波長によって海中を透過できる深度は異なる．赤色光（約 650nm）は吸収されやすく，澄んだ海水中であっても水深 10m まで透過するのはわずか 1% にすぎない．最も深くまで透過するのは青色光（450nm）で，1% の透過深度は 150m である．また水中の光は，海水に溶存した有色有機物や植物プランクトンに含まれるクロロフィルによっても減衰率が大きくなる．最も澄んだ熱帯外洋水では，光は水深 1,000m 以深まで透過する．深海魚はこれを視覚で感知できるという．その一方で，濁りの多い沿岸水では，大量のシルトや植物プランクトンによる散乱・吸収が大きく，20m 以浅までしか魚が感知できる光量は透過しない．

海中の光透過度によって，水柱は3つの鉛直的生態帯に分けられる．最浅部は有光層と呼ばれ，植物の成長に十分な光のある層と定義される．すなわち，この層では植物の光合成生産が自身の呼吸消

費を上回る．植物の呼吸消費と光合成生産が24時間単位でちょうど同量になる光度を補償光強度といい，この時の深度が有光層の下限（補償深度）となる．補償光強度は植物プランクトンの種類や環境適応の度合いによって異なるが，一般的には濁った沿岸水で表層から数m程度，澄んだ外洋域では150m位の深度に相当する．有光層の下は薄明かりの弱光層である．この層ではある種の魚類や無脊椎動物は光を感知できるが，植物プランクトンの純生産を支えるには光量が不足している．弱光層の下は無光層になり，いかなる生物も光を感知することのできない広大な水層が拡がっている．弱光層から無光層に生息する魚類は発光器をもつものが多く，光の届かない環境に適応している．中深層に多く分布するハダカイワシ類では，多くの種で発光器の配列に性的二型がみられ，雌雄の判別に光を利用しているものと考えられる．またアンコウ類では口の正面に発光器をぶら下げるものがいて，これで他の魚を誘引して捕食する．

### 2-3 化学環境

1) **栄養塩** 生物はその成長に多くの元素を必要とする．その中でも，生物の要求量が高く，海水中の存在量が低い元素は，生物の生残と成長に重要である．このような元素として窒素，リン，ケイ素があり，これらの無機塩，$NO_3^-$，$NO_2^-$，$NH_4^+$，$PO_3^+$，$Si(OH)_3$を栄養塩と呼ぶ．海水中に存在する窒素の多くは分子状窒素で，窒素固定能をもつ藍藻や細菌以外には利用できない．他の植物プランクトンは硝酸塩や亜硝酸塩，アンモニウム塩などの無機塩やアミノ酸や尿素などの有機態窒素化合物を利用している．リンは海水中に無機リン酸塩として存在するほかに，溶存態や懸濁態の有機リンとしても存在している．一般に植物プランクトンが利用するのは溶存態無機リン酸塩だが，種によっては溶存態有機リンも利用できることが知られている．珪藻類，珪質鞭毛藻類，放散虫類は溶存態ケイ素を取り込み二酸化ケイ素の殻を形成する．珪藻類の大増殖は表層中のケイ酸塩を枯渇させ，その結果，珪藻類の増殖は止まる．しかしこの時，他の栄養塩が残存しているとケイ素を必要としない渦鞭毛藻類などの植物プランクトンが珪藻類の代わりに増殖する．このような現象を種遷移と呼ぶ．

外洋表層は一般に栄養塩濃度が低く，光の透過率が0.1～1%となる深度，すなわち有光層の下部から増加する．表層付近では植物プランクトンによる有機物生産のため，栄養塩が活発に消費されるからである．有光層以深では動物プランクトンやバクテリアなどの従属栄養者による有機物の無機化，すなわち栄養塩の再生が卓越する．

2) **溶存酸素** 大気中の成分は大気—海洋界面を通じて海洋に溶解し，溶解平衡状態にある．酸素の大気中分圧は約21%であるが，海洋表面での平衡濃度は0℃で$3.8 \times 10^{-4}$，24℃で$2.4 \times 10^{-4}$（mol/kg）である．溶存酸素の量は生物活動の直接的・間接的影響を強く受ける．海水中の溶存酸素は大気からの溶解と有光層での光合成によって海水に供給される．有光層以深では，こうした溶存酸素の供給はなくなり，細菌の有機物分解過程と魚類や動物プランクトンの呼吸によって消費されるだけとなり，減少していく（図1-2）．この結果，溶存酸素は有機物の分解過程で再生される栄養塩類と逆相関を示す．しかし，水深1,000～2,000mで溶存酸素量は増大に転じる．これは高緯度域の表層に由来する酸素に富んだ冷たい海水が，深層に沈み込み長い年月をかけて赤道同方向に移動する深層大循環の結果である．

水は酸素容量が空気の1/30と小さく，酸素の拡散速度も約1/8000と極めて遅いため，大量の酸素を必要とする生物にとっては不利な媒体である．魚類は呼吸器として大きな表面積をもつ鰓を備え，効率的に水中から酸素を取り込んでいる．酸素消費量は魚種によって大きく変わり，一般に活発に運

動する魚では大きく，不活発な魚ほど少ない．環境水中の酸素濃度は沿岸や陸水域では大きく変化することがあり，低酸素に対する耐性は魚種により大きく異なる．これは酸素と結びつく赤血球中のヘモグロビンの酸素親和性に違いがあるためで，例えばウナギは酸素濃度が低くても飽和できるヘモグロビンをもつことで低酸素環境にも耐えることが知られている．

3) pH　海水中では二酸化炭素（$CO_2$）は水（$H_2O$）と水和して炭酸（$H_2CO_3$）となり，これがイオンに乖離して重炭酸イオン（$HCO_3^-$），炭酸イオン（$CO_3^{2-}$）が平衡状態にある．炭酸の酸乖離平衡は次式で表される．

$$CO_2 + H_2O \rightleftarrows H_2CO_3 \rightleftarrows H^+ + HCO_3^- \rightleftarrows 2H^+ + CO_3^{2-}$$

海水のpHは，これらの反応に従う重炭酸イオンと炭酸イオンの緩衝作用によって，ほぼ7.6〜8.2に保たれている．植物プランクトンは光合成によって二酸化炭素を有機物に変えるので，表層でのpHは高くなる．特に生物生産の高い内海では，pHが9以上になることもある．一方，中深層では有機物が細菌によって分解されて二酸化炭素が再生されるので，pHが低くなる傾向がみられる．

全海洋における炭酸量は約$38 \times 10^{12}$トンと推定されている．これは大気中に存在する全二酸化炭素量の50倍である．化石燃料の燃焼によって，大気中の二酸化炭素量は年間に約0.2％の割合で増加している．これらが大気中に蓄積するといわゆる温室効果をもたらし，地球温暖化が進むことになる．人為活動によって増加した大気中の二酸化炭素のうち，どれだけの部分が海洋に吸収されるかを解明することは，地球温暖化を考えるうえでますます重要になってきている．

陸水では，炭酸の乖離平衡の他に水源の地質学的特徴がpHに大きく影響する．一般的に河川水や湖沼水のpHは6.0〜8.0と中性付近にある．石灰岩地域の湖沼水は重炭酸塩の含量が多く，アルカリ性を示すことが多い．一方，火山地域の湖沼では硫酸や塩酸などの影響により，pH1.0〜2.0の強酸性を示すことがある．青森県・恐山にある宇曽利湖は付近の温泉から硫酸を含む水が流入するためpH3.5付近の強酸性の湖になっているが，ここにはウグイが生息している．これは世界中で最も酸性度の高い湖に棲む魚類の例である．このウグイは体液のpHを適切に保つために，特殊な塩類細胞による酸性適応と全身の組織によって中和剤を産生する機構を発達させている．

## 2-4　生物環境

1) 基礎生産　植物食であれ，動物食であれ，魚類が栄養として摂取する食物の大元は，光合成や化学合成によって無機物から有機物を生む基礎生産（primary production）の産物に依っている．水中で光合成による基礎生産に携わる主なものは，葉緑体をもつ植物プランクトンや水草である．植物プランクトンは海や湖の表層の有光層に存在し，太陽光のエネルギーを用いて水と二酸化炭素から炭素化合物を生産する．こうして生産された炭素化合物は，海や湖の食物連鎖の基礎になっている．また植物プランクトンの光合成の過程でできる酸素は，地球上の植物全体の酸素生産量のおよそ半分を担っており，地球の酸素維持に大きな役割を果たしている．

海の基礎生産は，太陽光と窒素，リン，珪素などの栄養塩濃度で規定される．栄養塩は植物プランクトンによって表層で消費され，植物プランクトンの死とともにマリンスノーとなって深層へ沈降する．一般に海洋表層は深層に比べ，温度が高く密度が低いため，一旦深層に輸送された栄養塩が表層に戻ることは少ない．その結果，海洋深層に栄養塩は溜まり，海洋表層では枯渇する．しかし一部の海域では，海洋深層に溜まった栄養塩や陸域から河川によって運ばれた栄養塩が表層に供給され，生産性が高くなっている．それらは赤道湧昇のある赤道海域，冬季の対流混合が盛んな高緯度海域，あ

るいは沿岸湧昇，河川水の流入，潮汐混合による巻き上げ効果のある沿岸海域である．

　生物生産は季節によって変化する．高緯度海域では冬季太陽高度が低く，海表面の冷却によって海洋鉛直方向の密度が逆転し，対流が起こる．これによって深所の栄養塩が表層に供給される．春になって太陽高度が上がり，海表面の水温上昇が始まることで，光と栄養塩の両条件を同時に満たし，一気に植物プランクトンは増殖する．秋にも同様な海面冷却に伴う対流混合がある．これによって深場から栄養塩の供給を受けて，秋季ブルームと呼ばれる大増殖がみられることもある．

　**2）食物連鎖**　海洋生態系は，その構成員である細菌，プランクトン，ベントス，魚類，海産ほ乳類など様々な生命の連鎖と相互作用で成り立っている系である．またこの系は水温，光，栄養塩，海流などの環境要因によって制御されている．海洋生態系の相互作用の中でもっとも重要な関係は食物連鎖である（図1-3）．この連鎖は海洋表層において光合成から有機物を合成している植物プランクトンに始まる．数的に多い植物プランクトンには珪藻，藍藻，渦鞭毛藻，円石藻などがある．これらの植物プランクトンは，動物プランクトンにより捕食される．動物プランクトンの中で生息密度の高いものとしては，有孔虫類，翼足類，カイアシ類，端脚類，オキアミ類などがある．動物プランクトンは，小型魚類やプランクトン食性のクジラ類やサメ類などの高次動物に捕食される．さらに，小型の魚は中型，大型の魚食性魚類に順次食べられて，連鎖は続いていく．また，これらの海洋生物の死骸，糞や尿などは，溶存有機物や粒子状有機物となって，海中で細菌の分解を受ける．分解後は再び無機の栄養塩類に戻り，植物プランクトンに利用されて連鎖は完結する．海洋中では，このような食物連鎖によりエネルギーが流れ，物質が循環している．

　近年，こうした従来の食物連鎖（生食食物連鎖）の他に，植物プランクトンや生物の死骸，糞粒などに由来する有機排出物から細菌を経て，原生動物，動物プランクトンに至るという別の食物連鎖が存在することが発見された．これは微生物ループ（microbial loop）と呼ばれ，海洋の有機物収支のかなりの割合（50％）を占めている重要な生物過程であると考えられている．物質循環において原核生

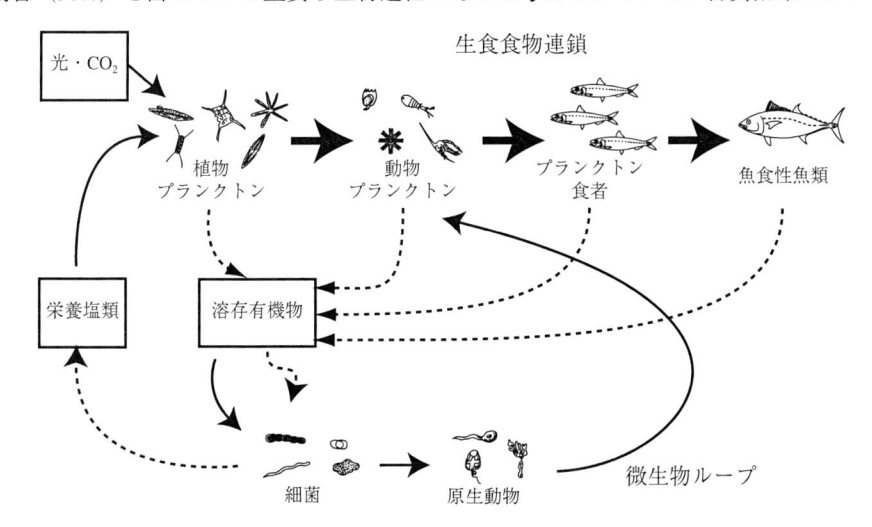

図1-3　海洋の生食食物連鎖と微生物ループ
　　　　太い矢印は生食食物連鎖を示し，生産者である植物プランクトンから動物プランクトン，小魚などのプランクトン食者，より大型の魚食性魚類へと続く．細い矢印は微生物ループを示し，海中の溶存有機物から細菌が炭素を利用し，それを原生動物が捕食することで生食食物連鎖とは別の食物連鎖を形成している．点線は代謝過程における溶存有機物の放出を示しており，細菌によって栄養塩に分解されて植物プランクトンに再利用される．

物の細菌と古細菌は，高分子有機物の生産と分解の主役であると同時に，溶存態有機物から細胞を形成して有機物を食物連鎖の流れに戻す再生産者としても働いていることがわかったのである．魚類がその一員として暮らす生態系の構造と物質循環の経路は複雑で，定量的に十分な理解を得るには今少し時間がかかる．

## §3. 生息域

### 3-1 陸域

一般に陸上は魚類の生活には適さない．しかし肺魚のように泥の中に繭を作って籠もり，水がない季節を耐えるものや，卵が土や砂の中で生き延び，水が入ってくるとふ化する卵生メダカやフレンチグルニオンのような特殊な魚も存在する．陸域では，多くの魚類は川や湖沼に生息する．コイやメダカのようにすべての生活史を淡水で過ごす一次淡水魚［primary freshwater fish（純淡水魚 pure freshwater fish）］，ボラやスズキのように本来海水魚であるが，稚魚期には汽水から淡水にまで侵入する二次淡水魚［secondary freshwater fish（広適応性淡水魚 eury-adaptation freshwater fish）］，さらには生活史の一時期を淡水で過ごすウナギやアユのような通し回遊魚（diadromous fish）まで，様々な魚類が陸水を利用している．純淡水魚は海水中で生存できないので，淡水で連なった1つの水系から外に出るのが困難で，分布域の狭いものが多い．人為的移動を除けば，河川争奪などがない限り他の河川へ移動することはほとんどなく，水域ごとに遺伝的な変異が大きい．また，琵琶湖やバイカル湖などの古代湖では，淡水域だった歴史が長く，水塊規模も大きいので，多くの固有種が生じている．一方，湖沼などの閉鎖的環境において，ブラックバスやブルーギルなどの外来種が持ち込まれ，在来種とそれを取り巻く環境が大きく変わってしまうことが問題となっている．

河口域は，川が海や湖など他の水域へとつながる場所で，上流から流れてくる淡水と潮の満ち引きで入ってくる海水が混じる汽水域は水温，塩分など様々な環境条件が時々刻々と複雑に変化する環境である．ここには独自の生態系が形成され，稚魚や幼魚の成育場としても重要である．また河口域は川と海を移動する通し回遊魚にとって重要な通過点にもなっている．一方，河口域は陸域の人間活動の影響を最も強く受ける場所でもあり，人工物による流路分断や環境汚染がそこに生息する魚類に重大な影響を及ぼす．

石灰岩の鍾乳洞や地下水脈なども魚類の生息域として利用されており，これらは「洞窟魚（cave fish）」と呼ばれる．洞窟内は一般に餌供給が乏しく，生物にとって過酷な環境である．しかし反面，競合者や捕食者が少ない，環境変動がほとんどなく安定しているなどの利点も存在する．カワアナゴ科，タウナギ科，カラシン科，ドウクツギョ科など，10目19科136種の様々な分類群にわたる魚類が世界各地の洞窟でよく似た進化（収斂進化）を遂げている．洞窟魚の多くに共通してみられる適応は，皮膚の色素の喪失・鱗の退縮・光への感受性低下があげられる．一方で，側線や化学受容器など体表の感覚器官は発達し，狭い環境の遊泳に適した細長い体形をもつ．系統的に異なる魚たちが極限的な洞窟内の生活に対して示した共通の適応進化といえる．

### 3-2 海域

海では波打ち際から外洋，表層から深海に至るまであらゆる場所が魚類によって生息域として利用されている．波打ち際（Surf zone）はアユ，アカメ，フグ，ボラなど，様々な仔稚魚の成育場となっており，それぞれの生活史のある期間利用される．外洋や沖合の表層には，カツオ，マグロ，イワ

シ，アジ，サバ，サンマの仔稚魚，トビウオ，マンボウおよび種々の浮き魚類の成魚が分布する．外洋の特殊な利用法としては通し回遊魚のウナギが産卵場として外洋を使う．淡水で成長したウナギが産卵のためにのみ広い外洋のある特定の海域を目指して回遊し，子孫を残す．一方，海溝にも魚類の生息が確認されており，最も深いところから報告があった例はアシロ科のヨミノアシロ *Abyssobrotula galatheae* で，プエルトリコ海溝の水深 8,372m から採集されている．他に超深海帯といわれる 6,000 m以深の海底から報告されているのは，クサウオ科のシンカイクサウオとカイコウビクニン，およびアシロ科のソコボウズなどがある．

　魚類の生息環境として，種多様性とバイオマスともに重要なのは沿岸陸棚域である．陸水および浅い海底からの栄養塩の供給が多い．また，複雑な海底地形は多くの海洋生物に様々な棲み場所を提供する．したがって大部分の魚類はこの沿岸陸棚域に棲んでいるといっても過言ではない．藻場（kelp coast）は海草・海藻の群落が形成され，魚類をはじめとした様々な海洋生物に摂餌場や隠れ場，産卵場を提供している．また，岩礁域（rocky shore）やサンゴ礁域（coral reef）もその複雑な3次元構造が魚類のみならずその餌生物や捕食者の種多様性を育んでいる．このほか干潟（tidal flat）やタイドプール（tide pool）も魚類の生息環境として重要である．これらは潮汐や日射，降水によって頻繁に温度や溶存酸素量，塩分濃度が短時間で激変するが，いくつかの魚類はその環境変化によく適応している．干潟ではトビハゼ，ムツゴロウ，ワラスボ，ハゼクチなどのハゼ類が，またタイドプールでは，ヒメハゼ，アベハゼなどのハゼ類やクロダイ稚魚をみることができる．干潟は砂浜海岸に比べて波浪の影響が少なく勾配が緩やかで，土砂粒径が小さいため，魚類のみならず鳥類，無脊椎動物など多様な生物を誇る特異な生態系を形成している．また巨大な環境浄化作用も有する．しかし，近年の沿岸乱開発で干潟は失われ，自然の海岸線は急激に減少している．そして干潟や沿岸域に生息している魚類や他の海洋生物も失われつつある．

　本章では魚類を取り巻く様々な水圏環境を地理，環境要因，生息域の観点から俯瞰した．また水圏環境の特徴が魚類の生理・生態に及ぼす影響についても概説した．このような水圏環境の特徴が魚類の様々な生態的特性を生み，種分化や進化に繋がっていく．つまり環境の多様性が生物に多様性を生じさせ，これを維持しているのである．一方で，地理的構造や物理・化学的環境要因の他に，生物自身も生物の環境要因となっていることを忘れてはならない．生物の相互関係とその結果生じる生活史の代替戦術や個体数変動は，本書第三部の各章で詳しく述べられている．魚類の生態の正しい理解には，魚類自身も含めた環境全般の広い理解が不可欠である．しかし魚類を取り巻く水圏環境は，汚染，乱開発，外来種導入により急速に変化している．生態学の知識を生物と環境の保全に応用することが今，強く求められている．

（篠田　章・塚本勝巳）

## 文　献

柳　哲雄（2001）：海の科学－海洋学入門　第2版，恒星社厚生閣．

關　文威監訳・長沼　毅訳（2005）：生物海洋学入門　第2版（Carol M. L. and Timothy R. P. 著），講談社．

東京大学海洋研究所監訳（2010）：海洋学　原著第4版（Paul R. P. 著），東海大学出版会．

地学団体研究会　編（1995）：地球の水圏－海洋と陸水，東海大学出版会．

木暮一啓編（2006）：海洋生物の連鎖　生命は海でどう連環しているか，東海大学出版会．

会田勝美編（2009）：水圏生物科学入門，恒星社厚生閣．

国立天文台（2009）：環境年表　平成21・22年　第1冊，丸善株式会社．

# 2章　生活史

呼び名が一生の間に何度も変わる魚がいる．スズキ，ブリ，ボラなど出世魚と呼ばれる魚たちである．例えばスズキは，若い時期にセイゴやフッコと呼ばれ，ブリは，ワカシ，イナダ，ハマチ，そしてブリと大きさによって順次名前が変わってくる．それぞれに捕れる時期，場所，漁法，あるいは値段や最適な調理法が違っており，古くから日本人がこれらの魚の一生に強い関心を抱いていた証拠といえる．生態学の世界でも，いつどのようにして産まれ，成長して繁殖し，そして寿命を迎えるかは，重要な問題である．こうした個体の歴史のことを生活史という．複数種の生活史を比較することで，それぞれの種が特徴的な生き様をもつ理由や意味がわかる．また生活史は，水産増養殖や野生生物の資源管理においても，まずは知っておかねばならない基本的な情報である．本章では魚類の生活史について概説し，本書の各論をよりよく理解するための基礎を提供する．

## §1. 生活史

生活史（life history）とは，生物個体がどのように生まれて成長し，繁殖して死ぬかという，誕生から死に至る過程である（図2-1）．ここには，個体が一生で経験するすべての出来事（event）が含まれる．これらを生活史形質（life history traits）という．生活史形質には，体サイズ，成長率，繁殖，寿命などがある．このほか性分化や，一部の魚種で起こる性転換などの現象も重要な形質となる．さらに，サケ・マスやウナギなどの通し回遊魚では，回遊行動自体が生活史の骨格を成す形質となっている．各生活史形質は多くのパラメータからなり，例えば繁殖形質の場合は，産卵期，産卵回数，産卵数，卵サイズ，産卵行動，子の保護などの要素を含む．

生活史形質は，種によって大きく異なる．例えばメダカは，直径約1.5 mmの卵から生まれ，約3ヶ月すると体長がおよそ3 cmになり，2～3回産卵して死ぬ．寿命は1～2年である．これに対し，胎生のジンベイザメは，母親の胎内でふ化して50 cm前後にまで成長した後，出産される．成熟には約30年を要し，数年に1回ずつ出産する．寿命は数十年である．魚類と一括りにされるメダカとジンベイザメには，これほどにも生活史に違いがある．こうしたそれぞれの種や個体群の生活史形質の特徴を生活史特性といい，その比較によって，魚類の生活史の多様性が見えてくる．

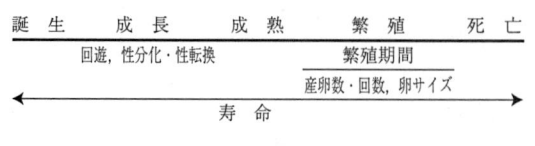

図2-1　代表的な生活史の形質

## §2. 魚類の生活史

　魚類の生活史の例として日本に分布するシロザケ Oncorhynchus keta の一生を見てみる（図 2-2）．雌の親魚は晩秋に川底の産卵床に卵を産み，これに雄親が放精することで卵は受精し，発生が始まる．受精後およそ 30 日間で大きな卵黄囊をもった仔魚がふ化する．まずは卵黄を栄養源として成長し，その後は外部の餌を食べて大きくなる．春先まで河川で成長し，体長が 6 cm になると海に下る．オホーツク海を経て北太平洋に回遊し，北米のベーリング海とアラスカ湾を行き来しながら 4 年ほどかけて成長する．成熟が始まると，日本沿岸に回帰し，生まれた河川（母川）に産卵のため遡上する．雌は約 2,500 粒の卵を産んで一生を終える．シロザケの生活史の中で特徴的なのは，河川で生まれ，海で成長する遡河回遊型の回遊行動と正確に自分が生まれた川に戻ってくる母川回帰性である（6 章を参照）．シロザケに見られるこれらの生活史特性は 1 万 km にも及ぶ回遊を正確に全うするための運動能力や方位決定能力，あるいは母川に固有の臭いを識別する嗅覚機能に裏打ちされている．生活史を深く知るには，こうした生態を支える生理メカニズムの理解も必要である．

　魚類の生活史は，生涯を通じて成長を続けることや，性転換が起こりやすいことがその特徴となっている．また，脊椎動物の中ではずば抜けて産卵数が多いことも大きな特徴である（図 2-3）．有名なのはマンボウ類で，1 個体の雌が最大で 2 億個もの卵を産む．他にも，カジキマグロやイシナギといった大型魚類は，数千万個の卵を産む．マイワシやニシンなどの小型種でも，産卵数は数万～数十万と多産である．しかし，海産魚はほとんどが仔稚魚期に被食や飢餓によって死亡する．すなわち，海産魚の繁殖は典型的な"多産多死"である．一方，少産少死の種も少数ながら存在する．雄が育児囊で卵を保護するタツノオトシゴや，胎生のウミタナゴの場合，産卵数は数十個程度である．極端な例は卵胎生や胎生の板鰓類に見られる少産である（スプリンガー＆ゴールド，1992）．板鰓類のなかでは進化した繁殖様式をもつとされるイタチザメやメジロザメ類は，胎盤を作るので胎生魚に分類され，通常数十個体の胎仔を出産する．一方，卵胎生のミズワニやアオザメの場合は，母体の子宮で最初にふ化した胎仔があとから排卵された卵（胃卵黄）やふ化した胎仔を食べて栄養とする食卵現象が知られる．この場合，出産される胎仔は左右に 1 対ある子宮にそれぞれ 1 個体に限られる．産卵（出産）数は少なくても，親魚が子を保護したり，胎仔が大きく成長して出産されるために最終的に生き残る確率は高まる．したがって一概に，多産多死と少産少死のどちらの生活史特性が優れているということはできない．なお硬骨魚

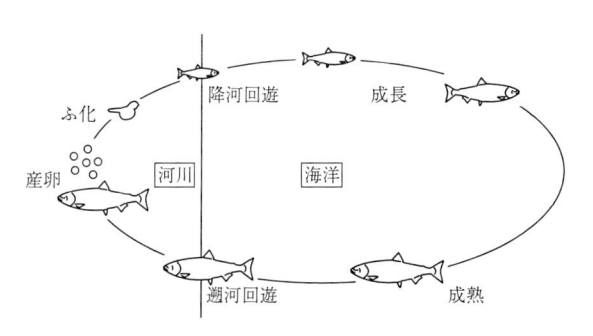

図 2-2　シロザケの一生

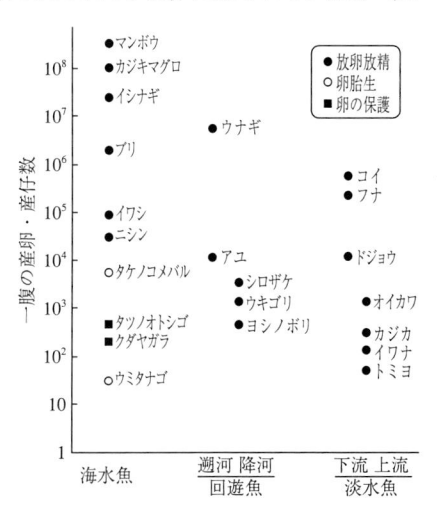

図 2-3　主な魚類の産卵数（伊藤，1982 を改変）

類の442科のうち,およそ90科で胎生もしくは卵胎生による繁殖が見られる(長谷川,2009).一方,仔魚を保護するのは30科に満たない.

　魚類の生活史特性に人間が手を加えることで"多産少死"を実現し,水産資源の増大を図ろうとする試みが栽培漁業である.これは死亡率の高い仔稚魚期を人間の手で保護し,その後野外に放流して,自然の生産力を利用して豊かな食資源を得ようとする技術である.上述の多産種の繁殖に,少産種に見られる保護行動を人間が肩代わりしているといえる.アユやシロザケをはじめとして,マダイ,ヒラメではこの方法によって資源量が増大している.

## §3. 生命表

　個体の一生を表す生活史では,齢(age)は重要なパラメータである.魚類の齢査定法(age determination)には,直接的に齢を調べる方法と,既知の成長率などから間接的に推定する方法がある.まず直接的な方法としては,鱗,骨,棘あるいは耳石などの硬組織に刻まれた輪紋構造を数える齢形質法がある(9章を参照).生後の年齢を年単位で推定する場合と,日単位の日齢を求める場合がある.間接的な方法には,体長ごとの個体数の組成の時間的変化から推定する体長組成法がある.寿命の長い種や深海魚については,硬組織の構成成分を分析して,安定同位体比($^{226}$Raと$^{210}$Pb)や,1950〜60年代にビキニ環礁で行われた水素爆弾実験によって海洋に放出された放射性炭素($^{14}$C, bomb radiocarbon)の蓄積量から齢査定する方法もある(Cailliet & Andrews, 2008).

　ある個体群について齢査定を行うと,年齢ごとの個体数がわかる.同じ時期(年)に生まれた個体群をコホートと呼び,コホートの全個体が死亡するまでの生存個体数と繁殖量を年齢ごとに並べたものをコホート生命表という.ここでは,ある魚の仮想的な生命表を例にあげて説明する(表2-1).魚類の生命表の齢区分($X$)は一般的に年齢である(昆虫などでは変態のステージごとに分けることもある).コホートの初期の個体数($S_0$)は1,000個体とした.齢区分$X=0$は0歳から1歳までの期間を表し,この魚は産まれてから1歳になるまでの間に950個体が死亡した($D_0$).その後は1年ごとに5個体ずつが死亡し,5歳までに全ての個体が死亡した.死亡率($d_x$)は齢区分ごとに死亡する個体の割合を表す.この例では,1歳までに95%が死亡し,その後に死亡した個体は少ないことがわかる.齢別生存率($l_x$)と齢別出生率($m_x$)は,それぞれ生き残っている個体の割合と,それらの個体が産んだ子供の平均値を表す.この例では,4歳と5歳の時にそれぞれ15個体,20個体の子供が産まれている.すなわち,この魚は4歳で繁殖を始めることがわかる.齢別出生率($l_xm_x$)は齢別生存率と齢別出産率を掛け合わせたものである.この値の総和を純増殖率($R_0$)といい,1個体が一生の間に平均して生産する子孫の数を表す.この値が1を超えれば個体数は増え,逆に下回れば減っ

表2-1　生命表

| 齢区分 | 生存数 | 死亡数 | 死亡率 | 齢別生存率 A | 齢別出生率 | |
|---|---|---|---|---|---|---|
| $X$ | $S_x$ | $D_x$ | $d_x$ | $l_x$ | $m_x$ | $l_xm_x$ |
| | 観察値 | $S_x-S_x+1$ | $D_x/S_x$ | $S_x/S_0$ | 観察値 | $l_x \times m_x$ |
| 0 | 1000 | 950 | 0.95 | 1.000 | 0.0 | 0.000 |
| 1 | 50 | 5 | 0.10 | 0.050 | 0.0 | 0.000 |
| 2 | 45 | 5 | 0.11 | 0.045 | 0.0 | 0.000 |
| 3 | 40 | 5 | 0.13 | 0.040 | 0.0 | 0.000 |
| 4 | 35 | 5 | 0.14 | 0.035 | 15.0 | 0.525 |
| 5 | 30 | 30 | 1.00 | 0.030 | 20.0 | 0.600 |

純増殖率 $R_0= \Sigma \ l_xm_x=1.125$

ていく．このように，生命表はある種の個体群の生活史を解析する上でもっとも基本的な手法である．生命表からは，成長，成熟，寿命といった生活史特性を読み取ることができる．若齢期に死亡する個体の割合は"初期減耗率"と呼ばれ，個体数（資源量）の年変動を予測する際に重要である．初期減耗率が低い，すなわち生き残った個体の割合が多いコホートは卓越年級群と呼ばれ，資源量の大幅な増大をもたらすことがある．齢を相対値として標準化することで，寿命が大きく異なる種の生活史を並べて比較することもできる．こうした手法は，複数の種に共通する"生活史の一般則"を見いだすのに有用である．例えば，小型種は短寿命で早熟のものが多く，逆に大型種は長寿命で晩熟，多数回繁殖を行うという原則がみつかっている．

## §4．生活史形質の変異（生活史多型）

種はそれぞれに特徴ある生活史を有する．しかし，種の生活史は厳密に定まったものではなく，ある範囲内で個体によって変異を示すことが知られている．これを生活史多型という．生活史多型は，遺伝子プールを共有する個体群内に見られる生活史変異である．すなわち，生活史の形質が異なる個体間においても交配は起こる．また変異は一方的なものではなく，世代を経て元に戻ることもある（表現型の可塑性）．生活史の形質にはそれぞれいくつかの選択肢（オプション）があり，個体はこれらを組み合わせて一生を送る．生活史多型は性差や摂餌特性あるいは回遊型の違いによって生じることが知られている．捕食者の存在も生活史の変異を引き起こす．Reznick and Endler（1982）は，トリニダード・グッピー *Poecilica reticulata* とその捕食者を実験池に放ち，長期間にわたって観察した（表2-2）．まず大きくて成熟したグッピーを好むカワスズメ科の *Crenicichla alta* を捕食者とした場合，グッピーは若齢で成熟して小型の卵を多数産んだ．一方，体が小さく未熟な個体を捕食するカダヤシ類 *Rivulus hartii* が捕食者の場合は，高齢で成熟して大型の卵を少数産むようになった．この結果は，捕食者の嗜好性によって被食者であるグッピーの生活史特性が変わることを鮮やかに示している．

魚類においてよく見られる生活史多型は回遊型の変異である．例えばサケ科のサクラマス *Oncorhynchus masou* は，河川でふ化して海に下り，成長した後に再び河川に戻って繁殖して死亡するという生活史をもつ．一方，海に下らずに一生を河川で過ごす河川残留型も存在する．河川で産まれた後に成長のよいものはヤマメとしてそのまま河川に残留する．ヤマメは体が小さいため，繁殖の際に雌を巡ってサクラマスの雄と戦っても勝ち目はない．しかし，サクラマスが放精する際に忍び寄って放精し，次世代に自分の遺伝子を残そうとする．こそこそと忍び寄る姿から，スニーカー（足音がしないゴム底の靴）と呼ばれている．次世代の遺伝子型を調べてみると，スニーカーの子供も11〜65％いることがわかっている（小関・Fleming, 2004）．サクラマスとヤマメは姿形がまったく異なっているが，あくまでも *O. masou* という単一の種であり，同時に繁殖を行う．こうしたサケ科魚類の回遊型の生活史多型は，スチールヘッド *O. mykiss*（残留型はニジマス），ベニザケ *O. nerka*（ヒメマス），アメマス *Salvelinus leucomaenis*（エゾイワナ）など多くの種で知られている．一方，近縁のシロザケやカラフトマス *O. gorbuscha* は例外なく

表2-2 捕食者の種類に応じたグッピーの生活史変異

| グッピーの生活史形質 | 捕食者 | |
| --- | --- | --- |
| | カワスズメ | カダヤシ |
| **雄** | | |
| 成熟齢（日） | 51.8 | 58.8 |
| 成熟時の体重(mg) | 87.7 | 99.7 |
| **雌** | | |
| 初出産齢（日） | 71.5 | 81.9 |
| 初出産齢時の体重(mg) | 218.0 | 270.0 |
| 産仔数 | 5.2 | 3.2 |

Reznick and Endler(1982)から一部を抜粋

海に下る遡河回遊魚であり，回遊型の多型はない．

　回遊型の生活史多型は，降河回遊魚のウナギ Anguilla japonica（ニホンウナギ）でも知られている（Tsukamoto ら，1998）．北太平洋マリアナ諸島周辺の産卵場でふ化したウナギの仔魚は，150日程度の海洋生活期を経てシラスウナギに変態し，東アジア一帯の河川に遡上する．しかし近年，河川に遡上することなく沿岸域や河口域で一生過ごす個体もいることが，耳石に含まれるストロンティウム（Sr）の分析からわかってきた．これらの個体は海ウナギや河口ウナギと呼ばれ，非回遊型の海域残留型と解釈される（図2-4）．

　琵琶湖の陸封アユ Plecoglossus altivelis の中には，春先に流入河川に遡上して大きく成長するオオアユと，ほぼ一生を湖内に留まって10cm程度の小サイズで成熟産卵し，一生を終えるコアユがいる．これらも回遊型の違いによる生活史の多型である．しかし，詳しく調べてみると興味深い事実が明らかになってきた（Tsukamoto ら，1987）．コアユの産卵期は8月末〜9月と早く，オオアユの産卵は10〜11月と遅いことが古くから知られている．耳石日周輪によって齢査定を行うと，春に流入河川へ遡上してくるオオアユのふ化日は早期で，湖中に残留したコアユのそれは晩期であることがわかった．これは早期に産卵するコアユの子供は次の世代でオオアユになり，逆に産卵期の遅いオオアユの子供はコアユになることを示している．つまり世代が変わるごとに，オオアユとコアユの生活史特性が転換しているらしいのである（図2-5）．事実，オオアユとコアユの間に遺伝的な差異はなく，琵琶湖の陸封アユは単一集団と考えられている．これも生活史の可塑性を示す好例といえよう．

　漁業による選択圧が魚類の寿命を変化させることもある．ツノガレイ Pleuronectes platessa, モンツキダラ Melanogrammus aeglefinus, タイセイヨウマダラ Gadus morhua などでは，乱獲による個体密度の減少によって成熟齢が若齢化したことが知られている．逆に，シロザケでは親魚の高齢化および小型化が問題となっている．1960年頃にはおよそ3.6歳であった平均成熟年齢は，その後の30年間に徐々に高齢化して4.5歳になった．この期間に放流数が増えたことから，個体密度の増大にともなって餌資源が減少したことが原因としてあげられている．また，成育場である北太平洋とベーリング海の環境の変化も指摘されている．高齢化を引き起こした原因が放流数の増加という人為的なものか，自然の環境変動によるものかは議論が続いている．いずれにしても，シロザケが環境に応じて生活史を柔軟に変化させた結果，回帰親魚の高齢化や小型化が起こったものと考えられる．

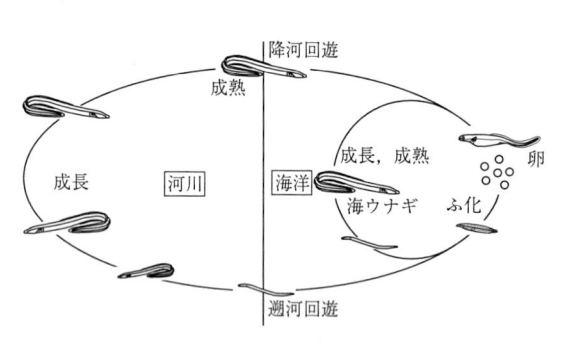

図2-4　ウナギの生活史多型：海ウナギ

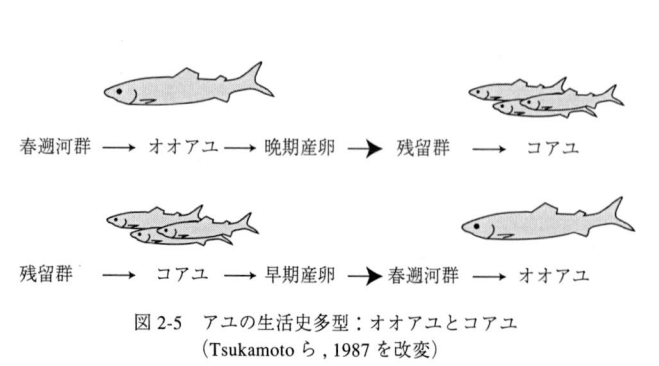

図2-5　アユの生活史多型：オオアユとコアユ
（Tsukamoto ら，1987を改変）

## §5. 生活史戦略：r-戦略とK-戦略

　生物の多様な生活史特性の変異は，生活史戦略（life history strategy）と呼ばれる．生活史多型はなぜ存在するのだろうか？　進化の過程では，子孫をより多く残せる形質，すなわちより適応度（fitness）が高くなるような形質が選択される．2つの生活史形質があって，いずれかが相対的に有利ならば，もう一方は淘汰されて生活史多型は消滅し，単一の生活史形質のみ残るのではないだろうか．しかし，実際には上の生活史多型の事例でみてきたように，1つの種の中に複数の生活史が存在する．この矛盾は，以下の理由で説明できる．

　様々な種の生活史を比べると，大きく2つに分類することができる．$r$-戦略と$K$-戦略と呼ばれるものである．これらの名前は，個体群の増殖曲線に由来する．例えば，水槽に雌雄1対のメダカを収容したとする．この2個体から始まって世代を経て繁殖を続けていくことで，水槽の中のメダカは次第に数が増えていく．個体密度が低い時は，餌が豊富にあり，産卵に必要な場所も十分なため，個体当たりの産卵数は多くなる．一方，数が増えるにしたがって餌は不足し，産卵できる場所も限られてくる．すると増殖率は停滞し，最終的には一定の個体密度に収束する．この時の個体密度を環境収容力（carrying capacity）と呼ぶ．

　最初の2個体から始まって環境収容力に達するまでの個体密度を図にすると，シグモイド（S字）型の曲線となる．これをロジスティック増殖曲線といい，増殖率（$r$）と環境収容力（$K$）の2つの定数を含む関数で表される．上述の$r$-戦略と$K$-戦略の名の由来はここからくる．

　$r$-戦略と呼ばれる生活史は，成長や成熟が早く多産で，寿命は短いという特徴がある．一方の$K$-戦略はゆっくりと成長して高齢で成熟して，少数の子供を産む．$r$-戦略をとる種は，予測が困難な不安定な環境に生息しており，短い世代時間で爆発的に数を増やす．その一方で競争力は低く個体数は変動しやすい．一方の$K$-戦略をとる種は安定した環境に生息しており，大増殖することはないものの個体群は安定して維持される．対照的な生活史をもつ種が進化したことは，異なる環境の下では生存や繁殖に有利な生活史特性がそれぞれ異なるためである．

　かつては，$r$-戦略と$K$-戦略を両極端として，あらゆる種はその間のある1点に位置する単一の生活史特性をもつと考えられた．しかし，種内の生活史特性の変異が明らかになるにつれ，複数の生活史特性をもつ例外が多く認められるようになった．このことから，$r$-戦略と$K$-戦略の概念は生活史の多様性を単純化し過ぎていると批判されるようになった．例えば上述のメダカの例のように，単一の種においても個体数の増加とともに生活史特性は変わりうる．すなわち，個体密度が低い時は$r$-戦略的な生活史をとり，個体密度の増大にともなって$K$-戦略的なものに変化していく．つまりある生物種にとって生活史特性の有利性は固定的なものではなく，環境の変化に応じて変わりうるものである．また一方で生物は複数の生活史特性を併用し，状況によってその割合を変化させることもできる．

　現実の生物が見せる多様な生活史を理論化するには，動的繁殖戦略（temporally dynamic reproductive strategy）の概念が有効である．これは，様々な環境変化に対し，その時々で柔軟に繁殖戦略を転換するというものである．例えば，砂漠に生息する生物は水や餌が乏しい乾期の間は全く繁殖をせずに過ごし，降雨などが刺激となって一斉に繁殖を始める（Nicholsら，1976）．これは，両生類，爬虫類，鳥類，齧歯類など幅広い分類群の生物で観察されている．環境の好転を合図に繁殖

を開始することで，子孫の生存率の増大を期待できる．すなわち，雨期の r- 戦略と乾期の K- 戦略を柔軟に使い分けることで，砂漠という過酷な環境に適応して進化した生活史である．

一方，生活史の変異は2つの制約をともなう．1つ目はトレードオフで，生活史特性に配分できるエネルギーの総量は一定であり，繁殖に多く費やすと，自らの生存に投資できる量が減るという関係である．これは"繁殖のコスト（cost of reproduction）"と呼ばれており，産仔数が多いほど寿命が短くなることが実際に多くの生物で観察されている．寿命との間にトレードオフを生じるのは繁殖に限らず，成長や回遊など多岐にわたる．2つ目の制約は単純に機能の問題である．成長して成熟するのに時間がかかる生物種の繁殖は必然的に高齢・大サイズになる．例えば，胎生で繁殖する生物の場合，子供の大きさと数に見合う十分な大きさに成長するまでは繁殖できない．したがって，生物の機能に関する制約は生活史戦略を選ぶ上で基本的な条件となる．生物は，こうした2つの制約の下で生活史特性を柔軟に変化させて，環境変化に適応し，その適応度が最大になるよう暮らしている．

## §6. おわりに

生命は，「自己複製可能なシステム」と定義される．これは，限りある寿命をもつ個体が次世代を残すことで，その個体の一生は終わっても種としての生命は存続されていくということである．しかし生命は，次世代を作るための繁殖能力だけでは存続できない．繁殖に耐えるだけの発育段階まで成長しなくてはならない．すなわち，捕食者や飢えに脅かされながらも生存し，餌を摂って十分な体サイズまで成長する"生態的能力"も必須である．この生態的能力の実態が種それぞれに特徴的な"生活史特性"であり，また"生活史多型"にみられる柔軟性である．私たちが現在目にする魚類は，地球上に誕生して以来，環境変動に柔軟に対応することで絶えることなく次世代を残し続けた，いわば進化の成功例である．本書後半の各論では，進化の過程で魚類が獲得したさまざまな"生態的能力"について述べられる．それぞれの種がもつ生活史の意味を理解することで，その種が存続してきた進化の過程が見え，またそこから生命の本質にも迫ることのできる着想が生まれるものと期待する．

（吉永龍起）

## 文献

Cailliet G.M. and Andrews A.H. (2008): Age-validated longevity of fishes: its importance for sustainable fisheries. In: Fisheries for Global Welfare and Environment, Tsukamoto K., Kawamura T., Takeuchi T., Beard T.D. Jr. and Kaiser M.J. (eds), TERRAPUB, Tokyo, 103-120.

長谷川眞理子 (2009): 動物の生存戦略，左右社，p. 221.

伊藤嘉昭 (1982): 社会生態学入門，東京大学出版会，p. 210.

小関右介・Fleming I.A. (2004): 繁殖から見た生活史二型の進化．サケ・マスの生態と進化（前川光司編），文一総合出版，pp. 71-106.

Nichols J.D., Conley W., Batt B. and Tipton A.R. (1976): Temporally dynamic reproductive strategies and the concept of r- and K-selection, *American Naturalist*, 110, 995-1005.

Reznick D.N. and Endler J.A. (1982): The impact of predation on life history evolution in Trindadian guppies (*Poecilia reticulata*), *Evolution*, 36, 160-177.

スプリンガー V・ゴールド J (1992): サメ・ウォッチング（仲谷一宏訳），平凡社，東京，pp. 79-94.

Tsukamoto K., Ishida R., Naka K. and Kjihara T. (1987): Switching of size and migratory pattern in successive generations of landlocked ayu. In: Common Strategies of Anadromous and Catadromous Fishes, Dadswell M. J., Klauda R. J., Moffitt C. M., Saunders R. L., Rulifson R. A. and Cooper J. E. (eds), American Fisheries Society Symposium 1, 492-506.

Tsukamoto K., Nakai I. and Tesch F-W. (1998): Do all freshwater eels migrate?, *Nature*, 396, 635-636.

# 3章　行　動

> 　魚類の様々な行動，産卵・摂餌・捕食・攻撃などについては，第3部各論において具体的にとりあげられるので，この章では，魚類の生態を理解するために役立つと思われる行動学的視点を紹介したい．まず，動物行動学および行動生態学の基本的な理論枠とその変遷について解説する．行動研究においては至近要因と究極要因の両面からのアプローチが必要であり，究極要因の解明には適応度に対する効果を実証することが必要になってくる．また，これまでに出版された魚類の行動に関する教科書・総説論文集において，どのようなテーマが取り上げられてきたかを概観し，今後の展望について触れる．

## §1. 魚類の生態と行動の研究

　魚類の行動に関して，野外観察を踏まえて生態と関連づけた研究が活発になってきたのは，1970年代からである．これは1つには，とくにサンゴ礁などの海産魚類を対象として，スキューバを用いた潜水観察が普及していったことが大きく影響している．もう1つは，ちょうど1970年代に，行動を研究する分野が，それまでの動物行動学（ethology）から，行動生態学（behavioral ecology）あるいは社会生物学（sociobiology）と呼ばれる分野へと移行して行ったことも関連している．その理論枠の変遷については後に述べる．

　1970年代末になると，アメリカのReese and Lighter編（1978）の『Contrasts in Behavior』，カナダのKeenleyside（1979）による『Diversity and Adaptation in Fish Behaviour』など，魚類の行動をメインテーマにした総説集・教科書が出版されるようになってきた．

　『Contrasts in Behavior』は「Adaptations in the Aquatic and Terrestrial Environments」という副題がついている通り，魚類と他の脊椎動物を水中と陸上という生息環境の違いに注目して，様々な行動について比較しようと試みた総説論文集である．4つのパートに分けられ，繁殖行動・コミュニケーション・摂餌行動・社会行動などがとりあげられている．

　一方，『Diversity and Adaptation in Fish Behaviour』は7章からなっており，運動・摂餌・捕食回避・産卵場所選択・繁殖・子の保護・社会行動と，著者Keenleysideの専門分野である繁殖関係のテーマにやや重点がおかれた内容になっている．

　その後，イギリスのPitcher編（1986）の『The Behaviour of Teleost Fishes』とその第2版（Pitcher, 1993）や，カナダのGodin編（1997）の『Behavioural Ecology of Teleost Fishes』が出版された．これらについては後に少し詳しく紹介する．また，日本人による研究例を紹介したものとしては，『魚の採餌行動』（佐原，1987），『魚類の繁殖行動』（後藤・前川編，1989），『魚類の繁殖戦略1, 2』（桑村・中嶋編，1996；1997），『魚類の社会行動1～3』（1 桑村・狩野編，2001；2 中嶋・狩野編，

2003；3 幸田・中嶋編, 2004) などが出版されてきた．

また，様々な行動の動画については，ウェブ上の『動物行動の映像データベース』(http://www.momo-p.com/) で公開されるようになってきた．

この章では，まず動物行動学・行動生態学の基本的な理論枠と手法を紹介し，ついで魚類ではどのような行動が注目されてきたかを紹介する．産卵・摂餌・捕食・攻撃・群れ行動など，個別の具体的な行動については，第 3 部の各論を参照されたい．

## §2. 動物行動に関する 2 つのなぜ

動物行動学（ethology, エソロジー）と呼ばれる分野が確立したのは 20 世紀半ばであり，その際とりわけ重要な役割を果たしたのは，1973 年にノーベル生理学・医学賞を受賞した，ローレンツ（K. Lorenz），ティンバーゲン（N. Tinbergen），フリッシュ（K. von Frisch）というヨーロッパの 3 人の学者たちだった（Thorp, 1979）．

フリッシュは高校の教科書にも載っているミツバチの「8 の字ダンス」で有名だが，動物の感覚とコミュニケーションの研究を実験的手法により発展させた．ローレンツは「刷り込み（imprinting）」の発見者として知られているが，生得的解発機構（innate releasing mechanism），社会行動，種間比較による系統論など，鋭い観察力と洞察力にもとづいた幅広い研究によりエソロジーの枠組みを作り上げた．ティンバーゲンはトゲウオの攻撃行動や求愛ジグザグダンスの研究で知られているが，巧妙な野外実験が得意であった．彼は『本能の研究』(Tinbergen, 1951) の序論において，のちに「ティンバーゲンの 4 つの問い」と呼ばれることになる動物行動学のアプローチについて述べている．

すなわち，「動物はなぜそのように行動するのか？」という問いに対して，

①刺激－反応の因果関係（生理的メカニズム）
②行動の個体発生
③進化の歴史（系統発生）
④行動の目的・機能（生存価・適応的意義）

の 4 つの側面から答える必要があることを指摘した（Tinbergen, 1951）．

表 3-1　動物行動研究の諸側面：至近要因と究極要因（Alcock, 2001a を改変）

| 至近要因 |
| --- |
| 1. 遺伝・発達機構<br>　親からの遺伝の影響<br>　遺伝子と環境の相互作用による感覚・運動系の発達 |
| 2. 感覚・運動機構<br>　環境からの刺激を受容する神経系<br>　環境からの刺激に対する反応を調節するホルモン系<br>　反応を実行する骨格－筋肉系 |
| 究極要因 |
| 1. 現在の行動にいたる進化経路<br>　起源となる行動から現在にいたるまでの進化過程で起こったこと |
| 2. 行動を進化させてきた自然選択のプロセス<br>　生涯繁殖成功を高めるのにどのように役立っているか（現在），役立ってきたか（過去） |

①と②を合わせて至近要因（proximate causes：how questions），③と④をまとめて究極要因（ultimate causes：why questions）ともいうが，動物行動学はその両面から行動を理解しようとする分野である（表3-1；Alcock, 2001a）．

例えば，「春になると小鳥がさえずり始めるのはなぜか？」という問いに対して，「日長が長くなったからだ」という答え方も，「雄が雌を誘うためだ」という答え方もできる．前者が至近要因，後者が究極要因である．ある行動が見られたときに，その直接的原因を追求するのが至近要因で，行動が行われた結果（効果）を問うのが究極要因であるともいえる（図3-1）．

至近要因をもう少し丁寧に答えてみると，「日長が長くなったことを大脳の視床下部が感じ取り，そこから出た物質が脳下垂体に生殖腺刺激ホルモンを生産させ，それが精巣の発達を促して，雄性ホルモンが出ることにより大脳が刺激され，筋肉が動いてさえずり始める」ということになる．つまり，その行動の発現にいたる体内の生理学的プロセス（神経系，内分泌系，筋肉系など）のメカニズムと因果関係を答えるものである．

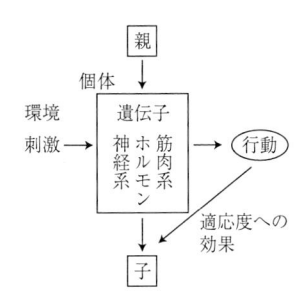

図3-1 行動の原因と効果

至近要因にはさらにもう1つ答え方がある．それは行動の個体発生における，遺伝子と環境要因との関わりを答えるもので，例えば，鳥がさえずる歌のメロディーが親から遺伝したものか，ヒナのときに聞いた歌を学習したものかを明らかにすることである．これを突き詰めれば，ある行動が発現する際に，DNA上のどの遺伝子がどのような環境要因・刺激に応じて発現するのかを明らかにすることになり，生理学的プロセスとつながってくる．

一方，究極要因のほうは，先にあげた例についてさらに，「なぜ，雌を誘うのか？」と問えば，「自分と交尾して，産卵してもらうため」という答えになる．さらに，「なぜ，春にならないとさえずらないのか？」と問えば，「春にならないとヒナを育てるのに必要な餌，つまり昆虫などが十分でてこないからだ」という答えになる．そして，なぜ餌が十分に必要なのかといえば，より多くのヒナを巣立ちさせるためであり，究極の究極要因とは，適応度（fitness）をあげるため，すなわち，「自分の子孫をできるだけたくさん残すため」ということになる．

つまり，究極要因とは，ダーウィンの自然選択（自然淘汰，natural selection）説に基づいた，進化的な適応的意義（adaptive significance）を答えるものである．そして，それに答えるためには，例えば，「よくさえずる」雄ほど，多くの雌と交尾できたかどうか，多くの卵を受精できたかどうか（父性判定），より多くのヒナを巣立ちさせることのできたかどうか，などという行動の効果を調べる実証研究が必要になってくる．

さらにもう1つ，なぜある行動が進化したのかという究極要因を突き詰めると，祖先がどのような行動をとっていたかという進化の歴史に行き当たる．例えば，ある鳥では雄がヒナの世話をし，別の種の雄ではそのような行動がみられないとしたら，その鳥たちのグループでいつ，どのような原因で雄によるヒナの世話行動が進化してきたか，という進化経路を明らかにする必要がある．最近ではDNAの比較に基づいた分子系統樹が様々な分類群で作成されてきており，それをもとにある行動の進化経路をより正確に類推できるようになってきた．

## §3. エソロジーから行動生態学へ

　ダーウィンが自然選択説を提唱して以来，動物の行動や生態の適応的意義を説明しようという試みは繰り返し行われてきた．しかし，行動の究極要因に関する実証研究が盛んになってきたのは，行動生態学と呼ばれる分野が発展してきてからである．行動生態学は，それまでの動物行動学（エソロジー）と個体群生態学を，集団遺伝学を踏まえた進化理論によって統合した分野として 1970 年代に成立した（Krebs and Davies, 1978）．

　エソロジーの創設者であるローレンツは「種にとっての利益」という視点から，同種の仲間を殺さないように攻撃行動の「儀式化」が進化したと論じた（Lorenz, 1952；1963）．このように，動物の社会行動などに関して，種全体を選択の単位とみなした誤った進化論が，長い間適用され続けてきたのである．また，一般社会においても，ダーウィンの進化論とはそのようなものであるという誤解が広まっていった．

　1960 年代になって，適応的意義を論じる際には，種全体の利益ではなく，個体にとっての利益，すなわち各個体の残す子孫の数（適応度），あるいは遺伝子のコピーの数（包括適応度, inclusive fitness）を基準としなければならないことが，ハミルトン（Hamilton, 1964）などにより理論的に明白に示されるようになってきた．

　このような進化理論を踏まえて，「なぜ，ある行動や生態がみられるのか」を説明しようとするのが行動生態学であり，それまでの種全体論・種族繁栄論ではうまく説明できなかった，同種の子殺し，代替戦術，性比，性差，利他行動など様々な問題が，「利己的な遺伝子」（Dawkins, 1976）をキーワードとして説明できるようになってきたのである．例えば，ライオンの雄は子殺しをする．ローレンツ流の「種にとっての利益」という視点からすると，これは異常行動とみなさざるをえない．しかし，そうではなく，子殺しは群れの乗っ取りに成功した新しい雄だけが行い，子殺しした結果，乳児を奪われた雌が早く発情して自分と交尾してくれるという，雄にとって適応的な行動であることがわかってきたのである．

　そして 1981 年に，この分野名をタイトルにした教科書『An Introduction to Behavioural Ecology』が，イギリスのクレブスとデイビスにより初めて出版された（Krebs and Davies, 1981）．一方，行動生態学のうち，とくに社会現象や社会行動の進化に注目した分野は，社会生物学（sociobiology）と呼ばれ，同じく 1970 年代からアメリカにおいてウィルソン（E. O. Wilson）やトリヴァース（R. L. Trivers）らが中心になって急激に発展したが，その理論が人間にも適用できると積極的に主張したことから，激しい反発をまねいた（社会生物学論争）．しかし現在では，人間の行動・心理・社会・経済などの理解にも，社会生物学・行動生態学の理論が有効であることが多くの例で実証されてきており，人間行動生態学あるいは進化心理学と呼ばれる分野も確立しつつある（Alcock, 2001b）．

　魚類に限らず様々な動物の行動生態学に関する研究論文を主に掲載している学術雑誌としては，『Behavioral Ecology』（国際行動生態学会の学会誌；1991 年創刊），『Behavioral Ecology and Sociobiology』（1976 年創刊），『Animal Behaviour』（英国と米国の動物行動学会の共通学会誌；1953 年創刊），『Ethology』（1937 年に Lorenz らが創刊した Zeitschrift für Tierpsychologie を 1986 年に誌名変更），『Behaviour』（1948 年に Tinbergen らが創刊），『Journal of Ethology』（日本動物行動学会誌；1983 年創刊）などがある．

なお，『Journal of Ethology』では2004年から「Video article」というスタイルの論文も掲載し始めた．これは行動解析に用いられた動画を，先に述べた『動物行動の映像データベース』(http://www.momo-p.com/) に登録し，ウェブ上で閲覧できるようにしたもので，研究者間で行動観察データを共有し，行動分析の追試を可能にしようという新しい試みである．

## §4. 適応度と行動の関係

適応度と行動の関係について，もう少し詳しくみておこう．適応度は一生の間に残す子の数であるから，生涯繁殖成功度（lifetime reproductive success）と言い換えることもできる．しかし，ある行動が適応度に及ぼす影響を検討する際には，繁殖成功度への影響だけを考えればいい，というわけではない．適応度には様々な要因が影響してくる．繁殖成功度としては受精卵数が第1の要因であるが，いくらたくさん卵を生んでも，それが生き残ってくれなければ，孫の代まで遺伝子は伝わらない．つまり，子の生存率が当然関係してくる．さらに，一生の間にどれだけ繁殖機会があるかには，自分自身の生存率も関係してくる（図3-2）．

ここで，雄の求愛行動を例にして，行動が適応度に及ぼす効果を考えてみよう．求愛行動をすれば，雌を獲得できて受精卵数を増やすというプラスの効果がある．しかし，その一方で，求愛行動をすることにより捕食者に見つかりやすくなったり，捕食者の接近に気がつかなかったりして，自分の生存率を下げてしまうというマイナス効果も考えられる（図3-2）．例えば，サンゴ礁でベラ類の産卵行動を観察していると，求愛中の雄がエソなどの捕食者に食われてしまうことが珍しくない（狩野，2004）．つまり，ある行動をとるということは，単純に適応度に利益（ベネフィット）をもたらすだけではなく，損失（コスト）ももたらす可能性もあるのである．

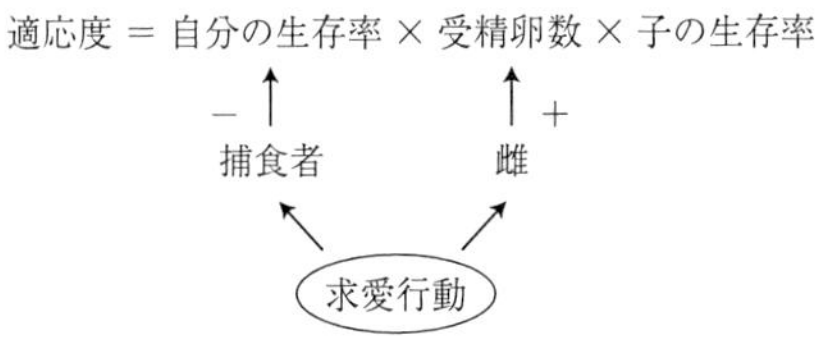

もう1つ例をあげてみると，魚類では雄が卵の見張り保護をする種が多いが，卵保護中の雄が卵を食べてしまう行動が多くの種類で報告されている（奥田，2001）．卵を食べると明らかに子の生存率を下げてしまうので，当然適応度にはマイナスである（図3-2）．一方，卵食によってエネルギーを補給することで，自分自身の生存率の低下を防ぐことができるのである．

図3-2 適応度に対する行動の効果
求愛行動には雌をひきつけて受精卵数を増やすというプラスの効果があるが，捕食者に見つかりやすくなり自分の生存率が低下するというマイナス効果もある

このような利益と損失のバランスにより，いつ卵食行動をすべきか，いつ求愛行動をとるべきかなどが決まってくると考えられる．そうすると，いつどのような行動をとるべきかは，個体ごとの生理的条件の違いや，個体が置かれた社会的状況（環境条件）の違いにより，個体ごとに違ってくる可能性がある．つまり，同じ種であっても，行動パターンの個体差が当然のこととして生じてくる．

この個体差は，例えば体の大きさに応じた（条件付きの）代替戦術（alternative tactics）をとるという形で現れてくることもある（桑村，1996）．ベラの仲間では，大きな雄は派手な体色をして雌にさかんに求愛するけれども，小さい雄は捕食されるのを避けるため，地味な体色をしていてあまり求愛しない．その代わり，小さい雄どうしが群れて雌を追尾し，1尾の雌と多数の雄が同時に放卵放精する，群れ産卵・グループ産卵と呼ばれる代替戦術をとるのである．

あるいは，小さいときはまったく繁殖行動をとらずに，ひたすら成長にエネルギーを回すという戦

術をとることもある（桑村, 1996）. これは一般に「繁殖と成長のトレードオフ」と呼ばれている現象で，ブルーギルなどでは，小さいときには繁殖せずに大きくなってから巣を作りなわばり防衛行動をとって繁殖する雄と，小さいときからスニーキングという代替戦術で繁殖する雄の2タイプが共存することが知られている.

このように，行動の究極要因，つまり適応度に対する効果を調べることにより，同種内に様々な個体差が存在する理由についても説明できるようになってきたのである.

## §5. 魚類の行動学と行動生態学

では，魚類の行動研究においては，これまでどのような現象が注目されてきたのか. ここではまず，Pitcher（1993）が編集した『Behaviour of Teleost Fishes（2nd ed.）』の構成をみておこう. この本は，

第1部　行動の基盤　Basis of behaviour
第2部　感覚様式　Sensory modalities
第3部　行動生態学　Behavioural ecology
第4部　応用魚類行動学　Applied fish behaviour

の4部構成になっている.

第1部は主として至近要因に関する基本的事項の解説で，各章のタイトルは，

1　魚類の行動の遺伝的基盤
2　魚類の行動の動機づけ的基盤
3　魚類の行動の発達

となっており，これに続けて第2部の感覚様式に関する各章では，

4　魚類の行動における視覚の役割
5　水中音と魚類の行動
6　魚類の行動における嗅覚の役割
7　魚類の行動における側線の役割

と，魚類が生息する水中環境の特性と，魚類特有の感覚システムを解説している. これらと第1部を合わせると，魚類の行動の至近要因に関する研究が概観できるようになっている.

第3部は究極要因を扱う行動生態学で，分量的にはこれだけで本全体の半分を占めている. ここでは10のテーマが取り上げられており，各章のタイトルは，

8　硬骨魚類の摂餌行動－事実と理論
9　被食のリスクと摂餌行動
10　硬骨魚類の配偶行動
11　Williamsの原理－硬骨魚類における子の保護の説明
12　硬骨魚類における群れ行動の機能
13　個体差と代替行動
14　昼と夜とたそがれ時の魚類の行動
15　潮間帯の硬骨魚類－変わりやすい環境における生活
16　トゲウオ類の行動生態学
17　洞窟魚の行動生態学

であるが，8～13章は Reese and Lighter 編（1978）や Keenleyside（1979）でも扱われていた，摂餌・繁殖・社会という3大テーマを取り上げているのに対して，14，15章は行動の時間的・空間的な変化を，16，17章は2つのケーススタディーを扱ったものである．

最後に，第4部の応用魚類行動学は水産的側面への応用について述べたもので，

　　18　魚類の行動と漁具
　　19　魚類の行動と淡水漁業の管理

の2章からなり，漁獲効率の向上と資源保護を促進していく際にも，行動研究が重要な役割を果たすことが示されている．

これに対して Godin 編（1997）の『Behavioural Ecology of Teleost Fishes』では，行動の至近要因に関する解説（前書の第1部と第2部）はなく，前書の第3部に相当する内容に絞られている．取り上げられているのは，次の12のテーマで，各章のタイトルは，

　　1　魚類行動生態学－生存と繁殖のための適応
　　2　魚類の回遊－進化的視点から
　　3　生息場所選択－行動からみた空間分布様式
　　4　なわばり行動
　　5　摂餌戦術
　　6　餌選択
　　7　捕食者回避
　　8　捕食者からの防衛
　　9　配偶システムと性的資源配分
　　10　性選択
　　11　子の保護
　　12　魚類行動の可塑性－個体群・群集レベルの結果

であり，摂餌（5～8章）と繁殖（9～11章）という2大テーマとその他という配分になっている．社会行動に焦点をあてた章が1つだけ（4章）というのは，扱いが小さすぎるように思われる．ただし，社会行動は摂餌や繁殖の場面においても現れてくるものであるから，現象としては他の章においても様々な社会行動が紹介されている．

この Godin（1997）が編集した総説論文集が出版されてから10年以上，「魚類の行動」あるいは「魚類の行動生態学」というタイトルの本は出版されなかった（ただし，章末の追記参照）．1つには行動生態学という新しいパラダイム（理論枠）に則った研究が，1970年代から急激に増えていったけれども，20年経過したところで一段落したということなのであろう．Krebs and Davies の『An Introduction to Behavioural Ecology』も1993年に第3版が出たあとは改訂されておらず，この分野が成熟したとみなせるであろう．

もう1つには，ある行動の適応度に対する効果をより厳密に実証するには，DNA を用いた親子判定が必要であり，この10年間でその関係の論文が急激に増えつつある（例えば，宗原，2003；Awata ら，2006；Svensson and Kvarnemo, 2007）．これらの成果をテキストにまとめるには，今しばらく時間がかかると思われるが，とくに繁殖行動や社会行動について，新たな視点からの総説集が出版されることが期待される．

（桑村哲生）

## 文献

Alcock, J. (2001a)：Animal Behaviour: An Evolutionary Approach (7th ed.), Sinauer Associates, Sunderland, Massachusetts, 543 pp.

Alcock, J. (2001b)：The Triumph of Sociobiology. Oxford U.P., Oxford.（社会生物学の勝利－批判者たちはどこで誤ったか，長谷川眞理子訳，新曜社，2004, pp.359+39.）

Awata, S., Heg, D. Munehara, H. and Kohda, M. (2006)：Testis size depends on social status and the presence of male helpers in the cooperatively breeding cichlid *Julidochromis ornatus*, Behavioral Ecology, 17, 372-379.

Dawkins, R. (1976)：The Selfish Gene. Oxford U.P., Oxford.（利己的な遺伝子，日高敏隆他訳，紀伊國屋書店，1991, 548 pp.）

Godin, J-G. J. (ed.) (1997)：Behavioural Ecology of Teleost Fishes, Oxford U.P., Oxford, 384 pp.

後藤 晃・前川光司編 (1989)：魚類の繁殖行動－その様式と戦略をめぐって，東海大学出版会，pp.201+30.

Hamilton, W. D. (1964)：The genetical theory of social behavior, I, II. *Journal of Theoretical Biology*, 7, 1-52.

狩野賢司 (2004)：カザリキュウセンの性淘汰と性転換，魚類の社会行動 3（幸田正典・中嶋康裕編），海游舎，1-48.

Keenleyside, M. H. A. (1979)：Diversity and Adaptation in Fish Behaviour, Springer-Verlag, Berlin, 208 pp.

幸田正典・中嶋康裕編 (2004)：魚類の社会行動 3，海游舎，234 pp.

Krebs, J. R. and Davies, N. B. (1978)：Behavioural Ecology: an Evolutionary Approach. Blackwell, Oxford.（進化から見た行動生態学，山岸 哲・巖佐庸訳，蒼樹書房，1994, 578 pp.）

Krebs, J. R. and Davies, N. B. (1981)：An Introduction to Behavioural Ecology. Blackwell, Oxford.（行動生態学（原書第 2 版），山岸 哲・巖佐庸訳，蒼樹書房，1991, 454 pp.）

桑村哲生 (1996)：魚類の繁殖戦略入門，魚類の繁殖戦略 1（桑村哲生・中嶋康裕編），海游舎，1-41.

桑村哲生・中嶋康裕編 (1996)：魚類の繁殖戦略 1，海游舎，196 pp.

桑村哲生・中嶋康裕編 (1997)：魚類の繁殖戦略 2，海游舎，198 pp.

桑村哲生・狩野賢司編 (2001)：魚類の社会行動 1，海游舎，209 pp.

Lorenz, K. (1952)：King Solomon's Ring. Crowell, New York.（ソロモンの指輪，日高敏隆訳，早川書房，1970, 231 pp.）

Lorenz, K. (1963)：Das sogenannte Böse: zur Naturgeschichte der Aggression. Dr. G. Borotha-Schoeler Verlag, Wien.（攻撃－悪の自然誌，日高敏隆・久保和彦訳，みすず書房，1970, 385 pp.）

宗原弘幸 (2003)：血縁と配偶システム．水生動物の性と行動生態（中園明信編），恒星社厚生閣，33-47.

中嶋康裕・狩野賢司編 (2003)：魚類の社会行動 2，海游舎，210 pp.

奥田 昇 (2001)：口内保育魚テンジクダイ類の雄による子育てと子殺し，魚類の社会行動 1（桑村哲生・狩野賢司編），海游舎，153-194.

Pitcher, T. J. (ed.) (1986)：The Behaviour of Teleost Fishes, Croom Helm, London, 553 pp.

Pitcher, T. J. (ed.) (1993)：Behaviour of Teleost Fishes (2nd ed.), Chapman & Hall, London, 715 pp.

Reese, E. S. and Lighter, F.J. (ed.) (1978)：Contrasts in Behavior, Wiley-Interscience, New York, 406 pp.

佐原雄二 (1987)：魚の採餌行動，東京大学出版会，121 pp.

Svensson, O. and Kvarnemo, C. (2007)：Parasitic spawning in sand gobies : an experimental assessment of nest-opening size, sneaker male cues, paternity, and filial cannibalism, *Behavioral Ecology*, **18**, 410-419.

Thorp, W. H. (1979)：The Origins and Rise of Ethology. Heinemann Educational Books, London.（動物行動学をきずいた人々，小原嘉明ほか訳，培風館，1982, pp.193+11.）

Tinbergen, N. (1951)：The Study of Instinct. Clarendon, Oxford.（本能の研究，永野為武訳，三共出版，1959, 230 pp.）

## 追記

本章脱稿後に次の総説論文集が出版された．

Magnhagen, C., Braithwaite, V. A., Forsgren, E. and Kapoor, B. G. (ed.) (2008)：Fish Behaviour. Science Publishers, Enfield, New Hampshire, 648 pp.

　章立ては以下の通り（数字は章番号）．

Part 1 The Basis
　　1 魚の感覚，2 学習と記憶，3 ホルモンと社会行動，4 行動の遺伝
　Part 2 Essentials of Life
　　5 回遊と生殖場所選択，6 摂餌行動の理論と実際，7 被食者による捕食危険性の査定，8 魚類の性選択の多様性，9 配偶者選択，10 子の保護と性選択，11 代替繁殖戦術
Part 3 Coping with a Complex World
　　12 協力行動，13 集団生活と社会的ネットワーク，14 意思決定とトレードオフ，15 寄生虫と行動，16 掃除共生関係の新たな展望，17 養殖魚の行動と福祉

# 4章　社　会

　　動物の社会に関する研究は主に陸上脊椎動物を対象にはじまった．近年スキューバ潜水の普及や繁殖戦略論など理論面の確立もあり，魚類社会の研究は大きく進んできた．本章では魚類の社会について最近の研究成果を中心に紹介する．まず社会の基本様式である，なわばり・順位・群れに触れ，後半はそれらをふまえ魚類の配偶システムについて述べる．一夫一妻，一夫多妻，多夫多妻（乱婚）をはじめ，最近は魚類で一妻多夫やヘルパーを伴う共同繁殖の例も見つかった．魚類の社会は哺乳類や鳥類に匹敵するほど"高度"なものもあり，かつ多様である．さらに魚特有の複雑さがある．これら魚の社会の特徴は，系統の多様さ，種数の多さ，受精様式や子の保護様式の多様さ，生息環境の多様さ，体長の大きな種内変異などに起因する．また，「地縁性」がある場合，魚にも高い「社会性」がともなうことが多い．魚類で顕著な異種個体の社会関係を扱う「種間社会」の観点についても議論する．

## §1. 動物社会の研究

　　動物の社会（animal society）とは，行動や信号などを介して起こる個体間での様々な相互関係の総体をいう．相互関係のあり方には様々なパターン（繰り返しあらわれる様式，あるいは規則性）があり，このパターンを見いだすことが具体的な研究につながる．動物の社会を研究するにあたり，個体はどれでも同じであるとみなすことはできない．例えば，ある集団内で順位があるとき，個体の区別なしには，その優劣関係を把握することはできない．そのため個体識別（12章参照）の手法がどうしても必要となり，これなしには社会の研究は成り立たない．日本では戦後，今西錦司をリーダーとしてサルをはじめ哺乳類を中心に，個体識別し個体間の関係を研究する動物社会学が精力的になされた．魚類を対象とした社会研究も，この頃からはじまっている（例えば，河端，1954）．

　　ダーウィンの『種の起原』の邦訳は，大正時代には世にでていた．しかし戦前から戦後のながらくは，国内での生物進化についての議論は混沌としていた．今西は「種社会」の概念を提唱し，進化の主体（あるいは単位）は漠然と種であるとしたが，生物進化のメカニズムに関する明白な考えはなかった．今西にとっては，個体よりも全体としての種社会や「生物社会」が大きな関心事であり，そのため彼が動物の個々の振る舞いや多様な個体間関係の意味を突き詰めていくことはなかった．今西は種間競争を否定する独自の生物群集論や進化論を展開したが，現在の生物学では受け入れられていない．

　　1970年代に入ると欧米では，動物行動や生物進化の研究に「社会生物学」・「行動生態学」という大きな動きが起こる．自然淘汰理論を基盤とするこの立場は，進化の単位は個体（もしくは遺伝子）であるとし，個体の適応度（繁殖成功：個体が残す子孫の多さの指標）を通して，動物（生物）の形

質や行動とその進化の理解をめざしている．ここでも個体ごとのコスト・利益や適応度を把握するために，個体識別がなされる（今西らとは独立になされた）．この立場は，適応度の観点で動物の多様な行動や形質を首尾よく説明してきたし，次々と発表される研究成果はこの立場を確固たるものにしている（Alcock, 2004）．その研究対象には様々な社会関係も含まれる．国内でも進化に興味があり，かつ繁殖や社会行動を扱う研究者の多くが大なり小なり行動生態学の立場を取っている．魚の行動や社会を扱う場合も，この立場での研究が数多くなされている．

　個体の行動観察に基づく社会行動や社会関係の研究にとり，魚類はうってつけの材料といえる．特に定住性の強い魚類の場合，①手ごろな大きさのものが多い，②行動圏がそれほど大きくない，③潜水観察も含め，間近での長時間の直接観察が可能である，④飼育観察や実験的操作が容易である，⑤標本の解剖にも困難さは少ない．なにせ魚類は，⑥種数が多くかつ多様である．このように魚類は，行動や社会の研究材料として哺乳類や鳥類と比べても優れた点が多い．むしろ魚だからこそできたという研究も決して少なくない．本章では，こうした利点をもつ魚類での「社会」をめぐる最近の成果を紹介する．なお，動物の社会は，各個体が適応度を高めるように様々に働きかけた結果生じるものである．ヒトの社会にみられるような法律や慣習などの社会"制度"として維持されてはいないので，なわばり制や一夫一妻制という言い方はここではしない．また，社会性が高いというのは，互いに相手個体を認知し，闘争や排他的行動に至らなくても社会関係が維持されている場合，すなわち時間やエネルギーなどの無駄の少ない互恵的な個体間関係が作られている場合をいうことにする．

## §2. なわばり，順位，群れ，種間社会

　社会関係の基本は2個体間で互いに反発するか誘引する（集まる）かにあり，これで大枠が決まる．すべての個体に対し反発する場合，なわばり関係になり，逆に誘引する場合が群れや群がりといえる．順位関係のある社会では異サイズ個体は受け入れるが同サイズ個体は反発するし，魚の群れでは同じ大きさの個体（遊泳速度が同じ）が誘引されることが多い．社会性の点で大事なのは，これら社会の形態が何であろうと，同じ個体が長期間にわたり繰り返し出会う（地縁性が高い）状況かどうかである．互いに地縁性がある状況では，個体間で高い社会性が発達していることが多い．

### 2-1　なわばり

　なわばり（territory）は，動物が他個体を排除し独占して使用する区域，と定義される．様々な動物群で認められており，なわばりをめぐる関係はもっとも一般的な社会関係といえる．魚類のなわばりについては，22章を参照されたい．ここでは社会性の問題に大きく関係するなわばりの境界認知，特に種間なわばりでの被攻撃魚によるなわばり境界認知についてのみ述べる．

　鳥類や哺乳類では，「紳士協定」や「親愛なる敵効果（dear enemy effect）」と呼ばれるなわばり隣人どうしの社会関係が，様々な種類で知られている．なわばりの境界が一旦確立すると隣接個体は互いにその境界を認識し越境しなくなる．これが守られると隣人は互いに害を及ぼす敵ではなくなるため，なわばりの所有者は隣人には寛容になる．このように紳士協定によってなわばり闘争を減らすことで，隣接者双方に利益があると考えられ，これは極めて社会性の高い関係といえる．最近，紳士協定が魚でも見られることが，水槽で実験的に確認された（Leiser and Itzkowitz, 1999）．しかしこの例もこれまでの鳥類での報告同様，なわばりを対等に維持する同種のなわばり隣人個体間での話である（22章参照）．種間なわばりでしかも一方的に攻撃されている種が，そのなわばり境界を認識し侵

入しないという例が魚で見つかっている.

セダカスズメダイ（セダカ）の場合のように，多様な競争者に対し一方的に攻撃する摂餌なわばり（種間なわばり）は，珊瑚礁魚では珍しくない．排除される魚種は，はるかに大きな行動圏を単独でもっていたり，群がりや群れであったりとその社会は様々である．セダカに排除される魚種の1つであるタカノハダイ（タカノハ）は，単独で大きな摂餌なわばりをもち，その中にセダカの摂餌なわばりをいくつも含んでいる（図4-1）．ここではタカノハはセダカのなわばりの外で十分摂餌できている．もしセダカのなわばりに侵入するのが見つかれば，タカノハはセダカに激しく攻撃される．このような状況では，なわばりをもつタカノハはその中の個々のセダカの小さな摂餌なわばりの境界を認識し，セダカがいなくても高い頻度で自主的にセダカのなわばりへの侵入を回避する（Kohda & Matsumoto, in prep.）．タカノハはそ

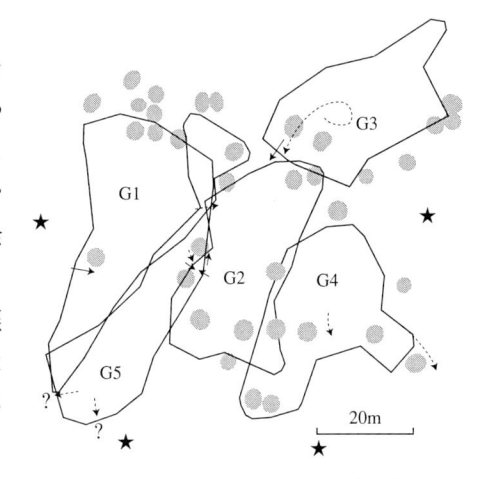

図4-1 タカノハダイの5つのなわばり（G1-G5）とセダカスズメダイの摂餌なわばり（網かけ部分）．矢印はタカノハダイの間での攻撃．タカノハダイは自分のなわばりのなかのセダカスズメダイの摂餌なわばりに，侵入することはほとんどない．星印は他の定着タカノハダイの存在を示す．

れぞれのなわばりの中の同じセダカのなわばりで繰り返し攻撃される過程で，なわばり境界を学習したと考えられる．たまに調査地に訪れてくる非定住性のタカノハは，セダカのなわばりをおそらく認識しておらず，頻繁に侵入し激しく攻撃されてしまう．

この事例は，種間なわばりをめぐる社会性は，社会構造が大きく異なる異種個体間でも起こることを示している．22章や後の「種間社会」で述べるように，ここでも互いの地縁性による結びつきにより，繰り返し出会うという条件が保たれると，自主的な侵入回避という高い社会性が種間でも生じることを示している．セダカとタカノハのような種間なわばりをめぐる異種個体間での「紳士協定」や高い社会性の例は，鳥類や哺乳類ではまったく報告がない．

### 2-2 群 れ

一般に群れという言葉は，家族群・サルの群れ・鳥の繁殖集団などと様々な集団に用いられる．しかし，魚類で群れといえば，英語の school にあたる「行動をともにしている集団」をいうことが多い．魚の群れとは，各個体が相互に引かれ集まったもので，個体は大なり小なり統一的な行動を取っている．このため似たサイズの個体で構成されることが多い．哺乳類や鳥類の群れ（group）は血縁個体からなることが多く，リーダーが存在することがある．魚の群れ個体間には血縁関係はまずなく，またリーダーは存在せず，構成メンバーの離合集散も頻繁に起こり，順位関係も普通見られない．このため高い社会性は見られない．また魚類では個体同士は集まるが，全体としてまとまった行動をとらない場合は「群がり（aggregation）」と呼ばれ，群れと区別される．群がりの場合も，個体の出入りが多い，構成メンバー数が多いなどのため，やはり社会性は普通発達していない．種多様度の高い珊瑚礁や熱帯湖沿岸での群れは，同じギルドの複数種から構成される「混群（mixed-species school）」がしばしば見られる．

群れることで個体は様々な利益を得る（23章参照）が，その主な機能は被食圧を下げることと，摂餌効率を高めることの2つである．ここでは代表的な魚類の群れの例をあげる．ファスキオラータ

ス *Petrochromis fasciolatus* は，タンガニイカ湖の沿岸岩礁域に棲む藻食性カワスズメである．この魚は群れを形成し，藻食のモーレイ *Neolamprologus moorii* の摂餌なわばりを襲う（Kohda and Takemon, 1996）．モーレイのなわばり内には藻類が高密度で繁茂している．単独や数個体のファスキオラータスはモーレイに簡単に追い払われる．しかし，大きな群れで侵入するとモーレイの攻撃が追い付かなくなり，ファスキオラータス1個体当たりの被攻撃頻度は下がる．50尾を超す群れでは，もはやモーレイはお手上げ状態となる．本種では群れの主な機能が被食回避とは考えられず，群れを形成することで，他種の摂餌なわばりに容易に侵入し高密度の藻類を効率的に摂食している．この群れは他種の藻食魚数種も入り込む混群になることが多く，他種魚も同様に利益を得ている．また，珊瑚礁やマラウイ湖の藻食魚でも同様に群れで藻食魚の摂餌なわばりを襲うことが知られており，やはりこれらも混群になる．

　珊瑚礁に棲むアカハラヤッコは藻類やデトリタスを食べる単独性の小型魚で，特に小さな個体は隠れ家からあまり離れることはない．この魚，近くに他種の小型魚やその群れが通ると一緒になって餌をとる．群れることで餌の発見効率が上がるわけではないが，摂餌に費やす時間が増える．本種は，他種の小型魚のそばにいることで被食圧を分散，あるいは他種の警戒を利用し，摂餌に専念すると考えられている（Sakai and Kohda, 1995）．この場合は，群れることで被食圧を下げ，その分摂餌時間を増やすことになる．先ほどの例では，群れることで攻撃を回避し摂餌効率をあげている．このように，群れの形成で2つ以上の機能が絡むことは少なくない．

　群れの1つに，2～数個体からなる随伴がある．珊瑚礁や熱帯湖など種多様性の高い群集でよく見られる．例えばタカノハダイにつくベラ類などのように，随伴者が大きさや習性の異なる他種の個体の後に付き従うことで形成される．随伴者が，餌を効率的に捕獲できるという利益を得ている場合が多い（堀，1993）．随伴や混群は鳥類でも多くみられ個体識別を施した研究がなされているが，魚類でのそのような研究はまだない．

### 2-3　順　位

　魚類の順位（dominance hierarchy）は，安定した集団や行動圏が重複する，あるいは体長が少し異なる個体がなわばりの隣人関係にある場合など，長期間にわたり同じ顔ぶれの個体が繰り返し出会う状況で見られる（同じ顔ぶれが繰り返し出会うという状況は，鳥や哺乳類の順位の場合でも同じ）．魚類の順位関係は，体長に依存し，より大きな個体が優位となることが普通である．体長差が明瞭な場合，順位関係は直線的になる．優位な個体は自分より小さな個体のうち，自分に近い体長の個体と頻繁に干渉をもつことが多い．

　新たな個体の組み合わせが生じる場合など，順位関係が確定していない時は激しい闘争が続くことが多い．しかし一旦順位が決まれば優位個体と劣位個体が互いを認識し，劣位個体が宥和行動を見せたり，出会いを回避したりするようになるし，優位個体も劣位個体に攻撃をしないようになる．個体認知に基づくこのような優劣関係の安定化は，魚類の様々な系統群で知られる．安定し落ち着いた個体関係をもつことは，攻撃行動にともなうエネルギーや時間の消費や負傷の危険といったコストを抑えることができ，個体相互にとって有利である．相手個体の識別をともなうこの社会関係は，魚類だけではなく基本的かつ極めて普遍的に生じている社会関係であり，なわばり隣接個体間での紳士協定とも類似しており，ともに極めて社会性の高い現象である．

　移行的推定（transitive inference）と呼ばれる論理的思考様式が，類人猿やヒトの幼児で知られて

いる．例えばA＞BかつB＞Cの時，A＞Cという推論である．最近この能力が鳥類で，そして魚類でも確認された（Grosenickら，2007）．魚類の実験で使われたのはカワスズメの一種 *Astatotilapia burtoni* である．実験個体に対して透明の仕切り越しに，個体AとBの社会干渉を見せる．AはBより優位である．次いでBとCの干渉を見せる．BはCよりも優位である．すると実験個体は彼らの社会干渉を見ただけで，AはCより優位であると推定（認識）するというのである．この魚は生息地のタンガニイカ湖では安定したなわばりを維持しており，同じ個体が繰り返し出会う社会性の高い魚である．この例が示すように，地縁性の高い魚類ではその個体認識力や順位の認知力はこれまで考えられている以上に高いと考えられ，それにともない社会性もかなり発達している可能性がある．

魚類でも一旦個体間の優劣関係が確立されると，順位関係は安定し各個体での無駄な干渉は減少する．長期間続く安定した小集団（同じ個体が繰り返し出会う状況）での順位の安定化は，しっぺ返し戦略によりもたらされることが理論的に示されている（Nowakら，2004）．実際に鳥類やサル類ではいくつも研究例はあるが，魚類での実証研究は少ないし，国内ではまったくない（22章参照）．水槽飼育された魚類は詳細な社会行動の観察対象として優れており，この方面での今後の研究の進展が期待されている．

最近，順位関係にある場合，順位が隣り合う個体のサイズ比が一定の値をとることが見いだされ注目を集めている．イソギンチャクに棲むクマノミ類の集団は，大型の雌と小型の雄の繁殖ペアと雄よりも小さい数個体の非繁殖個体から構成される．集団の構成員の間には体長依存の順位があり，大型個体が小型個体を攻撃している．クマノミなどの集団内でサイズが隣接する個体間では，体長比（大個体／小個体）が1に近い程（＝体長が似ている程）攻撃頻度が高く，小型個体の成長は小さく，この体長比は時間の経過とともに大きくなる（Buston, 2003）．逆に体長比が大きい（＝体長差が大きい）と，干渉頻度は小さく，小型個体が早く成長し，体長比は小さくなる．すなわち，時間の経過とともに，体長比は一定の値に落ち着くようになる（ただし，消失や入れ替えが生じるたびに振り出しに戻る）．この比率については，資源分割を伴うなわばり重複と近縁種のニッチ分化の相似性の観点からも議論がなされはじめているが（Buston and Cant, 2006；Kohdaら，2008），未だ研究例が少なく今後の展開が待たれる．

魚類では順位は同種個体だけでなく，異種個体間でも広く認められる（幸田，1993；中野，2003）．種内でも体長が異なり，資源分割できる場合は，順位をともなわない重複なわばりとなることがある（22章参照）．藻食性のカワスズメ類やスズメダイ類では，体長が大きく異なっても資源分割できないことが多く，この場合なわばりは種内でも種間でも重複することはない．この時，隣接者間ではなわばり境界の維持をめぐり攻撃と宥和行動が観察され，種内だけでなく種間での順位関係（種間順位）が認められる（Kohda, 1991；幸田，1993；22章参照）．体長依存の種間順位はサケ科魚類からも知られており，ここでも種内順位と似た順位が生じている（中野，2003）．

### 2-4 種間社会

珊瑚礁，岩礁域，熱帯湖，国内の河川上流部などで近縁魚種が共存している場合，そこで見られる実際の種間関係は，今西錦司や可児藤吉の想定とは大きく異なっている．これら近縁魚種の多くは資源要求が普通大きく重複しており，共存する異種個体の間でも競争関係があり，異種個体での社会的干渉が頻繁に見られる．「棲み分け」とみなせる事例でも，共存域では種間なわばりや種間順位のように，各個体が種内・種間の他個体と多様な社会関係をもちつつ暮らしているのである．実は，近縁

種で資源要求が重なるからこそ，相補的棲み分け（あるいはニッチの相補性）が保たれている．そこで実際に起こっている関係の実態を知るには，同種個体間の関係と同様に，同所的に暮らす異種個体間の個々の社会関係（それと成長率や死亡率も）を調べる必要が生じてくる（片野，1999）．

これまで動物の社会はその種を構成する個体間で生じるものと考えられてきた．確かに繁殖に関する関係は同種の同性異性間や親子間での社会関係，つまり種内関係になる．しかしここまで見てきたように（22章の種間なわばり；Kohda，2003aも参照），種多様性の高い珊瑚礁や熱帯湖の岩場では，生態的な資源をめぐって起こる種間なわばりや種間順位，そして混群や随伴といった異種個体間での社会関係が頻繁に見られる．種間なわばりをもつセダカスズメダイのように，他種個体との干渉が種内での干渉頻度よりはるかに多い種すら存在する．哺乳類や鳥類でも競争関係にある種間で「種間順位」が報告されているが，これら分類群では種ごとに成体のサイズがほぼ一定であるため，社会的優劣は種の間でのサイズ差を反映して単純に決まる．これに対し種内でのサイズ変異が大きい魚類では，種間順位での優劣も個体の組み合わせに大きく影響される．すなわち優劣関係は種特異的には決まらず，個体の組み合わせ次第で関係はダイナミックに変わることが多い．そして，劣位個体の宥和行動は，同種の場合と同じように他種の優位個体に対して機能することが多い（幸田，1993；Kohda，1997）．タカノハダイのように，種間なわばりの境界を認知し自主的に侵入回避するという，地縁性の高い異種個体間でも極めて高い社会性が認められる．これらの例では，異種間でも種内と同じような社会関係が生じているし，地縁性に基づく高い社会性が認められ，「種間社会」が成立している（幸田，1993；中野，2003）．つまり種間社会の観点から，これまでのギルド（群集）構造は，異種個体間での社会として，その実態をとらえ直すことができる．脊椎動物の中でも魚類はこのような種間関係の研究材料として非常に優れている．しかしながら，環境条件が種間の社会関係にどう影響してくるのか，逆に種間関係が各個体にどのような影響をもたらすのかなどといった生態学的側面を含めた研究は，まだわずかしかない（片野，1991；中野，2002）．

## §3. 配偶システム・共同繁殖

### 3-1 配偶システムと繁殖戦術

現代進化理論から，動物の個体はおかれた状況下で自己の繁殖成功を最大にするよう振舞うと予想される．より多く自分の子供を残そうと，繁殖をめぐり繰り広げられる個体間関係の結果として，配偶システムが生じる．魚類の配偶システムは多様である．それは，主に硬骨魚類のほとんどが体外受精であること，子の保護様式が多様であること（20章参照），成熟個体のサイズ変異が大きいことなどによる．魚類の配偶システムは，他の脊椎動物と同様に雌雄それぞれの配偶者数から，一夫一妻（両性単婚, monogamy），一夫多妻（雄複婚・雌単婚, polygyny），一妻多夫（雄単婚・雌複婚, polyandry），多夫多妻あるいは乱婚（両性複婚, polygynandry promiscuity）に分けられる．さらに，個体間関係に影響する空間配置のあり方を考慮した分類も提案されている（桑村，1996, 2007；Kuwamura，1997；図4-2）．

魚類では雄の代替繁殖戦術が幅広く見られる（Taborsky，1994, 2008；3章参照）．魚の繁殖戦術そのものも他の分類群に比べても多い．それは主に魚類の大きな種内体サイズ変異のためである．乱婚以外では「なわばり雄」が存在し，繁殖に必要な資源あるいは雌そのものを独占することが多い．なわばり雄と雌のペア産卵に飛び込んで放精する小型の雄は，「スニーカー雄」と呼ばれる．雌にな

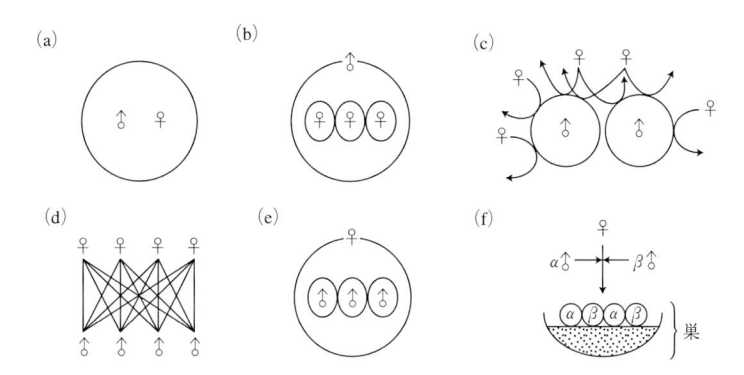

図 4-2 空間配置も考慮した 6 つのタイプの配偶システムの概念図.大きな丸は高い地縁性（なわばり）を示す.a）：一夫一妻,b）：一夫多妻,c）：なわばり訪問型複婚,d）：乱婚,e）：古典的一妻多夫,f）：協同的一妻多夫.
e）古典的一妻多夫の例としては,鳥類ではイソシギやタマシギ,魚類ではジュリドクロミス属の数種があげられる.f）の例は,鳥類ではヨーロッパカヤクグリやプケコ,魚類ではカリノクロミスやジュリドクロミス（*J. ornatus* や *J. transcriptus*）があげられる.

りすまして産卵ペアに近付き放精する「雌擬態雄」も一部の種類で知られる.報告例数は少ないが（ベラ科とカワスズメ科），なわばり雄よりもずっと大きな「パイレーツ雄」も知られる.パイレーツ雄は,まさにペア産卵しようとするなわばり雄を産卵巣から追い出し,その雌とペア産卵をする.その後の子供の保護はなわばり雄に任せてしまう.これら寄生的な代替繁殖戦術（繁殖寄生）をとる雄の存在は,配偶システムを検討する際に普通は考慮されない.例えば,1 尾のスニーカー雄が,ペア産卵に飛び込み卵を受精させたとしても社会的な一妻二夫とは見なさず,一夫一妻に代替繁殖戦術をとる雄が付随していると見なされる.ただし,もしそれら繁殖寄生する雄が子の保護をするように進化すれば,その配偶システムは一妻二夫とみなされることになる.

### 3-2 一夫一妻とハレム型一夫多妻

**1）一夫一妻とハレム型一夫多妻**　一夫一妻とハレム型一夫多妻は,いずれも特定の雌雄の個体が頻繁に顔を合わせながら配偶関係を維持している社会である（図 4-2a, b）.そのため社会性は高いと予想され,事実一夫一妻の種ではペア個体が互いに相手を認識しているとの報告も多い（例えば薮田,1997）.魚類では,同じペアで繰り返し繁殖するか,1 回の子育てが終わるまで雌雄のつがい関係が続く場合,一夫一妻とみなされる.

　魚類の一夫一妻を生じさせる大きな生態的要因の 1 つは,両親による子育てである.*Acanthochromis polyacanthus* は,スズメダイの仲間では珍しく一夫一妻である.スズメダイ類の多くでは雄が単独で子育てをする.その保護は仔魚がふ化するまでであり,雄単独でも保護が可能である.しかし,*A. polyacanthus* は仔魚のふ化後約 1 ヶ月間雌雄で仔魚を保護する.仔魚は卵に比べればはるかに捕食者から狙われやすい.このため片親では子供を保護しきれず,両親の保護が必要になり一夫一妻が形成される.

　同様の例が,タンガニイカ湖の基質産卵性カワスズメ類でも知られる.これらのカワスズメ類の親は,子供を仔稚魚の段階まで保護する.子の保護のあり方は仔稚魚の性質に大きく依存する.仔稚魚は大きく遊泳型と底生型と 2 タイプに分けられる.底生型の仔稚魚は底近くに分布しベントスを主な餌とする.底から離れないタイプの仔稚魚は捕食者に見つかりにくく,片親での保護が可能だが,水中で群がり流れてくる動物性プランクトンを摂餌する遊泳型稚魚は,子供が捕食されやすく両親の保護が必要となる（桑村,1988）.実際に,保護をしている両親から片親を除去してみると,子供は捕

食され短時間で全滅する．このように両親保護をする種では，子育てが終るまでは雌雄とも別の個体との配偶は難しく，一夫一妻が基本となる．一方，底生型の仔稚魚を保護する種では子育ては雌が担当しており，このような種では，雄が複数の雌を囲むハレム型一夫多妻になることが多い．基質産卵性カワスズメ類では，雄による子の保護の程度が減るにつれ一夫多妻の傾向が強くなる．

　子育てなどに雄が繁殖投資する場合，一夫多妻になると雌1尾当たりの雄からの投資が減少する．雄も給餌をする鳥類の場合，雌が一夫多妻になることを嫌うのはこのためである．同じことが魚類でも起こっている．テングカワハギは一夫一妻が基本だが，一夫二妻になる場合，先妻は第二夫人を嫌い，激しく攻撃する．第二雌がいると雄の投資が分割され，先妻への配分が減ってしまうからである（小北，2001参照）．一方，2尾の雌を囲いたい雄は（雄にとってはこの方が繁殖成功が増す），もめる雌のあいだに割って入り「仲裁」までする．このような雌の「嫉妬」や雄の仲裁は，一夫多妻のカワスズメ類でも報告されている．なお，このように雌雄で利害が相反する状況（ここでは一夫二妻になりたい雄と，一夫一妻でいたい雌）は「雌雄の対立（sexual conflict）」と呼ばれる．

　同じ魚種でも，性比，巣の数，子供への被食圧などを実験的に操作することにより，一夫一妻から一夫多妻へと変えることができる（Barlow, 1991；Keenlyside, 1991）．野外でもそれらの要因の変化にともない，配偶システムが変わる例が知られる．タンガニイカ湖のテトラカンサス *Neolamprologus tetracanthus* の配偶システムの地理的変異は，子への被食圧が異なる場合の極端な例である（Matsumoto and Kohda, 1998）．この魚の仔稚魚は底生型である．子供を専門に狙う魚食魚が少ない場所では雌単独でも保護ができ，そこでは雄はハレムをもち最大11尾の雌を囲っている．一方，仔稚魚をねらう魚食魚の密度が高い場所では，子供は両親によって守られており，ここでの配偶システムは一夫一妻となっている．また，枝サンゴに生息するミスジリュウキュウスズメは，小さいサンゴから大きなサンゴとなるにつれ一夫一妻から一夫多妻になる．これは資源の多さや生息空間の広さが配偶システムに影響する例である．

　ハレム型一夫多妻は，雄の配偶なわばり内の雌の空間配置のあり方によってなわばり型，行動圏重複型，群れ型に分けられる（桑村，1988；大西，2004）．なわばり型の典型例が，トラギス類，モンガラカワハギ類，タンガニイカ湖の基質産卵性のカワスズメ類（先述のテトラカンサスも含まれる）などで知られる．ここではハレム内の雌は互いになわばりを張り合う（大西，2004）．行動圏重複型の例としては，ホンソメワケベラなどのベラ類やいくつかのキンチャクダイ科魚類で知られる（坂井，1997）．これらの種では，体長の異なる雌個体はなわばりを重複させるが，似たサイズの雌どうしはなわばりを張り合う（つまり，体長差の原理が働いている．22章参照）．群れ型ハレムの例としては，珊瑚礁のハナダイの仲間やキンチャクダイ科タテジマヤッコ属の魚があげられる．彼らはプランクトン食者であり，浮き上がって群がりになり餌をとる．キンギョハナダイでは100尾ほどの群がりに複数の雄がいることもある．

　Emlen and Oring（1977）は陸上脊椎動物を想定し，ハレム型一夫多妻を，雄が複数の雌そのものを防衛する「雌防衛型一夫多妻（female defence polygyny）」と，雌が必要とする資源を含む場所を守る「資源防衛型一夫多妻（resource defence polygyny）」の2つに峻別した．しかし，魚類のハレム型一夫多妻の場合は雌が定住していることが多いため，雄が守る対象が雌なのか資源なのかの区別が難しい．最近，なわばり型ハレムのツマジロモンガラで，雄は場所ではなく雌を防衛していることが報告された（Sekiら，2009）．他のモンガラカワハギ類や先ほどのテングカワハギも，雌防衛型一

夫多妻であるが，魚類でのハレム型一夫多妻の社会構造や成立要因についての研究はまだまだ少ないのが現状である．なお，ハレム型一夫多妻の珊瑚礁魚類では，雌性先熟の性転換が広く見られる．

### 3-3 なわばり訪問型複婚

雄が配偶なわばりをかまえ，そこへ雌がやってきて産卵する配偶システムは多くの魚種で見られ，なわばり訪問型複婚（MTV-polygamy）と呼ばれる（桑村，1996；図 4-2c）．雄のなわばり内で雌が定住して繁殖できるハレム型一夫多妻とは異なり，行動圏の広いあるいは広範囲に散在する雌を雄が囲いきれない場合，このなわばり訪問型複婚になる傾向がある．この配偶システムでは1尾の雄に複数の雌が訪れる（雄複婚）．魚類では一繁殖期に複数回繁殖する雌が多いため，逆に雌も複数の雄と配偶する（雌複婚）ことになり，多夫多妻や乱婚になることが多い．なわばり訪問型複婚では配偶時以外は，普通雌は雄から遠く離れてしまう．さらに，一夫一妻やハレム型一夫多妻で見られるような特定の雌雄の結びつきは普通なく，雌雄間での社会性は低いと考えられる．

鳥類では雄が繁殖資源や雌そのものを他の雄から防衛するのではなく，小さななわばりを集中させ，レックと呼ばれる集団求愛場をつくる種類がいる．雌はレックの中から配偶相手を選ぶ．多くはレックの中心部の年長の雄が選ばれ，これらの雄に雌が集中する．雌は一繁殖期に一雄を訪問する（雌単婚）ことが多いため，この配偶システムはレック型一夫多妻と呼ばれる．鳥類のレック型複婚では，雄は求愛と交尾だけを行うと定義される．

魚類のなわばり訪問型複婚は，レックに似る場合がある．魚類のなわばり訪問型複婚には，雄が子の保護（見張り型の保護：スズメダイ，ハゼ，ギンポの仲間など）を行う種類と，行わない種類（放卵放精だけするベラの仲間や雌が産卵後，口内保育をするカワスズメの仲間など）がある．レックの定義から，雄が卵保護をする魚類のなわばり訪問型複婚の場合レックとは呼べないが，雄が子の保護をしない種類ではレックと呼ばれることがある．雄が子の保護をしないタイプでは，雄にしばしば金属光沢を伴う原色の鮮やかな色彩や長くのびた鰭など，著しい性的二型が発達することが多い．この性的二型は，レックをもつ鳥の場合と同様に，主に雌の配偶者選択により進化したと考えられる．

### 3-4 非なわばり型複婚（乱婚）

どの雄もなわばりをかまえず異なる雌と産卵（群れ産卵が多い）する配偶システムである．該当する種類はかなり多いと思われるが，これらの個体は定住性が低く，個体識別をした調査が困難なため詳細な研究は一部の魚に限られる．雌雄とも複婚になり，かつ配偶相手が持続されないため乱婚になるのが普通である（図4-2d）．ドジョウの仲間やコリドラス（ナマズ目）での不特定の相手とのペア産卵や，タイセイヨウトウゴロウイワシなど群れ産卵する魚がこの例である．この配偶システムでは，同性間・異性間ともに特定の個体間での出会いは継続されず個体間関係が希薄であり，社会性は低い．例えば，コリドラス・アエネウス *Corydoras aeneus* が，配偶時でも同性間・異性間で個体認知をしているとは到底考えられない（幸田，2003b）．

この非なわばり型複婚（乱婚）では，雄はなわばりをもたず雄間競争をともなわない．また雌の配偶者選択も普通なく，配偶は偶然により決まること（ランダム配偶）が予想される．雄の配偶機会は体長の影響を受けないため，雄の体の大きさは配偶成功に直接には効いてこない．このため大きい雄ほど配偶のうえで有利になることはない．一方，雌は大きい程産卵数が多くなるので，大きい方が有利になる．このため，いくつかの魚種を除けば（例えば，強い精子競争の種類），ランダム配偶になっている魚種では雌が雄より大きいことが多い（幸田，2003b）．クマノミ類をはじめ雄性先熟型性転

換（雄から雌に変わる）の魚の多くは，このランダム配偶になっていると予想されるが，調査の困難さのためクマノミ類以外での雄性先熟型性転換魚の配偶行動の研究例は限られている．

### 3-5 古典的一妻多夫

その数は少ないが，雌が複数の雄を囲う配偶システムである古典的一妻多夫（classical polyandry）は鳥類（タマシギやイソシギ）では知られていた．最近，これが魚類でも見つかった（図4-2e）．タンガニイカ湖のカワスズメの一種，ジュリドクロミス Julidochromis 属からである（図4-3）．その一種マリ

図4-3 古典的一妻多夫のマリエリ Julidochromis marlieri．（撮影：安房田智司）．

エリ J. marlieri の一妻多夫では，鳥類の場合と同じく雌は雄より大きく，また同じ体長であれば，雌の方が雄より社会的に優位である．マリエリでは一夫一妻が多いが，最大級のサイズの雌が2尾の雄を囲い一妻二夫となる．大きな優位雌は，おそらく劣位な雌を押しのけ，複数の雄とその巣を確保するのだろう．大型雌の産卵数は小さな雌に比べ格段に多い．しかし，雄が単独でうまく育てる子供の数には上限があるだろう．このため，大型の雌は複数の巣に適切な数の卵を産み分け，卵と仔稚魚をそれぞれの巣の雄に保護させることにより（多くの雄の繁殖投資を獲得することになる），子供の生残数を増やすのだと考えられる（Yamagishi & Kohda, 1996；Awataら, 2006）．子供の保護をするのは雄であり，鳥類の一妻多夫の場合と同様，ここでも子育ての性役割は逆転している．オルナータス J. ornatus の大型雌も複数の巣をかけもっている．それぞれの巣には雄が存在し，雌はそれらの巣で産卵している（Awataら, 2005）．同様の一妻多夫が，トランス J. transcriptas を用いた水槽実験で再現され，雌の大きなサイズが古典的一妻多夫の成立に重要であることが示された（Awataら, 2006；図4-4）．雌は複数の巣で産卵し，子の保護をそれぞれの雄に託す．魚類のこの配偶システムは，メンバーの性的サイズ二型や性役割の逆転など，鳥類での古典的一妻多夫の場合と大変よく似ている．

### 3-6 共同繁殖

ある繁殖集団で，自分の遺伝的子供ではない子供を育てる個体がいる繁殖様式を共同繁殖（cooperative breeding）と呼ぶ．共同繁殖は，すべての個体が自分も繁殖に参加する場合（協同的一妻多夫，cooperative polyandry）と，繁殖はせず子育ての手伝いだけをする個体がいる場合（ヘルパ

図4-4 トランス Julidochromis tranjscriptus で，雌雄のサイズの違いが配偶システムの形成に大きく影響することを実証する研究に用いた水槽 (175 × 45 × 35 cm；Awataら, 2006)．雌雄各3尾の延べ6尾を水槽に入れる．雌雄ともに同サイズの場合は3つのペアができることが多い（各ペアは巣をもつ）．1尾の雄だけが大きい場合はハレム型一夫多妻に（小さな2尾の雄はあぶれ雄になる），1尾の雌だけが大きいと古典的一夫多妻ができる．水槽内で古典的一妻多夫が作られたはじめての実験である．このように魚では配偶システムも比較的簡単に操作実験ができる．（Awataら, 2006より）

一型共同繁殖）とに大きく分かれる．共同繁殖は鳥類や哺乳類ではよく知られていたが，最近，魚類でも見つかっている．

**1) 協同的一妻多夫**　鳥類の協同的一妻多夫は，ヨーロッパカヤクグリ（カヤクグリ）でよく研究されている（Davies, 1992）．この鳥は，摂餌や繁殖をはじめほぼ薮の中で暮らしている．カヤクグリの協同的一妻多夫をもたらす特異的な生態要因として，①繁殖期の雄に偏った性比と，②見通しの悪い薮という生息環境があげられる．カヤクグリはペアでなわばりをもつ（なわばり雄を $\alpha$ 雄と呼ぶ）．雌が少ないため若くて劣位な雄（$\beta$ 雄）はあぶれてしまう．しかし，見通しの悪い薮では $\beta$ 雄はペアのなわばりに簡単に侵入することができる（図4-5）．$\alpha$ 雄はペア雌と交尾をし，かつペア雌と他雄との交尾を阻止すべく雌を防衛（メイトガード）する．しかし，雌は $\alpha$ 雄のガードを振り切り，なるべく $\alpha$ 雄に気づかれずにそばに来ている $\beta$ 雄に，なんと交尾を促すのである．むろん誘われた $\beta$ 雄は交尾する．その結果，4～6卵の一腹卵数の半分は $\beta$ 雄により受精されることになる．

なぜ雌は $\beta$ 雄に交尾を促すのだろうか？　カヤクグリでは，$\alpha$ 雄だけでなく交尾をした $\beta$ 雄も雛への給餌を行う．そして，雌との交尾が多いほど $\beta$ 雄は雛への給餌を多くするのである．雌は $\alpha$ 雄に加え $\beta$ 雄にも働いてもらうと，その分雄からの総給餌量が多くなり巣立ち雛数が増える．このとき，雌は育児の「手抜き」ができるのである．給餌は大変な仕事でありこの雌の手抜きは，冬場の雌の高い死亡率を下げることにもつながり，雌にとってその意味は大きい．だから，雌は $\beta$ 雄に子育てを手伝ってほしいのであり，ガードしている $\alpha$ 雄を振り切ってでも $\beta$ 雄に交尾を促すのである．隣の $\alpha$ 雄は交尾しても子育てを手伝わないので，雌は隣の $\alpha$ 雄は相手にしない．$\beta$ 雄との交尾をして子育てを手伝わせるよう，雌は「父性の操作」をしているのである．雌は自分の適応度を上げるために操作をするのだが，この雌による操作は，カヤクグリの一妻多夫が成立するためには不可欠である．

タンガニイカ湖の岩礁域にすむカワスズメ科魚類，カリノクロミス（*Chalinochromis bricherdi*, 以下カリノ）やジュリドクロミス属魚にも協同的一妻多夫が見つかった（図4-6；Awata ら，2005；Kohda ら，in prep）．カリノでは性比に偏りはないが，繁殖周期の間隔は雄で短く，実効性比は雄に偏っていると推測される．この魚は基質産卵魚であり，卵は岩の割れ目や露出した岩の表面にも産みつけられる．面白いことに大型の雌個体は，くさび型の岩の割れ目を巣（くさび型巣と呼ぶ）として利用し産卵する（図4-7）．そしてこのくさび型巣をもつ雌が，2尾の雄（雌より大きな $\alpha$ 雄と雌より小さい $\beta$ 雄）と同時に配偶するのである．実は，ここでもカヤクグリと同様，雌による父性の操作が行われている（図4-7）．産卵がはじまると，$\alpha$ 雄から $\beta$ 雄への激しい攻撃が頻繁に見られる．しかし，$\alpha$ 雄はその大きな体のせいでくさび巣の奥には入れず，巣の奥にいる小型の $\beta$ 雄を追い出すことができない．雌は多くの場合，$\alpha$ 雄が入れるぎりぎりのところで産卵しており，奥からは $\beta$ 雄が，雌をはさんで入口側からは $\alpha$ 雄が，放精することになる．これにより2雄による1つのクラッチの受精が可能になる．DNAによる父性判定から，40～60卵のほぼ半分は $\beta$ 雄により受精されていることが明らかになっている．つまり，産卵位置を選択することで，雌は2雄の受精率を操作していると考えられる．協同的

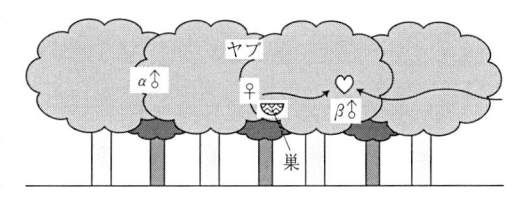

図4-5　ヨーロッパカヤクグリとその生息場所の模式図．彼らは，採食，交尾，給餌も基本的に視界の悪い薮の中で行う．このため $\beta$ 雄は，$\alpha$ 雄に気付かれずになわばりに侵入できる．ここでは雌はメイトガードする $\alpha$ 雄の目を盗み，こっそりと $\beta$ 雄に交尾を誘う．交尾の期間に $\beta$ が $\alpha$ に見つかると大騒動になる．

一妻多夫魚であるトランス *J. transcriptus* も雌はくさび型の巣を使い，父性の操作を行う．トランスを用いた水槽実験では，くさび型巣の奥側に卵を産むことで$\beta$雄が，手前側に産むことで$\alpha$雄がより多く受精することが確認された．(Kohda ら，2009)．

鳥のカヤクグリ雌が藪を利用するように，カリノやトランスの雌もくさび型巣を利用し劣位の$\beta$雄にも受精させているのだ．親はふ化した子供を2～3ヶ月保護する．カリノやトランスでも$\beta$雄が子育てに関与すると，雌は子育ての手抜きができ，その分雌の摂餌頻度が大幅に増えるのである．つまりカヤクグリ同様，カリノやトランスでも雄の受精を操作することで$\beta$雄の繁殖投資を引き出し，雌は自身の繁殖成功を高めているのだと考えられる．これらの雌は，くさび型巣で父性の操作が行えるが，幅広い巣では$\alpha$雄が$\beta$雄を排除してしまうため，雌の操作は行えない（図4-7）．タンガニイカ湖の彼らの生息地では，くさび型巣の数は限られている．くさび型巣をめぐり雌間での競争が起こるため，優位な大型雌がくさび巣を占拠している．小型の雌はクサビ型の巣をもてず，そして$\beta$雄をもつことができない．くさび巣は雌にとっては貴重な資源であり，何年にもわたり使われている．

図4-6 カリノクロミス．$\alpha$雄（手前）と雌．
（撮影：安房田智司）

カリノの一妻二夫では子供の保育中でも$\alpha$雄が$\beta$雄を激しく攻撃することがある．ハレム型一夫多妻のテングカワハギの例では，2雌をもとうとする雄が雌の仲裁をしたが，なんとカリノでは2雄をもつ雌が雄の間に割って入り「仲裁」をする．雌自身は攻撃されないのに，怒る$\alpha$雄に対して雌が宥和行動をとるのである．できれば受精を独占し自分の父性を少しでも高めたい$\alpha$雄と，$\beta$雄にも受精をさせたい雌の間で，「雌雄の対立」が生じている．カリノの場合と同じような協同的一妻多夫は *J. ornatus* でも見つかっており，ここでも雌の父性操作が重要な役割をはたしている．(Awata ら，2005；Kohda ら，2009)．協同的一妻多夫が成立する上での雌の果たす役割（雌による父性の操作）は，鳥類でも大きいと予想されるが，今のところ報告例はカヤクグリなど数種に限られている．

理論モデルからは，$\alpha$雄と$\beta$雄間での駆け引きも予測される．$\alpha$雄にとり父性を$\beta$雄に取られるこ

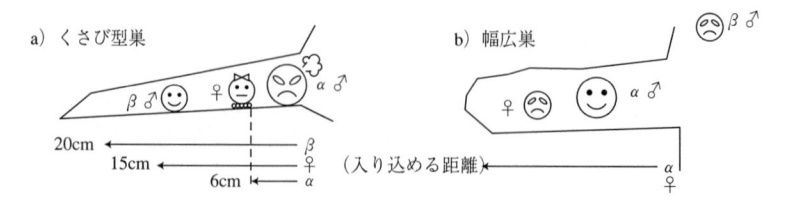

図4-7 カリノクロミスでの模式産卵．くさび型巣では，$\alpha$雄（平均体長85mm）はその大きさのため入り口から平均6cmしか入れない．$\beta$雄（65mm）はもっと奥まで（平均20cm）入れ，そこでは$\alpha$雄から排除されない．雌は$\alpha$雄が入るもっとも奥に産卵する（もっと奥にも産卵できるが，そうはしない）．$\alpha$雄が入ることができる最も奥に産卵することで，1クラッチを両雄に受精させる．少し入り口よりに産めば$\alpha$雄に，少し奥よりに産めば$\beta$雄により多く受精させられると予想される．つまり，産卵場所を選ぶことで雌は雄の父性を操作することができる．幅広巣では，$\alpha$雄が$\beta$雄を追いだして，受精を独占する．雌はくさび型巣を巡って競争するため，くさび型巣をもつ雌は幅広巣をもつ雌より大きい．

とは繁殖上の不利益ではあるが，もし$\beta$雄がその分あるいはそれ以上に$\alpha$雄の子供も世話をして生残率を上げるのなら，これは$\alpha$雄にとって利益になり得る（Kohdaら，2009）．実際，子育てが始まるとカリノの$\alpha$雄は$\beta$雄を攻撃しなくなることが多い．このように魚類の共同繁殖においても，雄間でも微妙な駆け引きが起こっている可能性は高い．協同的一妻多夫の動物での社会性は極め高く，このことは魚の場合にもあてはまると思われる．行動の詳細が観察できる魚類での協同的一妻多夫の今後の詳細な調査が待たれる．

**2）ヘルパー型共同繁殖**　自らは繁殖せず，子育てを手伝う個体のことをヘルパーという．多くの場合ヘルパーは繁殖ペアの子供（血縁ヘルパー）の場合をいう．ヘルパー型共同繁殖もタンガニイカ湖のカワスズメから見つかっている．このヘルパー型共同繁殖について述べ，最後に鳥類などの共同繁殖との比較を行いたい．

血縁ヘルパーのいる共同繁殖は，フロリダヤブカケスなど様々な鳥類で，哺乳類でもセグロジャッカルなどいくつかの種で知られる．いずれも子供が，生まれたなわばりに留まって両親の子育て（妹や弟の世話）を手伝う繁殖集団である．このタイプの共同繁殖は魚類ではタンガニイカ湖の基質産卵魚プルチャー *Neolamprologus brichardi = pulchar* ではじめて報告された．他のカワスズメと同様に，親はペアで子供をある程度の大きさまで保護する．しかし，子供は独立できるサイズに達しても親のなわばりに留まり，親の子育てを手伝うことで共同繁殖が発達してきた（Taborsky，1984）．ヘルパーがいると，雌親の産卵数が増える（おそらく雌の摂餌量が増えるため）．これは共同繁殖がもたらす親側の利益である．ヘルパーは，血縁個体を育てるのであり，包括適応度を増すことになる．また，ヘルパーの成長はよくないがその生残率は高いようである．またなわばりを引き継ぐこともあると予想される．全体としては，これらがヘルパーにとっての利益になる．実際には，親個体の入れ替わりなどにともない，ペアとヘルパーには血縁がないこともある（詳しくは，桑村，1998；2007参照）．興味深い報告がある．例えば，①ヘルパー雄が卵を受精させるとペア雄から強烈な罰を受ける．②ヘルパーは，親の前では世話行動を頻繁に行う．特に本人がしばらく巣を不在にした後は，そうすることで滞在の許しを得るようである．しかし，③実験的に近くにペア繁殖ができる巣場所を用意すれば，ヘルパーは手伝いをやめてさっさとそこになわばりを構えて独立する．このように繁殖個体とヘルパーでの利害をめぐる駆け引きはなかなか複雑であるが，駆け引きの結果としてこの共同繁殖が成立していると考えられる．

このような血縁ヘルパーを伴う共同繁殖は，*Neolamprologus* 属の他の複数種でも見いだされている．いずれも子供が生まれたなわばりに居残り，親の子育てを手伝うことで発達してきたと考えられる．タンガニイカ湖産カワスズメの系統関係は比較的よくわかっている．血縁ヘルパーを基本とした共同繁殖は，ランプロロギニ族の中で，どうやら複数回（4回）独立に進化してきたようである（Heg，私信）．これらの比較研究から，血縁ヘルパーを伴う共同繁殖の進化条件の解明が期待される．

**3）魚類と鳥類での共同繁殖の諸特性の比較**　理論研究からは，同じ共同繁殖でも血縁ヘルパー型共同繁殖と協同的一妻多夫では繁殖特性にいくつかの相違点が予想されている．魚類の共同繁殖の例は，理論モデルの予想にほぼ沿っている（表4-1）．つまり，プルチャーなど血縁ヘルパー型共同繁殖では，ヘルパーの遺伝的寄与（繁殖）は小さく，複数個体のヘルパーが滞在し，両性がヘルパーになる．この共同繁殖では鳥類でも同じ傾向が見られる．フロリダヤブカケスをはじめ血縁ヘルパー型共同繁殖は，ヘルパーの遺伝的寄与はほぼない，両性のヘルパーが複数いる，という特徴がある．

表4-1 魚類(タンガニイカ湖のカワスズメ科魚類)の共同繁殖における,雌雄のペア以外の繁殖関与個体(ヘルパーまたはβ雄)の特性の比較.血縁ヘルパー型共同繁殖と協同的一妻多夫に分けて示している.これらの特徴は,鳥類と哺乳類の場合にもあてはまる.

|  | 血縁ヘルパー型共同繁殖 | 協同的一妻多夫 |
|---|---|---|
| 魚の例 | ブリシャルディ (*N. brichardi*) | カリノクロミス (*C. brichardi*) |
| ペア以外の繁殖関与個体の |  |  |
| 　ペア個体との血縁 | 多くは血縁個体 | 非血縁個体 |
| 　遺伝的寄与の程度 | 低い | 高い(約半分) |
| 　個体数 | 多い(1-14) | 単独(ごくまれにγ雄もいる) |
| 　性 | 両性 | 雄のみ |
| 　由来 | 多くはペアの子供 | 血縁関係にない雄 |
| 　ペア雄との優劣関係(配偶中) | 弱い(不明瞭) | 強い(明瞭) |
| 鳥の例 | フロリダヤブカケス | ヨーロッパカヤクグリ,ブケコ |
| 哺乳類の例 | セグロジャッカル | セマダラタマリン |

　これは,血縁ヘルパー型共同繁殖の哺乳類(例えばセグロジャッカル)にもあてはまる.これに対し,協同的一妻多夫のカリノでは,ヘルパーの遺伝的寄与は大きく(半分の卵を受精),ヘルパーは1尾であり,それは常に雄である(表4-1).カヤクグリなどの協同的一妻多夫の鳥類でもこれらの点で同じ傾向が認められる.このように協同的一妻多夫の繁殖特性も,鳥類と魚類で非常によく似ている.以上のことは,血縁ヘルパー型共同繁殖にしろ,協同的一妻多夫にしろ,それぞれの繁殖での特徴が分類群の枠を超えて類似しているのであり,どうやら脊椎動物全般にあてはまりそうである.

　現在のところ,魚類の共同繁殖はペアによる子育てが発達しているカワスズメ科魚類(ランプロロギニ族)に限られている.共同繁殖は,魚類,鳥類,哺乳類のいずれであれ,雌雄のペアの子育てが基本にあり,そこに子供(血縁個体)もしくは第三の個体(非血縁個体)が繁殖と子育てに関与することで生じている.今後,共同繁殖がカワスズメ以外の魚類で見つかるとしても,それは雌雄のペアで子育てをする種類からであると予想される.

　これまで見てきたように,魚類の配偶システムは多様であり,鳥類や哺乳類に匹敵するほど複雑な社会も存在する.その成立要因も鳥類や哺乳類の場合と大変よく似ている.さらに,高い社会性に必要な,識別や認知能力,さらには洞察力(移行的推定など)も魚類でも高いことが示されはじめている.喧嘩の仲裁や父性の操作などを見ていると,これから魚の行動観察や実験をする場合,「我々が考えている以上に,魚はかしこいのではないか,本当はもっと物事がわかっているのではないか」,そう思って取り組むべきではないかと思えてくる.なわばりを安定して長期間維持している種や共同繁殖など,高い社会性をもつ種では特にそうであろう.そして,魚類は陸上脊椎動物に比べ,直接観察や水槽飼育下での行動観察や行動実験に大変適している.その意味でも,魚類を対象とした研究は,今後その発展が大いに期待されている.

(幸田正典)

## 文　献

Alcock J. (ジョン,オルコック)(2004):社会生物学の勝利(長谷川眞理子訳),新曜社.

Awata S., Munehara H. and Kohda M. (2005): Social system and reproduction of helpers in a cooperatively breeding cichlid fish (*Julidochromis ornatus*) in Lake Tanganyika: field observation and parentage analyses, *Behav. Ecol. Sociobiol.*, **58**, 506-516.

Awata S., Takeuchi H. and Kohda M. (2006): The effect of

body size on mating system and parental roles in a biparental cichlid fish (*Julidochromis transcriptus*): a preliminary laboratory experiment, *J. Ethol*, 24, 125-132.

Barlow G.W. (1991): Cichlid Fishes Behaviour, Ecology and Evolution (Keenleyside M.H.A. ed.), Chapman & Hall, pp.173-190.

Buston P.M. (2003): Size and growth modification in clownfish, *Nature*, 424, 145-146.

Buston P.M. and Cant M.A. (2006): A new perspective on size hieratchies in nature: patterns, causes, and consequrnces, *Oecologia*, 149, 362-372.

Davies N.B. (1992): Dunnock behaviour and social evolution. Oxford University Press, Oxford.

Emlen S.T. and Oring L.W. (1977): Ecology, sexual selection, and the evolution of mating systems, *Science*, 197, 215-223.

Grosenick L, Clement T.S. and Fernald R.D. (2007): Fish can infer social rank by observation alone, *Nature*, 445, 429-432.

片野 修 (1991)：個性の生態学, 京都大学学術出版会.

河端政一 (1954)：メダカの社会生態学的研究．II. 社会行動について．日本生態学会誌, 4, 109-113.

Keenleyside M.H.A. (1991): Cichlid Fishes: Behaviour, Ecology and Evolution (Keenleyside M.H.A. ed.), Chapman & Hall, pp. 191-208.

幸田正典 (1993)：タンガニイカ湖の魚たち, 平凡社, pp. 143-160.

幸田正典 (2003a)：生態学事典, (巌佐庸他編), 共立出版, pp.444-445.

幸田正典 (2003b)：魚類の社会行動2 (中嶋康裕, 桑村哲生編), 海游舎, pp.1-35.

Kohda M. (1989): Intra-and interspecific societies among herbivorous fishes in tropical areas. Thesis of Doctor of Science, Kyoto University.

Kohda M. (1997): Fish Communities in Lake Tanganyika. (eds. Kawanabe H., Hori M., Nagoshi M.) Kyoto University Press, Kyoto, pp.105-120.

Kohda M. and Takemon Y. (1996): Group foraging by the herbivorous cichlid fish, *Petrochromis fasciolatus*, in Lake Tanganyika, *Ichthyol. Res.*, 43, 55-63.

Kohda M., Shibata J., Awata S., Gomagano D., Takeyama T., Hori M. and Hek D. (2008): Niche differentiation depends on body size in a cichlid fish: a model system of a community structured according to size regularities, *J. Anim. Ecol.*, 77, 859-868.

Kohda M., Heg D., Makino Y., Takeyama T., Shibata J., Watanabe K., Munehara H., Michio Hori M. and Awata S. (2009): Living on the wedge: female control of paternity in a cooperatively polyandrous cichlid, *Proc. Royal. Soc. Sci.* B., 276, 4207-4214.

小北智之 (2001)：魚類の社会行動1 (桑村哲生, 狩野賢司編), 海游舎, pp.41-81.

Kuwamura T. (1984): Social structure of the protogynous fish *Labroides dimidiatus*, Publ. *Seto Mar. Biol. Lab.*, 29, 117-177.

桑村哲生 (1988)：子育てをする魚たち, 海鳴舎.

桑村哲生 (1996)：魚類の繁殖戦略1 (桑村哲生, 中嶋康裕編), 海游舎, pp.1-41.

Leiser J.K. and Itzkowitz M. (1999): The benefits of dear enemy recognition in three-contender convict cichlid (*Cichlasoma nigrofasciatum*) contests, *Behaviour*, 136, 983-1003.

Matsumoto K. and Kohda M. (1998): Inter-population variation in the mating system of a substrate- breeding cichlid in Lake Tanganyika, *J. Ethol.*, 16, 123-127.

中野 繁 (2002)：川と森の生態学, 北海道大学図書刊行会.

Nowak M.A., Sasaki A., Tayler C., Fudenberg D. (2004): Emergence of cooperation and evolutionary stability in finite population, *Nature*, 428, 646-650.

大西信弘 (2004)：魚類の社会行動3 (幸田正典, 中嶋康裕編), 海游舎, pp.117-150.

Sakai Y. and Kohda M. (1995): Foraging by mixed-species groups involving a small angelfish, *Centropyge ferrugatus* (Pomacanthidae), *Jpn. J. Ichthyol.*, 41, 429-435.

坂井陽一 (1997)：魚類の繁殖戦略2 (桑村哲生, 中嶋康裕編), 海游舎, pp.37-65.

Seki S., Kohda M., Takamoto G., Karino K., Nakashima Y., Kuwamura T. (2009): Female defense polygyny in the territorial triggerfish *Sufflamen chrysopterum*, *J. Ethol.*, 27, 215-220.

Taborsky M. (1984): Broodcare helpers in the cichlid fish *Lamprologus brichardi*: their costs and benefits, *Anim Behav*, 32, 1236-1252.

Taborsky M. (1994): Advanced in the Study of Behavior 23 (Slater P.J., Rosenblatt J.S., Snowdon C.T., Milinski M. eds.), Academic Press, pp. 1-100.

Taborsky M. (2008): Alternative reproductive tactics in fish. In: Alternative Reproductive Tactics (eds., Oliveira, R.F., Taborsky M., Brockmann H.J.), pp.251-299, Cambridge University Press, Cambridge.

薮田慎司 (2001)：魚類の社会行動1 (桑村哲生, 狩野賢司編), 海游舎, pp.82-114.

Yamagishi S. and Kohda M. (1996): Is the cichlid fish *Julidochromis* marlieri polyandrous?, *Ichthyol. Res.*, 43, 469-471.

# 5章　集団と種分化

> 例えば，小川にメダカが生息しているとしよう．一見，上流と下流は自由に行き来しているように見える．しかし実際には，大きな岩や落ち込みによって移動が遮られていて，上流と下流では別々に繁殖を営んでいるかも知れない．もし，そのような状況が何世代にもわたって続いていたとしたら，上流と下流では遺伝的に分化している可能性がある．この場合，メダカという1つの種の中に，互いに遺伝的に分化した複数の集団があることになる．実際に，天然の生物の種は，遺伝的に異なる複数のグループによって構成されている場合がある．生態学研究で得られる情報は，それが遺伝子を共有する同一の繁殖集団のものか，あるいは異なる複数の集団のものかによって，その情報の意味することが異なる．また集団構造は，資源管理や保全策の基礎としても大変重要である．本章で扱う内容は，生態学の一部というよりは，むしろ集団遺伝学や分子生態学，あるいは生物地理学などの別の学問分野として大きく発展している．詳細はこれらの分野の成書に譲ることにして，本章では，生態研究から得られる生物情報の背景を理解し，それらがもつ意味を正確に解釈するための基礎を学ぶことを目的として，魚類の集団と種分化について概説した．

## §1. 集団遺伝学の基礎

### 1-1　何を調べるか？　どう調べるか？

　A河川とその隣の県のB河川で，アユの遡上時期や産卵親魚の体サイズを調べてみると異なっていた．この違いは何を意味するだろうか？　また，両河川のアユの遡上数は年々減少しているという．どのように資源管理を行うべきだろうか？　両河川の個体が同一の繁殖集団に属するなら，遡上時期や産卵親魚の体サイズの違いは生活史多型とみなせる（2章生活史，生活史多型の項を参照）．一方，別々の繁殖集団に属するのであれば，その差異には進化的な意味があることになる．この場合，地理的には近接していても河川ごとに別々に資源管理を行う必要がある．こうした集団の構造を知るのに重要なのが集団遺伝学である．

　集団遺伝学では，ある特定の空間，もしくは時間を占める同種個体の集合を一般に「集団（population）」という（Freeland, 2006；Waples and Gaggiotti, 2006）．「集団」は，集団遺伝学における最も基本的な単位であり，集団遺伝学は，それが他と遺伝的に分化しているかどうかなどを調べる（後述）．つまり，単位となる「集団」は，他の集団と遺伝的に異なるとは限らない．上述の例でいうと，A河川とB河川のアユは，それぞれの河川という特定の空間を占めるので，それぞれ集団である．集団遺伝学的解析の結果，A河川とB河川の間に遺伝的な差異が認められれば，2集団は遺伝的に分化した集団なのであり，差異がない場合は，2集団は単一の繁殖集団に属すると考える．多

くのサケ科魚類では，北太平洋や北大西洋で過ごす成長回遊期は，各大洋に注ぐ多数の河川からやって来た繁殖年度の異なる様々な集団によって構成されている．ただし，天然では，集団の境界は必ずしも明瞭でない場合が多い．

　生態学では，集団とほぼ同じ意味で「個体群（population）」という言葉が使われる．また水産学で汎用される「系群」も，集団とほぼ同義である．一部の個体の移住によって互いに緩く繋がっている集団の一群をメタ個体群（metapopulation）という．個体群動態学では，メタ個体群は，集団が絶えず局地的に絶滅したり，新たに生まれたりしているもののみを指すが，集団遺伝学ではより広義に解釈し，集団間である程度の移住があれば，集団の絶滅・創成に関係なくメタ個体群とみなすことが多い．集団やメタ個体群の集まりが種であり，そのような様々な種内構造をもつ複数の種の集合が群集である（図 5-1）．集団およびメタ個体群の考え方や，個体群の階層構造については，Waples and Gaggiotti（2006）や鷲谷・矢原（2003）に詳しい．

　生態学では，種内で個体や集団がどのように遺伝的に繋がっているかを知ることが大切である．そこで複数の集団について，集団同士の関係，すなわち集団間の遺伝的分化や交流の有無とその程度を調べる必要が生じる．そのため，対象とする複数の集団が分布すると予想されるすべての地域を網羅して調査を行うことが重要である．一方，地域個体群をモニタリングしたり，外来種の在来種へのインパクトを調べたりする保全生物学などの分野では，特定の集団のみを調べることも多い．この場合は，長期間にわたって，継続的に集団の大きさや親子・血縁関係など，集団の詳細な特性とその変遷を調べる．

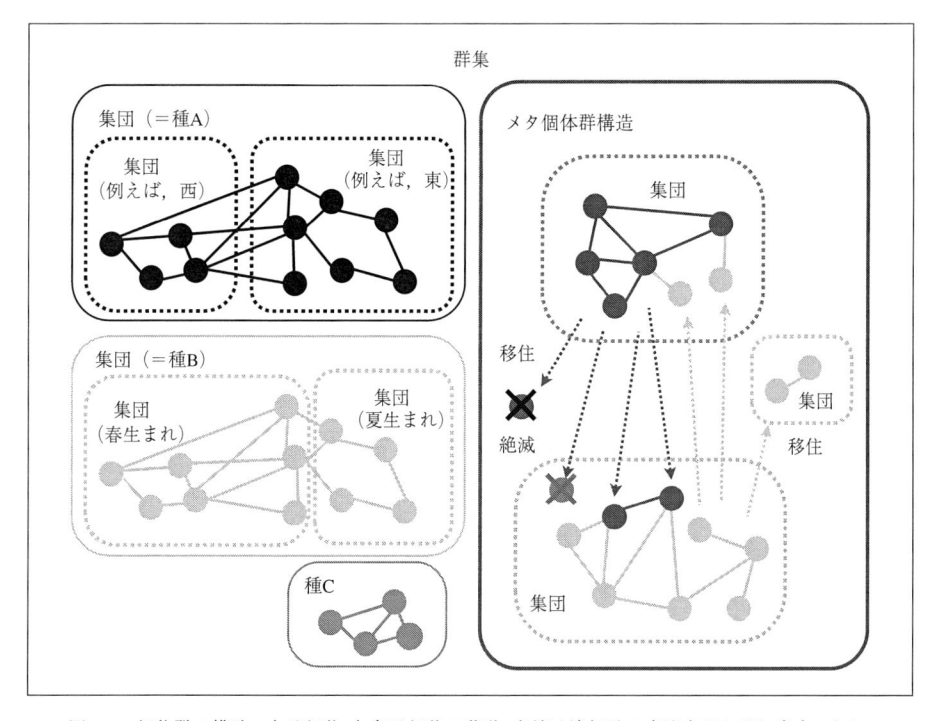

図 5-1　個体群の構造．丸は個体,矢印は個体の移動,実線は遺伝子の交流をそれぞれ表す．なお，本章では「移住」は，「遺伝子の交流を伴う個体の移動」と定義する．移動した個体が，移動した先の集団で繁殖に成功せず遺伝子を集団に残さない場合は，移住とみなさない（本章，1-5 遺伝的浮動と遺伝子流動のバランスを参照）．

遺伝子解析技術が現在ほど簡便になる以前は，形態形質を用いて集団を調べていた．脊椎骨数，鰭条数，鱗数などには変異を認めやすいので，分類群によっては有用である（7章参照）．現在では，より微細な変異の検出が可能な遺伝子マーカーを用いて，DNA 塩基配列や対立遺伝子（1-2 参照）のタイプを直接調べることが多い（8章参照）．遺伝的な差異は，形態や生態などの表現型に先立って現れることが多いので，種内の構造など，詳細な集団分化を調べるのに適しているからである．また，形態などに現れる構造的・機能的な違いは遺伝的な基盤に由来するので，遺伝的差異を調べるのはむしろ自然ともいえる．さらに，表現型の解釈はしばしば客観性が問題になるのに対し，遺伝的変異は定量することができる．一方で，遺伝子マーカーの選択は，取り扱う問題や対象とする集団がどの程度遺伝的に分化しているかに依って変わってくる．遺伝子マーカーと遺伝子解析は，本書8章とともに，Hoelzel（1998）や Avise（2004）などにも詳しい．

### 1-2　ハーディ・ワインベルグ平衡 — 遺伝子頻度と遺伝子型頻度の関係

集団遺伝学で扱う多くの推定値は，遺伝子頻度（allele frequency）か遺伝子型頻度（genotype frequency）という2つのパラメータに基づいている．2倍体の生物は，母親（卵）と父親（精子）からそれぞれ1つずつ遺伝子のセット（染色体）を受け継ぐ．ある遺伝子座において，それぞれの親から受け継いだ個々の遺伝子を対立遺伝子（allele）と呼ぶ．今，2倍体生物の集団で，ある遺伝子座において2種類の対立遺伝子 A と a が観察されたとする．考えられる対立遺伝子の組み合わせ（遺伝子型）は AA, Aa, aa の3種類で，この集団の個体はこのうちのいずれかの遺伝子型をもつ．同じ対立遺伝子から成る遺伝子型（ここでは AA と aa）をホモ接合体（homozygote），異なる対立遺伝子から成る遺伝子型（ここでは Aa）をヘテロ接合体（heterozygote）という．この集団における対立遺伝子 A の出現頻度（A の遺伝子頻度）を p, a の出現頻度（a の遺伝子頻度）を q とすると，$p+q=1$ である（図5-2）．個々の遺伝子型（ここでは AA, Aa, aa）の出現頻度（遺伝子型頻度）は，集団が以下の条件を満たすとき，予測することができる．

① 任意交配集団である（雄と雌がランダムに交配する）．
② 遺伝子型によって，生存能力や妊性に違いがない（特定の遺伝子型が生存や繁殖に有利とはならない）．
③ 移住（移入および移出）と突然変異のレベルが無視できる．
④ 集団サイズ（個体数）が十分に大きい．
⑤ 対立遺伝子の遺伝様式はメンデル遺伝に従う．

これらの条件を満たすとき，その集団はハーディ・ワインベルグ平衡（Hardy-Weinberg equilibrium, HWE）にあるという．これは，集団遺伝学においてもっとも基本的な前提条件である．ハーディ・ワインベルグ平衡が成り立つとき，遺伝子頻度は遺伝子型頻度の積で表すことができる．ここでは，遺伝子型 AA の出現頻度（遺伝子型頻度）は $p \times p$, aa は $q \times q$, Aa は $2pq$ であり，$p^2 + q^2 + 2pq = 1$ である（図5-2）．ただし，集団サイズが十分に大きいかどうか，移住の影響が無視できるほど小さいかどうかなど個々の条件については，研究対象とする集団と扱う問題によって判断する必要がある．また，実際には1つの遺伝子座に3つ以上の対立遺伝子があることも多い．その場合も，遺伝子頻度と遺伝子型頻度の関係は，本質的には上記の対立遺伝子が2個のときと同じに考えることができる（Nei, 1987；Hartl, 2000 などを参照）

上記の条件を完全に満たす野生集団は，現実的ではないと思われるかもしれない．しかしながら多

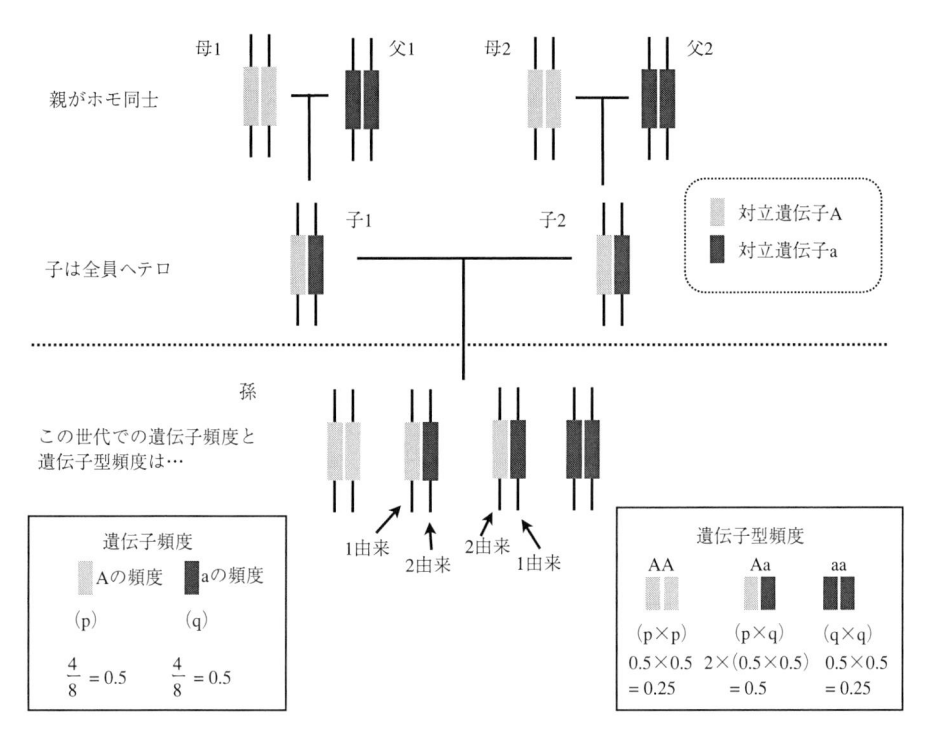

図 5-2 対立遺伝子，遺伝子頻度，遺伝子型頻度の関係．□と■の四角は，ある 2 倍体生物のゲノム上のある遺伝子座における対立遺伝子を示す．親がいずれもホモ接合体（AA もしくは aa）のとき，子世代の遺伝子型はいずれもヘテロ接合体である（Aa）．孫世代において考えられる遺伝子型は AA，Aa，aa の 3 種類である．それぞれの遺伝子頻度（p および q）の観察値は 0.5 なので，それぞれの遺伝子型頻度は右下の通りに算出できる．

くの生物において，多型遺伝子座（対立遺伝子が複数ある遺伝子座）で，ハーディ・ワインベルグ平衡が成立していることが知られている．逆に言えば，ある集団がハーディ・ワインベルグ平衡にないということは，前述の条件を 1 つ以上満たしていないことを意味する．したがって集団遺伝学は，集団がハーディ・ワインベルグ平衡から外れる要因を探る学問ともいえる．ハーディ・ワインベルグ平衡は様々な要因によって乱されるが，それは調べた遺伝子座と集団のいずれか，もしくは双方に何らかの興味深い事象があることを示唆する．

ある集団でハーディ・ワインベルグ平衡から予想されるよりも高いホモ接合体の割合が観察された場合，集団内で近親交配や同類交配がある，あるいは調べた集団に複数の繁殖集団が含まれるなどの可能性が考えられる．後者はとくに「Wahlund effect」として知られる．Wahlund effect は，地中海の複数の地点で採集したヒメジの仲間 *Mullus* 属魚類などで実際に観察されており，複数の繁殖集団に分化していることが示唆されている（Mamuris ら，1998）．また，特定の遺伝子型がハーディ・ワインベルグ平衡から予想されるよりも過剰に観察された場合，その遺伝子座が自然選択を受けたことが示唆される．このように，集団がハーディ・ワインベルグ平衡から外れているとき，その集団の生態には，ハーディ・ワインベルグ条件から見て何か特別なことが起こっている可能性があると考えられる．

同時に，ハーディ・ワインベルグ平衡からのずれは，人為的な要因によっても観察され得ることに常に留意しておかねばならない．天然の集団のすべての個体，すべての遺伝子型を調べることは現実

的に不可能である．そのため，集団からごく一部の個体を取ってきて（これを標本という），この標本から集団全体の遺伝子頻度を推定する．得られる推定値の精度は，標本の数に依存する．調べる遺伝子座の変異性にもよるが，一般的には，1つの集団から最低でも30〜40個体の標本を解析することが望ましいとされる．遺伝子解析では，ポリメラーゼ連鎖反応（Polymerase Chain Reaction, PCR）がそのスタートになることが多いが，PCRで対立遺伝子を増幅できないことがある．例えば，PCRに用いるDNAの質やTaqポリメラーゼによる伸長反応のエラー，またPCRに用いるプライマーが結合する領域に変異があるなどがその理由である．このような検出されなかった対立遺伝子をヌル対立遺伝子（null allele）という．ヌル対立遺伝子が存在する場合には，ハーディ・ワインベルグ平衡に対してホモ接合体の割合が高くなる．したがって，データにホモ接合体が過剰に観察された場合には，前述の近親交配やWahlund effectなどの生物学的な要因とともに，人為的な要因も検討する必要がある．遺伝子解析における人為的なエラーについては，Pompanonら（2005）に詳しい．

### 1-3 集団の遺伝的多様性の定量

遺伝的多様性とは，ある集団や種のなかに含まれる遺伝的変異の量である．特定の遺伝子座に限定すれば，その遺伝子座（遺伝子型）の多様性と捉えることができる．遺伝的多様性は，集団の特性のうちでもっとも重要なものの1つであり，様々な指標がある．多型遺伝子座の割合（proportion of polymorphic loci, $P$）は，調べた遺伝子座のうち，2種類以上の対立遺伝子が観察された遺伝子座の割合である．多型遺伝子座の割合は，標本数と調べる遺伝子座の数が多いほど高くなる（傾向がある）．しかし，十分な数の遺伝子座と標本が調べられた場合には，集団内の変異の程度を測定するよい指標となりうる．対立遺伝子の多様性（allelic diversity, $A$）は，遺伝子座当たりの対立遺伝子数の平均である．ある遺伝子座で4種類，別の遺伝子座で6種類の対立遺伝子がそれぞれ観察されたとき，対立遺伝子の多様性 $A = (4+6)/2 = 5$ である．この指標も，上述の多型遺伝子座の割合と同様，標本数の影響を強く受ける．標本数との間に正の相関が認められた場合は，集団の多様性を過小評価している可能性があることに留意する必要がある．遺伝子多様度（gene diversity, $h$）は，集団の対立遺伝子の頻度のみで定義される指標で，

$$h = 1 - \Sigma\, x_i^2$$

で与えられる（Nei, 1973）．$x_i$ は対立遺伝子 $i$（$i = 1, 2, 3, \cdots, m$）の頻度である．遺伝子多様度は，他の遺伝的多様性を測る指標に比べて相対的に標本数の影響が少なく，2倍体，半数体，倍数体などのどのような遺伝様式にも適用できる．2倍体生物の場合，遺伝子多様度は，平均ヘテロ接合度（average heterozygosity, $H$）として知られる．計算方法は上記と同じで，1つの集団から任意に抽出した2つの対立遺伝子が異なる確率に等しい．任意交配集団では，ヘテロ接合度（ヘテロ接合体の割合）の平均は，ハーディ・ワインベルグ平衡のもとで期待されるヘテロ接合度と等しいので，しばしばヘテロ接合度の期待値（expected heterozygosity, $H_E$）として表される．

DNA配列の変異の程度を測る方法のうち，もっとも簡単なものは,標本中で異なった塩基配列の数，すなわちハプロタイプ数（多型配列数, $k$）である．前述の対立遺伝子の多様性と同様に，標本数の影響を強く受けるので，集団間で比較する場合には，集団ごとの標本の数を揃える必要がある．また，調べるDNA塩基配列が長いほど，変異は観察されやすくなる．そのため，DNA塩基配列が長いとき，標本すべての配列が異なっている可能性がある．この場合には，ハプロタイプ数はもはや遺伝的多様性を測る尺度としては意味をなさない．多型サイトの割合は，調べられたDNA配列のなかで多型（異

なる塩基）の見られるサイトの割合である．これも単純であるが，標本の数に影響を受ける．塩基多様度（nucleotide diversity，$\pi$）は，2つのDNA配列の間に見られる異なった塩基の割合の平均値である．任意交配集団では，塩基多様度は，塩基レベルでのヘテロ接合度に相当する．

### 1-4 集団間の遺伝的差異の定量

集団間の遺伝子（ゲノム）の違いの程度を測る指標の1つは遺伝距離（genetic distance）である．遺伝距離は，ある遺伝子座（もしくは複数の遺伝子座）における集団間の遺伝子頻度の差異から計算される．DNA塩基配列やアミノ酸配列を用いる場合は，遺伝距離は，2つの相同な配列の間の塩基あるいはアミノ酸の置換数から推定する．遺伝距離を計算する方法は多数提唱されている（Nei, 1987；長谷川・岸野，1999を参照）．

集団遺伝学において，遺伝的差異を測る指標のうちもっとも一般的なのは，$F$統計量（$F$-statistics）あるいは固定指数（fixation index）といわれる指数である．2つ以上の集団が集まって大きな集団を作っているとき，$F$統計量は，部分集団（各集団）内，部分集団間，全集団内の3つのレベルにおける「結合する2つの配偶子の相関」で，それぞれのレベルのヘテロ接合度から計算できる（Wright, 1943, 1951）．部分集団内についての$F$統計量を$F_{IS}$といい，部分集団（S）に対する個体（I）の近交係数である．近交係数とは，ある個体の2つの対立遺伝子が同じ祖先に由来する確率である．部分集団間の遺伝的差異の指標となるのが$F_{ST}$で，全集団（T）に対する，部分集団（S）内の近交係数である．$F_{ST}$は部分集団から任意に選んだ2つの対立遺伝子が同じ祖先に由来する確率にあたる．$F_{IT}$は全集団（T）に対する，個体（I）の近交係数で，ある個体の2つの対立遺伝子が全集団についての同じ祖先に由来する確率である．

今，それぞれ個体（I）からなる部分集団（S）が2つ集まってできた集団（T）を考える．部分集団（S）内で個体（I）がランダムに交配していない（ハーディ・ワインベルグ平衡にない）とき，部分集団のヘテロ接合体は減少したり，ホモ接合体が過剰になったりする．そのため，全個体について観察されるヘテロ接合度の平均（$H_I$）と，ハーディ・ワインベルグ平衡から期待される部分集団の平均ヘテロ接合度（$H_S$）が異なる．その差は，個体の遺伝子型のばらつきが少ないほど（交配がランダムでないほど）大きくなるので，近親交配の度合いを測る指標になる．$F_{IS}$は，

$$F_{IS} = (H_S - H_I) / H_S$$

で与えられる．

2つの部分集団内それぞれでランダムに交配が行われているとき，それぞれの部分集団（S）内ではハーディ・ワインベルグ平衡が成立しており，集団全体（T）としてはホモ接合体が過剰であったり，ヘテロ接合体が減少していたりする．そのため，それぞれの部分集団（S）内で観察されるヘテロ接合度（$H_S$）は，集団全体（T）がハーディ・ワインベルグ平衡にあるときのヘテロ接合度（$H_T$）と異なる．その差は，全集団（T）を構成する部分集団（S）の遺伝子型のばらつきが大きいほど大きくなるので，集団間の遺伝的差異を測る指標として使うことができる．$F_{ST}$は，

$$F_{ST} = (H_T - H_S) / H_T$$

で与えられる．

$F_{IT}$は$F_{IS}$と同様に考えられる．集団全体（T）として個体（I）がランダムに交配していなければ，集団全体で遺伝子型のばらつきが少なくなる．そのため，全個体について観察されるヘテロ接合度の平均（$H_I$）と，集団全体（T）がハーディ・ワインベルグ平衡にあると仮定したときの集団の平均ヘ

テロ接合度（$H_T$）が異なる．その差は，個体の遺伝子型のばらつきが少ないほど（交配がランダムでないほど）大きくなるので，集団全体の近親交配の度合いを測る指標になる．$F_{IT}$は，

$$F_{IT} = (H_T - H_I) / H_T$$

で与えられる．また，それぞれの統計量は，以下のような関係にある．

$$F_{IT} = F_{IS} + F_{ST} - (F_{IS})(F_{ST})$$

$F_{IS}$は部分集団内での近親交配などの局地的な交配の効果を反映し，$F_{ST}$は遺伝的浮動（次項1-5を参照）による部分集団間の遺伝子頻度の機会的な分化を反映している．$F$統計量に対しては，並べ替え検定（permutation test）によって，その統計的な有意性を検定することができる．

### 1-5 遺伝的浮動と遺伝子流動のバランス

生存にとって有利でも不利でもない遺伝子型は，長い時間を経ても遺伝子頻度は世代間で変わらないはずである．しかし，環境が激変し，特定の遺伝子型をもつ個体だけが他の遺伝子型をもつ個体より偶然多く死亡したり，逆に，より交配のチャンスに恵まれ多くの子孫を残したりして，遺伝子頻度が機会的に変わることがある．このような対立遺伝子頻度の確率論的な変化のことを遺伝的浮動（genetic drift）という．自然選択がないとき，遺伝的浮動はランダムに集団の対立遺伝子頻度を変化させる．最終的に対立遺伝子が集団から失われるか，集団に完全に固定されるかすると，その対立遺伝子の頻度が0（ゼロ）になるので，集団は遺伝的多様性を失う．遺伝的浮動は有効集団サイズ（effective population size, $Ne$）と密に関連している．有効集団サイズとは，次の世代の遺伝子プール（gene pool, 互いに繁殖可能な個体群がもつ遺伝子の総体）に貢献する個体数である．例えば，湖に100個体のコイがいるとする．実際の集団サイズ（census population size, $Nc$）は100である．しかし，その100個体の中には，配偶者が見つからず繁殖に成功しないものもいるし，未成熟な個体もいるかもしれない．つまり100個体すべてが次世代の遺伝子プールに貢献するわけではない．繁殖に成功する個体だけが集団の遺伝子頻度を決定するので，遺伝的浮動の影響を受けるのは，そのような次世代に遺伝子を残す個体の集合である．その大きさが有効集団サイズで，遺伝的浮動の影響によって，実際の集団と同じ速度で遺伝的多様性を失う．理想的な集団では，有効集団サイズと実際の集団サイズが等しいが，天然では，前者は後者より小さいことが多い．集団に生じた新しい変異が遺伝的浮動の結果，集団中に固定される（=集団から失われる）確率は有効集団サイズの逆数である（2倍体集団では，$1/(2Ne)$）．そのため，有効集団サイズが小さいと，遺伝的多様性が失われやすくなる．その結果，環境の変動や有害遺伝子の移入に対して脆弱になるため，集団の崩壊が起こりやすくなる．保全生物学が有効集団サイズに着目するのはこのためである．オーストラリア産のタイの仲間 *Pagrus auratus* では，乱獲の結果，1950年から1986年の間にヘテロ接合度の減少が認められた．推定された有効集団サイズは，漁獲量から推定される実際の集団サイズよりも5桁も小さく，資源管理が急務となっている（Hauserら，2002）．

集団間での遺伝子の移動を遺伝子流動（gene flow）という．遺伝子流動は，互いに離れた場所や集団の間で起こる個体の移動を指す「分散（dispersal）」や，ある特定の場所からの移動，あるいは特定の場所への移動を指す「回遊（migration）」とは異なる（6章参照）．どちらも遺伝子流動に先立って起こるものの，個体が移動した先の集団で繁殖に成功しない限り，遺伝子流動は起こらない．ヨーロッパでは50年以上前からブラウントラウト *Salmo trutta* の放流が行われてきた．人為的ではあるが"分散・移動"が長い間あるにも関わらず，ある集団では，放流個体と天然個体の間でわずかに

6%程度しか遺伝子流動が起こっていない（Hansen，2002）．「分散」も「移動」も遺伝子流動の代替として使われることが多々あり，また英語の"migration"は個体の移動から繁殖までを含めて使う場合もあるので，集団遺伝学の文献に触れる際には注意されたい．遺伝子流動は，生物の分散・移動能，遺伝子流動に先立つ分散・移動の障壁の有無，その強さ，分散・移動した先での繁殖の可否などによって大きく左右される．

集団の遺伝的多様性や集団間の遺伝的差異は，様々な要因によって変化する．例えば，集団サイズの変化や，移住の効果による集団間の遺伝子流動の変化は，集団の対立遺伝子頻度の変化をもたらす．その結果，定量した遺伝的多様性や遺伝的差異が変化する．各々の要因やその影響は独立ではなく，互いに関連し，影響を及ぼし合う．集団間で遺伝子流動があると，集団間の遺伝的差異が小さくなる．有効集団サイズは大きくなるので，遺伝的浮動の影響は小さくなり，遺伝的多様性は高くなる．逆に，集団間で遺伝子流動がない（集団が隔離される）と，有効集団サイズは小さくなり，遺伝的浮動の影響が大きくなる．その結果，遺伝的変異が個々の集団に独立に機会的に蓄積されるので，集団間の遺伝的差異が大きくなる．また，遺伝的浮動の影響が大きいので，集団の遺伝的多様性は小さくなる．

## §2．魚類の集団構造

前述のアユの例で，実際に河川間の集団構造はどうなっているだろうか？　集団解析では，まず調べる集団が全体としてハーディ・ワインベルグ平衡にあると仮定する．したがって，帰無仮説は「2河川を合わせた標本全体でハーディ・ワインベルグ平衡が成立している」，すなわち「A河川とB河川のアユに遺伝的差異はない」のである．このとき，両河川全体のヘテロ接合度（遺伝子多様度）の観察値は，ハーディ・ワインベルグ平衡から予想される値に等しいはずである．また，遺伝子型が両河川にランダムに分布するので，A河川とB河川の間で，集団間の遺伝的差異の指標である$F_{ST}$値は0（ゼロ）になる．このような結果が得られたとき，A河川集団とB河川集団の間で遺伝子流動が起こっていると考える．逆に，標本全体のヘテロ接合度の減少が観察されたり，両河川の間の$F_{ST}$値が0から有意に異なっていたりすれば，両河川の間で遺伝子流動はなく，それぞれ別々に繁殖を行っていると考えることができる．そのように河川ごとに細分化された集団では，有効集団サイズも異なっているかもしれない．その場合は，2つの河川集団で観察される対立遺伝子の多様性やヘテロ接合度も異なる．ここで，筆者らの研究を例として，集団解析の実態を紹介しよう．

筆者らは，インド洋西部から太平洋東部まで世界的に広く分布するオオウナギ *Anguilla marmorata* の集団構造を調べた（Minegishiら，2008）．各大洋の海流系と本種の産卵生態を考えると，そのような広い分布域全体で単一の繁殖集団を形成しているとはとても考えにくく，恐らく複数の遺伝的に異なる集団に分かれているものと予想された．そこで，本種の分布域をできる限り広く網羅するように，マダガスカル，レユニオン，スマトラ，スラウェシ，フィリピン，台湾，日本，グアム，アンボン，パプアニューギニア，ニューカレドニア，フィジー，タヒチの計13地点から計449個体を採集してきて解析に供した．遺伝子マーカーには，集団構造解析に多用されるミトコンドリアDNAの調節領域の塩基配列と，さらに感度の高いマイクロサテライトを用いた．ミトコンドリアDNAを解析した結果，そのタイプは大きく①北太平洋（スラウェシ，フィリピン，台湾，日本），②南太平洋（パプアニューギニア，ニューカレドニア，フィジー，タヒチ），③インド洋（マダガスカル，レユニオン，スマトラ），④グアムに分かれた．マイクロサテライトとミトコンドリアDNAから算出した$F$統計

量にも，これら4群の間に有意な差異が認められた．これらのことから，オオウナギは，分布域全体で少なくとも4つの繁殖集団から成っていることが明らかになった．これら4集団の遺伝的多様性を調べてみると，北太平洋集団は，他の3集団と比べて，より多数の対立遺伝子と高いヘテロ接合度を示した．このことは，北太平洋集団の有効集団サイズが他の3集団よりも大きいことを示唆している．さらに，アンボンではヘテロ接合度の減少が観察された．アンボンの標本の遺伝子型を調べてみると，北太平洋と南太平洋の双方の特徴をもっており，それらのタイプ間の $F_{ST}$ は有意に異なっていた．すなわち，アンボンには複数の集団に由来する個体が混在して生息しており，観察されたヘテロ接合度の減少は，Wahlund effectによるものと考えられた（Minegishiら，2008）．

　高度回遊性のメバチ Thunnus obesus やカツオ Katsuwonus pelamis は，熱帯から温帯までの世界の海に広く分布する．しかし，遺伝的には，大西洋，インド洋，太平洋と大洋規模で分化しているに過ぎない（Durandら，2005；Elyら，2005）．各大洋という大きな空間全体で，ハーディ・ワインベルグ平衡が成立しているといえる．これは，海洋が，陸域に比べて移動・分散を妨げる物理的な障害物が少なく，遺伝子流動が起こりやすいためである．さらに，海産魚の多くは，浮遊仔魚期の大きな分散能や成魚期の高い遊泳能力によって広範囲の移動が可能である．そのため，広い空間で遺伝子流動を保つことができる．また，ウナギ Anguilla japonica も，フィリピン北部から北日本までの南北に広い分布域で遺伝的な差異がない（Sangら，1994；Ishikawaら，2001）．淡水にまで回遊するウナギは純海産魚ではないものの，海洋における長い浮遊仔魚期間と広い分布域をもつという点で，海産魚の特徴を備えているといえる．

　一方，純淡水魚に見られる集団構造は，海産魚に比べより細分化している．例えば日本の南西部に生息するタナゴ類の Tanakia lanceolata と T. limbata は，どちらの種も本州と九州の間で遺伝的組成が異なる（Hashiguchiら，2006）．オーストラリア産のカワアナゴの一種 Mogurnda adspersa はオーストラリア南東部に広く分布するが，100 km程度離れた河川の間でも明瞭な遺伝的分化が見られる（Faulksら，2008）．純淡水魚では，河川を隔てる陸域や海峡が分散・移動の障壁となるため，遺伝子流動が起こる規模が海産魚に比べて小さい．結果的に集団サイズが小さくなるので，遺伝的浮動の影響が大きくなる．そのため，一般的な海産魚に比べて小規模で明瞭な集団構造を形成するのである．このような海産魚と淡水魚の遺伝子流動の程度の違いは，集団サイズの違いをもたらし，遺伝的多様性に明瞭に反映される．マイクロサテライトを用いて，淡水魚，遡河回遊魚，海産魚の遺伝的多様性（平均ヘテロ接合度）を比較すると，集団サイズの小さな淡水魚では遺伝的多様性が低く，集団サイズの大きい海産魚では高い（DeWoody and Avise, 2000）．また遡河回遊魚ではそれらの中間の値をとる．日本の本州に広く生息するアユの亜種リュウキュウアユ Plecoglossus ativelis ryukyuensis は，琉球列島の固有種である．かつては沖縄本島にも広く分布していたが，現在では沖縄本島の個体群は絶滅し，奄美大島でのみ見られる．このリュウキュウアユの遺伝的多様性は，本州のアユに比べて遥かに小さい（Ikeda and Taniguchi, 2002）．絶滅が危惧されているリュウキュウアユでは，集団サイズの減少が遺伝的多様性の低下に顕著に現れているといえる．

　遺伝子流動の障壁となるのは，物理的な地理構造だけではない．それぞれの魚類がもつ生態や行動が，集団間の遺伝子流動の大きな障壁になることもある．スカンジナビア半島北部の水系でタイセイヨウサケ Salmo salar の集団構造を調べると，支流と本流で階層的な遺伝的分化が見られ，特に支流レベルにおける遺伝的差異は顕著である（Vähäら，2007；図5-3カラー口絵）．これは，タイセイ

ヨウサケが本流や支流で様々な規模の繁殖集団に分化していることを示唆しており，サケ科魚類の母川回帰の強さをよく示している．また，2年で成熟し回帰するカラフトマス *Oncorhynchus gorbuscha* は，太平洋の東西で遺伝的差異が認められる．しかし，地理的な差異よりも，同じ水系の年級群間の差異の方が大きい（Churikov and Gharrett, 2002；図5-4）．つまり，同じ河川で採集した前年の個体と今年の個体の間の方が，同じ年に太平洋の東と西で採集した個体よりも遺伝的に大きく分化しているというのである．カラフトマスはほとんどの個体が2年で回帰するために偶数年級群と奇数年級群の間に遺伝子流動が起こらず，偶数年と奇数年で独自の繁殖集団に分化しているといえる．スズメダイの一種 *Acanthochromis polyacanthus* は，フィリピンからオーストラリア・グレートバリアリーフにかけて広く分布するが，リーフごとに明瞭な集団構造をもつ．この種類は，一般的な海産魚とは違って浮遊仔魚期をもたず親の保護を受けるので，集団間の分散・移動が少なく，遺伝子流動が制限されていると考えられる．オオスジイシモチ *Ostorhinchus doederleini* などサンゴ礁性魚類の一部では，水を嗅ぎ分けることによって自身が生まれたリーフに戻る性質があり，それがリーフ間の遺伝的差異の要因になっている（Gerlach ら，2007）．以上，様々な魚種の例で見てきたように，魚類の集団構造は実に様々である．それはすなわち，魚類の生態が多様であることを反映している．研究対象とする種の集団構造は，生態研究から得られる情報を正確に解釈し，その生物の生態を理解するための土台を与える．

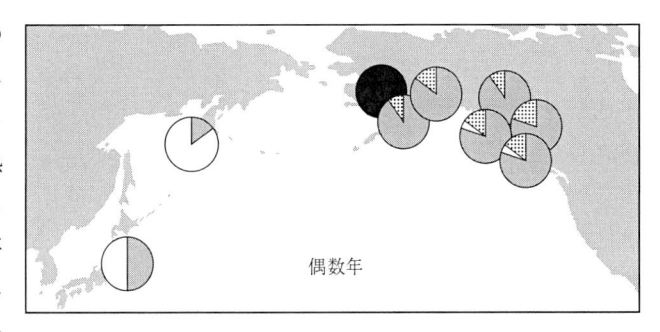

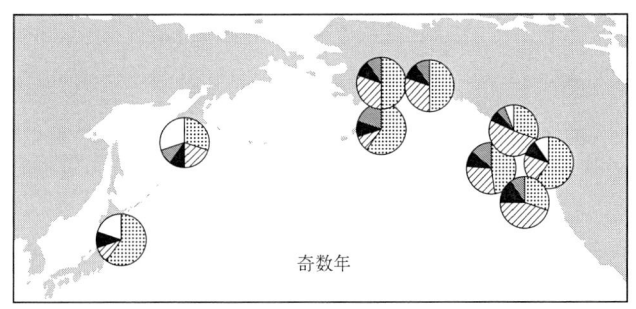

図5-4 カラフトマス *Oncorhynchus gorbuscha* の集団構造．円グラフはマイクロサテライトの対立遺伝子頻度．太平洋の東西と，年級群（偶数年と奇数年）の遺伝的組成が異なることがわかる．（Churikov and Gharrett, 2002 を改変）

## §3. 種分化と進化

　種分化（speciation）とは，新しい種が誕生する過程のことである．現在，地球上に見られるあらゆる生物はすべて，長い時間をかけて種分化によって生じた．これまでに見てきたように，遺伝子プールを共有する集団の中でハーディ・ワインベルグ平衡を乱す変化が起こり，様々な要因によって集団が分化することによって，新たな進化が起こる．種をどう捉えるか（種の概念）については，様々な議論がある（例えば，Lee, 2003；de Queiroz, 2005 など；8章も参照）．ここでは，「種」を他と生殖的に隔離された繁殖集団と捉える（生物学的種概念，Biological Species Concept, BSP）．したがって，種分化にまず必要なのは，集団間の遺伝子流動の断絶，つまり生殖隔離（reproductive isolation）である．生殖隔離が成立する機構や過程は様々で，生殖前隔離（premating isolation）と生殖後隔離（postmating isolation）に大別される．生殖前隔離とは，異なる集団（種）間の繁殖の機

会自体を排除する仕組みで，生殖後隔離とは，繁殖が起こったとしても，雑種の発生や成長，繁殖が正常に起こらないような仕組みである．異所的分化（allopatric divergence）は生殖前隔離の代表で，地理的に異なる場所で集団（種）が分化する過程をいう．よく知られる異所的分化は物理的な障害物を伴う場合で，個体の分散・移動が妨げられ，集団間の遺伝子流動が起こらない．タナゴやカワアナゴなど淡水魚の集団構造で見てきた例などはこの典型である．また，集団間の分散・移動を妨げる物理的な障害物はなくても，サケ類やサンゴ礁性魚類で見たように，回帰年齢や遡上時期など厳密な生活史特性の違いや，親の保護，あるいは嗅覚による正確な母川回帰やリーフへの回帰性などの生態や行動があたかも物理的な障壁のようにはたらき，集団分化をもたらすことも多々ある．

一方で，地理分布が隣接する場合や重複する場合でも集団の分化は起こりうる（それぞれ側所的分化, parapatric divergence；同所的分化, sympatric divergence という）．このとき，成長や生残に有利な特定の遺伝子型をもつ子孫がより繁栄すること，すなわち自然選択（natural selection）は集団（種）分化の大きな要因となる．北半球に生息するトゲウオ *Gasterosteus aculeatus* は様々な淡水・汽水域を生息場所として利用し，形態，生活史，生息域によって様々なタイプが同所的に見られる．北米の湖に生息する limnetic（沖帯域）性の個体と底生性の個体の間では，それぞれの生息環境で摂餌における有利な体サイズが異なるので，体サイズについての同類交配（assortative mating）が観察されている（Nagel and Schluter, 1998）．求愛行動についても同類交配がある（Boughman, 2001）．交配する相手を選ぶので性選択（sexual selection）ともいわれ，生殖前隔離に含まれる．

生殖後隔離では，異なる集団間に生まれた雑種に対して選択がかかる．ゲノム間の不和合性，もしくは雑種の表現型と生態の相互作用によって，雑種の生存能や稔性が低い（もしくはない）などの選択があれば，個体の移動や交雑が自由であっても遺伝子流動は起こらない．カダヤシの仲間では，淡水性の *Lucania goodei* と広塩性の *L. parva* の間で，それぞれの純系と雑種による戻し交配で，受精卵はできても，その後の卵の生残率，胚発生，ふ化後の成長などが純系に比べて低い（Fuller, 2008）．湖産と河川産のトゲウオの雑種はそれらの中間的な表現型を示し，湖と河川のいずれの環境においても，純系に比べて成長に不利になる（Hendry ら，2002）．

いったん遺伝子流動が断たれ，しばらく分化した後に，再び集団が出会うことがある．これを二次接触（secondary contact）という．分散・移動の物理的な障壁が環境変動によって消失するなどしたときに起る．二次接触の結果は様々である．もし，それぞれの集団に十分な遺伝的変異が蓄積されていなければ，いったん分化した集団は再び1つの集団に戻る．逆に，集団が十分に分化していると，先に述べたような様々な生殖隔離機構がはたらく．自然選択によって生殖前隔離が進化することを，とくに強化（reinforcement；reproductive character displacement という言葉が使われることもある）という．カナダ・ブリティッシュコロンビアのある河川には回遊型と河川残留型のトゲウオが生息するが，回遊型はその河川の上流には生息しない．サケ科魚類などと同様，トゲウオにおいても河川残留型は回遊型に比べて小型である．この河川の上流に生息する河川残留型の雄は，他の水系のトゲウオに一般的に見られるように，体サイズの大きな雌を好む．一方，体サイズの大きな回遊型も交配を行う下流では，河川残留型の雄は体サイズの小さな雌を好む．回遊型が同所的に生息する下流では，同じ河川に生息する残留型であっても同類交配にかかる形質の嗜好が異なるのである．このような交配様式が長く続けば，下流の河川残留型は，将来はまったく別の種として認識されるようになる可能性がある．種分化の機構と過程は，Price（1995）や Coyne and Orr（2004）に詳しい．

最終的に遺伝子流動が妨げられる状態が長く続けば，遺伝的浮動によって集団（種）に独自に遺伝的変異が蓄積されていく．そのような変異に基づいて分類群内の系統の地理分布を調べることで，生物がどのように分布域を拡大してきたか，どのような環境変動が進化に影響したかなどを推定することができる．このレベルの解析にはDNAやアミノ酸の配列も汎用され，分子データに基づいた分岐年代推定も行われる（8章参照）．アジア南東部とアフリカ西部および中部に分布する淡水魚のナギナタナマズ科魚類Notopteridaeは，中生代にアフリカに起源し，白亜紀のインド亜大陸の北上によってアジアに分散したと推定されている（Inoueら，2009）．北アメリカ中部に分布するカダヤシ類*Fundulus zebrinus*は，更新世に繰り返し起った氷期と間氷期に，河川争奪を介して地理分布を拡げたと考えられている（Kreiserら，2001）．また，ニュージーランドに生息するガラクシアス属魚類*Galaxias*には回遊型と非回遊型（河川残留型）の系統が混在するが，これはその進化の過程で，回遊する能力を失った河川残留型が複数の系統でそれぞれ独立に派生した結果と考えられている（Waters and Wallis，2001；図5-5）．生物は常に変化する環境に合わせて，自身の子孫を最大限に残すように生活史特性を変化させる．そのような環境や生態の変化は長い時間をかけて種分化をもたらす．我々が今，目にすることができるのは，そうした進化の時間軸の一断面に過ぎないが，遺伝子にはその過程の情報が刻まれている．集団構造や系統関係を知ることは，生物がどのように種分化を遂げて来たかを理解するうえで，大変重要なのである．

## §4. 魚類における集団研究の応用

　魚類は食資源として重要である．一方で，乱獲や自然変動によって，その数は大きく変動することが知られている（25章参照）．また河川開発などによって，局所的に生息する固有種が絶滅を危惧されていることも多い．集団研究の応用的な側面の1つは，資源管理と保全である．資源管理や保全は，管理の単位（management unit）もしくは進化的に有効な単位（Evolutionary Significant Unit，ESU）に基づいて行われる．前者は，「他からの移住個体が極めて少なく，遺伝的に他とは異なる集団」とされ，主に対立遺伝子頻度の有意な差異の有無で判断する．後者は「ある程度の期間，生殖的に隔離され，その間に独自の進化の道を歩んできた集団」とされる．このような集団は，今後も，独自に分化を遂げていくと考えられ，ミトコンドリアDNAによる単系統性と，中立な核DNAマーカーの対立遺伝子頻度の有意な差異の有無で決定される．それぞれの単位について，有効集団サイズ，遺伝的多様性，近親交配の程度を評価する．そのような遺伝的な情報と，生態に関する情報の両方が整って初めて，具体的な資源管理・保全のための方策の立案・実施が可能となる．

　資源の増殖や保全のために，放流事業や種苗生産が行われている．作成した人工種苗が健全かどうか，放流個体が天然個体群の中で生残しているか，あるいは放流が個体群の維持に貢献しているか否かなどの問題については，定期的に評価を継続する必要がある．アユやマダイなどの人工種苗では，継代交配を繰り返すうちに，野生集団に比べて人工種苗の遺伝的多様性が顕著に低下したことが知られている（谷口，2007）．これは，人工種苗が，種苗生産用親魚としては遺伝的多様性の保持に必要な有効集団サイズを確保できていなかったことを意味する（谷口，2007）．そのような遺伝的多様性が低下した個体が天然個体と交配を起こした場合，適応度の低い雑種を生む可能性がある．そのようなことが起れば，資源量を維持するための放流事業が，逆に崩壊させる事業になってしまう可能性もある．放流にあたっては，種苗の遺伝的多様性を十分考慮すべきであり，集団研究はそのための必須

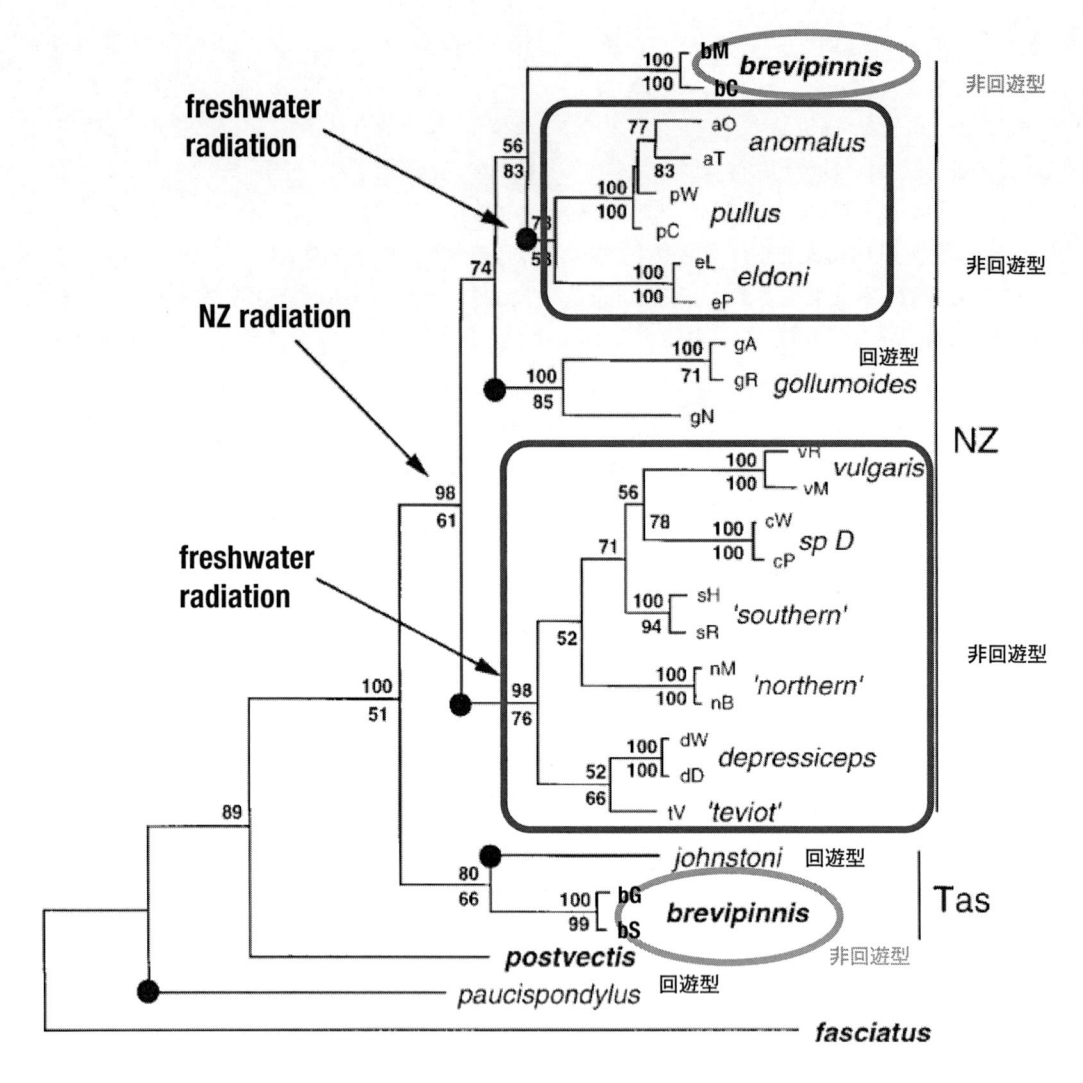

図 5-5　ガラクシアス属魚類 *Galaxias* の系統関係．太字で表されているものは分類学的に認められた種．細字は分類学的には *G. vulgaris* 一種．NZ はニュージーランド，Tas はタスマニアを示す．*G. vulgaris* と *G. brevipinnis* では種内で独立に回遊能を喪失したと考えられる．（Waters and Wallis, 2001）

の情報を提供する．

　生態学をはじめ，あらゆる生物学の基礎となるのが分類である．生物学研究に限らず，資源管理や保全においても，対象とする個体や集団が正確に分類学的な種に属していることが前提となる．しかし，形態形質による分類や，種の同定が困難であったり，そもそも分類体系が混乱していたりすることも少なくない．集団遺伝学は，集団の遺伝的分化や遺伝子流動の程度などの情報を提供する．現在の分類学は基本的には形態形質に基づくので，遺伝子マーカーだけで検出した集団の情報だけでは分類にはなり得ない．しかし，対象とする個体群が生殖的に（あるいは進化的に）独立した単位なのかどうか，独立した単位として認めることが妥当かどうか，といった判断をするときに，集団遺伝学的解析は直接的な情報を提供する．また，集団研究の過程で得られる遺伝子マーカーの情報は，種を同定したり，種を同定できる分類形質を見つけたりすることにも利用できる．そのため，近年の集団研

究は，分類学においても基礎的情報を提供する重要な手法となりつつある．

　天然の環境は一様ではない．生物が実際に生息できる場所は分断されていたり，分布域の端と端で極端に気候が違ったりする．分類学的に同じ種名がつく個体群であっても反応は様々で，それぞれの環境にそれぞれに適応して生息する．得られる生態情報は，生物が各々の環境で見せる生き様であり，各々の環境に適応してきた進化の結果に他ならない．魚類は地球上でもっとも繁栄した脊椎動物である．25,000種を超えるその多様性もまた，共通の祖先から長い時間をかけて種分化を繰り返してもたらされた進化の結果である．集団と種分化の研究は，その進化の複雑な過程を解きほぐし，生態研究で得られる情報と合わせることにより，魚類が地球上の様々な環境にどのように適応しているか，どのようなメカニズムでその多様性が形成されてきたかを教えてくれる．また今後どのようにその多様性を維持すべきかという問いに対しても，直接的で重要な情報を提供する．このように集団研究は，多様性の真の理解と資源管理や保全に欠くことの出来ない研究分野である．　　　　　〈峰岸有紀・塚本勝巳〉

## 文　献

Avise J.C.（2004）: Molecular Markers, Natural History, and Evolution, Sinauer Associates, Sunderland, MA.

Boughman J.W.（2001）: Divergent sexual selection enhances reproductive isolation in sticklebacks, *Nature*, **411**（6840）, 944-948.

Churikov D. and Gharrett A.J.（2002）: Comparative phylogeography of the two pink salmon broodlines, an analysis based on a mitochondrial DNA genealogy, *Molecular Ecology*, **11**（6）, 1077-1101.

De Queiroz K.（2005）: Ernst Mayr and the modern concept of species, *Proceedings of the National Academy of the United States of America*, **102**（Suppl 1）, 6600-6607.

DeWoody J.A. and Avise J.C.（2000）: Microsatellite variation in marine, freshwater and anadromous fishes compared with other animals, *Journal of Fish Biology*, **56**（3）, 461-473.

Durand J.D., Collet A., Chow S., Guinand B. and Borsa P.（2005）: Nuclear and mitochondrial DNA markers indicate unidirectional gene flow of Indo-Pacific to Atlantic bigeye tuna（*Thunnus obesus*）populations, and their admixture off southern Africa, *Marine Biology*, **147**（2）, 313-322.

Ely B., Vinas J., Bremer J.R.A., Black D., Lucas L., Covello K., Labrie A.V. and Thelen E.（2005）: Consequences of the historical demography on the global population structure of two highly migratory cosmopolitan marine fishes, the yellowfin tuna（*Thunnus albacares*）and the skipjack tuna（*Katsuwonus pelamis*）, *BMC Evolutionary Biology*, **5**,19

Faulks L.K., Gilligan D.M., and Beheregaray L.B.（2008）: Phylogeography of a threatened freshwater fish（*Mogurnda adspersa*）in eastern Australia, conservation implications, *Marine and Freshwater Research*, **59**（1）, 89-96.

Freeland J.R.（2006）: Molecular Ecology, John Wiley & Sons, West Sussex.

Fuller R.C.（2008）: Genetic incompatibilities in killifish and the role of environment, *Evolution*, **62**（12）, 3056-3068.

Gerlach. G, Atema J., Kingsford M.J., Black K.P. and Miller-Sims V.（2007）: Smelling home can prevent dispersal of reef fish larvae, *Proceedings of the National Academy of the United States of America*, **104**（3）, 858-863.

Hansen M.（2002）: Estimating the long-term effects of stocking domesticated trout into wild brown trout（*Salmo trutta*）populations: an approach using microsatellite DNA analysis of historical and contemporary samples, Molecular *Ecology*, **11**（6）, 1003-1015.

Hart L.（2000）: A Primer of Population Genetics, Sinauer Associates, Sunderland, MA.

長谷川政美・岸野洋久（1999）: 分子系統学，岩波書店．

Hashiguchi Y., Kado T., Kimura S. and Tachida H.（2006）: Comparative phylogeography of two bitterlings, Tanakia lanceolata and T. limbata（Teleostei, Cyprinidae）, in Kyushu and adjacent districts of western Japan, based on mitochondrial DNA analysis, *Zoological Science*, **23**（4）, 309-322.

Hauser L., Adcock G.J., Smith P.J., Ramirez J.H.B. and Carvalho G.R.（2002）: Loss of microsatellite diversity and low effective population size in an overexploited population of New Zealand snapper（*Pagrus auratus*）, *Proceedings of the National Academy of the United States of America*, **99**（18）, 11742-11747.

Hendry A.P., Taylor E.B. and McPhail J.D.（2002）: Adaptive divergence and the balance between selection and gene flow, Lake and stream stickleback in the misty system, *Evolution*, **56**（6）, 1199-1216.

Hoelzel A.R.（1998）: Molecular Genetic Analysis of Populations, A Practical Approach, IRL Press, Oxford.

Ikeda M. and Taniguchi N.（2002）: Genetic variation and divergence in populations of ayu *Plecoglossus altivelis*, including endangered subspecies, inferred from PCR-RFLP analysis of the mitochondrial DNA D-loop region, *Fisheries Science*, 68 (1), 18-26.

Inoue J.G., Kumazawa Y., Miya M. amd Nishida M. (2009): The historical biogeography of the freshwater knifefishes using mitogenomic approaches, A Mesozoic origin of the Asian notopterids (Actinopterygii: Osteoglossomorpha), *Molecular Phylogenetics and Evolution*, 51 (3), 486-499.

Ishikawa S., Aoyama J., Tsukamoto K. and Nishida M. (2001): Population structure of the Japanese eel *Anguilla japonica* as examined by mitochondrial DNA sequencing, *Fisheries Science*, 67 (2), 246-253.

Jerry A.C. and Orr H.A. (2004): Speciation Sinauer Associates, Sunderland, MA.

Kreiser B.R., Mitton J.B. and Woodling J.D. (2001): Phylogeography of the plains killifish, *Fundulus zebrinus*, *Evolution*, 55 (2), 339-350.

Lee M.S.Y. (2003): Species concepts and species reality: salvaging a Linnaean rank, *Journal of Evolutionary Biology*, 16, 179-188.

Mamuris Z., Apostolidis A.P. and Triantaphyllidis C. (1998): Genetic protein variation in red mullet (*Mullus barbatus*) and striped red mullet (*M. surmuletus*) populations from the Mediterranean Sea, *Marine Biology*, 130 (3), 353-360.

Minegishi Y., Aoyama J. and Tsukamoto K. (2008): Multiple population structure of the giant mottled eel, *Anguilla marmorata*, *Molecular Ecology*, 17 (13), 3109-3122.

Nagel L. and Schluter D. (1998): Body size, natural selection, and speciation in sticklebacks, *Evolution*, 52 (1), 209–218.

Nei M. (1987): Molecular Evolutionary Genetics, Columbia University Press, New York.

Planes S., Doherty P.J. and Bernardi G. (2001): Strong genetic divergence among populations of a marine fish with limited dispersal, *Acanthochromis polyacanthus*, within the Great Barrier Reef and the Coral Sea, *Evolution*, 55 (11), 2263-2273.

Pompanon F., Bonin A., Bellemain E. and Taberlet P. (2005): Genotyping errors, Causes, consequences and solutions, *Nature Reviews Genetics*, 6 (11), 847-859.

Price P.W. (1995): Biological Evolution, Harcourt College Publishers.

Sang T.K., Chang H.Y., Chen C.T. and Hui C.F. (1994): Population structure of the Japanese eel, *Anguilla japonica*. *Molecular Biology and Evolution*, 11 (2), 250-260.

谷口順彦 (2007):魚類集団の遺伝的多様性の保全と利用に関する研究, 日本水産学会誌, 73 (3), 408-420.

Vähä J.P., Erkinaro J., Niemela E. and Primmer C.R. (2007): Life-history and habitat features influence the within-river genetic structure of Atlantic salmon, *Molecular Ecology*, 16 (13), 2638-2654.

Waples R.S. and Gaggiotti O. (2006): What is a population? An empirical evaluation of some genetic methods for identifying the number of gene pools and their degree of connectivity, *Molecular Ecology*, 15 (6), 1419-1439.

鷲谷いずみ・矢原徹一 (2003):保全生態学入門 - 遺伝子から景観まで, 文一総合出版.

Waters J.M. and Wallis G.P. (2001): Cladogenesis and loss of the marine life-history phase in freshwater galaxiid fishes (Osmeriformes: Galaxiidae), *Evolution*, 55 (3), 587-597.

Wright S. (1943): Isolation by distance, *Genetics*, 28, 139-156.

Wright S. (1951): The Genetical Structure of Populations, *Annals of Eugenics*, 15, 323-354.

# 6章　回　遊

　　魚類はその発育段階や環境変化に応じて生息域（habitat）を移す．この生息域間の移動が特定の季節や生活史のある段階に対応して定型的に起こる場合，これを回遊（migration）という．したがって，回遊は生活史と切り離して考えることはできず，生活史の根幹であるといえる．生活史の中で最重要のイベントは繁殖と成長である．これらが行われる場所はその生活史において重要な意味をもつ．繁殖と成長がそれぞれ別の場所で行われるようになったとき，生物はその2つの生息域の間で回遊を始めた．すなわち多くの回遊は繁殖場と成育場の間の移動と定義できる．この章では，様々なタイプの回遊魚の事例を述べ，どのように回遊が行われているか，そのメカニズムを探る．また「なぜ魚は回遊するのか？」という回遊研究の究極の問いについても考察してみよう．

## §1. 回遊環

　一般に，繁殖場（産卵場）は繁殖相手との遭遇率を高めるために狭く，成育場は餌に対する競争を緩和するために広い．回遊を生活史段階別に見れば，成育場は親の成長に適した生息域で，繁殖場は仔の生残に適した環境といえる．繁殖場で生まれた稚仔（幼生）が成育場に至る回遊の往路は，稚仔の運動能力が低いために，多くは海流によって輸送される受動的分散になる．したがって，行き着く先はわからず，稚仔が漂着した結果として形成される成育場は広範囲にわたる．逆に，成育場から繁殖場に向かう復路は，運動能力や方位決定能力が備わった成体として回遊するので，狭い範囲の繁殖場に正確に到着することができる．

　繁殖場と成育場を結ぶ輪を「回遊環（migration loop）」と呼ぶ（図6-1）．回遊環は種や集団・個体群の代表的な回遊経路を示す．したがって回遊環は，繁殖場と成育場，それにこの両者を結ぶ往路と復路の4相からなる．親魚は卵の損耗を最小にするために捕食者密度の低い低生産性の場所で産卵する（産卵場）．ここで生まれた仔魚は成長に適した高生産性の場所に受動的輸送を受ける（往路）．稚魚や未成魚はその成長を最大限にして，来るべき産卵回遊と成熟に必要なエネルギーを蓄積する（成育場）．そして，大きく育った成魚は様々な航法を駆使して産卵場へ回帰する（復路）．

　回遊環はそれぞれの種や集団にとって特異的なもので，「1種，1回遊環」あるいは「1集団，1回遊環」といえる．回遊環がずれる，すなわち繁殖場または成育場のどちらか，あるいはその両方が時空間的にずれることによって生殖隔離が起こり，やがて種分化や集団分化が生じる（図6-1）．回遊環の概念は魚類の進化過程を理解する上で役立つ．魚類は脊椎動物の中で複雑な生活史をもつといわれているが，その中でもひときわ複雑な回遊魚の生活史を，回遊環を用いて単純化することで，進化の本筋を捉えることができるようになる．回遊環の直径で象徴される回遊規模が，局地的な小回遊から

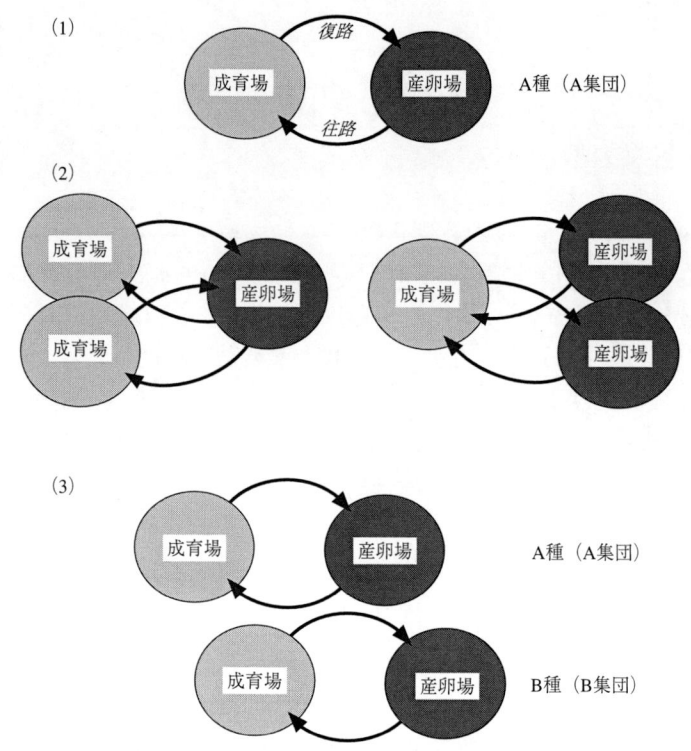

図6-1 回遊する種（集団，または個体群）の産卵場と成育場を回遊経路で結ぶ輪を回遊環という（1）．成育場か産卵場のいずれか1つが空間的，または時間的にずれると（2），生殖隔離が生じ，種分化（集団分化）が起こる（3）．

外洋と河川の間に展開する大回遊へ拡大することで種分化が進んでいった例は，サケ属魚類（以下，サケと略す）やウナギ属魚類（以下，ウナギ）でよく知られている（Tsukamotoら，2002）．

## §2. 回遊魚

6月になると琵琶湖の湖岸に体長1mもあるビワコオオナマズがやってくる．大雨があがった夜，雌雄がペアを作り，浅瀬でバシャバシャと音を立てて産卵する．しかし普段ビワコオオナマズは沖合の水深10〜60mの深みにいる（Takaiら，1997）．産卵期にのみこのような浅瀬に来遊し，産卵が終わるとまた深みへ戻る．同様にコイ，カワムツ，ムギツクなどの河川・湖沼性魚類は，季節や発育段階により瀬と淵，浅瀬と深み，あるいは上・下流域の間で規則的に移動する．これらの移動は，サケやウナギで知られる大規模な大海原の回遊ではないが，やはり異なる生息域間の移動であり，成育場と産卵場の間の回遊である．こうした淡水域の中だけで完結する回遊を河川回遊（potamodromy）と呼ぶ．

一方で，海の中だけで行われる回遊のことを海洋回遊（oceanodromy）といい，仔魚期の分散を回遊とみなせば，海水魚のほとんど全てがこの範疇に入る．クロマグロの産卵場は，北緯30°以南の南西諸島付近を中心とした黒潮東側の黒潮反流域にある（北川，2005）．ここで4〜7月に産み出された卵からふ化した仔魚は，黒潮によって北に輸送され，夏の終わりから初秋にかけて20cm前後の幼魚となって南西日本沿岸に来遊する．0〜1歳魚は日本近海で季節的な南北回遊を繰り返すが，そ

の後は沖合に成育場を拡大し，1〜3歳になると北米大陸西岸沖まで渡洋回遊（transoceanic migration）する．ここで成長した個体は，成熟すると再び南西諸島付近に回帰して産卵する．その回遊距離は実に1万km以上に及ぶ．このような回遊の実態は，アーカイバルタグと呼ばれるデータロガーを腹腔に挿入した個体の放流実験から明らかになった（北川，2005）．再捕個体から回収したタグの記録から，水温，水深，照度などのデータを得て，回遊経路や浅深移動，日周リズムなどを総合的に解析するのである．

イワシ，アジ，サバ，ブリなどの沿岸性表層回遊魚は本州・四国・九州の海岸線を取り囲むように分布して，季節的に南北回遊を行っている．これらは能登半島，足摺岬，津軽海峡などの地理的障壁によって分断され，いくつかの系群（stock）に分かれている．各系群の魚は分布域の南部にある産卵場と北部の成育場の間を海岸線に沿って季節的に回遊している．例えば，太平洋系群と呼ばれるマイワシ個体群は，夏には土佐湾から索餌回遊のため北上して東北沖まで達する．秋になると房総以南に越冬回遊し，冬から春にかけて南で産卵する．日本沿岸のマイワシには他に日本海系群，九州系群，足摺系群があり，それぞれの分布域内で同様に南北の季節回遊を行っている．しかし，成育場が地理的障壁を越えて系群相互に混合することもある．そのほかマアジ，サバ，ブリ，カタクチイワシなども日本沿岸でいくつかの系群に分かれており，マイワシ同様，南北の季節回遊を行っている．ニシンやクサフグ，トウゴロウイワシの仲間など，産卵期になると沖合から沿岸方向へ産卵回遊する種もある．沿岸にある海藻や砂浜といった特異な産卵基質が繁殖のために必要であるため，こうした接岸回遊（inshore migration）を行う．

マダイ，ニベ，タラ，ヒラメなどは海底に沿って回遊する魚である．マアナゴの産卵場はまだ不明であるが，成熟に5℃前後の一定低温が必要なことが実験的に確かめられているので，おそらく沖合の水深1,000m前後の深場に産卵場をもつものと考えられる．沖合の産卵場から伊勢湾や三河湾に来遊したレプトセファルス（ウナギの仲間の仔魚の総称）は，透明な稚魚に変態して着底した後，浅海域で1〜2年過ごす．その後成熟が進むにつれて徐々に沖合の深場に移動を行い，やがて産卵場に達するものと推測される（岡村ら，2000）．この場合，成長のための浅海域と繁殖のための深海域の間を海底に沿って移動する回遊といえる．

以上の河川回遊と海洋回遊は，それぞれ淡水域あるいは海洋のみで回遊が完結するタイプの回遊であったが，これとは別に魚類の中には通し回遊（diadromy）と呼ばれる回遊型をもつ魚がいる．一生のうちに海と川を往復するタイプの回遊である．これらの通し回遊魚については多くの研究がある．通し回遊現象については§4.で詳しく述べる．

## §3. 回遊メカニズム

### 3-1 回遊の3条件

動物が回遊を開始し，無事に目的地に到着してその旅を全うするには，次の3条件が必要である．まず目的地までの距離を移動するのに十分な運動能力（locomotion）が必要となる．魚類やクジラ類なら遊泳能力，海鳥なら飛翔能力である．次に，目的地がどの方角にあるか（方位決定），あるいはさらに詳しく，どこが目的の場所か（目的地認知）を知るための航海能力（navigation）が必要である．しかしこれら2つの能力が備わっていても回遊は全うできない．そもそも動物に回遊行動を起こさせる内部の動因（drive，あるいは衝動 motivation）が必要である．動因とは，動物をある行動に駆り立

てる内部要因であると行動学的に定義されている．これら運動能力，航海能力，動因の3条件が満たされた時，初めて回遊が始まり，無事全うされるのである．

回遊動物の運動能力は，蓄積された体脂肪の測定や，遊泳速度や酸素消費量を回流水槽を用いて測定することで評価できる．航海能力については，太陽コンパス，磁気コンパス，嗅覚の感覚生理学的・行動学的な研究が多数行われている．しかし動因は精神活動により生ずる心理学的現象であり，脳内の複雑な神経生理学的メカニズムを経て生成される内的状態なので，今のところその実態を掴むことが難しく，研究は極めて少ない．しかし動因は回遊行動の開始を説明するのに不可欠であり，一旦開始された回遊を持続・完遂させるのに必要である．また回遊の進化的起源を考察する際にも欠かせない概念である．「なぜ動物は回遊するか？」という問いに対する答えも，回遊の動因を理解しようとすることから始まる．回遊の動因レベルに直接関係する生理学的要因は，渡り鳥では脳下垂体前葉から分泌される黄体刺激ホルモンのプロラクチンではないかといわれている．一方，魚類の回遊では甲状腺ホルモンの関与が示唆されているが，まだ十分に証明されたわけではない．

### 3-2 解発メカニズム

回遊行動がどのように開始されるか，その解発メカニズムについて3 Step Modelが提唱されている（図6-2；Tsukamotoら，2009）．春になると体長6 cm程の稚アユが海から川に遡上してくる．この遡河行動が開始される際，①日齢・体サイズ，②内分泌条件，③心理的条件の3段階の要因が順序

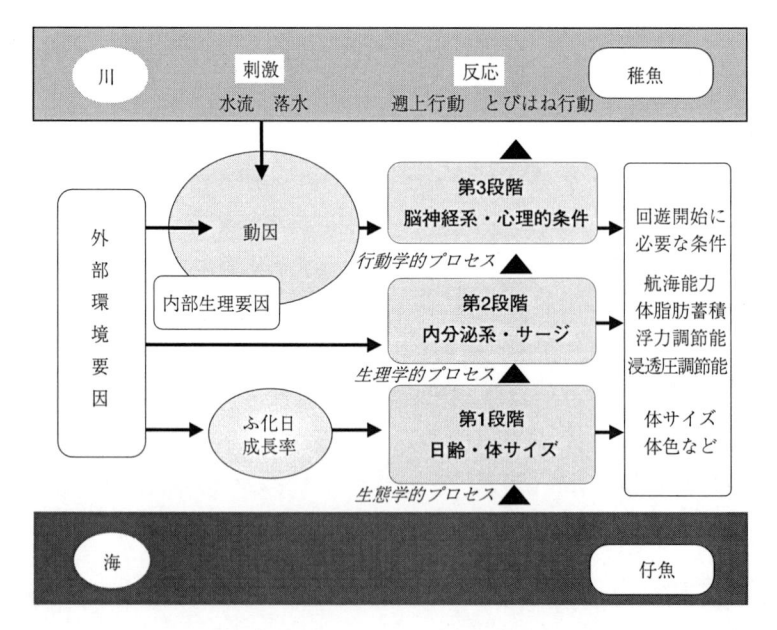

図6-2 アユ稚魚の回遊行動の解発メカニズムを説明する3ステップモデル（Tsukamotoら，2009）．春にアユ仔魚が稚魚となって海から川に遡上を開始するには，生態学的プロセスに基づく第1段階，生理学的プロセスによる第2段階，そして行動学的プロセスの第3段階を順序よく経なければならない．第1，第2段階が終わった個体に対して，外部環境要因（水温上昇や照度変化）と内部生理要因（空腹度や個体数密度の上昇によるストレス上昇）が働くことによって，遡上行動の動因レベルが上昇する．この状態の個体はそれまで反応しなかった河川からの刺激（水流や落水刺激）に対して初めて反応するようになり，遡上行動を起こす．

よく満たされて，初めて回遊が始まる．まず第1段階として，遡上（回遊）する時期にそれぞれ特有の日齢と体サイズがある．それらはふ化時期と成長率によって決まる．しかし，遡河に必要な最小の日齢と体サイズに達しさえすればいつでも遡河が始まるわけではない．同じ日齢・体長でも，あるものは遡上し，あるものは回遊しない．両者の差は血中の甲状腺ホルモン（チロキシン）濃度の差であることがわかっている．第2段階として，このホルモン濃度が急上昇（サージ）することが遡河の準備に必要である．第3段階として，最後に回遊行動の引き金を引くのは，水温上昇，照度変化，個体密度上昇などの外部環境要因や空腹度やサーカディアンリズムなどの内的生理的要因である．これによって個体の心理的条件が満たされたとき回遊が始まる．

　第1段階の日齢・体サイズとふ化時期・成長率および回遊時期の間には，回遊の原則といえる関係がある．アユは水温が急激に低下する秋にふ化し，海で越冬後，水温の上昇する春から初夏にかけて遡河する．ここでは「早期にふ化した個体ほど，若齢，小サイズ，高成長率で，早期に遡上する」という関係が見いだせる．このようなふ化時期によって回遊の始まる時期や日齢，体サイズなどが支配されるという「回遊の原則」は，魚種によって体長や成長率の傾向に若干修正が必要な場合もあるが，ウナギやヒラメなど他の魚種の回遊やハビタート間の移動にもよく当てはまる．この第1段階が，水温や日長，餌の量など，様々な環境条件によって影響を受けることはいうまでもない．

　第2段階の内分泌条件には，生殖腺の成熟を制御する脳-下垂体-生殖腺系(Brain-Pituitary-Gonadal axis)のホルモンを始めとして，様々なホルモンが関与する．中でも甲状腺ホルモンは，魚類全般の回遊に密接に関係するとしてよく知られている．アユの遡河行動は血中チロキシン濃度が高いほど活発である．サケやワカサギの遡河行動，ギンザケやサクラマス稚魚の春の降海行動，あるいは海水中で回遊するタラの移動時にもチロキシンのサージが見られる．中でもギンザケやサクラマスにおいて，サージが起こるのは降海時期のある月の新月の日に一致しているというのは興味深い．こうした内分泌条件も降雨，月齢，日長，潮汐などの環境条件によって影響を受けている．

　第3段階の心理的条件とは，行動の動因レベルである．動物が刺激に対してある反応（行動）をするとき，刺激が強くなると，反応も強く出るのが通例である．しかし，刺激が一定でも，それに対する反応が変化することがしばしばある．これは刺激と反応の間になにか反応のレベルを修飾するもの（中間変数）のあることを示す．この中間変数が動因である．サルはバナナ（刺激）に対して摂食行動（反応）を起こすが，同じバナナを与えてもある時はむさぼるように食べ，ある時は見向きもしない．刺激が同じでも反応が様々に変わるのである．これは例えば，サルの空腹状態という生理条件によって説明できる．空腹が進んだときは，摂食行動の動因が高まり，反応として摂食行動が強く出るが，満腹状態で動因レベルが低いときは，同じバナナに対しても反応は小さい．

　動因はアユ稚魚の「とびはね行動（jumping behavior）」（落水刺激に向かってとびはねる行動）と群れの「最適個体間距離（optimum distance to the nearest neighbor, ODNN）」によって，より具体的に説明できる（Tsukamotoら，2009）．とびはね行動はアユの遡河行動の指標として用いられ，とびはね性の強い個体ほど，実験水路の流水中で遡上性が強く，野外の河川でもよく遡上することがわかっている．一方ODNNは，安定した群れ（群がり）の中で隣接する個体同士が維持する平均個体間距離を指す．個体同士が近寄りすぎて個体間の距離がODNNより小さくなったときには，個体間に「反発力（repulsion）」が生じ，互いに遠ざかろうとする．逆に遠ざかりすぎた時には「誘引力（attraction）」が働き，ODNNの距離にまで近寄ろうとする．誘引力も反発力も実際の物理量ではなく，

心理的な傾向を指す．ODNN とは誘引力も反発力も働かない，空間的に平衡状態にある群れの状態である．水温の上昇や空腹度の高まりにより，ODNN は拡大する．逆に水温が低下したり，空腹が解消されたりすると，ODNN は縮小する．これまでの研究から，ODNN の値が大きい個体群ほど，すなわち粗な群れを作る個体群ほど，とびはね行動が活発で，河川において遡上性の強いことがわかっている．つまり，とびはね行動と ODNN はアユの遡上行動の指標として使える．

アユは水流や落水の刺激に反応して，上流に向かって泳いだり，落水の方向にとびはねたりする（図6-2）．野外において，川の流れや落ち込み部の水音が一定であっても，遡上行動やとびはね行動の反応の強さは時により変化する．事実，遡上は日中にのみ見られ，夜間も刺激は変わらないのに遡上はない．また河川水温が上がる午後には，アユの遡上行動は活発になる．つまり，アユの遡上行動においても刺激と反応の間に動因を仮定しないと，こうした観察事実は説明できない．そこで，この動因を個体間に発生する反発力と仮定してみる．こうすることで，群れの ODNN の値を用いて間接的・相対的に動因のレベルを推測できる．水温の上昇や空腹度の高まりにより，ODNN は拡大するので一定空間に閉じこめられた群中の個体間の反発力は増大し，動因レベルは上昇すると考えられる．河川においても，水温の上昇や空腹状態の進行によって ODNN が拡大すると，落ち込み部の下に滞留したアユ個体群の中に強い反発力が生まれる．その結果，動因レベルが高まって，それまで決して反応することのなかった水流や落水刺激に対しても反応を始め，遡上行動が解発されるのである．

アユ稚魚の動因レベルを修飾する因子は，水温上昇，照度変化，水深の減少，日周リズム，個体密度の上昇，空腹度の進行などであることがわかっている．サケ稚魚の場合も同様に，照度の低下で降海行動が起こる．また空腹状態のサケは満腹状態のものに比べ，活発な降海行動を示す．サクラマス稚魚の場合，5月の新月時にチロキシン・サージが起こり，降海のための内的準備が整う．その後，降雨によって河川水に濁りが発生したり，水温が低下したりすると，動因レベルが一気に上昇して，それまで反応することのなかった刺激レベルに対しても行動を起こすようになり，一斉に川を下る．しかし，5月の新月以前に濁りが発生しても，ホルモンサージのない段階では降海行動は起こらない．順序よく上記3段階の条件が満たされていって初めて回遊が始まるのである．

アユ稚魚を円形タンクに入れて水温を上昇させると，群れの ODNN が拡大していき，水槽壁に沿ってドーナッツ型の分布を示すようになる．アユが水槽壁に沿って泳ぎ回っている内，やがて水槽壁の至るところで水面から飛び出す行動が始まる．これは水温上昇によって動因レベルが著しく上昇し，落水刺激がなくても水面から跳躍する行動が解発されたものと解釈される．これは真空活動（vacuum activity）と呼ばれ，行動の方向を決める刺激がない状態で起こるため，跳躍の方向はランダムである．したがって先に紹介した，落水刺激の方向にのみ跳躍が起こるとびはね行動とはやや異なるので，とびだし行動（escapement behavior）と呼び分けられている．空腹や水温の上昇など，生理状態や環境条件が悪化することで，動因レベルが上がり，個体間に反発力が生ずる．これが極限に達すると，無刺激でもランダムな方向に向かって，元いた場所から脱出が始まる．

動物が，競争，外敵，餌不足，酸素不足，高温/低温など，不適な環境条件にさらされたとき，それまで生息していた場所から「脱出」することは，魚類，昆虫，哺乳類（ヒトを含む）など様々な動物群で観察される．トビハゼが水中生活から陸生化を進めたのは，それまで考えられていたような乾期の水不足が原因ではなく，水中における仲間との競合とその結果としての飢餓が原因であると考えられている．つまり水中の不適な環境条件がトビハゼの移動の動因を高め，水中から陸に脱出させた

と考えられる．こうした単純な「脱出」こそが動物の回遊行動の原初の形であり，動物が回遊を始めたそもそもの理由ではないだろうか（脱出理論，Random Escapement Hypothesis；Tsukamotoら，2009）．ランダムな脱出がきっかけとなって動物の移動が始まる．その後長い歴史を経て，回遊に必要な形態や航海能力，あるいは浸透圧調節機能などが備わっていき，やがて定型的で高度な回遊行動に発展していったものと考えられる．この脱出理論は，現在の魚類の回遊行動の解発を説明することができると同時に，回遊行動の進化的起源の説明にも適用できる（§5. 回遊行動の進化）．

### 3-3 航海メカニズム

回遊魚はどのようにして目的地の方角を知るのか，またどのようにして最終目的地に到達したことを知るのか？　方向定位に使われる手がかり（合図，cue）は太陽と偏光，地磁気，海流，嗅覚，水温など様々である．魚はこのうち複数のものを組み合わせて回遊に使っている．海山域に棲みついているシュモクザメは，夜間摂餌のため沖合に出かけたあと，毎日正確に自分たちの海山に戻ってくるという．その際，視覚による目標物，海山の魚やエビカニの発する音，場特有の電場や海山の磁場など複数の手がかりを用いて回遊すると考えられている．このような複数の手がかりによる方位探知システムは，一見，数が多すぎて無駄なように思えるが，回遊する動物にはむしろ一般的である．このことにより情報の確度を上げることができ，1つのシステムが使えないときに，別の予備システムとして機能させることも可能である．

昆虫や鳥は太陽コンパスと体内時計を使って方位を決定している．カジキやベニザケ稚魚もこのシステムを用いて回遊する．1時間に15°ずつ天空を動く太陽の位置を体内時計で補正しつつ，ある日時の太陽の方位と高度から回遊に必要な情報を得る．しかし曇天時や暗黒下，あるいは実験的に視覚を奪われた魚は方位がわからず迷走する．天空から降り注ぐ太陽光に含まれた偏光も，方角を示す指標として魚の回遊に用いられる．たとえ曇天で太陽が直接見えなくても空の2点から来る偏光の方向によって太陽の位置を知ることができる．ベニザケ，サヨリ，シクリッド，スズメダイ，ミノーは偏光や紫外線を感知する能力があるといわれており，視覚に基づく「天測航法」を回遊に取り入れている．

バクテリア，ミツバチ，ハト，サメ，ウナギ，サケ，マグロなど，様々な生き物に地磁気を感知する能力のあることが知られている．この能力を使った磁気コンパスも魚の回遊に重要なシステムであると考えられている．サメは地磁気の中を動く海流や自身の移動によって生じる極微弱な磁気変化（地球磁場の 1/10 から 1/100 ほど）を検出できるとの試算もある（Helfmanら，2009）．誘導される磁場の強さは，東西方向の動きで最大となり，南北方向で最小となるので，方向を探知することができるのである．磁気コンパスは太平洋の東西の往復など大規模な渡洋回遊の際，特に有効である．

海流や水流も方位情報として用いられる．海流が別の水塊に接しているとき，密度，水温，塩分あるいは乱流，化学組成，色などの違いが回遊魚に航海の情報を与える．カレイ類の稚魚やシラスウナギは，潮汐流を巧みに用いて沿岸や河口で接岸行動や遡上行動をみせる．上げ潮時には底から離れて流れに身を任せて接岸し，下げ潮時には底にへばりついて流れをやり過ごして，効率的に接岸，遡上する（選択的潮汐移動，selective tidal transport）．

嗅覚が回遊に関与していることは，サケの母川回帰現象でよく知られている．両眼に黒い蓋をして，実験的に視覚を奪ったサケは，母川を正しく認識して回帰したが，鼻孔に詰め物をして嗅覚を遮断されたサケは母川回帰できなかった．これは母川回帰の折には視覚よりも嗅覚が重要であることを示し

ている．母川の検出には，鍵となる匂い物質がほんの2, 3分子（河川水の100億分の1以下のオーダー）あればよい．河口から沿岸水中に拡がった母川の匂い物質は300kmの沖合にまで拡がり，回遊中のサケに母川を知らせるという．サケが感知できる匂い成分は，アミノ酸とその関連物質，胆汁酸，ステロイド類，プロスタグランジン類といわれている．中でもアミノ酸はシロザケ，サクラマス，ヒメマスの母川物質として注目されている（上田，2009）．匂い物質による母川の記憶は，刷り込みまたは記銘（imprinting）と呼ばれ，パー（parr, 稚魚）からスモルト（smolt, 幼魚）へ銀化変態が始まる頃のわずか2日間で行われるという．

このほか，水温を手がかりとして回遊する魚もいる．カツオ，マグロ，カジキなど，適温の水域の間を季節的に南北移動する外洋性表層回遊魚は，おおよそ20℃前後の水温帯に分布することが多い．太平洋のビンナガの産卵は赤道付近の熱帯域で行われ，翌春に産卵海域を離れて北緯30°前後の温帯域へ索餌回遊する．遡河回遊を行うことで知られるアメリカン・シャッド（大型のニシンの仲間）は，13〜18℃の比較的狭い水温帯の中を，春は北米大陸の海岸線に沿って北上し，冬は南下してフロリダ沖で越冬する．その回遊距離は3,000kmに及ぶ．

## §4. 通し回遊現象

### 4-1 回遊型

一般に回遊魚というと，海と川を行き来する通し回遊魚（diadromous fish）を指すことが多い．これにはサケマス，ウナギ，アユなど身近な魚が多い．しかし，現在知られる通し回遊魚はわずか160

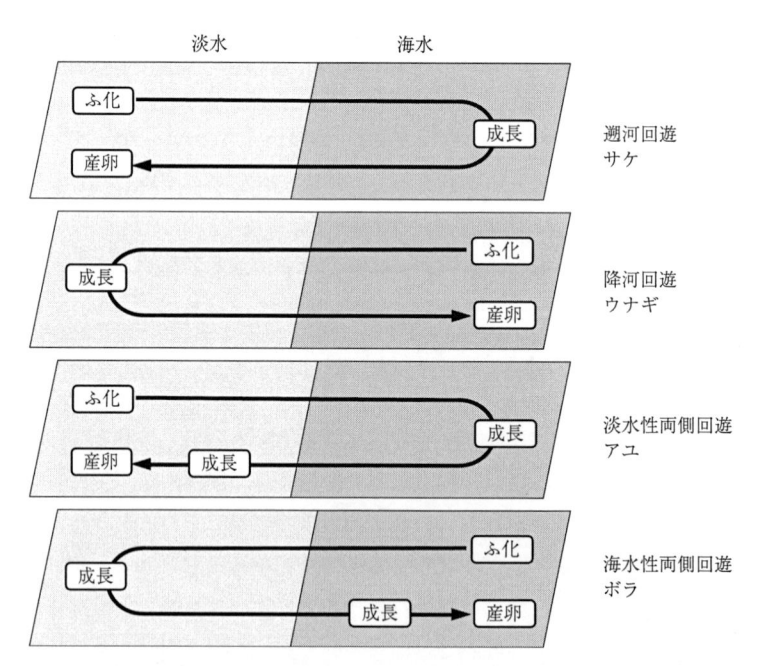

図6-3 通し回遊の3回遊型．サケに代表される遡河回遊魚は淡水でふ化し，海で成長し，産卵のため川を遡上する．逆に降河回遊魚のウナギは海でふ化し，川で成長し，産卵のため川を下り海で産卵する．両側回遊魚は産卵と無関係に海と川を行き来するが，この回遊型は産卵の場所により次の2型に分かれる．アユのような淡水性両側回遊魚は，川で生まれ，海で成長したあと，川に戻って成長を続け，産卵にいたる．ボラなどの海水性両側回遊魚は海でふ化し，川で成長したあと，海に戻って成長を続け，産卵に至る．

表6-1 通し回遊魚が出現する科と代表的回遊種．標準和名のないものは英名または学名で示す．McDowall (1987)を改変．

| 遡河回遊 | 降河回遊 | 両側回遊 |
| --- | --- | --- |
| ヤツメウナギ科，カワヤツメ | | |
| Geotriidae, southern lampreys | | |
| Mordaciidae, southern lampreys | | ニシン科，ニシンの仲間 |
| チョウザメ科，チョウザメ | ウナギ科，ニホンウナギ | アユ科，アユ |
| ニシン科，alosine herrings, shads | Galaxiidae, galaxiids | Prototroctidae, southern graylings |
| ハマギギ科，ハマギギ | Scorpaenidae, scorpionfishes | Galaxiidae, galaxiids |
| サケ科，サクラマス | Moronidae, temperate basses | ヨウジウオ科，イッセンヨウジ |
| キュウリウオ科，シシャモ | アカメ科，snooks | カジカ科，カンキョウカジカ |
| Retropinnidae, New Zealand smelts | ユゴイ科，オオクチユゴイ | トラギス科，*Cheimarrichthys fosteri* |
| タラ科，*Microgadus tomcod* | Bovichtyidae, bovichtyids | カワアナゴ科，カワアナゴ |
| トゲウオ科，イトヨ | カレイ科，ヌマガレイ | ハゼ科，ヨシノボリ |
| Moronidae, temperate basses | | ボラ科，ボラ |
| ハゼ科，シロウオ | | |
| ササウシノシタ科，soles | | |

種程度で，これまで知られている全魚類の1％にも満たない．通し回遊は3つの回遊型に大別される．産卵のため川を上る遡河回遊（anadromy），逆に産卵のため川を下る降河回遊（catadromy），そして産卵とは無関係に海と川を行き来する両側回遊（amphidromy）である（図6-3）．さらに両側回遊は，産卵場のある場所が淡水か海かによって，それぞれ淡水型両側回遊と海水型両側回遊に細分される．

遡河回遊魚はその生活史の大部分を海で過ごし，産卵のために淡水域に遡上する．逆に，降河回遊魚は一生の大部分を淡水域で過ごし，産卵のため川を下って海にある産卵場に回帰する．遡河回遊と降河回遊は，産卵場と成育場の位置関係が丁度鏡像のように対称となっている．両側回遊魚は，海と川の間を生活史のある決まった段階で移動するが，最後の回遊は産卵期よりかなり前に行われる．例えば，遡河回遊の場合は産卵前の成魚の段階で遡上行動が起こるが，淡水性両側回遊ならば淡水への遡上は稚魚期に行われる．遡河回遊や淡水型両側回遊を行う種の中では，海への連絡を遮断されて陸封型が生じることがある．琵琶湖のコアユや然別湖のミヤベイワナのように海に見立てた湖沼とその流入河川の間で淡水から淡水への回遊を行う．しかしこれは淡水中でのみ行われる河川回遊（potamodromy）ではなく，通し回遊の変形と解釈される．

通し回遊魚のおよそ半分は遡河回遊魚で，残りの半分は降河回遊種と両側回遊種がほぼ等分に占める（McDowall, 1988）．遡河回遊魚としてヤツメウナギ，サクラマス，シロウオ，チョウザメなど14科の魚類が，降河回遊魚にはニホンウナギ，アユカケ，ヤマノカミなど8科の魚類が報告されている（McDowall, 1987）．また，両側回遊魚にはアユ，ヨシノボリ，ボウズハゼなど10科の魚類が知られている（表6-1）．ニシン科とハゼ科では，遡河回遊種と両側回遊種の両方が出現する．オセアニアを中心に分布するGalaxiidaeの中には両側回遊種の他に降河回遊種もいる．これらのことは，それぞれの回遊型が単系統的に派生したものでなく，多数の系統の中から適応的に生じてきたものであることを示している．また1つの系統の中で回遊型の進化が生じていることもわかる．

### 4-2 通し回遊魚

1）遡河回遊魚　この回遊型の代表はサケである．サケ属には現在8種が認められており，いずれも遡河回遊魚である．このうちシロザケの生活史は2章の生活史（図2-2）で紹介されているので，

ここでは日本海周辺にのみ分布し，サケの中で最も祖先的といわれているサクラマスについて考えてみる．サクラマスは川でふ化した後，パーと呼ばれる稚魚となり，川で1～2年成長する．やがて春の雪解けの増水時にスモルトに変態して降海する．日本海や北海道周辺の海域で1年間成長し，春から初夏に自分が生まれた川（母川）に遡上し，秋に産卵して一生を終える．こうした回遊群のほかに，降海時期が来ても川を下らず，ヤマメとして河川に留まる残留群も出現する．残留群は秋の産卵期には早熟雄となり，産卵行動に参加する．その際，海から帰って来た大きなサクラマス成魚のペアの産卵行動に忍び寄って，スニーカーとして放精する．生まれた河川における稚魚期の餌資源の多寡によって成長率が決まり，もっとも成長のよいものは早熟雄として河川に残り，次ぎによいものは降海し，成長のよくないものは次の年の降海時期まで回遊を見合わせる．このように複雑なサクラマスの生活史は，回遊か，残留か，2つの戦術を軸にした条件付戦略（conditional strategy）であるといえる．

サクラマスは川への依存度が高い回遊生態をもつ．サケの中で最も海洋依存度が高いといわれるカラフトマスやシロザケが，ふ化後産卵床から浮上すると稚魚は直ちに降海するのに対し，サクラマス稚魚の淡水滞留期間は1～2年とサケの中で長い．またベーリング海やアラスカ湾まで数千kmの大規模回遊を行うカラフトマスやシロザケに比べて，サクラマスの回遊は陸の母川に近い比較的沿岸域に限られる．さらに産卵のため海から河口に到着したときの成熟度はカラフトマスやシロザケで高く，サクラマスでは低い．後者は母川回帰後，大きな淵に潜んで成熟を続け，約半年かけて産卵期を迎える．河川の流程における産卵場の位置を見ると，カラフトマスやシロザケは比較的下流で遡上後直ちに産卵し，その卵は河口汽水域でも発生が進む．これに対しサクラマスは，上流まで遡上し完全な淡水中に卵を産む．こうした事実は，その回遊生態の中に淡水生活を色濃く残しているサクラマスが，淡水起源といわれるサケの中で最も祖先的であるということと矛盾しない．因みに，サケの中で早い発育段階で降海する種ほど海洋での分布域が広く，バイオマスが大きいといわれている（帰山，1994）．またカラフトマスやシロザケには残留型や陸封型はなく，マスノスケ，ギンザケでは稀に生じ，ベニザケやサクラマスでは頻繁に出現する．残留型や陸封型は一般に小型で，抱卵数が少なく，卵サイズも小さい．また残留型や陸封型は，同種でも雌より雄で生じやすい．雄の精子のコストは雌の卵より低いため，体サイズを大きくするメリットが雌より小さい．そのため，雄はあえて成長のためリスクを冒して降海回遊する必要はなく，結果として残留個体が多くなると考えられる．こうした回遊群と残留群の分化は，水温や餌条件などの環境条件の違いにより後天的に生じる．

2）降河回遊魚　　代表的な降河回遊魚であるウナギの産卵場はすべて熱帯・亜熱帯の外洋にある．ここで生まれた仔魚はレプトセファルス leptocephalus と呼ばれる透明な柳の葉状の幼生となって海流の中で成長しながら沿岸へ輸送される．レプトセファルスは3～7ヶ月でシラスウナギ glass eel に変態し，河口に到着する．河川に遡上し，黄ウナギ yellow eel となって10年前後成長を続ける．成熟が始まると銀化変態して銀ウナギ silver eel となり降海する．沿岸から外洋へ産卵回遊し，産卵後死亡する．上記のサクラマスにおける河川残留群と同じように，ウナギにおいても河川に遡上しない，残留群（非回遊群）の存在が知られている（Tsukamotoら，1998）．これらは一生河川に遡上することなく，沿岸や河口域にとどまって成長する海洋残留群で，「海ウナギ sea eel」と呼ばれる．沿岸や河口域は餌が多く，また汽水域は淡水中より浸透圧調節に費やすエネルギーが軽減され，それを成長に回すことができるので高成長が期待できる．事実，温帯の汽水域のウナギは高成長率を示す．またサケ同様，ウナギにおいても雄に残留個体が生じやすい．河口で雄の割合が多く，川は雌が優先

するのである．残留群としての海ウナギの存在もまた，ウナギの回遊行動の可塑性に基づく条件付戦略といえる．

産卵場までの回遊距離は種によって異なり，熱帯に分布の中心をもつ熱帯ウナギは数十～数百kmと小規模で局地的な回遊を行うが，温帯ウナギは3,000～6,000kmと大規模な回遊をする（Aoyama, 2009）．分子系統学的解析から，ウナギは熱帯起源といわれ，熱帯種から温帯種が派生したものと考えられている（Minegishiら，2005）．熱帯ウナギのレプトセファルスが，亜熱帯循環の西岸境界流により熱帯から高緯度域へ輸送され，分布を拡大した．これによって回遊環の成育場がずれ，やがて産卵時期や産卵場にもずれが生じて，温帯種の種分化が起きたものと考えられている（図6-1）．産卵場の位置は容易には動かし難く，成育場に比べて保守的であるといえる．熱帯起源のウナギは，産卵場を熱帯・亜熱帯に残したまま成育場を温帯に拡大したために，長距離回遊を余儀なくされた．ウナギの回遊規模の拡大は，海流を利用した浮遊分散に適したレプトセファルスという特異な形態の幼生がもたらした進化の産物である（Kurokiら，2006）．

3）**両側回遊魚**　両側回遊魚のアユは，東アジアに分布する寿命1年の年魚である．秋に河川の中・下流域の産卵場で，ふ化した仔魚は直ちに海へ流下し，冬期プランクトンを食べて沿岸域で成長する．河川水温の上昇する春になると稚魚は河口に集合して遡上し，中・上流域に定着する．夏，石に付着した藻類を食べて体長20～30cmに成長し，秋に成熟が始まると中・下流域へ降下して産卵，死亡する．アユには河川残留群はないが，ダム湖や琵琶湖，池田湖には非回遊型の陸封個体群が生じている．琵琶湖の陸封個体群は，さらに流入河川に遡上して大きく育つオオアユとほぼ一生を湖内で送る体サイズの小さいコアユに分かれる（2章の図2-5参照）．こうした回遊型の分化や陸封個体群の存在は両側回遊においても回遊型に可塑性のあることを示す．

しかし熱帯低緯度域の島嶼を中心に分布するボウズハゼ亜科魚類の場合は，すこし事情が違う．淡水で生まれ，海で成長した後，河川に加入して成長・産卵するという，両側回遊の点では同じであるが，海の使い方が違う．アユや回遊性のヨシノボリは海に出るといっても汽水域や沿岸に張り付いて海洋生活を送る．しかし，ボウズハゼ亜科魚類の仔魚は河川を流下した後，かなり沖合まで出て，外洋の強い海流の中に仔魚の分散を委ねる．インド洋と太平洋に広く分布するルリボウズハゼは，広大な分布域にもかかわらず全て同一種とされる．インドネシアの川で生まれた仔魚は南赤道海流を利用してインド洋を渡り，インド洋西部の島々まで分散するといわれている．こうした海洋中の大規模分散の他に，アユやヨシノボリと異なり，ボウズハゼ亜科魚類が河川残留型も陸封型ももたないことはさらに重要な相違点である．これは日本にも生息するボウズハゼの初期発生が淡水中では途中で停止し，海水中でのみ進むという実験結果からも確認された．すなわちボウズハゼ亜科魚類の初期生活史には必ず海水が必要で，海洋に高度依存した両側回遊と考えられる．したがってボウズハゼ亜科魚類の回遊型は可塑性が低く，これまで知られているアユやヨシノボリの両側回遊とは異なる，新しいタイプの両側回遊といえる（Iidaら，2009）．

### 4-3　回遊か，残留か

「生物はなぜ回遊するのか？」という謎を解くことは，回遊研究のひとつのゴールである．ここまでに，通し回遊魚の中に回遊群と非回遊群（残留群）が生ずることを見てきたが，両者が分化するプロセスやメカニズムを知ることは，回遊する理由や回遊の起源を理解する近道となる．

琵琶湖の陸封アユの例では，秋の産卵期の前半（8, 9月）に生まれたものは原則として回遊群に

なり（オオアユ），後半（10，11月）に生まれた個体は湖中残留群（コアユ）になることがわかっている（Tsukamotoら，1987）．また前半に生まれても成長が極めて悪い一部の個体は残留群となる．早期ふ化群は水温が高く生産性の高い時期に湖に流下するので，晩期ふ化群に比べると一般に成長の点では有利である．しかし後半に生まれた個体は，高い成長率をもっていたとしても全て残留することから，回遊群となるにはふ化時期と成長率の両条件が満たされなければならないことがわかる．また血中甲状腺ホルモン濃度は遡河直前の個体で高く，同時期に湖中に残留していたほぼ同日齢，同サイズの残留個体と既に回遊が始まった個体では低かった．一方で，回遊群は残留群に比べて，とびはね行動が活発で，ODNN は大きい値をとった．すなわち回遊群は残留群より動因レベルが高く，同じ刺激に対して遡河性が強く現れるといえる．日齢や体サイズが同じであっても，早期ふ化で高成長の個体群の体内では甲状腺ホルモンの一過性急上昇が起こり，その結果遡河の動因レベルが上昇して回遊群が生じる．一方，晩期ふ化あるいは早期ふ化でも極めて低成長率の個体では，甲状腺ホルモンの放出はなく，動因レベルが上昇しないために，同じ刺激を受けても遡河が起こらず，残留群として湖中に留まるものと考えられる．

「なぜアユは遡河するのか」という問についてアユと系統的に近いサケについても考えてみたい．そもそも回遊行動が進化してきた理由は，元の場所に留まる（残留群）より，回遊した場合（回遊群）のほうが，適応度が上がったためと考えられている（Helfmanら，2009）．その際，回遊によって得られる利益が，回遊時の浸透圧調節や遊泳運動にかかるエネルギーや時間，また回遊中に起きる捕食の危険性をはるかに上回っていなくてはならない．降海したサケ稚魚は河川生活期より約50％成長率が上昇するといわれる．コカニーと呼ばれるベニザケの陸封個体群は海へ降りた遡河回遊型の個体の25％の体サイズにも満たない．ニジマス，ブラウントラウト，カットスロートトラウト，タイセイヨウサケなど多くのサケ科魚類において，回遊群は非回遊群に比べて平均3倍の数の卵をもつ．生産性の高い海で多くの餌を食べ，体サイズが大きくなるためである．死亡率を回遊群・非回遊群の間で比べるのは難しいが，回遊によって卵数が3倍に増えることによる繁殖成功度の上昇は，海で予想される死亡率の増大を差し引いても余りあるものと考えられる．

こうしたサケの例を琵琶湖のオオアユ（回遊群）とコアユ（残留群）の関係に当てはめてみると，体サイズ，成長率，抱卵数，卵サイズなどオオアユの方がコアユよりすべてにおいて勝っており，サケの場合と同様，やはり回遊することによって繁殖成功度が上昇するといえる．しかし，このことから直ちに「アユは繁殖成功度を高めるために回遊する」とは結論できない．回遊した結果として適応度が上がったという事実が存在するだけである．実際，毎年世代が交代する度に，オオアユはコアユに，コアユはオオアユに交替しており，毎年繁殖成功度も変化する（2章参照）．回遊するか，しないか，あるいは，なぜ回遊するかという問題は脱出理論で説明されるような，もっと偶発的で短期的な原因に端を発し，結果として適応度の上がる方向に進化してきたものと考えられる．

## §5. 回遊行動の進化

### 5-1 回遊群と残留群の緯度クライン

遡河回遊魚は高緯度域にその種数が多く，降河回遊魚は赤道を中心とした低緯度域に多い（McDowall，1987）．両側回遊魚は両者の中間型で，熱帯域から南北両半球の中緯度域に2峰型分布するといわれてきた．しかし近年，熱帯低緯度域にもボウズハゼ亜科魚類をはじめ，カワアナゴ類や

タネカワハゼなど小型の両側回遊魚が多く見つかり，両側回遊は低緯度から中緯度まで広く出現するという認識に変わりつつある．

サケはもともと高緯度域の淡水起源で，当初淡水域で小規模な回遊を始めたが，餌の少ない高緯度域の河川（繁殖場）から河口，沿岸域を経て，外洋まで索餌回遊するようになり，現在のような数千 km の遡河回遊を行うようになった．逆に，低緯度域の海水魚として起源したウナギは，熱帯の豊かな川に偶発的に侵入することで成長がよくなり，回遊した個体の繁殖成功度が上がった．やがて淡水域の成育場へ回遊する行動が定型化していき，外洋と河川の間の降河回遊が成立した．それぞれ起源した緯度の河川と海洋の生産性の違いが通し回遊成立の駆動力になったと考えられる（Gross ら，1988）．しかし回遊型は可塑的であるので，いまでもサケの河川残留群やウナギにおける海洋残留型（海ウナギ）のような非回遊性の残留群が，それぞれ河川と海に生じている．これらはサケとウナギの回遊の起源を示す，いわば先祖返りのような回遊型と考えられる．

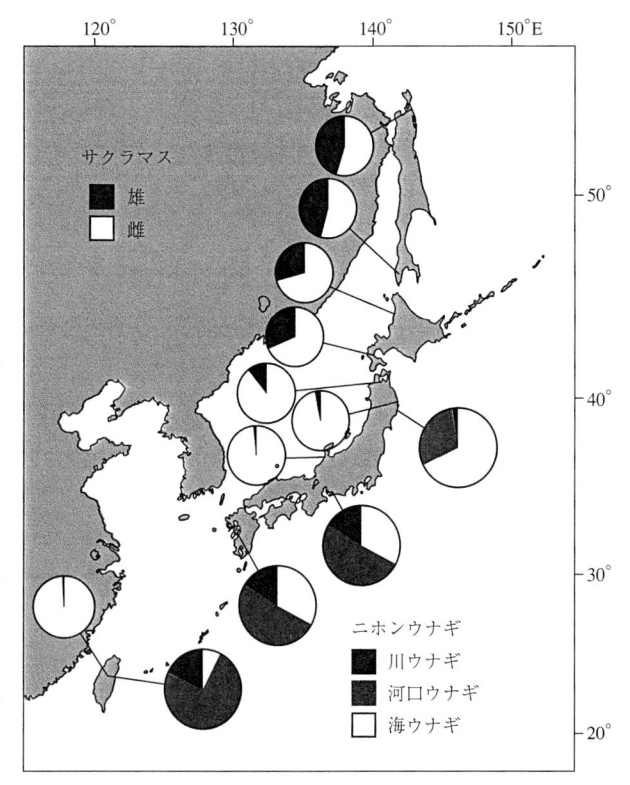

図 6-4 降河回遊魚のニホンウナギと遡河回遊魚のサクラマスにおける回遊群と残留群の緯度クライン（Tsukamoto ら，2009）．ニホンウナギの方は耳石 Sr/Ca 比の解析から，回遊群の川ウナギと残留群の河口ウナギ，海ウナギに分けた．サクラマスは遡上親魚の性比から，各地点の回遊群と残留群の割合を推定した．その結果，サクラマスは南に行くほど残留群が増えるのに対し，ニホンウナギは北に行くほど残留群の比率が増えることがわかった．

低緯度域で起源した降河回遊魚のウナギの回遊群と残留群（海ウナギ）の割合を緯度別に見てみると，台湾ではほとんど残留群が出現しないのに対し，より高緯度の三陸では 2/3 が残留群で，淡水に遡上する回遊群はごくわずかである（図 6-4；Tsukamoto ら，2009）．逆に遡河回遊魚のサクラマスにおいて，遡上魚の性比から回遊群と残留群の割合を推定してみると，サハリンでは性比がほぼ 1:1 で，雌雄ともほとんど全てが降海する回遊群であるのに対し，低緯度域ほど遡上魚の性比は雌に偏っていき，南の台湾では雌雄ともすべて残留群となる．すなわち高緯度起源の遡河回遊種と低緯度起源の降河回遊種は，緯度方向で相互に鏡像パタンを示す．こうした回遊群と残留群の緯度クラインは，海と川の生産性の違いから生じた両者の通し回遊の起源と進化の過程を現している．

### 5-2 回遊の進化仮説

通し回遊の進化過程について興味深い仮説が示されている．海より川の生産性が高い低緯度域では，海水魚が通し回遊魚を経て，淡水魚へ進化し，逆に海の生産性が淡水より高い高緯度域では，淡水魚が通し回遊魚を経て海水魚に進化していくといわれる（生産性仮説；Gross, 1988）．例えば熱帯で

はフエダイ，クロサギ，ミナミクロダイなど多くの海水魚が餌の豊富な河川に侵入している．こうした広塩性の海水魚の淡水への索餌回遊は，やがて淡水へ規則的に回遊するボラ，スズキなどの海水性両側回遊種を生み，それはさらにウナギなどの降河回遊種となる．これが更に淡水への依存を強めていき，やがて産卵が淡水中で行われるようになると純淡水魚の誕生となる．逆に温帯や亜寒帯の高緯度域では，純淡水魚が餌の豊富な河口や沿岸域に偶発的に降海するような広塩性回遊種となり，回遊が規則的に行われるようになるとアユのような淡水性両側回遊種が生まれる．これがさらに海への依存度を高め産卵のためにのみ淡水へ遡上するようになると，サケなどの遡河回遊種となる．さらに，産卵も海で行われるようになると純海水魚に進化するというものである．

　この仮説はいくつかの事実とよく適合する．高緯度域の淡水魚から分化したサケ亜科魚類のうち，系統的に古いのはイトウ属 *Hucho* とイワナ属 *Salvelinus* で，タイセイヨウサケ属 *Salmo* とサケ属 *Oncorhynchus* は新しく派生したといわれている．この派生順序は降海時の発育段階，海洋生活期の長さや分布域の広さなど，海洋への依存度とよく対応する．すなわち系統的に新しいものほど，発生初期に降海し，長く海洋に留まり，海洋における分布域は広い．またサケの中でみても，系統的に古いサクラマスやベニザケの海洋依存度は低く，新しく派生したシロザケやカラフトマスは高い．特にカラフトマスでは，河口の汽水域で産卵する群もあり，高度に海洋に適応したサケであるといえる．これらのことは，もともと淡水魚から起源した遡河回遊魚のサケが，生産性の高い海に向かって回遊範囲を拡大していき，海水魚へ移行しつつある過程と解釈でき，生産性仮説によくあてはまる．しかし，この生産性に基づいた回遊型の進化仮説ですべて魚の回遊型が説明できるわけではない．生産性仮説では，熱帯で海水魚が海洋性両側回遊魚，降河回遊魚を経て，淡水魚に至る方向に進化するとされているが，熱帯に多く分布して淡水性両側回遊を行うカワアナゴやボウズハゼの存在は説明できない．またカジカ科魚類は浅海域に起源し，むしろ生産性の低い深海と河川上流域へ向かって分布を広げていった．またこのグループは，海水種，降河回遊種，淡水性両側回遊種，河川・湖沼陸封種など，その回遊型は多様に分化している（Goto, 1990）．同様な緯度帯に存在するこれら多数の回遊型を上記の生産性仮説では今のところうまく解釈できない．

　最近，新しい回遊型進化仮説として"safe cite hypothesis"が提案された（Dodsonら，2009）．これはキュウリウオ目 Osmeriform の分子系統関係から，高緯度における遡河回遊魚の起源を海水魚に求めたものである．海水魚が安全な場所を求めて淡水域に進入した結果，淡水産卵が可能となり，やがて遡河回遊が生じ，その後，淡水性両側回遊が出現して最終的には淡水魚が生まれるであろうという説である．これは高緯度においては淡水魚から淡水性両側回遊（アユ），遡河回遊（サケ）を経て，海水魚が生まれるとする生産性仮説の進化方向と全く逆である．系統的に近いキュウリウオ目とサケ科魚類の遡河回遊がそれぞれ異なる進化方向を経て出現したという考えは興味深い．回遊進化の原動力をより安全な産卵場所を得るための産卵場シフトとする safe cite hypothesis は，今後まだ議論の余地があるが，1987年の生産性仮説以来，久々に提案された挑戦的新説として重要である．回遊を進化させる原動力は，生産性か安全な産卵場，どちらか1つというわけではなく，またこれらとは異なる別の原動力もあるかも知れない．適応的で可塑性に富んだ回遊の進化過程には，おそらく幾筋もの道があるのだろう．

　最近の分子系統学の進歩によって，ウナギは外洋の中深層起源であることがわかった（Inoueら，

2010).ここで海水魚として暮らしていたウナギの祖先は,たまたまレプトセファルス期に沿岸まで流され,熱帯の河口付近にやって来た.沿岸にはウツボ,ウミヘビ,アナゴなど数多くのウナギ目魚類がすでにいて,空いたニッチェはなかった.競合と餌不足から回遊の動因が高まったウナギは,沿岸河口域から脱出し,河川に遡上した.その結果,熱帯河川の豊かな生産性に恵まれ,貧栄養の外洋中深層に留まった仲間より大きく成長して,多くの卵をもった.体サイズの大きいこの個体が,外洋の産卵場に回帰して産んだ子供の成長や生き残りは,海に留まった小さな親の子供より優れていたので,やがてウナギの中で,稚魚期に淡水遡上して大きく成長する回遊行動の遺伝子が選択されていった.これは最初に回遊を始めたウナギの進化シナリオであるが,ここまで本章で説明してきた回遊の行動学的,生態学的,生理学的考察に基づいて描かれたものである.魚類の回遊についてはまだわからないことが多く,「魚はなぜ回遊するか?」という究極の問いに対する確たる答えはまだ見つかっていない.しかし様々な手法を駆使し,あらゆる角度から総合的に回遊研究を進めることで,いつかその謎は解明できるものと考える.

〈塚本勝巳〉

## 文献

Aoyama J. (2009) : Life history and evolution of migration in catadromous eels (genus *Anguilla*), *Aqua-BioSci. Monogr.* (*ABSM*), 2, 1-42. (www.terrapub.co.jp/onlinemonographs/absm/)

Dodson J.J., Laroche J. and Lecomte F. (2009) : Contrasting evolutionary pathways of anadromy in euteleostean fishes. In: Challenges for diadromous fishes in a dynamic global environment. Haro A.J., Smith K.L., Rulifson R.A., Moffitt C.M., Klauda R.J., Dadswell M.J., Cunjak R.A., Cooper J.E., Beal K.L. and Avery T.S. (eds). American Fisheries Society Symposium 69, Bethesda, Maryland, 63-77.

Goto A. (1990) : Alternative life-history styles of Japanese freshwater sculpins revisited, *Environmental Biology of Fishes*, 28, 101-112.

Gross M.R., Coleman R.M. and McDowall R.M. (1988) : Aquatic productivity and the evolution of diadromous fish migration, *Science*, 239, 1291-1293.

Helfman G.S., Collette B.B., Facey D.E. and Bowen B.W. (2009) : The diversity of fishes. 2nd ed. Wiley-Blackwell, West Sussex, pp.736.

Iida M., Watanabe S. and Tsukamoto K. (2009) : Life history characteristics of a sicydiinae goby in Japan, compared with its relatives and other amphidromous fishes. In: Challenges for diadromous fishes in a dynamic global environment. Haro A.J., Smith K.L., Rulifson R.A., Moffitt C.M., Klauda R.J., Dadswell M.J., Cunjak R.A., Cooper J.E., Beal K.L. and Avery T.S. (eds). American Fisheries Society Symposium 69, Bethesda, Maryland, 355-373.

Inoue J.G., Miya M., Miller M.J., Sado T., Hanel R., Hatooka K., Aoyama J., Minegishi Y., Nishida M. and Tsukamoto K. (2010) : Deep-ocean origin of the freshwater eels, *Biol. Lett.* doi: 10.1098/rsbl.2009.0989

帰山雅秀(1994):ベニザケの生活史戦略-生活史パタンの多様性と固有性,川と海を回遊する淡水魚-生活史と進化(後藤晃・塚本勝巳・前川光司 編),東海大学出版会, pp.101-113.

帰山雅秀(2009):サケ類は海からの贈りもの-サケ類の生活史戦略と生態系サービス,サケ学入門-自然史・水産・文化(阿部周一 編著),北海道大学出版会, pp.35-57.

北川貴士(2005):マグロ類の遊泳と回遊,海洋生命系のダイナミクス 第4巻 海の生物資源-生命は海でどう変化しているか-(渡邊良朗編),東海大学出版会, pp.37-53.

Kuroki M., Aoyama J., Miller M.J., Wouthuyzen S., Arai T. and Tsukamoto K. (2006) : Contrasting patterns of growth and migration of tropical anguillid leptocephali in the western Pacific and Indonesian Seas, *Mar. Ecol. Prog. Ser.*, 309, 233-246.

McDowall R.M. (1987) : Evolution and importance of diadromy: The occurrence and distribution of diadromy among fishes. In: Dadswell M.J., Klauda R.J., Moffitt C.M., Saunders R.L., Rulifson R.A., Cooper J.E. (eds) Common strategies of anadromous and catadromous fishes. American Fisheries Society Symposium 1, Bethesda, Maryland, 1-13.

McDowall R.M. (1988) : Diadromy in fishes: migrations between freshwater and marine environments. Croom Helm, London, pp 308.

Minegishi Y., Aoyama J., Inoue J.G., Miya M., Nishida M. and Tsukamoto K. (2005) : Molecular phylogeny and evolution of the freshwater eels genus *Anguilla* based on the whole mitochondrial genome sequences, *Mol. Phylogen. & Evol.*, 34 (1), 134-146.

岡村明浩・宇藤朋子・張 寰・山田祥朗・堀江則行・三河

直美・田中 悟・元 信堯・岡 英夫 (2000)：渥美半島太平洋岸におけるマアナゴ成熟度の季節変化, 日本水産学会誌, 66, 412-416.

Takai N., Sakamoto W., Maehata M., Arai N., Kitagawa T. and Mitsunaga Y. (1997)：Settlement characteristics and habitats use of Lake Biwa catfish Silurus biwaensis measured by ultrasonic telemetry, *Fish. Sci.*, 63, 181-187.

Tsukamoto K., Aoyama J. and Miller M.J. (2002)：Migration, speciation and the evolution of diadromy in anguillid eels, *Can. J. Fish. & Aqua. Sci.*, 59, 1989-1998.

Tsukamoto K., Ishida R., Naka K. and Kajihara T. (1987)：Switching of size and migratory pattern in successive generations of landlocked ayu. In: Dadswell M.J., Klauda R.J., Moffitt C.M., Saunders R.L., Rulifson R.A., Cooper J.E. (eds) Common strategies of anadromous and catadromous fishes. American Fisheries Society Symposium 1, Bethesda, Maryland, 492-506.

Tsukamoto K., Miller M.J., Kotake A., Aoyama J. and Uchida K. (2009)：The origin of fish migration: the random escapement hypothesis. In: Haro A.J., Smith K.L., Rulifson R.A., Moffitt C.M., Klauda R.J., Dadswell M.J., Cunjak R.A., Cooper J.E., Beal K.L., Avery T.S. (eds) Challenges for diadromous fishes in a dynamic global environment, American Fisheries Society Symposium 69, Bethesda, Maryland, pp.45-61

Tsukamoto K., Nakai I. and Tesch F.-W. (1998)：Do all freshwater eels migrate?, *Nature*, 396, 635-636.

上田 宏 (2009)：サケ類の母川回帰メカニズム－行動から遺伝子までのアプローチ, サケ学入門－自然史・水産・文化 (阿部周一 編著), 北海道大学出版会, pp.71-82.

# 第 2 部　方法論
# 7 章　形態観察

> 魚類は脊椎動物の進化の歴史の中で最も初期に出現し，水圏内に多様な生態を展開している．魚類の種数は現在，27,977 種が知られ（Nelson, 2006），その形態は実に多様である．多様な形態に基づいてそれぞれ機能が生まれ，様々な行動と生態が営まれている．生態や行動に比べると一見不変で，静的に見える形態は，長い進化過程の中では環境適応を通じて大きく変化する動的なものである．したがって，形態は生物とそれを取り巻く環境がどのように関わっているのかを解き明かすための重要な指標であり，形態観察は生態学研究の第一歩と考えられる．本章では，魚類の生態を理解するために必要な形態観察の基礎を紹介する．

## § 1．採集と保存

### 1-1　採　集

採集には，定量性が必要な場合と必要ない場合がある．例えば研究対象の種同定を行う場合や行動の観察の際には，定量的な採集はいらない．しかし，魚類の分布密度を把握したい場合などには，定量的な採集が必要になる．魚類を採集するには，たも網，釣り，投網，筒，ヤス，刺し網，電気ショッカーなどを用いる．これらの漁具を用いる場合，許可が必要な場合もあるので注意を要する．地域の漁業者に依頼し，採集してもらう方法もある．また魚市場などで購入することも1つの方法である．

標本のデータは，採集時にわかる範囲で，できるだけ多く野帳に記録しておく．野帳は耐水紙製の小型メモ帳を用いるとよい．データとしては，種名，個体番号，採集場所（地域・水域，緯経度，水深），採集方法，日時，採集者名などの情報のほかに，天候，水温，塩分，潮汐，透明度，底質などの環境条件がある．魚類の生鮮時の色彩や斑紋などを記録するためには，採集後すぐにデジタルカメラで魚体を撮影する．体色は死後の時間経過や固定により変化しやすく，色あせる場合が多いからである．撮影の準備ができない場合は，野帳に標本のラフなスケッチをとり，体色や斑紋の重要な特徴を記録しておく．

### 1-2　固定と保存

標本の保存は，一般的には保存液中に標本を浸した，いわゆる液浸標本の状態で行われる．この他，冷凍や乾燥などの保存方法もある．保存の前には標本を固定する必要がある．また固定の前には，体表に付着する余分な粘液や砂などを落とすため魚体を洗浄し，体を伸展する．種同定の際に重要な形質となる鰭の棘条数や軟条数を固定後も数えやすくするため，虫ピンなどで各鰭を広げる「鰭立て」と呼ばれる作業をしておくことが望ましい．固定液は通常10％ホルマリン水溶液が用いられる．液浸時間は魚体の大きさにより異なるが，最低2日以上は必要である．ホルマリン水溶液で固定後，70

~75％エチルアルコールに移すのがよい．しかしエチルアルコールは高価なため，50％イソプロピルアルコールや固定後そのまま10％ホルマリンで保存される場合も多い．固定用のホルマリン液から保存用アルコール類に移す場合は，約1日間流水に浸してホルマリンを抜く．保存液としてホルマリンを長期間用いると，ホルマリンが変性して生じる蟻酸によって硬組織が浸食を受けるので注意を要する．

　上記の保存方法は，外部形態の観察のためのものであるが，内部形態の観察のためには各器官や組織についてそれぞれ別の保存法が必要になる場合がある．例えば，耳石やDNAを解析するための標本をホルマリンで固定・保存すると，耳石がホルマリン由来の蟻酸で溶解したり，DNAが切断されたりするので，この場合には風乾，冷凍あるいはエタノール保存することが必要となる．生殖腺などの組織切片を作製し，成熟状態を観察する場合は，ホルマリン保存した標本を用いることもできるが，採集直後に一部組織を切り出し，ブアン氏液で固定後エタノール保存しておいた方が，標本の収縮が少なく，ミクロトームで切りやすく，あらゆる染色液に染まるなどの利点が多いので，より観察しやすい組織標本を作製できる．すべての観察や実験において万能の保存法はないので，研究目的に合わせて形態観察のための保存法を工夫することが肝要である．貴重な標本について，外部形態の情報の他に耳石やDNAサンプルも同時に得たい場合，左体側を形態観察用として傷つけず，右体側から解剖して耳石やDNAサンプルを採取することも一法である．

## §2. 形態測定

### 2-1　外部形態

　魚類の体形は一般に，頭部(head)，躯幹部(trank)，尾部(tail)，鰭部(fin)の4部に区分される（図7-1A）．頭部とは無顎類，サメ・エイの仲間では，体の最前端から最後の鰓孔の後縁まで，ギンザメや硬骨魚類なら吻端から鰓蓋後縁までを指す．サヨリのように下顎が突出している魚類やマカジキのように上顎が著しく突出しているものでは，それぞれ上顎および下顎の前端から鰓蓋後縁までを頭部とする．躯幹部は頭部後端から総排出腔もしくは肛門までを指す．エイ類は特殊で，頭部，躯幹部および胸鰭が一体となって扁平な体盤を形成する．尾部は総排出腔もしくは肛門から尾鰭基底までを指す．ウナギ目魚類，トビエイ，タチウオなどでは尾鰭の後端まで含める．無顎類では鰭の発達がよくないが，軟骨魚類と硬骨魚類では概して鰭はよく発達する．鰭は，左右に対をなす対鰭と対をなさない不対鰭とに大別される．対鰭には胸鰭(pectoral fin)と腹鰭(pelvic fin)が，不対鰭には背鰭(dorsal fin)，臀鰭(anal fin)，尾鰭(caudal fin)が含まれる．軟骨魚類では不対鰭も対鰭も発達するが，鰭条は皮膚に覆われているので折りたたみはできない．多くの真骨類の鰭は，軟条とこれが骨化してできた棘からなる．真骨類の鰭の多くは可動的で，運動，威嚇，繁殖行動などに用いられる．サケ・カラシン・ハダカイワシの仲間は，不対鰭として脂鰭をもち，またサバの仲間は小離鰭をもつ．

　魚体の測定は原則として体表の点から点までの直線距離を求める．したがって厚みのある部分では，平面に投影した長さとは一致しない．体表各部の大きさを計測する際は，サイズによって様々な器具を用いる．おおよそ15cmから1mまでは直定規を使用し，mm単位で計測する．1m以上の魚類には巻き尺を用い，そして15cm以下ではノギスを使用する．ノギスの場合は0.1mm単位で計測できる．仔稚魚の場合は顕微鏡下でマイクロメーターを使用して測定する．

　魚類の体長の表し方には，一般に全長(total length)，標準体長(standard length)，尾叉長(fork length）の 3 法がある．全長とは，魚体の前端から尾鰭の後端までの距離を示す．計測の前端は最前端であれば上下顎のどちらでもよい．後端は糸状の伸長部を含めて，尾鰭の上葉か下葉のいずれか最後端を選択する．全長は一般にわかりやすいので，遊漁や市場ではよく用いられるが，尾鰭末端は破

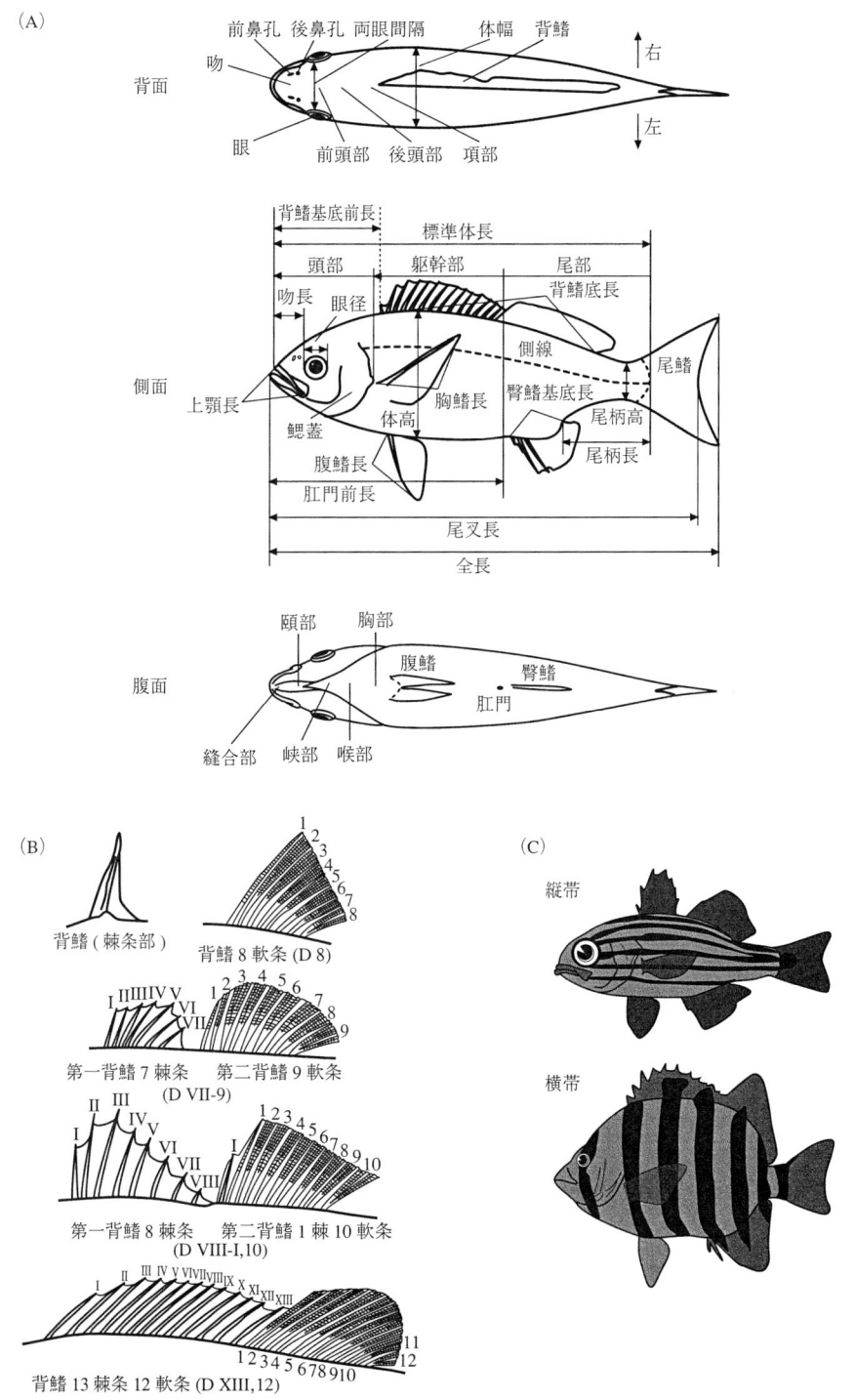

図 7-1　外部形態の名称（A），背鰭の鰭条数の数え方と表記法（B），縦帯（紋）と横帯（紋）（C）

損することが多いので，学術的には標準体長が用いられることが多い．標準体長（もしくは単に，体長，body length）とは，吻または上唇前端から尾鰭基底（下尾骨と尾鰭鰭条との関節）までの距離を示す．魚体の各部の長さの比を求める時には原則として標準体長を基準とするが，尾鰭が不明瞭なヤツメウナギ類，ギンザメ，ウナギ目魚類などの魚種では全長を基準とすることもある．また頭部の最前端は魚種により異なるので，必ずしも吻端と一致するとは限らない．カサゴ目，ハタ科，サヨリ科のように下顎が上顎より前に出ている場合でも下顎は含めない．尾鰭基底の計測にあたって，尾鰭を強く折り曲げることによってできるしわを尾鰭基底位置の目印とすることができる．

表 7-1　外部形態の名称と測定法

| 名称 | 測定部位 |
| --- | --- |
| 吻長 | 吻端または上唇前端から眼窩の前縁までの距離 |
| 眼径 | 眼の角膜を横切る水平径または斜径 |
| 両眼間隔 | 両眼の間の最短距離 (肉質部を含めて測定する場合と，骨質部だけを測定する場合とがある) |
| 上顎長 | 上唇の最前点から主上顎骨の後端までの距離 |
| 背鰭基底前長 | 吻端または上唇前端から背鰭起部までの距離 |
| 肛門前長 | 吻端から肛門中心までの距離 (臀鰭起部まで測る場合もある) |
| 体高 | 躯幹部の背腹方向に最も高い部分の高さ |
| 体幅 | 躯幹部の最も太い部分の幅 |
| 尾柄長 | 臀鰭基底の後端から尾鰭基底までの距離 |
| 尾柄高 | 尾柄の最も細い部分の高さ |
| 背鰭基底長 | 背鰭基部の起部から後端までの距離 (背鰭が2基もしくは3基ある場合はそれぞれ測る) |
| 臀鰭基底長 | 臀鰭基部の起部から後端までの距離 |
| 鰭条長 | 各鰭の最長鰭条長 (時には第何番目の条鰭と指定する場合があるが、尾鰭の場合は普通中央部の軟条を測る) |

　吻端から尾鰭後縁の最も湾曲した点までの長さが尾叉長である．三日月形や二叉型の尾鰭をもつ魚の計測に使用される．尾叉長は測定板を使って多数の標本を測定する資源研究の際によく用いられる．なお，特殊な体形の魚類では，体長や尾叉長の代わりに例外的な基準を設けることがある．例えば，前出のように吻が著しく突出するカジキの仲間では，下顎の先端から尾叉部までの距離を体長とする．また，成長に伴って顎の長さが変化するダツの仲間では，鰓蓋後端から尾鰭基底までの距離を体サイズの基準として用いる．体が著しく長く，かつ尾叉長が測定しにくいタチウオでは体長ではなく，下顎の前端から肛門までの距離を体の長さの基準として使用する．体長の他に形態測定に用いられるのは，頭長，上顎長，体高などがある．各部の名称と測定法を図 7-1A と表 7-1 に示す．

　以上は体各部の長さを示す計測項目であるが，硬骨魚類では，鱗数や鰭条数など数を示す計数形質 (mevistic character) も重要な外部形態の指標である．鰭の名称の表記は各鰭の英名の頭文字をとって，背鰭は D，臀鰭は A，尾鰭は C，胸鰭は $P_1$，そして腹鰭は $P_2$ と略記する．鰭条数の表記は，棘条数はローマ数字で，軟条数はアラビア数字で示す (図 7-1B)．側線鱗数は鰓蓋直後から尾鰭基底までの側線上の1縦列の鱗数で表す．側線が不明瞭な種では鰓孔から尾鰭基底までの鱗数を計数する．体側に鱗がない，もしくは鱗が退化的なものについては，側線孔の数を計数する．横列鱗数は側線より上と下の鱗数を計数する．すなわち，背鰭（2基以上の場合は第1背鰭）基底から斜め後下方へ向かって側線までの1横列の鱗数と臀鰭基底から斜め前背方へ向かって側線までの1横列の鱗数を示す．いずれの場合も側線鱗は計数値に含めない．

　以上のような長さや数の他に重さを示す体重も重要な形質である．体重には湿重量と乾重量とがあり，水分を除いた乾重量の方がより正確な指標となる．しかしながら，乾重量は多数個体を短時間に処理したりするには不向きであり，同一個体の体重変化を長期間追跡する場合には使用することができない．乾燥には，70～80℃の温度が適当である．標本を乾燥し，それを2時間ぐらいごとに重さを測り，重さが減らなくなった以後の重量を乾重量とする．湿重量を計る場合には，魚体の表面および口腔と鰓腔の水気をとる．固定標本である場合，ホルマリン液の濃度や固定後の時間によって体重

は多少変化する．

　魚体の方向の表現として，背柱に対して上半部を背側，下半部を腹側と呼ぶ．魚の前後左右は，頭部の方向が前方で，尾部のある方を後方とし，魚体を水平に置き背面から観察した時に体軸の右と左を区別する．頭部から尾部への方向を縦方向，背面から腹面への方向を横方向とする（図 7-1C）．したがって魚類の斑紋を呼ぶとき，頭部から尾部に走る一見横縞に見えるものを縦帯（紋）と呼び，逆に背から腹に走る縦縞は横帯（紋）と呼ぶので，人間の感覚からすると少々紛らわしい．例外としてタツノオトシゴがあげられる．このグループでは腹側が前方で，背側が後方となり，上下は人間同様に垂鉛直方向で考える．なお魚類学図鑑や魚類学の書物では一般に頭部を左に置き，左体側面を正面に向けて配置する．扁平な魚体をもつものはこの限りではなく背側を正面にして置くのが普通である．

## 2-2　内部形態

　内部形態は，骨格系，筋肉系，消化系，泌尿生殖系，循環系，神経系，排出系などに分けられる．これらは外部から簡単に観察することができないため，同定のための形質として取り扱われることは少ない．しかし，魚種によっては重要な同定形質になっている場合もある．ここでは魚類の内部形態の観察でよく使われる骨格，幽門垂，鰓耙数，咽頭骨について解説する．

　魚類の体は大小多数の骨が複雑に組み合わさってできあがっている．これらは魚体を支え，保護し，そして運動を円滑にする役目を果たしている．骨格は脊索(notochord)，軟骨(cartilage)，硬骨(bone)によって構成される．条鰭類はこれら 3 種類の骨格を備えるが，無顎類と軟骨魚類の骨格は，硬骨を欠き，脊索と軟骨からなる．硬骨には，軟骨上に骨化した軟骨性硬骨，軟骨とは無関係な外胚葉性の皮骨，および結合組織から直接骨化する膜骨がある．骨格の形態は種によって様々で，さらには一部の骨格において退化や癒合が起こっている場合がある．

　魚類の骨格は，体表の鱗や鰭条に代表される外部骨格と，体内の各部を支える内部骨格とに大別される．内部骨格は，存在部位によって大きく中軸骨格と付属骨格に分類される．中軸骨格は頭蓋骨，脊索そして脊柱の 3 つから成り，付属骨格には肩帯，腰帯そして担鰭骨がある（図 7-2）．頭蓋骨は，頭部の中枢神経系や感覚器官を保護する神経頭蓋と，両顎，舌弓，鰓弓，口蓋部，鰓を支持・保護する内臓頭蓋から成る．脊索は脊髄の直下を縦走し，脊髄を支持する．また脊柱は脊髄と脊索を包み，それらを保護する．付属骨格の肩帯と腰帯は，それぞれ胸鰭と腹鰭を支持する．担鰭骨はその名の通り各鰭を支持する．

　脊椎骨数は第 1 脊椎骨から尾部棒状骨までの数で表すが，腹椎骨数と尾椎骨数の和を総脊椎骨数という場合もある．腹椎骨と尾椎骨を分ける形質は血管棘もしくは血道弓門であり，これのない椎体が腹椎骨であり，あるものが尾椎骨である．

　この他の内部形態の計数形質としては鰓条骨数，幽門垂数，鰓耙数，咽頭歯がある．鰓条骨は鰓蓋部の後下縁の膜を支える骨であり，幽門垂は胃と腸始部の境界付近にある盲嚢である．幽門垂数は分岐状態を示さない限り，すべての先端を計数する．鰓耙数は，第 1 鰓弓の前側に並ぶ鰓耙の数を示すが，上枝と下枝とに分けて数えることもある．硬骨魚類の下咽頭骨上の喉歯を咽頭歯と呼ぶ．コイ目やコブダイ科魚類などでは，咽頭歯の数と列が重要な分類形質となっている．

　鰭条数や脊椎骨数といった計数形質は，一般に稚魚以降は変化しないと考えられている．種内ではある程度，安定しているが，数値には個体変異がみられる．多くの個体から資料をとれば，計数形質の頻度は，ある平均と分散をもった正規分布に近い形を示す．さらに同種内の地理的集団間で異なる

ことが多いが，広く連続的に分布している種では北から南へゆくに従って漸次数値が変化する．多くの場合，北高南低の傾向を示すが，例外も多く，例えば日本海沿岸の10道府県で採集されたヒラメ稚魚の背鰭と臀鰭の鰭条数を調べてみると，日本海には若狭湾から能登半島を境にして，鰭条数の少ない北部群と鰭条数の多い南部群の2つの個体群が存在するとの報告もある（Kinoshita ら，2000）．

骨格の観察方法としては，X線による骨格の撮影（図7-2），二重染色透明標本，および煮沸による骨格標本の作製などがあげられる．X線撮影は，比較的簡単に多数の標本を検査できるので，脊椎骨数や担鰭骨数など計数形質の個体変異を抑えることができる．二重染色透明標本はアリザリンレッドで硬骨を染色し，アルシアンブルーで軟骨を染色し，最後に標本の筋肉を水酸化カリウム（河村・細谷，1991）もしくはトリプシン（Potthoff, 1983）で透明化して観察する方法である．この方法は全体骨格を *in situ* の最良の状態を観察できるが，標本作製には日数がかかり，操作も熟練を要する．生鮮標本を煮沸し骨格を取り出す方法は便利であるが，軟骨を原形通り摘出できないことや，それぞれの骨がバラバラになり，骨と骨のつながりや立体配置を確認することは難しい．しかし個々の骨の形を研究する場合には簡単な手法である．

複数の形態形質を総合して，形質的特徴を把握しようとする試みもある．吻や鰭の起点，骨の関節点などをランドマークとしてこれらを結ぶ多数の三角形を設定し，より包括的に種や個体群の形態的特徴を浮き彫りにしようとするトラス法（truss method; Strauss and Bookstein, 1982）である．これは種間や種内の形態比較に活用される．Thompson（1971）が意図した物理学的な観点からの形態変形の定量化は，実際の研究に応用するのが難しく，近年までは雲上の理論であった．しかし最近のデジタルカメラやコンピューターの飛躍的な発展により，多数の標本を用いた形態変形の定量的研究が増えつつある．また今後は，形態変形の定量化は2次元的な解釈のみではなく，X線CTスキャンなどの装置とコンピューターグラフィクスによる3次元的解析も一般的になってくるものと考えられる．これは種分化や集団の推定のみならず，分類や系統の解明にも大いに活躍するであろう．

### 2-3 卵仔稚魚の形態

魚卵の形態は魚類の体形と同様に多様である．受精の方法にしても体外で受精する一般的な卵生の他に，体内で受精する卵胎生や胎生がある．卵胎生とは，受精卵が体内でふ化し，栄養分を卵黄のみに依存して，ある程度発達した稚魚が母体から産仔されるものをいう．また胎生は，体内でふ化した後も卵黄物質以外に母体から供給される栄養を使って十分に発達した後,産仔される繁殖様式である．

卵生では，卵の比重が周囲の水より大きい沈性卵（demersal egg）と，小さい浮性卵（pelagic egg）に区別される．沈性卵は，付着機能の有無と付着法により次のように分けられる．卵表面に粘着性をもつ粘着卵，付着器や付着糸をもつ付着卵，長い糸で他物に絡みつく纏絡卵，それに付着機能のない不

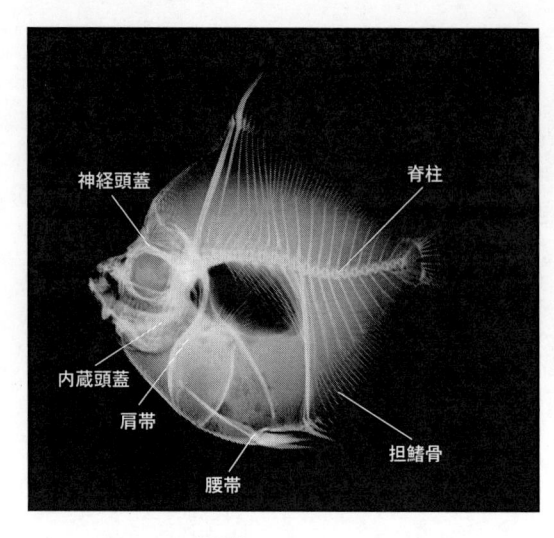

図7-2 X線撮影によるベニヒシダイの骨格
（ソフテックス株式会社提供）

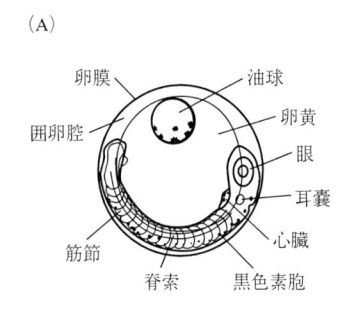

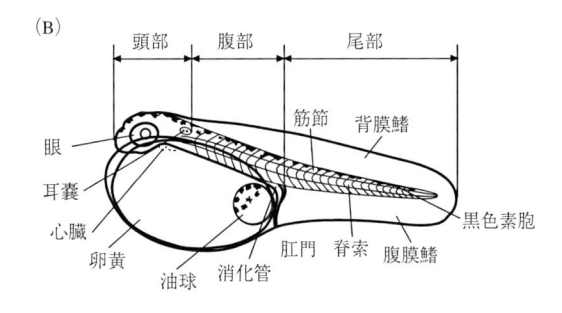

図7-3 浮性卵（A）およびふ化仔魚（B）の外部形態の名称

付着卵である．浮性卵は，それぞれの卵が単体で産出される分離浮性卵が一般的であるが，卵がゼラチン質に包まれたり，個々が相互に粘着して，集合体を形成する凝集浮性卵もある．

浮性卵の形態学的特徴は，同一分類群内で共通した特徴をもつ場合もあるが，浮遊適応のための自然選択により，異なった分類群間でも極めて類似した特徴をもつ場合も多い．それゆえ，外部形態のみで同定することは困難な場合が多い．その際は，採集したすべての卵をホルマリン固定標本にするのではなく，一部をエタノール固定標本にし，分子遺伝学的手法を用いて同定を行う．しかしこの方法は，対象となるタクサの遺伝学的研究が十分になされていること，また対象種の遺伝的な変異について研究が充実しているかどうかが重要なポイントとなる．また，採集した卵の一部を飼育し，卵をふ化させ，ある程度発達した仔魚を用いて同定し，固定卵の外部形態の特徴を知る方法も有効である．浮性卵およびふ化仔魚の一般的な外部形態の名称を図7-3に示す．

仔魚（larva）および稚魚（juvenile）の形態も種によって多種多様である．また，ふ化後，仔魚から稚魚への発育過程も魚種により様々なので，発育段階の区分をすべての魚類に画一的に当てはめることには無理がある．しかしながら一般に，ふ化後から卵黄を吸収しつくすまでの時期を前期仔魚（prelarva），その後から各鰭の鰭条数が定数になるまでの時期を後期仔魚（postlarva），そして鰭条数は成魚に等しいが，体の各部比，色彩，生態などが成魚とはかなり異なっている時期を稚魚として区分する．仔魚および稚魚の一般的な外部形態と各部の名称を図7-4に示す．

卵の形態のわずかな差から大きな研究の進展があった例を紹介しよう．ハナカジカ *Cottus nozawe* にはもともと大卵型と小卵型の2つタイプのあることが知られていた（前川・後藤，1982）．この2つのタイプについて様々な方面より詳しく調べてみると，まず自然条件下では小卵と大卵の混

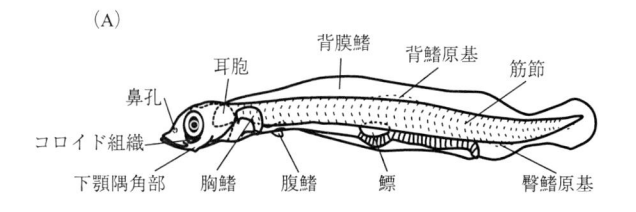

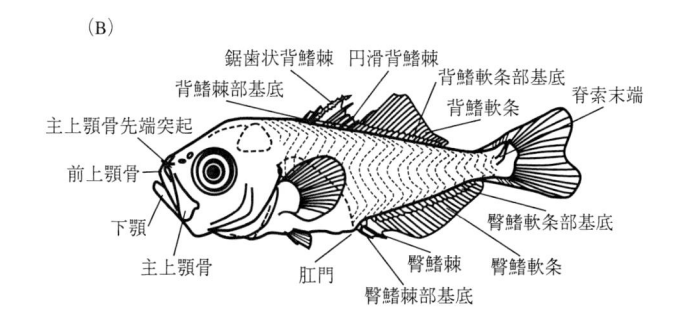

図7-4 仔魚（A）および稚魚（B）の外部形態の名称

じった卵塊はほとんど見られないことがわかった．また，川の一部を仕切った生け簀で小卵型の親と大卵型の親を別々に飼うとそれぞれ産卵するのに対し，両者を一緒に飼った場合には雌雄のペアをつくっても産卵には至らなかった．このことから両者の間には行動学的な生殖隔離機構があることが窺える．事実，成魚を詳しく調べてみると，脊椎骨数やプロポーションにも明確な差異があることが判明した．タンパク質や酵素のアロザイム分析でも，2つのタイプはヘモグロビンやエステラーゼなどにおいて明らかに異なったパターンを示した．さらに生態面でも，大卵型と小卵型は河川の上流と下流にすみわけており，産卵期に2つのタイプの個体が出会うことはほとんどない．すなわち，卵サイズの違うこれら2つのタイプは，初期発生の様式，初期生活史の様式，成魚の形態および生化学的性質等々において異なり，生殖的に十分隔離されていることが明らかになったのである．つまり，それまでハナカジカと呼ばれていた種の中には2種のカジカが含まれていることがわかった．その後，小卵型はロシアの沿海州やサハリンに分布する種 *Cottus amblystomopsis* と同種であることがわかり，エゾハナカジカという新しい和名が与えられることになった．卵サイズという形態に着目して広く生態学的研究を展開した結果，初めて明らかになった重要な事実である．

### 2-4 同 定

正確な種同定が，生態研究の第一歩である．同定と分類は混同されやすいが，両者は異なる概念である．同定とは，単に個々の標本が何という学名の種に該当するかを調べる作業である．一方，分類では，多数の標本から得られた様々な形態データの分析に基づいて，種を特徴づける形質を発見し，他種との相違を明らかにする．これに基づき近縁の仲間との共通性を定義づけた上で，認識された種や各分類階級に対して適切な学名を与える学問である．同定は特定の個体を対象とするが，分類は個体を手がかりにその背景にある母集団を対象とする．すなわち，同定は分類学の結果の応用作業にすぎない．

現在，日本産の魚類を同定する場合は「日本産魚類検索」（中坊編，2000）がよく利用される．卵および仔稚魚を同定する場合には「日本産稚魚図鑑」（沖山編，1998）が適している．自分の同定に疑問を感じた時には，分類が専門の研究者に同定を依頼することもできる．同定依頼を受けて迷惑がる専門家はいない．専門家にとっても標本の変異を見ることは貴重であり，益するところが大きいからである．

## §3. 機能と形態

形態は様々な機能を生み，機能は生態を特徴付ける．例えば，魚類の体形は多種多様であるが，それゆえにおのおの異なる機能をもち，それがまた様々な生活様式を保障している．魚類の体形は分類の重要な特徴になるばかりではなく，遊泳運動にも密接な関係がある．運動の観点からいうと魚の体型は通常，紡錘形，側扁形，縦扁形，ウナギ形，フグ形に大別される．紡錘形は体の輪郭が流線形で，尾柄と尾鰭を左右に力強く振り，高速で遊泳するのに適した体形である．ネズミザメやクロマグロなどはその例である．マダイやチョウチョウウオなどに見られる側扁形は体高が高く，急な方向転換や遊泳速度を変えるのに適した体形である．また，ヒラメやカレイの仲間も側扁形の変形である．縦扁形は背腹方向に平たく，底生生活に適した体形である．エイ，アンコウ，コチ類がこの仲間である．ウナギ形は体が細長く，水底の砂底中へ潜入したり，物陰に隠れたりするのに適した体形である．円口類やウナギ目魚類などがその例で，体を蛇行させて水を後ろに押しやり，その反動によって推力を

得ている．ウナギ形は運動に不向きに思えるが，その大回遊をみてもわかるように意外に水中の移動に適した体形といえる．フグ形は体が卵形または球形に近く，フグ目魚類やフサアンコウ類などがこの型に属する．この体形の魚類は総じて，背鰭や臀鰭を巧みに操り，推進力を得る．垂直方向に突き出している背鰭と臀鰭は船底のキールのように体の安定を保つ働きをする．マンボウは尾鰭がないので，背鰭と臀鰭を使って泳ぐ．

　魚類の遊泳運動の進化は，ウナギ形のように全身を使用する方法から，紡錘形の魚類で見られるようにほとんど尾部のみで推進力を得る方法へ変化したと考えられている（Lindsey, 1978）．尾部，特に尾鰭と尾柄は多くの魚類で遊泳運動の推進力を生む部分として重要な働きをする．マグロやメジロザメなど強力な推進力を誇る魚種では，尾柄が細く，尾鰭が強固で，かつアスペクト比が大きい．アスペクト比とは尾鰭の上下両葉間の最長距離の2乗を尾鰭の面積で割った値で表し，深く二叉している三日月形の尾鰭はこの値が大きい．また，尾柄にはキールが横に張り出しており，これは尾柄の水平方向の振動に対する強度を増し，同時に水の抵抗を少なくする役割をもつ．さらにマグロ，サワラ，アジの仲間では，尾柄背面と腹面に，小離鰭という小さな鰭がいくつも並んでおり，これは尾鰭の周囲に生じる水の乱流を減少させ，効率的な遊泳を助ける整流装置として働く．

　対鰭と呼ばれる魚類の胸鰭と腹鰭の基本的な役割は，左右のバランスを取る平衡機能とスピードの制御である．胸鰭と腹鰭を一瞬のうちに左右方向に広げれば，大きな抗力が生じ，遊泳速度は急激に低下する．しかし，その際これらの鰭には強い負荷がかかるので，これに耐えられるように胸鰭と腹鰭は，それぞれ肩帯と腰帯でしっかり支えられている．さらには，主に胸鰭を使って泳ぐハタンポやキンメダイでは腹鰭が前方にあり，腰帯の先端が肩帯としっかり関節して，胸鰭と腹鰭の一体構造を備え，さらなる強度を得ている．このような魚類では，尾鰭のアスペクト比にかわり，胸鰭のアスペクト比が大きくなっており，効率のよい推進力を胸鰭によって得ている．

　似たような環境に生息し，似たような生活をしていると，まったく別々の系統に属する生物でもお互いの形態が似てくるという収斂進化の現象が見られる．例えば，東アフリカのタンガニーカ湖とマラウィ湖には多様なカワスズメ科魚類が生息しているが，この2つの湖の同じ生態学的位置には互いに形態がよく似た魚がいる（図7-5）．特にそれぞれの食性に特殊化した顎の形態が注目される．例え

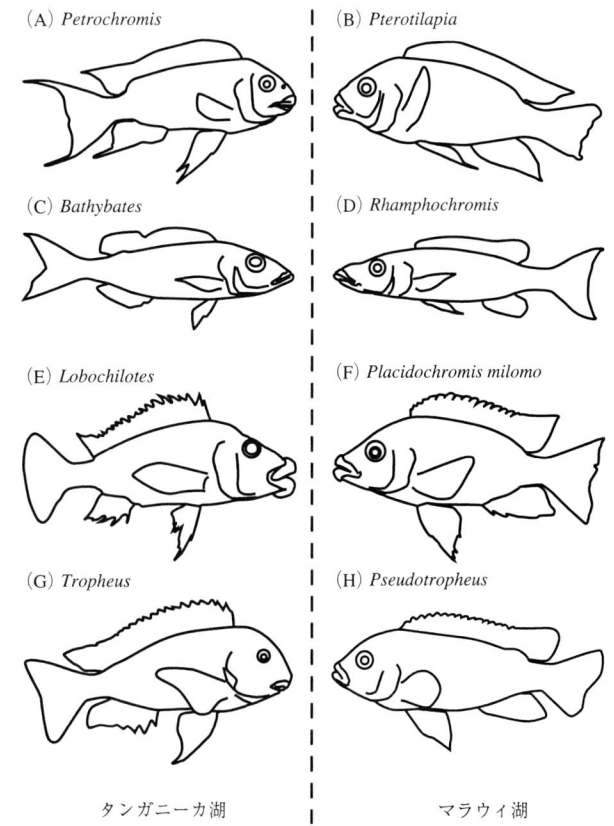

(A) *Petrochromis*　(B) *Pterotilapia*
(C) *Bathybates*　(D) *Rhamphochromis*
(E) *Lobochilotes*　(F) *Placidochromis milomo*
(G) *Tropheus*　(H) *Pseudotropheus*

タンガニーカ湖　｜　マラウィ湖

図7-5　タンガニーカ湖（A, C, E, G）とマラウィ湖（B, D, F, H）のカワスズメ科魚類

ば，体が流線型で早い速度で泳ぎ，尖った歯をもつ大きな口で小魚をぱくりと食べるカワスズメ科魚類としてタンガニーカ湖には，*Bathybates* がいるが，マラウィ湖の同様なニッチには *Rhamphochromis* が生息する．こうした両湖の形態的によく似た魚は，これまで系統的に近縁な関係にあると考えられていた．しかし，分子遺伝学的に類縁系統関係を調べてみると，タンガニーカ湖とマラウィ湖の多様なカワスズメ科魚類は，それぞれの湖で独自に派生した，別々の単系統を示すことが明らかになってきた．つまり，この2つの湖でみられる形態的な類似性は，それぞれの湖の中の類似した環境と生態学的位置にあてはまるように形態が適応放散した結果だったのである．形態の観察によって系統関係がわかるが，一方で形態はそれぞれの環境において適した機能をもつ方向に適応的に進化するので，形態のみで系統関係を議論することが難しい場合もある．

## §4. 発育と形態

発育の過程で形態が大きく変化する変態現象は，カエルや昆虫など動物界を通じて様々な分類群で観察され，その内容も極めて多様である．しかし，脊椎動物の中で，変態するのは魚類と両生類に限られる．魚類において仔魚から成魚に成長する過程で大なり小なり形態的変化が生じる．特に仔魚から稚魚になる過程で形態が劇的に変化することはよく知られ，変態現象は古くから研究者の関心をひいてきた．

魚類の多様な変態の中でも，アンモシーテス幼生を経るヤツメウナギ目，レプトセファルスを経るウナギ目，左右相称から不相称の体制へと変化するカレイ目の変態が形態変化の著しいことで有名である．また，ミツマタヤリウオ，イットウダイ，マンボウなども親とはかけ離れた形態で仔魚期を送る．変態を伴う仔稚魚の形態的特性には，しばしば複数の適応的意義が考えられる．例えば，イットウダイやマンボウの仔魚期に見られる棘状付属物は，表面の摩擦抵抗を増やして沈みにくくする浮遊適応の機能の他に，被食に対する防御機構という2つの機能が考えられる（図7-6）．

変態とは，形質発達に遅延を生じることで，生活場所，行動，栄養要求などをより多様化させ生残を高めるために選択された発育戦略の1つと考えられている（沖山，1991）．すなわち，変態とは，仔魚と親のそれぞれ異なった生活史戦略の違いをつなぐ移行期間と考えることもできる．海産魚の成魚は沿岸から外洋，表層から底層と海の至る所に様々な生息域をもつが，ほとんどの仔魚は浮遊生活を

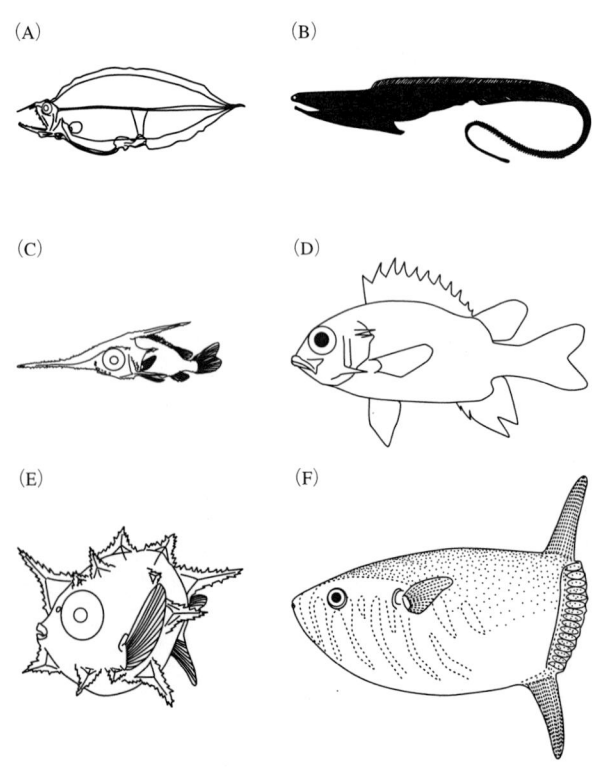

図7-6 仔魚と親の形態差異（A, B：フウセンウナギ，C, D：イットウダイ，E, F：クサビフグ）

し，海洋表層という2次元的な空間に滞留する．こうした初期生活史は分散を目的とし，その後の定着期の直前に変態が起こるのである．一方，淡水産の魚類，特に河川に生息する魚類は直接発達を示すものが多く，劇的な変態は見られない．このことは，河川が2次元的な空間で，海に比べて多様な環境をもたないこと，したがって仔魚と親の生息環境がほとんど変わらないことによるものと推察される．

　魚類の雌雄は一般に外見から判別しにくい．しかし，生殖腺が成熟する産卵期には，魚体に二次性徴が現れる魚類もいる．これらの種では生殖腺を詳細に調べなくても雌雄の判別ができる．二次性徴の出現部位は様々である．軟骨魚類の雄の腹鰭内縁にはclasperと呼ばれる雄特有の交尾器ができ，グッピーなど胎生カダヤシ類の雄では臀鰭の鰭条が変形して生殖肢となる．シイラ・コブダイ・アオブダイでは雄の前頭部が張り出し，サケ・タナゴ類・オイカワ・ウグイ・イトヨなどの雄には鮮やかな婚姻色が現れる．また，タツノオトシゴ・ヨウジウオ類の雄の尾部腹面には保育嚢が形成され，ダルマガレイ類においては雄の両眼間隔が著しく広くなることから容易に雌雄判別ができるようになる．その他，メダカでは雌の背鰭と臀鰭は雄のそれらより大きく，シラウオ・オイカワ・ハス・アユの臀鰭も雌で大きい．また，ネズッポ・ボウズハゼでは背鰭の前端が雄で伸長し，ハナダイ・ベラ類，ブダイ類，ルリボウズハゼは雄の体色がより鮮やかである．さらにハダカイワシ類では発光器の位置，オニハダカ類では鼻の嗅房の大きさ，アカエイ類では歯形などによっても雌雄判別ができる．雌雄で体の大きさが異なる例も少なくない．例えばメダカやグッピーでは雌が雄より大型である．極端な例はチョウチンアンコウの仲間で，雄は著しく矮小化して多くの器官が退化し，雌の体の一部に寄生する．

　ウナギ属魚類は外洋の産卵場へ向かって降河回遊を行う場合に，体表の色彩や眼径の大きさの変化を伴う．これはウナギの生活史の中で，レプトセファルスからシラスに変わる変態に続く，第2回目の変態と呼べる．眼径の拡大は外洋の弱光環境への適応であり，銀化と呼ばれる体表へのグアニンの沈着は表層を活発に遊泳する魚の銀白色の腹と同様の適応と考えられる．事実，ウナギは産卵回遊中に海底を這うようにして遊泳するのではなく，200〜600 mの比較的浅い表層近くを回遊することが近年のポップアップタグをつけた銀ウナギの放流実験から明らかになりつつある．また内部形態であるが，鰾(うきぶくろ)にも変化が起きる．鰾内にガスを分泌する機能をもつ赤腺が著しく発達し，グアニンの沈着で囊壁は肥厚する．これらは全て外洋中層域における頻繁な浮力調節を可能にする機能である．遡河回遊を示すサケ・マス類の降河時のスモルトや淡水に遡上後のサクラマスやベニザケにおける体色・体型変化もウナギ属魚類と同様，生息域変化に伴う変態である．

　深海魚のクジラウオ目魚類で，まったく異なる形態をもつためにそれぞれリボンイワシ科，ソコクジラウオ科，クジラウオ科に属するとされていた魚類が，実は親子関係あるいは雌雄関係にあることが近年，分子遺伝学的および形態学的研究から解明された（Johnsonら，2009）．これまでに，リボンイワシ科の魚類は成熟個体が全く採集されず，ソコクジラウオ科は雄のみ，クジラウオ科は雌のみしか採集されず不思議に思われていた．しかし，この3つの異なる科とされていた魚類は実は同じ科の仔魚，雄成魚，雌成魚であり，それぞれの形態差異は変態による極端な形態変異であった．仔魚はひものようなクシクラゲ類に姿を似せるなどして身を守り，プランクトンを食べて成長すると考えられ，雄は食道と胃がなくなり，肥大化した肝臓にためたエネルギーで，フェロモンを頼りに雌探しに専念すると考えられている．変態は形態学のみならず，生理学的・生態学的に興味深い現象で，魚類

の生活史を深く理解する上で重要な鍵を握っている．

## §5. 集団・種分化と形態

　計数形質や体長に対する魚体各部の長さの比は，同一種であっても生息場所によって変異をもつ場合がある．したがって，これらの形態は，種内変異の程度や集団の存在を知る手がかりになる．

　魚類の脊椎骨数の変異は次の5つの現象により説明できる（McDowall, 2003a）．①魚類の系統に見られる脊椎骨数の減少化，②緯度による脊椎骨数の変異，③環境による脊椎骨数の変異，④体長と脊椎骨数の間に認められる正の相関（pleomerism: Lindsey, 1975），⑤生活史多型による脊椎骨数の変異である．これら5つの説明の中で，特に②と③の緯度や環境による脊椎骨数の差異に関する研究は数多くなされている．近年，McDowall（2003a）は生活史の違いによって脊椎骨数も異なることを示した．すなわち，ガラクシアス科魚類において回遊性の種は非回遊性の種よりも最大体長が大きく，そして脊椎骨数が多い．また，McDowall（2003a; 2003b）は海から川へ加入するガラクシアス科魚類の稚魚の体長と脊椎骨数の間に正の相関を見いだしている．ガラクシアス科魚類の海洋生活期間において脊椎骨数が多く体長の大きい個体は遊泳力に優れ，有利であるとMcDowall（2003a; 2003b）は主張している．遡河回遊魚のキュウリウオ目およびサケ目魚類においてもガラクシアス科魚類と同様に，回遊性の種の脊椎骨数が非回遊性の種よりも多いことが示されている．

　以上のように両側回遊魚のガラクシアス科魚類と遡河回遊魚のキュウリウオ目とサケ目魚類において生活史多型と脊椎骨数が対応しているならば，降河回遊魚であるウナギ属魚類においても生活史や回遊生態と脊椎骨数の対応関係があるはずである．事実，ウナギ属魚類内で各種の回遊生態の特性値と脊椎骨数の変異に着目し，これらの関連性を検討した結果，各種のシラスの接岸体長と脊椎骨数の間，各種の地理分布域の平均緯度と脊椎骨数の間，さらに各種のレプトセファルス期間と脊椎骨数の間に正の相関が認められた．これはすなわち，長い海洋浮遊期間をもつ種ほど多くの脊椎骨数と大きな体サイズをもち，その回遊距離が長いことを示している．ウナギ属魚類の進化において，海洋生活に有利な大きな体サイズと多くの脊椎骨数をもつ個体が，その回遊距離を小規模回遊から大規模回遊へと伸ばしていったものらしい．

　ウナギ属魚類の形態形質は非常に似通っており，脊椎骨数も例外ではない．ウナギ属魚類の脊椎骨数の変異は属内では100から119の範囲にあり，一方，各種内の脊椎骨数の変異は6から11の範囲である（Ege, 1939）．したがって種で脊椎骨数の重なりが大きく，種間の脊椎骨数の違いでウナギ属魚類の種，亜種もしくは集団を認識するのは困難である．ウナギ属魚類の産卵場はすべて熱帯域にあるので，これらの産卵場の水温・塩分などの環境条件に大きな差はない．したがって熱帯種および温帯種に関わらず，環境は両者の脊椎骨数の差に影響を及ぼすものではなく，ウナギ属魚類の種間の脊椎骨数の差異は環境的影響というよりは遺伝的影響によるものと考えることができる．

　ウナギ属魚類の中で最も広範囲に分布するオオウナギ *Anguilla marmorata* について，その集団構造を21の形態形質の主成分分析により解析してみたが，明瞭な集団を認識することができなかった．そこで形態形質の中で最も大きな変異が見られた脊椎骨数のみに着目し，14地域から得られた計1,238個体の脊椎骨数のデータを解析した結果，ミクロネシアから得られた標本の脊椎骨数は，他の地域と統計的に有意に異なることがわかった．また北太平洋と南太平洋のグループ間にも統計的有意差が認められた．さらにはインド洋と北太平洋もしくは南太平洋のいくつかの地域間にも統計的有意

差が認められた（Watanabeら, 2009）．以上の結果と，近年の本種における初期生活史の研究結果ならびに海流の情報を合わせて考えると，オオウナギには4つの集団（北太平洋，ミクロネシア，インド洋，南太平洋）が存在することが明らかとなった（図7-7, 7-8）．分子を用いた集団解析の結果も同様な集団を認識しており（5章を参照），遺伝子と形態形質による集団解析が一致した好例といえる．

またもう1つの例として，ビクトリア湖に同所的に生息するカワスズメ科魚類 *Pundamilia nyererei* と *P. pundamilia* の種分化をあげたい．*P. nyererei* の雄は赤色の婚姻色をもち，*P. pundamilia* の雄は青色の婚姻色をもつ．ビクトリア湖の水面近くは青色の光が優先し，深くなるにつれて水の色環境は赤にシフトする．比較的深い場所に生息する *P. nyererei* は，*P. pundamilia* に比べて，より赤い色を感受する赤型オプシン遺伝子をもつ．ジーハウゼン（O. Seehausen）と岡田らのグループは，それぞれ異なる水中の色環境に適したオプシン遺伝子が自然選択で進化することを示した．また，*P. nyererei* の雌は赤色の婚姻色をもつ雄を，*P. pundamilia* の雌は青色の婚姻色をもつ雄を選好することが知られている．異なるオプシン遺伝子をもつ集団間で生殖隔離が起こり，種分化が生じたと考えられる．これは体色という形態と生息深度というハビタートの違いがオプシンの生理特性の差と対応し

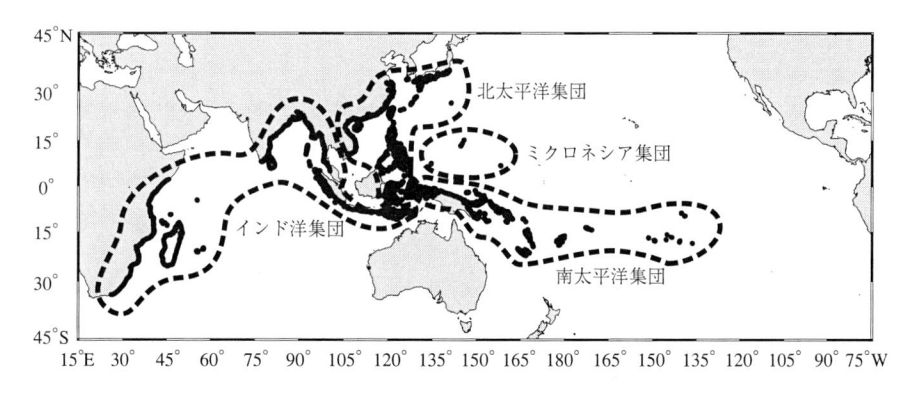

図7-7　オオウナギ *Auguilla marmorata* の分布と集団構造

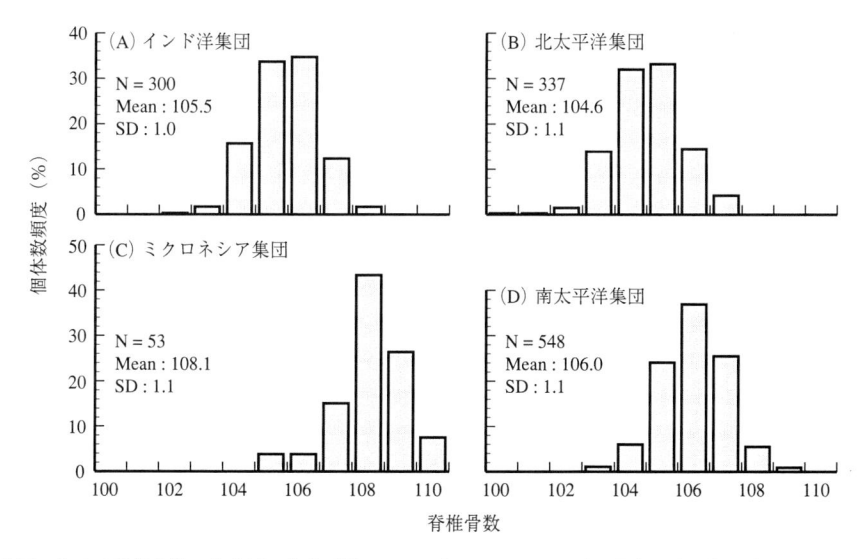

図7-8　各集団における脊椎骨数の分布図　北太平洋，ミクロネシア，インド洋，南太平洋の各地域におけるオオウナギの脊椎骨数をまとめた．脊椎骨数の平均値には，統計学的有意差が認められる（ANOVA, $p < 0.001$）．

て行動学的生殖隔離を生み，種分化へ進んだ例として興味深い．

## §6. おわりに

　魚類の多様な形態は，水圏という環境の中で，長い時間の進化過程を経て変化してきた．したがって形態の多様性は少なからず系統に束縛されている．しかし同時に，ビクトリア湖のカワスズメ科魚類に見たように形態はそれぞれの魚類の生息する環境によっても柔軟に変化することもある．また，ウナギ属魚類内のわずかな脊椎骨数の変異が機能的な差を生み，回遊や集団構造あるいは種分化まで駆動してきたことを見てきた．多様に進化した現代生物学において，形態観察は単純で古くさい技術と思われがちであるが，形態は生物の機能を理解するための重要な基本形質である．さらには，生物とそれを取り巻く環境がどのように関わってきたのか，その進化の過程を解き明かすための重要な形質でもある．詳細な形態情報から機能を知り，これを行動・生態の深い理解に役立てることが重要である．

（渡邊　俊）

## 文献

Ege V. (1939) : A revision of the genus *Anguilla* Shaw, a systematic, phylogenetic and geographical study, *Dana Report*, 16, 1-256.

Johnson G. D., Paxton J. R., Sutton T. T., Satoh T. P., Sado T., Nishida T. and Miya M. (2009) : Deep-sea mystery solved: astonishing larval transformations and extreme sexual dimorphism unite three fish families, *Biological Letters*, 5, 235-239.

Lindsey C.C. (1975) : Pleomerism, the widespread tendency among related fish species for vertebral number to be correlated with maximumbody length, *Journal of the Fisheries Research Board of Canada*, 32, 2453-2469.

Lindsey C.C. (1978) : Form, function and locomotory habits in fish. In: Hoar, D. and Randall, D.J. (eds.), Fish Physiology, Vol. 7. Academic, New York, pp.1-100.

河村功一（1991）・細谷和海：改良二重染色法による魚類透明骨格標本の作製，養殖研究所研究報告, 20, 11-18.

Kinoshita, I., Seikai T., Tanaka M. and Kuwamura K. (2000) : Geographic variations in dorsal and anal ray counts of juvenile Japanese flouder, Paralichthys olivaceus, in the Japan Sea, *Environmental Biology of Fishes*, 57, 305-313.

前川光司・後藤　晃（1982）：川の魚たちの歴史，中公新書647, 中央公論社．

McDowall R.M. (2003a) : Vertebral variation in galaxiid fishes: a legacy of life history, latitude and length, *Environmental Biology of Fishes*, 66, 361-381（2003a）.

McDowall R.M. (2003b) : Variation in vertebral number in galaxiid fishes, how fishes swim and a possible reason for pleomerism, *Reviews in Fish Biology and Fisheries*, 13, 247-263.

中坊徹次編（2000）：日本産魚類検索 全種の同定 第二版，東海大学出版会．

Nelson J.S. (2006) : Fishes of the world. Fourth edition. John Wiley & Sons, New Jersey.

沖山宗雄（1991）：変態の多様性とその意義，田中克編，魚類の初期発育，水産学シリーズ83，恒星社厚生閣，pp.36-46.

沖山宗雄編（1998）：日本産稚魚図鑑，東海大学出版会．

Strauss R.E. and Bookstein F.L. (1982) : The truss: body form reconstruction in morphometrics, *Systematic Zoology*, 31, 113-135.

Potthoff T. (1983) : Clearing and staining techniques, *American Society of Ichthyologists and Herpetologists Special Publication*, 1, 35-37.

Thompson D' and Arcy, W. (1971) : On growth and form, Cambridge University Press, （柳田　友道・遠藤　勲・古沢健彦・松山久義・高木隆司抄訳：生物の形，東京大学出版会，1973）.

Watanabe S., Miller M. J., Aoyama J. and Tsukamoto K. (2009) : Morphological and meristic evaluation of the population structure of *Anguilla marmorata* across its range, *Journal of Fish Biology*, 74, 2069-2093.

# 8章　遺伝子解析

　現在，分子遺伝学的解析手法はめざましい発展を見せている．新たな遺伝子マーカーや解析手法の適用により，それまでブラックボックスとなっていた生態的事象の実態が次々と明らかにされつつある．一方，メダカやトラフグ，ミドリフグの全ゲノム概要配列が決定され，生理・生態学的特性の遺伝的背景が分子レベルで解き明かされようとしている．このため今日では，分子遺伝学的アプローチはあらゆる生命科学分野と融合し，その境界を明確に定義することすら困難になっている．分子生物学や遺伝学については，優れた成書が多数出版されている．そこで本章では，分子遺伝学的解析手法を「魚類の生き様を明らかにするための生態学的ツール」と位置づけ，その代表的な手法と基本的な考え方を紹介したいと思う．

## §1. 生態学における遺伝子解析

　生態学研究における分子遺伝学的情報の役割は，そもそも様々なスケールにおける多様性の認識であった．全ての生物が，長い進化の道のりを経て今日の生態的地位や特性を獲得したことを考慮すれば，まず，進化的な単位やそれらの関係を正確に把握することは，生態学研究の第一歩といえる．

　この「単位」（一般的には種）の認識は，古くから分類学（taxonomy）や系統学（systematics）と呼ばれる学問分野によって行われてきた．しかしながら，主に形態情報に基づくこれらのアプローチには，おのずと限界があった．すなわち，一部の生物群における微細な形態的差異や，環境への適応の結果としてよく似た形態となる収斂や平行進化の現象を検出することが困難だったのである．さらに，これら単位の進化学的関係の推定については，どのような形態形質を重要と見るか客観的な基準が存在せず，方法論的な問題が提起されるに至った（詳細については馬渡，1994やワイリー，1991など）．こうした中，1900年代半ばから抗原抗体反応などいわゆる生化学的な手法や遺伝的手法による研究も行われるようになった．原則的にタンパク質のアミノ酸の違いや塩基配列を比較するこれらの手法では，「制約のかからない（生物自身には有利にも不利にもならない）分子レベルの変化は生物群によらず一定である」ことによる「分子時計」を応用することで，対象生物群間の遺伝距離，すなわち進化的距離（分岐年代など）を定量的に明らかにすることができたのである．これら遺伝的解析が生物の進化研究に果たした役割は大きく，従来の形態学や化石記録から推定されていた様々な生物群の進化史を大きく塗り替えることとなった．例えばヒトでは，それまで化石記録から少なくとも1,000万年以上前と考えられていた類人猿との分岐が，わずか500万年前程度であるとする結果が示され，大変な論争を巻き起こした（長谷川・岸野，1984）．

　今日では，系統関係の推定にはもっぱら遺伝子情報が用いられ「分子系統学」という1つの学問分野を形成するに至っている．魚類では，実験手法の改良や新たな解析手法の開発によるミトコンドリ

アDNA全塩基配列に基づく大規模な系統解析が進んでいる（Inoueら，2004など；図8-1）．

1990年代になって目的のDNA断片のみを選択的に増幅できるPCR（polymerase chain reaction）法が広く普及し，遺伝子情報は生態学研究の様々な分野へ応用されるようになった．PCRを用いることにより，塩基配列や特定の遺伝子マーカーの有無もしくは断片長の変異を，詳細かつ簡便に調べることができるようになったのである．同時に，それまで個体を採集・解剖しなければならなかった遺伝子解析が，ごく微量の鰭や鱗，皮膚などで行えるようになったことも特筆に値する．潮間帯に生息する巻貝であるチヂミボラでは，スライドガラス上の這い跡に残った粘液によるDNA解析も行われている（河合，2006）．加えて，従来，特殊な機器を備えた実験室を必要とした遺伝子解析が，簡便なフィールド調査の基地や研究船内でも実施できるようになったのである．これにより，繁殖集団

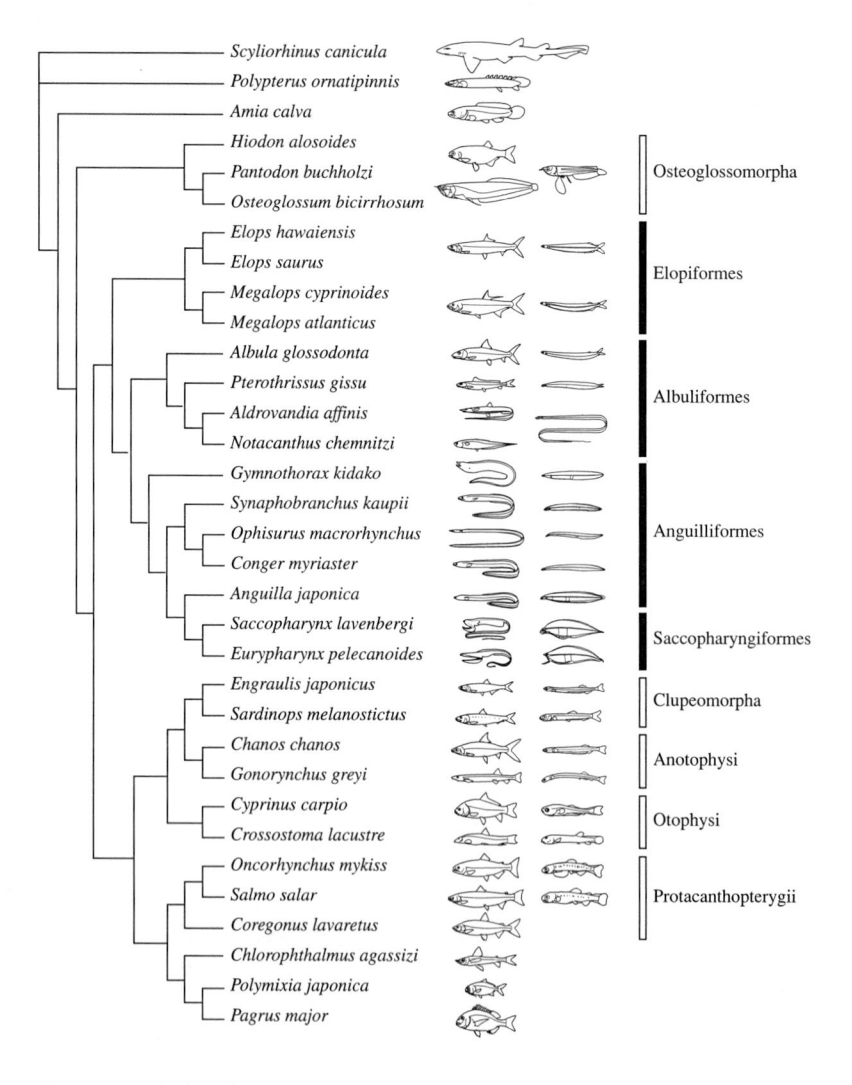

図8-1 Inoueら（2004）が明らかにしたミトコンドリアDNA全塩基配列による魚類の系統樹．これにより，レプトセファルスと呼ばれる特異な浮遊幼生期をもつカライワシ類（黒く塗られたElopiformes，Albuliformes，Anguilliformes，Saccopharyngiformesの4分類群）が共通の祖先から派生した単系統群であることが明らかになった．

や親子関係，交雑個体の検出，さらに形態学的には困難な種の同定などが可能となり，遺伝子解析の生態学分野への応用は一気に広がった．従来，系統や進化など"遠い"過去を得意分野としてきた遺伝子解析は，世代単位での研究にも用いることができるようになり，生物の現在のみならず未来の予測すら可能となってきている．

遺伝子解析というと，専門的な知識がなければどうにもならない分野のように聞こえるかもしれない．しかしながら今日では，メーカー各社から様々な機器や実験用のキットが発売され，指定されたとおりに試薬を混ぜれば，とりあえず誰でも簡単に結果が得られるようになってきている．事実，現在では多くの「生態学研究室」で，当たり前のように遺伝子解析が行われ，生態研究のための重要なツールとして用いられている．もちろん実験中に問題が生じた場合や得られた結果を正確に解釈するためには，専門的知識が必要とされることも多い．しかし，これらについても，すでに数多くの成書が出版されている．

生態研究における遺伝子解析は，従来の手法では得難かった貴重な情報を比較的簡単に入手することができる強力な武器の1つであるといえる．近い将来，遺伝子解析は，標本の体長や体重を測るのと同じくらい，簡単かつ当たり前の作業になる．

## §2. 遺伝子マーカー

### 2-1 アイソザイム（アロザイム）

アイソザイムとは，同じ機能をもちながら，構造的に異なる酵素群の総称である．このうち，同じ遺伝子座にある対立遺伝子によって形成されるものをアロザイムと呼ぶ．アイソザイム分析は，これら酵素タンパク質のアミノ酸配列の違いによる電荷の差異を，電気泳動によって検出する方法である．すでに多くのアイソザイムについて，その遺伝様式や関係遺伝子座数が明らかになっているため，これを基に対象生物群の遺伝的背景を探ることができる．

魚類研究においては，1970年代から本格的に導入され，それまで判別できなかった同一種内の遺伝的集団構造を次々と明らかにした．アイソザイム分析は，大がかりな解析機器を必要とせず，比較的少ない労力や経費で実施することができる．ただし，電気泳動や染色には多少の経験が必要となる．

PCRが開発された1990年代以降，DNA分析に主役の座を奪われた感は否めない．しかしながら，DNA情報に基づくアミノ酸から成るタンパク質を比較するアイソザイム分析は，標本の遺伝的情報を俯瞰するのに最適といえる．いわば，DNAが直接かつ詳細に1本の木を見るのに対し，アイソザイムは遠くから森全体を眺めるようなものである．アイソザイム分析の実際的な手法の解説書は，津村（2001）などに詳しい．

### 2-2 ミトコンドリアDNA

細胞内小器官の1つで，好気的条件下でのエネルギー生産の場となるミトコンドリアは，生物そのものとは異なる独自の遺伝子をもつ．一般に，動物のミトコンドリアDNAは，長さ16,000〜20,000 bp程度の環状二本鎖で，13個のタンパク質遺伝子，2個のリボゾームRNA遺伝子，22個のトランスファーRNA遺伝子および1個の調節領域により構成されている．ミトコンドリアDNAは母親からのみ子に伝わる母系遺伝であり，核DNAのように組み換えがない．また，核DNAよりはるかにサイズが小さい，スペーサー領域をほとんどもたない，さらに塩基レベルの突然変異率が高い（分子進化速度が速い）などの特徴をもつ．幅広い分類群の系統や集団構造の解析に多用されてきた．

これまで多くの研究が行われてきたミトコンドリア DNA では，それぞれの遺伝子のもつ分子進化速度の概要がかなり明らかになっている．例えば，複製の開始を司る調節領域と呼ばれる遺伝子座の分子進化速度は速く，その塩基配列は同一種内でも大きな変異がある．例えばウナギでは，100個体の調節領域を調べると，ほぼ全ての個体に何らかの違いが認められるのに対し，リボソームの構成成分をコードする 12S リボソーム RNA 遺伝子では，ほとんど変異のないことが知られている．

タンパク質コード遺伝子は，3つの塩基で1つのアミノ酸をコードしている．しかしながら，遺伝コードの退縮のため，1塩基の置換によりアミノ酸が変化する座位と，変化しない座位に分けられる．この際，アミノ酸の変化を伴わない塩基の置換を同義置換，アミノ酸を変化させる置換を非同義置換という．一般的に，第1座位のほとんどと第2座位の塩基置換は非同義置換であるのに対し，第3座位の多くは同義置換となる（表8-1）．このため，最終産物であるタンパク質に何らの影響を与えない第3座位における塩基置換は，第1，第2座位に比較してはるかに起こりやすくなる．

こういった性質をうまく利用すれば，遺伝的変異の少ない分類群には調節領域やタンパク質コード遺伝子の第3座位など分子進化速度の速い遺伝子領域，変異性の大きい分類群は，12S リボソーム RNA 遺伝子やタンパク質コード遺伝子の第1，2座位領域もしくは翻訳したアミノ酸レベルで比較することも可能となる．

全長の短いミトコンドリア DNA では，こうした各遺伝子座の特性がよく調べられており（Miya and Nishida, 2000），研究対象の遺伝的多様性や分化の程度，また分類学的位置などを把握するのに最適な遺伝子マーカーといえる．同時に，ほとんどの魚類のミトコンドリア DNA における特定の遺伝子領域を増幅できる「汎用プライマー」が数多く報告されており，PCR により簡単に解析できる利点がある．ただし，母系遺伝であるミトコンドリア DNA は母親の遺伝的要素のみを反映している

表8-1 脊椎動物のミトコンドリア DNA における代表的なアミノ酸翻訳表．
＊は，A, T, G, C いずれの塩基にも対応している．

| アミノ酸 | | コドン | | | |
|---|---|---|---|---|---|
| Phenylalanine | フェニルアラニン | TTT | TTC | | |
| Leucine | ロイシン | TTA | TTG | CT＊ | |
| Serine | セリン | AGT | AGC | TC＊ | |
| Tyrosine | チロシン | TAT | TAC | | |
| Termination codon | 終止コドン | TAA | TAG | AGA | AGG |
| Cysteine | システイン | TGT | TGC | | |
| Tryptophan | トリプトファン | TGA | TGG | | |
| Proline | プロリン | CC＊ | | | |
| Histidine | ヒスチジン | CAT | CAC | | |
| Glutamine | グルタミン | CAA | CAG | | |
| Arginine | アルギニン | CG＊ | | | |
| Isoleucine | イソロイシン | ATT | ATC | | |
| Methionine | メチオニン | ATA | ATG | | |
| Threonine | スレオニン | AC＊ | | | |
| Asparagine | アスパラギン | AAT | AAC | | |
| Lysine | リジン | AAA | AAG | | |
| Valine | バリン | GT＊ | | | |
| Alanine | アラニン | GC＊ | | | |
| Aspartic acid | アスパラギン酸 | GAT | GAC | | |
| Glutamic acid | グルタミン酸 | GAA | GAC | | |
| Glycine | グリシン | GG＊ | | | |

ため，別種雄個体との交雑などは検出できないことに留意する必要がある（西田, 2001）.

### 2-3 核DNA

近年，ゲノムプロジェクトなどで頻繁に耳にするようになった「ゲノム」とは，生物が生きていくために必要な全ての遺伝子を備えた染色体の一組と定義される．上述のミトコンドリアDNAが，わずか20K（キロ）bp程度であるのに対し，ゲノムは，魚類において最小と考えられているフグですらおよそ2万倍の約400M（メガ）bpの塩基をもつ．生命の設計図といわれる遺伝子情報の実態が核DNAであり，近年では様々な生物群においてゲノム全塩基配列の解析が進められている．例えば，ヒトゲノム計画からは，これまでとはまったく異なる疾患の予防や治療法，さらには個人の将来的な疾病予測やそれに見合った「オーダーメイド医療」などが可能となってきている．一方，食資源動物のゲノム情報は，経済性の高い形質や特性をもつ「品種」を作り出す遺伝育種研究などにも盛んに応用されている（坂本, 2005）．ゲノム情報のもつ潜在的な可能性は，未だ輪郭すらはっきりとしておらず，生態学研究への応用という点でも無限の可能性を秘めていることは間違いない．

核ゲノム情報は，様々な生命科学分野で広く利用されはじめ，従来の分子生物学の枠を超え，生物の進化や行動・生態特性の遺伝的背景などの研究も盛んに行われている．例えば，キイロショウジョウバエでは，餌の上を大きく動き回って採餌する個体とそうでない個体の2タイプが知られているが，これらの行動特性は核DNAの中の採餌遺伝子（for遺伝子）に支配されることが明らかになっている．また，最近のハタネズミ属における一連の研究結果は，乱婚や一夫多妻，一夫一妻といった交配システムが，神経分泌ホルモンの受容体遺伝子に認められるわずかな差異に強く支配されることを示唆している（河田, 2006）．魚類においても，回遊や繁殖などあらゆる生態学的特性が，多かれ少なかれ遺伝的支配を受けていることはほぼ間違いない．今後，これらの関係が明らかになるにつれ，新たな生態研究が展開されることになろう．

真核生物の核DNAには，アミノ酸やリボソームなどをコードする遺伝子の他に，役割のよくわからない多くの繰り返し配列の存在が知られている．これらは，おおよそ100 Kbp以上の繰り返しからなるサテライトDNA，数十bp以上のミニサテライトDNA，そして数bp程度のマイクロサテライトDNAに大別される．このうち，生態研究を目的とした遺伝的集団の検出によく用いられるのは，マイクロサテライトDNAである．CTやCAなどの単位（モチーフ）が時には百回以上も繰り返されるマイクロサテライトは，ゲノム複製時のミスにより繰り返しの回数に変異が起きやすく，一般に同一の遺伝的集団中にも多くの変異が認められる．この高い変異性を利用して，個体群の遺伝的多様性や集団の解析のみならず親子鑑定など血縁の検出にも用いられている．

一方，SINE（short interspersed repetitive element）と呼ばれる，数百塩基程度の短い配列を1つの単位とした散在性の反復配列の存在も知られている．散在性の反復配列とは，上記のマイクロサテライトのようにひとつながりの繰り返しではなく，ゲノムの様々な位置に単位配列が存在する状態である．SINEは，逆転写酵素の働きによってRNAに転写された自身を再びDNAとし，ゲノムの別の位置に挿入することによって増えていったと考えられている．こうしたSINEの挙動そのものも大変興味深い分子生物学的研究テーマであるが，膨大なゲノム中の同一の場所に偶然SINEが挿入される可能性はほとんどゼロであることから，SINEの有無をマーカーとした進化学的研究も進められている．

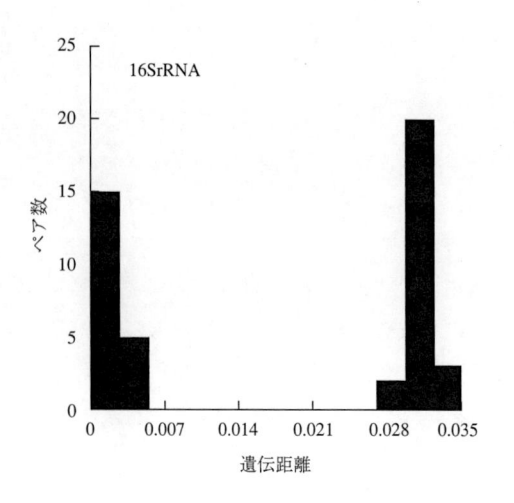

図 8-2　形態的に *A. celebesensis* と同定されたウナギ 11 個体のミトコンドリア DNA16S リボソーム RNA 遺伝子領域の塩基配列を総当たりで比較して得られた遺伝距離の頻度分布図．遺伝的に極めて近いグループと，大きく異なる 2 つのグループが含まれていることがわかる．

## §3. 研究対象

### 3-1　種レベル

「種」とは，自然界に存在する繁殖集団のうち，他の個体群とある程度隔離されたものに便宜的に与えられた単位である．このため，他の個体群とどの程度異なれば種とみなすかについて明確に定義されているわけではない．したがって，現在，種として認められている分類群であっても，その実態は千差万別である．これらの遺伝子情報を解析することは，曖昧な単位を定量的に把握し，それらの生態を正しく理解するための最初のステップとなる．例えば，それまで単一の種と考えられていた分類群の中に，形態的にはまったく判別できない隠蔽種 (criptic species) が含まれていたり，生態学的特性の差異が異なる繁殖集団によるものであることが明らかになったケースは枚挙にいとまがない．多くの魚類については，すでに様々な遺伝子情報が得られ，種や繁殖集団の実態がおおよそ明らかになっている．しかしながら，これまであまり調べられていないような種を研究対象とする場合，まず，アロザイムやミトコンドリア DNA のリボソーム RNA 遺伝子領域，タンパク質コード領域などいくつかの遺伝子座を解析してみると思わぬ生態学研究へ発展する結果が得られる可能性もある．例えば，筆者らがインドネシアで採集したウナギを調べたところ，形態学的には明らかに *Anguilla celebesensis* 1 種に同定されるのに，遺伝子でみると明瞭に異なる 2 つのタイプに分かれることがわかった（図 8-2）．得られた遺伝子データを詳細に比較した結果，一部の個体は別種の *A. interioris* であることが判明した．すなわち，それまで疑いもなく用いられてきた形態による種の検索表が，両種の形態的特徴を大きく過小評価していたのである（Aoyama ら，2000）．

このような形態学的情報の不備は，従来の形態に基づくウナギ属魚類の系統関係にも大きく影響しているはずである．そこで，世界に生息するウナギ属全種を新たに採集し，ミトコンドリア DNA による系統解析を行った (Aoyama ら，2001；Minegishi ら，2005)．これにより得られた結果は，従来の形態に基づく推定とは大きく異なり，それまで混乱していたウナギ属魚類の地理分布の成立過程にうまく説明を与えるものであった．

現在，温帯・亜熱帯域でのウナギ属魚類の分布は，原則として暖流に洗われる各大陸の東側に集中している（図 8-3a）．熱帯起源と考えられるウナギが赤道付近に産卵場をもち，ふ化した仔魚（レプトセファルス幼生）が，海流によって受動的に亜熱帯・温帯域へ輸送されることを考えると，このような分布様式が主に海流系によるものであるということは容易に想像される．ユーラシア大陸西側のヨーロッパウナギ（*A. anguilla*）の分布は，北へ流れる暖かいメキシコ湾流と，それに続く東向きの北大西洋海流によって説明される．しかし，暖かいブラジル海流が存在するにもかかわらず，なぜ南アメリカ大陸の東岸にウナギは分布しないのか．また，なぜ太平洋東部と南大西洋はウナギの分布の

(a) 現在

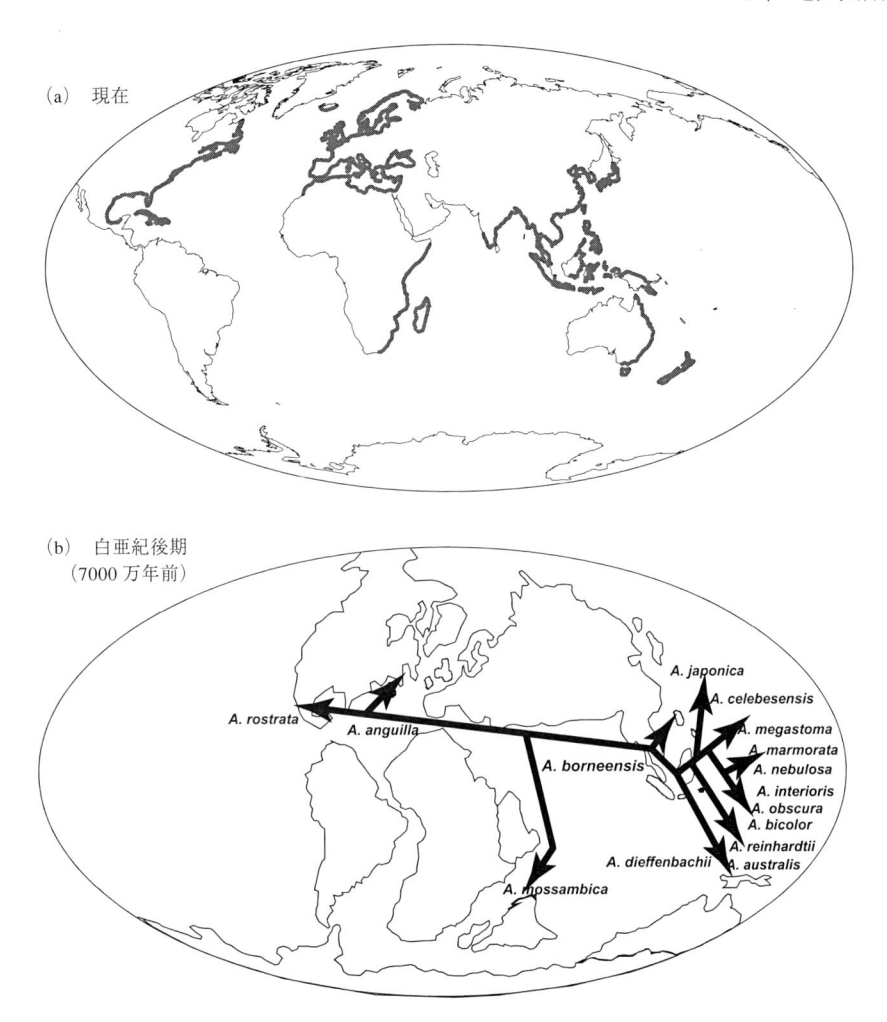

(b) 白亜紀後期
(7000万年前)

図8-3 上図 (a) の太く塗りつぶされた海岸線は，現生のウナギ属魚類の分布域を示す．東部太平洋および南大西洋地域にはウナギ属魚類が生息せず，北大西洋の種が他の地域と地理的に大きく隔離されていることがわかる．下図 (b) は分子系統学的解析から得られたウナギ属魚類の分布拡大のシナリオを示す．白亜紀後期頃，現在のインドネシア付近に出現したウナギ属魚類の祖先種は，インド洋と北大西洋を結んでいたテーティス海を通って拡がったと推察される．

空白域であり，北大西洋に分布するヨーロッパウナギとアメリカウナギ (*A. rostrata*) の2種がインド・太平洋の他の種と完全に隔離されているのか．このようなウナギ属の特異な地理分布の成立過程は古くから議論の対象となっていた (Eckman, 1953)．

これまで大西洋のウナギ属2種は，形態的に酷似するわが国の *A. japonica*（ニホンウナギ）と近縁とされていた．このためウナギ属魚類には，かつて北極海を経由して北太平洋と北大西洋の間に交流があったと推定された (Ege, 1939)．

しかしながら，ミトコンドリアDNAによる系統解析の結果，北大西洋2種は，ボルネオ島の *A. borneensis*，インド洋・アフリカ沿岸の *A. mossambica*，そしてニュージーランドの *A. dieffenbachii* およびオーストラリアの *A. australis* とともに，ウナギ属の中でも古いグループに属することがわかった．おそらく，このうち *A. borneensis* がウナギ属の祖先種に最も近い (Aoyamaら，2001)

これより我々は，まず，ウナギ属魚類が中生代から始新生にかけて存在したテーティス海の縁辺，

すなわち現在のインドネシア周辺に派生したと考えた．テーティス海は，かつてインド洋と北大西洋を結び，ここにゆっくりと西向きに地球を一周する古環赤道海流のあったことが知られている．この海流に沿って大西洋へ入ったウナギ属魚類は，北大西洋の循環流にレプトセファルスの受動的輸送を委ねた．その結果，大西洋2種の祖先種は北大西洋の全域に分布を拡げた．しかし，彼らは南大西洋には分布を拡げることはできなかった．当時，南大西洋はまだレプトセファルスの受動的輸送に十分な亜熱帯循環流をもつほど大きく開いてはいなかったためか，もしくは亜熱帯循環が形成されていたとしても，南北2つの循環流は大きく隔離されていたためであろう．これが現在，南大西洋にウナギ属魚類が分布していない理由であると考えられた（図8-3b；Aoyama, 2009）．分子系統学的に得られた結果が，それまでの形態に基づく系統関係では説明しきれなかった特異な地理分布の成立をうまく解き明かすことに成功した一例である．

種レベルの研究は，分類や進化を対象としたものばかりではない．これまでの魚類生態学，特に初期生活史研究において大きな問題となってきたのが，卵や仔魚など形態的に未発達な個体の同定である．ここで，親個体群の解析などから対象種の遺伝的実態がある程度明らかな場合には，DNAによる種査定法が極めて有効なツールとなる．DNAは全ての生物個体に存在し，発生や成長によって変化しない．したがって，発育初期の個体に比べて形態形質がはるかに多く，厳密に種同定された成体から得られた塩基配列データを基準とすることで，形態形質のまったくわからない発育段階の個体でも正確に種査定することが可能となる．例えば，北太平洋・西マリアナ海嶺のスルガ海山周辺で行われているウナギの産卵場調査では，未だ誰も見たことのない天然のウナギ卵を判別するため，研究船上に持ち込まれた遺伝子解析機器（リアルタイムPCR）が用いられている．こうした方法は，近年では魚類のみならず，形態による分類の難しいウイルスや微生物，線虫類，有爪動物，カイアシ類，二枚貝類幼生，さらに昆虫類など様々な生物群に適用され，その有用性が示されている．

### 3-2 集団レベル

生態学で扱う「集団」は，一般に集団遺伝学の定義する「遺伝子プールを共有する個体群」と同義である．このため，上記の種レベルが同一種個体群を解析するのに対し，集団レベルでは種内の遺伝的変異が対象となる．したがって，集団レベルの解析に用いるマーカーは，種レベルよりも鋭敏で，わずかな遺伝的差異を検出できるものでなければならない．

現在，遺伝子解析を用いた魚類生態学研究において，最も一般的なものは遺伝的集団構造の解明である．かつては，ミトコンドリアDNAの中でも進化速度の速い調節領域が多用されていた．しかしながら，近年では，より鋭敏なマイクロサテライト遺伝子座を用いた解析が主流となっている．マイクロサテライトの最大の特徴は，モチーフの反復数が多く変異に富むため，1遺伝子座当たり数個から数十個の対立遺伝子をもつことである．アロザイムマーカーのヘテロ接合度が概ね0.15程度であるのに対し，マイクロサテライトでは多くの遺伝子座で0.5以上であることが知られている．このため，アロザイムやミトコンドリアDNAでは検出できない微弱な遺伝的差異の検出が可能となる．しかしながら，対象種もしくはその近縁種でマイクロサテライトマーカーを増幅するプライマーが報告されていない場合，その開発に多くの労力と時間を有するという欠点がある．

また，両性遺伝の核DNAであるマイクロサテライトと母系遺伝のミトコンドリアDNAを同時に解析することで，種間交雑や異なる遺伝的集団間を移住する個体の有無，あるいはこれら移住個体が

再生産に寄与するかどうかといった集団間の遺伝的交流の実態を詳細に明らかにすることができる．

### 3-3 血縁・個体レベル

遺伝子情報を解析することにより，繁殖行動の直接観察が難しい生物の親子関係を知ることも可能となる．この場合，DNAフィンガープリントタイプのマーカーやマイクロサテライト遺伝子座を用いた解析を行う必要がある．ヒトなどの場合，子と両親候補双方の遺伝子型が明らかな場合が多く，精度の高い親子鑑定を行うことができる．しかしながら，魚類を含む野生動物では両親の候補が未知であることも多い．この場合，子の血縁度から両親の遺伝子型を推定するモデルも開発されている．

例えば，古くから生活史多型の知られているサケ科魚類には，海で成長して産卵のため川へ戻る遡河回遊型個体の他に，河川に残り小さなサイズで成熟する河川残留型個体が知られている．大型になって河川を遡上し，繁殖に参加する遡河回遊個体の雄は，産卵場で主に闘争によって雌を獲得する．一方，小型の河川残留個体の雄は，闘争によって雌を獲得した雄個体の産卵に紛れ込むことで自らの遺伝子を残そうとする．このような繁殖行動をする個体は「スニーカー」と呼ばれる．これまで，スニーカーがどの程度受精に成功しているのかは明らかではなかった．しかし，近年のマイクロサテライトによる父性解析などの結果，個体群としては11〜65%の受精率をもつことが明らかにされている（小関・Fleming, 2004 参照）．

また，性が遺伝的に決定する哺乳類や鳥類では，形態的に区別できない雌雄を性染色体上に特異的なマーカーを用いることで正確に判別することができる．魚類の場合，性は遺伝のみならず環境によって強く影響を受けることが知られているが，近年，性分化期以降の生殖腺に特異的な生化学的マーカーや，性決定に関わる遺伝子やホルモンを指標として性別判断する方法も考案されている．

## §4. 解析手法

現在では様々な遺伝子解析手法が考案されている．しかしながら，実際に野外で採集された個体群を用いて，魚類の生態を明らかにしようとする研究に用いられているのは，概ね次の3つに大別される解析手法である（図8-4）．

### 4-1 塩基配列の解析

遺伝子の本体はDNA（デオキシリボ核酸）であり，A（アデニン），T（チミン），G（グアニン），C（シトシン）の4つの塩基の連なりである．上記遺伝子マーカーのうち，ミトコンドリアDNAや核DNAの特定の遺伝子座の解析には，この配列を直接決定して用いる．基本的には，標本間の同じ遺伝子の同じ座位の塩基配列を比較することにより，それらの遺伝的な変異を調べることになる（図8-4）．近年では，PCRを用いて塩基特異的なラベルを施した鋳型（ダイターミネーター法）を解析するシークエンサー（自動塩基配列決定装置）が発達し，比較的簡単に塩基配列を調べることができるようになった．学術目的で発表されたすべての塩基配列情報は，原則として国際的なDNAデータバンク（DDBJ, EMBOL/ GenBank）への登録が義務づけられているため，研究対象とする魚類でどのような塩基配列データが得られているのかを即座に検索できる利点もある．以下に述べる様々な解析法は，原則として特定の塩基配列を検出する便宜的な方法であるといえる．したがって，塩基を直接決定することは，対象とする遺伝子マーカーの状態を知る確固たる手法である．

しなしながら，ここで標本間の比較を行う場合，同じ遺伝子の同じ座位を正確に認識する必要がある．異なる遺伝子の塩基配列や，同じ遺伝子であっても異なる座位を比較して得られた知見は，何ら

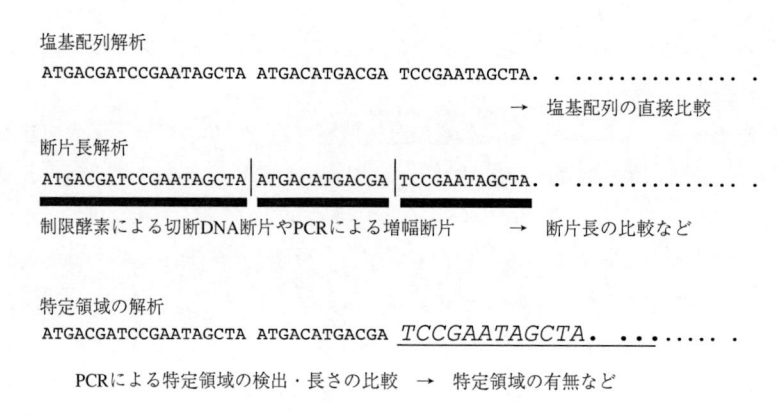

```
塩基配列解析
    ATGACGATCCGAATAGCTA ATGACATGACGA TCCGAATAGCTA．．．．．．．．．．．．．．．．
                                       →  塩基配列の直接比較

断片長解析
    ATGACGATCCGAATAGCTA|ATGACATGACGA|TCCGAATAGCTA．．．．．．．．．．．．．．．
    ‾‾‾‾‾‾‾‾‾‾‾‾‾‾‾‾‾‾‾ ‾‾‾‾‾‾‾‾‾‾‾‾ ‾‾‾‾‾‾‾‾‾‾‾‾
    制限酵素による切断DNA断片やPCRによる増幅断片   →  断片長の比較など

特定領域の解析
    ATGACGATCCGAATAGCTA ATGACATGACGA *TCCGAATAGCTA．．．．．．．．．．．*
        PCRによる特定領域の検出・長さの比較  →  特定領域の有無など
```

図8-4 代表的な遺伝子解析手法の概略．得られたこれらのデータを，個体や集団，種など研究対象ごとに比較する．

生物学的意味をもたないことに留意する必要がある．遺伝子座によっては特定の座位で塩基の挿入（insersion）や欠失（deletion）の起こることが知られており，これらの事象を正確に認識して，得られた配列の相同性を整えるアライメント（整列）と呼ばれる作業が必要になることもある．

### 4-2 断片長の解析

4〜6塩基からなる特定の配列を認識して，DNAを切断する制限酵素を用いることにより，調べようとする遺伝子の違いを見ることができる．すなわち，遺伝的に近いものならば，同じような場所に同じような配列をもつため，制限酵素により切断された断片の長さは同一と考えられるからである．このように制限酵素を用いて切断長の多型を調べる方法をRFLP（restricted fragment length polymorphism）法という．また，PCRを用いて，任意のプライマーによる増幅断片の長さを比較するAFLP（amplified fragment length polymorphism）法やフィンガープリント法なども，DNAの断片長を比較するもので，基本的には同じ原理の解析といえる（図8-4）．さらに，現在，一般に行われるマイクロサテライト解析は，PCRにより繰り返し配列を含んだDNA断片を増幅し，標本間に認められる長さの違いを変化しやすいマイクロサテライト領域によるものとして解析を行うため，同様に断片長を比較していると考えることができる．

上述の塩基配列の解析に比較すると，断片の有無や長さを比較する断片長解析は簡便であり，多数の個体の解析が必要となる生態学研究のツールとして有効である．

### 4-3 特定領域の検出

自己複製を作り，膨大な遺伝子の異なる場所に挿入するシステムをもっている上述のSINEの場合，遺伝子のある場所にSINEが挿入されているかどうかを調べることになる．これについては，すでにSINEの挿入されている場所を特異的に増幅するプライマーが開発され，PCRによって増幅された断片の長さからSINEの有無を推定することができる（図8-4）．

一方，本来，長い時間をかけて魚類を観察，もしくは他の手法で解析しなければわからなかった個体の生態学的特性，例えば回遊型と非回遊型の個体などを遺伝子1つで明らかにできる可能性もある．この場合も，回遊型個体群に特異的な遺伝子座を探索し，専用のプライマーを設計してPCRを行えば，実験手順としては増幅断片を解析する極めて簡便な方法となる．

このように，ある特定の遺伝子座の有無によって，進化的な関係や，特定の生態学的特性を調べる

方法は今後ますます発展すると考えられる．同時に，これら遺伝子マーカーの検出法についても，本章で紹介した手法以外の方法が応用される可能性も高い．魚類生態学を行う者として，自身でマーカー探索と検出法開発の作業を行う必要はないものの，こまめに論文をチェックして新たな遺伝子解析法が発表されていないか調べることは重要であろう．

## §5. 遺伝子は真実を語るか？

### 5-1 データの質

遺伝子は，直接観察することができない．このため実験中の扱いや結果の解釈には相当の注意を払わなければ，とんでもない間違いを起こすことにもなる．

一般的な生態学的研究では，マグロとメダカを取り違えることはないが，一度DNAサンプルとなれば，これらは同じチューブの中の水溶液となり，見た目で判断することができなくなる．また，取り違え以外でも，実験中に他の遺伝子が混入する事故（コンタミと呼ぶ）が起こる可能性もある．この場合，PCRを用いた実験系では，理論的には1分子が検出可能なレベルにまで増幅されてしまうのである．新たな塩基配列を得た場合など，データベースとの照合は常に行ってみるべきである．

こうした実験によるミスがなくても，遺伝子解析には特別の注意が必要である．ゲノムプロジェクトの進展により，ゲノムの全貌が明らかにされつつあるとはいえ，膨大な遺伝子の実態はまだまだ不明である．前述のように，遺伝子データの個体間比較の場合，それらが相同であることは最低限の条件となる．しかしながら，核遺伝子に存在するミトコンドリアDNA遺伝子の偽遺伝子も明らかになっている．偽遺伝子の起源や複製のメカニズムに関する研究も行われているものの，これを確実に判別する方法は見つかっていない．さらにミトコンドリアDNAでは，マアナゴや中深層性魚類の一部で遺伝子の並び方が変化する配置変動が報告されている（Inoueら，2001）．同じ遺伝子であっても，配置変動を経たものと，そうでないものにおいて，塩基配列の変化のパターンが異なる可能性もある．同様の視点から，ミトコンドリアに比べ，得られている知見の極めて少ない核遺伝子などの場合，解析している遺伝子座が真に同一のコピーであるかどうかには細心の注意が必要である．

世界中で情報が共有される塩基配列データと異なり，断片解析により得られた結果については，吟味する情報が極端に少なく，原則として断片長を基にデータの質を判断することになる．また，上述のように一般的なマイクロサテライト解析では，断片長の差異を繰り返し領域の差異と仮定している．このようなマイクロサテライト解析については，従来から，偶然同一サイズとなる対立遺伝子（サイズホモプラシー）やPCRにより増幅されないヌル遺伝子の存在が問題となっている（詳しくは井鷺，2001など）．また，現在のマイクロサテライト解析では，理論上，断片長の変化の仕方は，モチーフの塩基数が偶数か奇数かによって異なることになる．すなわち，繰り返し配列が偶数なら，モチーフ単位で変化する断片長の変化も偶数で起こるというわけである．しかしながら，実際に解析を行ってみると，モチーフは偶数であるのに，断片長が奇数で変化したり，その逆としか考えられないデータが得られることがある．アメリカ大陸西岸に生息するヨウジウオ科魚類では，実際にこのような断片の塩基配列の一部を決定した結果，繰り返し配列中に挿入や欠失が起こっていたことが報告されている（Wilson, 2006）．また，繰り返し領域を増幅するためのプライマーに挟まれる塩基配列は，多少なりとも目的の遺伝子以外を含むのが普通である．上記の研究では，これらの配列中にも挿入・欠失もしくは塩基の置換が生じており，現在のマイクロサテライト解析で得られている結果が，従来想定

されていたほど単純ではないことが明らかにされた．これらを考慮すると，マイクロサテライト解析では，このような変異を誤差として包含できる十分な解析個体数が必要と考えられる．

### 5-2 解析結果

遺伝子の有無がすなわち結果となる SINE などの解析を除き，系統関係や集団構造を明らかにするためには，得られた遺伝的データを適切に解析する必要がある．これら解析については，いくつか基本的な手法もしくはパラメーターがあるものの，次々と新たな方法や理論が開発されているのが現状である．これらの手法，理論や分子進化モデルは，それ自体が1つの研究分野であり，学術論文として発表されている．したがって，ほとんどの解析に用いるソフトウェアは，詳細なマニュアルと共に開発者から無料で提供されている．魚類生態学のツールとして遺伝子解析を行う研究者は，新たに発表されるソフトウェアや理論，モデルがどのような解析に使えるかに注意を払えばよいだろう．

一方，マイクロサテライト遺伝子座など変異性の高いマーカーでは，同一の繁殖集団であってもサンプルの年級群組成や個体数によって集団遺伝学的パラメーターが有意に異なる場合のあることが指摘されるようになった．例えば，北大西洋の沿岸地域に生息するヨーロッパウナギとアメリカウナギの2種は，ウナギ属の中でも最も早くから集団解析が行われてきた種である．アメリカウナギについては，当初，アロザイムによる解析が行われ，その遺伝的な変異の有無について議論された．1986年になると，初めてミトコンドリア DNA の RFLP による集団解析が行われ，北米大陸の沿岸 4,000 km にわたって生息する本種に地理的な遺伝的変異がないことが明らかになった（Avise ら，1986）．一方，ヨーロッパウナギについては，アロザイムやミトコンドリア DNA の解析が行われたものの，それぞれ結果や解釈が異なり，統一した見解が得られるに至らなかった．2001 年になって，ようやくマイクロサテライトによる集団解析が行われると，数千 km にわたる分布域の中に，わずかではあるが統計的に有意な遺伝的変異の存在が明らかにされた（Wirth and Bernatchez, 2001）．しかしながら，近年，ヨーロッパからアフリカに及ぶ広範囲から採集した複数年度にわたるサンプルを同様の手法で解析した Dannewizitz ら（2005）は，地理的な変異よりも年ごとの変異のほうが大きいことを報告している．このことは，Wirth and Bernatchez（2001）が地理的なものとした遺伝的変異が，実は時間的なゆらぎによるものであることを示唆している．

これらのことから，集団解析では，単に遺伝子データを得てソフトウェアで解析するばかりでなく，様々な生態学的知見を併せて総合的に結果を判断する必要のあることは明らかである．

## §6. 生態学における遺伝子解析の役割

今後，遺伝子解析が，生態学のみならず全ての生命科学分野でますます重要度を増してゆくことは間違いない．大量のゲノム情報が活用できるようになった現在，生態学的特性の遺伝的実態の解明が始まっている．エコゲノミクスなどと呼ばれるこの分野は，生物の形態や行動などを規定している遺伝子そのものを特定し，様々な表現型の機能や進化の遺伝的背景を明らかにしようというものである．このため量的遺伝子座マッピング（quantitative trait locus mapping）やマイクロアレイ解析など，これまでには考えられなかったゲノム全体を視野に入れた手法が開発されている（清水・竹内，2009 参照）．さらには，ゲノミクスにかかる画期的な技術革新として，次世代シークエンサーの開発も進んでいる．これが実用化されれば，全ゲノムに匹敵する塩基配列を一度の解析で決定することができるようになるだろう．

より生態学的な分野に限っても,「分子生態学」や「保全遺伝学」など,従来の学問分野と遺伝学が融合した新たな領域が次々と誕生している.さらに,それらは専門の書籍が多数執筆されるほど,新たな内容と魅力に満ちあふれている.たとえ,遺伝的な手法を直接扱う研究を行っていなくても,これらの情報を得ることは楽しいはずである.また,思いもよらない新たなアイデアを与える重要なヒントを与えてくれるかも知れない.本章では,できるだけわかりやすい成書を引用するよう心がけた.興味が無くても,一度これらに目を通すことをおすすめする.

〔青山　潤〕

## 文　献

Aoyama J., Watanabe S., Ishikawa S., NIshida M., and Tsukamoto K. (2000): Are morphological characters effective enough to discriminate two species of freshwater eels, *Anguilla celebesensis* and *A. interioris*?, *Ichthyological Research*., 47 (1), 157-161.

Aoyama J., Nishida M., and Tsukamoto K. (2001): Molecular phylogeny and evolution of the freshwater eel, genus Anguilla. *Mol. Phylogen. Evol*., 20: 450-459.

Aoyama J. (2009): Life History and Evolution of Migration in Catadromous Eels (Genus Anguilla). Aqua-BioSci. Monogr., 2 (1) 1-42.

Avise J. C., Helfman, G. S. Saunders, N. C. and Hales L.S. (1986): Mitochondrial DNA differentiation in North Atlantic eels: population genetic consequences of an unusual life history pattern, *Proc. Natl. Acad. Sci. USA*, 83, 4350-4354.

Dannewitz J., Maes G. E., Johansson L., Wickstrom H., Volkaert A. Filip M., and Jarvi T. (2005): Panmixia in the European eel: a matter of time.... Proceedings of the Royal Society, B-Biological sciences, 272 (1568), 1129-1137.

Eckman S. (1953): Zoogeography of the sea. Sidgwick and Jackson. London. pp.417.

Ege V. (1939): A revision of the genus Anguilla shaw, a systematic, phylogenetic and geographical study, Dana report, 16 (1) pp.256.

長谷川政美・岸野洋久 (1999): 分子系統学, 岩波書店.

Inoue J. G., Miya M., Tsukamoto K., and Nishida M. (2001): Complete mitochondrial DNA sequence of *Conger myriaster* (Teleostei : Anguilliformes), novel gene order for vertebrate mitochondrial genomes and the phylogenetic implications for Anguilliform families, *J. Mol. Evol.*, 52, 311-320.

Inoue J. G., Miya M., Tsukamoto K., and Nishida M. (2004): Mitogenomic evidence for the monophyly of elopomorph fishes (Teleostei) and the evolutionary origin of the leptocephalus larva, *Mol. Phylogen. Evol.*, 32, 274-286.

井鷺裕司 (2001): マイクロサテライトマーカーで探る樹木の更新過程, 森の分子生態学-遺伝子が語る森林のすがた (種生物学会編), 文一総合出版, pp.59-84.

河田雅圭 (2006): 個体の行動の進化, 行動・生態の進化 (石川　統, 斉藤成也, 佐藤矩行, 長谷川真理子編), 岩波書店, pp.13-53.

河合渓 (2006): 海産貝類の野外観察とDNA解析の応用, 遺伝子の窓から見た動物たち (村山美穂, 渡邊邦夫, 竹中晃子編), 京都大学学術出版会, pp.253-264.

小関右介, Fleming Ian. A. (2004): 繁殖から見た生活史二型の進化 - 性選択と代替繁殖表現型 -, サケ・マスの生態と進化 (前川光司編), 文一総合出版, pp.71-95.

Minegishi Y., Aoyama J., Inoue J. G., Miya M., Nishida M., Tsukamoto K. (2005): Molecular phylogeny and evolution of the freshwater eels genus Anguilla based on the whole mitochondrial genome sequences. *Mol. Phylogen. Evol.* 34 (1), 134-146

Miya, M. and Nishida M. (2000): Use of mitogenomic information in teleostean molecular phylogenetics : A tree-based exploration under the maximum-parsimony optimality criterion, *Mol. Phylogenet. Evol.*, 17 (1), 437-455.

馬渡峻輔 (1994): 動物分類学の論理-多様化を認識する方法, 東京大学出版会.

西田　睦 (2001): 自然史研究における分子的アプローチ, 魚の自然史 (松浦啓一, 宮正樹編), 北海道大学図書刊行会, pp.99-116.

坂本　崇: ゲノム, 魚の科学事典 (谷内透, 中坊徹次, 宗宮弘明, 谷口　旭, 青木一郎, 日野明徳, 渡邊精一, 阿倍宏喜, 藤井建夫, 秋道智彌編), 朝倉書店, pp.147-157.

清水健太郎・竹内やよい (2009): 生態ゲノミクス-適応・群集研究への新たなアプローチ-, シリーズ群集生態学2　進化生態学からせまる (大串隆之, 近藤倫生, 吉田丈人編), 京都大学学術出版会, pp. 223-239.

津村義彦 (2001): アロザイム実験法, 森の分子生態学-遺伝子が語る森林のすがた (種生物学会編), 文一総合出版, pp.183-219.

ワイリー E. O. (1991): 系統分類学 (宮　正樹, 西田周平, 沖山宗雄訳), 文一総合出版.

Wilsom, A. B (2006): Interspecies mating in Sympatric species of Synggnathus pipefish, *Molecular Ecology*, 15, 809-824.

Wirth T. and Bernatchez, L. (2001): Genetic evidence against panmixia in the European eel, *Nature*, 409, 1037-1040.

# 9章　耳石解析

> Pannella (1971) が耳石に形成される輪紋構造が日周輪であることを証明して以来，魚類の生態研究は飛躍的な進歩を遂げた．すなわち，日周輪を数えたり，輪紋間隔を計測することで個体の日齢（ふ化してからの日数），ふ化日，成長の軌跡が明らかになるのである．さらに近年の化学分析技術の進歩によって，耳石に含まれる微量元素組成や安定同位体比を日周輪と対応させて分析することが可能になり，これより個体が経験してきた環境や生息場所を日齢レベルで再構築できるようになった．わずか数ミリにも満たない小さな耳石の中には個体の履歴情報がぎっしりと詰まっている．言葉と文字をもたない魚は耳石という履歴書を自らの頭の中にもっているともいえる．本章では魚類の生態研究には欠かせないツールとなっている耳石について，その解析手法と応用例を紹介する．

## §1. 耳石の一般特性

耳石は魚類の内耳の中にある高度に石灰化した硬組織であり，礫石（lapillus），扁平石（sagitta），星状石（asteriscus）の3種類がある．それぞれ左右の内耳前庭の通囊，小囊，壺と呼ばれる内耳小囊に収まっており，聴覚と平衡感覚器官としての機能を担っている．

耳石は胚発生の発眼初期に出現する．まず，それぞれの内耳小囊の細胞分泌物である耳石核が形成され，その表面に小囊から供給されるカルシウムなどの元素が同心円状に沈着することで成長する．耳石の成長は体の成長と関係し，体の成長が速い時期には耳石の成長も大きくなる．また，いずれの魚種でも耳石の形は発育初期には円盤状であるが，発育が進むにしたがい耳石成長の速さと方向に違いが生じてそれぞれの種に特有な形態へと変化していく（図9-1）．扁平石を例にとれば，矢じりに似た形（扁平石の英語名であるsagittaは矢じりの意味）をしたものが多いが，コロリとした球形にちかいもの，左右に二枚の羽がついたような形のものなど多様である．そのため分類形質として利用されたり，胃の中から出てきた耳石（耳石は消化されにくいため，魚食魚の胃に残りやすい）から餌となっている魚種を特定して魚種間の捕食－被捕食の関係を調べることに用いられることもある．

硬骨魚類の耳石はかなり純粋な炭酸カルシウムのアラゴナイト結晶（アラレ石）である．ニベ科の魚では耳石全体の96％がカルシウムからなり，0.9％がその他のミネラル分でナトリウム（Na），ストロンチウム（Sr），カリウム（K），リン（P），マグネシウム（Mg）など少なくとも30元素が含まれることがわかっている（Campana, 1999）．その有機質はOMP-1, otolin-2と呼ばれる2つの繊維性糖タンパク質からなり，これらの糖タンパク質がカルシウム沈着の際の鋳型となって耳石が成長する（Takagiら，2005）．いずれの糖タンパク質もそれぞれの耳石を包む内耳小囊の上皮で形成され，内耳小囊内に分泌された後に耳石表面を覆うように沈着していく．

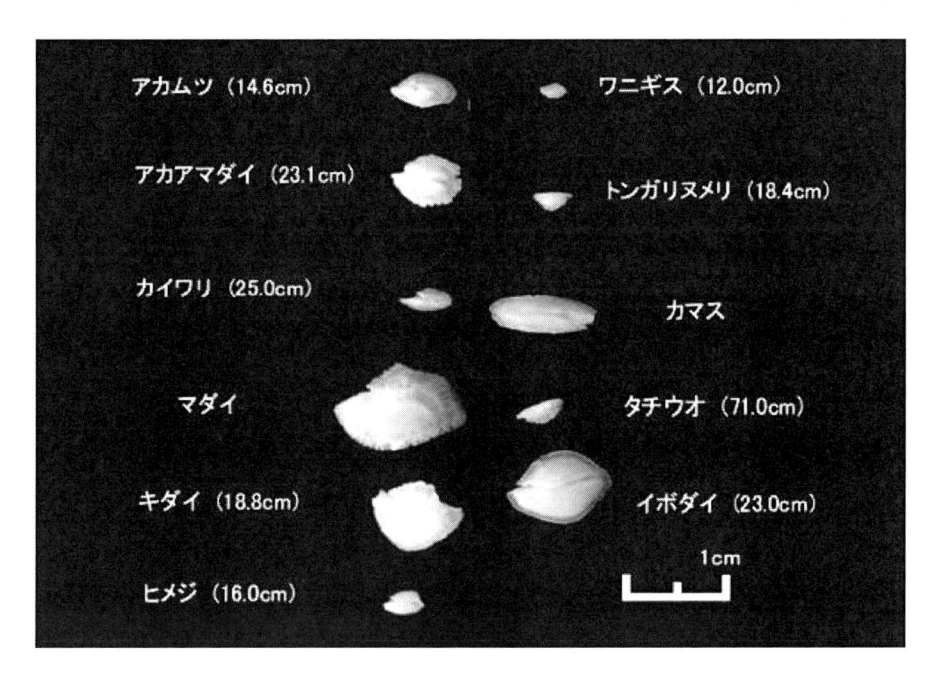

図 9-1 魚類の耳石

図 9-2 アユ稚魚の耳石．同心円状に形成された日周輪が観察される．

　耳石を光学顕微鏡下で観察すると同心円状の微細輪紋が観察される（図 9-2）．この輪紋構造は多くの魚種で一日ごとに形成される日周輪であることが証明されている．日周輪は一対の透明帯と不透明帯からなり，不透明帯には有機質が多く含まれる．有機質を形成する2つの糖タンパク質，特に otolin-2 の分泌活性が夜間に高い日周性を示すことから日周輪の形成に深く関わっていると考えられている．耳石に沈着するカルシウムも内耳小嚢の上皮から供給される．内耳小嚢周囲の血管を流れる

血液中のカルシウムイオンが内耳小嚢上皮のカルシウムチャネルと呼ばれる輸送系を通じて取り込まれ，それが内耳小嚢内のリンパ液へ放出されて耳石への沈着が起こる（麦谷，1988）．耳石への沈着速度，すなわち耳石の成長にはリンパ液中のカルシウムイオンと炭酸イオンの濃度の他にこのリンパ液の pH が影響を与えることがわかっている．

耳石は非細胞性の組織であり骨や鱗に比べて代謝回転が非常に小さいため，一度沈着した元素は一生を通じて変化しない．放射性同位元素である $^{45}Ca$ に 48 時間曝露し，その後 $^{45}Ca$ を含まない水で飼育したキンギョの耳石，鱗，骨などの硬組織中の放射活性の変化を 1 ヶ月にわたって調べると，鱗や骨では急速に減少したものの耳石は全く減少しなかったという（Ichii and Mugiya, 1983）．耳石中に取り込まれた物質は極めて安定的に保存されるのである．このことが次項に述べる蛍光色素を用いた内部標識形質として，あるいは回遊履歴の復元のための優れた指標として用いられる所以なのである．

## §2. 耳石輪紋の形成と解析

### 2-1 日周輪

前項で述べたように多くの魚種の耳石を光学顕微鏡で覗くと同心円状に形成された微細な輪紋を観察することができる（図 9-2）．この微細輪紋が日周輪であり，特に仔稚魚期の耳石には明瞭な輪紋が観察されることから，日齢査定やふ化日推定に広く用いられている．しかし，魚種の中には輪紋形成に日周性がないもの，あるいは発育段階によって日周性が失われるものも多い．したがって，日周輪形成が確認されていない魚種について輪紋解析を行なう場合には，まず輪紋形成の日周性を確認する必要がある．これには以下の 2 つの方法が一般的である．①飼育した仔稚魚を定期的に採集して耳石輪紋を数え，飼育日数と輪紋数が一致するか否かを調べる，あるいは②アリザリンコンプレクソンやテトラサイクリンなどの硬組織に特異的に沈着する蛍光色素を溶かした溶液に仔稚魚を浸漬して耳石に蛍光標識を施し，その後一定期間飼育して再び同様の耳石標識を行い，2 つの標識間に形成された輪紋数と飼育期間が等しいことを確認する．なお，耳石輪紋の形成が始まる時期，すなわち第一輪紋が形成される時期は魚種により異なり，サケ・マス類やアユなどはふ化前の発眼期に形成が始まるが，マイワシやカタクチイワシでは卵黄を吸収して摂餌を始めるふ化後 3 日目に形成される．ふ化前に輪紋形成が始まる魚種の場合には，ふ化時に形成される明瞭な輪紋（ふ化輪），あるいはそれが不明瞭な場合にはふ化時の平均耳石径を目安に第一輪紋を特定する必要がある．これらのことは日齢査定の信頼性を上げるために重要である．なお，輪紋形成は水温・塩分・光などの環境条件や生理状態によっても変化するので注意を要する．

耳石日周輪から日齢が明らかになれば，採集日から各個体のふ化日を推定することができる．また，輪紋間隔は体成長に相関することから輪紋間隔を第一輪から耳石外縁まで連続的に調べることでその個体の成長履歴も明らかになる．ふ化日を特定することはコホート解析には不可欠であり，また成長履歴は生息水域の物理環境や餌生物などに関する情報と併せて解析することで仔稚魚の生残（減耗）のメカニズム解明には欠かせない．近年のマイワシやカタクチイワシなどの多獲性魚類の資源量変動に関する研究の進展は耳石日周輪解析によるところが大きい（高橋，2005 など）．

### 2-2 年輪

耳石を透過光で観察すると幅広い不透明帯と幅の狭い透明帯が同心円状に配列するのがわかる（図

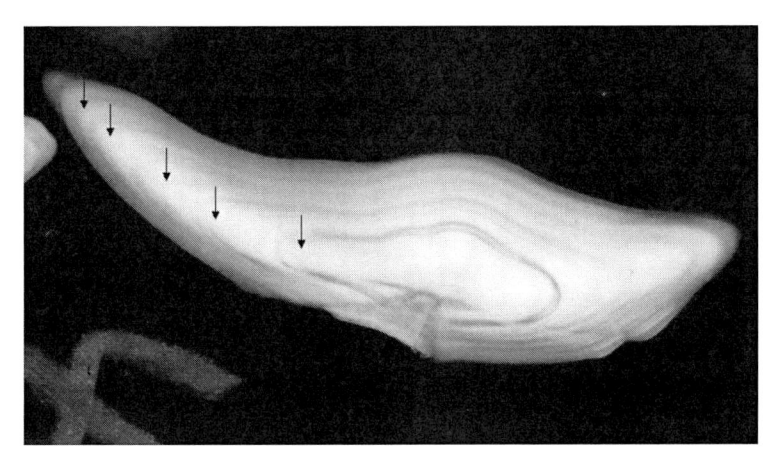

図 9-3 スケソウダラ（全長 44.7cm）の耳石に形成された年輪．年輪（矢印）は 5 本観察される（提供，後藤友明氏）．

9-3）．一般に成長の盛んな夏季には有機質の沈着が多く不透明帯が形成され，水温が低く成長が停滞する冬季には有機質が少ない透明帯ができることから，これらの一対の輪紋は年輪として年齢査定に使われる．不透明帯の形成時期については魚種により異なる場合があり，産卵期に透明帯，あるいは不透明帯が形成される種もあることから，日周輪と同様に年輪であることの証明と形成時期について魚種ごとに検討する必要がある．これには周年にわたって採集した魚の耳石縁辺部における透明帯と不透明帯の出現割合を調べるのが一般的である．なお，カサゴ，アカアマダイ，マコガレイなどは耳石表面の観察で年輪の計数が可能であるが，タラ科などでは高齢化に従い耳石表面へのカルシウム沈着が不均等になるため耳石の切片を作成し断面観察を行う必要がある．

## §3. 耳石を用いた生態解析手法

### 3-1 耳石標識と応用研究

前述のように耳石は蛍光色素で容易に標識され，標識は一生を通じて保持される．また短時間に水温を変化させることによって耳石の輪紋間隔も人為的に変化させることが可能である．これらの性質を利用して，耳石を内部標識形質として用いた標識放流‐再捕による生態研究も盛んに行なわれている．アユ，マダイ，ヒラメ，カレイ，ニシン，サクラマスなどでは発眼卵や仔魚にアリザリンコンプレクソンやテトラサイクリンなどの蛍光色素で耳石標識（蛍光標識法という）を施して放流・再捕することにより，放流後の分布や成長の追跡調査を行っている（Tsukamoto，1988 など）．多くの河川で稚魚放流が行なわれているサケ・マス類では，ふ化場で大量に飼育している発眼卵や仔魚に対して複数回にわたって短時間に飼育水温を 2〜5℃変化させることにより，耳石にバーコード状の様々な輪紋パターンを記録することができる（図 9-4；Volk ら，1999 など）．この標識法（温度標識法という）ではふ化場ごとに標識パターンを変えることにより，産卵回帰した魚の起源の判別が可能になり，サケ・マス類の母川回帰率や回帰量の推定など資源管理には欠かせない情報を提供している．最近では，サケ・マス類の放流事業を行なっている北太平洋沿岸各国の間で標識パターンを調整してデータベース化することにより，沖合域での分布・回遊や成長に関する国際的な共同研究が飛躍的に進むよ

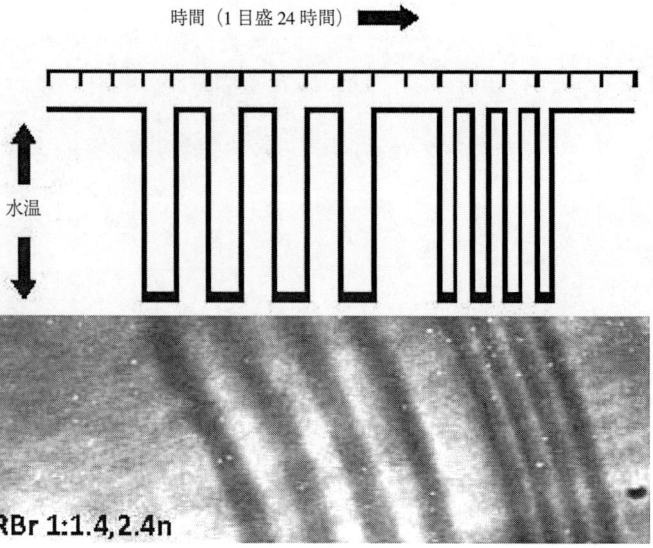

図9-4 サケの耳石に施された温度標識．発眼卵や仔魚期に水温を2〜5℃低下させると，耳石に太い輪紋が形成される．この耳石には，最初24時間ごとに水温を4℃変化させて4本の太い輪紋を作り，48時間の間隔をおいて，今度は12時間ごとに水温を変化させて4本の細い輪紋を形成させた．水温変化の間隔を変えることにより，バーコード状の様々なパターンを標識できる．（浦和，2001より）

うになった．

　個体標識には鰭の一部を切除したり（フィンクリッピング法），情報を記録した磁気性ステンレススチールなどの外部標識を魚体に装着するなどの方法も広く用いられている．これらの方法はいずれも個体ごとに手作業で行なうために大量標識が難しく，さらに個体にダメージを与えることから標識放流後の生残や行動に影響を及ぼすことが懸念される．また，外部標識を装着するために魚体にある程度の大きさが必要である．一方，耳石が形成される発育段階以降であればふ化前でも標識が可能な耳石標識は，再捕魚から耳石を摘出する手間が煩雑であることを除けば，一度に大量に標識でき，魚体にもダメージを与えないという点できわめて優れた標識手法といえる．

### 3-2　微量元素組成と回遊履歴研究

　1）水温履歴　　一般にアラゴナイト結晶の $Sr/Ca$ 比（ストロンチウムのカルシウムに対する濃度比）は形成時の温度と逆相関することが知られている．アラゴナイト結晶である耳石でも同様の関係がみられることから耳石の $Sr/Ca$ 比から生息水温の履歴を推定する試みが行なわれている．Townsendら（1995）は米国マサチューセッツ沖の Georges bank に生息する大西洋ニシン仔魚について飼育実験から耳石 $Sr/Ca$ 比と水温との関係式を求め，その関係式から天然海域で採集された仔魚の日齢に対応した耳石 $Sr/Ca$ 比を水温に変換して水温履歴を推定した．さらにこの結果を Georges bank の水温構造に当てはめることにより，それまで不明だった大西洋ニシン仔魚の回遊経路を推定した．ただし，耳石の $Sr/Ca$ 比は様々な要因の影響を受けて変化し，特に飼育のストレスが耳石 $Sr/Ca$ 比に与える影響は小さくないと考えられ，飼育下で求められた関係式が天然海域の水温履歴の推定に適用できない場合がむしろ多い．また，耳石 $Sr/Ca$ 比が体の成長率と逆相関することも指摘されている（Sadovy and Severin, 1992）．体成長は水温の影響を強く受けることから，耳石 $Sr/Ca$ 比の変

化を単純に水温の変化と関連づけて議論することには注意を要する．また，キンギョなどの淡水魚の耳石 Sr/Ca 比は通常の生息水温の範囲内では海水魚とは逆に水温と正の相関を示すことも知られている．

　2）**塩分履歴**　　海水と河川水のストロンチウム濃度は大きく異なり，海水では約 8 ppm であるのに対して河川水の濃度は地域による違いはあるものの海水の 1/100 程度と非常に低い．この濃度差は耳石にも反映し，海と川を行き来する「通し回遊魚」では海洋生活期に形成された耳石部分のストロンチウム濃度は高く，河川生活期に形成された部分では低くなる（図 9-5 カラー口絵；Otake and Uchida, 1996 など）．したがって耳石を研磨して耳石核を表出し，その断面上で耳石核から縁辺にいたるストロンチウム濃度の変化を日周輪に対応させて調べれば，生まれてからの海と川との間の回遊履歴が日齢レベルで再構築することができる（図 9-6）．さらに体長と耳石半径との関係を調べておけば，各日周輪の半径（各日周輪形成時の耳石半径に等しい）から各日齢における体長を遡って推定することも可能であり，これより日齢レベルで再構築された回遊履歴を体長との関係に置き換えることも可能となる．なお，通常は耳石のストロンチウム濃度を Sr/Ca 比に標準化した値を解析に用いることが多い．以下，研究例を紹介する．

　**アユの回遊生態**　　アユは秋から冬に河川の中・下流域で産卵し，その仔魚はふ化後直ちに降海する．降海後は河口周辺の砂浜の波打ち際を主な生息場所として成長し，その後河口汽水域へと移動，春から初夏に河川を遡上する．近年，その天然遡上アユの資源の激減が問題になっており，アユ仔魚の遡上に至るまでの海域における分布・回遊生態の解明が重要な研究課題になった．筆者らは耳石 Sr/Ca 比の変化を日周輪と対応させて調べることにより，アユ仔魚が体長 30 mm（日齢 90 日）を過ぎる頃から徐々に河口域へと生息場所を移し，体長 50 mm（日齢 180 日）頃から遡上を開始することを明らかにした（大竹，2006）．また，遡上アユのふ化日，遡上時の体長や日齢などを推定し，それらの結果とふ化時期や遡上時期との関係を詳細に調べることで，早生まれの個体ほど早期に河口へ生息場所を移し遡上時期も早く，遡上時の体長や日齢が大きいこと，一方，遅生まれの個体は成長も悪く，小型で遅い時期に遡上する傾向が強いことを示した．これは，塚本（1988）が提示した回遊の原則を裏付ける結果である．耳石 Sr/Ca 比と日周輪を対応させることにより魚類の回遊過程を日齢レベルで解明できた典型的な研究例である．

　日本のほとんどの河川では減少が著しい天然遡上アユの資源を補うために，琵琶湖産アユ（湖産アユ）や人工種苗アユの稚魚放流が盛んに行なわれている．近年，これらの放流魚による遺伝子撹乱が大きな問題となっており，さらに湖産アユの放流については，湖産アユに由来する次世代の仔魚が降海後に死滅することが明らかになった．このことが湖産アユの生物特性による場合には，天然遡上アユとの交雑が進むことによって天然遡上アユ自体の海域での生残に及ぼす負の影響は計り知れない．そのため河川における放流アユの産卵の実態を把握することが急務となった．河川に生息するアユ，あるいは産卵アユから放流アユを識別する上でも，耳石 Sr/Ca 比は極めて有効であった．すなわち，生活史を通じて海域生活を経験しない湖産アユ（図 9-6）やふ化から放流までの期間を飼育された人工種苗アユの回遊履歴は天然遡上アユとは大きく異なるからである．長良川で調べられた例では，放流された湖産アユは産卵期の早期にあたる 9 月から 10 月初旬にのみ産卵し，同時期の産卵魚に占める割合は 25% であること（産卵期間を通じた割合は 11%），人工種苗アユの割合は極めて低いことなどが明らかになった（Otake ら，2002）．

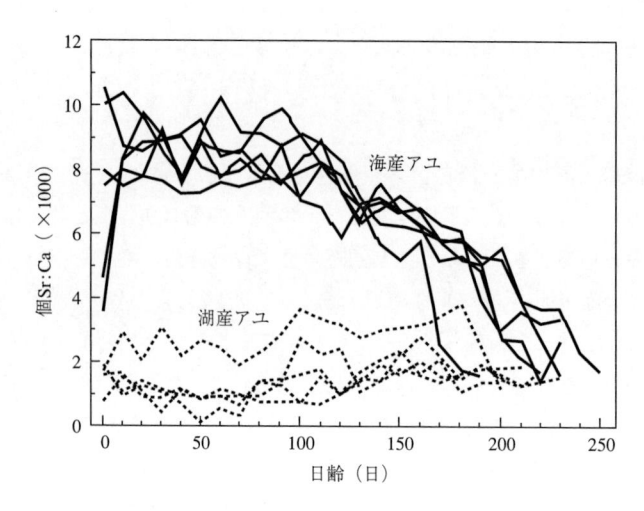

図9-6 河川に遡上した直後のアユの耳石 Sr:Ca 比の日齢に伴う変化．この図からふ化してから日齢90日頃までは海に，その後塩分の薄い河口域へと徐々に移動し，日齢160〜200日頃から淡水域に遡上することがわかる．参考として湖産アユの耳石 Sr/Ca 比についても示した．海での生活を経験しない湖産アユの Sr/Ca 比は海産アユに比べて低いまま推移する．

**海ウナギの発見** 淡水魚を代表する魚の1つにウナギがあげられる．しかし，1998年にその常識を覆す研究成果が報告された（Tsukamoto ら，1998）．海で一生を過ごす「海ウナギ」の存在がみつかったのである．この発見にも耳石 Sr/Ca 比が重要な役割を果たした．Tsukamoto ら（1998）は，北海やドイツのエルベ川で採集されたヨーロッパウナギや東シナ海や利根川で採集されたニホンウナギの中に，耳石の Sr/Ca 比が耳石内で一様に高く淡水生活を経験していない個体が存在することを見出したのである．さらに日本各地の河川や河口域，汽水湖などから集めたウナギについて調べたところ，河川淡水域に生息していた個体の割合はわずかに23％で，それ以外は汽水域（53％）や海域（20％）に生息していた，いわゆる「汽水ウナギ」や「海ウナギ」であることがわかった．魚類の通し回遊は，海と川の生産性の違いを生活史の中で有効に利用する方向で発達した生活史戦略と考えられる．海の生産性が河川に比べて高い温・寒帯域では，海水への順応性に優れた淡水魚は海を成長の場とするように回遊パターンを発達させる傾向がある．分布の北限に近い日本に分布するウナギにとっては河川を遡上する利点が少ないのかもしれない．いずれにしろ汽水域や海域で成長した汽水ウナギや海ウナギが再生産に果たしている役割を明らかにすることはウナギ資源の保全や増殖を考える上でも重要となろう．

サケ属魚類では1つの個体群から降海型と淡水残留型の2つの個体群が出現することがよく知られている．それら2つの個体群がある時期河川内で同所的に分布するタイセイヨウサケ，ブラウントラウトなどでも個体群の判別に耳石 Sr/Ca 比が有効な手段となっている．耳石の Sr/Ca 比分析から多くの通し回遊魚の回遊パターンに多型性が見つかっている．新井ら（例えば，Arai ら，2005）はイトヨ，イワナ，シラウオ，カジカ類などの耳石分析から通し回遊のパターンがむしろ変化に富むものであることを報告している．

## §4. 耳石研究における新しい展開

　安定同位体比は個体の生理的な影響を受けることが少なく，精度の高い環境指標となる．酸素安定同位体比（$\delta^{18}O$）は鋭敏な温度スケールになることが知られており，炭素安定同位体比（$\delta^{13}C$）は個体の代謝活性や餌，環境水中の溶存態炭素の同位体比を反映して変化する（Thorroldら，1997，Høieら，2004）．また河川水のストロンチウム安定同位体比（$^{87}Sr/^{86}Sr$）は流域の地質の同位体比を反映し，さらに耳石の同位体比は河川水のものと等しい関係にあることがわかってきた（Kennedyら，2000）．近年の同位体分析技術の著しい発達により耳石に含まれるこれら安定同位体比の分析も可能になり，魚類の回遊や集団構造に関する新しい知見が続々と明らかになっている．

　生息環境中のストロンチウム以外の微量元素が耳石の微量元素組成に影響を及ぼす可能性は想像に難くない．北西大西洋の7つの産卵水域から採集された大西洋タラについて，耳石中に含まれる27種の微量元素（34種の同位体）組成に産卵集団間の違いがあり，産卵集団の判別に有効であることが示された（Campana and Gagne, 1995）．耳石の酸素・炭素安定同位体比を用いた生態研究は近年非常に増えており，耳石分析研究の中心をなしている感がある．例えば，Gaoら（2001）は米国ワシントン州のシアトル沖に広がるPuget soundの太平洋ニシンについて，2つの水域にある産卵場に由来するそれぞれの個体群を耳石の$\delta^{18}O$と$\delta^{13}C$の違いから判別が可能なことを示し，それに基づいて同一産卵群の中に生活史を通じて産卵場付近に留まる残留タイプと他の水域に移動した後に再び産卵場に回帰して産卵する回遊タイプの2種類が存在することを明らかにした．大西洋クロマグロはメキシコ湾と地中海に産卵場があり，大西洋を横断する大回遊を行なうことが知られる．Rookerら（2008）はこの大西洋クロマグロについて，耳石の中心部分（ふ化後1歳までに相当）の$\delta^{18}O$と$\delta^{13}C$の違いから成熟個体が産卵のためにそれぞれの産卵場に回帰する産卵回遊を行なうことを明らかにした．

　耳石のストロンチウム安定同位体比分析に関する研究も進められている．Kennedyら（2000）は北米のコネチカット川水系の各支流でふ化したタイセイヨウサケの稚魚について，耳石$^{87}Sr/^{86}Sr$がそれぞれの個体がふ化した支流の判別指標として有効であることを証明するとともに，同位体比の違いから従来ふ化した場所から大きく移動しないと考えられていたタイセイヨウサケ稚魚の一部が支流間を移動していること明らかにした．

　これらの研究はいずれも極めて高精度に試料構成元素の質量分析が可能な誘導結合プラズマ質量分析法（ICP-MS, inductively coupled plasma mass spectrometry）や表面電離型質量分析法（TIMS, thermal ionization mass spectrometry）が耳石分析に導入されたことにより可能となった．耳石の微量元素や安定同位体比から個体の履歴情報を抽出するためには，耳石の輪紋構造に対応した局所分析を行う必要がある．例えば，各個体のふ化場所，あるいは発育初期における生息場所やその環境を復元するためには耳石核周辺の少なくとも直径数十〜100$\mu$m程度の領域を正確に分析する必要がある．また特定の年齢，あるいは季節における情報を得るためには，耳石の年輪ごと，あるいは年輪の間の一部分を分析しなければならない．そのために現在は耳石の特定部分から精密ドリルにより削り取った試料をICP-MSやTIMSで分析する手法が一般的に行なわれている．ただし，ICP-MSやTIMSは精度のよい分析手法ではあるが，感度が比較的低いために多くの分析試料を必要とし，ドリリングによる試料採取の幅はせいぜい50〜100$\mu$mであり，数$\mu$mの幅しかない日周輪に対応した詳細な

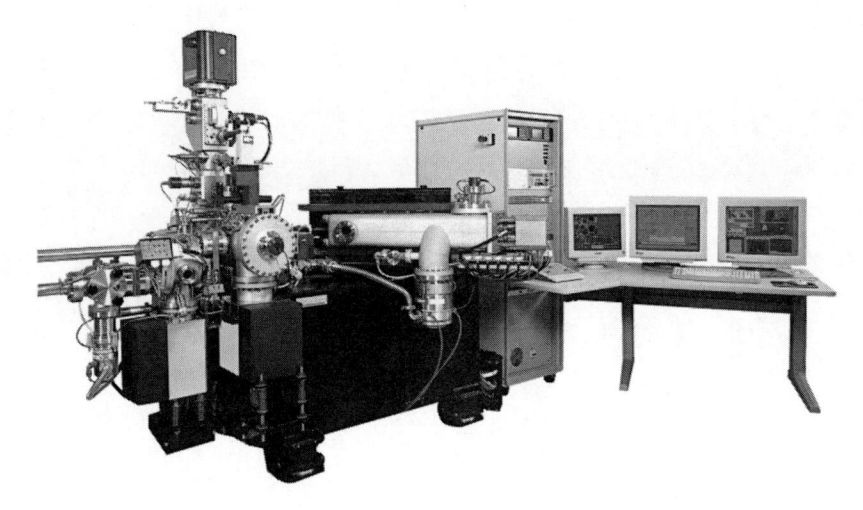

図9-7 二次元高分解能二次イオン質量分析装置（Nano-SIMS）（東京大学大気海洋研究所所有）．

分析はできない．

　近年，数〜数十$\mu$mに絞ったレーザー光を試料表面に照射し，掘削あるいは蒸発気化させた試料構成元素をICP-MSに導入する手法が開発された．このレーザーアブレーションICP-MS（LA-ICP-MS, laser ablation inductively coupled plasma mass spectrometry）と呼ばれる分析手法は耳石の任意の領域でppb（$10^{-9}$g/g）オーダーの非常に微量な質量分析が可能である．また，現在注目されている分析手法が二次イオン質量分析法（SIMS, secondary ion mass spectrometry）である（図9-7）．これは最小1$\mu$mに絞ったイオンビームを試料表面に照射し，励起された表面から二次信号として出されるイオンを質量分析する手法であり，ほとんど全ての元素をppbのオーダーで質量分析可能である．マスノスケの耳石を用いて直径25$\mu$mの領域（約1週間に相当する）における$^{87}Sr/^{86}Sr$をSIMSにより高い精度で分析することが可能になったと報告されている（Weber, 2005）．また筆者らはアユの耳石核部分の$^{87}Sr/^{86}Sr$を5$\mu$mの領域で分析して母川判別を行なうとともに淀川を遡上する稚魚の中に琵琶湖から降海した個体が存在する可能性を明らかにしている（Sanoら，2008）．

　日進月歩する分析技術の進歩は著しく，より狭い領域をより高い精度で分析することを目指した装置の開発や分析手法の改良が行われている．新しい分析手法を耳石分析に積極的に取り込むことで，魚類の生態解明に新しい切り口から臨むことが可能になるかもしれない．耳石は分子遺伝学的手法では検出が困難な個体群の生態学的分化の過程を我々に提示し，魚類の進化を理解する上でも貴重な情報を提供してくれる．魚類の生態研究における耳石の重要性はますます増している．　　　　　（大竹二雄）

## 文献

Arai T., Kotake A. and Kitamura T. (2005): Migration of anadromous white-spotted char *Salvelinus leucomaenis*, as determined by otolith strontium: calcium ratios, *Fisheries Science*, 71, 731-737.

Campana S.E. (1999): Chemistry and composition of fish otoliths: pathways, mechanisms and applications, *Marine Ecology Progress Series*, 188, 263-297.

Campana S.E. and Gagne J.A. (1995): Cod stock discrimination using ICPMS element assays of otoliths, Recent development in fish otolith research (Secor D.H., Dean J.M. and Campana S.E., eds.), University South Carolina Press, Columbia, pp. 671-691.

Gao Y.W., Joner S.H. and Bargmann G.G. (2001): Stable isotopic composition of otoliths in identification of spawning stocks of Pacific herring (*Clupea pallasi*) in Puget Sound, *Canadian Journal of Fisheries and Aquatic Sciences*, 58, 2113-2120.

Hφie H., Andersson C., Folkvord A. and Karlsen φ. (2004)：Precision and accuracy of stable isotope signals in otoliths of pen-reared cod (*Gadus morhua*) when sampled with a high-resolution micromill, *Marine Biology*, 144, 1039-1049.

Ichii T. and Mugiya Y. (1983): Comparative aspects of calcium dynamics in calcified tissues in the goldfish *Carassius auratus*, *Bulletin of the Japanese Society of Scientific Fisheries*. 49, 1039-1044.

Kennedy B.P., Blum J.D., Folt C.L. and Nislow K.H. (2000): Using natural strontium isotopic signatures as fish markers: methodology and application, *Canadian Journal of Fisheries and Aquatic Sciences*, 57, 2280-2292.

麦谷泰雄（1988）：硬骨魚類の耳石形成と履歴情報解析, 海洋生物の石灰化と硬組織（和田浩爾・小林巌雄編）, 東海大学出版会, pp. 285-298.

大竹二雄（2006）：海域におけるアユ仔稚魚の生態特性の解明. 水産総合研究センター研究報告, 別冊 5, 179-185.

Otake T. and Uchida K. (1996): Application of otolith microchemistry for distinguishing between amphidromous and non-amphidromous stocked ayu, *Plecoglossus altivelis*, *Fisheries Science*, 64, 517-521.

Otake T., Yamada C. and Uchida K. (2002): Contribution of stocked ayu (*Plecoglossus altivelis altivelis*) to reproduction in the Nagara River, Japan, *Fisheries Science*, 68, 948-950.

Pannella G. (1971): Fish otolith: daily growth layers and periodical patterns, *Science*, 173, 1124-1127.

Rooker J.R., Secor D.H., De Metrio G., Schloesser R., Block B.A. and Neilson J.D. (2008): Natal homing and connectivity in Atlantic blue fin tuna populations, *Science*, 322, 742-744.

Sadovy Y. and Severin K.P. (1992): Trace elements in biogenic aragonite: correlation of body growth rate and strontium levels in the otoliths of white grunt, *Haemulon plumieri* (Pisces: Haemulidae), *Bulletin of Marine Science*, 50, 237-257.

Sano Y., Shirai K., Takahata N., Amakawa H. and Otake T. (2008): Ion microprobe Sr isotope analysis of carbonates with about 5 μm spatial resolution: An example from an ayu otolith, *Applied Geochemstry*, 23, 2406-2413.

高橋素光（2005）：カタクチイワシの資源量変動機構, 海の生物資源（渡邊良朗編）, 東海大学出版会, pp. 192-207.

Takagi Y., Tohse H., Murayama E., Ohta T. and Nagasawa H. (2005): Diel changes in endolymph aragonite saturation rate and mRNA expression of otolith matrix proteins in the trout otolith organ, *Marine Ecology Progress Series*, 294, 249-256.

Thorrold S.R., Campana S.E., Jones C.M. and Swart P.K. (1997): Factors determining $\delta^{13}C$ and $\delta^{18}O$ fractionation in aragonitic otoliths of marine fish, *Geochimica et Cosmochimica Acta*, 61, 2909-2919.

Townsend D.W., Radtke R.L., Malone D.P. and Wallinga J.P. (1995): Use of otolith strontium-calcium ratios for hindcasting larval cod *Gadus morhua* distributions relative to water masses on Georges bank, *Marine Ecology Progress Series*, 119, 37-44.

Tsukamoto K. (1988): Otolith tagging of ayu embryo with fluorescent substances, *Nippon Suisan Gakkaishi*, 54, 1289-1295.

Tsukamoto K., Nakai I. and Tesch F.W. (1998): Do all freshwater eels migrate?, *Nature*, 396, 635-636.

浦和茂彦（2001）：さけ・ます類の耳石標識：技術と応用, さけ・ます資源管理センターニュース No.7, 3-11.

Volk E.C., Schroder S.L. and Grimm J.J. (1999): Otolith thermal marking, *Fisheries Research*, 43, 205-219.

Weber P.K., Bacon C.R., Hutcheon I.D., Ingram B.L. and Wooden J.L. (2005): Ion microprobe measurement of striontium isotopes in calcium carbonate with application to salmon otoliths, *Geochimica et Cosmochimica Acta*, 69, 1225-1239.

# 10章　安定同位体分析

> 生物体を構成するユニットを器官や組織であるとか，細胞やその内部の小器官，さらに，分子レベルのタンパク質や DNA といった具合に細かく還元してゆくと，最終的に原子にたどりつく．魚類を含め，すべての生物は原子によって構成されている．その原子には，化学的性質は同じだが質量数の異なる同位体というものが存在する．このような同位元素には，時間が経つと崩壊してしまうものと安定的に存在するものがある．前者を放射性同位体，後者を安定同位体と呼ぶ．本章では，魚類の安定同位体比を測定することによって，その生態や生活史，あるいは，魚類を取り巻く生態系に関する情報を引き出す方法論について，ホタルジャコの研究を例にあげながら解説する．

## §1．安定同位体分析の原理と利用法

### 1-1　安定同位体比とは？

　生物の体を構成する主要生元素の多くが，安定同位体（stable isotope）をもつ．酸素，炭素，水素，窒素，硫黄などがその例である．いずれも安定的に存在するので地球上における同位元素の比率は不変である．例えば，タンパク質の主要成分である窒素は原子量 14 の窒素（$^{14}N$）と原子量 15 の窒素（$^{15}N$）によって構成されている．地球上に存在する全窒素のうち $^{15}N$ の占める割合は 0.365％であるが，その値は地球の誕生以来，一定である．しかし，生物・非生物を問わず様々な物質の窒素安定同位体比を測定すると，非常に僅かではあるがその値は異なっている．安定同位体研究は，このような物質間での安定同位体比の違いがどのようにして生じたのかを問うことから始まる．

　同位元素自体が安定であるのにその存在比が物質によって異なるのは，同位元素間の熱力学的な性質の違い，もう少し平たく言うと，重い同位体と軽い同位体の化学的な反応速度の違いが対象物質の成因過程で比率の変化をもたらすためである．例えば，水たまりを想像してみよう．水たまりの水は，一部が気体となって空中に蒸発しながら次第に減っていく．この水たまりの水が減っていく過程で，蒸発した $H_2O$ と水たまりに残った $H_2O$ の安定同位体比を測定すると，蒸発した $H_2O$ は軽い同位体で占められる割合が高いことがわかる．軽い同位体の方がエネルギー状態の高い気相に早く変化しやすいためである．このように物質間で安定同位体比の差が生じる現象を「同位体効果（isotope effect）」と呼ぶ．同位体効果は水たまりの例のように，物質が固体・液体・気体と相変化する場合だけでなく，化学反応において基質から生成物が生じる過程や物質が大気や溶媒中を拡散する過程でも見られる．いずれにせよ，軽い同位体が早く反応したり，変化したり，拡散するというのが原則である．

　次に，この物質間で生じる安定同位体比の差を記述する方法について述べる．通常，同位体効果に

よって生じる同位体比の差は非常に僅かである．そのままの存在比で表記すると，小数点以下の数字がたくさん並んだ非常に冗長な数値になってしまう．そこで，測定試料の同位体存在比を各同位元素について定めた標準試料の同位体存在比からのずれとして千分率（‰，パーミル）で表記する．窒素を例にあげると，$\delta^{15}N = ([^{15}N/^{14}N]_{測定試料}／[^{15}N/^{14}N]_{標準試料} - 1) \times 1000$（‰）といった具合である．$\delta^{15}N$の場合，標準試料として，空中の窒素（$N_2$）が用いられる．

### 1-2 魚類生態学のツールとしての安定同位体

次に，この同位体効果によって生じる物質間の安定同位体比の差異を検出して，その意味を問うことが魚類生態学にどのように応用できるか紹介しよう．安定同位体研究の基本は，環境中，つまり，魚類にとっての生息環境である水中に存在する物質の安定同位元素の比率が時空間的に不均一な分布を示すことを認識することから始まる．環境中に含まれる生元素は，魚類が水や餌を取り込むことでその体の一部となる．したがって，魚体に含まれるある元素の安定同位体比は，環境中に存在する物質の同位体比を反映した値を取るはずである．ここでいう生息環境とは必ずしも物理・化学的なものばかりでなく，魚類にとっての餌量や餌種組成も生存や繁殖に重要な生物的環境といえる．安定同位体分析と聞くと地球化学的な手法というイメージが強いかもしれないが，魚類研究者にとって馴染み深く，かつ，汎用性の高い炭素・窒素安定同位体比を用いた食性解析（dietary analysis）と食物網解析（food web analysis）の方法を以下に紹介しよう．

### 1-3 安定同位体による食性解析

魚の体は摂食した餌が同化されることで成り立っている．餌生物と消費者である魚の炭素・窒素安定同位体比を比較すると，ある規則性が見えてくる．図10-1aに示されるように，ある魚が1種類の餌だけ食べるとすると，その炭素同位体比（$\delta^{13}C$）は餌とよく似た値を取る．両者の差は0.8‰程度である．対照的に，消費者の窒素同位体比（$\delta^{15}N$）は餌に比べて約3.4‰も高くなる．これは栄養関係に伴う同位体濃縮（trophic enrichment）と呼ばれ，全ての動物でほぼ共通したパターンを示す（南川・吉岡，2006）．この同位体濃縮の生じるメカニズムは詳しくわかっていないが，物質代謝によって体外に排出される尿素やアンモニアなどの窒素に軽いもの（$^{14}N$）が多く含まれるため，結果として，重い窒素（$^{15}N$）が体に濃縮する（つまり$\delta^{15}N$が高くなる）ことによる．もし，この消費者が同化効率の等しい2種類の餌を7:3の割合で雑食すると，その炭素・窒素同位体比はそれぞれの餌を専食したときに期待される値を結ぶ直線上の3:7の位置にくる（図10-1b）．この関係性を利用すると，餌と消費者の炭素・窒素同位体比を測定することによって，消費者がどの餌をどれぐらいの割合で同化していたか推定することが可能となる．これが安定同位体分析を用いた食性解析の基本原理である．

このような手法を提案すると，たいて

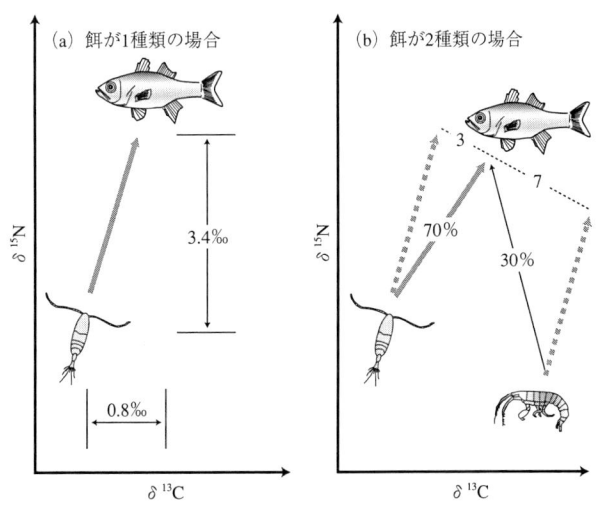

図10-1 栄養関係に伴う同位体濃縮．消費者が1種類の餌を専食する場合（a）と2種類の餌を7:3の割合で雑食する場合（b）．

いの魚類研究者は「そんな分析をしなくても，胃内容物を調べればよいではないか」と反論する．確かに，直接食べているものを観察することほど確実な情報を得られる方法はない．しかし，定量性という観点に立つと，安定同位体分析に勝るものはないだろう．まず，胃内容物から出現する餌品目は，せいぜい数時間から数日前に食べたものしか反映されない．その胃内容物は，稀にしか出現しない餌であるにもかかわらず，たまたま対象個体が食べていただけかもしれない．したがって，食性データの信頼度を高めるには多数の個体を調べなければならない．また，消化されやすいものや形の残りにくいものは摂餌量を計量するのが非常に困難である．しかし，安定同位体分析は，まさにこのような難点を克服することが可能である．安定同位体比を用いた食性解析の理屈は，食べた餌が消費者に同化されるという生理化学反応に基づいている．魚類のように代謝回転率の低い動物では，同化された餌の同位体情報は徐々に体内に蓄積されてゆく．したがって，魚類の体組織の炭素・窒素同位体比には，比較的長期間にわたる餌の情報が積分値として記録される．胃内容分析のように偶然の効果によって結果が左右される心配がないので，少数の標本でも定量性の高い結果が得られるのが利点といえる．

### 1-4 安定同位体による食物網解析

おそらく，魚類研究者の多くは自分の研究対象魚がもっと増えて欲しいと願ってやまないことだろう．しかし，生態系の中で利用可能な資源が有限である以上，ある特定の種だけが個体数を増加し続けることはない．逆に，利用可能な資源はあるのだが，それが効率的に利用できないために，資源量に見合わない個体数しか維持されないこともある．これは生態系内で物質循環が正常に機能していないことを意味する．水域生態系の物質循環を駆動する主要な生物間相互作用は「食う・食われる」の栄養関係（trophic relationship）である．生態系における，栄養関係の総体を食物網（food web）と呼ぶ．そもそも，私が安定同位体分析を行うきっかけは，宇和海におけるホタルジャコの減少要因を探るために，安定同位体分析を用いてホタルジャコの個体群を維持する生態系の仕組みについて理解することにあった．

ところでホタルジャコという名前を聞いても，おそらくほとんどの人がピンと来ないだろう．この魚は，インド・西太平洋にかけて広範に分布しているが，深所に生息しているため，海水浴や海釣りで見かけることは滅多にない（図10-2）．そして，その生態は魚類研究者にもほとんど知られていない．ひとつだけはっきりしているのは，ホタルジャコという名前の由来が腹部に発光器をもつことに因んでいるということだ（Haneda, 1950）．光があまり届かない深場の暗闇で生活しているので，おそらく何らかのコミュニケーション手段として発光器を利用しているのだろうが，実際に，野外でホタルジャコが光る姿を見た者はいない．いまだ謎の多い魚なのである．

図10-2 宇和海で漁獲されたホタルジャコ（ホタルジャコ科）．全長は約10 cm．

さて，ホタルジャコの研究を紹介する前に，安定同位体を用いた食物網解析の方法について簡単に述べておきたい．

一口に魚類といっても，数mm程度の仔魚から数mに達する大型魚まで様々で，それらは藻類を食べたり，甲殻類を食べたり，魚類を食べたりと生態系内で多様な摂餌機能群を形成する．魚類の餌となる生物もまた，何らかの餌を食べている．これら「食う・食われる」

の関係を掘り下げていくと，無機物から有機物を作り出す一次生産者にたどりつく．海洋生態系における主要な一次生産者は微細藻類である．海藻・海草類の現存量は概して高いけれども，動物にとって分解しにくい多糖類が多く含まれるため，食物網内での寄与率はさほど高くない．一方，微細藻類はサイズこそ小さいが増殖率が高く，特に，小型動物にとっては利用しやすい餌である．微細藻類は，その生活型から植物プランクトンと底生藻類に類別される．これらは主に動物プランクトンやベントスなどに利用される．魚類ぐらいの大きさであれば，胃内容物を観察するのは容易なことだが，これらの小型無脊椎動物がどのような藻類をどれだけ食べたかを調べるには相当の熟練と労力を必要とする．しかし，前述の安定同位体分析を用いれば，その食性も容易に推定可能である．さらに，個々の生物種に着目して，その「食う・食われる」の関係をつなぎ合わせていけば，1つの食物網を描くことができるというわけだ．

　海洋生態系に見られる典型的な食物網を安定同位体比によって描くと図10-3のようになる．まず，$δ^{13}C$に着目すると，植物プランクトンと底生藻類の値が大きく異なっていることがわかる．植物の$δ^{13}C$はその光合成特性や環境条件によって変化するが，植物プランクトンと底生藻類の相違はそれらの生活型と関連した二酸化炭素（$CO_2$）の取り込み速度の違いを大きく反映する．流体中に物体を置くとその周りには境界層（boundary layer）が形成される．この境界層は物体の表面積が増すほど厚くなる．境界層内部は外部に比べて溶質の拡散速度が低下するため，境界層が厚くなると拡散抵抗（diffusive resistance）も大きくなる．植物プランクトンは，サイズが小さいため境界層が非常に薄い．それに対して，底生藻類は付着するための基盤が必要で，この基盤自体が厚い境界層を形成する要因となる．藻類は光合成を行う際に溶存の$CO_2$を細胞表面から吸収するが，このとき，軽い炭素（$^{12}C$）を選択的に取り込んで固定する．海水中の無機炭酸（$HCO_3^-$）の$δ^{13}C$はほぼ0‰であるが，植物プランクトンは$^{12}C$を選択的に取り込むため，その$δ^{13}C$は海水よりずっと低く−30‰〜−20‰となる．底生藻類も同様に$^{12}C$を選択的に取り込むが，厚い境界層によって外部からの$CO_2$の拡散が制限されるため，藻類細胞周囲の$^{13}C$濃度が相対的に高くなる．結果として，$^{13}C$の取り込み量が増えるため，底生藻類の$δ^{13}C$は植物プランクトンの値よりも高くなる（図10-3）．

　先に述べたように，消費者の$δ^{13}C$は餌と類似した値を取るため，植物プランクトンを摂食する動物プランクトンと底生藻類を摂食するベントスの$δ^{13}C$にも大きな差が生じる．一般に，動物プランクトンがベントスよりも低い$δ^{13}C$を示すのはこのためである（France, 1995）．動物プランクトンを食べる浮魚と小型ベントスを食べる底生魚が同様の相違を示すこともまた想像に難くない．もし，そのような植物プランクトンを出発点とする食物

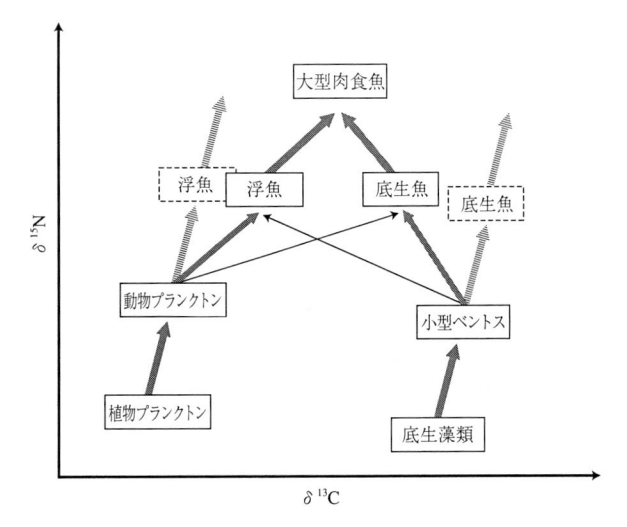

図10-3　沿岸食物網の安定同位体マップ．実際の栄養関係が矢印（実線）で結ばれ，矢印の太さは摂食量を表す．破線の矢印と枠囲みは，動物プランクトンあるいは小型ベントスのみを専食した場合に実現される仮想的な食物連鎖を示す．

連鎖（food chain）と底生藻類を出発点とする食物連鎖が存在するなら，それぞれの連鎖上に位置する生物の炭素・窒素同位体比は図10-3の破線で示した矢印上にプロットされるだろう．しかし，実際の栄養関係はそれほど単純ではない．動物プランクトンしか食べない魚とか，ベントスしか食べない魚は稀で，たいていの場合，動物プランクトンとベントスをある割合で雑食する．このような雑食性によって，浮魚の$\delta^{13}C$は仮想的な食物連鎖から予想される値よりベントス側にシフトし，反対に，底生魚の$\delta^{13}C$はプランクトン側にずれた値を示す（図10-3）．さらに，これらの魚が大型肉食魚に捕食されることによって，$\delta^{13}C$は双方の食物連鎖のある中間的な値に次第に収束していく．このように実際の栄養関係は，単純な鎖状ではなく複雑な網目状を呈している．これぞ食物網たる所以である．このように，安定同位体を用いて食物網解析を行うと，生態系内で生産された物質がどのような経路をたどって高次消費者に行き着くか知ることが可能となる．

## §2. 安定同位体分析の実用例

### 2-1 宇和海の食物網

それでは実際に，安定同位体分析によって宇和海の食物網を描いてみよう．採集調査は，ホタルジャコ漁が営まれる宇和海の水深60 m付近で行った（詳細はHamaokaら, in pressを参照）．底曳き網漁に似た宇和海の伝統漁法である「ブリ網」によってホタルジャコを捕獲し，併せて現場のプランクトンやベントスを採集した．底生藻類と海藻類は，岸際の浅場で潜水採集した．安定同位体分析に先立って，まずはホタルジャコの胃内容物観察の結果を述べる（Okudaら, 2005を参照）．本種はエビ類やハゼ科の稚魚，ヨコエビ類などの底生動物を頻繁に食べるが，それ以外にも，カイアシ類，浮遊性ヨコエビ類，十脚類幼生，オキアミ類など小型の浮遊性甲殻類やカタクチイワシ仔魚，稚イカといった遊泳性の餌も摂食する．

次に，ホタルジャコとその餌生物，および，一次生産者の炭素・窒素同位体比を測定し，グラフ上にプロットしてみた（図10-4）．3種類の一次生産者，すなわち，植物プランクトン・底生藻類・海藻類から伸びる矢印は，栄養関係に伴って炭素同位体比が0.8‰，窒素同位体比が3.4‰上昇するとしたときに各生産者を出発点とする仮想的な食物連鎖を表す．つまり，その基点となる生産物に100％依存している消費者はこの矢印上に位置することにな

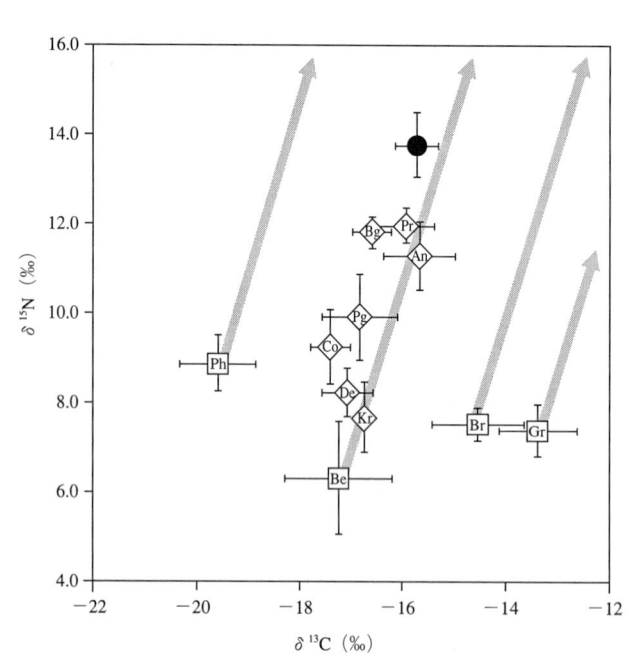

図10-4 ホタルジャコを高次消費者とした宇和海食物網の安定同位体マップ．●はホタルジャコ，◇は主要な餌生物，□は一次生産者を示し，平均と標準偏差（縦横ヒゲ）で表記．矢印は各一次生産者を基点とした仮想的な食物連鎖を示す．略号は，Ph：植物プランクトン，Be：底生藻類，Br：大型褐藻類，Gr：大型緑藻類，Kr：オキアミ類，De：十脚類幼生，Co：カイアシ類，Pg：浮遊性ヨコエビ類，An：カタクチイワシ仔魚，Pr：クルマエビ類，Bg：底生ヨコエビ類．Okudaら（2004）より改変．

る．ホタルジャコの餌生物は，その窒素同位体比から大きく2つのグループに分けられる（図10-4）．
1つは，オキアミ類，十脚類幼生，カイアシ類，浮遊性ヨコエビ類などの小型甲殻類である．これら
は主に藻類を摂食する一次消費者である．もう1つのグループは，カタクチイワシ仔魚，エビ類，底
生ヨコエビ類である．これらは一次消費者である小型甲殻類と一次生産者である微細藻類を摂食する
雑食者である．前者のグループより窒素同位体比が高いのは，これらの一次消費者を摂食・同化した
際の同位体濃縮によって窒素同位体比が上昇するためである．ホタルジャコの窒素同位体比がさらに
高い値を示すのは，これらの餌生物を摂食することによる．

　このホタルジャコを頂点とする宇和海の食物網を眺めると，各々の生物は底生藻類を基点とした食
物連鎖上，あるいは，それよりも若干植物プランクトン側に偏った分布を示すことがわかる．大型褐
藻類や大型緑藻類といった海藻類を基点とする食物連鎖上に位置する餌生物が存在しないのは，海藻
類がホタルジャコの生息する深場（水深60 m）で成育できないためであろう．これらのことから，
宇和海深底層に生息するホタルジャコを頂点とした食物網の生産基盤は主に底生藻類であり，これに
幾らかの割合で植物プランクトンの生産物が寄与すると推察される．これは従来の海洋生物学の定説
とは異なった大変興味深い結果である．

### 2-2　沿岸生態系の生産構造

　沿岸生態系は環境の不均一性が高く，複雑な生産構造を示すのが特徴である（図10-5）．光が海底
までよく届く浅海域では，海藻・海草類や底生藻類などが主要な一次生産者（primary producer）と
なる．しかし，深度が増すにつれて底層への入射量は減少し，ある深さを超えると光合成が全く行え
なくなる．有光層下では，有機物資源を表層での生産物に頼らざるを得ない．この表層生産物は，植
物プランクトンの死骸や動物プランクトンに捕食された際の糞として沈降し，底層に供給される．ま
た，動物プランクトンの鉛直移動やそれらを食べる底生捕食者の鉛直移動によって運搬される場合も
ある．このように表層で生産された有機物が物理的輸送（physical transport）あるいは生物的輸送
（biological transport）によって有光層下の生物生産を支える現象を「表層・底層カップリング
（pelagic-benthic coupling）」と呼ぶ（図10-5）．海洋生物学では，このカップリングが沿岸生態系の
物質循環を駆動する主要なメカニズムであると教条的に信じられてきた．しかし，近年，有光層下の
底生動物群集が植物プランクトンではなく，底生藻類の生産物に依存しているとの報告が相次いでな
されるようになった（Takaiら，2002）．

　ホタルジャコが生息する水深60m地点は，光がほとんど届かない暗闇の世界である。実際に，海底の堆積物の炭素同位体比を測定すると，植物プランクトンに類似した値を示すので，ここで底生藻類が活発に生産活動を行っているとは考えにくい．にもかかわらず，ホタルジャコとその餌生物たちの炭素同位体比は植物プランクトンというより，むしろ，底生藻類に近い値を示した．この宇和海の食物網解析の結果もまた

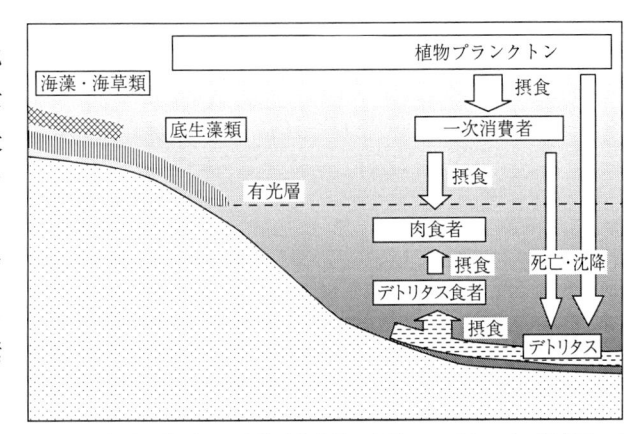

図10-5　沿岸生態系の生産構造と表層・底層カップリングの模式図．有光層下の動物群集を支える物質の流れに関する従来の考え方．

表層・底層カップリングを反駁する説を支持しているようにみえる．そこで，ホタルジャコがどの程度の割合を底生藻類生産に依存しているのか，その寄与率を具体的に推定してみた．

深底層食物網の生産基盤として，海藻類の寄与はほぼ無視できるので，ここでは植物プランクトンと底生藻類の2つの資源のみを考慮する．栄養関係に伴う同位体の濃縮係数を炭素0.8‰，窒素3.4‰と仮定し，植物プランクトンの寄与率を$\alpha$（底生藻類の寄与率は$1-\alpha$），ホタルジャコの栄養段階（trophic level）を未知の変数$TL$とおくと，それぞれ以下のような式で表すことができる．

$$\alpha = [C_{消費者} - C_{底層} - 0.8(TL-1)] / (C_{表層} - C_{底層}) \quad \text{式1}$$
$$TL = 1 + [N_{消費者} - \{\alpha * N_{表層} + (1-\alpha) * N_{底層}\}] / 3.4 \quad \text{式2}$$

ここで，$C$と$N$はそれぞれ炭素および窒素同位体比を示し，添え字の「消費者」はホタルジャコ，「底層」は底生藻類，「表層」は植物プランクトンの安定同位体比を表す．式1は表層と底層の生産物の内，表層生産物の炭素同位体比がホタルジャコの体の炭素同位体比にどのくらい反映されているかを意味しており，ホタルジャコの栄養段階の上昇に伴う炭素同位体比の濃縮係数0.8‰が差し引かれる形になっている．式2は双方の生産者を利用した割合に応じて食物網の出発点となる一次生産者の窒素同位体比のベースラインを補正し，ホタルジャコから差し引いた値を栄養関係に伴う窒素同位体の濃縮係数3.4‰で割ったものである．一次生産者の栄養段階が1となるため，右辺には常に1が加算される．上式は連立方程式の形をしており，ホタルジャコ，底生藻類，植物プランクトンの炭素・窒素安定同位体比の実測値を代入することによって$\alpha$と$TL$を解くことができる．

上式の解を求めたところ，ホタルジャコの生産に植物プランクトンが寄与する率$\alpha$は，わずか7.1％と推定された．逆に言えば，ホタルジャコは一次生産物の92.9％を底生藻類に依存していることになる．これは水深60 mの海底に底生藻類がほとんど存在しないことを考えると，とても奇異な現象である．このように底生藻類が深底層の高次生産に大きく寄与するメカニズムとして，2つの可能性があげられる．1つは，波浪や潮流などにより剥離・撹拌された底生藻類の懸濁物が深底層に向かって海底斜面を転げ落ちてゆく物理的輸送である（Takaiら，2004）．しかし，先述したように，海底堆積物の炭素同位体比が植物プランクトンに近い値を示すことから，浅海からの物理的輸送量が多いとは考えにくい．もう1つのメカニズムは，浅海と深底層を行き来する生物間の栄養関係を通して底生藻類起源の有機物が深底層の高次消費者に受け渡されていく生物的輸送である（Takaiら，2004）．

残念ながら，どのようなメカニズムによって底生藻類由来の有機物が深底層に生息するホタルジャコの生産に寄与しているのか，はっきりしたことはわかっていない．しかし，従来考えられていたような「底層生産は表層生産によって支えられている」という固定観念はもはや捨て去るべきだろう．

### 2-3 ホタルジャコの栄養段階

次に，式2に$\alpha$の解0.071を代入して，ホタルジャコの栄養段階$TL$を求めてみた．計算の結果，本種の栄養段階は3.1，つまり，ほぼ二次消費者（secondary consumer）に相当することが明らかとなった．これもまた，意外な結果である．古典的な生態学の教科書に従えば，藻類食者の小型甲殻類は，仔稚魚や十脚類といった中型の動物に食べられ，さらに，それらが肉食魚に食べられるという食物連鎖の図式が描ける．そのような古典的食物網では，ホタルジャコはおそらく三次消費者とみなされるだろう．しかし，安定同位体分析により推定されたホタルジャコの栄養段階はほぼ二次消費者と位置づけられた．これは，中間の栄養段階に位置する餌生物のエビ類やカタクチイワシ仔魚が一次消

費者を専食するのではなく，一次生産者と一次消費者（primary consumer）を雑食すること，さらに，ホタルジャコもまたエビ類やカタクチイワシ仔魚だけでなく小型甲殻類などの一次消費者を雑食するため，それぞれの間の栄養段階の差が1よりも短縮されることで説明がつく．生物の体の窒素同位体比は，摂食・同化に伴う同位体濃縮によって生理化学的に裏打ちされた変化を示す．胃内容分析による古典的な栄養段階推定が一次生産者，一次消費者，二次消費者といった不連続なカテゴリーでしか表現できないのに対して，安定同位体比による推定では栄養段階を2.9とか3.6といった連続変数とし

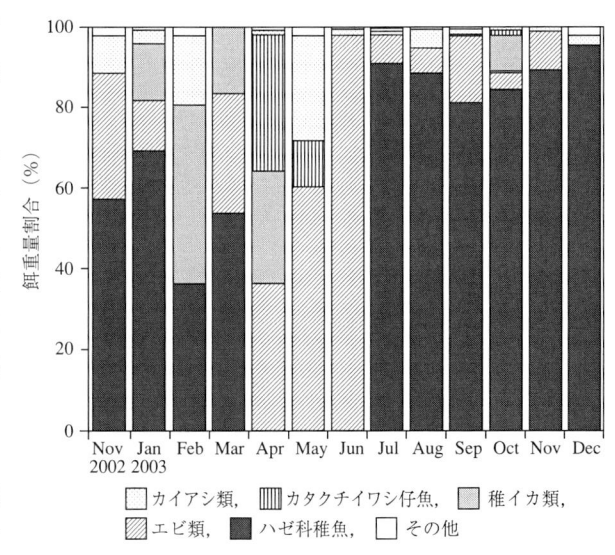

図10-6　ホタルジャコの食性の季節変化（Hamaokaら, in pressを改変）．各餌品目の胃内容重量割合を示す．2002年12月はデータなし．

て記述することが可能である．この定量性もまた，安定同位体分析の利点といえる．

　この安定同位体分析の特徴を活かすと，例えば，生活史に伴う栄養段階の変化などこれまで定性的にしか記述できなかった生態情報も量的に表現することが可能となる．例えば，胃内容分析によるホタルジャコの食性の季節変化を見てみよう（図10-6）．このような図から各月の餌品目の利用割合がどのように変化するのか概観することは可能だが，情報量が多く直感的に栄養段階の変化を読み取ることは難しい．そこで，この食性変化を窒素同位体比の情報に変換してみる．ホタルジャコを体サイズで当歳魚と成魚に分けて，窒素同位体比の季節変化を図示してみた（図10-7）．まず，当歳魚と成魚の窒素同位体比を同じ月で比べると，成魚の方が1〜2‰高い値を示すことがわかる．これは，当歳魚より体サイズの大きな成魚が相対的に大きなサイズの餌生物，すなわち，栄養段階が高くて窒素同位体比の高い餌生物をより多く食べることによる．さらに，その窒素同位体比は，当歳魚・成魚ともに季節が進むにつれて徐々に増加傾向を示した．これもまた，体サイズが増加するにつれて次第に大きな餌生物を食べるようになるためであろう．このように，食性変化に伴う栄養段階の変動パターンも窒素同位体比で表すと容易に視覚化できる．

　さて，話にはまだ続きがある．成魚の窒素同位体比の季節変動を追っていくと，さらに興味深い結果が得られた．5月にピークに到達した成魚の窒素同位体比は，6月になると当歳魚と同程度まで急激に低下した（図10-7）．なぜ，このような劇的な変化が生じたのだろうか？　その答えは，ホタルジャコの食性の季節変化からうかがい知ることができる．ホタルジャコの主要な餌はエビ類やハゼ科稚魚といった底生動物である．しかし，春先になると，カイアシ類，稚イカ類，カタクチイワシ仔魚といった表層の餌生物を頻繁に食べるように食性を変化させた（図10-6）．

　沿岸域では，冬季の鉛直混合によって底層から表層に栄養塩類（nutrients）が供給された後，春季の日射量の増大によって表層の光合成活性が促進される，いわゆる「春の華（spring bloom）」と呼ばれる植物プランクトンの増殖が起こる．この表層における一次生産物の増加は，それを餌とする動物プランクトンや仔稚魚の現存量をボトムアップ的に増加させる．ホタルジャコは，それらをお目当

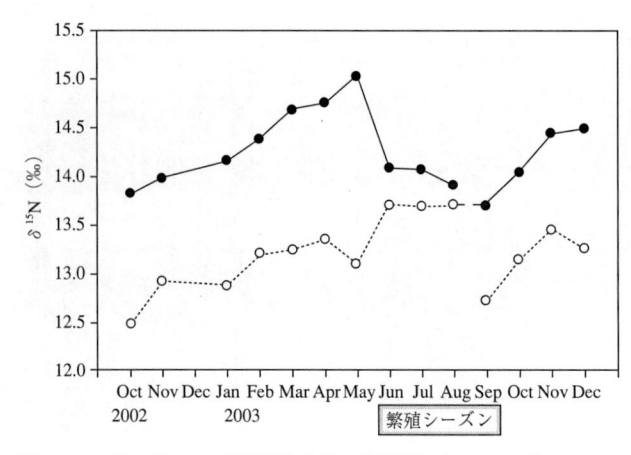

図 10-7 ホタルジャコの窒素同位体比の季節変化（Hamaokaら，in press を改変）．○は当歳魚，●は成魚を示す．繁殖シーズンは6〜9月で，9月より当歳魚が新規加入する（Okudaら，2005）．2002年12月はデータなし．

てに深底層から表層に摂餌活動の場を移したものと考えられる．この表層生産由来の餌生物として，宇和海ではカタクチイワシ仔魚が重要な役割を担っている．宇和海では，春先になるとカタクチイワシ仔魚の出現がピークを迎える．ホタルジャコは，6月から開始される産卵活動に備えて盛んにカタクチイワシ仔魚を摂食する．しかし，その食性の季節変化を見てみると，4月に胃内容物重量の3割以上を占めていたカタクチイワシ仔魚が5月には激減し，カイアシ類にとって代わる（図10-6）．ホタルジャコの窒素同位体比が急激に低下したのは，まさにこの直後のことだった．

この胃内容分析と安定同位体分析の結果をすり合わせると，1つの答えが見えてくる．カイアシ類とカタクチイワシ仔魚には明瞭な窒素同位体比の相違がある（図10-4）．本来は大きな餌を食べるはずの成魚が小さくて窒素同位体比の低いカイアシ類を沢山食べれば，それだけ体の窒素同位体比も低下するというわけだ．食性の変化と窒素同位体比の変化に時間的なズレが生じたのは，ホタルジャコの安定同位体比が食べたばかりの餌の同位体比を直ちに反映するのではなく，餌を同化する過程で徐々に変化していくためである．

### 2-4 ホタルジャコから見た沿岸生態系の健全性

なぜ，ホタルジャコの成魚はカイアシ類を頻繁に食べるような食性の変化を示したのだろう？　成魚にとって，小さくてC/N比の高い（窒素含量の少ない）動物プランクトンと大きくてタンパク質の豊富な仔魚を食べるなら，どちらがお得だろう？　その答えは火を見るより明らかだ．例えば，米粒を一つ一つ箸で摘んで食べる場合と大きなステーキを一口でたいらげる場合を想像してみよう．言うまでもなく，ホタルジャコにとって好ましいのは，ステーキ，すなわち，カタクチイワシ仔魚である．この栄養価の高いカタクチイワシ仔魚が食べられない理由を突き詰めると，宇和海漁業が抱える深刻な問題に行き当たる．宇和海はカタクチイワシの仔稚魚を釜揚げした「チリメンジャコ」の産地である．しかし，近年，その漁獲量は激減してしまった．乱獲と資源量減少との関係が取り沙汰されている．原因がどうあれ，ホタルジャコが食べるカタクチイワシ仔魚の数が減ってしまったことは紛れもない事実である．ブリ網漁師の体験談として，以下の逸話は印象的である－「ハランボ（ホタルジャコの地方名）がよく獲れるときは，ハランボの口からチリメン（カタクチイワシ仔稚魚の地方名）が溢れ出ていたものだ」．

残念ながら，カタクチイワシの資源量がホタルジャコの個体群動態に影響するという科学的データは得られていない．しかし，本来の好ましい餌を食べられないことがホタルジャコにとってよいはずはない．ブリ網漁師の逸話は，ホタルジャコの資源管理を考える上で重要な示唆を与えてくれる．つまり，ホタルジャコ資源量が減少したからといって，単純にその漁獲を規制しても期待される収量の

増加は見込めないかもしれない．質の高い餌を沢山食べられなければ次世代に多くの子を残すことができないからだ．大切なのは，ホタルジャコ資源量を適切に管理すると同時に，ホタルジャコの餌環境を生み出す健全な沿岸生態系を取り戻してやることではなかろうか．

　では，そのような沿岸生態系を管理するに当たって，生態系の健全性（ecosystem health）をどのように評価したらよいだろうか？　1つのアプローチとして，ホタルジャコの炭素・窒素同位体比を指標とするのが有効かもしれない．食物網の高位に位置する生物は，生態系内における栄養関係を通じた物質動態の終着点である．その炭素・窒素同位体比を測定すると，どのような一次生産物がどのようなプロセスを経て高次消費者までたどりついたのか知ることができる．本来あるべき生物同士の栄養関係が維持され，高次消費者個体群にその生産物が安定的に供給される状態を生態系の健全性の指標と捉えてみたらどうだろう．安定同位体を用いた食物網解析は，そのような生態系の見方を可能にしてくれる．

　とかく魚類研究者は，魚にばかり目がいきがちである．しかし，魚が棲む水中を見渡すと，そこには魚以外の多様な生き物が暮らしている．それらは決して魚たちと無縁の存在ではない．全てが「食う・食われる」の関係を通して，直接あるいは間接的につながっているのである．多種多様な生物を育む沿岸生態系が急速に失われている現在，安定同位体を用いた食物網解析はさらにその必要性を増していくだろう．

（奥田　昇）

## 文　献

France R. L.（1995）：Carbon-13 enrichment in benthic compared to planktonic algae, foodweb implications, *Marine Ecology Progress Series*, 124, 307-312.

Hamaoka H., Okuda N., Fukumoto T., Miyasaka H. and Omori K. (in press)：Seasonal dynamics of coastal food web: stable isotope analysis of a higher consumer, Earth, Life, and Isotopes (ed by N. Ohkouchi, I. Tayasu and K. Koba), Kyoto University Press.

Haneda Y.（1950）：Luminous organs of fish which emit light indirectly, *Pacific Science*, 4, 214-227.

南川雅男・吉岡崇仁（2006）：生物地球化学，培風館，pp.216.

Okuda N., Hamaoka H. and Omori K.（2005）：Life history and ecology of the glowbelly *Acropoma japonicum* in the Uwa Sea, Japan, *Fisheries Science*, 71, 1042-1048.

Takai N., Mishima Y., Yorozu A. and Hoshika A.（2002）：Carbon sources for demersal fish in the western Seto Inland Sea, Japan, examined by $\delta^{13}C$ and $\delta^{15}N$ analyses, *Limnology and Oceanography*, 47, 730-741.

Takai, N, Yorozu A., Tanimoto T., Hoshika A. and Yoshihara K.（2004）：Transport pathways of microphytobenthos-originating organic carbon in the food web of an exposed hard bottom shore in the Seto Inland Sea, Japan, *Marine Ecology Progress Series*, 284, 97-108.

# 11章　行動観察

> 「魚が好きだ」という学生に，最初に魚に興味をもったきっかけについて尋ねると，多くの場合，水族館や自宅の水槽で泳ぐ魚を観ていて心惹かれたとか，川や海で魚をつかまえて遊んだといった経験を話してくれる．しかし，魚を眺めること自体が研究につながると考える人は少ないようだ．行動や生態の研究をする場合，生きた魚を自分の目で眺めることは基本であり，その上でテレメトリーやビデオ録画，遺伝学的解析などの手法を駆使するのが正道かと思う．またもし，例えば生理学や分子遺伝学といった分野が専門であったとしても，行動の観察によって得られる研究上のヒントは意外に多いかもしれない．本章では，様々な状況における魚の行動観察の方法論について解説したのち，行動観察を応用した研究例を適宜紹介する．

## §1. 行動観察の基礎

　一般に，動物の行動を調べようとする場合，大きく分けて2つのアプローチがありうる．1つは，実際の生息環境に観察者が身を置いて行動を観察しようとするもので，エソロジー(ethology，動物行動学)と呼ばれ，他方は動物を飼育下に置いて観察する比較心理学(comparative psychology)のアプローチである(スレーター，1988)．エソロジーは，ローレンツやティンバーゲンといった研究者が大成させた研究分野で，19世紀から引き継がれるヨーロッパの博物学と生理学の伝統を汲んでいる．一方，比較心理学はアメリカで20世紀に開花した研究分野であり，特に飼育のしやすいラットやハトなどの限られた動物で集中的な実験研究が行われてきた．エソロジーでは対象動物そのものに関する興味の追究が原動力となるのに対し，比較心理学では，通常，ヒトとの相同性をさぐろうとする傾向が強い(Crickamer and Snowdon, 1996)．なお，動物行動の研究の主流がエソロジーから行動生態学へと移行していった経緯については，本書3章で述べられている通りである．

　動物行動学と比較心理学の区別は明確なものではなく，両方の手法を取り入れたアプローチも可能である．すなわち，現場で動物を観察し，そこで生じた疑問を仮説とし，その仮説を飼育条件下で検証しようというものだ．

　魚類は，行動を観察する上でもっとも手軽な動物群といってよいかもしれない．陸上に棲む他の野性脊椎動物を対象とした場合，多少なりとも野生に近い状況に身を置き，観察者の影響を最小限にとどめるには，多大な努力を要することが多い．また同じ対象動物を飼育条件下に安易に置こうとすると，観察対象生物か，または観察者自身に，少なからず犠牲を強いることになる(ローレンツ，2006)．ところが魚の場合は，水中に入りさえすれば，まがりなりにも天然の状況で生活をおくる個体群を比較的容易に観察できるとともに，その一部を研究室に持ち帰り，天然で観察した行動を再現することも，容易な場合が多い．

魚を材料とした場合，エソロジーの手法では，海や湖，川などに入り，観察することになる．スキューバダイビングやシュノーケリングの普及によって，特にサンゴ礁域での魚類の生態を中心にこうした研究が進んできた．また湖や川での潜水観察からも多くの成果があげられている．一方，魚を飼育下で観察する場合は，通常，水槽で飼育することになる．比較心理学の分野で盛んに用いられる材料としては，キンギョ *Carassius auratus*，メダカ *Oryzias latipes*，ニジマス *Oncorhynchus mykiss* など，飼育しやすい淡水魚がよく用いられる．しかし最近では，水族館だけでなく，一般の家庭でも淡水魚や海水魚が比較的容易に飼育できるようになってきたため，研究材料となりうる魚の種類は多様化している．

行動や生態を研究する場合，多少なりとも仮説をもって臨むのがよい（Underwood, 1997）．ただ観察して記録を残すよりは，予備的な観察や調査から，仮説や予測を立て，それに沿ったデータの取り方をする方が効率よく進められるからである．もちろん，論文の執筆に際しても，目的や検証する仮説を明記できた方が書きやすい．

行動観察を進める上で，「ティンバーゲンの4つの質問」（Tinbergen, 1963）をいつも念頭に置くようにするとよい（3章も参照）．4つの質問とは，機構(mechanism，メカニズム；どのようにしてその行動が可能か)，機能(function；なぜそのような行動が必要か)，個体発生(ontogeny；発育上の変化はあるか)，そして進化(evolution；種間でどのように異なるか)，である．とくに，最初の2つ，how の質問と why の質問を区別するように注意したい．

観察は，比較を含むことによって，より実り多いものになる（スレーター, 1988）．季節，昼夜，場所，種間，個体間，密度，捕食者の存在，餌の有無など，比較することが可能な要因は無数にある．そのうちのどれを取り出して研究のテーマとするかは，検証したい仮説によって違ってくる．

## §2. 観察結果の定量化

動物行動学のパイオニアであるローレンツは，行動を徹底して記載するというアプローチをとった．こうした態度が重要であることはもちろんであるが，そこから一般則を引き出すのは困難を伴う場合も多い．1970年代頃から，「実験系と比肩しうる精度でフィールド研究を行える手法を開発すること」の重要性が強調され始めた（Altman, 1974）．

例えばある魚の摂餌行動を水中で観察する場合，一定時間にどのような餌を何回ついばんだか，といった記録をとるであろう．活動性を観察するならば，一定の時間に水平方向にどれだけ移動したか，という記録のとり方もある．水槽で観察する場合も同様で，観察時刻・時間・方法，および行動を適切に定義することにより，データの収集はとても楽になる．

記録をとるのに一番低コストなのは，目視観察である．しかし，人間の眼で観察できる事象は，一定以上の明るさの下で連続して数時間程度に限られ，しかも並行して起こる多数の事象を追跡することは困難である．目的に応じて，ビデオカメラなどの利用が必要となる．

単に一定時間内に起きた複数の事象を解析したい場合などは，家庭用のビデオカメラで十分にこと足りる場合が多い．水槽内での行動を記録する場合，カメラを三脚に固定し，またフォーカスは対象となる生物が通るところにロックしておいた方が安定した画像が得られやすい．

夜間の行動を記録したい場合，暗視野カメラでの観察が便利である．この場合，高感度のビデオカメラと赤外線投光器を組み合わせることにより，ヒトにも魚にも全く見えない状態で行動を記録する

ことが可能である．

　また，人間の視覚では追えないほど速い動作の行動については，ハイスピードカメラが必要となるかもしれない．家庭用のカメラでは1秒間に30コマの記録が一般的であるため，0.03秒間よりも短い時間の中で起きたことを記録するには，一般的なビデオカメラでは無理がある．例えば大西洋ニシン *Clupea harengus* の仔魚が音刺激を受けてから反応するまでの時間は0.015秒程度であり，このことは毎秒200コマ以上のハイスピードカメラを使ってのみ確認することが可能である．

　一方，長時間の撮影に適しているのは，タイムラプスビデオデッキと呼ばれる装置である．タイムラプス撮影では，ハイスピードカメラとは逆に，撮影のコマ数を減らして撮影する．これにより，通常のVHSテープに数日分の事象を記録することが可能になる．タイムラプスビデオデッキは，防犯用に普及しているため，比較的安価で入手可能である．

## §3. スキューバ潜水による観察

　魚を生息域で観察する場合，多くはスキューバやシュノーケリングによる潜水観察という方法をとる．水中で比較的長時間（通常1時間程度）連続して観察できるという点で，スキューバによる観察は有利である．そこで本節ではまず，スキューバ潜水による観察手法を紹介する．

　水中での観察事項は，通常水中ノートに記録する．筆者は普段，A4判のクリップボードに，耐水紙（水中でも破れないプラスチック製の紙）をはさんで使用している（図11-1）．ボードの表には油性マジックでスケールを描き，観察した個体の目測体長を記録する上での指標としている．裏には水温計をつけ，また鉛筆をつないである．流れの速い環境では，A4判のボードは使いにくいので，耐水レベルブックに鉛筆を結びつけて使用している．

図11-1　水中ノートと水中カメラ

デジタルカメラの普及によって，水中写真の撮影は大変安価で容易になった．行動観察の補助としては，コンパクトデジタルカメラおよびその専用水中ケースで十分である．機種選択に際しては，画素数よりも，水中における色彩をよく再現してくれること，電源を入れてからの起動が早く，またシャッターを押してからシャッターが切れるまでのタイムラグが短いことなどを優先したい．

　魚の行動を水中で観察する場合，観察の可能な範囲は多少なりとも限られる．その後のデータ処理の都合もあって，ライントランゼクト(line transect)と呼ばれる方法がしばしばとられる．個体数の比較的多い魚であれば，水中に一定の長さのロープを設置し，それに沿って潜水しながら，対象とする魚について記録をとってゆくというものだ．また，コドラート(quadrat)と呼ばれる方法では，金属製の四角い枠を投入するか，あるいはロープで決まった面積の枠を区切って，その範囲内で観察する．いずれにせよ，ロープや枠を設置するには時間と手間がかかるとともに，海底の景観を破壊する，あるいは漁船のプロペラにからまるなどの問題もある．水中での長さは，観察者のフィンキックで測定することもできる．あらかじめ長さのわかった海域を遊泳して自分のフィンキックを数え，それを基準に長さを測定してゆくという方法である．これならば，初めての場所であっても，調査範囲に関するおおまかな距離情報を得ることはできる．

　一定の場所に現れる魚の行動や生態を観察する場合，ポイントカウント(point count)という方法がしばしば用いられる (Bortone and Kimmel, 1991)．例えば魚礁に集まる魚について調べたい場合，観察者が魚礁に近づくと，それまで魚礁についていた魚はいったんそこから逃げ，時間をおいて戻ってくることが多い．そこで，魚礁についたら5分間静止して，周囲に現れる魚を記録する，などといった手法をとる．ライントランゼクトやコドラートでは見落としがちな大型の魚を記録する上で，適した方法といえよう．

　潜水による行動観察は，特にサンゴ礁域に棲む魚の社会行動を研究する手法として確立されており，日本でも沖縄や四国など，暖かい海をフィールドとして研究が進んでいる．具体的な調査の手法については，桑村・狩野（2001）に詳しい．

　潜水観察を精度よくかつ安全に行うには，一定レベルの潜水技術が必要となる．本格的な調査に取りかかる以前に，潜水技術を磨く上でのアドバイスを2つほどしておきたい．1つは，普段の健康管理である．納得のいくデータをとるために，日頃から体を鍛え，また調査の前夜には十分な休息をとっておくことを心がけよう．もう1つは，ホームグラウンドをもつことである．色々な場所で潜ることは，もちろん見識を深めはする．しかしそれ以上に，同じ場所で繰り返し潜ることによって初めて見えてくる現象もあり，結果として質の高いデータが得られるようになると思う．ホームグラウンドをもつことは，多くの水中写真家が，撮影技術向上のためのアドバイスとしても勧めている．

## §4. シュノーケリングおよび河岸・海岸からの観察

　スキューバ潜水の場合，1本のタンクで潜れる時間に限りがあり，通常1時間程度である．機材が重いため，腰への負担が大きい．また潜水病のリスクがあり，いわゆるスポーツダイバーでも脳に慢性的な障害を残すことが多くあるとの報告もある(Knauth, 1997)．これに比べてシュノーケリングは，潜水時間を気にする必要はなく，体力と体温と気力の続く限り調査が可能である．

　シュノーケリングは，河川での調査で威力を発揮する．日本国内の河川の上中流域は，比較的透明度がよいこともあり，シュノーケリングによる観察に適している．河川の特に浅いところでは，足ひ

れは不要であり，底のしっかりしたマリンブーツが重宝である．1つの河川の上流から下流までシュノーケリングで観察してまわるのも楽しい（図11-2）．

岐阜県の河川でアマゴの行動観察を行った研究（中野，2003）では，1つの淵に棲むアマゴに明確な順位があることを，個体間の攻撃行動や摂餌行動を目視観察することにより確かめている．中野らは，観察期間の開始前と終了後に，ほぼすべての個体を捕獲して体重を測定し，順位の高い個体は成長がよいことも明らかにしている．河川での観察から得られた仮説を緻密な水槽実験でも検証しており，大変参考になる．

条件によっては，陸上から魚の行動を観察することも可能である．川をさかのぼるアユ *Plecoglossus altivelis* の個体数やなわばりの形成など，橋の上からの観察でも相当量の情報を集められる（川那部，1969）．

海岸を歩きながら，砂浜域に現れる魚を観察した報告もある．Baker and Sheaves（2006）は，オーストラリアの海岸を歩き，ごく浅いところに現れるコチ科の魚 *Platycephalus* spp. の分布密度を記

図11-2 京都府の由良川で8月に観察された魚．
上流から順に，(a) タカハヤ *Phoxinus oxycephalus jouyi*（芦生），(b) ヤマメ *Oncorhynchus masou masou*（芦生），(c) オヤニラミ *Coreoperca kawamebari*（美山），(d) ナマズ *Silurus asotus*（和知），(e) ブルーギル *Lepomis macrochirus*（綾部），(f) マハゼ *Acanthogobius flavimanus*（大江）．観察中，源流部の芦生では水温19℃，河口付近では31℃であった．

録している．コチの類は，観察者に気づくと沖に向かって逃げるが，その際，海底に痕跡を残すので，その痕跡の長さを測定することにより，体長のデータも得ている．こうした調査により，汽水域の浅い所には，従来考えられているよりもはるかに高い密度のコチがいると報告している．

## §5. 飼育条件下における行動観察

### 5-1 飼育実験の心得

　魚の飼育が巧い人は，ほぼ例外なく，行動観察にすぐれた人である．魚が餌をどのように食べているか，正常に泳いでいるか，いじめられている個体はいないか，などを絶えず観察することによって初めて，魚をきちんと飼えるようになる．マレーシアのサバ大学で養殖技術を指導する瀬尾（2004）によれば，魚飼いの心得として重要なのは「魚を観て，魚と話して，魚を考える」ことだそうだ．個々の魚の動きだけでなく，「水槽全体をよく観る」ということ，五感プラス第六感で感じとること，また魚を飼うことについて，常に考えをめぐらせよと瀬尾は指摘する．「魚のサイクルに合わせて行動し，1秒でも長く魚を観察せよ」「魚の気持ちになって考えよ」と学生に指導している筆者と，気脈の通じるところがある．仔稚魚を飼育中に観察するには，水槽の上から眺めるだけでなく，透明な水槽であれば横からも観察できるし，ライトを上から当ててみる，ビーカーですくってみるなど，魚種にあった方法を試みるとよいだろう．水槽の中から外がどのように見えるかを確認するために，水中マスクをつけて水槽の中をのぞいてみるのもよい．

　行動の観察を目的として魚を飼育する場合，観察のしやすい条件を維持しつつ，魚が正常な行動をとるような環境を提供することが肝要である．具体的には，水槽のサイズや材質・色，収容する個体数，観察する部屋の環境などが問題となる．例えばマダイ *Pagrus major* やヒラメ *Paralichthys olivaceus* などの仔魚は，明るい方が餌をよく食べるため，透明な水槽の方が飼育しやすいが，マサバ *Scomber japonicus* のように神経質な魚は，水槽周囲で動くヒトの動きが気になるようなので，黒い水槽の方が飼育しやすい．飼育に最適な明るさは，魚種と発育段階によって異なる．その際，天然での生育環境に考えを巡らすことが重要である．飼育条件下の観察にも，飼育水槽中で長期にわたって観察する場合と，飼育水槽からさらに実験水槽へ移して，比較的短期間の観察を行う場合とがあり，両者の間で設定条件はおのずと違ってくる．

### 5-2 飼育水槽内での観察

　飼育水槽を目視観察するだけでも，定量的なデータの取得は可能である．筆者が行ったナンヨウアゴナシ *Polydactylus sexfilis* のパッチ（patchiness，仔稚魚期にできる濃密な群がり）形成の観察では，飼育水槽の表面に濃密な群がりを形成することがわかっていたので，その密度を記録しようとした．仔稚魚は水面に手をかざしてもあまり逃げようとはしない．そこで，$10\,cm \times 20\,cm$ の厚紙を L 字型に折り，そのシルエットの投影がほぼ $1\,l$ になるようにして，投影部分に入る尾数を数えることによって，$1\,l$ 当たりの密度を数えてみたことがある（図 11-3；Masuda ら，2001）．

　透明な水槽であれば，横からも密度の観察はできる．マアジを $500\,l$ 水槽で飼育しながら，パッチの消長を調べてみたところ，昼間に形成されるパッチはふ化後 14 日齢の仔魚で密度が最大になったのに対し，夜間に形成されるパッチはそれよりも遅れて出現し，稚魚期にも形成されることがわかった（Masuda, 2006）．

　水槽内で群れの形成過程を調べようとする場合，しばしば水槽内の物理環境がノイズとなる．例え

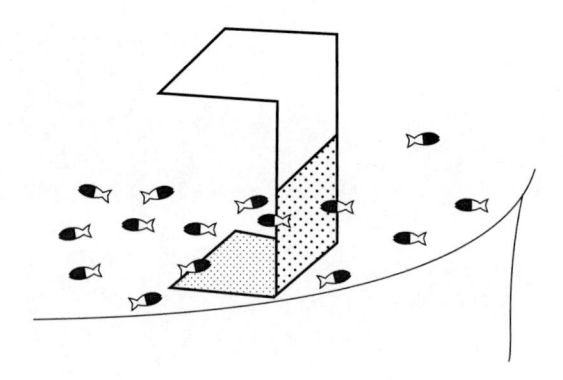

図 11-3 水槽表面に形成されるパッチ形成の観察方法（Masuda ら，2001）.

図 11-4 カタクチイワシの群れ形成を観察するために用いた水槽底の円型バックグラウンド．水槽の半面を覆うようにした．このときカタクチイワシはふ化後 38 日目，群れを作り始めて間もない頃である．

ば，水槽内の明るいところには仔稚魚が集まりやすいし，また仔稚魚には流れに逆らって泳ぐ性質（水流走性，rheotaxis）があって，これによって擬似的な群れやパッチが作られているのか，それとも個体間で相互に誘引して群れを形成しているのかの判別が難しいということになる．そこで，飼育水槽内で観察する際も，なるべく照度が均一になるようにし，かつ流れを止めるなどの配慮が必要となる．ビデオ撮影に際しては，コントラストが強くなるようにバックグラウンドとなるような板を沈めるとよい（図 11-4）.

### 5-3 実験水槽内での観察

観察対象の魚を実験水槽に移して行動を観察する場合もある．この場合，特定の行動に焦点をしぼり，その行動を観察しやすいような水槽を自作または購入することになる．群れ形成のような警戒行動であれば，小さな実験水槽でも行動が再現されやすい．筆者が個体間の相互誘引性(mutual attraction)の観察のために開発した水槽（図 11-5）は，シマアジ *Pseudocaranx dentex* やブリ *Seriola quinqueradiata* ではよく機能したが，キジハタ *Epinephelus akaara* や大西洋ニシンではあまりうまくいかなかった．魚種ごとに適した装置の開発が必要である．

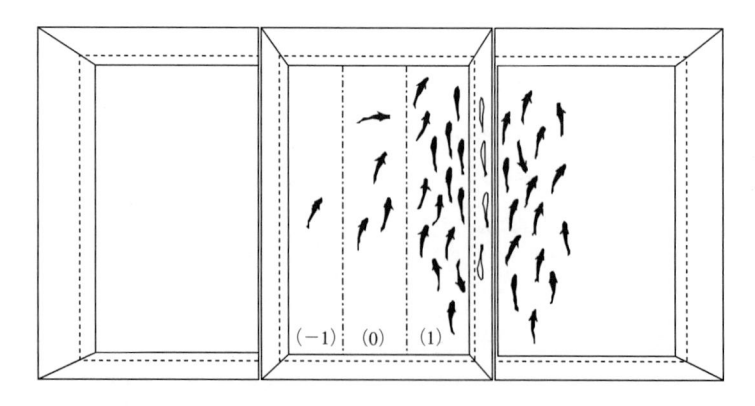

図 11-5 相互誘引性を測定するための実験水槽．中央の水槽に 20 個体の実験魚を入れて，一定時間の馴致の後，隣接する水槽に 20 個体を入れる．視覚による誘引性が発現していれば，中央の水槽の個体は隣接する水槽の個体に引き寄せられる（Masuda and Tsukamoto, 1999）.

行動の日周性や摂餌行動，学習能力などを調べようとする場合は，実験水槽とはいえ魚にとって快適なものを用意したい．ナンヨウアゴナシの学習能力の個体発生を調べた実験では，90 × 32 × 42 cm の水槽に 5 個体の魚を収容し，水槽スペースと観察スペースとは暗幕で仕切るようにした（Masuda and Ziemann, 2000）．餌は暗幕の外からパイプを通して与え，水槽内の様子はビデオカメラで撮影した．

京都大学舞鶴水産実験所の飼育棟には，上記の実験室を改良した部屋を 2 室用意してある．そのうち 1 室は，水槽と観察者は暗幕で仕切られた上，部屋全体の照明をタイマーでコントロールし，薄明薄暮時には徐々に明るくおよび暗くするよう調節して，魚の正常な日周行動を再現しやすくしている．また，全暗状態でも撮影できるように，赤外線投光器と高感度のビデオカメラを設置している．

## §6. 行動の観察から仮説・検証へ

本節では，行動観察を軸にした研究事例を，筆者自身が取り組んできたアジ科魚類の寄りつき行動の研究を例に紹介する．

### 6-1 シマアジの寄りつき行動の個体発生

アジ科の魚には，浮いているものに寄りつく性質がある．この寄りつき行動（association behavior）は個体発生のいつ頃に発現し，またどのようなメカニズムによっているのかを明らかにすることを目的に，水槽内での観察を行った（Masuda and Tsukamoto, 2000）．「寄りつき行動は稚魚期のある時期に出現する」そして「本行動は視覚または触覚に依存している」というのが検証すべき仮説である．観察のために，4 種類の実験区を用意した．すなわち①透明な浮体，②不透明な浮体，③陰だけを与える浮体，そして④何も置かない対照区である（図 11-6）．それぞれの条件の水槽を 3 面ずつ用意し，合計 12 面の水槽に各 10 個体ずつの魚を入れる．収容は夜 8 時で，以後 4 時間ごとに目視による観察を行う．観察項目としては，各水槽において，浮体のある区画に 10 個体中何個体の魚がいるかを 5 回ずつ数えるという単純なものだ．これを 36 時間継続して観察する．そしてこの観察を，全長 5.5 mm から 28 mm までの 8 つのステージの仔稚魚について調べた．夜 12 時の観察を終えて 1 時に就寝し，4 時の観察のために 3 時半に起きて 4 時半に眠り，7 時前には通常の飼育実験のために起床，というサイクルで活動することになり，それなりにハードな実験ではあった．仔稚魚を飼育する施設に寝泊まりしていてこそできる実験であったと思う．

観察の結果，シマアジは全長 12 mm の稚魚で初めて，透明な浮体と不透明な浮体の両方に寄りつき行動を示し始めることがわかった．また，陰だけの浮体には稚魚は寄りつかないこと，寄りつきは夜間に顕著であることも明らかになった．つまり，シマアジの稚魚の寄りつき行動は全長 12 mm で発現し，この行動は視覚よりも接触感覚

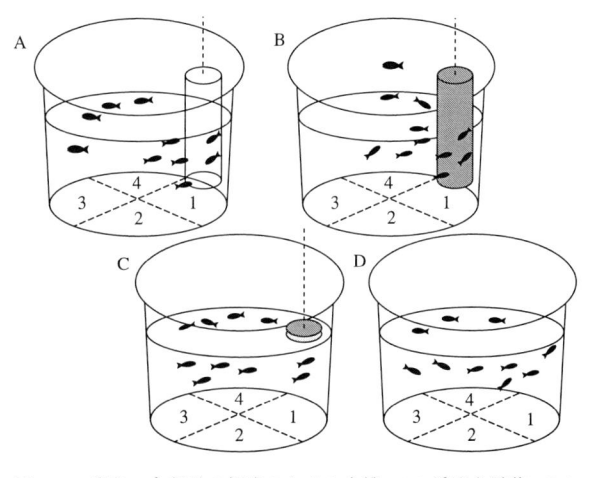

図 11-6 寄りつき行動の観察のための水槽．A：透明な浮体，B：不透明な浮体，C：陰のみを与える浮体，および D：何も設置しない対照区．水槽を 4 等分し，浮体のある区画にいる稚魚の数を数えた（Masuda and Tsukamoto, 2000）．

に強く依存し，夜間に顕著である，ということがわかった．

### 6-2　マアジのクラゲに対する寄りつき行動の機能の成長に伴う変化

前述の実験は「シマアジはどのようにして浮体に寄りつくか？」という寄りつきのメカニズムに関する質問に答えようとしたものだ．これに対し，「なぜ寄りつくか？」という寄りつきの生態的理由に関する質問に対して実験を通して答えるのは，難しいと思われるかもしれない．アジ科でも，特にマアジ Trachurus japonicus はクラゲ類に寄りつくことが観察されたので，その寄りつきの意義を調べるべく，いくつかの観察を行った（Masuda ら，2008，2009）．

まず，以下の仮説を立てた．①マアジは捕食者を回避するために寄りつく．②マアジは餌もしくは餌場としてクラゲを利用する．③マアジは群れ形成や回遊の補助としてクラゲを利用する．そして，これらの生態的意義が個体発生に伴って変化する可能性についても検討した．

捕食者回避仮説の検証は簡単である（図11-7）．水槽を3面用意し，水槽1にはミズクラゲ Aurelia aurita を，水槽2には捕食者であるマサバを，そして水槽3にはその両方を入れ，各水槽にマアジの稚魚を放してみる．はたして，捕食者の存在する水槽3では，捕食者のいない条件よりも，クラゲに対する寄りつきは顕著であった．ただし，クラゲに隠れているにもかかわらず，マアジは捕食者であるマサバに簡単に捕食されてしまった．捕食者回避のためにクラゲに隠れようとはするものの，捕食者が強力な場合，あまり有効な戦術ではない，といえる．

つぎに，餌もしくは餌場としての利用について調べた．マアジを絶食し，そこにクラゲを与えてみる．他に餌がないときでも，マアジはクラゲを食べようとはしない．そこで，マアジはクラゲが集めたプランクトンを奪って食べるのではないかと考えた．実験区としては，クラゲがいる水槽とクラゲのいない対照区の水槽を用意し，それぞれにマアジの稚魚を入れ，餌として動物プランクトンのアルテミアを与える．すると，クラゲのいない水槽では，アルテミアを食べ尽くしたらそれで終わりだが，クラゲのいる水槽では，マアジはクラゲの集めたアルテミアを横取りする行動が観察された（図11-8）．つまり，餌を効率よく集めるために，マアジはクラゲに寄りつくともいえる．

群れ形成の指標や，回遊の補助との仮説についてはどうか．これらについての実証実験は難しく，もっぱら潜水調査から傍証を集めている．外洋を漂うエチゼンクラゲ Nemopilema nomurai には群れ

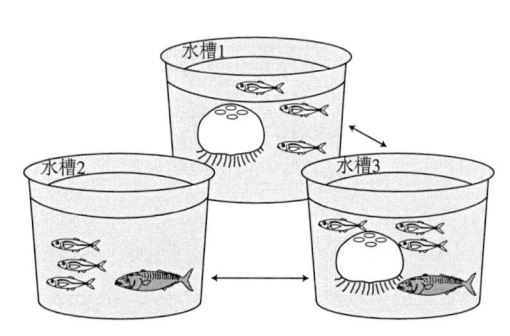

図11-7　マアジがクラゲを捕食者回避に利用していることを確認するための実験水槽．「捕食者の存在によってマアジはクラゲに寄りつきやすくなる」ことを水槽1と3の比較により，また「クラゲの存在によって被食が軽減される」ことを水槽2と3の比較により確かめようとした．

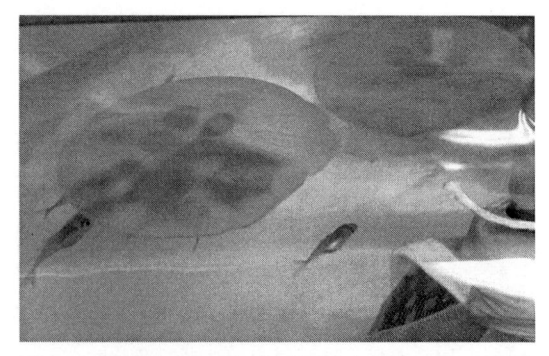

図11-8　ミズクラゲとマアジを収容した水槽にアルテミアを与えて1時間後．マアジはクラゲの集めたアルテミアを横取りする．2個体いるうちの一方のミズクラゲのみを，多数のマアジが襲撃している．これは，マアジが単独でクラゲに近づいた場合，クラゲに捕らえられてしまうことがあるためと考えられる（Masuda ら，2008）．

形成以前の体長 6 mm ほどのマアジ仔魚が寄りついている．1つのクラゲに寄りつくマアジでは，個体間の体長サイズが大きくばらついており，群れでクラゲに近づいたというよりは，個体ごとにクラゲに近づき，そこで群れを形成したと考えるのが妥当と思われる．これは，群れ形成の指標との仮説を支持するものである．

では，回遊の補助との仮説はどうであろうか．長崎県の対馬と京都府舞鶴沖の冠島とで潜水し，両海域のエチゼンクラゲに寄りつくマアジについて調べてみた．対馬のエチゼンクラゲでは，舞鶴に比べてかなり大型のマアジがクラゲについている．ここで海底の魚類相を調べると，舞鶴の海底ではマアジが圧倒的に優占種であるのに対し，対馬ではマアジは稀である．さらに，対馬には海底にクエ *Epinephelus bruneus* やミノカサゴ *Pterois lunulata* などの大型の捕食者が多いのに対し，舞鶴では海底の捕食者は少なく，むしろブリなどの水面近くを泳ぐ捕食者が多い（図 11-9）．

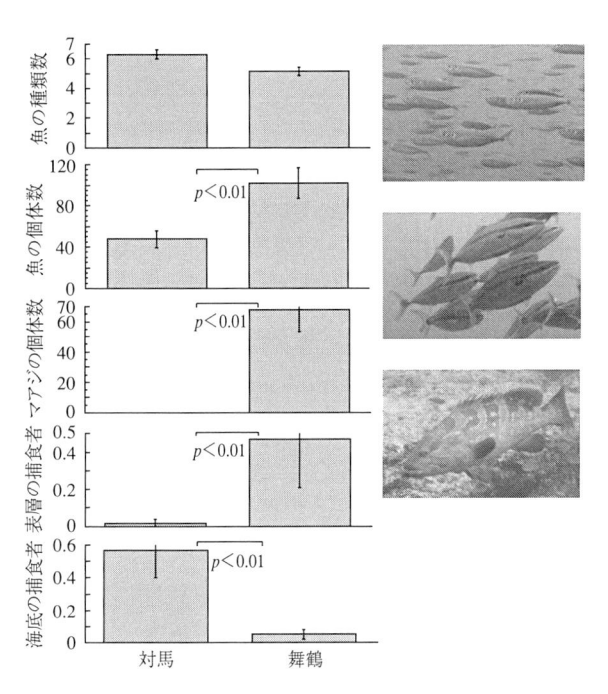

図 11-9 対馬と舞鶴の魚類相の潜水調査結果．いずれも 100 $m^2$ あたりの平均および標準誤差を表す．対馬では 54 測線，舞鶴では 43 測線を設けた．種類数以外のすべてについて，両調査海域間に有意差が認められた．右の写真は上から，舞鶴市冠島のマアジ，同海域のブリ，および対馬のクエ．

マアジに限らず，魚類では大きな海流の上流が産卵場となり，海流に乗って移動しながら成長して幼魚期以降の成育場へとたどり着く例が報告されている．例えばウナギ *Anguilla japonica* はマリアナ諸島の西の西マリアナ海嶺南部海山域で生まれて，レプトセファルス幼生期に黒潮に乗って北上し，アジア沿岸の河川へと加入すると考えられている（Tsukamoto, 1992）．マアジの場合，東シナ海に大きな産卵場があり，主な成育場はこれよりも北にある．海底の捕食者が多い南方の海域（東シナ海）ではクラゲにつかまっていた方が有利であり，海底の捕食者が少なく，表面付近からの捕食圧の高まる北の海域（舞鶴）では，クラゲから離れて岩礁域に依存した群れ生活へと移行すると考えると説明がつく．

## §7. 行動観察の漁業への応用

### 7-1 釣りおよび定置網漁業への応用

漁業を営む上で，魚の行動に関する理解は不可欠であり，すぐれた釣り人や漁業者もまた，ほぼ例外なくよく行動を観察している．様々な漁具に対する魚の行動については，井上（1985）の総説に詳しい．

ルアー釣りの経験者であれば，ルアーを見た魚のうちどれくらいの割合が反応し，さらにこれにアタックを仕掛けるのかは興味あるところだろう．秋山ら（1995）は，曳縄漁具（ブリなどを漁獲するための大型のルアー）に水中テレビカメラを装着し，擬似餌に接近する魚を観察している．テレビカ

メラに写った，1,361個体の魚のうち，これに接近する個体は83.2%いるものの，攻撃する頻度は5.7%，そして最終的に釣獲されるのはわずか1.3%であったと報告している．

### 7-2 栽培漁業への応用

人工ふ化稚魚を川や海に放流し，成長した個体を漁獲するいわゆる栽培漁業においても，行動の観察は重要なステップとみなされるようになってきた（Masuda, 2004）．例えばアユの稚魚を放流した際，川にとどまってなわばりを形成する個体がアユの友釣りの対象としては適しており，したがって放流稚魚としてはすぐれた資質を備えているといえる．ところが，人工ふ化したアユは河川への滞留率が低く，下流へ流されやすいことが問題とされてきた．そこで，塚本らの研究グループは，本種の「とびはね行動（jumping behavior）」に着目した（塚本，1988）．河川をさかのぼる習性を反映したとびはね行動は，飼育の条件によって異なってくるため，放流用アユの種苗の評価基準としてしばしば用いられるようになった．

マダイやヒラメの稚魚を放流する場合は，放流直後の被食による減耗が，その後の生き残り，そして放流魚の回収率へと影響すると考えられている．内田らが観察を通して見出したマダイの「横臥行動（tilting behavior）」は，本種が警戒時に示す反応であり，本種の放流種苗の質の評価に用いられている（内田ら，1993）．ヒラメ稚魚の場合，平時には砂に潜り，摂餌の際にすばやく泳ぎだし，すみやかに元の場所に戻るのが本来の行動である．古田（1998）の観察によれば，人工種苗のヒラメが摂餌のために海底を離れている時間（離底時間）は平均4.00秒であり，天然稚魚の離底時間の1.16秒よりも有意に長い．この緩慢な摂餌動作により，放流稚魚は被食減耗を受けるであろうと古田は考察している．

シマアジの飼付け型栽培漁業では，放流した魚が成長した後に，ほぼ同じ地点で回収することを目指している．したがって，放流直後の逸散を防ぐことが重視されてきた．こうした観点から，シマアジを放流して，直後の行動を潜水観察し，放流条件を適正化する試みもなされている．一連の放流実験の結果から，ハンドリングストレスを与えず，適正なサイズの種苗を，放流地点に馴致（acclimatization）してから放流することにより，本種の放流地点への滞留率は劇的に向上することがわかった（Kuwadaら，2000）．

## § 8. おわりに

魚類生態学において，行動観察はすべての基本といえる．行動観察から多くの直観的な示唆が得られるとともに，諸々の生態情報を分析して得た結論の妥当性を検討する上でも，行動観察は有効なツールとなる．目視あるいはビデオカメラを用いた観察により，魚を生かしたままで多くの情報を得ることができる上，観察に要する費用は比較的安価である．そして観察条件の設定次第では，生態に関する様々な仮説を検証することも可能である．

魚類の行動観察は，魚と対話する作業ともいえる．魚から発せられる情報に耳を傾け，そしてこちらからも「観察条件」というサインを送る．魚が予想通りのふるまいを見せることもあれば，予想の裏をかかれることもある．いずれにせよ，心躍る作業である．

（益田玲爾）

## 文献

秋山清二・安田浩二・有元貴文・田原陽三 (1995): 曳縄漁具に対する魚の行動の水中観察, 日本水産学会誌, 61, 713-716.

Altmann J. (1974): Observational study of behavior, sampling methods, *Behaviour*, 48, 227-265.

Baker R, and Sheaves M. (2006): Visual surveys reveal high densities of large piscivores in shallow estuarine nurseries, *Mar.. Ecol. Prog. Ser.* 323, 75-82.

Bortone SA and Kimmell JJ. (1991): Environmental assessment and monitoring of artificial habitats. *In* "Artificial habitats for marine and freshwater fisheries" (ed by), Academic Press, pp.177-236.

Drickamer LC, and Snowdon CT. (1996): Defining the goals, approaches, and methods. *In* "Foundations of animal behavior" (ed by Houck LD and Drickamer LC), The University of Chicago Press, pp. 71-86.

古田晋平 (1998): ヒラメ人工種苗と天然稚魚の摂餌行動の比較, 日本水産学会誌, 64, 393-397.

井上 実 (1985): 漁具と魚の行動, 恒星社厚生閣, 198pp.

川那部浩哉 (1969): 川と湖の魚たち, 中公新書.

Knauth M, Ries S, Pohimann S, Kerby T, Forsting M, Daffertshofer M, Hennerici M, and Sartor K. (1997): Cohort study of multiple brain lesions in sport divers : role of a patent foramen ovale, *Brit. Med. J.*, 314, 701-705.

Kuwada H, Masuda R, Shiozawa S, Kogane T, Imaizumi K, and Tsukamoto K. (2000): Effect of fish size, handling stresses and training procedure on the swimming behavior of hatchery-reared striped jack : implications for stock enhancement, *Aquaculture*, 185, 245-256.

桑村哲生・狩野賢司 (編) (2001) 魚類の社会行動1, 海游社.

コンラート・ローレンツ (2006) ソロモンの指環, 早川書房.

Masuda R, Tsukamoto K. (2000): Onset of aasociation behavior in striped jack, *Pseudocaranx dentex*, in relation to floating objects, *Fish. Bull. US*, 98, 864-869.

Masuda R, Ziemann DA. (2000): Ontogenetic changes of learning capability and stress recovery in Pacific threadfin juveniles, *J. Fish Biol.*, 56, 1239-1247.

Masuda R, Ziemann DA, and Ostrowski AC. (2001): Patchiness formation and development of schooling behavior in Pacific threadfin *Polydactylus sexfilis* reared with different dietary highly unsaturated fatty acid contents, *J. World Aquacul. Soc.*, 32, 309-316.

Masuda R. (2004): Behavioral approaches to fish stock enhancement : a practical review. *In* "Stock enhancement and sea ranching : developments, pitfalls and opportunities" (ed by Leber KM, Kitada S, Blankenship HL, Svåsand T), Blackwell, pp.83-90.

Masuda R. (2006): Ontogeny of anti-predator behavior in hatchery-reared jack mackerel *Trachurusu japonicus* larvae and juveniles: patchiness formation, swimming capability, and interacition with jellyfish, *Fish. Sci.*, 72, 1225-1235.

Masuda R, Yamashita Y, Matsuyama M. (2008): Jack mackerel *Trachurus japonicus* juveniles utilize jellyfish for predator avoidance and as a prey collector, *Fish. Sci.*, 74, 282-290.

Masuda R. (2009): Ontogenetic changes in the ecological function of the association behavior between jack mackerel *Trachurusu japonicus* and jellyfish, *Hydrobiologia*, 616, 269-277.

中野 繁 (2003): 川と森の生態学 中野繁論文集, 北海道大学図書刊行会.

瀬尾重治: 東南アジアで魚を飼う. 第37回. 魚飼い心得-I, アクアネット5月号, pp.58-63 (2004).

P・J・B・スレーター (1988): 動物行動学入門 (日高敏隆・百瀬浩訳), 岩波書店.

Timbergen N. (1963): On aims and methods of ethology, *Z. Tierpsychol.*, 20, 410-433.

塚本勝巳 (1988): アユの回遊メカニズムと行動特性, 現代の魚類学 (上野輝彌・沖山宗雄編), 朝倉書店, pp. 100-133.

Tsukamoto K. (1992): Discovery of the spawning area for Japanese eel, *Nature*, 356, 789-791.

内田和男・桑田 博・塚本勝巳 (1993): マダイの種苗性と横臥行動, 日本水産学会誌, 59, 991-999.

Underwood AJ. (1997): Experiments in ecology. Cambridge University Press, 1997.

# 12章　個体識別

> 　魚類を個体識別することは，その生態研究においてますます重要になっている．個体識別の方法としては，個体の斑紋などの特徴による自然標識（natural mark）が，魚への負担をかけず標識装着の手間や経費がかからない点で優れている．自然標識はカワムツ，ハリヨ，ナガレホトケドジョウなどの淡水魚のほか，水の透明度の高い珊瑚礁の魚類に対して多く用いられている．ただし，多数の個体を識別する場合には，他個体との混同を避けることが必要であり，鰭切り標識（marking by fin-clipping）やイラストマータグ（Elastomer tag）が用いられている．いずれも魚の成長や生存への影響が少ないことが報告されているが，イラストマータグでは少ないながら脱落の可能性がある．また切除した鰭は，サケ科魚類の脂鰭を除くと再生するので，鰭切り標識は長期間の識別には適さない．これらの点では，白金耳などを用いる焼き入れ標識が優れている．なお，離れた場所から行動観察を行うためには，目立つ標識を装着する必要がある．色彩の異なるリボンタグやビニールパイプなどを個体ごとに変えて装着する工夫が行われている．このほか，極めて多数の個体を識別するために，アンカータグ，ダートタグなどの体外装着タグや各種の体内埋めこみ型のタグが開発されており，目的に応じて使われている．個体識別法はそれぞれ一長一短があるので，目的に応じて適切なものを選ぶことが必要である．

## §1. 個体識別の考え方

　魚類の生態研究を行うにあたり，個体をそれぞれ識別し追跡する手法は近年ますます必要になっている．行動学や生態学では同種に属する個体であっても，振舞い方が異なることは常識であり，その違いを調べるために個体識別（individual discrimination）は不可欠である．個体識別法はその目的により大きく2つに分けられる．すなわち，ある程度離れた場所から個体を観察するためのものと，その生物を手元に置いてから識別するためのものである．前者ではある程度明瞭な特徴が必要であるが，後者ではその必要はない．

　個体識別法としては様々なものが使用されているが，標識などを装着する場合には，それが魚に大きな負担をかけないことが不可欠であり，この点については，成長率（growth rate）が違わないことや行動が正常であることなどによって確認する必要がある．また標識の脱落が少ないことが望ましく，装着した個体を長期間識別できることが重要である．しかし，何らかの人為標識を施す場合，一定期間ののちの脱落は避けられない（Bergmanら，1992；Hale and Gray, 1998；Walsh and Winkelman, 2004）．ここでは自然標識，鰭切り標識，イラストマータグ，焼き入れ標識（brand marking），行動観察用標識（mark for behavioral observation）など，魚類で用いられることの多い

標識による個体識別法について概説する．

## §2. 斑紋などの特徴による識別

　個体がそれぞれもっている斑紋などの特徴は自然標識といわれる．自然標識による識別法は，魚類への負担を全くかけずに標識装着の手間や経費もかからないので，優れた個体識別法となる．ただしこの方法は，個体ごとの特徴が目立たない場合には使えない．また類似個体が多い場合には混同の恐れがある．これらの問題点は，すべての個体を特徴によって識別しようとするのではなく，特徴の際立った個体だけを識別するのであれば解決する．特徴のない個体については，標識を付けるなど別の方法を考えればよい．

　片野（1999）は淡水魚カワムツの個体識別にあたって，一部の個体がもつ体表の黒い斑点を利用した．この斑点は体表面にとりつく微小な寄生虫の一種らしく，最大で直径5 mmにもなるが，魚に害を与えるものではない．カワムツでは事前に捕獲して記録した個体のほか，観察中に現れた個体でも特徴をもっていればその場で識別した．頭頂部に黒い大きな斑点が1つついていたり，側面に小さいが明瞭な斑点が2つついていたり，その位置や数は様々だった．このほか，鳥に襲われた傷がついていたり，肌の色が他と際立って白っぽかったりと特徴も様々だった．体の側面についている特徴については魚の向きによってわかる場合とわからない場合があるので，観察する場合には注意を要する．個体の特徴は，長期的には変化する恐れがある．黒点の場合増えることは稀にあったが，消失することはなかったので問題はなかった．しかし，婚姻色のように繁殖期に際立つ特徴やその他の微細な特徴については，どの程度持続するかを調べておく必要があり，不安定なものについては使わない方がよい．海産魚では性転換するような場合，色彩や斑紋は大きく変わる．

　カワムツを観察する場合には，2～30 mくらい離れた場所から行った．観察する距離が短いとカワムツは驚くので，この場合には植物の蔭から観察したり，人工的にビニールカバーなどを設置してそのうしろから観察した．一方，10 m以上離れた個体を観察するときには双眼鏡を用いた．河川の淡水魚は鳥類に対する警戒心から陸上のものが動くと敏感に反応する．一方，魚類は水中のものの動きには比較的落ちついている．このことから斑紋などの特徴による個体識別は，陸上から行う場合より，海水魚や水の透明度の高い湖沼の淡水魚を潜水観察する場合に多く用いられている（Reese, 1973；Karino, 1995；Matsumotoら, 1997）．なお，いずれの場合でも，何度か観察するうちに魚の方が観察者に慣れてきてある程度自然に振舞うようになる．これを「人付け」という．

　対象とする個体群が小さく10～30個体程度であれば，斑紋の違いと個体の大きさや性の違いを組み合わせて識別することも一般に行われている．とくになわばりをもつ個体については，場所の違いによって識別しやすくなっており，微細な特徴でも見分けられることが多い．例えば，森（1993, 2002）はハリヨの体側部の雲状模様の個体変異となわばりの場所によって，多くの個体を離れた場所から区別できることを報告している．ただし，どのような個体群でも，個体の移入出は生じるので，見慣れない個体が移入することによって個体識別が困難になる恐れはある．

　捕獲しないと識別できない特徴でもそれが個体ごとに明瞭に異なり変化しなければ，優れた識別法となる．青山（2000）はナガレホトケドジョウの腹部白色線の形状が個体識別のきめ手となることを明らかにした．腹部の白色線状部は体長20 mm以上のすべてのナガレホトケドジョウで確認され，4年間の調査で延べ5,009個体，1日平均38.8個体（最多で122個体）が採集されたが，同じ採集日

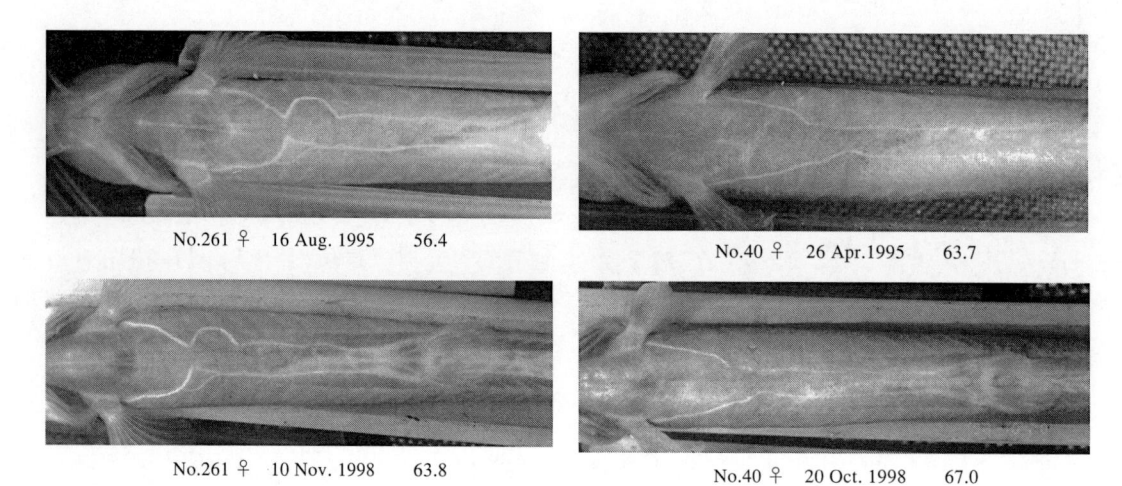

|  |  |
|---|---|
| No.261 ♀  16 Aug. 1995  56.4 | No.40 ♀  26 Apr.1995  63.7 |
| No.261 ♀  10 Nov. 1998  63.8 | No.40 ♀  20 Oct. 1998  67.0 |

図 12-1　ナガレホトケドジョウの腹部白色線．3 年後でも同じ形状を示す．青山（2000）を著者の同意をえて一部改変した．

に同一の形状をもつ個体が採集されることはなかった．鰭切り標識した 65 個体のうち 3 ～ 5 ヶ月後に再捕された 41 個体について検討しても，これらの個体の白線の形状はすべて前回と変わらなかった．また 4 年間にわたって再捕された個体は高い成長率を示したが，その白線形状は変化しなかった（図 12-1）．この結果からナガレホトケドジョウの腹部白色線の形状は，魚体を傷つけずに個体識別する方法として有用なことが明らかになった．

## §3. 鰭切り標識

　魚類では鰭が再生しやすいことを利用して，その部分的切除や穴あけによって識別する手法が一般に用いられている（Welch and Mills, 1981；Nicola and Cordone, 1973）．魚類特有の識別法であるといえる．鰭のうちサケ科魚類やアユなどの脂鰭は，基部まで切除すると再生しない．一方，その他の鰭は切除しても一定期間の後に再生するので，その組み合わせにより個体識別を施すことができる．

　個体識別できる個体の数は，鰭の数と切り方によるが，あまり複雑に切り分けると再生したときに区別がつかなくなる恐れがある．背鰭，尾鰭，腹鰭，臀鰭，脂鰭のうち 2 ～ 3 鰭を切るのがよい．尾鰭では，先端部を水平に切ったり，V 字形にしたり，外側の一部を根元から切ったり，様々な切り方が適用できる．また，個体サイズを 2 ～ 3 グループに分け，サイズと鰭の組み合わせを使ってさらに多くの個体を識別することもある．ただし，魚種によっては機能的にとくに重要な鰭は切らない配慮が必要であろう．

　Katano and Uchida（2006）は鰭切り標識がその個体の成長に負の影響を与えないか，また鰭が再生して識別できなくなるまでどのくらいかかるのかを検討した．ポンプで水を回転させ底生藻類を増殖させた 4×2 m の実験池を 4 面用意し，1 つの池にアユ，ウグイ，オイカワ，ブルーギルのいずれかを 20 尾放流した．20 尾のうち 10 尾は斑紋や黒点などの特徴によって識別し，残りの 10 尾について鰭切り標識を背鰭，腹鰭，臀鰭，尾鰭のうち 1 個体につき 3 ヶ所施した（図 12-2）．使用した魚の体長は 4.6～26.5g とし，2 つのグループ間で有意差が生じないようにした．切除した鰭は鰭の元々の長さの 20～64％，切除部分の湿重量は体重の 0.28～0.47％であった．実験は 7 ～ 9 月にかけて 84 日間行われ，28 日ごとに魚を捕獲して体長・体重・鰭の伸長度を計測した．84 日間の調査中，アユ，

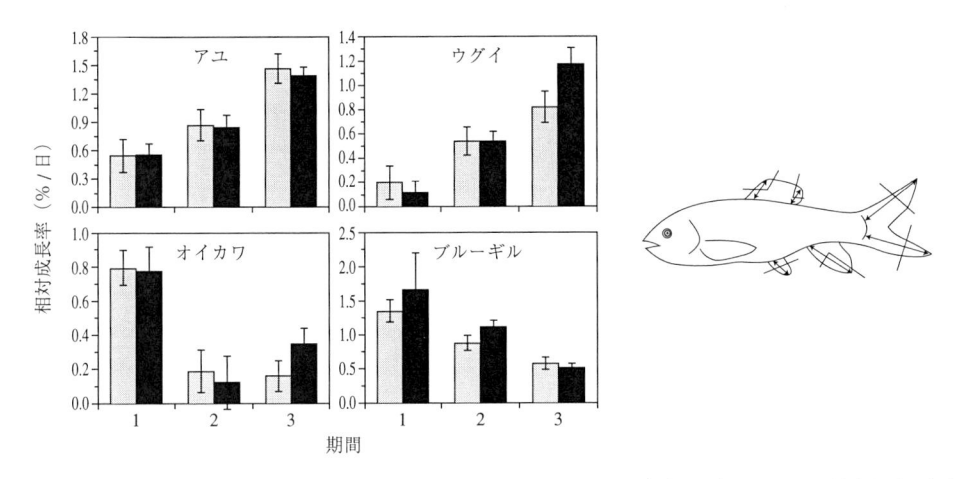

図12-2 鰭の切除部分と鰭の長さの計測部位（右）および4種の淡水魚の成長（左）．灰色のグラフは鰭を切除しなかった個体を，黒色のグラフは鰭を切除した個体を示す．垂直線は標準誤差をあらわし，期間1〜3は鰭を切除してから28日後，28日〜56日後，56日〜84日後をそれぞれ示す．Katano and Uchida (2006) より転載した．

ウグイ，オイカワでは死亡個体は認められなかった．一方，ブルーギルでは鰭を切除しなかった4個体と切除した2個体が死亡した．ブルーギルは繁殖力は旺盛だが，傷やハンドリングに弱いために死亡したと考えられるが，標識個体の方が多く死亡したのではなかった．成長率は時期によって変動したものの（図12-2），鰭切り標識を施したグループと施さなかったグループで有意差はなかった．

鰭の伸長度については，魚の成長とともに切除しなかった鰭でも伸長していったので2つの基準で比較した．1つは，切除前の鰭の長さとの比較（基準1），もう1つは，腹鰭の左右もしくは尾鰭の上下のように対になったもう一方との比較（基準2）である．これらの対については，もともとその長さの差は2%以下であることが明らかになっていた．84日後に検討すると，切除した鰭のうち75%は基準1において100%を超えていた．また基準2については腹鰭と尾鰭に限られるが，すべての個体で90%以上に回復していた．実際，28日後，56日後には鰭切除の跡は容易に読みとれたが，84日後には識別に苦労する個体が多かった．これらの結果は，鰭切り標識によって魚の成長は大きく低下しないこと，鰭の再生速度は速く，84日でほぼ元の長さに復元することを示す．

鰭の再生速度は鰭の部位や形状によっても異なると考えられる．神奈川県水産技術センター内水面試験場（以下，神奈川内水試）では，絶滅危惧種であるホトケドジョウの生息地復元に取り組んでいるが，その調査手法の1つとして鰭切り標識を検討した．腹鰭（片側と両側），臀鰭，背鰭の各鰭を基底部からハサミで切除し，魚体への影響と鰭の再生状況を調べるため，90日間，屋内水槽で飼育した．供試魚としては試験場で種苗生産したホトケドジョウ当歳魚と成魚を用い，60 cmのガラス水槽に各試験区25尾ずつ収容した．

当歳魚では，腹鰭切除魚の生残率が片側の場合72%，両側の場合64%と斃死する個体が目立ったが，背鰭と臀鰭切除では90%以上の生残率で成長も対照区と遜色がなかった．しかし，鰭の再生状況は背鰭と臀鰭切除で速く，90日後には基底長および鰭長が，切除前の80%程度にまで回復した（図12-3）．目視では切除30日後にはすべての個体で標識を確認できたが，60日後には識別が難しい状態にまで再生した．他方，腹鰭の再生は遅く，90日後でも40%程度の再生率で，すべての個体で識別可能であった（図12-3）．

成魚も同様の傾向を示し，腹鰭片側切除の場合，生残率が48％と低かったが，その他の試験区では90％以上の生残率であった．背鰭と臀鰭の再生は当歳魚ほど速くはないが，それでも90日後には基底長および鰭長は50％程度にまで再生し，目視では確認が困難な個体も存在した．腹鰭も当歳魚と同様に再生が悪く25％程度の再生率（regeneration rate）で，識別が容易であった．

　これらの結果から，絶滅危惧種であるホトケドジョウでは，特に魚体への影響を重視する必要があるので，背鰭と臀鰭の切除による標識手法が有効であるが，成長の速い当歳魚では短期間で再生するので30日程度での再捕が基本となる．腹鰭切除は魚体へのダメージが強かった．鰭の再生は遅く90日後でも確実に認識が可能であったので，切除後の処理を工夫したり，切除面積を小さくしたりすることで魚体へのダメージが改善できれば，利用のメリットはあるだろう．

　鰭が再生しなければ永久に識別できると考えられるが，一方で再生が全くおこらないと，その個体にとっては一生鰭や棘がないままになってしまう．Goto（1985）は，カンキョウカジカにおいて鰭の棘や軟条の除去が永久標識として持続し再生しないことを報告している．この方法は，永久識別ができるという点ではたいへん優れていると評価される．ただし，個体を一生傷つけてしまうことになるので，このような方法を採用することについて，その成果を投稿する際に説明を求められることが

図12-3　ホトケドジョウの鰭切除による90日後の回復状況；左列：背鰭，中央列：腹鰭，右列：臀鰭

ある．とくに行動学関係の雑誌では，投稿規定で標識法を制限しているものがあるので注意を要する．

## §4. イラストマー

イラストマー蛍光タグは，Northwest Marine Technology Inc. により開発されたシリコン主体の色素を用いた標識法で，注射器で比較的容易に体表に標識でき，魚体へのダメージも少ないので，多くの魚種で成果をあげている（Bonneau ら，1995；Dewey ら，1996）．日本でも崔・山崎（1996）がサクラマス幼稚魚を用い，各鰭と前鰓蓋骨，目，下顎に標識後，208 日間の水槽飼育を行った結果，低い死亡率と高い標識保持率を示すことを明らかにしている．トラフグの幼魚では，両眼球後方部位に標識後，5 ヶ月の水槽飼育を行った結果，対照区との比較において生残，成長に影響がなく，標識保持率も高く，さらに作成した注入部位の組織切片にも炎症などの異常は認められなかった（宮木ら，1997）．またトラフグでは，静岡，愛知，三重の東海三県と日栽協がエアーインジェクターを用いて，2000 年度に約 14 万尾，2001 年度に約 11 万尾の大量標識を行い，約 150 尾/台/時のスピードで作業を行った実績があり（田中ら，2006），今後も産業種の生態解明や放流技術の開発などへの貢献が期待される．

本手法は魚体への影響が小さいため，取り扱いには特に慎重を要する希少種にも有効な標識法である．神奈川内水試では，県の絶滅危惧種（critically endangered species）IA 類となったギバチにイラストマータグを検討した．供試魚としては鶴見川水系の 1 歳魚を 150 尾使用し，タグの注射位置としては，下顎，臀鰭基底および尾鰭基底の 3 ヶ所を選定し，他に脂鰭の切除による標識区と対照区を設置した．各試験区それぞれ 10 尾ずつ，合計 50 尾を 4 つの FRP 水槽へと収容した．飼育水槽により使用するイラストマータグの色を変え，赤・黄・緑・青の 4 色を使用した．試験開始 15 日，30 日，60 日および 90 日後にすべての個体を取り上げて測定した後，標識の状態を確認し，0 ～ 3 点で点数化して評価した．

供試魚の飼育経過は順調で，放養後 2 ～ 3 日で通常どおりに摂餌を開始した．試験開始から 90 日後まで，斃死魚は全く確認されなかった．また，給餌量を控えめにしたため，成長はほとんどしなかったが，対照魚との比較では遜色がなかった．下顎標識では 15 日後に色彩が抜けてしまった個体がおり，90 日後の標識保持率は 55％であった．また，臀鰭基底標識では 90 日後の保持率は 85％であった．一方，尾鰭基底標識では，色が完全に消失した個体はなく，90 日後まですべての個体が識別できた．また，脂鰭切除も，90 日後まではすべての個体で確認できた．標識点では，90 日後には下顎が 45 点，臀鰭基底 72 点，尾鰭基底 114 点，脂鰭切除が 120 点であった．臀鰭の標識魚では一部の個体で炎症が認められたが，この部分は体色が濃いため，標識をする際に無意識に必要以上の色素を注入した可能性がある．同じように標識部位の炎症がクルマエビの 1 種からも報告されているが（Godin ら，1996），ギバチの場合にはハンドリングを改善することで，解決できると思われる．これらの結果から，イラストマータグはギバチに対しても有効な標識手法であり，特に尾鰭基底への標識が効果的であった．また，臀鰭基底標識も黄色を除くとほぼ 90 日間は問題なく使用できた．しかし，下顎については脱落する個体が多く，特に黄色と緑では短期間で識別不能となった個体が目立った．

屋内水槽試験で使用の目処がついたので，継続して屋外試験を実施した．神奈川内水試の人工河川・生態試験池（面積約 400 m²）では，本種の復元研究を 1999 年から実施し，毎年，繁殖が確認されている．11 月に 90 尾，イラストマータグ標識を行って放流したところ，30 日後の再捕率は 30％であ

った．さらに再放流時に未標識魚に対して標識を行って放流したところ，60日後にあたる翌年1月の再捕率は34.2％であった．本種は石の下や護岸の隙間などに潜んでいるため，エレクトリック・フィッシャーを使用しても採集数が限られ，人工河川であっても再捕率は高くはないが，それでも標識魚の移動経路や距離，個体の成長などの一部を明らかにすることができた．

　イラストマータグによる標識放流は，ホトケドジョウでも行われている．本種は谷戸を代表する淡水魚であるが，全国的に生息地が激減しており，神奈川県では谷戸のシンボルフィッシュとして保護活動が盛んである．川崎市の生田緑地では，建設工事により消失した生息地を，1990年から4つのビオトープで復元する取り組みが行われている．毎年，繁殖は順調に行われているが，本種の季節移動などの生態の詳細については不明な部分が多かった．そこで，神奈川内水試，日本大学生物資源科学部および生田緑地の谷戸とホトケドジョウを守る会の共同プロジェクトとして，2006年8月からイラストマータグを使用して，毎月の移動や成長を水路で繋がっている3ヶ所のビオトープで調査した．12月までの毎月と3月に採集調査を行い，毎回，全長40 mm以上のホトケドジョウ全個体に標識を行った．標識部位（marked part）は，頭，背部前方，背鰭基底，腹部前方，腹鰭基底の5部位，色素はオレンジ，黄，赤，緑の4色を用いて，採集した6エリアと採集月で識別できるように標識した．

　再捕された標識個体は，回を重ねるごとに割合が増加し，標識率は9月の30％から12月には56％に達し，放流後ある程度の期間を通して再捕が確認された．その結果，各ビオトープ間における移動や，ビオトープ内の移動状況を詳細に把握できた．特に水温低下に伴い湧水流入付近へ集合する傾向や，これまで遡上が不可能と見られていた最上流のビオトープへの移動が確認されるなど，生息地の保全・復元対策に参考になるデータが集積された．野外におけるイラストマータグによる標識は，長期間，連続的に利用できる卓越した手法であることにまちがいはない．

　イラストマータグによる標識手法は，特に専門的な能力を必要とするわけではないが，ハンドリングが重要で，ちょっとした工夫により標識の残留性を向上させ，魚体へ与えるダメージも最小限に抑えることができる．ここではホトケドジョウを参考事例として手法の詳細を紹介する．

　まず，注射による色素の注入の際，皮下に水平方向に針を入れるが，針全体が見えなくなる位（最低でも1 cm，できれば2 cm程度）挿入し，針を抜きながら少しずつ色素を注入する．この時に針先は尖った先端部位を下にする．色素を強引に入れすぎると組織で拡散し，後で膨満したり充血したりすることがあるので，あくまでも細い線状になるように軽く注入する．入り口付近の2 mmくらいは色素を入れずに針を抜き，直後に軽く指で傷口から圧力をかける．この方法で上手に注入すれば，日本大学の室内実験では9ヶ月程度，識別に十分な色素が残った．

　また，ホトケドジョウのような小型の魚類では，標識部位にも注意が必要である．例えば，体側と腹部を標識し，両者の区別がつきにくくなった場合があり，標識部位については事前に正確な位置を図に明示して，関係者に共通認識をもたせることが重要である．イラストマータグの色は蛍光色の赤，オレンジ，黄，青，緑などがよく使用されるようであるが，魚種との相性があるので事前によく検討した方がよい．例えば，ホトケドジョウの場合には，時期が経過すると赤とオレンジが見分けにくくなるケースがあり，ギバチでは黄色の判別を目視ではしにくいケースがあった．また，現場で大量に処理する場合，特に夏季には注意が必要である．気温が高いと色素がすぐに固まってしまうので，クーラーなどを準備した方が安心である．また，針先に組織が付着したり，詰まったりすると注入が雑

になるので，なるべく小まめにタオルで拭き，最低でも100尾程度の処理後，針を交換する必要がある．以上の点に注意すれば，イラストマータグは魚体への影響が少ないので，ホトケドジョウのような希少魚や小型魚についても，色や部位の組み合わせで個体識別が可能であった．ただし，一連の作業には多少の慣れを必要とするので，事前に練習を行ってから本試験を行うことが望ましい．

## §5. 焼き入れ標識

　焼き入れ標識は，魚体に白金耳などを用いて焼き入れを行う方法である．捕獲して判別できる手法であり，行動観察には適用できない．イラストマーと比べると多彩さはなく，焼き入れの跡（図12-4）が残るだけであるがその消失率は低く，小型魚の標識に適している．用具としては，白金耳のほか携帯用のガスバーナーがあればよい．

　山口（1993）はサケ科魚類の幼魚（0.6〜10 g）を用いて焼き入れ方法の検討を行った．焼き入れは図12-5に示した白金耳（針の直径は0.6 mm，長さ40 mm）の先端部を折り曲げ，屈曲部から先の部分を魚体の背鰭基底部付近に押し当て火傷を負わせることによって行った．屈曲部から先端までの長さは魚体の大きさによって調節し，0.6 gサイズの個体では2 mm，2 gサイズでは3 mm，10 gサイズでは10 mmとした．押し当てる深さは，体表部から真皮を通過し皮下組織に達する程度（図12-5）とした．比較のために，焼き入れのほか無標識，尾鰭カット，腹鰭カットの4群を設け，それぞれ50尾の個体を試験した．0.6 gのサケ（20日間）と2 gのヤマメ（90日間）を用いた場合，標識付けの際に死亡した個体は1尾もおらず，試験期間中に死亡した個体は各群0〜1尾にすぎなかった．試験終了時に標識を肉眼で確認できなかった個体はサケでは1尾もいなかった．一方ヤマメでは，尾鰭カット群で4尾（8%），焼き入れ群で5尾（10%）が肉眼では判別できなかったが，いずれも顕微鏡下では標識を確認することができた．

　次に7 gのニジマスと10 gのヤマメについて，焼き入れ群と無標識群を設定し，各魚種各試験群につき100尾を1年間飼育したところ，試験期間中の斃死魚数は各群1〜2尾にすぎず，無標識群と焼き入れ群の間で有意差は認められなかった．焼き入れ部位は個体の成長とともに拡大し，傷口が小型の再生鱗に覆われているので肉眼で容易に確認でき，識別不能個体は1尾もなかった．成長については原論文にはデータが記されていないので検証できないが，山口（1993）は差が認められなかったと述べている．

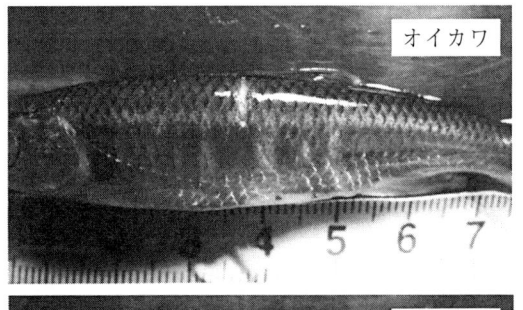

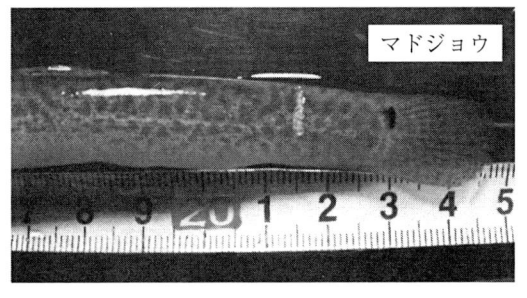

図12-4　焼き入れ標識を施した3種の淡水魚．写真は久保田仁志氏の撮影による．

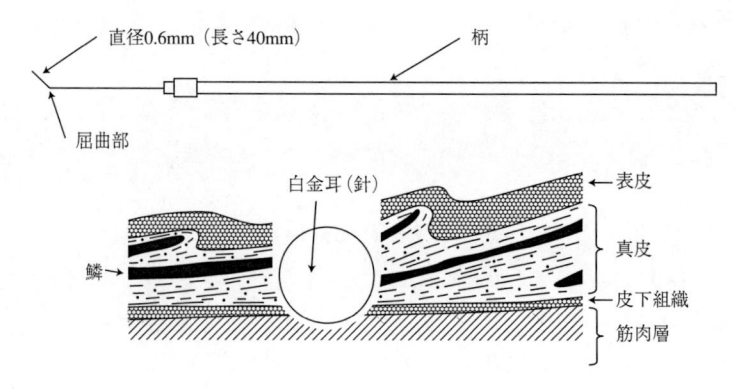

図12-5 焼き入れ標識に用いた白金耳（上）と魚の皮膚の断面図（下）．山口（1993）より転載した．

焼き入れ標識の野外での適用は，イワナで行われている．久保田（1995）は，標準体長50〜100 mmのイワナ当歳魚に対して焼き入れ標識による個体識別を行い，個体数推定と個体の移動分散を数ヶ月にわたり調査した．このときは，山口（1993）に従って体側の5ヶ所を標識部位とし，さらに体側の左右で1または10の位を与え，焼き入れ線の縦横で1〜5あるいは6〜9（100）の番号を与えることで199番までの識別を可能としている．また，月に1回の標識再捕において標識が不明になることはなかったが，鱗の再生によって若干不明瞭になった際には，再度同じ部位に焼き入れを行うことで，明瞭な標識が維持された．ヤマメ当歳魚にも同様の標識を施したが，明るい体色のヤマメでは全体に黒っぽいイワナよりも明瞭に標識を識別できた．魚種の体色によっても識別の容易さは変わる．

1個体に対して2ヶ所の焼き入れを行う際にかかる時間は30秒以内であり，イラストマーなどの色素注入に比べると，相当に手早い作業が可能である．また，注射針での色素注入のように，標識を施す者の技術や色素の事前準備が必要ないこともこの方法の利点といえる．野外で焼き入れ標識を行う際は，白金よりもステンレスの材質で白金耳を作成した方が丈夫で，より手早い作業が可能である．これらの結果から焼き入れ法は，脱落率が極めて低く小型魚に対しても用いることのできる優れた方法であると考えられる．多数の個体を識別する場合には，何ヶ所かの組み合わせを用いるとよい．

## §6. 標識装着法

人為標識の装着は魚に一定の負荷をかけるが，魚の大きさに対して十分に小さなものを用いれば，個体識別法として有効である．このような標識についても，離れた距離から観察するためのものと，捕獲した場合に識別するものがある．観察のための標識は色彩に富み遠くからでも明瞭に区別できるものがよい．

片野（1999）はカワムツの個体識別に際して，黒点の分布や斑紋などによる識別とともに，特徴のない個体については，カラー標識（colored mark）を装着した．渓流釣りで目印として用いるビニールパイプやセルロイド板を小さく切り，小さな穴にハリスを通してカワムツの背鰭の後ろに縫いつけた．縫いつけには外科手術用の丸形の縫合針を用い，結び目に接着剤をつけた．この方法では長い場合，3ヶ月ほど標識は持続した．もっと簡単な標識としてはリボンタグが市販されている（図12-6）．色彩として赤，ピンク，青，白，黄，緑などがありサイズも3通りある．約4cmのまっすぐ

な針の先にカラーのビニール片（幅2〜5 mm，長さ3〜7 cm，厚さ0.1 mm以下）がついている．ビニール片の中央部9 mmほどは幅が3分の1くらいに細くなっており，魚に装着したときに抜けにくくなっている．装着するときは，針を背中の肉に刺し通し，カラーの標識部分が背中の左右に分かれたら，針と標識の間をハサミで切断する．この方法は標識の装着が2〜3秒で完了するうえ，1本当たりの単価も安い．装着のコツは背鰭の前後につけると見

図12-6　リボンタグを装着したオイカワ

やすいことと，ただ平行に針を刺すのではなく，針を少し下向きに刺し，深くえぐるように通し，そこから今度は上向きに針を出すことである．こうすると標識が脱落しにくい．リボンタグは，脱落の恐れがあるので2本を部位を変えて装着するとよい．1ヶ月程度はついているが，その後脱落したり，藻類が付着して色を判別できなくなることがある．また魚種によっては，カラー標識を装着した個体が他個体に攻撃されやすくなることがあるので注意する．

　このほか，魚種によっては背鰭の棘にカラーのビニールパイプをはめ込んで装着する方法も使われることが多い．この場合には，脱落の可能性は低い．ハリヨに対して装着する場合（森　誠一氏，私信）1本もしくは2本の棘に，できるだけ色の薄いビニールパイプをさしこみ，棘とパイプの間に医療用瞬間接着剤をごく少量滲みこむように入れる．管の内径が棘よりも小さいものを温めてから刺すとよく適合する．色彩による繁殖成功やなわばりサイズの違いは認められなかった．装着後に棘と管の隙間に緑カビが生じる個体も少数いたが，捕獲してカビをピンセットで取り除いたという．標識をつけた150個体のうち，カビの発生などによって弱った個体は3個体（2%）だけだった．このようにして装置したビニールパイプは2ヶ月以上ついていたという．このほか捕獲したときの標識として鰓蓋の膜に番号をつけたOHPの小片を差しこむこともあったという．この場合には接着剤は不要であった．

　このほか，行動観察（behavioral observation）はできないものの捕獲して確認する標識として，体外に装着するアンカータグ，ダートタグなどのほか，体内に装着する各種のタグが市販されている．個体番号などを付した体外装着型のタグについては魚に何らかの負荷をかけるので，魚体に比して十分に小さなものを使う必要がある．個体標識の対象が500〜1,000個体を超えると，このようなタグを用いるほか方法はない．他方，体内埋め込み式の標識については，顕微鏡で読みとるマイクロタグ（micro tag），肉眼で読みとるVIソフトタグ（VI soft tag），専用顕微鏡でタグを摘出することなくコードを読みとるPITタグ（PIT tag）などがあり，それぞれ目的に応じて使うとよい．データロガー（data logger）はセンサー付きで水温，水深などを感知して記録するものであり，追跡しにくい魚種の生息場所を研究するのに適している．

表12-1 様々な個体識別法の12項目についての評価. ◎優れている＝2点　○適用できる＝1点　△劣っている＝0点

| | | 自然標識 | 鰭切り | イラストマー | 焼き入れ | カラー標識 | 体外タグ | 体内タグ |
|---|---|---|---|---|---|---|---|---|
| 1 | 持続性がある. | ◎ | △ | ○ | ◎ | △ | ○ | ○ |
| 2 | 魚への影響がない. | ◎ | ○ | ◎ | ◎ | ○ | △ | ○ |
| 3 | 網などへ絡まない. | ◎ | ◎ | ◎ | ◎ | ○ | △ | ◎ |
| 4 | 安価で容易に装着できる. | ◎ | ◎ | △ | ○ | ○ | ○ | △ |
| 5 | 様々なサイズの魚に使える. | △ | ○ | ○ | ○ | ○ | △ | ○ |
| 6 | 他個体と混同しにくい. | △ | ○ | ○ | ◎ | ○ | ◎ | ○ |
| 7 | 麻酔せずに装着できる. | ○ | ○ | △ | △ | ○ | ○ | △ |
| 8 | 判別が容易である. | △ | ○ | ○ | ◎ | ◎ | ◎ | ○ |
| 9 | 保存液中で変化しない. | ○ | ◎ | ◎ | ◎ | △ | ◎ | ◎ |
| 10 | 多数の個体へ適用できる. | △ | ○ | ○ | ◎ | △ | ◎ | ○ |
| 11 | 無害である. | ◎ | ○ | ◎ | ◎ | ○ | △ | ○ |
| 12 | 行動観察ができる. | ○ | △ | △ | △ | ◎ | △ | △ |
| | 総合評価 | 13 | 12 | 11 | 16 | 11 | 10 | 12 |

## §7. 標識の評価

　標識の評価は目的によって異なるが，Welch and Mills (1981) は11の基準（表12-1の1～11）を提案している．どのような個体識別法も，これらの基準のすべてを満たすことはない．対象とする魚種，使用目的によって適した方法を用いればよい．なお，この基準には「行動観察」に適しているか否かは含まれていない．魚類の生態研究にあたって，行動観察できるか否かは極めて重要な要素であり，識別法を評価する場合には，これを含める必要がある．そこでこの基準を含めた12項目について，ここまで述べてきた方法を7つに分けて評価してみた（表12-1）．総合評価点でもっとも高いのは焼き入れ法であり，ついで自然標識，鰭切り標識，体内タグが続いた．しかし，例えば行動観察のしやすさを中心に考えれば，カラー標識，自然標識のほかは考えられない．魚への影響とコストからすれば自然標識が最善であろう．この表はあくまで1つの目安として考えてもらいたいが，焼き入れ法は意外に優れた方法であることが明らかになった．未来の標識法としては，ビデオカメラを装着した標識ができれば，その個体から見える外部世界が解析できるかもしれない．さらにデータロガーに魚の脳波などを検知する仕組みがあれば，魚類の生理生態研究に興味深い進展をもたらすのではなかろうか．

（片野　修・勝呂尚之）

## 文　献

青山　茂 (2000)：ナガレホトケドジョウの腹部白色線形状による個体識別法，魚類学雑誌，47, 61-65.

Bergman P. K., Haw F., Blankenship H. L. and Buckley R. M. (1992)：Perspectives on design, use and misuse of fish tags, *Fisheries*, 17, 20-25.

Bonneau J. L., Thurow R. F. and Scarnecchia D. L. (1995)：Capture, marking, and enumeration of juvenile bull trout and cutthroat trout in small, low conductivity streams, *N. Am. J. Fish. Manag.*, 15, 563-568.

Dewey M. R. and Zigler S. J. (1996)：An evaluation of fluorescent elastomer for making bluegill sunfish in experimental studies, *Prog. Fish-Culturist*, 58, 219-220.

Godin D. M., Carr W. H., Hagino G., Segura F., Sweeney J. N. and Blankenship L. (1996)：Evaluation of a fluorescent elastomer internal tag in juvenile and adult shrimp *Penaeus vannamei*, *Aquaculture*, 139, 243-248.

Goto A. (1985)：Individual identification by spine and ray clipping for freshwater sculpins, *Japan, J. Ichthyol.*, 32, 359-362.

Hale R. S. and Gray J. H. (1998)：Retention and detection of coded wire tags and elastomer tags in trout, *N. Am. J. Fish. Manag.*, 18, 197-201.

Karino K. (1995)：Effective timing of male courtship displays for female mate choice in a territorial damselfish *Stegastes nigricans*, *Japan. J. Ichthyol.*, 42, 173-180.

片野　修 (1999)：カワムツの夏－ある雑魚の生態，京都大学学術出版会．

Katano O. and Uchida K. (2006)：Effect of fin clipping as a marking technique on the growth of four freshwater fish, *Aquacul. Sci.*, 54, 577-578.

久保田仁志（1995）：鬼怒川小支流におけるイワナ *Salvelinus leucomaenis* とヤマメ *Oncorhynchus masou masou* の生活史初期の成長と移動分散に関する研究，東京水産大学大学院水産学研究科修士学位論文，70 pp.

Matsumoto K., Mabuchi K., Kohda M. and Nakabo T. (1997)：Spawning behavior and reproductive isolation of two species of *Pseudolabrus*, *Ichthyol. Res.*, **44**, 379-384.

宮木廉夫・新山 洋・安元 進・池田義弘・多部田修（1997）：トラフグ *Takifugu rubripes* 幼魚におけるイラストマー蛍光標識の有効性について，長崎県水産試験場研究報告，**23**, 27-29.

Mori S. (1993)：The breeding system of the three-spined stickleback, *Gasterosteus aculeatus* (forma leuira), with reference to spatial and temporal patterns of nesting activity, *Behaviour*, **126**, 97-124.

森 誠一（2002）：トゲウオ，出会いのエソロジー，地人書館．

Nicola S. J. and Cordone A. J. (1973)：Effects of fin removal on survival and growth of rainbow trout (*Salmo gairdneri*) in a natural environment, *Trans. Am. Fish. Soc.*, **102**, 753-758.

Reese E. S. (1973)：Duration of residence by coral reef fishes on "home" reefs, *Copeia*, **1973**, 145-149.

崔 美敬・山崎文雄（1996）：イラストマー蛍光タグによるサクラマス幼稚魚の標識法について，水産育種，**23**, 41-50.

田中寿臣・中西尚文・阿知波英明・町田雅春・大河内裕之（2006）：トラフグ放流効果調査におけるイラストマー標識の適用，栽培技研，**34**(1), 43-51.

Walsh M. G. and Winkelman D. L. (2004)：Anchor and visible implant elastomer tag retention by hatchery rainbow trout stocked into an Ozark stream, *N. Am. J. Fish. Manag.*, **24**, 1435-1439.

Welch H. E. and Mills K. H. (1981)：Marking fish by scarring soft fin rays, *Can. J. Fish. Aquat. Sci.*, **38**, 1168-1170.

山口安男（1993）：焼き入れ標識法の有効性について，茨城県内水面水産試験場調査研究報告，**29**, 112-117.

# 13章　バイオロギング

> バイオロギングとは,「人の視界や認識限界を超えた現場において,動物自身やその周辺環境について調べるもの」である．データロガーないしアーカイバルタグと呼ばれる動物搭載型の各種記録計を用いて,深度（圧力）・温度・速度・加速度・照度・心電・酸素分圧・地磁気・音声・画像などのパラメータを時系列情報として取得することができる．データ入手のためには,いったん動物に搭載した装置自体を回収する必要がある．再捕獲が難しい魚類にバイオロギングを用いるためには魚体ごと回収する,もしくは装置を個体から切り離して回収する方法を工夫しなければならない．生きた魚への負荷の少ない装着方法を工夫し,野外環境に放流した後,一定期間後に回収する方法が確立できれば,得られるパラメータに応じて,行動学・生理学・環境学・生態学に大きく貢献できる．バイオロギングは,現場における実態把握を可能にする手法として大きな可能性を秘めている．

## §1. 手法論

### 1-1　バイオロギングとは？

2003年3月に東京の国立極地研究所において第1回バイオロギング国際シンポジウムが開催された．「バイオロギング（bio-logging）」というという耳慣れない言葉は,このシンポジウム開催に際して,実行委員会によって作り出された造語である．似たような言葉としては,「バイオテレメトリー（biotelemetry,生体遠隔測定）」という用語がある．バイオテレメトリーとは,電波や超音波といった搬送波を用いて,生体情報ないし環境情報を遠隔測定する手法である．これに対してバイオロギングとは,広い意味ではバイオテレメトリーに含まれるのかもしれないが,データを送信するのではなく,保持（ロギング）することにより生まれる特徴や利点を強調するために考え出された用語である．

現在,地球上のほぼ全域が電波による通信網で覆われている．GPS機能を有する携帯電話や車に装備されたナビゲーションシステムなどをみてわかるとおり,地上のあらゆる場所において,位置情報を簡単に得ることができる．電波は地上や空中においては有用であるが,海水中における透過性は低い．水平面だけでなく鉛直的にも大きな広がりをもつ海中においては,電波に代わって超音波を用いることが一般的である．

ピンガー（pinger,波動音発振装置）を対象動物に取り付け,発せられる超音波を指向性のあるハイドロホン（hydrophone,水中聴音器）で受信し,対象動物の位置を調べるやり方がある．超音波により個体識別コードや温度や深度といった情報も送信することができる．空中や陸上に出る時間帯がほとんどない魚類の生態を,本来の生活の場である海洋において調べるために,ピンガーを用いたバイオテレメトリーが用いられてきた．しかし,ピンガーの発する超音波は到達距離が数 km に限定

される．ピンガーを取り付けた魚を海で放流した後，ハイドロホンを積んだ調査船で追跡するやり方が一般的であるが，遊泳能力の高い魚を連続的に追跡するには大きな労力を要する．結果的に，ピンガーを用いた調査は数日以内の短期間，あるいは一定水域内の調査に限定されていた．同時に1尾しか追跡できないという問題点もあった．自動受信局を等間隔で配置し，個体の動きを把握するやり方もある．しかし，数kmごとにもれなく受信局を配置するには莫大な予算がかかり，広い外洋における動きを網羅することはできない．

電波や超音波といった搬送波を用いたバイオテレメトリー手法の限界を超える水生動物の行動を把握するために，データを発信せずに保持（ロギング）し，後からそのデータを読み出して解析するという手法が生み出された．当初，深度や温度を測定する機械式のアナログ装置であった頃は，深度記録計（time-depth recorder）ないし温度記録計（time-temperature recorder）と呼ばれていたものが，近年の電子機器発達の恩恵を被り，内部ICメモリーに各種センサーが組み合わされた装置へと改良された．データロガー（data logger）やアーカイバルタグ（archival tag）など，呼び表し方はいくつかあるが，耐圧容器に収められた自記式の小型記録計である点で共通している．

表13-1に示したとおり，それぞれのやり方には利点と欠点がある．欠点を補うために，データロガーで蓄積した時系列データを電波によって人工衛星経由で送信してくる装置（Satellite Relayed Data Loggerなど）や，超音波による情報を受信局で自動記録するやり方などが考案されており，研究の手段のみに着目してバイオロギングの定義を定めるのは難しい．第1回バイオロギング国際シンポジウムでは，バイオロギングの定義についても討議され，シンポジウムの後に出版された論文集には，バイオロギングの定義として，「人の視界や認識限界を超えた現場において，動物自身やその周辺環境について調べるもの」と記された（Boydら，2004）．バイオロギングという新しい分野の動向が定まるまでは，「手段」ではなく，「研究目的」に着目したこの定義を用いることにする．

表13-1 各手段の長所と短所

| 手段 | 長所と短所 |
|---|---|
| 電波 | 装置回収の必要はなく，送信範囲が広いが，海水中からは送信できない． |
| 超音波 | 装置回収の必要はなく，水中でも送信可能だが，音波の到達範囲が狭く，送信可能な情報量が少ない． |
| 記録計 | 範囲の制限がなく，得られる情報量が多い上，陸上・水中を問わず記録可能であるが，装置を回収する必要がある． |

## 1-2 装置開発の歴史

自記式記録計を動物に搭載して行動を調べるやり方は，1960年代に南極のウェッデルアザラシを対象として始められた．アメリカのジェラルド・クーイマン Gerald Kooymanは，ゼンマイ仕掛けのキッチンタイマーを改良した手作りの装置を手に南極に赴いた．わずか1時間の記録ではあったが，ウェッデルアザラシが最深600m，最長43分間の潜水能力を有することが判明した（Kooyman, 1968）．

1980年代に，日本の国立極地研究所の内藤靖彦が，歯車によってゆっくり巻き取られる記録紙上に，圧力センサーや温度センサーに連動したダイヤモンド精密針が記録を残すアナログ式装置を開発した（図13-1）．装置は，南極のウェッデルアザラシやアデリーペンギンに用いられ，その後，温帯

域のウミガメやゾウアザラシといった動物にまで対象が広がった．1988年にカリフォルニアの繁殖場で雌のキタゾウアザラシから得られた記録によると，授乳を終えて海に入り再び換毛のために上陸してくるまでの2ヶ月半の間，雌アザラシが3.5分以内の水面滞在時間を挟んで20分前後の潜水を延々と繰り返していることが判明した（LeBoeufら，1989）．最大潜水時間は62分，潜水深度はしばしば1,000 mを超え，最深1,250 mに至った．同時期のアメリカ製装置の最大記録時間が2週間だったのに比べると，記録時間の長さは突出していた．

　1990年代より，部品の電子化により装置の小型化が急速に進んだ（図13-1）．それまでの装置は大型で，重さも数kgから数百gあった．そのため，そのような装置を搭載できる対象動物はアザラシやペンギン，ウミガメなど，ある程度体が大きな動物に限られていた．装置が小型化されたことにより，サケやヒラメやマグロなど中型以上の魚，飛翔と潜水の両方を行う海鳥類へと対象が広がった．小型化と同時に測定できるパラメータも増えた．それまでの深度（圧力）と温度に加え，速度・加速度・照度・心電・酸素分圧・地磁気・音声・画像などが動物搭載型の装置で記録できるようになった．

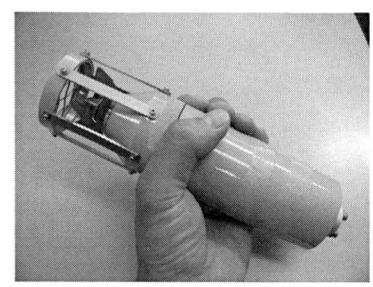

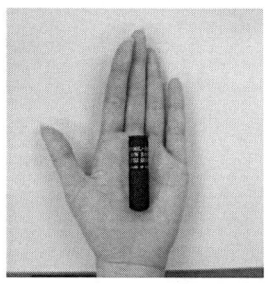

図13-1　アナログ式遊泳速度記録計（左）とデジタル式加速度データロガー（右）

### 1-3　手法の利点と欠点

　バイオロギングは南極の動物を対象に始まり，その後も南極が主要な舞台であった．これには必然的な理由がある．バイオロギングの抱える重要な課題は，装置を回収しないとデータが得られない点にある．そもそも，電波や超音波の受信範囲外のことを調べるために生み出された装置なので，この手法が抱える宿命ともいえる．広い海を自由に泳ぎ回る動物を捕まえるのは難しい．一旦捕獲し，装置を取り付けて放流した個体を，再捕獲するのはほぼ不可能である．そこで，バイオロギングは，装置の取り付けや回収を行うための捕獲が容易な南極の大型動物を対象として始まった．

　アザラシやオットセイといった海産哺乳動物やペンギンなどの海鳥は，陸上や氷上で繁殖を行う．一方，彼らが餌を捕るのは海の中である．そこで，彼らは繁殖期間中に陸上と水中の往復を繰り返す．装置取り付けのための捕獲は陸上で行ない，装置装着の後に動物を放すと，彼らは海に餌を捕りに出かける．陸上には，ともに子育てしている相方や子供が待っているという事情もあり，彼らはほぼ間違いなく元の場所に戻ってくる．その時に再捕獲して，装置の回収を行うのである．陸上に捕食者がいない南極の動物は警戒心が低く，捕獲が容易である．装着のための捕獲という経験を経ても，調査員をさほど怖がることもない．

　魚のように再捕獲が難しい動物を対象とする場合，タイマーと連動した自動切り離し装置が有効である．データロガーと切り離し装置を組み入れた浮力体を対象動物に搭載し，数日後にタイマーが作動し，装置一式を固定していたケーブルタイが切断される．装置が海上に浮かんだ後，同じ浮力体に

取り付けられた VHF 発信器からの電波を，八木アンテナ（Yagi antenna）で受信し方位を推測する．八木アンテナというのは魚の骨のような形をしたアンテナで，受信感度に指向性をもつ．その特徴を利用すれば，VHF 発信器の方角を推測できるのである．調査船で現地に向かい，船上からも電波受信作業を行いながら方角を推測し，最終的に装置一式を回収する．再捕獲が望めない魚類を対象としたバイオロギング研究を可能にする手法である．

制限となるのは VHF 発信器の電波到達距離である．小型発信器の到達距離は，受信者が 100 m ほどの高台に上った状態で 30 km 程度である．湖や湾など，半閉鎖環境においては有効であるが，外洋において 30 km を超える行動半径を有する対象種には別の方法を考えなければならない．

外洋を広範囲に泳ぎ回る魚類に対しては，ポップアップタグが有効である．タイセイヨウクロマグロ *Thunnus thynnus* 237 頭にポップアップタグを装着して放流し，2 日間から 251 日間のデータを取得した例がある（Block ら，2005）．ポップアップタグは魚体に打ち込まれたアンカーにつなげられたケーブルによって曳航される．深度・光・環境水温・体温が記録され，魚体から外れた後に海面に浮かんで，人工衛星経由で地上に情報を送信してくる．送信できるデータ容量が制限されるため，送られてくる情報は 1〜2 分間隔の測定データを 2〜24 時間ごとに集計したものであるが，再捕獲できない大型魚類のデータを，数ヶ月にわたって入手できる．個々の魚が遊泳した深度や水温帯，鉛直方向の水温分布などの環境情報に加え，毎日の水平位置情報が得られる点が重要である．水平位置の推定には光情報を用いる．推定の原理は，日出没時刻より経度を，日長時間より緯度を計算するものである（詳しくは北川，2006 による解説文を参照のこと）．

## §2. 応用事例

### 2-1 遊泳行動

**1）加速度データロガー**　　魚類の示す最も特徴的な行動である遊泳に関しては，解剖学的手法や形態測定，あるいは水槽内における精密な生理学実験などが研究手法の主流を占めてきた．魚類が実際に暮らす現場における測定や実験は，連続的な観察ができないため，十分なされていたとは言い難い．ところが，近年の測器の発達により，束縛されない海洋における行動連続測定が可能となりつつある．バイオロギングの魚類への応用例として，加速度データロガーを用いた魚類の遊泳行動研究を紹介する．

市販されている加速度データロガーとしては Little Leonardo 社製の W-PD2GT（径 20 mm，長さ 117 mm，空中重量 60 g，速度・深度・2 軸加速度・温度）もしくは M-D2GT（径 15 mm，長さ 53 mm，空中重量 18 g，空中重量 60 g，深度・2 軸加速度・温度）がある．両者の違いはサイズと測定パラメータで，加速度測定の基本設計は共通である．耐圧容器内の基盤上に固定された加速度センサーによって，静的加速度と動的加速度を記録することができる．この装置を魚の長軸と平行に装着することにより，長軸が水平面からどれだけ傾いているか，すなわち体軸角度（pitch angle）と，魚が 1 秒間に尾鰭を動かす回数に相当するストローク周波数を把握することができる．加速度のサンプリング間隔は 1/128 秒（128Hz）から 1 秒（1Hz）までの間で設定可能で，対象とする魚種のストローク周波数に応じて選択する．サンプリング間隔を t 秒とした場合，把握できる周波数は $1/(2t)$ Hz 以下となる（Nyquest frequency）．例えば 1/16 秒（16 Hz）にサンプリング間隔を選択すると 8 Hz 以下のストローク周波数を把握できる．しかし，ストロークに対応した加速度波形についても細かく把

握したい場合は，より高頻度でサンプリングする方がよい．

W-PD2GTでは円筒形装置の進行方向の端にプロペラがあり，単位時間当たりの回転数を記録できる．回転数と流水速度の換算実験を別途行うことにより，魚の遊泳速度，厳密には対水速度を知ることができる．W-PD2GTとM-D2GTどちらのタイプにも深度センサーと温度センサーが標準装備されているので，遊泳深度や水温の記録も得ることができる．

2）シロザケの結果　岩手県の大槌湾周辺海域において，加速度データロガーを用いたシロザケ $Oncorhynchus\ keta$ の遊泳行動研究がなされた．川でふ化したサケ稚魚は，降河したのち外洋を回遊し，自らが生まれた川に2年から4年後に繁殖のため戻ってくることが知られている．大槌湾周辺にはいくつもの定置網があり，母川回帰してきたサケを捕獲している．海に仕掛けられた定置網で捕獲されたサケに加速度データロガーを装着し，海で放流する．これらの個体は，その後数週間から1ヶ月で付近の河川に産卵のために遡上する．サケが遡上してくる日本のほとんどの河川において，ほぼ全ての個体が河口の網で捕獲されている．これらの事情から，装置を付けて放流した個体は，海の定置網か河口で再捕獲されると期待できる．1995年から1997年の実験で計69尾が放流され，内35尾が再捕獲された（Tanakaら，2000）．1997年と1999年に実施された実験では計13尾が放流され，内7尾が再捕獲された（Tanakaら，2001）．再捕獲率は年によって異なるが，平均すると5割前後であった．

母川回帰のための回遊を行うサケの遊泳深度は，環境温度による影響を強く受けていた．岩手県沿岸では，9月頃からサケが繁殖のために来遊してくる．しかし，1年間でもっとも水温の高い9月の表層水温は20℃近くもあり，冷水性のサケにとっては高すぎる．そこで，サケは冷たい水温を求めて深度100 m付近を泳ぎながら母川に向かうことになる．サケは水の臭いを頼りに自らの生まれた川を探るといわれている．河口から流れ出る淡水は海水に比べて密度が小さいため，海の表層を流れる．サケが時々水面近くに浮上しては，また深度100 mに戻る行動は，母川の臭いを探るための行動であろうと解釈された．季節が進むと表層の水温はサケの適水温になる．12月に行ったデータロガー実験によると，サケは表層数十m以浅を連続して泳いで母川に向かうようになる（図13-2）．

加速度データロガーによって得られたサケの遊泳行動を解析したところ，サケが推進力を得るために尾鰭を動かす周波数（ストローク周波数）は2 Hz前後であった（図13-3）．表層と深度数十mを往復する際の尾鰭のストローク周波数を比較したところ，潜降していくのに比べて浮上時の方がいくらか高い値となった．表層におけるサケの体密度はほぼ海水と釣り合っている．しかし，数十m以深へ潜ると鰾（うきぶくろ）内の空気は水圧により圧縮され，体全体の密度は海水よりも重くなってしまう．そのために，潜降時よりも浮上時のストローク周波数が大きくなっていたものと解釈できる．サケの鰾（swim bladder）は細管（pneumatic duct）で消化管とつながっている（physostomi）．空気を飲み込むなどといったやり方で浮力調節を行うことが可能であるが，シロザケに関しては，深いところで中性浮力を実現するために表層で空気を飲み込んでから潜降するといったことは行っていないようであった（Tanakaら，2001）．

3）ヒラメの結果　津軽海峡の北海道沿岸で捕獲されたヒラメ $Paralichthys\ olivaceus$ 10尾に加速度データロガーを装着し放流したところ，10尾の内2尾が，それぞれ放流地点から1 kmおよび6 km離れた地点で漁業者により捕獲され，データロガーが回収された（Kawabeら，2004）．2尾はそれぞれ体長が51.8 cmと52.2 cmで，体重は共に2.2 kg，得られたデータ長はそれぞれ1.4日間と5.2

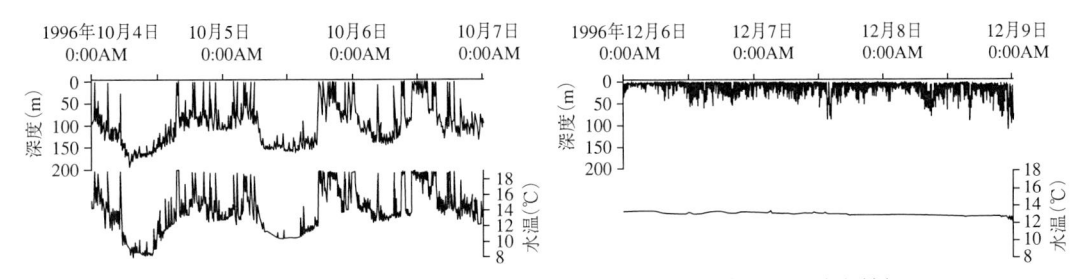

図 13-2 母川に向けて海を回遊中のシロザケの遊泳深度と経験水温．10月初旬（左）と12月初旬（右）の例．（Tanaka ら，2000 より改変）．

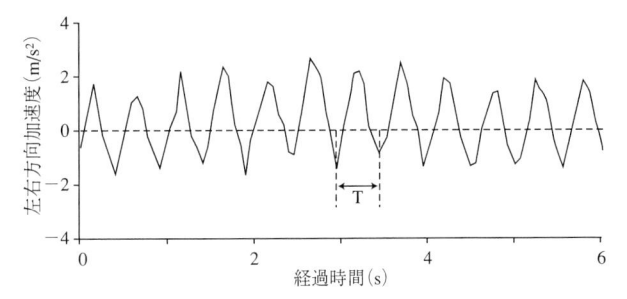

図 13-3 シロザケの尾鰭の動きに対応した左右方向加速度時系列図．T が鰭の動きに要する周期（左右の動きで1周期）に相当する．（Tanaka ら．2001 より改変）

日間であった．母川回帰など，特に定まった地点に戻る習性のないヒラメのような魚類では，どうしても回収率は下がる傾向にある．

ヒラメは底魚として知られており，得られた深度データをみると，データが得られた期間の95％から98％といった大部分の時間を不活発な状態で海底で過ごすことがわかった．時々海底から離れて遊泳していたが，その時の挙動が興味深く，断続的に海底から離れる方向に泳ぎ，その後，数分間かけて海底に戻るというノコギリの刃状のパターンが顕著であった（図 13-4）．

水槽で実施した予備実験により，加速度データにはヒラメが尾鰭を振る行動に対応する周期的変動が現れることが確認された（図 13-5）．野外で得られたデータによると，ヒラメのストローク周波数は稀に 4 Hz を超えるような高周波も見られたが，平均するとストローク周波数は2尾ともに 1.5 Hz であった．加速度と深度の時系列データを重ねてみると，ヒラメは海底から離れる方向に移動する時のみ鰭を動かし，海底に戻る際は鰭を動かすことなく，ちょうど鳥が滑空するようにグライディングすることで移動していることがわかった（図 13-4）．この行動は，鰾をもたないヒラメが海水（1,026 kg/m$^3$）に比べて重い体密度（1,073～1,077 kg/m$^3$）を有していることに一致している．ヒラメにとって海底から離れる方向の遊泳は，重力に逆らって泳ぐことを意味している．海底から離れる方向の遊泳が長時間持続せず断続的になり，結果的にジグザグ状の深度プロファイルを描くのは，本種の筋肉が短期間の瞬発的な運動に向いた白筋で構成されていることに関連しているのかもしれない（Kawabe ら，2004）．

**4）遊泳行動の種間比較**　哺乳類・鳥類・爬虫類といった魚以外の遊泳時ストローク周波数を比較した研究例がある（Sato ら，2007）．加速度データロガーを動物に装着・回収し，データをダウンロードすると，各動物のストロークに対応した周期的変動を得ることができる．周期的に変動する時系列データに対しては，高速フーリエ変換などの時系列解析手法が適応できる．パワースペクトル図を描いて，ピークを検出することにより，それぞれの個体がもっぱらどの周波数でストロークしていたかを表す卓越周波数を得ることができる．

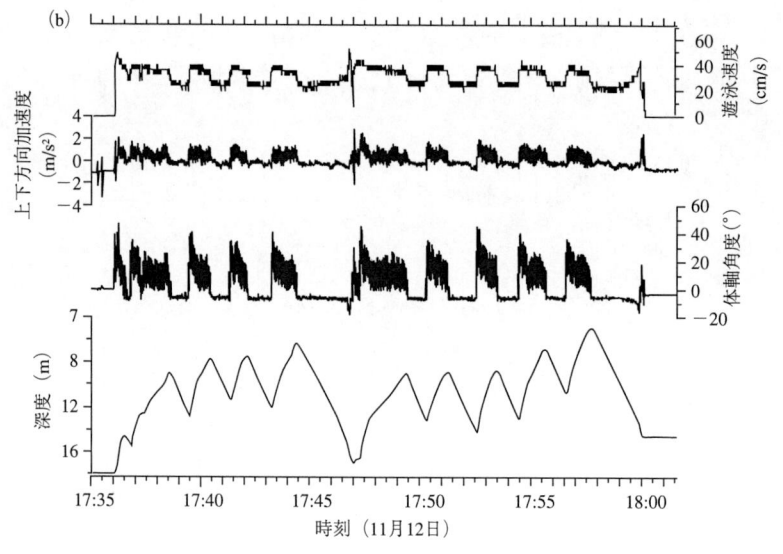

図 13-4 ヒラメが海底を離れる間の遊泳行動パターン．上から，遊泳速度，加速度，体軸角度，深度．
（Kawabe ら，2004 より改変）

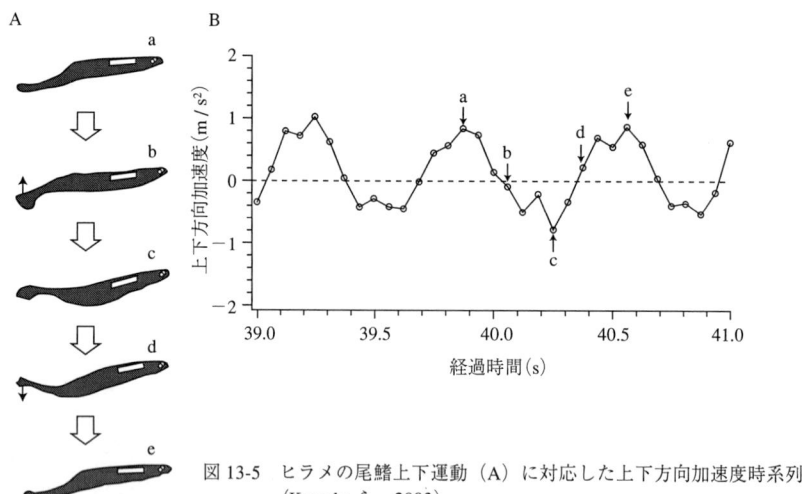

図 13-5 ヒラメの尾鰭上下運動（A）に対応した上下方向加速度時系列図（B）．
（Kawabe ら，2003）

　クジラやイルカやアザラシといった海生哺乳類，ペンギンやウミウなどの海鳥類，爬虫類としてオサガメからデータを取得し，体サイズとの相関を見たのが図 13-6 である．体サイズの指標としては体長などの長さを横軸にもってくることもできるが，ペンギンのように首が伸び縮みして体長を定め難い動物なども含まれることから，体サイズの指標としては体重を用いてある．
　爬虫類のオサガメの値は同サイズのウェッデルアザラシよりも低いストローク周波数となったが，その他の哺乳類と鳥類のストローク周波数 $f$（Hz）は体重 $m$（kg）の $-0.29$ 乗に比例していた（$f = 3.56\ m^{-0.29}$, $R^2 = 0.99$, $n = 17$ species, $P < 0.0001$）．これらの動物は全て，息をこらえた潜水によって餌のある深度にできるだけ長時間とどまることを優先していたと考えられ，呼吸を行う水面と餌のある深度を往復する際は，効率のよい遊泳を行っていたことが期待できる．水中を遊泳する動物にとって，もっとも効率のよいストローク周波数は，主に体サイズによって定まっているものと解釈

できる．図 13-6 の中ではオサガメのみ，積極的な採餌行動を行っていない産卵期間中のデータが用いられている．オサガメの低いストローク周波数の理由としては，効率のよい遊泳を行わねばならぬ動機が低かったという可能性と，爬虫類であることに起因する低代謝によってもたらされた可能性が考えられる．

この図に前述のシロザケとヒラメのストローク周波数のプロットを重ねてみる（図 13-6 中の星印）．魚類は上記の肺呼吸動物とは異なり，潜水時間は限定されない．しかし，サケは同サイズのペンギンと同じ周波数でストロークしていた．サケのデータは，母川回帰のための遊泳中に得られている．効率のよい遊泳を行うという点で他の動物と同じ境遇に置かれていたのかもしれない．ヒラメのストローク周波数は同サイズの遊泳動物に比べて低かったことがわかる．データが得られた期間中，効率のよい遊泳を行うべき動機が低かった可能性がある．しかし，体型が流線型から外れ，持続的遊泳には適さない白筋を主に使っているヒラメでは，効率のよいストローク周波数が他の同サイズの動物とは異なる可能性もある．現時点では野外環境下で加速度データが得られている魚類の種類は少ない．より多くの魚種からデータを得て，鳥類・哺乳類との種間比較を進める必要がある．

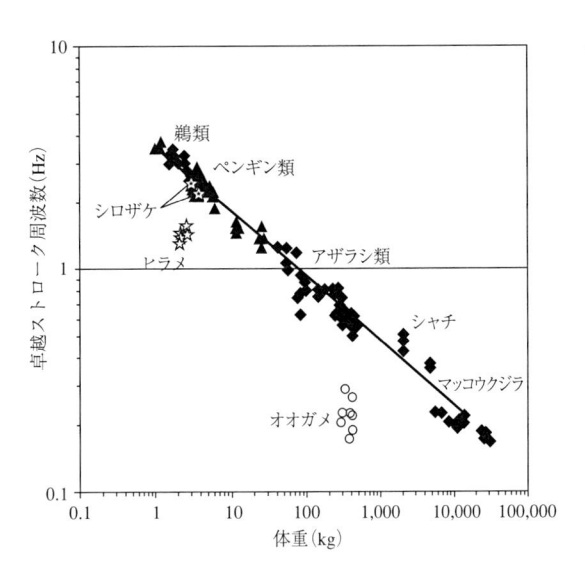

図 13-6 海生哺乳類，海鳥類，爬虫類に加えて，サケとヒラメから得られた体サイズと卓越ストローク周波数の関係．（Sato ら，2007 より改変）

### 2-2 温度生理

**1）内温性と外温性**　多くの鳥類や哺乳類の体温が環境温度よりも高く維持されており，これらの動物は温血動物と称されることがある．この言葉は一般的によく知られているため便利ではあるが，時として不正確で誤解を招くことがある．例えば，冬眠中に体温が 0℃ 近くまで下がっている哺乳動物を温血動物と呼ぶのは違和感がある．一般的には冷血動物と呼ばれる魚類・両生類・爬虫類もまた，必ずしも体が冷たいわけではない．熱帯の魚や砂漠のトカゲの体温は哺乳類より高いことがある．

冷血・温血に対応する専門用語として，変温動物（poikilotherm）と定温動物（homeotherm）というものがある．後者は最近では恒温動物ともいい，本書ではこちらの用語を用いる．しかし，変温動物・恒温動物という用語もまた不正確さを含んでいる．変温・恒温という言葉は，自然環境下における動物の体温が変動しているか，一定であるかという現象面に着目している．その定義に従うと，水温が安定している深海に生息する魚類は，生涯を通して体温がほとんど変動することがないため恒温動物ということになってしまう．逆の例としては，一般的に恒温動物とされている鳥類や哺乳類であっても，実際のところ体温は 1 日のうちで数度ほど変動するし，冬眠する動物では冬になると体温が一旦低下し，春になると再び 30℃ 台後半にまで回復するといった形で，季節的に大きく変動している．

陸生爬虫類のトカゲは，日光浴によって体温を気温よりも高く維持することができる．このトカゲと鳥類や哺乳類を区別するには，動物の体温を左右する機構に着目した外温動物（ectotherm）・内温

動物（endotherm）という用語を用いるのが適当である．内温動物とは，体温を環境温度よりも高めるための熱源として，体内で生み出される代謝熱を利用する動物のことである．哺乳類と鳥類は内温動物である．一方，太陽放射など体の外部の熱源に頼って体温を温める動物のことを外温動物と呼び，一般的には哺乳類・鳥類以外の全ての動物が外温動物であるといわれている．

外温性（ectothermy）・内温性（endothermy）という用語を用いてもなお，哺乳類・鳥類と爬虫類・両生類・魚類の間に厳密な境界線を引くことはできない．興味深い例外がいくつも存在するからである．以下に，それぞれの動物における具体的な例外を紹介していく．いずれも，バイオロギングによって，動物本来の生息環境における体温連続測定が可能になったことが，それらの発見に大きく貢献している．

2）**水生爬虫類および潜水性海鳥類の体温**　1970年代に熱伝導という物理現象に着目した研究者が，大型爬虫類は代謝による熱産生速度を特に高めたり，保温に役立つ器官をもたなくても，体サイズが大きいことのみによって必然的にもたらされる物理的特徴として，体温を外気温よりもある程度高く，かつ外気温変化に左右されずに一定に保つことができるであろうと予測した（Spotilaら，1973）．想定していた対象動物（恐竜）が既に絶滅していたために，その予測の検証は不可能であった．しかし，現世の爬虫類については，バイオロギングによる現場測定が可能である．

1990年代になり，自由に海を泳ぎ回るウミガメから，2週間以上に及ぶ体温連続記録が得られるようになった．砂浜で産卵を終えて海に帰る雌成体の背甲に深度記録計・温度記録計・照度計が装着され，胃の中には温度記録計が挿入された（図13-7）．ウミガメは2～3週間後に再び同じ砂浜に産卵上陸してくる．この習性を利用して，記録計を回収するのである．アカウミガメ成体雌の体温は昼夜（照度）に関係なく，常時水温よりも高く維持されていた（図13-8）．このデータによって，アカウミガメ成体雌は太陽放射エネルギーではなく，代謝熱を熱源として体温を水温よりも高く維持する内温動物であることが判明した（Satoら，1995）．その後，アカウミガメとアオウミガメの成体雌からデータが得られ，体温と水温の平均温度差は0.7～1.8℃で，大型個体ほど大きな温度差をもつという傾向が得られた（Satoら，1998）．この傾向もまた，アカウミガメとアオウミガメが代謝熱により体温を水温よりも高く維持していることを意味している．

現世のウミガメ最大種であるオサガメからもデータロガーを用いた長期間データが得られている．コスタリカの砂浜で産卵を終えたオサガ

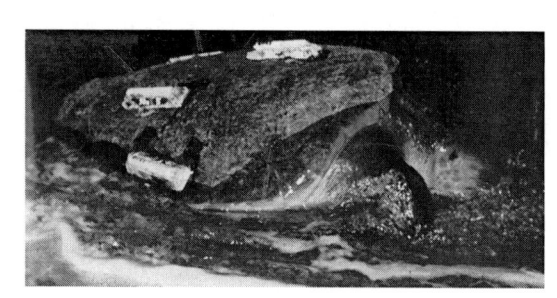

図13-7　背中に各種記録計を背負って海に戻るアカウミガメ．胃の中にも温度記録計が挿入されている．

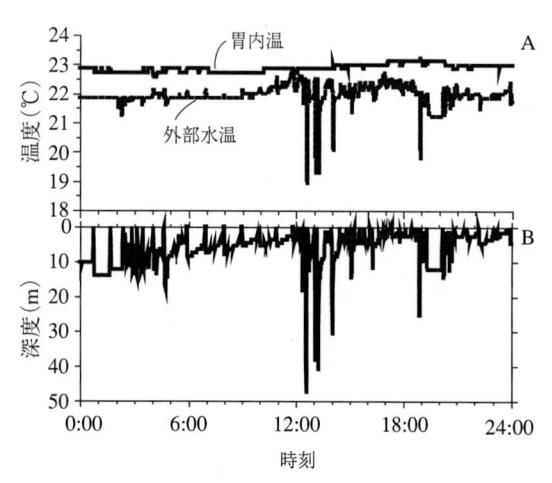

図13-8　アカウミガメが海を泳いでいる際，24時間連続で測定した胃内温と外部水温（A），および潜水深度（B）．

メ成体雌に，背甲下10 cm深の温度と消化管内温度，および水温と潜水深度を記録できる装置が取り付けられ，1週間から19日後に再び産卵のために上陸してくるまでの記録が得られた．その結果どちらの体温も水温より高く維持され，温度差の平均値は1.2〜4.3℃であった（Southwoodら，2005）．1970年代になされた散発的な測定では，体温と水温の間に18℃の温度差が見られたが（Frairら，1972），それに比べると低い温度差にとどまっている．18℃の温度差が見られたときは海上で捕獲された後，2日間飼育環境下に置かれ，その後陸上に引き上げられて体温が測定されている．捕獲から測定までの間に個体が置かれた状況のせいで，普段海を泳いでいるときよりも大きな温度差が生じた可能性がある．海洋動物の実態を把握するためには，現場で連続測定することが必要不可欠なのである．

ウミガメ類は太陽放射エネルギーなどの外部の熱源に頼らず，体内で生み出される代謝熱を用いて体温を外部水温よりも高めているため，外温動物か内温動物かと問われれば，定義に従って内温動物であるといえる．しかし，ウミガメ類において発見された内温性は，せいぜい体温を水温よりも数度高く保つ程度であった．水温0℃前後の極域の海において体温を30℃台後半に維持している鳥類や哺乳類に比べれば，内温性の程度は低い．鳥類は体内の熱源により体温を外部水温に比べて高く維持している紛れもない内温動物である．しかし，内温動物が必ずしも恒温動物ではないのは興味深いことである．

キングペンギン *Aptenodytes patagonicus* は深度300 mに及ぶ潜水を繰り返して行うことにより餌を捕らえる海鳥で，現生種の中で2番目に大きなペンギンである（体重10〜12 kg）．データロガーを用いて，海を自由に泳ぎ回るキングペンギンの体温を，胃や腹腔内において連続測定したところ，連続して潜水を行っている間に10℃以上も低下することが判明した（Handrichら，1997；図13-9）．胃内温度よりも腹腔内温度の方が大きく低下したことから，オキアミや魚などの冷たい餌を捕らえたことがこの温度低下の理由であるとは考えられない．その後の研究により，潜水中の遊泳に必要な胸筋の温度変化は腹腔内温度ほど大きくないことがわかった（Schmidtら，2006）．腹腔など，体の一部の体温が下がって代謝速度が低下するため，潜水中の酸素消費速度も下がり，長時間の潜水が可能になっているのであろうと解釈されている．

潜水をする鳥類は深いところにある餌を捕らえるために潜っている．そのためには，息をこらえてできるだけ長時間潜っていられるのが都合よい．酸素消費速度を下げれば，長時間息をこらえていることができる．しかし，酸素消費速度を外温動物と同じレベルにまで下げてしまったのでは，体温が大きく低下してしまう．彼らの筋肉は30℃台後半の温度でうまく機能するようデザインされており，低体温は数々の不都合を引き起こしてしまう．体温維持と，酸素消費速度抑制という矛盾する2方向の要求を満たすため

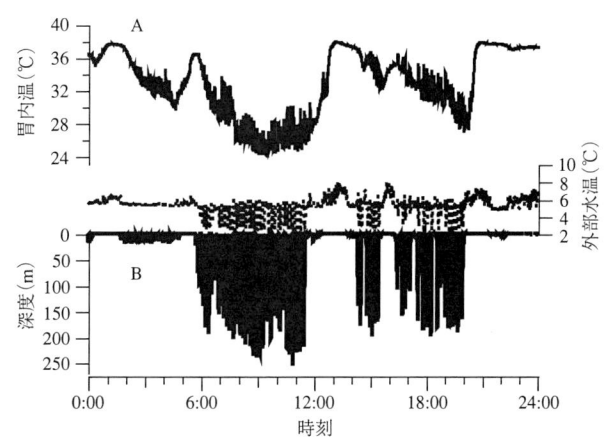

図13-9 キングペンギンが海を泳いでいる際，24時間連続で測定した胃内温（A，上の実線）と外部水温（A，下の点線），および潜水深度（B）．

に彼らが選択したのは，体表部や腹腔内といった体の一部の体温を下げる部位的異温性（regional heterothermy）であった．

3）魚類の体温　鰓呼吸によって水中の溶存酸素を体内に取り入れている魚類においては，鰓の薄膜を通して血液が海水や淡水に常時さらされている．水の熱伝導率（0.561 W/m/K）は空気（0.0241 W/m/K）に比べて23倍高く，水の比熱（4.184 J/g/K）は空気（1.0 J/g/K）の4倍なので，同じ温度の空気に比べて，水は熱を奪う速度がはるかに速い．鰓を通った後の血液は外海の水温と同じ温度にまで低下する．そのため，ほとんどの魚類が外温動物である．

一方，捕獲直後のマグロ類やカツオが水温よりも高い体温を有することは，漁師の間では古くから知られている．代謝によって生み出される熱を用いて，体温を外界水温よりも高めるという内温性を実現するためには，連続的に産熱するための高い代謝能力と放熱を抑えるための工夫が必要となる．メバチ Thunnus obesus やキハダ T. albacares を延縄漁で捕獲した後，ホースで海水を鰓に通すやり方で生かしたまま，体の各部位の温度を数時間以上にわたり連続測定した例がある（Carey and Teal, 1966）．状態のよい個体ほど，水温よりも高い体温を有し，例えば20℃の海水にさらされた70 kgのメバチの筋肉温度は32℃に維持されていた．体内における温度分布図によると，最大胴回り付近の血合筋（red muscleまたはdark muscle）と普通筋（white muscleまたはlight muscle）の接するあたりが最も高温となり，脊椎骨付近の筋肉温度はやや低く，体表付近の温度はさらに低く，海水よりもわずかに0.2℃ほど高いだけであった．

血合筋は持続的巡航遊泳に必要な推進力を生み出しており，血合筋の収縮運動に伴う産熱は熱源として重要である．外温性魚類では，血合筋は体側筋中央の表層部に発達するのに対し，内温性魚類においては脊椎骨に近い深部において発達しており保温に有利な構造となっている．血合筋には多数の細い静脈と動脈が密に分布し，奇網（rete mirabile）を作っている．筋肉で温められた血液は静脈によって体表部に運ばれ，その後鰓へと向かう．暖かい血液がそのままの温度で体表や鰓で冷たい海水にさらされてしまうと熱損失が大きく，体温を外界温度より高く維持するのに都合が悪い．奇網では体内から体表に出て行く静脈と体表から体内に向かう冷たい動脈が近接して流れている（図13-10）．これにより，静脈血と動脈血との間には一定の温度勾配が維持され，効率よく熱の受け渡しがなされる向流式熱交換器（countercurrent heat exchanger）として機能するのである．結果的に，筋肉で温められた静脈血は，熱を動脈血に受け渡した後冷たい状態で体表を流れ，鰓に向かう．よって，体表や鰓における熱損失を最小限に抑えることができる．

硬骨魚類の中でもサバ亜目やメカジキ亜目のいくつかの魚種，および軟骨魚類のなかの大型サメ類（ネズミザメ科およびオナガザメ科）が，局所的な内温性（regional endothermy）を有することが知られている．魚類に見られる局所的内温性には，マグロ類やサメ類に見られるような，代謝熱により筋肉・内臓・脳といった箇所を暖かく保つ様式と，メカジキ科のメカジキ属やマカジキ科のバショウカジキ属・クロカジキ属・マカジキ属などに見られるような，脳と目

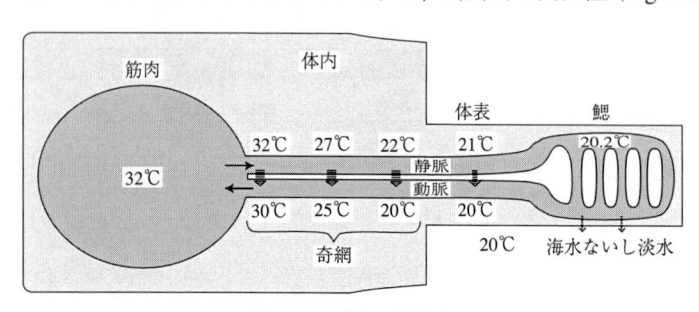

図13-10　奇網の模式図

のみを暖かく保つ頭蓋内温性（cranial endothermy）がある．

内温性を有する魚種には体サイズが大きいとか奇網などの器官を有するといった特徴が共通しており，いずれも放熱を低く抑えることに貢献している．しかし，高めた体温を一定値ないしある範囲内に維持するためには，産熱速度と放熱速度を動的に調節する必要がある．生理的体温調節や行動的体温調節，あるいはその両方をあわせたやり方を採用している魚種が知られている．

超音波テレメトリを用いることで，メバチ Thunnus obesus の深度・筋肉温度・外部水温を連続測定した例がある（Holland ら，1992）．メバチは水温躍層をまたいで表層と深いところを往復し，時には1,000 m近くも鉛直移動することが知られている．餌を捕獲するために水温躍層よりも深い深度で過ごす間，体温低下はゆっくりと進む．体温が18℃以下になる前にメバチは表層の暖かい水に戻り，表層にいる間の体温は急速に上昇する．実際に測定された体温の急上昇やゆっくりとした下降を説明するためには，体内の熱伝導係数が体温上昇時と下降時で2桁ほども異なっている必要があった．以上の結果から，メバチは体温を一定の範囲内に収めるために，熱伝導係数を大きく変化させるといった生理的体温調節と，冷たい水と温かい水を移動するという行動的体温調節を組み合わせた能動的な体温調節を行っていると解釈されている．

アーカイバルタグを用いてクロマグロ Thunnus orientalis の遊泳深度，腹腔内体温，外部水温を最長2ヶ月にわたって記録した例がある（Kitagawa ら，2001）．クロマグロはしばしば水温躍層よりも深い深度へ進入し短時間で表層に戻るという鉛直行動を行っていた（図13-11）．熱伝導モデルによる解析結果によると，体サイズが大きいことによってもたらされる温度慣性，もしくは産熱速度の増加によって腹腔内温度の低下は緩和されていたと考えられるが，体温変化速度から推定された熱伝導係数は冷却時と加温時でほとんど同じであったことから，クロマグロの体温決定には生理的な調節機構は重要ではなかったと結論づけられた．この結果は，メバチに見られた生理的・行動的体温調節とははっきりと異なるものである．メバチとクロマグロの生理的な体温調節能力の程度を比較するためには，筋肉温度と腹腔内温度の両方を長期間にわたって測定し，定量的な比較解析を行う必要があるだろう．

魚体を解剖することで奇網の構造などについては調べることができる．あるいは，捕獲直後の魚の体温を測定すれば，水温よりもいくらか高い値を有することもわかる．しかし，野外環境下における実態を把握するためには，普段海で泳いでいる間の体温の挙動を連続的に測定しなければならない．今後は，魚類の体温維持の機構についても，現場で調べていく必要がある．外界の水温変化に対応し，

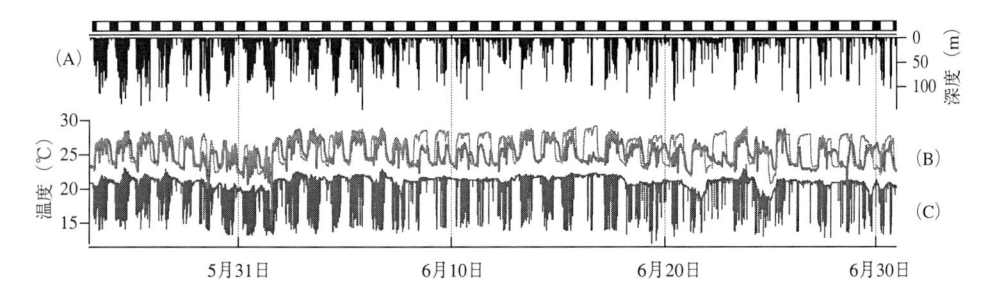

図13-11　1ヶ月以上の長期間にわたって測定されたクロマグロの滞在深度（A），腹腔内温度（Bの太線）および外部水温（C）．活発な日中と不活発な夜間でそれぞれ異なる産熱速度を仮定して計算した腹腔内温度（Bの細線）．（Kitagawa et al., 2001 より改変）

心拍数を変化させたり，体表付近の血流を抑制するなどといった生理的な体温調節を行っているのか否かについて，野外環境下においてその動的な実態を把握することが将来の課題である．

2-3 画像による環境情報取得

1）採餌生態学　バイオロギングにより，生息環境下における魚類の行動や生理が明らかになりつつある．次の段階として，魚類の行動や生理に対して大きな影響を及ぼしているはずの環境情報を取得する必要が生じた．観測船や潜水艇を用いた調査も行われているが，そのやり方では，対象としている個体の周辺環境を連続測定することはできない．そこで，対象動物に小型カメラを搭載し，得られた映像を頼りに，動物と同じ視線で周辺環境を調べるという試みが始められた．

ナショナルジオグラフィック協会 National Geographic Society のグレッグ・マーシャル Greg Marshall は，1992 年に初めてフェルナンデスオットセイ Arctocephalus philippii にクリッターカム（Crittercam）と呼ばれる動画記録装置を取り付けて画像データを得た．クリッターカムは耐圧容器に収められたビデオカメラで，動物の視線から水中における動画を撮影できる．現在クリッターカムは魚類から海産哺乳類に至る多くの水生動物に搭載されている．南極海においては，定着氷の穴から潜水を開始したエンペラーペンギンが，深度 50m 以浅を泳ぎながら時々急浮上し，氷の下面で魚（ボウズハゲギス Pagothenia borchgrevinki）を捕獲する様子が記録されていた（Ponganis ら，2000）．同様の映像はその後，より小型化された静止画像データロガー（DSL カメラ）によっても得られている（図 13-12）．それまで得られていた潜水深度記録から，500 m 以上の深度まで潜ることが注目を集めていたエンペラーペンギンであったが，定着氷の下面といった，ごく浅い深度帯においても捕食活動を行っていることが，画像データから判明したのである．同じくクリッターカムをカナダ南東部ノバスコシア州ハリファックス Halifax の南東 288 km に位置するセーブル島 Sable Island のゼニガタアザラシ Phoca vitulina に付けたところ，主にイナゴ属の魚 Ammodytes dubius やカレイ科の魚を捕らえており，時々タイセイヨウサケ Salmo salar やタイセイヨウマダラ Gadus morhua ないしモンツキダラ Melanogrammus aeglefinus を追尾していた（Bowen ら，2002）．イカナゴは砂に潜って隠れているものと群れて遊泳しているものがいたが，アザラシは前者を捕らえる場合はゆっくりと泳ぎつつ時々砂地の海底を掘るような行動を示し，後者の場合は高速で追尾して群れから外れた個体を 1 尾ずつ捕獲していた．クリッターカムは魚類にも搭載されている．オーストラリア西部の Shark bay でイタチザメ tiger shark Galeocerdo cuvier に搭載された研究例がある．

テキサス A&M 大学のランドール・デービス Randall Davis らは，カムコーダー（Camcorder）と呼ばれるカメラを開発し，南極のウェッデルアザラシに搭載した．ウェッデルアザラシが南極海の表面に浮かぶ海氷の下に潜む魚を捕まえるため，息を吐き出して魚を氷のくぼみから追い出すシーンなどが撮影されている（図 13-13，Davis ら，1999）．ナンキョクオットセイに搭載された例では，オキアミのパッチに突入した後，それらを加えるまでの一連の動画が撮影されている（図 13-14）．

1999 年に日本の国立極地研究所の内藤靖彦により開発された Deep Sea Looking（DSL）カメラが，南極昭和基地周辺海域においてウェッデルアザラシに取り付けられた．日本製カメラの特徴は，撮影できる画像を静止画とすることにより，フラッシュライトを用いた撮影が可能となった点にある．これにより，光の届かない深度の水中画像が得られるようになった．授乳期のウェッデルアザラシ雌成体にとりつけた DSL カメラによって，30 秒間隔で撮影された静止画像には，深度 314 m においてアザラシが細長い魚を口にくわえる瞬間（図 13-15）が記録されていた（Sato ら，2002）．画像に写っ

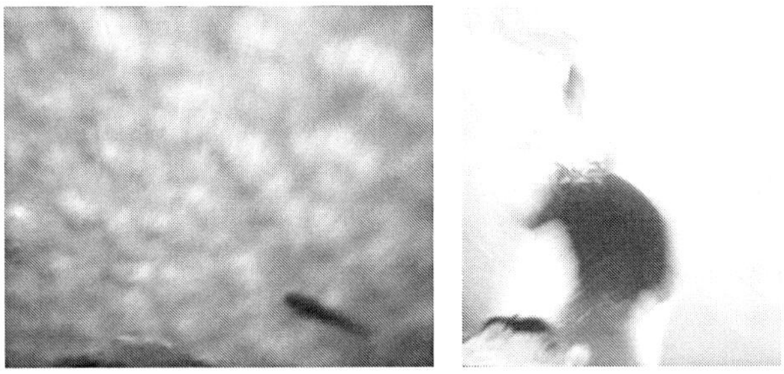

図 13-12　エンペラーペンギンが定着氷下で餌の魚を視野に捕らえ（左），捕獲する様子（右）

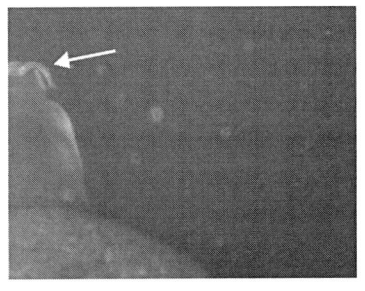

図 13-15　ウェッデルアザラシが深度 314 m で細長い魚（矢印の先）を捕獲した瞬間．

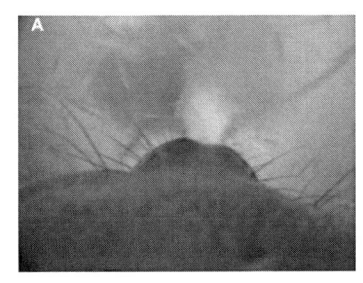

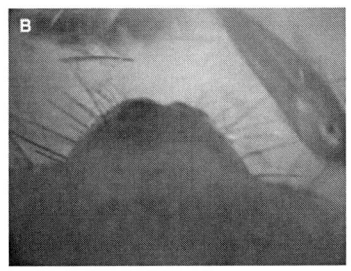

図 13-13　南極定着氷のくぼみに息を吹き入れ（A），追い出した魚を捕獲する（B）ウェッデルアザラシ．（テキサス A&M 大学　Randall Davis 博士提供）

図 13-16　定着氷のすぐ下を泳ぐウェッデルアザラシ新生児（生後 24 日）．

図 13-14　ナンキョクオットセイがオキアミの群れに突入し（左），1 匹を捕獲する様子（右）．（テキサス A&M 大学　Randall Davis 博士提供）

図 13-17　アデリーペンギンの背中に装着した DSL カメラによって撮影された，ペンギンの浮上時の様子．（国立極地研究所高橋晃周博士提供）

ていた餌生物と思われる粒子数を画像解析ソフトによって数値化したところ，浅い深度帯にはほとんど餌がなく，250m 以深になると急に餌分布量が増え，アザラシはその餌の多い深度帯めがけて潜水を繰り返していたことが判明した（Watanabe ら，2003）．その後，地磁気・加速度・遊泳速度の時系列データから，水中 3 次元潜水軌跡を計算することが可能となり，画像による餌分布と対応させた行動パターンが調べられるようになった．定着氷の所々に開いた呼吸穴から潜水を繰り返すウェッデルアザラシは，一旦濃密な餌パッチに遭遇したら，それ以上遠くには行かず，そこにとどまり餌をとった後に，再び同じ呼吸穴に戻るといった方針で振る舞っていることが明らかになった（Mitani ら，2004）．

　動物にカメラを搭載することにより，人の目が届きにくい水中環境において予想外の発見もあった．南極海でウェッデルアザラシに DSL カメラを取り付けたところ，厚さ 150 m 前後の棚氷の下面に，

刺胞動物とおぼしき群集が濃密に存在していたのである．棚氷の下面にこのような生物群集が存在することはそれまで知られていなかった．近年，南極海において棚氷が広範囲に崩壊する現象が報告されている．棚氷の崩壊は，氷下面の生物相の崩壊にもつながる重大な現象であることが判明した（Watanabeら，2006）．

　2）**集団行動**　陸上動物を対象にした野外調査では観察が基本的手段である．研究者が現場に赴き，そこで対象となる動物を詳細に観察する．ある程度の観察を経て，自分が明らかにしたい項目や興味を抱いた現象を整理し，その後，機構や機能を明らかにするための調査・実験手段を模索する．

　水中動物の場合，特に外洋を広範囲に動き回る大型動物の場合，対象動物を連続的に観察することができなかった．本章でこれまで述べてきたとおり，観察できない動物の行動や生理を調べるために，深度記録計や温度記録計が開発され，深度や温度の時系列記録を通して水生動物の生理や行動についての研究が進められてきた．限定されたパラメータではあるが，それらの情報によってわかるものは多かった．その後，得られるパラメータが増え，現象の機構や機能を調べることも次第に可能になりつつある．バイオロギングが発達したおかげで，カメラを使った画像情報が得られるようになった．本来，一番はじめに行うべき観察が，ようやく可能になったのである．画像情報が得られることで，想定外の発見や，新しい研究課題が生まれた．

　南極海においてウェッデルアザラシを対象として行ったバイオロギング研究によって，授乳期間中の雌成体が餌捕りを目的とした深い潜水を行っていたことは前述の通りである．ところが，同じ個体が深い潜水に費やすのとほぼ同程度の時間を，50 m以浅の浅い潜水に費やしていることも判明した．DSLカメラによって得られた画像情報を見る限り，この浅い潜水では餌生物とおぼしき物体には遭遇しておらず，餌を捕食している光景も見られなかったため，採餌を目的とした潜水ではないことがわかる．それまで，前向きに取り付けていたDSLカメラを後ろ向きに取り付けることにより，この浅い潜水行動の意味が見えてきた．図13-16に見られるとおり，カメラを取り付けた成体雌のすぐ後ろを新生児がついて泳いでいたのである（Satoら，2003）．子供が氷上で待つ間は，成体雌は自らの餌捕りを目的とした深い潜水を行い，子供が一緒に水中に入っている間は，子供と一緒に浅い潜水を行っていた．深い潜水に比べ，浅い潜水の際の遊泳速度は有意に遅かったことから，成体雌は遊泳能力の低い子供にあわせてあえてゆっくりと泳いでいるものと推察された．

　陸上動物の行動を観察していれば，彼らの行動が効率のよい餌捕りだけを目的としているのではなく，同種他個体の影響を強く受けていることは明らかである．直接観察できない水中動物の潜水行動について，深度時系列データをもとに研究が進められていた間は，同種他個体の影響については調べられなかった．画像記録が得られることにより，水中の同種個体間の相互関係についても調べることが可能になりつつある．

　アデリーペンギンにおいては，複数個体から得られた深度時系列データのプロファイルが一致したことから，これらの個体が集団で潜水を行っていることが推察された（Takahashiら，2004b）．その予想は，後にペンギンに搭載したDSLカメラによる画像により検証された（図13-17）．浮上中のペンギンの前方を撮影した静止画像には，同方向に向かって浮上中の複数個体が映っていた（Takahashiら，2004a）．その際用いられたDSLカメラは径21 mm，長さ138 mm，空中重量73 gのもので，2009年現在，世界最小の水生動物搭載型カメラである．

　アデリーペンギンにおいて発見された同調潜水では，餌捕りを行っていると思われる潜水底部の深

度が個体ごとに異なっているにも関わらず，複数個体が潜降・浮上のタイミングと移動速度を一致させていた．浅い深度で餌採りをしている個体か，深い深度で餌採りをしている個体のいずれかが，採餌効率を最大化する行動を犠牲にして，他個体の動きに自らを同調させているのである．その理由としては，アザラシによる捕食を回避するための群れ形成といったことが考えられる．

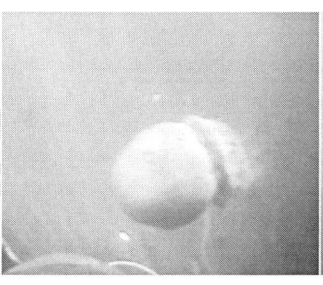

図 13-18 背中にカメラを装着したサケ（左），サケが撮影したエチゼンクラゲ（中），および他個体（右）．（工藤俊哉氏より提供）

ペンギンに搭載されたDSLカメラは，シロザケにも搭載された（図 13-18）．サケの視点による海中環境画像情報が得られるようになった．母川回帰中のサケが，エチゼンクラゲに遭遇している様子や，回遊中の他個体との集団遊泳の様子などが撮影されている（Kudoら，2007）．今後，データの得られる期間が延長されることにより，採餌行動の研究やその他の研究課題へと発展することが期待される．

（佐藤克文）

## 文献

Block, B. A., Teo, S. L. H., Walli, A., Boustany, A., Stokesbury, M. J. W., Farwell, C. J., Weng, K. C., Dewar, H., and William, T. D. (2005): Electronic tagging and population structure of Atlantic bluefin tuna, *Nature*, 434, 1121-1127.

Bowen, W. D., Tully, D., Boness, D. J., Bulheier, B. M., and Marshall, G. J. (2002): Prey-dependent foraging tactics and prey profitability in a marine mammal, *Mar. Ecol. Prog. Ser.*, 244, 235-245.

Boyd, I. L., Kato, A., and Ropert-Coudert, Y. (2004): Bio-logging science : sensing beyond the boundaries, *Mem. Natl Inst. Polar Res., Spec. Issue*, 58, 1-14.

Carey, F. G. and Teal, J. M. (1966): Heat conservation in tuna fish muscle, *PNAS*, 56, 1464-1469.

Davis, R. W., Fuiman, L. A., Williams, T. M., Collier, S. O., Hagey, W. P., Kanatous, S. B., Kohin, S., and Horning, M. (1999): Hunting behavior of a marine mammal beneath the Antarctic fast ice, *Science*, 283, 993-995.

Frair, W., Ackman, R. G., and Mrosovsky, M. (1972): Body temperrature of *Delmochelys coriacea*, warm turtle from cold water, *Science*, 177, 791-793.

Handrich, Y., Bevan, R. M., Charrassin, J.-B., Butler, P. J., Putz, K., Woakes, A. J., Lage, J., and Maho, Y. L. (1997): Hypothermia in foraging king penguins, *Nature*, 388, 64-67.

Holland, K. N., Brill, R. W., Chang, R. K. C., Silbert, J. R., and Fournier, D. A. (1992): Physiological and behavioural thermoregulation in bigeye tuna (*Thunnus obesus*), *Nature*, 358, 410-412.

Kawabe, R., Naito, Y., Sato, K., Miyashita, K., and Yamashita, N. (2004): Direct measurement of the swimming speed, tailbeat, and body angle of Japanese flounder (*Paralichthys olivaceus*), *ICES Journal of Marine Science*, 61, 1080-1087.

Kawabe, R., Nashimoto, K., Hiraishi, T., Naito, Y., and Sato, K. (2003): A new device for monitoring the activity of freely swimming flatfish, Japanese flounder *Paralichthys olivaceus*, *Fisheries Science*, 69, 3-10.

Kitagawa, T., Nakada, H., Kimura, S., and Tsuji, S. (2001): Thermoconservation mechanisms inferred from peritoneal cavity temperature in free-swimming Pacific bluefin tuna *Thunnus thynnus orientalis, Mar. Ecol. Prog. Ser.*, 220, 253-263.

北川貴士（2006）：バイオギングによるクロマグロの行動生態研究の現状，テレメトリー 水生動物の行動と漁具の運動解析（山本勝太郎，山根 猛，光永 靖編），恒星社厚生閣，pp. 45-55.

Kooyman, G. L. (1968): An analysis of some behavioral and physiological characteristics related to diving in the Weddell seal, *Antarctic Res. Ser.*, 11, 227-261.

Kudo, T., Tanaka, H., Watanabe, Y., Naito, Y., Otomo, T., and Miyazaki, N. (2007): Use of fish-borne camera to study chum salmon homing behavior in response to coastal features, *Aquat. Biol.*, 1, 85-90.

LeBoeuf, B. J., Naito, Y., Huntley, A. C., and Asaga, T. (1989): Prolonged, continuous, deep diving by northern elephant seals, *Can. J. Zool.*, 67, 2514-2519.

Mitani, Y., Watanabe, Y., Sato, K., Cameron, M. F., and Naito, Y. (2004): 3D diving behavior of Weddell seals with respect to prey accessibility and abundance, *Mar. Ecol. Prog. Ser.*, 281, 275-281.

Ponganis, P. J., van Dam, R. P., Marshall, G., Knower, T., and Levenson, D. H. (2000): Sub-ice foraging behavior of emperor penguins, *J. Exp. Biol.*, 203, 3275-3278.

Sato, K., Matsuzawa, Y., Tanaka, H., Bando, T., Minamikawa, S., Sakamoto, W. and Naito, Y. (1998): Internesting intervals for loggerhead turtles, *Caretta caretta*, and green turtles, *Chelonia mydas*, are affected by temperature. *Canadian Journal of Zoology*, 76, 1651-62.

Sato, K., Mitani, Y., Cameron, M. F., Siniff, D. B., Watanabe, Y., and Naito, Y. (2002): Deep foraging dives in relation to the energy depletion of Weddell seal (*Leptonychotes weddellii*) mothers during lactation, *Polar Biol.* 25, 696-702.

Sato, K., Mitani, Y., Kusagaya, H., and Naito, Y. (2003): Synchronous shallow dives by Weddell seal mother-pup pairs during lactation, *Mar. Mamm. Sci.* 19, 384-395.

Sato, K., Sakamoto, W., Matsuzawa, Y., Tanaka, H., Minamikawa, S., and Naito, Y. (1995): Body temperature independence of solar radiation in free-ranging loggerhead turtles, *Caretta caretta*, during internesting periods, *Marine Biology*, 123, 197-205.

Sato, K., Watanuki, Y., Takahashi, A., Miller, P. J. O., Tanaka, H., Kawabe, R., Ponganis, P. J., Handrich, Y., Akamatsu, T., Watanabe, Y. et al. (2007): Stroke frequency, but not swimming speed, is related to body size in free-ranging seabirds, pinnipeds and cetaceans, *Proc. R. Soc. Lond.*, B 274, 471-477.

Schmidt, A., Alard, F., and Handrich, Y. (2006): Changes in body temperatures in king penguins at sea: the result of fine adjustments in peripheral heat loss?, *Am. J. Physiol.*, 291, R608-618.

Southwood, A. L., Andrews, R. D., Paladino, F. V., and Jones, D. R. (2005): Effects of diving and swimming behavior on body temperatures of Pacific leatherback turtles in tropical seas, *Physiological and Biochemical Zoology*, 78, 285-297.

Spotila, J. R., Lommen, P. W., Bakken, G. S. and Gates, D. M. (1973): A mathematical model for body temperatures of large reptiles, implications for dinosaur ecology, *Am. Nat.* 107, 391-404.

Takahashi, A., Sato, K., Naito, Y., Dunn, M. J., Trathan, P. N., and Croxall, J. P. (2004a): Penguin-mounted cameras glimpse underwater group behaviour, Proc. R. Soc. Lond. , B 271, S281-S282.

Takahashi, A., Sato, K., Nishikawa, J., Watanuki, Y., and Naito, Y. (2004b): Synchronous diving behavior of Adélie penguins, *J. Ethol.*, 22, 5-11.

Tanaka, H., Takagi, Y., and Naito, Y. (2000): Behavioural thermoregulation of chum salmon during homing migration in coastal waters, *J. Exp. Biol.*, 203, 1825-1833.

Tanaka, H., Takagi, Y., and Naito, Y. (2001): Swimming speeds and buoyancy compensation of migrating adult chum salmon *Oncorhynchus keta* revealed by speed/depth/acceleration data logger, *J. Exp. Biol.*, 204, 3895-3904.

Watanabe, Y., Bornemann, H., Liebsch, N., Plötz, J., Sato, K., Naito, Y., and Miyazaki, N. (2006): Seal-mounted cameras detect invertebrate fauna on the underside of an Antarctic ice shelf, *Mar. Ecol. Prog. Ser.*, 309, 297-300.

Watanabe, Y., Mitani, Y., Sato, K., Cameron, M. F., and Naito, Y. (2003): Dive depths of Weddell seals in relation to vertical prey distribution as estimated by image data, *Mar. Ecol. Prog. Ser.*, 252, 283-288.

# 第3部 各 論
# 14章 変態と着底

> 魚類における変態とは，一般的には，プランクトン幼生としての仔魚の形態から，成魚と同様の形態を示す稚魚の形態への変化が極めて顕著なものを指す．またこの時期は，仔魚という共通性の高い生活様式を転換させて魚種ごとに異なる稚魚として生まれ変わる，生態学上の極めて重要な転換期にあたることも多い．それは，底魚の場合には浮遊生活から底生生活に変わるため，特に着底と呼ばれ重視されるが，それ以外の魚種でも新しい生息域への新規加入を行うことが多いため，資源量の決定などに重要な意味をもつ可能性が高い．

## §1. 総 論

### 1-1 魚類の変態とは，典型的なヒラメを例に

ヒラメでは，ふ化後約1ヶ月間は眼が体の左右に位置し，一般の魚と同様の左右対称な形を維持しながら成長を続ける（図14-1）．この親とは明らかに形が異なる時期（幼生）を「仔魚（larva）」と呼ぶ．それがある時期になると，右眼が体の左側へ移動し眼のある側のみが着色する．また，鰭条が成魚と同じ数に達するなど，いわゆるヒラメの親と同じ形になる．この時期以降を「稚魚（juvenile）」と呼ぶ．このヒラメのように，仔魚から稚魚への形態変化が一見別種に見えるほど顕著な場合を，特に「変態（metamorphosis）」と呼ぶ．ヒラメの仔魚は比較的沖合で浮遊生活をおくるが，稚魚になると沿岸の砂浜などに接岸回遊し，海底に張り付いて底生生活をおくる．すなわち，変態を境にして，生活様式・生活場所も大きく変化する．この後にも食性の変化や生息域の移動をすることはあっても，特に目立った形態変化を経ず，性的に成熟した成魚と呼ばれる段階に達する．

異体類（カレイ・ウシノシタ類）は全てヒラメと同様に顕著な変態を経て稚魚となる（図14-2A）．その他，顕著な変態を経る例としては，レプトセファ

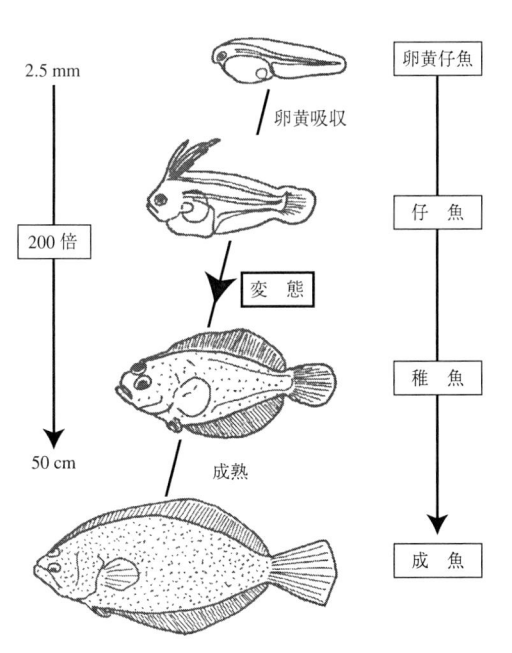

図14-1　ヒラメの発達過程．卵黄仔魚から成魚まで体長にして約200倍にも成長する．
仔魚から稚魚への形態変化が極めて顕著で，魚類変態の代表的な例としてあげられることが多い．

ルス期（leptocepharus stage）を経るウナギ目（図 14-2B），シラス期（whitebait stage）を経るニシン亜目の多くの種類（図 13-2C），サバ型変態と呼ばれる巨頭巨口の幼期を経るサバ型魚類（図 13-2D），などが知られている（内田, 1966）．その他の特徴的な変態，例えば仔魚期にのみ眼や腸が飛び出すものや変態期に眼がなくなるものなどの例は水戸（1994）や木下（2001）に詳しい．

　これら魚類の変態期に見られる形態変化を，再演性変態と後発生変態に分けて説明しようとする内田の説が知られている（木下, 2001 参照）．例えば，カレイ類に広く見られるように，祖先的な左右対称形が仔魚期にのみ現れていて，それらがカレイに特有の左右非対称な形態に変化するものが再演性変態である．逆に，体の極端な扁平化や伸長（レプトセファルス幼生，シラス幼生）あるいは突起物の極端な伸長（例えばキアンコウ図 14-2E やキジハタ図 14-2F）のような，仔魚期にのみに見られる特異な形質が消失して，一般的な魚類に近い形に戻るものが後発生変態とされる．

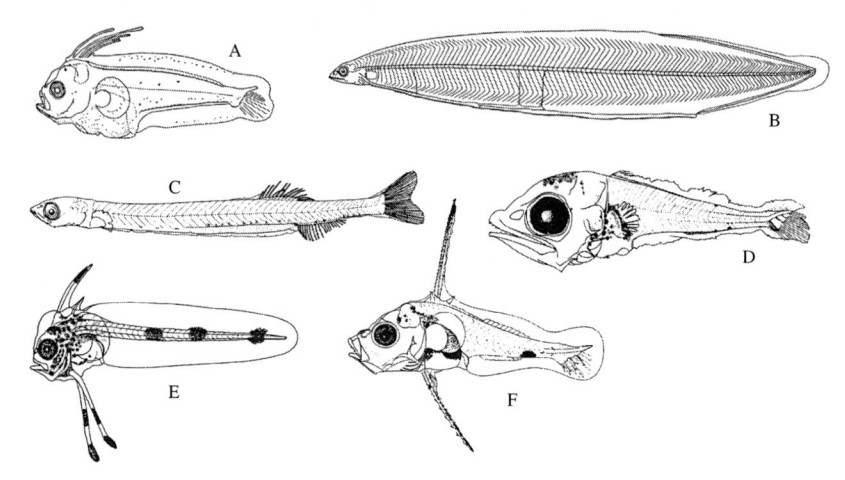

図 14-2　様々な特徴的な形態を示す変態前の仔魚の例．
A：親とは異なり左右対称なヒラメ仔魚．（BL 8.30 mm）B：ウナギのレプトセファルス幼生（TL 58.0 mm）C：カタクチイワシのシラス型幼生（TL 14.3 mm）D：クロマグロの巨頭巨口の仔魚（TL 5.7 mm）E, F：浮遊に適した形態をとるキアンコウ仔魚（TL 6.1 mm）および，キジハタ仔魚（飼育 TL 5.7 mm）．
A：南, 1982　B～F：沖山宗雄編, 1988

## 1-2　変態する魚と変態しない魚

　例えば，アイナメのような魚類では，ふ化後，特に幼生的な形態へと発達することなく，直接に成魚に類似した形態の稚魚へと発達する．これらは「直達発生」と呼ばれ，比較的大きな卵を産む種に見られる．それに対し，上記のヒラメに代表されるように，一旦，親とは異なる形のままで成長，あるいはわざわざ異なる形へと発達成長を続けた後に，変態を経て稚魚になる魚種を「変態を経る発生」と呼ぶ（内田, 1966）．こちらは逆に小さな卵を産む魚に多く見られる．しかし，全ての魚種がいずれかにはっきりと区分できるわけではなく，両者の中間的な様式を示す魚種が数多く存在する．また，脊索末端上屈や鰭条の完成のような普遍的に適用できる発達指標との時期的な関係も多様であるため，変態の定義や位置づけに関する様々な説が出されている（Youson, 1988；沖山, 2001）．狭義の魚類変態は前述のように限られた魚類群に見られる現象であるが，これは形態変化の程度が単に顕著なものである．本質的には，多くの魚種において見られる，主として仔魚期から稚魚期にかけて［あるいはサケ科に見られる銀化（smoltification）のように稚魚期の中で］起こる形態・生態・生理的

な変化も広義の変態として捉えたほうが，より多くの現象の理解・説明に役立つ．

### 1-3 変態・着底の体サイズによる考察

変態によって水中から陸上へと生活域を変える両生類や飛翔能力を獲得する昆虫類と比べると，一生を通じて水中生活を続ける魚類には変態を経る必然性がないように見える．しかし，一生の間に100倍以上の体長に成長する魚類の特徴から推測すると，魚類変態の必然性の一端が見えてくる．

**1) 小さな卵に由来するプランクトン仔魚**　多くの海産動物の卵は小さい．これについては，多産多死の戦略として説明されることが多い．しかし以下に述べるように，生理学的に見た場合には卵の小さいことが未分化状態に有利に働くことがある．ふ化直後には鰓のような呼吸器官や心臓や血管のような循環系が十分に完成されていない魚種も多いが，当然のことながら個々の細胞は酸素を必要としている．単純化して魚を半径が$r$の球と考えると，酸素の絶対的な必要量は細胞の量，つまり体の体積（$4/3\pi r^3$）に比例する．一方，鰓などの呼吸器官がなければ，酸素は体表面から浸透して入るのみであるので，体の表面積（$4\pi r^2$）に比例して酸素が体内に取り込まれることになる．すると呼吸のしやすさは，表面積を体積で割った値，$3\times 1/r$，に比例する．半径が小さければ小さいほど，すなわち，体が小さければ小さいほど呼吸は楽である．また小さな体であれば血流という酸素の供給システムが不十分でも物理的な拡散のみで酸素を行き渡らせることも可能であろう．未分化な呼吸循環器官しか備わっていない発生の初期には，体が小さいことが呼吸には有利に働く．

また，プランクトン生活には小さな体が適していると考えられる．形が同じであれば，小さいほど体重当たりの体表面積は大きくなるため，水との摩擦は大きくなり浮遊しやすい．仔魚は一般的に筋肉や骨格系，感覚器系などが十分に発達していないが，プランクトン生活であれば俊敏・複雑な動きをする必要性は比較的低い．そもそも体が小さいことは，長い距離を能動的に移動する上では極めて不利である．しかし，浮遊という受動的な形であれば広い範囲に分散することが可能である．また，浮遊していることによって，自分よりも小さな餌になる動物プランクトンの近くに分布しやすい可能性がある．さらに，プランクトンとして3次元的に分散する方がベントスとして2次元的に分散するよりも，分散可能な体積当たりの密度を低くできるため，一網打尽の被食を避けられる利点もある．仔魚に特有の形態として，鰭条などが極端に伸長したり，体が極端に扁平化したりする例が知られているが，これらは浮遊に有利な特徴である．

**2) 2つの生活様式を切り替えることにより無理なく大きく成長する**　一方成魚は，形や生活様式，および大きさが魚種によって様々に異なっている．1つの生活様式が決まれば，魚種ごとに1つの形が決まっている．例えばヒラメは底生生活を行うが，左右が非対称で扁平な体を有する．ここで大きさのことを考えてみると，例えばそのヒラメが体長 2.5 mm では，親のヒラメと同じ生活様式をおくることは，摂餌や被食を考えれば非常に困難であろう．すなわち，1つの生活様式と形の組み合わせごとに，許容される大きさの「範囲」が必然的に決まっている．別の言い方をすると，体の大きさは一生の殆どの期間にわたって小さいものから大きなものへと一方向に変化してゆく横軸であり，適応度は生活様式ごとに一本の曲線として表すことができると考えてもよいかもしれない（図14-3A）．高い適応度をしめす具体的な大きさの範囲は，当然のことながらその生活様式と環境によって決まってくるが，小さすぎると（また，大きすぎても）適応度が下がるという点ではおそらく共通している．

陸上脊椎動物ではとても考えられないことであるが，魚類では，独立生活をはじめるふ化直後から

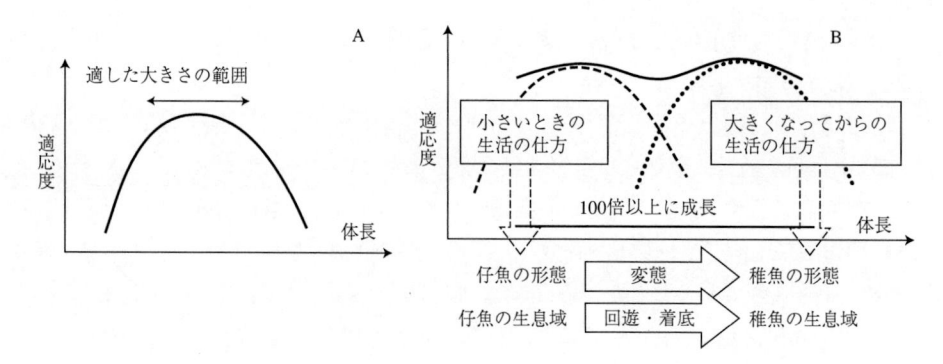

図14-3 A：ある生活様式における適応度と体長の関係．1つの生活様式が決まると，楽に生活できる体サイズ，すなわち高い適応度を示す大きさの範囲が決まる．B：複数の生活様式を順に経る場合の適応度と体長の関係．例えば体長にして100倍以上にも成長する場合には，1つの生活様式では高い適応度を維持し続けることのできない場合が考えられる．複数の生活様式を順に経ることで，高い適応度を維持できる可能性がある．生活様式を切り替える時期には，新しい生活様式に適した形態や生息域に切り替える必要があり，変態や回遊・着底が起こると考えられる．

成魚まで，100倍以上の体長に成長する種は珍しくない．たとえばヒラメではふ化直後には約2.5 mmしかない．これが成魚となると体長約50 cm以上，すなわち約200倍以上にも大きくなる（図14-1）．このように，仔魚から成魚までに極めて大きな体長差があると，「種によっては」成魚の生活様式をおくるために必要な大きさが大きすぎて，体の小さな仔魚では十分な適応度が得られない場合が考えられる．体長2.5 mmのヒラメのふ化仔魚にとって，親のヒラメと同じ生活様式をもつことは，おそらく非常に困難であろう．このような種にこそ，「小さく未発達な体に適した生活様式」と「大きく発達の進んだ体に適した生活様式」を途中で切り替える必要が生じると考えられる（図14-3B）．2つの生活様式に差異が大きい場合には，当然のことながら形の変更も変態と呼ばれるほど顕著なものとなろう．一方，生活様式の差異が小さい場合には，内田（1966）も指摘しているように，形態変化もわずかなものとなろう．

この生活様式と形の切り替えにともなって，生息域の移動や食性の変化なども多くの場合には必要となる．その例が，仔魚から稚魚への形態変化に伴った接岸回遊や着底と理解することができる．接岸回遊とは，浮遊期に沿岸域や沖合に広く三次元的に分散していた仔稚魚が，個体発生のある時期に浅海域に来遊して二次元的あるいは線的に集合することであり，選択的潮汐輸送が関与していると推測されている．また着底とは，底生魚類に見られるように稚魚の成育場が海底である場合，水塊中から海底へと生活の場を移すことである．これら変態に伴って起こる生態的変化，およびその意義や減耗に及ぼす影響は田中（1997）に詳しい．

### 1-4 変態日齢と変態サイズ

同種であっても変態日齢や変態サイズには時期的な変異が見られる．ヒラメを含む異体類に関する様々な知見から，変態の起こる時期は，ふ化後の日数のような絶対的な日齢よりも，体長に代表されるような体サイズにより強く依存している可能性が示唆されている（田中ら，1995）．しかし，その変態サイズにも大きな変異が見られる．若狭湾ではヒラメの変態サイズは4月には平均体長約14 mmであったのが，時期が遅くなって水温が高くなる6月には約9 mmまで小型化する（南，2001）．ヒラメを19℃で飼育すると全長13 mmほど（ふ化後20日）で変態するが，13℃では15 mm程度（ふ

化後60日）での変態となる（Seikaiら, 1986）ことから，水温が変態日齢やサイズに影響を与えることは確実である．水温以外にも，栄養条件・密度・成育場への輸送のタイミングなどが変態サイズに影響を及ぼしているとの知見もある（田中ら，1995を参照）．すなわち，変態サイズは絶対的なものではなく，そのときどきの環境条件の影響を強く受け，受動的に決まる部分もある．変態時期や変態サイズが限度を超えて大きく変わると，稚魚として新しい生活様式を営む際の生残過程にも影響が出ることが予想される．

### 1-5 魚類変態の生理学的側面

**1）仔魚期から稚魚期にかけて変化する器官**　受精からふ化，および仔魚期は極めて未分化な状態から，諸器官が急激に発達する時期にあたっている．生殖に関与する器官以外の体内諸器官の多くは，稚魚期の初期までには成魚とほぼ同様の形態と機能を完成する傾向にある．

**感覚系**：十数種の魚類の比較検討から，感覚器の殆どはふ化から仔魚期にかけて順次発達し，稚魚期には成魚と同様になることが知られている（川村，1991）．また，顕著な変態を示すヒラメにおいては，眼の機能が変態期に急激に向上することが知られている（Kitamura, 1990）．

**運動系**：マダイを中心とした研究から，多くの骨が稚魚への移行期までに硬骨化すること，および体側筋についても稚魚期の初期までに赤色筋・白色筋を含む基本構造が完成することが報告されている（松岡，1991）．ヒラメでは体側筋を構成するタンパク質や赤血球の形態が変態期に仔魚型から成魚型に切り替わることが知られている（山野，1997）．運動に関する機能も変態期にほぼ完成する．

**消化器系**：直達発生の魚種以外では，稚魚への移行期に成魚とほぼ同レベルの機能を有する消化系を完成する魚種が多い．特に胃腺を有する機能的な胃，および幽門垂の完成は稚魚期の初期に見られる（田中，1975）．後述するが，サバ型変態をする魚種では成魚型消化系の完成が早く，例外的に仔魚期のうちに見られる．

**2）変態を制御する内分泌機構**　両生類の変態でよく知られているように，魚類の変態においても甲状腺ホルモン（thyroid hormone）が中心的な役割を果たすことが，主にヒラメをモデルとして明らかにされている．以下に概説するが，詳細については三輪（2002）を参照されたい．変態期には脳下垂体の甲状腺刺激ホルモン産生細胞と甲状腺の活性が高まり，体組織中の甲状腺ホルモン濃度が上昇する．甲状腺ホルモンは形態的変化（左右非対称化，背鰭伸長鰭条の短縮など），体内各種器官の変化（胃腺の形成，成魚型赤血球，成魚型筋タンパクへの移行），および行動の変化（浮遊から着底）など，検討されたあらゆる側面において仔魚から稚魚への変化を引き起こすことが，個体レベルや培養系において確認されている．また，ストレスに反応して分泌されるコルチゾルというホルモンは甲状腺ホルモンの作用を促進し，淡水適応などに重要とされるプロラクチンというホルモンは伸長鰭条の培養系においては変態を抑制することが明らかとなっている．

## §2. 変態着底の具体例

### 2-1 底生魚類の変態と着底

**1）ヒラメの着底と接岸回遊**　ヒラメの産卵は他の多くの沿岸性海産魚類と同様に，沿岸〜沖合域の水深50 m前後の海底近くで行われる．ふ化した体長2.5 mm前後のプランクトン幼生（仔魚）は流れに漂流しつつ，尾虫類やカイアシ類幼生を主要な餌に発育成長する．生後3週間程度を経過する頃に右眼が移動し始め，変態が開始する．この頃より沿岸域に広く分散していた仔魚は次第に岸よ

りに移動し，右眼が頭の頂点を越える頃には海水浴場のような砂浜渚域に着底する（図14-4）．魚類の回遊ではサケの母川回帰がとりわけ有名であるが，わずか体長10 mmほどの仔魚が数十kmの沖合から岸辺の渚に辿り着く回遊は，体長70 cm前後のサケが数千kmの距離を回遊するのに等しい"大回遊"といえる．この驚異の回遊の謎は十分には解明されていないが，長崎県平戸島志々岐湾口部の調査では上げ潮を巧みに利用する選択的潮汐輸送の存在が知られている（田中，1997）．

着底という生態的行動は形態（あるいは構造）の変化に先行して行われる．着底した場所が好適であれば，その個体はそのままその場所に定着し，1～2日間絶食し，変態を完了すると食性を一変させてアミ類（初期はその幼生）を摂餌して潜砂行動も発達させる．一方，最初に着底した場所が不適な場合には再び浮遊生活に戻り，新たな着底場所を選択すると考えられる．前者の場合には通常耳石輪紋に他の日周輪とは異なる太い輪紋（チェックマーク）が形成され，着底日の特定が可能となる（図14-5）．着底は新たな環境への適応であり，餌が少なく外敵が多い場所では着底後の1週間で個体数は1/10程度に減少する"着底減耗"が知られている（藤井ら，1989）．

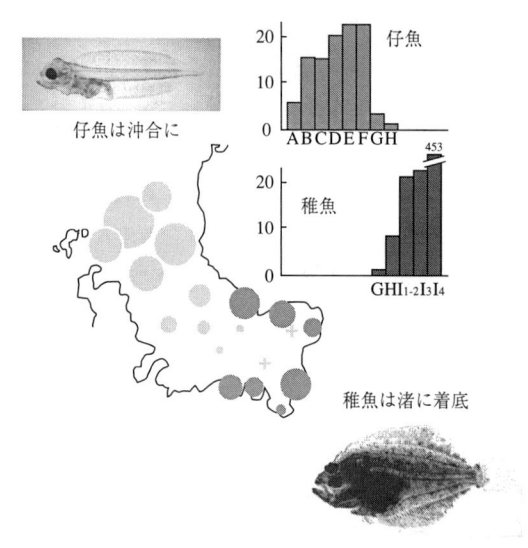

図14-4　平戸島志々岐湾におけるヒラメ浮遊期仔魚と着底稚魚の分布．挿入図の横軸は発育ステージを示す．

図14-5　ヒラメ稚魚の耳石日周輪（走査電顕写真）太い輪紋（○）は着底輪と推定される．（前田，2002）

**2）餌群集がマダイを湾奥に誘導する**　マダイもヒラメとほぼ同時期に沿岸～沖合の水深50～100 mの潮通しのよい岩礁性の砂底域で産卵する．1ヶ月近くを経過した浮遊仔魚から底生稚魚への移行期のマダイは湾口部などの環流域に集積し，日中は底層に，夜間は表層まで全層に分散する日周鉛直移動を繰り返しつつ，次第に分布層を底近くに移す．この頃のマダイの食性は浮遊性カイアシ類であるが，平戸島志々岐湾奥部へ移入したマダイの摂食したカイアシ類は，環境中には約30種類以上のカイアシ類が存在するにも関わらず，*Acartia steueri*, *A. omorii*, *Pseudodiaptomus marinus* など数種に限定された．この謎の解決には潜水観察が貢献した．マダイ稚魚が生息する海底直上（5～30 cm）には霞がたなびくように濃密なカイアシ類の"じゅうたん"が見出された．そこで，湾口部から湾奥部にかけて，プランクトンネットを用いて行った，表層，1/2水深層，海底直上層のカイアシ類の採集結果を示したのが図14-6である．カイアシ類の密度は湾口から湾奥に向かうほど高く，しかも底層でその傾向が特に著しく，それらはマダイの胃の中から検出された特定のカイアシ類で構

成された（田中，1986）．

このような海底直上のカイアシ類の密度傾斜に応じて，湾口から湾奥部へ誘導されたマダイ稚魚は体長3 cm前後までカイアシ類に依存し，その後ヨコエビ類へと食性を転換するが，底層にカイアシ類が高密度に集中する一帯はヨコエビ類の分布密度の高い場所とも一致するのである．

**3）干潟の住人ホシガレイ稚魚**　本種はかつては東北以南から九州まで連続的に分布していたと思われるが，今では東北太平洋岸，瀬戸内海，九州などに局所的に生息する希少種である．価格は1万円/kg以上と極めて高価であり，資源の増大や養殖技術の開発が期待されている．これらの技術化の最も重要な基礎は生態的知見の集積であるが，自然界での知見が極めて断片的であるため，ま

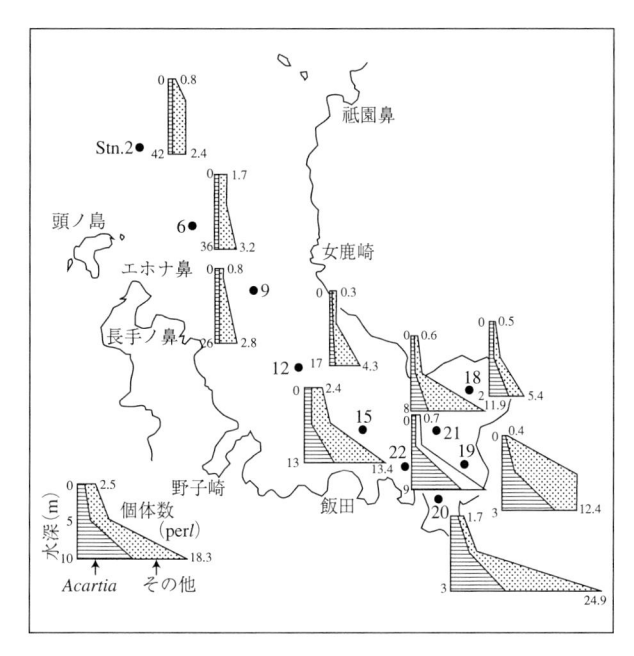

図14-6　平戸島志々岐湾における浮遊性カイアシ類の鉛直－水平分布　各定点ともに表層，1/2水深層，海底直上層で曳網し，得られたカイアシ類を右側のグラフに示してある．（田中，1986）マダイの胃より多数出現する特定のカイアシ類 *Acartia* は湾奥の底層に多い．

ず飼育魚を用いて，着底場所に深く関ると推定された発育に伴う低塩分耐性の発達が調べられた（詳しくは後述）．その結果，ホシガレイは汽水域に出現するイシガレイよりも淡水適応性が強いことが判明した（Wadaら，2007）．

この飼育実験結果をもとに，ホシガレイの着底場所は干潟域のような低塩分化し易い場所であると推定したWadaら（2006）は，2003年よりわが国で唯一ホシガレイ稚魚がまとまって採集される可能性のある有明海島原半島地先の干潟域でプッシュネットを用いて採集を試みた．フィールド調査につきものの"当たり外れ"の幸運に最初の年に恵まれた和田らは400尾を超える大量の着底稚魚から1歳魚までのホシガレイの採集に成功した．干満差が大きい有明海では，干潮時にはタイドプールにとどまる稚魚の存在も確認された．耳石日周輪による成長解析や食性の変化などについて充実したデータを得て，飼育実験結果による仮説を実証した．因みに2004〜2007年の4年間は毎年数尾以下しか採集されないという状況が続いている．

### 2-2　浮魚類の変態

**1）スズキ仔稚魚の河川溯上**　有明海には最終氷期に形成されたと推定されるタイリクスズキ *Lateolabrax* sp. とスズキ *L. japonicus* の交雑集団が存在する（中山，2002）．この有明海産スズキの中には筑後川を溯上して河口から15 km以上上流の淡水感潮域に移入する群が存在する．スズキの未成魚や成魚はアユなどを追い求めて河川内に入る個体がいることが知られ，下流に堰がない利根川では154 km上流まで溯上した例が知られている（庄司ら，2002）．これに対して，有明海でもスズキ成魚や未成魚の一部は河川に溯上するが，有明海産スズキの特徴は個体発生初期，すなわち，体長17〜18 mmの仔魚から稚魚への移行期（変態期）に河川域へ溯上する点である．変態期には通常生

息場が大きく変わることを考慮すると，有明海産の初期のスズキの河川遡上は偶発的な出来事ではなく，必然的な生息場の移行といえる．

この淡水移入をより確かな方法で個体ごとに調べることが可能である．それは耳石の中心（核）から縁辺まで波長分散型EPMAを用いて微量元素を分析する方法である．秋季に採集された2個体の一方はストロンチウム（Sr，海水中に多く，淡水中に少ない）のカルシウム（Ca，耳石の主成分）に対する値が初期に急激に低下し，その後再び上昇している（図14-7）．耳石の大きさと体長との関係より，この個体は体長20mm前後の4月上旬に淡水域に入り，2ヶ月ほど淡水域に滞在し，6月中旬頃に再び海域に戻ったことになる（太田，2002）．また，淡水に遡上した履歴をもつ個体は，その後の成長がよいことも知られている．スズキが稚魚期の初期に低塩分汽水域〜淡水域に遡上する理由は，そこに大型の汽水性カイアシ類 Sinocalanus sinensis が大量に存在するためと考えられている（日比野ら，1999；田中，2009）．

**2）完全魚食のサワラの消化系** 魚類，特に海産魚類の仔魚期の食性は通常カイアシ類や尾虫類（特に異体類）などの動物プランクトンである．しかし，サワラは唯一の例外として，摂餌開始期から仔魚，特にカタクチイワシやマイワシなどを中心に仔魚しか摂食しない（Shojiら，1997）．このように著しく特化した食性は，驚異的な成長をもたらす．福永ら（1982）の飼育実験によると，最初の1ヶ月で10 cm近くに成長し，耳石日周輪による解析では天然仔魚でも5 cm前後に成長する（Shojiら，1999）．

このような高成長をもたらす魚食性を可能にする秘密は，著しく特化した消化系の発達過程にある．魚類では一般に機能的な胃や幽門垂を備えた成魚型の消化系は，仔魚から稚魚への移行期に発達する（田中，1975）．これに対して，サワラでは外部形態的には他の多くの海産魚の卵黄仔魚と同じであるにも関わらず，消化系のみが卵黄吸収までのわずか5日間に急速に発達し，摂餌開始時には通常の魚類が1ヶ月前後かかって到達する稚魚のレベルに達しているのである．すなわち，多くの胃腺が分化した胃，大きく膨らんだ胃盲のう，鋭い顎歯や咽頭歯を備えているのである．生残戦略の特化に対応した内部構造の変態と外部構造の変態が分離した例として注目される．

**3）マサバの変態と群形成** 太平洋産マサバ Scomber japonicus はサバ科魚類の一種としてサワラとよく類似した生理生態的特徴をもつ．外海で採集されるマサバは稚魚期まで動物プランクトン食であるが，瀬戸内海産のマサバは胃が分化する仔魚期の途中（体長5 mm前後）から魚食性に変化し，著しく速い成長を遂げる場合がある．しかし，本種はサワラとは異なり，環境中に餌となる仔魚が少なくなると再び動物プランクトン食性へと柔軟に餌生物を切り換えることができる．

大西洋産マサバ Scomber scombrus 仔魚

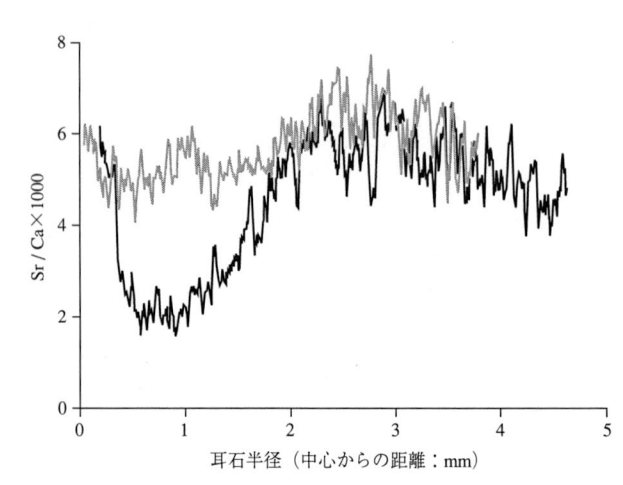

図14-7 スズキ当歳魚の耳石微分析 体長18cmの個体（太い実線）ではSr/Ca比は高→低→高を示し，海域→淡水域→海域の回遊が読み取れる．一方，色の薄い線の個体の値は5〜7と高値を維持し，河川遡上せず海域に溜まったことを示す．(太田，2002)

も仔魚期の後半から魚食性に変化するが，本種については自然界では顕著な共食い現象が知られている（Grave, 1981）．大西洋産マサバ仔魚では成長とともに日周鉛直移動が活発となり，日没時に仔稚魚は水面近くに集中し，より発育の進んだ個体が発育の遅れた個体を共食いする．体長 13〜19 mm のマサバ稚魚の胃内容物の大半はマサバ仔魚で占められる．しかし，この共食いはさらに成長すると終止し，マサバは群泳行動を開始するという．変態期に生じるこの共食いは同種の個体がより生き残りの可能性の高い個体へと継承され，群形成へとつながる．

### 2-3 変態と着底をめぐる生理生態

**1) 放流場所と生き残り**　琵琶湖の近くで育った筆者には近年の外来魚の増大などによる固有種の絶滅が大きな関心事である．これに対して，滋賀県の取り組みとしてニゴロブナ・ホンモロコ・セタシジミなど固有種の資源回復策がとられ，その成果が注目される．中でも琵琶湖の食文化"フナずし"の素材となるニゴロブナ資源の回復の基礎として実施されたニゴロブナ仔稚魚の実験生態学的研究と放流実験結果が興味深い．ニゴロブナの漁獲量はかつての 200 トン前後から 1990 年代前半には 1/10 に減少し，天然魚の生態を調べること自体が不可能であった．そこで，藤原ら（1997）はふ化後 2 日目と 14 日目の仔魚をヨシ群落に放流すると，大半の仔魚はヨシ群落の奥に集まることを見い出した．そこにはミジンコ類やケンミジンコ類（カイアシ類）が高密度に分布するためと考えられたが，無機環境は大変厳しく，夜間には完全な無酸素状態となる．しかし，ニゴロブナ仔魚は水面からわずかに溶け込む酸素を摂取する能力を身につけ，外敵が侵入しない餌の豊富な場所に適応していることを示した．

そこで藤原ら（1997）は，体長 2 mm ごとにいろいろなサイズの仔稚魚をヨシ群落，砂浜，沖合いに放流し，4〜5 ヶ月後に沖の底曳網によって漁獲される当歳魚を調べたところ，20 mm 以上の稚魚ではヨシ群落放流群の生残率が圧倒的に高いことを実証した（図 14-8）．滋賀県では条例を作り，この 50 年間に 1/4 近くに減少したヨシ群落の回復に努めている．

**2) 接岸回遊と低塩分適応能**　岸辺近くの波打際は河川水や地下水などの陸水の直接的な流入により塩分が低下し易い環境であり，川に入る魚種や岸辺に近い所を成育場とする魚種ほど低塩分適応能力が高い（より広塩性である）ことが推定された．Wada ら（2007）は，ババガレイ・マコガレイ・イシガレイ・ホシガレイ・ヌマガレイの 5 種をふ化仔魚から変態完了まで飼育し，各発育ステージごとに塩分 33 psu から 0 psu までの各塩分区に実験魚を直接移行し，48 時間後の生残率を比較した結果，ババガレイを除くいずれの魚種でも変態期に低塩分耐性は急激に発達したが，その程度は魚種によって異なり，ヌマガレイ，ホシガレイ，イシガレイ，マコガレイ，ババガレイの順に低塩分適応能が高かった（図 14-9）．

Hiroi ら（1998）によるとヒラメ仔魚の浸透圧調節に不可欠な塩類細胞は，初期には体表に密に分布するが，変態期に鰓が発達し始

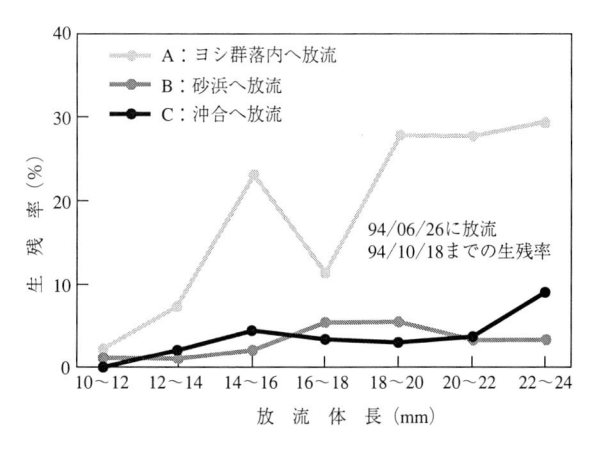

図 14-8　ニゴロブナ仔稚魚を夏季に異なった場所へ放流後，秋季に底曳漁船により採捕された結果より生残率を示す．ヨシ群落放流稚魚の生残が特に高い．（藤原ら，1997）

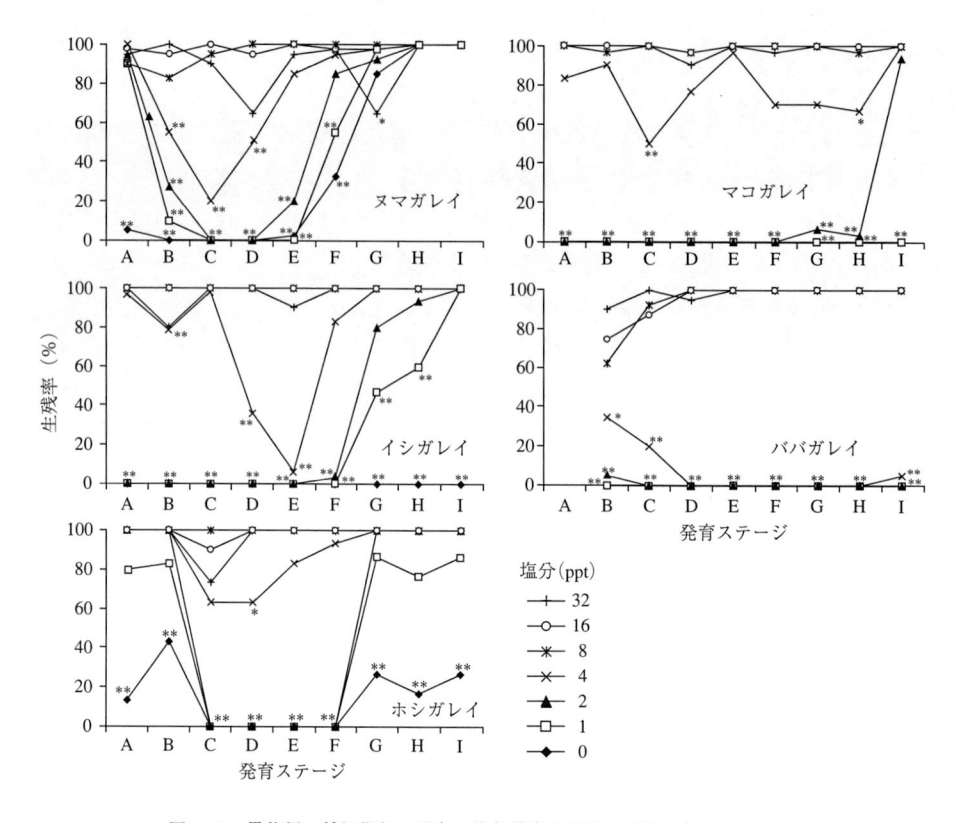

図 14-9 異体類 5 種仔稚魚の発育に伴う低塩分耐性の変化. (Wada ら, 2007)

めると鰓弁上に移行することが明らかにされている．ヒラメは先の 5 種の中ではイシガレイとほぼ同等の低塩分耐性を示した．これらの実験結果は，仔稚魚の個体発生に伴う低塩分適応能の発達は着底場所と密接に関係することを示している．

**3) 着底場所とその後の成長**　沿岸底生動物をより好みなしに摂食するマダイ稚魚やクロダイ稚魚と異なり，ヒラメはアミ類のみを摂餌する典型的な specialized feeder である．ヒラメの産卵は九州南部では晩冬に始まり，北海道西岸では夏に行われる．産卵期から推定した着底稚魚の出現期に九州西岸，山陰，北陸・東北南部，東北北部・北海道などで稚魚を採集すると，ヒラメ稚魚の密度は西部（南部）に高く，東部（北部）に低い傾向や，成長は東部に高く，西部に低い傾向などが認められる．例えば，長崎県平戸島志々岐湾，京都府由良浜，新潟県五十嵐浜で比較すると，成長・胃充満度指数・胃内容物に占めるアミ類の割合は五十嵐浜，由良浜，志々岐湾の順となった．そしてこの序列は環境中のアミ類の密度と直接関連することが認められている．

この節で具体例として示した志々岐湾のマダイ・有明海のホシガレイ・筑後川のスズキ・琵琶湖のニゴロブナなどいずれの魚種においても，変態着底期の移動には仔稚魚の餌環境が密接に関係すると考えられる．初期の生き残り戦略として早く成長することにより被食のリスクを軽減する戦略がとられていると考えられる．

（田川正朋・田中　克）

## 文献

藤井徹生・首藤宏幸・畔田正格・田中　克（1989）：志々岐湾におけるヒラメ稚仔魚の着底過程，日本水産学会誌，55, 17-23.

藤原公一・臼杵崇広・根本守仁（1997）：ニゴロブナ資源を育む場としてのヨシ群落の重要性とその管理のあり方，琵琶湖研究所所報，16, 86-93.

福永辰広・石橋矩久・三橋直人（1982）：サワラの採卵および種苗生産，栽培技術，11, 29-48.

Grave H. (1981)：Food and feeding of mackerel larvae and early juveniles in the North Sea, Rapp. P.-v. Reun. cons. int. Explor. Mer, 178, 454-459.

日比野学・上田拓史・田中　克（1999）：筑後川河口域におけるカイアシ類群集とスズキ仔稚魚の摂餌，日本水産学会誌，65, 1062-1068.

Hiroi J., Kaneko T., Seikai T., and Tanaka M. (1998)：Developmental sequence of chloride cells in the body skin and gills of Japanese flounder (*Paralichthys olivaceus*) larvae, Zoological Science, 15, 455-460.

川村軍蔵（1991）：感覚器官，魚類の初期発育（田中　克編），恒星社厚生閣，pp.9-20.

木下　泉（2001）：魚の変態，魚のエピソード（尼岡邦夫編），東海大学出版会，pp.199-213.

Kitamura S. (1990)：Changes in the retinal photosensitivity of flounder *Paralichthys olivaceus* during metamorphosis, 日本水産学会誌，56, 1007.

前田経雄（2002）：若狭湾西部海域におけるヒラメ仔稚魚の加入機構に関する研究，京都大学農学研究科　博士論文，90pp.

松岡正信（1991）：運動器官，魚類の初期発育（田中　克編），恒星社厚生閣，pp.21-35.

南　卓志（1982）：ヒラメの初期生活史，日本水産学会誌，48, 1581-1588.

南　卓志（2001）：カレイ科魚類の変態と着底，稚魚の自然史（千田哲資・南　卓志・木下　泉編），北海道大学図書刊行会，pp.67-81.

水戸　敏（1994）：卵と仔稚魚その多様性，検証の魚学（落合　明・本間義治・水戸　敏・林　知夫著），緑書房，pp.155-222.

三輪　理（2002）：変態，魚類生理学の基礎（会田勝美編），恒星社厚生閣，pp.185-192.

中山耕至（2002）：有明海個体群の内部構造，スズキと生物多様性－水産資源生物学の新展開（田中　克・木下　泉編），恒星社厚生閣，pp127-139.

沖山宗雄編（1988）：日本産稚魚図鑑，東海大学出版会，1154pp.

沖山宗雄（2001）：前稚魚の意味論，稚魚の自然史（千田哲資・南　卓志・木下　泉編），北海道大学図書刊行会，pp.241-257.

太田太郎（2002）：耳石による回遊履歴追跡，スズキと生物多様性－水産資源生物学の新展開（田中　克・木下　泉編），恒星社厚生閣，pp91-102.

Seikai T., Tanangonan J. B. and Tanaka M. (1986)：Temperature influence on larval growth and metamorphosis of the Japanese flounder *Paralichthys olivaceus* in the laboratory, 日本水産学会誌，52, 977-982.

Shoji J., Kishida T. and Tanaka M. (1997)：Piscivorous habits of Spanish mackerel larvae in the Seto Inland Sea, Fisheries Science, 63, 388-392.

Shoji J., Maehara T. and Tanaka M. (1999)：Short-term occurrence and rapid growth of Spanish mackerel larvae in the central waters of the Seto Inland Sea, Japan, Fisheries Science, 65, 68-72.

庄司紀彦・佐藤圭介・尾崎真澄（2002）：資源の分布と利用実態，スズキと生物多様性－水産資源生物学の新展開（田中　克・木下　泉編），恒星社厚生閣，pp.9-20.

田中　克（1975）：稚魚の消化系，稚魚の摂餌と発育（日本水産学会編），恒星社厚生閣，pp.7-23.

田中　克（1986）：稚仔魚の生態，マダイの資源培養技術（田中　克・松宮　義晴編），恒星社厚生閣，pp.59-74.

田中　克（1997）：変態の生態的意義，ヒラメの生物学と資源培養（南　卓志・田中　克編），恒星社厚生閣，pp.52-62.

田中　克（1997）：沿岸性魚類の変態と接岸回遊，変態の生物学，月刊海洋，29, 199-204.

田中　克（2009）：河川の感潮域で育つ有明海の魚たち，干潟の海に生きる魚たち（日本魚類学会自然保護委員会編，田北徹・山口敦子責任編集），東海大学出版会，pp.189-206.

田中　克・青海忠久・南　卓志（1995）：変態過程の種内変異と生態的意義，カレイ目魚類の変態，月刊海洋，27, pp.745-752.

内田恵太郎（1966）：魚類，脊椎動物発生学（久米又三編），培風館，pp.113-122.

山野恵祐（1997）：変態機構，ヒラメの生物学と資源培養（南　卓志・田中　克編），恒星社厚生閣，pp.74-82.

Youson Y. J. (1988)：First metamorphosis. In "Fish Physiology" (W. S. Hoar and D. J. Randall, eds), Vol.11B, Academic Press, New York, pp.135-196.

Wada T., Aritaki M., Yamashita Y. and Tanaka M. (2007)：Comparison of low-salinity adaptability and morphological development during the early life history of five pleuronectid flatfishes, and implications for migration and recruitment to their nurseries, Journal of Sea Research, 58, 241-254.

Wada T., Mitsunaga N., Suzuki H., Yamashita Y. and Tanaka M. (2006)：Growth and habitat of spotted halibut *Verasper variegatus* in the shallow coastal nursery area, Shimabara Penninsula in Ariake Bay, Japan. Fisheries Science, 72, 603-611.

# 15章　生残と成長

> 魚類は一般に大量の卵を産むが，生き残って再生産（reproduction）に加わることができる個体はごく僅かである．生活史の中では卵・仔稚魚期の初期減耗（early stage mortality）が大きく，初期減耗の程度により年級群（year class）の水準が決まることから，初期減耗を中心にそれに関わる初期成長について概説した．初期減耗要因としては，飢餓（starvation），被食（predation），無効輸送（errant transportation），致死的環境（lethal environment），疾病（disease）などがあり，とくに被食が最も重要な要因と考えられている．しかし実際には，複数の要因が複合して減耗機構を構成している．仔稚魚期の成長には多くの環境要因が関係し，その中でも水温と餌生物量が最も重要である．卵・仔稚魚期の死亡率はサイズの大型化（成長）や発育段階の進行とともに低下することから，成長速度は死亡率と直接的に連関する．死亡率，成長速度，発育段階の関係を具体的に示すとともに，これらに対する密度効果（density effect）について論述した．最後に，初期減耗と初期成長の研究手法について触れた．

## §1. 資源変動

　魚類の多くは多産であり，1回の産卵でマイワシは数万粒，ヒラメでは数十万粒，マンボウは数億粒の卵を産むといわれ，多回産卵魚や寿命の長い魚類が一生に産む卵の数は膨大である．例えば，1個体の雌親魚が産んだ卵から1個体ずつの雌雄2個体が生き残って再生産に参加すれば，資源は安定した状態になる．ところが，実際には魚類資源の水準は数倍から数百倍変動することが知られている．1雌親魚当たりの次世代への再生産加入数が0.1個体か10個体かは産卵数から比較するとたいした差にはみえないが，それだけで資源の水準には100倍の違いが生じる．個体数の変動機構については25章で詳しく解説されるが，産みだされた卵のほとんどは再生産開始年齢まで生き残らないのである．死亡率（減耗率）は発育段階の初期（卵・仔稚魚期）に高く，成長とともに減少して幼魚や若魚と呼ばれる段階以降の自然死亡は小さい．すなわち，産卵量と発育段階初期の死亡（初期減耗）の程度により，資源への加入量水準（年級群水準）はほぼ決定されると考えられる．また，死亡率は多くの場合サイズ依存であり，一般にサイズが大きくなれば死亡しにくくなることから，生き残りは初期の成長速度と密接に関係している．

　資源加入（recruitment）後の死亡は，自然死亡（natural mortality）と漁獲死亡（fishing mortality）に分けられる．加入後の自然死亡率は，小型で短命な魚種では比較的高く，長寿命で大型になる魚種では低い．漁獲死亡率は，重要な漁業対象魚種ではかなり高く，自然死亡率よりも数倍高い例も報告されている．しかし，漁獲死亡率は漁業そのものがおかれている状態や資源管理方策の適用などによ

り大きく変化することから，実態の把握は容易ではない．本章では，資源量の決定に重要な役割を果たす発育段階初期の減耗と成長に焦点を当てる．

## §2. 生　残

### 2-1　死亡率

一般に個体数の変動は以下の式で表される．

$$N_t = N_0 e^{(-Mt)} \quad \text{すなわち} \quad M = (\ln N_0 - \ln N_t)/t \quad (1式)$$

$N_0$ ははじめの個体数，$N_t$ は時間 t 後の個体数，M は自然死亡率である．資源加入後は漁獲による死亡率 F が加わるので，死亡率として M ではなく全死亡率（total mortality）$Z = F + M$ を用いるが，初期減耗の場合は漁獲対象となるシラス類などを除けば M だけを考慮すればよい．M は瞬間値なので，時間（例えば日）単位の死亡率（m）に換算する場合には以下の式で変換する．

$$m = 1 - e^{(-M)} \quad (2式)$$

仮に幼魚期に達した段階を加入とし，各発育段階における毎日の死亡率は一定だが発育段階間では異なるとすると，加入量は以下の式により決定される．

$$N_r = N_0 (1 - m_e)^{(te)} (1 - m_l)^{(tl)} (1 - m_j)^{(tj)} \quad (3式)$$

ここで，$N_r$ は加入数，$N_0$ は産卵数，$m_e$, $m_l$, $m_j$ は卵期，仔魚期，稚魚期の日間死亡率，$t_e$, $t_l$, $t_j$ は卵期，仔魚期，稚魚期の日数を示す．

産卵後の経過時間（例えば日）とともに個体数が減少する様子を示す図を生残曲線と呼ぶ（図15-1）．卵・仔魚期の死亡率は非常に高いので，この時期の死亡率のちがいによって資源水準が大きく変動する可能性が高い（図15-1の①と②）．図15-1において，仔魚期後半に個体数の変動幅が広がることは，これを示している．一方，稚魚期の死亡率は仔魚期よりも低いが，稚魚期は仔魚期よりも期間が長いことから，後述の通り稚魚期の小さな死亡率の差が資源水準に影響する場合もある（図15-1の③-⑥と④-⑤）．

フィールド調査により初期自然死亡率を正確に推定するには，理想的には，調査水域内外での卵・仔稚魚の移出入がなく（仮定1），同一のコホート（cohort）を追跡して（仮定2），正確に日齢分布を反映した採集を行う［サイズにより漁具の採集効率に差がなく（仮定3），極端な集中分布をしていない（仮定4）］必要がある．これらの条件が満足されれば，後述の耳石日輪（otolith daily ring）の分析により日齢別個体密度の変化から，生残曲線を描き死亡率を推定することができる．実際のフィールド調査では，上記の全ての仮定を満たすことは不可能に近く正確な生残曲線を求めることは容易ではない．しかし，誤差を含んでいたとしても，誤差要因を考察することができれば，フィールド調査により自然死亡率を推定する意義は大きい．例えば，

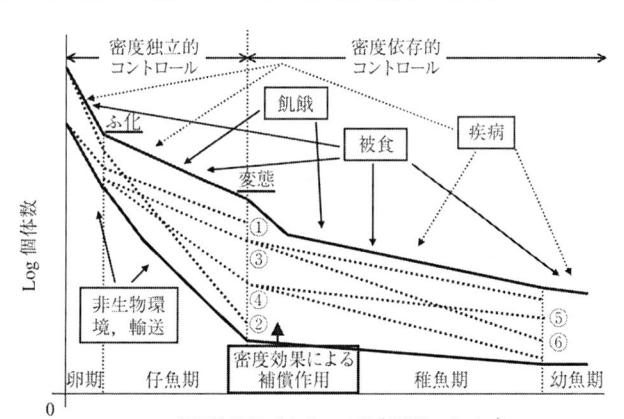

図15-1 魚類の卵・仔稚魚期における個体数変動とその要因に関する模式図．山下（2005）を改変．

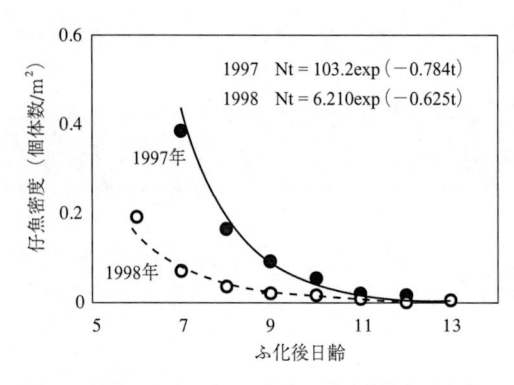

図 15-2 燧灘におけるサワラ仔魚の生残曲線と死亡率の推定. Shoji ら（2005）を改変.

Shoji ら（2005）は，燧灘全域でサワラ仔魚の採集を行い 6 日齢から 13 日齢までの仔魚の死亡率を推定した（図 15-2）．この研究では，仔魚の詳細な分布調査により仮定 1 と仮定 4 が，またサイズごとの採集密度に昼夜差がなかったことから仮定 3 がある程度クリアされている．採集調査は 1 回行われ産卵量に関するデータはないので，仮定 2 に関わる 6 日齢から 13 日齢までのそれぞれの産卵日の産卵数は同程度であったと仮定したことになる．日齢に伴う密度の減少傾向が一定であることから，ここで推定された死亡率は妥当と判断された．本研究で報告されたサワラ仔魚の瞬間死亡率 0.63〜0.78 は，一般に報告されている範囲（0.05〜0.5）と比較すると魚類としては非常に大きく，高成長・高死亡というサバ科魚類仔魚の初期生活史戦略をよく示している．

### 2-2 初期減耗要因

主な初期減耗要因としては，①飢餓，②被食，③無効輸送，④致死的環境，⑤疾病，などがある．また近年は，仔稚魚に対する不合理漁獲，埋め立てや環境汚染による浅海域の産卵・成育場の減少など，⑥人間活動に起因する要因，の重要性が認識されつつある．加入量水準を決定する大きな初期減耗が発生するメカニズムについては，以下に紹介するいくつかの仮説が提示され論議されてきた（Leggett and Deblois, 1994）．

1）飢餓と被食　　飢餓と被食は最も重要な初期減耗要因であり 19 章において詳述されている．初期減耗機構に関する最初の仮説は，内部栄養である卵黄から外部栄養へ切り替わる摂餌開始期に餌不足により大減耗が起こるという，Hjort の「Critical Period 仮説」である．初期減耗機構に関する多くの研究は，この「Critical Period 仮説」の検証から始められた．

天然環境下で仔魚の餌となるカイアシ類幼生など小型動物プランクトンの密度を調べると，多くの場合 1 $l$ 当たり数十個体程度である．ところが，飼育環境下の仔魚について天然環境下と同程度の成長や生残を得るためには，数百〜数千個体/$l$ という高い餌生物密度が必要である．この餌生物密度に関する天然と飼育環境下の矛盾は "Feeding Paradox" と呼ばれた．これを説明するために，まず仔魚の餌となるプランクトンのパッチ（patch）状分布（集中分布）が注目された．プランクトンは水平方向，鉛直方向の空間に不均一に集中分布することから，餌生物のパッチに遭遇した仔魚のみが生き残ると考えられた．とくに，特定の水深に水温躍層などの環境の不連続帯が形成されると，そこには動植物プランクトンが薄い帯状に集中分布する．このような餌生物の鉛直方向の集中分布の存在が仔魚の生残に重要な役割を果たし，海が荒れると集中分布が破壊され仔魚の生残が悪くなるという「Ocean Stability 仮説」も提唱されている．温帯域では冬の終わりから春にかけて植物プランクトンが大増殖し（ブルーム），それを餌として動物プランクトンがやや遅れて増殖する．この時期に多くの魚類が産卵するが,仔魚の出現期と餌となるプランクトンの出現期がうまく一致するとは限らない．季節的な餌生物の高密度分布に仔魚の出現期が一致するか否かにより仔魚期の生残が決まるとする仮説が，「Match/Mismatch 仮説」である．一方，餌生物密度が高くない場合でも，微少なスケール（cm

からmのレベル）の乱流により仔魚が餌生物と遭遇する確率が増加し高い生残につながるとする「Plankton Contact 仮説」が，モデル計算や飼育実験から提唱されている．乱流が弱いと餌生物との遭遇確率が下がるが，逆に強すぎると餌生物を捕獲しにくく，定位・遊泳のためのエネルギー消費も大きくなることから，仔魚の遊泳・摂餌能力に応じた種ごとに異なる最適な乱流の強さの存在が想定される．

　餌生物の量に関して，現存量と生産量は異なることに注意する必要がある．生産力の高い海域では，たとえ見かけ上餌生物の現存量が少なくとも，多くの餌生物が生産され短時間に仔稚魚などによって消費されている可能性を否定できない．また，「Critical Period 仮説」が摂餌開始期に限定した仮説であるのに対して，近年の飢餓に関する仮説はより長い発育期間でその影響を検討しようとしている．El Ninõ-Southern Oscillation（ENSO）やアリューシャン低気圧の活動などにみられる，大洋規模で長期的な環境変動と海洋生態系の遷移（レジームシフト，regime shift）は，仔稚魚の餌生物生産に大きな影響を与え，マイワシなどの多獲性浮魚類の資源水準は数十年の長周期で変動する．レジームシフトは基本的に水温を引き金とする環境変動である．例えば，低水温により主産卵期である春季の鉛直混合が強くなり，深層からの栄養塩供給量が増加してプランクトン生産力が増えると，低水温に適応したマイワシの生き残りに有利な環境となる．高水温にシフトすると生産力は低下するけれども，マイワシという強力な競争者が減少し，高水温にも適応できるカタクチイワシにとって好適な環境が形成され，魚種交替につながるというシナリオが考えられている（青木ら，2005；渡邊，2005 など）．実際に飢餓が仔稚魚期の主要な減耗要因であるかどうかは明確ではない．組織学的診断法（後述）などで飢餓状態に陥った仔魚の割合を推定した研究では，魚種によっては飢餓が初期減耗の主要因であるとする報告もあるが，飢餓減耗が年級群水準を決める主要因であることに否定的な研究結果も多い．一方，水圏生態系の中には，小型動物プランクトンから大型魚類や鳥類まで，種類が多様で広いサイズ範囲の肉食動物が多数存在する．飢餓状態に陥り動きの鈍くなった個体や成長の悪い個体は，そのような肉食動物から容易に捕食されることが推測され，近年は被食（捕食されること）が減耗の直接的な主要因であるとする説が有力である．しかしその場合でも，飢餓が被食減耗につながる重要な要因であることは否定できない．

　2）**無効輸送**　魚類のほとんどは生活史の中で発育段階に伴って生息場所を移動する．とくに，多くの魚種で産卵場と稚魚の成育場は別の場所にあり，浮遊卵・仔魚期は産卵場から成育場への輸送期とみることができる．沖合性のマイワシやカタクチイワシは黒潮周辺で産卵し，仔稚魚は生産力豊かな黒潮・親潮移行域に輸送されそこを成育場とする．また，沿岸魚類の多くはやや沖合で産卵し，浮遊仔魚は沿岸へ輸送されて生産力の高い浅海域を稚魚期の成育場とする（図 15-3）．たとえ大量の産卵があり浮遊仔魚期の生き残りもよかったとしても，適切な時期に適切なサイズで適切な成育場へ輸送されなければ，大きな減耗が発生する．例えば異体類（ヒラメ・カレイ類）では，着底稚魚の成育場は海底という二次元の空間であり，環境や餌生物に対する種特異的な要求の幅も狭いために，ごく限られた場所が成育場となる（van der Veer ら，2000）．親魚は仔魚が好適な成育場へ輸送される確率の高い場所を産卵場とし，輸送においては，海流，潮汐流，小規模渦，海洋前線，エスチュアリー循環などの物理機構が，卵・仔魚の拡散を防ぎ成育場への輸送を安定化する機能をもつ．卵・仔魚は分布水深を変えることなどによりこのような機能をうまく利用して，効率的に成育場へ到達するメカニズムをもつが，風や海流の変動により常に期待通りに成育場に到達できるとは限らない．このよ

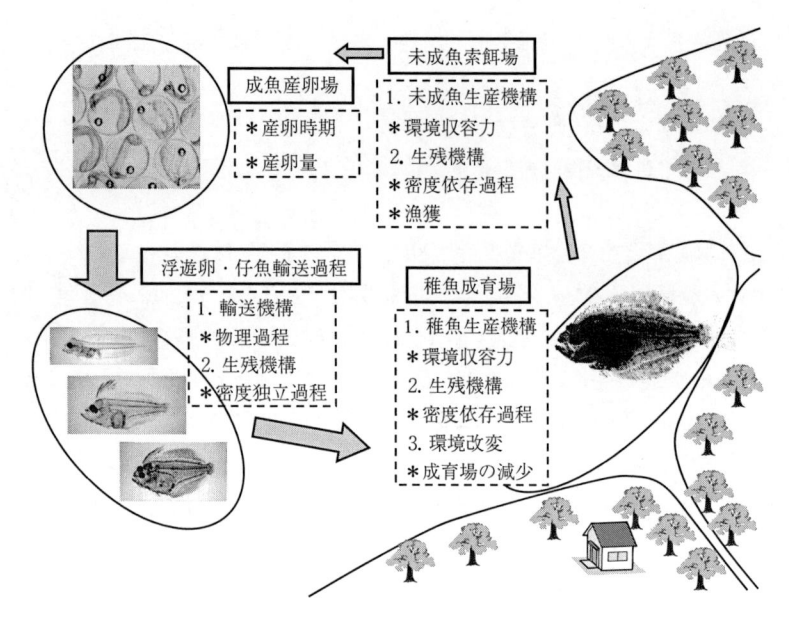

図 15-3 沿岸魚類の初期生活史の模式図．山下（2006）を改変．

うに特定の環境を成育場として利用する魚種では，卵・仔魚期の成育場への輸送の成功が初期生残において重要な鍵となる（Bailey ら，2005）．

**3）致死的環境，疾病，人間活動に起因する要因**　　生残に不適な極端な水温・塩分，重金属や化学物質による汚染，富栄養化を原因とする貧酸素水塊の形成などの環境条件が，卵・仔稚魚の直接の死亡原因となることもある．また，汚染物質は卵・仔魚の奇形率を増大し，稚魚の成長速度を低下させることも報告されている．一方，ウイルス，バクテリア，寄生虫などによって引き起こされる疾病を原因とする減耗に関しては，養殖場などで魚類が大量斃死する例はよく知られているが，天然海域における初期減耗要因としての疾病に関する研究は極めて限られる．環境悪化のために免疫が低下して病気にかかりやすくなるなど，環境ストレスと疾病との間にも密接な関係のあることが考えられるが，天然環境下での疾病による初期減耗を定量的に研究する有効な手法はない．

　餌不足，環境ストレス，疾病などが原因で成長の悪い個体や健康でない個体は捕食されやすく，不適な場所に輸送されると餌不足や捕食者に遭遇する確率が増加する．このように初期減耗要因は輻輳して作用することが考えられ，また，好適な環境や生態的特性は魚種ごとに異なっており，魚類の初期減耗機構を単一の要因や仮説で説明するのは困難である．

## §3. 成　長

### 3-1　成長速度

　多くの魚類のふ化仔魚の体長は数 mm であるが，1ヶ月で数 cm に成長し，この間の体重の増加は 1,000 倍を超える．仔魚期の体重当たりの日間成長率は，成長の遅い冷水性魚類で5％前後，成長の早いサバ科魚類などでは 50％に達する（Houde, 1989）．

　成長速度は，単位期間当たり（例えば1日当たり）の成長量（体長，体重）や相対成長率（体長や体重に対する成長の割合）などで示される．成長速度は発育段階によって大きく異なることから，成

長特性を考慮した成長モデルの選択が重要である．例えば，成長量はサイズに大きく影響されるので，比較を行う場合にはサイズ範囲を限定する必要がある．初期成長は指数モデルに比較的よく適合することが報告されている．

$$W_t = W_0 e^{(Gt)} \quad すなわち \quad G = (\ln W_t - \ln W_0)/t \quad (4式)$$
$$g = e^G - 1 \quad (5式)$$

ここで，$W_0$，$W_t$ は時間＝0と t の体重，G は瞬間成長率であり，g は体重当たり日間成長率となる．体長の成長が指数的になることはあまりなく，発育段階別に成長量（mm/day）で示されることも多い．より広い発育段階や生活史全体での成長を示すモデルとしては，von Bertalanffy（6式）や Laird-Gomperz（7式）のモデルが適用される．

$$L_t = L_\infty (1 - e^{-K(t-t_0)}) \quad (6式)$$
$$L_t = L_0 e^{(a/b)(1 - e^{-bt})} \quad (7式)$$

ここで，$L_\infty$ は最大体長，K は成長係数，a は $L_0$ 時の成長率，b は成長率の指数減衰係数を示す．若魚期以降の生活史全体の成長モデルとしては von Bertalanffy 式が最もよく使われるが，仔稚魚期の成長には Laird-Gomperz 式が適合するといわれている．また体長－体重関係式（$W = \alpha L^\beta$）を用いることにより，6，7式を体重で示すことができる．

### 3-2 成長速度を決める要因

成長に利用されるエネルギーは，摂餌量から糞として排出される不消化物量，代謝産物・分泌物などとしての排泄量，および呼吸による代謝量を差し引いた残りと考えることができる（山下，1991）．エネルギーの体内への取り込み（同化エネルギー，assimilated energy）とその配分はエネルギー収支（energy budget）と呼ばれ，カロリー量のほか，窒素量，炭素量などでも表される．とくに粗成長効率（成長量／摂餌量）は，餌の質や成長能力を示す指標として利用され，仔稚魚では 10～60％の範囲が報告されている（Houde，1989）．成長速度に影響する内的な要因としては，遺伝，卵質（大きさ，卵黄量，その他の栄養物質）が，外的要因としては，水温，餌生物の質と量，塩分，溶存酸素量，pH，有害物質などがある（Yamashita ら，2001）．また，すでに述べたように成長速度は発育段階によって大きく変化する．

これらの中で，餌生物量と水温はとくに重要な要因である．餌生物量が十分な場合には，成長量は一般に水温に対してゆがんだドーム型を形成する（図 15-4）．摂餌量や同化量は水温とともに増加し，最大値となる至適水温を超えると急激に減少する．摂餌の至適水温は酵素活性などの至適温度と密接に関係すると考えられている．一方，代謝量は水温に対して指数関数的に増加することから，至適水温より高い水温で代謝が急速に増加し，成長に利用できるエネルギー（＝同化量－代謝量）が減少して，代謝量が同化量と等しくなる水温で成長余地はゼロとなる．このように水温は同化と異化の速度を決める要因として（コントローリングファクター），餌生物量や溶存酸素量は摂餌量を規定する要因として（リミッティングファクター），不適な塩分や捕食者などからの逃避は代謝量を増加させる要因として（マスキングファクター）作用し，成長速度を決定する．一般に溶存酸素は 5～6ppm 以下で成長を低下させるといわれ，塩分と水温の成長に対する影響は魚種により大きく異なる．

天然海域において成長速度を規定している要因を特定することは，仔稚魚の初期生態研究において非常に重要である．塩分の変化しやすい河口域や貧酸素環境に陥りやすいごく沿岸域を除くと，一般には餌生物量と水温の2つが主要因と考えられる．近年，飼育魚や天然仔稚魚について，発育段階と

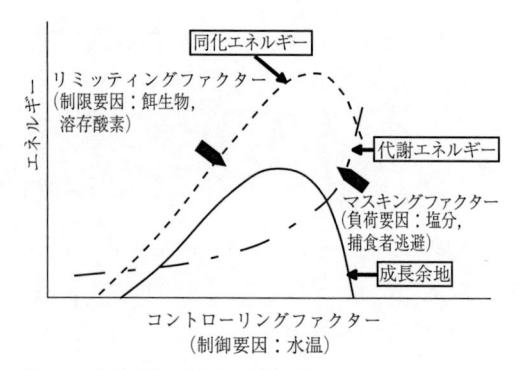

図15-4 成長速度に対する環境要因の影響.同化エネルギーは摂餌・消化吸収の最適水温を超えると急激に減少するが,代謝エネルギーは水温に対して指数関数的に増加,同化エネルギーと代謝エネルギーの差である成長に利用できるエネルギー量(成長余地)は水温に対してドーム型を呈する.同化には餌生物や溶存酸素がリミッティングファクターとして影響,代謝には浸透圧調節(塩分)や捕食者からの逃避のための負荷が追加される.Yamashitaら(2001)を改変.

水温に対応した最大成長速度のデータが蓄積されつつある.推定された天然採集仔稚魚の成長速度が,現場水温により決定される最大成長速度よりも低ければ,餌不足が成長速度を制限していると判断できそうである.しかし,実際にフィールドで採集された仔稚魚の成長に関する研究報告を見ると,採集個体の成長速度は最大値に近いという結果が多い.この場合,餌生物量は十分であり成長は水温によって規定された可能性と,餌生物は十分でなく高成長個体だけが生き残った可能性の2通りが考えられ,成長速度に対する選択的な減耗など他の観点からの分析が必要になる.一方,内湾・潟湖など閉鎖性水域を成育場とする魚種の仔稚魚では,低溶存酸素や環境中の重金属・化学物質の影響により,成長が抑制される例も報告されている.

## §4. 成長と生残との関係

### 4-1 成長速度と生残

初期生残過程においては,サイズと死亡率の間に密接な関係が知られておりサイズ選択的減耗(size selective mortality)と呼ばれる.一般的には,成長に伴いサイズと遊泳能力が増加し捕食者に食べられにくくなり,また,餌を捕獲する能力も高まることから,死亡率は低下すると考えられる.これは,「Bigger is Better 仮説」と呼ばれる.稚魚期に入ると仔魚期と比べてはるかに身体機能と運動能力が増加するために,生残率が急激に上昇する.すなわち,成長速度が速いと死亡率の高い仔魚期が短くなるので,生残にとって有利である.これを,「Stage Duration 仮説」と呼び,両仮説とも高成長が生き残りに有利であることを,異なる視点から表現している.

仔魚期,稚魚期の死亡率と仔魚期の成長速度の関係を仮想条件下で実感してみよう(表15-1).例えば,体長4mmでふ化し12mmで変態して稚魚になり,150日齢まで浅海の成育場で底生生活する異体類を仮定する.ふ化時の個体数は100万尾である.仔魚期の日間成長速度が0.25mmとすると浮遊仔魚期は32日間であり,瞬間死亡率(M)0.2[事例A,C;2式より日間死亡率(m)18.1%]と0.3(事例B;日間死亡率25.9%)では変態・着底時の個体数に1,662個体と68個体の差が生じる(1式より).仔魚期の日間成長速度が0.32mmだと浮遊期は25日間に短縮し,死亡率0.2では着

表15-1 仔稚魚期の死亡率と成長速度が生残数に対して及ぼす影響の仮想モデル.条件は本文参照のこと.

| | 仔魚期 | | | 稚魚期 | |
|---|---|---|---|---|---|
| | ふ化時個体数 | 瞬間死亡率 | 32日齢の個体数 | 瞬間死亡率 | 150日齢の個体数 |
| 事例A | 1,000,000 | 0.2 | 1,662 | 0.04 | 14.8 |
| 事例B | 1,000,000 | 0.3 | 68 | 0.04 | 0.6 |
| 事例C | 1,000,000 | 0.2 | 1,662 | 0.06 | 1.4 |
| | | | 25日齢の個体数 | | |
| 事例D | 1,000,000 | 0.2 | 6,738 | 0.04 | 54.4 |

底稚魚数は 6,738 個体となる（事例 D）．次に，着底後の稚魚期の死亡率が事例 A の 0.04（日間死亡率 3.9％）よりも少し高い 0.06（日間死亡率 5.8％）の事例 C の場合，事例 A と C の死亡率の差は僅か 0.02 であったが，稚魚期が長いために，150 日齢での個体数には，事例 A（14.8）と事例 C（1.4）の間で 10 倍の差が発生した（3 式による）．一方，仔魚期の日間成長速度のわずかな差（事例 A：0.25mm，事例 D：0.32mm）により，150 日齢の生き残り数に 4 倍の違いがあることは，加入量水準決定における仔魚期の成長速度の重要性を示している．

個体群の死亡率（M），成長速度（G），バイオマス（B）の間には以下のような関係が知られている（Houde, 1997）．

$$B_S/B_{S-1} = (W_S/W_{S-1})^{(1-M/G)} \quad (8式)$$

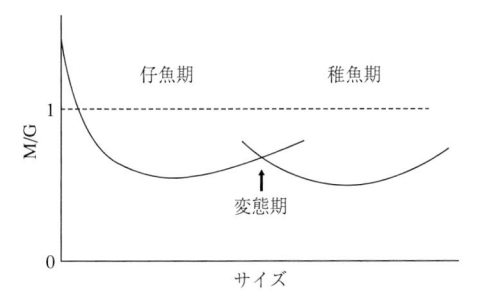

図 15-5 魚類の初期生活史における M/G 比とサイズ，発育，生息場選択との関係を推定した模式図．M/G＜1 で個体群のバイオマスは増加．ある発育段階の中で M/G 比が最小に達した後に増加し始めると，次の発育段階へ移行し新しい生息場へ移動する．例えばヒラメでは仔魚から稚魚へ変態し，浮遊生活から浅海の砂浜底に着底する．Houde（1997）を改変．

ここで，$B_S$ と $B_{S-1}$ は発育段階 S と S-1 の同一個体群のバイオマス（重量），$W_S$ と $W_{S-1}$ は G に対応した発育段階 S と S-1 の体重を示す．個体群のバイオマスは M＞G で減少，M＜G で増加する．多くの魚類では，生活史のごく初期には M が大きいことから M/G は 1 より大きく，とくにふ化後しばらくの期間，仔魚個体群のバイオマスは減少する．日齢とともに M は減少，G は増加するので M/G は減少し，M/G が 1 より小さくなると個体群のバイオマスは増加に転じる．M/G＝1 になるサイズ（日齢）は個体群の資源加入ポテンシャルを示す指標と考えられる（図 15-5）．さらに M/G は減少しバイオマス増加速度が増大するが，あるサイズで最小（$M/G_{min}$）になった後 M/G は再び増加することが推測されている．M/G が最小値から再び増加し始めると，M/G を減少させるためにより適した新しい生息場へ移動し，このような生息場の移動は発育段階の進行に対応することが考えられている（図 15-5）．

### 4-2 密度効果

個体群の密度がその個体群の生残率や成長速度に影響することを密度効果といい，密度効果が作用する過程を密度依存（あるいは従属，density dependent），密度と関係のない過程を密度独立（density independent）と呼ぶ．密度効果は対象種の発育段階，生態特性，環境条件などにより，生残率に影響する場合と成長率に影響する場合がある（Begon ら，2006）．また，すでに述べたように，生活史初期には成長率への影響が生残率へ強く反映することも考えられる．

卵は摂餌しないので餌生物に対する競争は存在せず，摂餌量の少ない仔魚期前期の減耗も一般的に密度独立過程であり，このステージの生残には環境条件が大きく影響する．また，産卵場から成育場への輸送過程での餌生物量や捕食者量は，基本的に密度独立的要因である（図 15-1）．一方，仔魚期後期から稚魚期には摂餌量が増加する．環境の選択性が強く限られた成育場空間に分布する種では，餌生物をめぐる競争により密度依存的過程をとりやすくなる．被食についても密度効果が存在する．例えば，成育場への加入量が多いと，加入稚魚の捕食者はタイプ 3 の機能の反応［typeⅢ functional response；捕食強度は餌密度に対してシグモイド曲線（S 字型）で反応する］により捕食を行い，捕

食力の飽和に近くなるまでは，加入量の増加に伴って被食死亡率が上昇する．一方加入量が少ないと，捕食者は他の優先する餌生物種を中心に捕食することから，加入稚魚の被食死亡率は低下する．卵・仔魚期の生き残りは水温などの環境変動に大きく左右され，稚魚成育場への加入量の変動幅も大きい．しかし，成育場加入量が多い場合には密度効果が強く働いて死亡率が上昇し，逆の場合には死亡率が低下することにより，卵・仔魚期に生じた加入量の変動幅が稚魚期に小さくなる現象が知られている．このような，ある発育段階で生じた大きな個体数変動が次の発育段階で縮小されることを，密度依存的補償作用（density-dependent compensatory process）と呼ぶ（図 15-1）．

## §5. 研究手法

卵・仔稚魚は死亡すると速やかに分解され，あるいは弱った個体は容易に他の捕食者に捕食される．そのため，死亡個体が死亡の直前にどのような状態であったのかを調べることは困難である．現状では，捕食者の胃内容物中にある個体を除けば，生残していた個体を観察あるいは採集して分析する方法に頼らざるを得ない．

耳石に1日に1本のリングが形成される耳石日輪の発見により（9章参照），卵・仔稚魚の生残率の推定手法は飛躍的に進展した．すなわち，採集された仔稚魚のふ化日や日齢組成を調べ，日齢に対する個体数の変化から生残率を推定することが可能になった（図 15-2）．しかし実際には，前述の通り母集団に近い標本をフィールドで採集することは容易ではなく，採集された標本には大きな誤差が含まれる．

仔稚魚の飢餓状態，栄養状態を調べる手法が多く開発されている．仔魚の飢餓状態の判定には，組織切片による脳，肝臓，筋肉，消化管などの組織学的診断法が用いられる．精度は低くなるが，飢餓の影響を受ける部位と受けない部位との比較により（例えば体高/体長比，頭高/眼形比など），外部形態から簡便に推定する手法もある．また，個体ごとの栄養状態を調べるために，肥満度（体重/体長$^3$），脂質含量（例えば，中性脂質/体重），水分含量（水分/体重），摂餌活動（消化酵素活性），成長活性（RNA/DNA 比）など多くの指標が用いられている．目的や調査手法に応じて用いる指標を選定する必要がある．

仔稚魚の成長速度の推定法として最も一般的に用いられるのは，前述の耳石日輪を用いた解析法である．成長速度と耳石の輪紋間隔との間には一定の関係があり，耳石の輪紋間隔から個体ごとの成長履歴を推定することができる．しかし，ほとんど摂餌しない場合でも耳石は成長することや（成長の悪い個体ほど体長に対する耳石径が大きい），生き残った（そして採集された）個体は死亡個体よりも成長がよいことによる偏り，逆に採集された個体は採集ネットを逃避できた活性の高い個体よりも成長が悪い可能性による偏りなど，多くの誤差要因も残されている．また，飼育条件下で成長速度とRNA/DNA 比の関係を調べ，それを水温で補正して成長速度を推定する手法がある．しかし，飼育条件下で得られた RNA/DNA 比の物差しが，天然で採集された個体に正確に適用できるかについての検証はない．この他，調査時ごとの体長組成の推移から成長速度を推定する方法もあるが，耳石解析法以上に大きな誤差が含まれる場合が多い．生残率と成長速度推定のどちらにおいても，対象生物の調査域からの移出入と採集具のサイズ選択性は最大の問題である．これらの問題に対処し調査精度を上げるために，同じ水塊を追跡する漂流ブイを用いたラグランジュ的な調査や採集機器の大型化が試みられている．

このほか，物理現象，生物生産，行動，個体群動態などのシミュレーションのために，信頼性，再現性の高い数値モデルが開発されつつある．また，行動や環境モニタリングと分析のための多様なセンサーが開発され，衛星画像の利用，生物の分布・行動を調べるためのカメラ・ビデオ機器の発達，幼生や胃内容物の種判別への分子生物学および生化学的手法の応用など，研究手法はめまぐるしく多様化・高度化しており，生残と成長に関する生態研究への効果的な導入が期待される． （山下 洋）

## 文献

青木一郎・仁平章・谷津明彦・山川 卓 編（2005）：レジームシフトと水産資源管理，恒星社厚生閣，143 pp.

Bailey K.M., Nakata H. and van der Veer H.W.(2005)：The planktonic stages of flatfishes: physical and biological interactions in transport processes, IN "Flatfishes, Biology and Exploitation", Ed by R.N. Gibson, Blackwell Publishing, Oxford, pp.94-119.

Begon M., Townsend C.R. and Harper J.L.(2006)：Ecology, Fourth Edition, Blackwell Publishing, 738 pp.

Houde E.D.(1989)：Comparative growth, mortality, and energetics of marine fish larvae: temperature and implied latitudinal effects, Fish. Bull, U.S., 87, 471-495.

Houde E.D.(1997)：Patterns and consequences of selective processes in teleost early life histories, IN "Early Life History and Recruitment in Fish Populations", Ed by R.C Chambers and E.A. Trippel, Chapman & Hall, London, pp.173-196.

Leggett W.C. and Deblois E. (1994)：Recruitment in marine fishes: is it regulated by starvation and predation in the egg and larval stages? Neth. J. Sea Res., 32, 119-134.

Shoji J., Maehara T. and Tanaka M.(2005)：Larval growth and mortality of Japanese Spanish mackerel (Somberomorus niphonius) in the central Seto Inland Sea, Japan, J. Mar. Biol. Ass.U.K., 85, 1255-1261.

van der Veer, H.W., Berghahn R., Miller J.M. and Rijnsdorp A.D.(2000)：Recruitment in flatfish, with special emphasis on North Atlantic species: progress made by the flatfish symposia, ICES J. Mar. Sci., 57, 202-215.

渡邊良朗 編（2005）：海の生物資源，東海大学出版会，436 pp.

Yamashita, Y., Tanaka M. and Miller J.M.(2001)：Ecophysiology of juvenile flatfish in nursery grounds, J. Sea Res., 45, 205-218.

山下 洋 (1991)：エネルギー収支，魚類の初期発育（田中克編），恒星社厚生閣，71-85.

山下 洋 (2005)：異体類の加入量変動，海の生物資源（渡邊良朗編），東海大学出版会，272-285.

山下 洋 (2006)：沿岸重要魚介類の初期生態の解明と栽培漁業への応用，日本水産学会誌，72, 640-643.

# 16章　性転換

> 　魚類では約 30,000 種が知られるが（Nelson, 2006），その内，約 300 種で雌雄同体現象が報告されている（余吾，1987）．雌雄同体現象は雌性先熟，雄性先熟，双方向性転換，同時的雌雄同体など様々なタイプが見られる．魚類以外の脊椎動物では両生類の一部を除き，すべて雌雄異体である（桑村，2004）．このことから魚類における性の多様性は脊椎動物の中で際立っている
> 　雌雄同体魚類の性転換現象は，生物学上の大きなテーマである「性とは何か」を研究する上で格好の研究材料となるので，行動生態学（究極要因）と生理学（至近要因）の双方の観点から研究が進められてきた（究極要因と至近要因の違いについては第 3 章を参照）．
> 　この章では、研究の経緯を簡単に振り返り、そして雌性先熟，雄性先熟，双方向性転換における究極要因と至近要因の双方の研究アプローチについて紹介し，最後に両者の統合について触れてみる．

## §1．研究の経緯

　行動生態学的研究のこれまでの経緯を簡単に振り返ってみよう．1960 年代以前は生物が繁殖するのは「種の維持」であり，自然選択がかかる単位は種であるとした（クレブス・デイビス，1987）．雌雄同体現象についても，その意義は雌雄異体の場合よりも個体群中の接合子の数を増加させることができるためであるという解釈であった（Smith, 1967）．しかし，自然選択がかかる単位は遺伝子であることを理論化し，行動生態学（社会生物学）の基礎ができあがると（クレブス・デイビス，1987），性転換の進化をこのような立場から説明する「体長・有利性モデル（size advantage model，以下 SA モデル）」が発表され，数理モデルとして洗練されたものになった（Munday ら，2006）．

　理論的な発展とともにスキューバが一般に普及すると，魚類を潜水して直接観察できるようになり，魚類の社会構造に関する研究が飛躍的に発展した．その初期の研究が Robertson（1972）によるホンソメワケベラの社会構造と雌から雄への性転換に関する論文である．また，雄から雌に性転換するクマノミの 1 種 *Amphiprion akallopisos* について攻撃行動と性転換の関係が報告されている（Fricke and Fricke, 1977）．日本は海で囲まれ，南北に長い国土のおかげで魚類の多様性が高く，性転換の分野ではキンチャクダイ科，スズメダイ科，ベラ科，ハゼ科などについて研究されてきた［例えば，中園・桑村編（1987）あるいは桑村・中嶋編（1996, 1997）を参照］．特に双方向性転換はダルマハゼ，オキナワベニハゼ，オキゴンベでほぼ同時に日本人の研究者によって発見され（中嶋，1997），この分野で世界をリードしていることをうかがわせる．

　内分泌の側面から性転換を研究する至近要因的アプローチの研究はどうだろうか．研究者は性転換

に伴う生殖腺の組織学的観察とステロイドホルモンの血中濃度の関係を追及してきた（例えば中村，1987）．これらの研究では特に，雌性ホルモンと雄性ホルモンの性転換をする上での役割が検討されている．最近では分子生物学の技術的発展に伴い，性転換過程におけるステロイドホルモンの制御を遺伝子レベルで解析することが可能になってきた（小林ら，2006）．

## §2. 雌雄性のタイプ

雌雄同体現象が出現する種はヌタウナギ綱，ヤツメウナギ綱，軟骨魚綱では知られておらず，条鰭綱におけるウナギ目，コイ目，ワニトカゲギス目，ヒメ目，タウナギ目，ダツ目，カサゴ目，スズキ目で見られる〔余吾，1987；上位分類群の各綱の名称は Nelson（2006）に従い最近のものに改めた〕．これらの目は系統的に互いに離れており，性転換現象が各分類群で独立して進化したことを示している．魚類の雌雄性のタイプについて整理してみると，雌雄異体と雌雄同体の2つに分類される．雌雄同体は機能的雌雄同体，痕跡的（非機能的）雌雄同体に分けられる．機能的雌雄同体とは1個体が雌雄双方の機能をもつ場合で，成熟した卵と精子を同時にもつ場合を同時的雌雄同体，性転換により雌あるいは雄の機能を生涯の異なる時期にもつものを隣接的雌雄同体と呼ぶ（余吾，1987；表16-1）．

同時的雌雄同体は卵巣と精巣が同時に成熟するもので，ヒメ目，ダツ目，スズキ目ハタ科ヒメコダイ亜科で知られる．特にヒメコダイ亜科についてはカリブ海のサンゴ礁に生息する種について繁殖生態が研究されている．産卵時に2個体が出会うと互いにディスプレイをしながら相手の卵を受精させる（詳しくは Petersen and Fischer, 1996 を参照）．

隣接的雌雄同体（性転換）は雌性先熟（雌から雄への性転換），雄性先熟（雄から雌への性転換），双方向性転換がある．これらについては§4, 5, 6で詳しく解説する．

痕跡的（非機能的）雌雄同体は雌雄異体であるにもかかわらず生殖腺の一部にその個体の性とは反対の生殖腺組織が存在するものである．しかし，その組織は成熟することなく機能的ではない．例えばタナバタウオ科 *Gramma loreto* は幼時期は両性生殖腺を有するが，成長するにつれて雌あるいは雄に分化し，別の性に変わることはない（Asoh and Shapiro, 1997）．

表 16-1　魚類における雌雄性のタイプ（余吾，1987を改変）

| | |
|---|---|
| 雌雄異体 | Gonochorism |
| 雌雄同体 | Hermaphroditism |
| 　機能的雌雄同体 | Functional hermaphroditism |
| 　　同時雌雄同体 | Simultaneous hermaphroditism |
| 　　隣接的雌雄同体 | Sequential hermaphroditism |
| 　　　雌性先熟 | Protogyny |
| 　　　雄性先熟 | Protandry |
| 　　　双方向性転換 | Bi-directional sex change |
| 　痕跡的（非機能的）雌雄同体 | Rudimentary hermaphroditism |

## §3. 性転換の進化モデル

1つの種の中で行動の多型が含まれることは様々な動物で報告されている．多くの研究からこのような行動の多型は，その個体がおかれている環境によって行動を変化させている場合と，それぞれが遺伝的に決定されている場合の2つのタイプがあることがわかった．

先に進む前に雌と雄の基本的に大きな違いを確認しておこう．雌は大きな配偶子である卵を生産し，雄は小さな配偶子である精子を形成する．雌の繁殖成功は，自分が生産した卵の数と成熟年齢に達するまでの生残率で決まるのに対し，雄ではつがいになった雌の産卵数（受精させた卵の数）と成熟年齢に達するまでの生残率による（桑村，1996）．

雌の繁殖成功＝（産んだ卵の数）×（生残率）

雄の繁殖成功＝（つがいになった雌の数）×（雌1尾の産卵数）×（生残率）

ここでは究極要因として性転換が進化する条件を説明する．

### 3-1 条件付戦略と性転換

　ハゼ科ナンヨウミドリハゼは南日本から熱帯域のタイドプールに生息する小型のハゼである．雄は小潮が近づくと生息場所である潮溜まりの中の岩穴に身を隠す．すると雌が自分の行動圏を離れこの雄の巣までやってきて卵を産む．雌は産卵後，自分の行動圏に戻り，雄のみが卵保護を行い，約5日後の大潮時にちょうど卵がふ化する．しかし，雌がやってくるのは大型の雄（全長29〜33 mm）に限られている．

　巣穴は小さく中は確認できないが，卵を産みつけるスペースは少ないようだ．後から来た雌は卵を産めずに外に出て，次の雄を求めて動き回る．そのような雌を目ざとく見つけ求愛して産卵させるのが中型雄（25〜30 mm）である．さらに小型雄（23〜28 mm）は大型雄の巣の周辺に集まり，通ってくる雌に求愛し横取りしようとする．つがいになった雌の数を比較すると大型>中型>小型雄の順となった．このことから中型・小型雄は雌が通ってこない，という「逆境」に対処するために上記の行動をとっているものと思われる．また，大型雄も他の大型雄の巣の周辺で横取り行動をすることもあり3者の間で遺伝的な差異は存在しないようだ（Sunobe and Nakazono, 1999）．

　ナンヨウミドリハゼのようなサイズによって異なる行動をとり，少しでも繁殖成功を上げようとする例は多く知られている．このように様々な状況に応じて行動を使い分けることを条件付戦略（conditional strategy）といい，大型雄のような巣を構える行動や，小型雄のような横取り行動をそれぞれ戦術（tactic）という．

　性転換現象も条件付戦略の1つとして位置づけることができる（桑村, 1996）．これについてSAモデルを用いながら説明してみよう（図16-1）．魚類では雌はより大きな雄とつがいになる配偶者選択が存在することがある．なぜなら大きな雄は条件のよい産卵場を確保していたり，保護行動をする種では卵捕食者をうまく撃退してくれるだろう．またハレム社会のように雌そのものを縄張り内に囲い込む場合もある．ナンヨウミドリハゼのように大型雄が身を隠すために，小型雄が横取り戦術を用いることができる場合と異なり，大型雄が繁殖を独占し，小型雄は繁殖の機会はほとんどないことが予測される．雌と雄の繁殖成功の違いを思い出してほしい．大型雄のみが多くの雌を優先的に独占できる条件下では，このような雄の繁殖成功は小型雄に比べて著しく高い．反面，雌の繁殖成功は大きくなるにつれて直線的に高くなっていくはずである（図16-1A）．そこで，小型の時は雌という戦術を採用し，大きくなってから雄という戦術に切り替える（雌性先熟）ことで生涯の繁殖成功を最大にするように自然選択が働いているのである．

　逆に配偶者選択がないランダムな配偶システムの社会ではどうだろうか．雄の繁殖成功はどのサイズでも変わらない（図16-1B）．

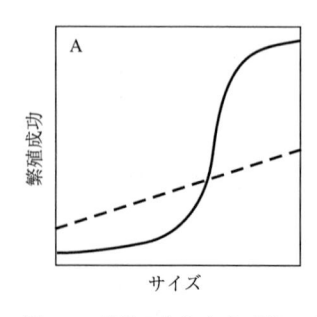

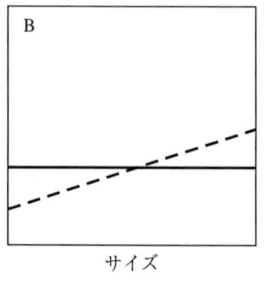

図16-1　雌雄の体サイズの増加に伴う，繁殖成功の変化．実線，雄；点線，雌．A，雌性先熟の場合．大型雄が雌を独占するので，その繁殖成功は高い．B，雄性先熟の場合．ランダム配偶となるので雄の繁殖成功はどのサイズでも同じ．

雌はこの場合も直線的な右肩上がりに産卵数が増えてゆく．このような状況では小型の時は雄という戦術を用い，成長するにつれて雌という戦術をとる（雄性先熟）ことで生涯繁殖成功を最大にできる．

### 3-2 代替戦略

もし，雄の繁殖行動に遺伝的に異なる2型が存在し，それぞれの繁殖成功が等しい場合，個体群中に2型が維持されることになる．例えば，ブルーギルでは大型の縄張り雄と小型のこそ泥雄（スニーキングや雌のふりをして縄張り雄と産卵中の雌の間に割り込んで放精する雄）が存在する．両者の繁殖成功はほぼ等しく，成熟年齢が異なること，縄張り雄を除去してもこそ泥雄は縄張り雄に転じないことから，遺伝的に異なる2つの行動が共存する代替戦略（alternative strategy）を採用していると考えられている（Gross, 1982）．

雌雄異体は代替戦略の1つとして説明できる（桑村，1996）．雌あるいは雄という戦略を採用するそれぞれの個体は，遺伝的に異なる上に繁殖成功も等しいという代替戦略の条件を満たしている．このような条件下では雌戦略と雄戦略という2つの戦略の共存が可能ということになる．

## §4. 魚類の成熟機構

ここでは至近要因として魚類の卵巣の卵母細胞の成熟および精巣の精子形成における内分泌機構についてふれておこう（詳しくは長浜，1991；小林・足立，2002を参照のこと）．

卵巣卵の成熟過程を図16-2Aに示す．視床下部から生殖腺刺激ホルモン放出ホルモン（GnRH）が分泌されると，それが刺激となって脳下垂体で生殖腺刺激ホルモン（GTH）が生成，分泌される．この生殖腺刺激ホルモンが卵巣に達すると，ステロイドホルモン合成細胞（steroid producing cell）のレセプターと結合し，雌性ホルモン（エストラジオール-17$\beta$）が合成される．雌性ホルモンが肝臓に達すると卵黄前駆体物質（ビテロゲニン）の合成を促進する．肝細胞で合成されたビテロゲニンが卵母細胞に取り込まれ，卵黄として蓄積される．

それでは精子形成はどのような過程で進むのだろうか？　卵巣卵の成熟過程と同様に「生殖腺刺激ホルモン放出ホルモン - 生殖腺刺激ホルモン」の作用から始まる．生殖腺刺激ホルモンは精巣中のライディッヒ細胞に作用して，雄性ホルモン（11-ケトテストステロン）を合成する．雄性ホルモンはセルトリ細胞に取り込まれた後，精子が形成される．しかし，精子形成に至る過程は不明な点が多い（図16-2B）．

ステロイドホルモン合成細胞およびライディッヒ細胞におけるステロイド合成経路は魚種によって違いがあるが，その代表的なものを図16-3に示す．コレステロールを前駆体として様々なステロイド合成酵素を介してテストステロンになり，最終的に芳香化酵素（aromatase）によって雌性ホルモンに，11-$\beta$水酸基脱水素酵素の下で雄性ホルモンに変換される．

## §5. 雌性先熟魚の婚姻システムと内分泌機構

### 5-1 婚姻システム

雌性先熟魚はこれまでハタ科，キンチャクダイ科，ゴンベ科，スズメダイ科，ベラ科，ブダイ科，トラギス科，ハゼ科などのスズキ目を中心にタウナギ目タウナギ科，フグ目モンガラカワハギ科など多くの魚類で報告がある．これらの中で婚姻システムが解明された種では多くがハレム型一夫多妻（harem polygyny），あるいはなわばり訪問型複婚（male-territory-visiting polygyny）の2つのタイ

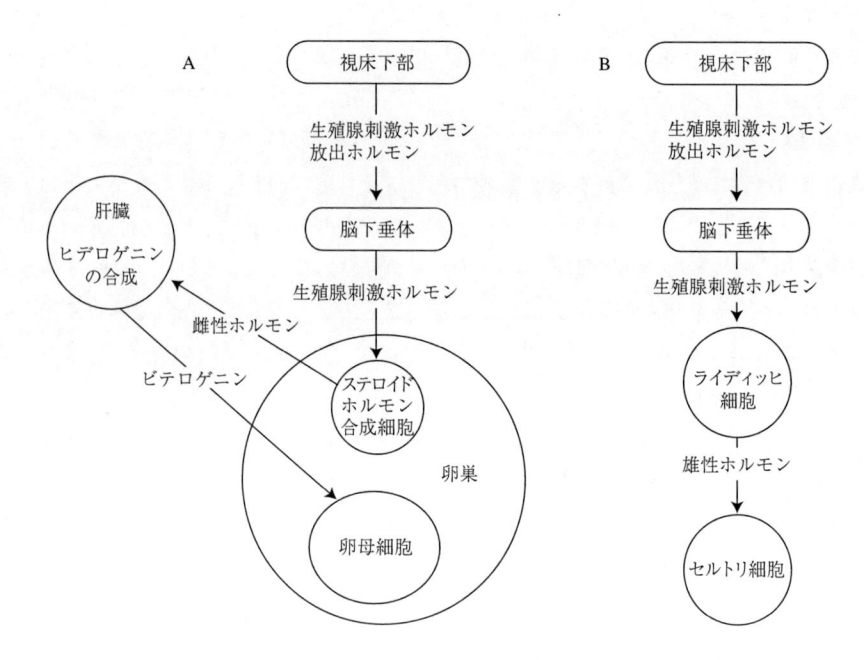

図16-2 A, 卵黄蓄積の内分泌機構. B, 精子形成の内分泌機構.

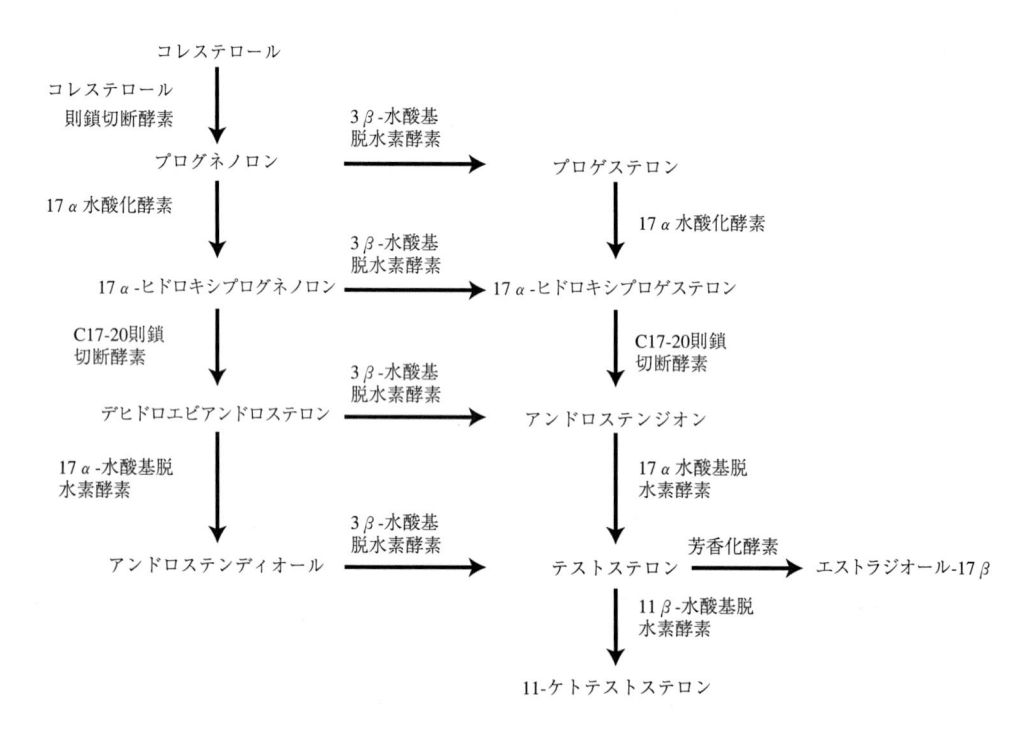

図16-3 魚類の雌性ホルモン（エストラジオール-17β）と雄性ホルモン（11-ケトテストステロン）の合成経路. 各経路（矢印）の上にイタリックで合成酵素を示している.

プから成る（桑村，1996；図16-4）.

ハレム型一夫多妻は行動圏重複型となわばり型に分けられる（坂井，1997）. 前者はキンチャクダイ科アブラヤッコ属で観察されている. これはハレム内の雌でサイズの近い雌どうしは行動圏が重な

らずなわばり関係となり，サイズが異なると行動圏が重複するものである（図16-4A；坂井，1997）．一方，トラギス科コウライトラギスで見られるのがなわばり型ハレムである．図16-4Bのようにハレム内の雌の行動圏が重ならず，雌どうしがなわばりを形成する〔大西，2004；なお，坂井（1997）は行動圏重複型となわばり型に加え，群れ型をあげている．これはキンチャクダイ科タテジマヤッコ属やハタ科ハナダイ類で見られるような中層に群れる雌集団を雄が独占するものである．しかし群れが大きくなるにつれて群れ内に複数の雄が出現するようなり，ハレム型とはいえない状態になるのでここでは除外した〕．

では行動圏重複型ではどのような状況で性転換が起きるのだろうか？　3つの場合が報告されている．1番目が後継性転換で雄の消失後，最大の雌が雄に性転換し，ハレムを引き継ぐものである．2番目が独身性転換で，雄の存在下で性転換し独身雄として過ごした後，雄が消失したハレムを乗っ取る．3番目がハレム分割性転換で，図16-4Aの片方の雌グループの中で最大の雌が雄になり，グループごとに独立するものである．

なわばり型でも後継性転換が知られているが，大西（2004）のコウライトラギスに関する詳しい観察によれば，多くが繁殖期の終了後に性転換する．性転換個体は雄との体長差がある一定のサイズ以下になると性転換を開始する．

いずれの場合もハレム型一夫多妻ではSAモデルが予測する雌性先熟の性転換の進化とよく合致するものである．

雌性先熟魚におけるなわばり訪問型複婚（図16-4C）はベラ科ホンベラ，カリブ海産のブルーヘッドラス *Thalassoma bifasciatum* などでよく知られている（中園，1987）．これらの種では産卵時刻になるとリーフエッジ近くで大型雄がなわばりを作り，訪問してくる雌に求愛し産卵する．これらのなわばり雄は雌に比べ色彩が派手で目立ち，条件のよい産卵場所を独占する．一方で雌と同様の色彩で小型の雄も存在する．これらの雄は生まれつきの雄（1次雄）でなわばりをもたず群れで移動し，1尾の雌を集団で追尾し繁殖する．なわばり雄は1次雄から色彩が変換したものと雌から性転換したもの（2次雄）がいる．ハワイ産の *T. duperrey* に関する研究で，雌は自分より小さな個体がいると雄に性転換することが実験的に証明されている（Rossら，1983）．*T. bifasciatum* では大型のなわばり雄を実験的に除去すると，大型の雌が性転換した（Warner and Swearer，1991）．この場合も，雌が大きな雄を選ぶという点でSAモデルと一致する．

### 5-2　内分泌機構

それでは雌性先熟魚の性転換過程おける内分泌機構はどのようになっているのだろうか．Nakamuraら（1989）は *T. duperrey* のサイズの異なる雌を2尾ずつ籠に同居させて性転換過程におけ

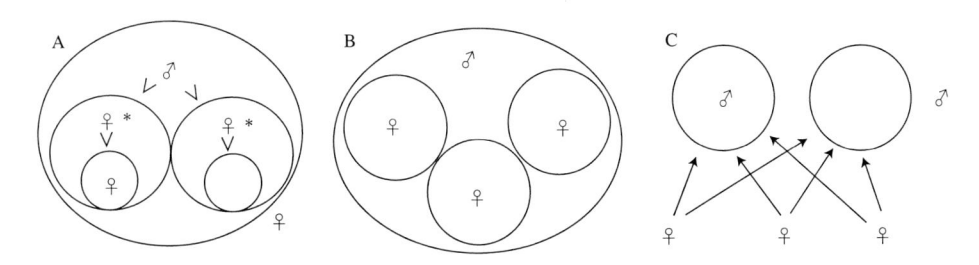

図16-4　A，行動圏重複型ハレム．＞はサイズ差を示す．＊は同サイズ．B，なわばり型ハレム．C，なわばり訪問型複婚．

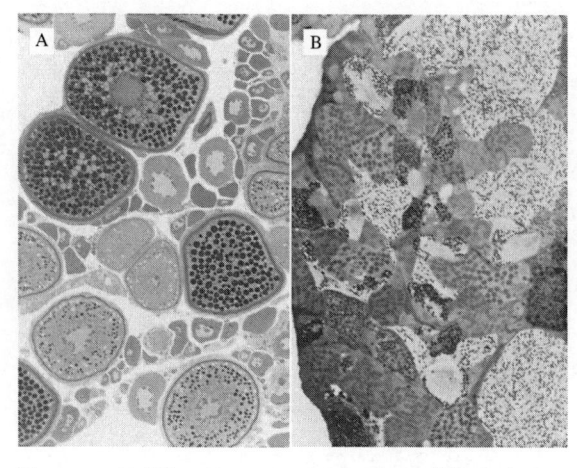

図16-5 ハワイ産のベラ Thalassoma duperrey の雌期（A）および雄期（B）の生殖腺．（撮影　中村將（琉球大学））

る生殖腺の組織学的変化とステロイドホルモンの血中濃度を測定した．雌期では生殖腺は様々な発達段階の卵母細胞で占められている．雄への性転換が開始されると食細胞により卵黄を蓄積した細胞の吸収が見られるようになる．さらに周辺時期の卵母細胞が減少し，同時に精原細胞とライディッヒ細胞が出現し，数が増加する．最終的に生殖腺は精巣に置き換わる（図16-5）．また，性転換過程における雌性ホルモンと雄性ホルモンの血中濃度を測定すると，雌期には高かった雌性ホルモンは，性転換開始と同時に低下し，逆に雄性ホルモンの濃度が上昇する．

では雌性ホルモンと雄性ホルモンのどちらが性転換に重要なのだろうか．同じ雌性先熟魚であるミツボシキュウセンの雌に雌性ホルモン合成酵素である芳香化酵素の阻害剤を投与すると，雄への性転換が起きる．一方で，阻害剤と同時に雌性ホルモンを与えた群では性転換が起きなかった．このことから生殖腺では雌性ホルモンの低下により，雄性ホルモンの上昇を招き精原細胞が増加し，性転換を誘導していると考えられる（小林ら，2006）．

## §6. 雄性先熟魚の婚姻システムと内分泌機構

### 6-1　婚姻システム

雄性先熟が知られているのはウツボ科，ドジョウ科，ヨコエソ科，コチ科，アカメ科，タイ科，スズメダイ科クマノミ類，ツバメコノシロ科で知られている（余吾，1987）．この中で婚姻システムが研究されたのはクマノミ類とコチ科トカゲゴチに限られている．

クマノミ類はイソギンチャクとは切っても切れない関係にあるのはよく知られている．最大の個体が雌で次に大きいのが雄，それ以外の小型個体は全て未成熟個体である．つまり婚姻システムは一夫一妻（monogamy）である．雌がイソギンチャクの基部の岩盤に産卵し，雄がふ化まで卵保護を行う．雌が消失すると，雄が性転換して雌になり，未成熟個体の中で最大の個体が雄になるのが，基本的な性転換のパターンである．

SAモデルが予想するところでは雄性先熟魚の婚姻システムはランダム配偶で，一夫一妻のクマノミ類とは対極の社会といえる．しかし，クマノミ類では稚魚がイソギンチャクに入る過程は，浮遊生活を経るためランダムな加入といえる．祖先が雌雄異体の場合，雄の大きさに関係のない，ランダムな配偶といえる．ここで，雄から雌に性転換する突然変異が生じたらそのような個体のほうが適応度が高く，雄性先熟の性質が個体群中に広がっていくだろう（桑村，2004）．

トカゲゴチは，クマノミ類以外に雄性先熟魚で婚姻システムが確認された唯一の例である（Shinomiyaら，2003）．本種の雌雄のサイズを比較すると雌は雄より有意に大きい．雌雄はともになわばりをもたず，その行動圏は雌雄を問わず重なる．産卵は日没前後に行なわれ，産卵前になると雄は雌に寄り添い，産卵時にはペアが中層に泳ぎあがり浮遊卵を産む．産卵は7回観察されたが，ペ

アの関係は特定ではなく，ペアどうしのサイズも4例では雌のほうが大きく，3例では雄が大きかった．このことから，トカゲゴチの婚姻システムはランダム配偶でSAモデルに当てはまる．

### 6-2 内分泌機構

クマノミの雌雄の生殖腺を観察したところ，雄期では発達した精巣と未熟な卵巣から成っているが，精巣部分と卵巣部分が明瞭に分かれ，雌期では精巣部分は消失し卵母細胞で占められている（図16-6）．トカゲゴチでは雄期の生殖腺は精巣組織のみであるが，性転換が始まると，クマノミと同様に精巣の内側と縁辺部に卵巣組織が出現する．雌期になると卵母細胞で占められる（Shinomiyaら，2003）．

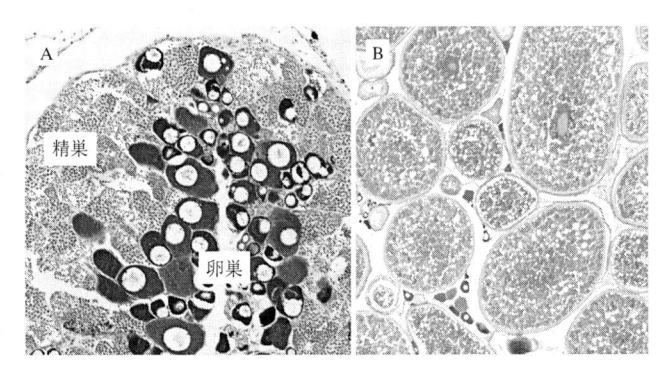

図16-6 クマノミの雄期（A）および雌期（B）の生殖腺．（撮影 三浦さおり（琉球大学））

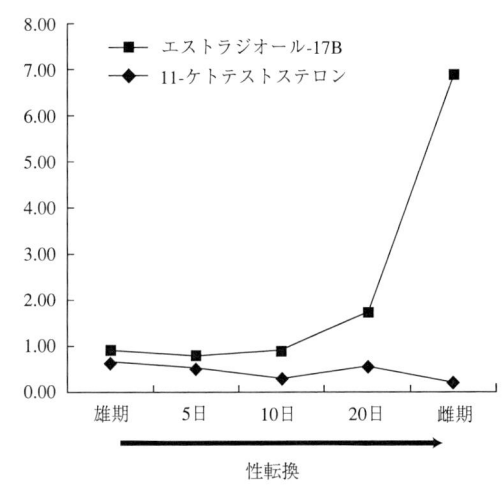

雄性先熟魚の性転換におけるステロイドホルモンの動態はクマノミの1種 *Amphprion melanopus* で研究されている（Godwin and Thomas, 1993）．*A. melanopus* のペアの雌を除去する実験で，雄を雌に性転換させたところ雄期では雄性ホルモンの濃度が高く，雌性ホルモンが低いが，性転換が進むにつれて急激に雌性ホルモンの濃度が高くなってゆく．一方，雄性ホルモンは雄期に比べて雌期では有意に低下するが，雌性ホルモンほど劇的に変化しなかった（図16-7）．この結果から，雄性先熟魚でも雌性ホルモンの濃度が性転換に深く関与していることを示唆している．

図16-7 クマノミの1種 Amphprion melanopus の雄期から雌期にかけての雌性ホルモン（エストラジオール-17β）と雄性ホルモン（11-ケトテストステロン）の血中濃度の平均値（Godwin and Thomas, 1993を改変）．

## §7. 双方向性転換魚の婚姻システムと内分泌機構

### 7-1 婚姻システム

魚類における双方向の性転換はハタ科キジハタ，ゴンベ科オキゴンベで断片的に報告されていたが，ハゼ科オキナワベニハゼ，ダルマハゼ，コバンハゼ属で詳しい野外調査と飼育実験が行われた（Kuwamuraら，1994；中嶋，1997；Munday，2002；桑村，2004；Manabeら，2007b）．オキナワベニハゼはハレム型一夫多妻の婚姻システムである（Sunobe and Nakazono, 1990；Manabeら，2007a）．飼育条件化で，サイズの異なる雌どうしを同居させると大きいほうが雄になり，雄どうしの同居では小さいほうが雌になる（Sunobe and Nakazono, 1993）．野外観察では多くの雌性先熟魚と同様に，①雄の消失と同時に最大の雌が性転換する，②他のハレムから雌が移動してきて雄に性転換する，③単独になった雌が単独雄になる3つのケースが観察された．この単独雄が新たな雌を獲得で

きない場合，再び雌に性転換し他のハレムに雌として加入した（Manabeら，2007a）．また，水槽観察よりオニベニハゼも同様に雌同士あるいは雄同士の組み合わせでも，最大サイズの個体がに雄になった．本種は主な生息水深が60 mと深いので野外観察は不可能だが，岩の上に10～20cmの間隔で4～5個体がグループを作っており，オキナワベニハゼのようなハレム社会である可能性が高い（Sakuraiら，2009）．

一方，双方向の性転換はするものの，必ずしも最大の個体が雄になるとは限らないのがナガシメベニハゼである［Manabeら，2008；原著では*Trimma* sp. としたがその後，Suzuki and Senou（2008）により*Trimma kudoi*（和名ナガシメベニハゼ）として記載された］．2～3尾の雌グループでは17例中13例で2番目のサイズの雌が雄になった．また，雄2尾の組み合わせでは12例中8例で大きい方が雌に性転換した．Muñoz and Warner（2003）はサイズの大きい雌で産卵数が極めて多く，ハレムの雄として複数の小型雌に産卵させるよりも合計産卵数が上回る場合，最大雌は性転換せず2番目の個体が性転換することを予測している．本種の体サイズと産卵数の関係は不明であるが，この予測に当てはまるかもしれない．

一方，ダルマハゼは一夫一妻で他のハゼ科同様，雄が卵保護に当たる．同居実験ではオキナワベニハゼと同様に大きい方が雄になる．これはダルマハゼが生息しているショウガサンゴにはサンゴガニも棲み着いており，これが卵の捕食者となるため大きな方が雄になった方が都合がよい．本種のペアはサイズ差が少なかったが，これはペア形成後，雌の方が成長率が高いからである．ペアの相手を失うと，最も近くにいる他個体とペアになる．本種にとって宿主のサンゴを離れるのは捕食にさらされることになる．そのため，なるべくそばにいる他個体とペアになり，同性の場合は大きい方が雄，小さく成長率の高い方が雌になるよう性転換する（Kuwamuraら，1994；桑村，2004）．また，ダルマハゼと同様にサンゴに生息するコバンハゼ属でも一夫一妻で大きい方が雄になり，双方向の性転換をすることが報告されている（中嶋，1997；桑村，2004；Munday, 2002）．

これまで雌性先熟と考えられていた種でも，雄から雌に変わることがキンチャクダイ科アブラヤッコ属，ベラ科ホシササノハベラ，ホンソメワケベラで確認されている（日置・鈴木，1996；Ohtaら，2003；桑村，2004）．さらに，ミツボシキュウセンのような1次雄，2次雄がいる種でも野外観察と飼育実験から1次雄は雄→雌→雄に転換し，雌は雌→雄→雌になることが明らかとなった．これはある地域の2次雄の個体数によって1次雄としての繁殖成功が変動する場合，状況に応じて雌か雄かどちらかを選択している可能性があるが（Kuwamuraら，2007），今後の詳細な研究に期待したい．

以上のように双方向性転換を示す種の婚姻システムは様々である．図16-1のモデルの予想を超えている場合が見られるが，それぞれのケースについて雌雄間での成長率の差や生息環境の特徴を考慮すると合理的に説明できるだろう．

### 7-2　内分泌機構

オキナワベニハゼの生殖腺の構造は図16-8が示すように，卵巣と精巣が明瞭に区別できる（詳しくはKobayashiら，2005aを参照）．雌期には卵巣部分，雄期では精巣部分が発達するが，同様の構造は他の

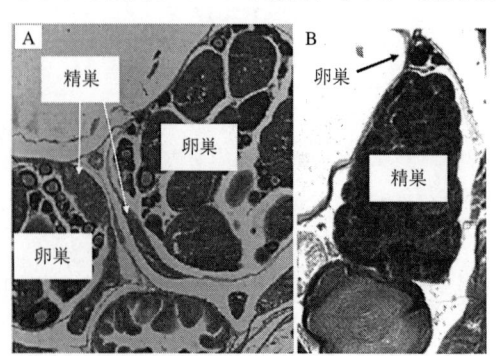

図16-8　オキナワベニハゼの雌期（A）および雄期（B）の生殖腺．

ベニハゼ属および近縁のイレズミハゼ属でも確認されており（Cole, 1990; Sunobe and Nakazono, 1999），これらの種はすべて双方向の性転換が可能と思われる．一方，ダルマハゼ，コバンハゼ属，ベラ科では生殖腺は性転換に伴い，卵巣あるいは精巣にすべて置き換わる構造である（Cole, 1990；中園，1979；桑村，2004）．

双方向性転換魚の内分泌機構はオキナワベニハゼで詳しく調べられている．雌から雄へは約7日間，雄から雌へは約11日で変わる．そこでステロイドホルモン合成酵素であるコレステロール側鎖切断酵素，3β-水酸基脱水素酵素，芳香化酵素（図16-3）の性転換過程（雌期，雄への性転換開始後2日目，4日目，雄期，雌への性転換開始後2日目，4日目，6日目）における発現の場所と反応の強弱を免疫組織化学的に調べた（表16-2；Sunobeら，2005b, c）．芳香化酵素は精巣における局在は見出せなかったが，雌期の卵巣では顆粒膜細胞，莢膜細胞，間質細胞に強い発現が見られた．しかし，雄期では間質細胞に弱い反応が出るのみであった．また芳香化酵素について in situ hybridization による分子レベルの研究でも同様の結果を得ている（Kobayashiら，2004）．この結果は，雌期では雌性ホルモンが盛んに合成され，雄期では低下していることを示している．実際，卵巣部分を取り出し生殖腺刺激ホルモンを添加して培養すると，雌期では雌性ホルモンの濃度が高く，雄期では低かった（Kobayashiら，2009）．

一方，精巣ではどのような時期でもコレステロール側鎖切断酵素と3β-水酸基脱水素酵素の弱い反応が見られ（表16-2），テストステロンが常に少しずつ合成されていることを示唆する結果であった．しかし，精巣部分を取り出し生殖腺刺激ホルモン（hCG）を含む培養液中で培養し，テストステロンの分泌量を測定すると，雌期では低く，雄期では高かった（Kobayashiら，2009）．雌期においても若干の精子の形成があるものの，雄期との大きな違いは雌期では輸精管が形成されていない（Sunobeら，2005b）．輸精管の形成にテストステロンが関与している可能性がある．

以上の結果から，少なくとも芳香化酵素の発現とそれに伴う雌性ホルモンの合成が性転換に重要な役割を果たしていると考えられる．

それでは社会順位の変化がどのような過程を経て芳香化酵素の発現を調節しているのだろうか？この問題は未解決であるが，その手がかりとして芳香化酵素の転写調節因子として重要な働きをもつAd4BP/SF-1遺伝子の発現を解析した．その結果，性転換の方向に従って変化し，雌から雄への性転換時には減少し，逆に雄から雌への性転換時には増加した（Kobayashiら，2005a, b）．

表16-2 雌期，雄期および性転換過程におけるステロイド合成酵素の生殖腺内の発現場所と強さ（Sunobeら，2005a,bを改変）．-，発現なし；+，弱い発現；++，やや強い発現；+++，強い発現．

| | コレステロール側鎖切断酵素 | | | | 3β-水酸基脱水素酵素 | | | | 芳香化酵素 | | | |
| | 卵巣 | | | 精巣 | 卵巣 | | | 精巣 | 卵巣 | | | 精巣 |
| | 間質細胞 | 莢膜細胞 | 顆粒膜細胞 | ライディッヒ細胞 | 間質細胞 | 莢膜細胞 | 顆粒膜細胞 | ライディッヒ細胞 | 間質細胞 | 莢膜細胞 | 顆粒膜細胞 | ライディッヒ細胞 |
|---|---|---|---|---|---|---|---|---|---|---|---|---|
| 雌期 | +++ | +++ | − | ++ | +++ | ++ | − | ++ | +++ | +++ | +++ | − |
| 2日目 | +++ | +++ | − | ++ | ++ | + | − | ++ | +++ | ++ | + | − |
| 4日目 | ++ | ++ | − | ++ | ++ | + | − | ++ | ++ | ++ | + | − |
| 雄期 | + | − | − | ++ | + | − | − | ++ | + | − | − | − |
| 2日目 | ++ | − | − | ++ | + | − | − | ++ | + | − | − | − |
| 4日目 | ++ | + | − | ++ | ++ | − | − | ++ | ++ | − | − | − |
| 6日目 | ++ | ++ | − | ++ | ++ | ++ | − | ++ | +++ | +++ | +++ | − |
| 雌期 | +++ | +++ | − | ++ | +++ | ++ | − | ++ | +++ | +++ | +++ | − |

また，卵巣および精巣には生殖腺刺激ホルモンを受け取るリセプターが存在する．Kobayashi ら (2009) は雌期および雄期の卵巣・精巣におけるリセプター遺伝子の発現を解析したところ，雌期の卵巣では発現量が高く精巣では低かった．逆に雄期では卵巣では低く，精巣で高かった．

以上のことから Ad4BP/SF-1 遺伝子やリセプター遺伝子が芳香化酵素の発現，ひいては雌性ホルモンの合成に影響を与えていると思われる．

## §8. まとめ

行動生態学的な観察から，隣接的雌雄同体の各タイプの進化には婚姻システムが重要な鍵となることが明らかとなった．また，内分泌機構の研究結果は雌性ホルモンの濃度が性転換と相関があることを示唆している．§1. で述べたように系統的に原始的と考えられる条鰭綱以外の分類群では雌雄異体で，かつ条鰭綱の中でも多くの種は雌雄異体であることから，性転換は雌雄異体から進化したものと思われる．したがって，雌雄異体種の性成熟を制御する内分泌系が突然変異により雌雄同体となり，それが自然選択によって進化した可能性が高い．

この問題を解決するには婚姻システムや性転換における脳と生殖腺の内分泌系を解明するとともに，性転換する種類に最も近縁な雌雄異体種と比較する必要がある．しかし，性転換における脳の役割については，例えばオキナワベニハゼでは性行動を制御するホルモンであるアルギニンバソトシンの性転換に伴う動態について報告があるが (Grober and Sunobe, 1996)，生殖腺との関係を解明するに至っていない．また，個体がいかにして社会順位の変化を認識するか，が未解決の問題として残っている．つまり，「婚姻システム→社会順位の変化→脳の認識→脳からの命令→生殖腺」という流れと，雌雄異体の近縁種との系統関係の解明が求められるだろう．様々な分野の知見を統合することで性転換現象の進化の全貌が明らかにすることができるだろう．

(須之部友基)

## 文献

Asoh K. and Shapiro D.Y. (1997)：Bisexual juvenile gonad and gonochorism in the fairy basslet, *Gramma loreto*, *Copeia*, 1997, 22-31.

Cole K.S. (1990)：Patterns of gonad structure in hermaphroditic gobies (Teleostei: Gobiidae), *Env. Biol. Fish.*, 28, 125-142.

Fricke H.W. and Fricke S. (1977)：Monogamy and sex change by aggressive dominance in coral reef fish, *Nature*, 266, 830-832.

Godwin J.R. and Thomas P. (1993)：Sex change and steroid profiles in the protandrous anemonefish Amphiprion melanopus (Pomacentridae, Teleostei), *Gen. Comp. Endocrinol.*, 91, 144-157.

Grober M.S., and Sunobe T. (1996)：Serial adilt sex change involves rapid and reversible changes in forebrain neurochemistry, *Neuroreport*, 7, 2945-2949.

Gross M.T. (1982)：Sneakers, satellites and parentals: polymorphic mating strategies in North American sunfishes, *Z. Tierpsychol.*, 60, 1-26.

日置勝三・鈴木克美 (1996)：雌性先熟雌雄同体性アブラヤッコ属 (キンチャクダイ科) 3種の雄から雌への性変換，東海大学海洋研究所報告, 17, 27-34.

小林牧人・足立伸次 (2002)：生殖，魚類生理学の基礎 (会田勝美編), 恒星社厚生閣, 155-184.

Kobayashi Y., Kobayashi T., Nakamura M., Sunobe T., Morrey C.E., Suzuki N. and Nagahama Y. (2004)：Charactarization of two types of cytochrome P450 aromatase in the serial-sex changing gobiid fish, *Trimma okinawae*, *Zool. Sci.*, 21, 417-425.

Kobayashi Y., Nakamura M., Sunobe T., Usami T., Kobayashi T., Manabe H., Paul-Prasanth B., Suzuki N. and Nagahama Y. (2009)：Sex-change in the gobiid fish is mediated through rapid switching of gonatoropin receptors from ovarian to testicular or vice-versa, *Endocrinology*, 150,1503-1511.

小林靖尚・三浦さおり・中村 將 (2006)：サンゴ礁魚類の性の多様性，美ら海の自然史 (琉球大学 21 世紀 COE プログラム編集委員会編)，東海大学出版会, 71-86.

Kobayashi Y., Sunobe T., Kobayashi T., Nakamura M. and Nagahama Y. (2005a)：Gonadal structure of the serialsec changing gobiid fish *Trimma okinawae*, *Develop. Growth Dffer.*, 47, 7-13.

Kobayashi Y., Sunobe T., Kobayashi T., Nakamura M. and Nagahama Y. (2005b): Promoter analysis of two aromatase genes in the serial-sex changing gobiid fish, *Trimma okinawae*, *Fish Physiol. Biochem.*, 31, 123-127.

Kobayashi Y., Sunobe T., Kobayashi T., Nakamura M., Norio S. and Y. Nagahama Y. (2005c): Molecular cloning and expression of Ad4BP/SF-1 in the serial sex changing gobiid fish, *Trimma okinawae*, *Biochem. Biophys. Res. Comm.*, 332, 1073-1080.

桑村哲生 (1996):魚類の繁殖戦略入門, 魚類の繁殖戦略1 (桑村哲生・中嶋康裕共編), 海游舎, pp.1-41.

桑村哲生 (2004):性転換する魚たち―サンゴ礁の海から―, 岩波書店.

桑村哲生・中嶋康裕共編 (1996):魚類の繁殖戦略1, 海游舎.

桑村哲生・中嶋康裕共編 (1997):魚類の繁殖戦略2, 海游舎.

Kuwamura T., Nakashima Y.and Yogo Y. (1994): Sex change in either direction by growth-rate advantage in the monogamous coral goby *Paragobiodon echinocephalus*, *Behav. Ecol.*, 5, 434-438.

Kuwamura T., Suzuki S., Tanaka N., Ouchi E., Karino K. and Nakashima Y. (2007).: Sex change of primary males in a diandric labrid *Halichoeres trimaculatus*: coexistence of protandry and protogyny within a species, *J. Fish. Biol.*, 70, 1898-1906.

クレブス J.R.・N.B. デイビス (1987):行動生態学(原書第2版, 山岸 哲・巌佐 庸共訳), 蒼樹書房.

Manabe H., Ishimura M., Shinomiya A. and Sunobe T. (2007a): Field evidence for bi-directional sex change in the polygynous gobiid fish *Trimma okinhawa*, *J. Fish. Biol.*, 70, 600-609.

Manabe H., Ishimura M., Shinomiya A. and Sunobe T. (2007b): Inter-group movement of females of the protogynous gobiid fish *Trimma okinawae* in relation to timing of protogynous sex change, *J. Ethol.*, 25, 133-137.

Manbe H, Matsuoka M., Goto K., Dewa S., Shinomiya A., Sakurai M. and Sunobe T. (2008): Bi-directional sex change in the goniid fish *Trimma* sp.: does size-advantage exist? ,*Behaviour*, 145, 99-113.

Munday P.L. (2002): Bi-directional sex change: testing the growth-rate advantage model, *Behav. Ecol. Sociobiol.*, 52, 247-254.

Munday P.L., Buston P.M. and Warner R.R. (2006): Diversity and flexibility of sex-change strategies in animals, *Trend. Ecol. Evol.*, 21,89-95.

Muñoz RC and Warner R.R. (2003): A new version of the size-advantage hypothesis for sex change: incorporating sperm competition and size-fecundity skew, *Am. Nat.*, 161, 749-761.

長浜嘉孝 (1991):生殖:配偶子形成の制御機構, 魚類生理学 (板沢靖男・羽生 功共編), 恒星社厚生閣, 243-286.

中村 將 (1987):性転換の生理と組織, 魚類の性転換 (中園明信・桑村哲生共編), 東海大学出版会, pp.48-76.

Nakamura M., Hourigan T.F., Yamauchi K., Nagahama Y. and Grau E.G. (1989): Histological and ultrastructural evidence for the role of gonadal steroid hormones in sex change in the protogynous wrasse *Thalassoma duperrey*, *Env. Biol. Fish.*, 24, 117-136.

中嶋康裕 (1997):雌雄同体の進化, 魚類の繁殖戦略2 (桑村哲生・中嶋康裕共編), 海游舎, pp.1-36.

中園明信 (1979):日本産ベラ科魚類5種の性転換と産卵行動に関する研究, 九州大学農学部付属水産実験所報告, 4, 1-64.

中園明信 (1987):性転換と一次雄の代替戦略, 魚類の性転換 (中園明信・桑村哲生共編), 東海大学出版会, pp.174-200.

中園明信・桑村哲生共編 (1987):魚類の性転換, 東海大学出版会.

Nelson J.S. (2006): Fishes of the world (4th Edition), Wiley & Sons, New York.

大西信弘 (2004):なわばり型ハレムをもつコウライトラギスの性転換, 魚類の社会行動3 (幸田正典・中嶋康裕共編), 海游舎, pp.117-150.

Ohta K., Sundaray J.K., Okida T., Sakai M., Kitano T., Yamaguchi A., Takeda T. and Matsuyama M. (2003): Bi-directional sex change and its steroidogenesis in the wrasse, *Pseudolabrus sieboldi*, *Fish Physiol. Biochem.*, 28, 173-174 .

Petersen C.W. and Fischer E.A. (1996): Interspecific variation in sex allocation in a simultaneous hermaphrodite: the effect of individual size, *Evolution*, 50, 636-645 .

Robertson D.R. (1972): Social control of sex reversal in a coral-reef fish, *Science*, 177, 1007-1009.

Ross R.M., Losey G.S. and Diamond M. (1983):Sex change in a coral-reef fish: dependence of stimulation and inhibition on relative size, *Science*, 221, 574-575.

坂井陽一 (1997):ハレム魚類の性転換戦術―アカハラヤッコを中心に, 魚類の繁殖戦略2 (桑村哲生・中嶋康裕共編), 海游舎, pp.37-64.

Sakurai, M., Nakakoji S., Manabe H., Dewa S., Shinomiya A. and Sunobe T. (2009): Bi-directional sex change and gonad structure in the gobiid fish *Trimma yanagitai*, *Ichthyol. Res.*, 56, 82-86.

Shinomiya A., Yamada M. and Sunobe T. (2003): Mating system and protandrous sex change in the lizard flathead, *Inegocia japonica* (Platycephalidae), *Ichthyol. Res.*, 50, 383-386.

Smith C.L. (1967): Contribution to a theory of hermaphroditism, *J. Theor. Biol.*, 17, 76-79.

Sunobe T. and Nakazono A. (1990): Polygynous mating system of *Trimma okinawae* (Pisces: Gobiidae) at

Kagoshima, Japan with a note on sex change, *Ethology*, 84, 133-143.

Sunobe T. and Nakazono A. (1993) : Sex change in both directions by alteration of social dominance in *Trimma okinawae* (Pisces: Gobiidae), *Ethology*, 94, 339-345.

Sunobe T. and Nakazono A. (1999) : Mating system and hermaphroditism in the gobiid fish, *Priolepis cincta*, at Kagoshma, Japan, *Ichthyol. Res.*, 46, 103-105.

Sunobe T. and Nakazono A. (1999) : Alternative mating tactics in the gobiid fish, *Eviota prasina*, *Ichthyol. Res.*, 46, 212-215.

Sunobe T., Nakmura M., Kobayashi Y., Kobayashi T. and Nagahama Y. (2005a) : Aromatase immunoreactivity and the role of enzymes in steroid pathways for inducing sex change in the hermaphrodite gobiid fish *Trimma okinawae*, *Comp. Biochem. Physiol.*, Part A, 141, 54-59.

Sunobe T., Nakmura M., Kobayashi Y., Kobayashi T. and Nagahama Y. (2005b) : Gonadal structure and P450scc and $3\beta$-HSD immunoreactivity in the gobiid fish *Trimma okinawae* during bidirectional sex change, *Ichthyol. Res*, 52, 27-32.

Suzuki T. and Senou H. (2008) : Two new species of the gobiid fish genus *Trimma* (Perciformes: Gobioidei) from southern Japan, *Bull. Natl. Mus. Nat. Sci., Ser. A*, Suppl. 2, 97-106.

Warner R.R. and Swearer S.E. (1991) : Social control of sex change in the bluehead wrasse, *Thalassoma bifasciatum* (Ptsces: Labridae), *Biol. Bull.*, 181, 199-204.

余吾 豊 1987：魚類にみられる雌雄同体現象とその進化，魚類の性転換（中園明信・桑村哲生共編），東海大学出版会，pp.1-47.

# 17章　寿命と老化

　老いや死を畏怖して，または永遠の美貌を切望して，人類はいつの時代も寿命と老化に大きな関心を寄せてきた．現代でも，アンチエイジング効果を謳う健康法や化粧品に人間は執着する．しかし，生物は必ず老いて死を迎える．寿命と老化は，進化の過程で備わった避けがたい生命現象なのである．かつて不老不死とされたことがある魚類も例外ではない．種には，遺伝的に決められた固有の寿命がある．一方，食物連鎖の中では，被食されて，もしくは餓死して迎える寿命がある．さらには，細胞内で起こる生化学的反応の確率的な要因も老化に影響を及ぼす．このように寿命と老化は極めて複雑な現象であるため，その理解は不可能と考えられていた．しかしながら，近年になって寿命を決める分子機構の解明が飛躍的に進み，医学や生態学など様々な分野で注目を集めている．本章では，魚類の寿命を決める機構について生理学的および生態学的な側面から解説する．寿命と老化の進化についても触れ，魚類生態学における寿命研究の展望について述べる．

## § 1. 寿命と老化の定義

### 1-1　寿命とは

　寿命とは，個体が生まれてから死ぬまでの時間である．寿命の始点（誕生）には，複数のとらえ方がある（高木，2009）．魚類の寿命の場合，放卵放精後に受精した瞬間とその卵からふ化した時点と2つの始点がある．一般にはふ化した時点を始点とする．しかし，初期生活期に焦点を当てるのであれば，卵が分散する過程も重要であるため，始点は受精した時点とすべきだろう．

　動物生態学では，死因によって生理的寿命と生態的寿命に分けて扱う．生理的寿命の死因は病気や老衰である．一方，生態的寿命の死因は，捕食されることや，餌にありつけず餓死することである．さらに，回遊魚が本来の移動経路から外れた場所に輸送された場合（無効分散，死滅回遊），再生産に寄与できないという観点からは生態的寿命を迎えたと考えることもできる．

　寿命を表す英単語としては，life span（ライフスパン）と longevity（ロンジェヴィティ）が用いられる．ライフスパンは長短に関わらず寿命そのものを表し，ロンジェヴィティはむしろ長寿の意味合いをもつ．

### 1-2　老化とは

　老化とは，「生命を維持する機能が時間とともに不可逆的に衰えていく現象」と定義される．多細胞生物の体は複数の器官が集合して構成されている．この中には，誕生の直後から老化が始まる器官もあれば，生涯にわたってほとんど変化が見られないものもある．その兆候も多様であり，形態が異常になる器官もあれば，単に機能のみが低下するものもある．老化が複雑な生命現象とされる理由は，

こうした多様な変化が起こるためである．

現在，最も広く受け入れられている定義によれば，老化とは以下の4つの条件をすべて満たすものである（アーキング，2000）．

①心身に有害なものであり，すなわち機能を衰退させるもの
②進行性のものであり，すなわち徐々に起こるもの
③内因性のものであり，すなわち変化しうる環境要因の結果ではない
④普遍性のものであり，すなわち全ての個体が加齢とともに呈するもの

老化を表す英単語には，aging（エイジング）とsenescence（セネッセンス）がある．エイジングは誕生から死まで加齢にともなって起こる全般の現象を表す．これには個体を死へと向かわせる変化に加えて，発生，分化，成熟など機能的な向上をもたらすものも含まれている．一方，セネッセンスは老衰を意味し，特に生涯の後半で起こる退行的な変化を表している．

## §2．生存曲線の3型

年齢（時間）を横軸，生き残っている個体の数（割合）を縦軸にとった図を"生存曲線"と呼ぶ（2章を参照）．生物の生存曲線は3つの型に分類される（図17-1）．若齢期に死亡する個体が少なく，大部分が老衰によって死ぬⅠ型，死亡率が齢によって変化しないⅡ型，そしてほとんどの個体が生まれた直後に死亡するⅢ型である．ヒトや大型哺乳類など，親が子供を保護する種はⅠ型を示す．Ⅱ型の例としては鳥類があげられる．Ⅲ型は海産魚類によく見られる生存曲線である．魚類の多くは卵生で，1個体の雌が数千〜数百万個もの卵を産む．しかし，ふ化した仔魚の大部分はすぐに死亡し，成魚まで成長して繁殖する個体は極めて限られている．

コホートの半数の個体が死亡したとき，すなわち生存率が50%となったときの齢が，その個体群の"平均寿命"である．そして，0%となったときの齢が"最長寿命"になる．Ⅰ型の生物の場合，ほとんどの個体の寿命は平均寿命と同等である（生理的寿命）．一方でⅢ型の海産魚類の場合，大部分の個体はせいぜい数週間程度の寿命であり（生態的寿命），ごく限られた個体だけが数年〜数十年間にわたって生存する（生理的寿命）．例えば，サバ科魚類が成魚になるまで生き残る確率は1/100万程度と見積もられている．すなわち，マサバは18年間の生理的寿命をもつものの，ほとんどの個体は数週間程度で生態的寿命を迎えている．マサバの寿命を単純に平均値として求めると数週間程度になり，こうして得られる寿命の値は意味をもたない．したがって，海産魚類のようにⅢ型の生存曲線を示す生物については，初期に死亡する個体と，生き残って繁殖する個体の寿命は分けて考えるべきである．なお，若齢期に死亡する個体の割合は"初期減耗率"と呼ばれ，個体数（資源量）の年変動を理解する際に重要である．また，寿命が長く高齢で繁殖する深海性の魚種などについては，成魚の齢を調べることが資源管理に重要である（Cailliet & Andrews, 2008）．

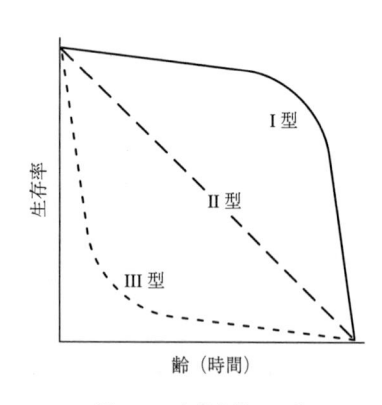

図17-1　生存曲線の3型

## §3. 魚類の長寿記録

人間の長寿記録は世界各地で様々な伝説がある．信頼できるこれまでの最長寿の記録は，フランス人女性ジャンヌ・カルマンさんの122歳164日である（1875-1997年）．日本は長寿国として知られており，特に女性は過去20年以上も世界で最も長命な国民として記録を更新し続けている（2008年の時点で平均85.9歳）．実際，日本にはセンテナリアン（centenarian）と呼ばれる100歳以上の人が3万人以上もいる（厚生労働省，2007年度統計）．こうした長寿の人々は並外れて健康な"選ばれし人間"で，他の人々が克服できなかった障害を乗り越えて生き延びてきたと考えられる．そこで，こうした長寿者の遺伝的要素や生活習慣に注目して，医薬品の開発や健康医学の指針作りが行われている．一方，今後さらに医療技術が発展したとしても，ヒトの最長寿命は125年程度というのが多くの老化研究者の予想である．

前述したように，魚類はほとんどの個体が生まれてすぐに死ぬ（図17-1）．しかし，その中には"選ばれし個体"として天寿を全うするものもいる．

魚類の寿命については，脊椎動物の長寿記録を集めた『Longevity Records』に詳しい（Carey and Judge, 2000）．この本は約700編の学術論文に記載された魚類の長寿記録をまとめたもので，円口類，軟骨魚類，硬骨魚類を網羅した394種のデータを収録している．曖昧な値，平均寿命として記された値，種名が特定されていないもの，伝説や言い伝えの類いを除くことで，信頼性の確保に努めている．なお齢査定の方法は，鱗や耳石の解析，標識再放流など様々である．

『Longevity Records』の記録の中で最も寿命が長いのは，パンダチョウザメ *Acipenser fulvescens* の152年である．チョウザメ類は一般に寿命が長く，他にもオオチョウザメの118年，シロチョウザメの100年，ミドリチョウザメの80年という記録がある．他には，アラメヌケ *Sebastes aleutianus* の140年に代表されるようにメバル類の寿命が長い．『Longevity Records』以外では，メバル類のアラメヌケで205年という報告がある（Caillietら，2001）．アラスカ沖のベーリング海で捕獲されたヒレグロメヌケは，米国海洋大気局（NOAA）の研究者による耳石の解析で90～115歳と推定された．その他に最長寿命が50年を超すものとしては，ハリバット（大型のカレイ科魚類，90年），ヨーロッパウナギ（88年），ジンベイザメ（70年），アブラツノザメ（60年）などがある．長寿で知られるコイは意外に短く38年である．

一方，寿命の最短記録はピグミーゴビー *Eviota sigillata* の58日である（Depczynski and Bellwood, 2005）．これは魚類のみならず，脊椎動物の中で最短である．ピグミーゴビーは成魚の体長が2cmに満たない小型魚で，オーストラリアのサンゴ礁に生息する．生まれてから3週

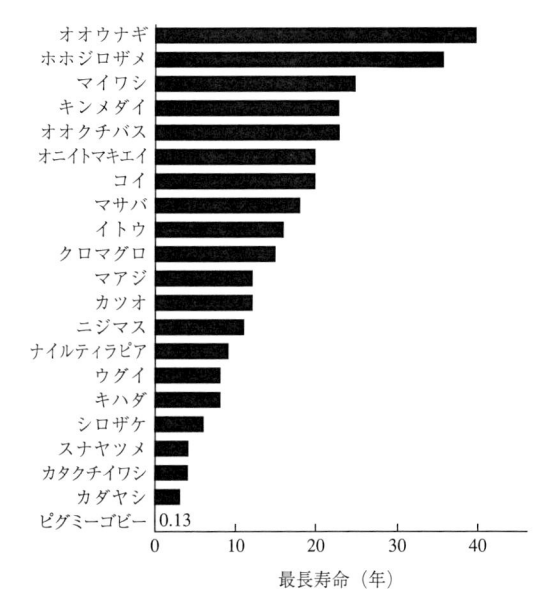

図17-2 主な魚類の最長寿命．データはFishBaseより得た．

間の稚魚期を外洋で過ごし，その後にサンゴ礁に着底する．そして1～2週間をかけて成熟して，3.5週間の成魚期に400粒ほどを産卵して一生を終える．驚くべき短い時間に完結するピグミーゴビーの一生は，高い被食圧によって選択されてきた結果として進化したと考えられている．

食料として馴染み深い魚類の長寿記録は，概ね5～20年である（図17-2）．例えば，マサバは18年，クロマグロは15年，マアジとカツオは12年，キハダは8年である．

なお，魚類に限らず野生動物の寿命については，研究に用いるには信頼に乏しい情報もあることに留意されたい．まず，一般的に魚類の長寿記録は採捕した個体の齢である．採補されなかったら寿命はもっと長かったはずであり，すなわち記録はその個体が生存できた寿命を過小評価している．また，網羅的に収集されたデータから求めた人間の寿命記録と比べると，断片的に記載された魚類の寿命記録は精度が段違いに低い．さらに，漁獲対象種とそうではない種では観察例数が極端に異なるため，データの精度は種によって偏りを生じる．

## §4. 魚類の老化

### 4-1 老化の兆候

魚類は生涯にわたって無限に成長することから，少なくとも一部の魚種は不老不死とされていた．しかし現在では，他の生物と同様に魚類も全てが老化すると考えられている（Patnaikら，1994）．

一般的な魚類の場合，卵からふ化した個体は仔魚期，稚魚期，幼魚期，若魚期，成魚期，老成魚期を経て死亡する．ふ化してから若魚期までに各種の器官が形成され，その後に成熟して成魚となる．そして，繁殖を終えると体形が歪んで萎縮し，繁殖や運動能力の劣った老成魚となる．成魚から老成魚になる過程で，退行などの顕著な変化が見られる．しかし実際には，老化は若齢期からすでに始まっている．加齢にともなって，複数の器官に変化が生じる．胸腺，甲状腺，肝腎腺，中脳，心臓，腎臓，肝臓など多岐にわたる器官で，萎縮や退行，活性の低下，形態異常の細胞の出現などが起こる．一方，それぞれの器官で変化が起こる時期は異なっており，また魚種によってもパタンは違う．

老化の兆候としては，成長率の停滞，死亡率の増大，器官の退行，コラーゲン安定性の増大，酸素消費量の減少，繁殖量の低下，病的症状の増大などがあげられる．魚類における老化の兆候は哺乳類とほぼ同様である．例えば，哺乳類では全タンパク質の約30％を占めるコラーゲンが加齢とともに架橋し，その結果として（動脈）血管の硬化が起こる．魚類においてもメダカ類やタイワンドジョウで加齢にともなうコラーゲンの結合状態の変化が観察されている．架橋とはタンパク質分子が無秩序に結合することで，その結果としてタンパク質の機能が低下したり，組織の柔軟性が失われたりする．皮膚の張りがなくなることの原因とも考えられており，実際にコラーゲンを添加した化粧品や健康食品をよく目にするが，こうした摂取法によるアンチエイジング効果は疑問視されている（福岡，2009）．

グッピーやメダカの卵巣では，成熟期に卵巣卵の数は最大に達し，その後は徐々に減少していく．その際，卵胞閉鎖，ビテロジェニンの減少，結合組織の増大が顕著な老化の兆候として観察されている．精巣でも，加齢とともにメラニンの沈着，脂肪質と結合組織の増大などが起こる．しかし精巣は完全には退行せず，高齢魚の精巣でも正常な精子が存在する．比較的寿命が短い小型魚類と比べて，寿命が長いメバル類やチョウザメ類では卵巣や精巣に顕著な変化は見られない．こうした長寿の種では，高齢魚でも卵や精子の産生が続く．しかし，他の魚種よりも老化の進行が遅いだけで，実際には

徐々に老化の兆候が現れる．

### 4-2 環境条件と老化

　老化が進行する速さは，環境要因による影響を受ける．真核生物では一般に，カロリー摂取制限によって老化の進行が遅延することが知られている．実際，グッピーやメダカの寿命は給餌量を減らすと長くなる．すなわち魚類では，繁殖前の若齢期に給餌制限を経験することが，寿命を延ばすのに必要と考えられる．しかし一方で，ブラウントラウトやフェロックス（スコットランド産の大型の湖水産マス）では，成熟後に餌が豊富だと寿命が伸びることが知られている．

　変温動物である魚類は，水温の影響を直接的に受ける．バニーブルックトラウトは，低水温かつ餌が少ない条件下において，老化の進行が遅延して寿命が長くなる．205歳と推定されたアラメヌケの場合は，低水温，高圧，低照度，低酸素濃度，貧栄養という環境要因が長寿をもたらしたと考えられている（Cailliet ら，2001）．

### 4-3 老化のパタン

　魚類の老化パタンは以下の3種類に大別される．

①繁殖後に急速に老化して死亡する：ヤツメウナギやシロザケなど
②加齢とともに老化が徐々に進行する：メダカなど
③生涯にわたって成長し，老化の進行が非常に遅い：チョウザメやメバルなど

　老化パタンには繁殖様式が深く関わっている．シロザケのように老化が急速に進行して死亡する種は，生涯の最後に一度だけ繁殖する1回繁殖（semelparity）と呼ばれる繁殖様式をもつ．一方，何度も繁殖を繰り返す多数回繁殖（iteroparity）の種の場合は，繁殖期間中に老化がゆっくりと進行する．なお，多数回繁殖の種では，成熟齢の約4倍が寿命に相当する（松原ら，1965）．

　シロザケは河川でふ化した後に海洋で成長し，繁殖のために再び河川に戻ってくる．河川に戻る回遊中に成熟が進み，この時に血中の副腎皮質ホルモン（コルチコステロイド）濃度が急上昇する．これはストレスに応じて分泌されるホルモンで，体内の組織を破壊する作用をもつ．コルチコステロイド濃度が上昇すると筋肉，消化管，免疫系に障害が起き，冠動脈疾患を引き起こす．こうした作用から，コルチコステロイドは"死のホルモン"と呼ばれている（リックレフズ・フィンチ，1996）．同じサケ科魚類でも，多数回繁殖を営むタイセイヨウサケでは繁殖期のコルチコステロイド血中濃度が低い．しかし繁殖を繰り返すにつれて，タイセイヨウサケの冠動脈疾患はシロザケよりも進行する．

　老化の程度を測るには，死亡率が高くなる齢が基準となる．なお，魚類において死亡率が最も高いのは仔魚期であるが（図17-1），これは被食や飢餓によるものであるため除外する．被食の危険がなく，餌を十分に与えられたグッピーとメダカの実験個体群では，死亡率は加齢とともに高くなる．また他の脊椎動物と同様に，魚類においても雄の方がより若齢で死亡率が高くなる．例えば，カレイ類やウナギ属魚類は雌の方が高齢で成熟するため，雄よりも寿命が長くなる．

## §5．寿命を決める遺伝子

　寿命を決める機構を調べるには，寿命が短い生物をモデルとして用いるのが便利である．そこで，ショウジョウバエ，線虫，ワムシ，酵母などの無脊椎動物が好んで用いられてきた．1980年代に，多細胞のモデル生物として有名な線虫 *Caenorhabditis elegans* で長寿変異株が単離された（Guarente and Kenyon，2000）．引き続いて長寿変異の原因遺伝子が同定されたことで，寿命決定遺伝子に関す

る情報は急速に集積した．さらに，線虫で同定された遺伝子は霊長類を含む高等哺乳類にも相同なものが存在して，機能も保存されていることがわかった．これまでに複数が見つかっている寿命決定遺伝子のうち，インスリンシグナル伝達系は特に重要である（図17-3）．

インスリンは糖代謝制御に重要なホルモンである．また，インスリンと構造が類似したインスリン様成長因子（IGF-I）は，成長を促すホルモンである．これらのリガンドの受容体は細胞膜に存在する．線虫では，インスリン／IGF-I受容体（DAF-2）が欠損した変異株の寿命は野生株の2倍にまで長くなる．さらに，長寿変異株の原因遺伝子として単離された複数の遺伝子が，インスリン／IGF-Iシグナル伝達経路に含まれることが明らかとなった．DAF-2の下流にはAGE-1というリン酸化酵素があり，これを

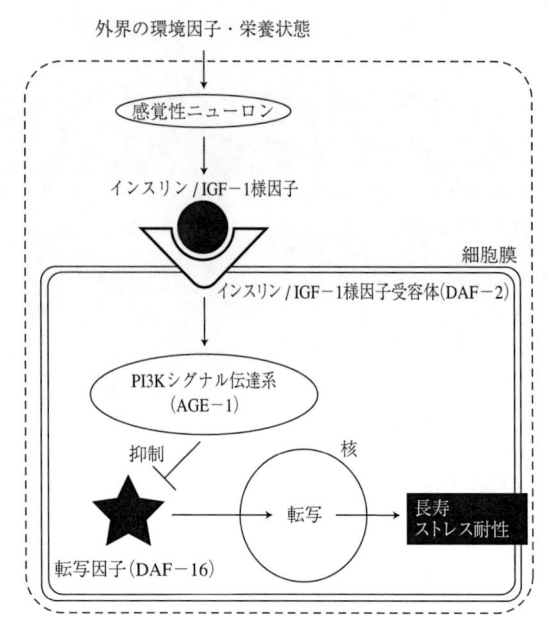

図17-3 寿命を決める遺伝子群（線虫）．

コードする遺伝子が欠損した場合も寿命は長くなる．一方,この経路の下流にある転写因子(DAF-16)が欠損した場合は，逆に寿命が短くなる．さらに，DAF-2もしくはAGE-1長寿変異株において，同時にDAF-16が欠損した場合は寿命の延長が起こらなかった．DAF-2とAGE-1によるシグナルは，DAF-16の活性を抑制している．DAF-2もしくはAGE-1の活性が抑制されると，逆にDAF-16は活性化され，その結果として寿命が長くなる．すなわち，DAF-16によって発現を引き起こされる遺伝子が線虫の寿命を長くする．

DAF-16によって発現を誘導される遺伝子群の一部は，酸化や熱などに対するストレス耐性をもたらす機能をもつ．すなわち，線虫の長寿変異株ではストレス耐性の向上によって老化の進行が遅くなり，その結果として寿命が長くなる．マウスでもIGF-I受容体の変異によって寿命が延長することがわかった．すなわち，本経路による寿命の制御は種を超えて保存されている．

インスリン／IGF-Iシグナル伝達経路には，線虫の生殖器官から放出されるシグナルも関与している（Hsin and Kenyon, 1999）．興味深いことに，体細胞である生殖器官からは寿命を長くするシグナル，生殖細胞からは逆に寿命を短くするシグナルが放出される．このことから，インスリン／IGF-Iシグナル伝達経路は繁殖と寿命を統合して制御する機構と考えられている．

魚類にもインスリンシグナル伝達経路が存在するものの，寿命との関連は今のところ明らかになっていない．魚類では，寿命が3ヶ月間と短いアフリカ産のメダカである*Nothobranchius furzeri*が寿命研究のモデルとして注目されている（Terzibasiら，2007）．今後はこうしたモデル魚で寿命決定に関わる遺伝子群を同定して，その知見を他の魚種に応用していくことで，魚類の寿命を決定する分子機構が明らかになるものと考えられる．

## §6. どのように（how?），そしてなぜ（why?）老化して死ぬのか

生きものは死ぬものと私たちはごく自然に受け入れているが，そもそも生命はなぜ死ぬのか？ なぜ不老不死は存在しないのだろうか．38億年前に地球上に最初に現れた生命体は，なぜ，どのようにして老化の果てに寿命を迎えるようになったのか？ 本章最後の話題として，老化を引き起こす機構（どのように？）と，老化の進化（なぜ？）に関する研究を紹介する．

## 6-1 老化はどのようにして起こるのか？

老化の進行と共に器官が徐々に退行し，やがて個体は寿命を迎える．老化が生じる原因として提唱された仮説は以下のように大別される（リックレフズ・フィンチ，1996）．

①分子レベル：体細胞突然変異説，フリーラジカル説

②細胞レベル：分裂寿命説

③器官や個体レベル：消耗と摩耗説，生体防御機能の低下説，ホルモンと神経内分泌説

まず，分子レベルの体細胞突然変異説は，ゲノムDNAに生じる突然変異を老化の原因とする．実際に，加齢とともにDNAの塩基配列が変化したり，一部が失われたりする証拠は多数ある．しかし，老化の進行との関係は明らかではない．生命を維持するのに不可欠な遺伝子に変化が起こった場合は，老化もしくは死を招く．一方，あまり重要ではない部位の変異は，実質的な影響を及ぼさないと考えられる．

フリーラジカル（活性酸素）説は，活性酸素による生体高分子への傷害を老化の原因とする．酸素は，好気性生物のエネルギー生産に不可欠な分子である．一方，反応副産物としてフリーラジカルである活性酸素が生成され，DNAやタンパク質の失活や変性を引き起こす．変性したタンパク質は分解されず，細胞の中に徐々に蓄積する．すると細胞内での正常な生化学的反応が妨害され，その結果として機能が低下していく．一方，生物は活性酸素から身を守る防御機構をもっている．例えばビタミンEやビタミンCは，フリーラジカルを吸収する抗酸化剤として働く．また，スーパーオキシドジスムターゼ（SOD）やカタラーゼといった酵素は活性酸素を無害化する機能をもつ．実際に，SODやカタラーゼの活性が高まるように遺伝子操作を受けたショウジョウバエでは，老化の進行が抑制されて寿命が長くなる．一方，フリーラジカルは正常な代謝にも関与しており，例えば一酸化窒素（NO）は神経伝達や免疫系で重要な働きをしている．

細胞の分裂寿命説は，体細胞の分裂回数が有限であることを老化の原因とする．有限の分裂回数は，発見者の名前にちなんでヘイフリック限界と呼ばれる．ヘイフリック限界は，細胞を供与した個体の年齢が上がるとともに減少する．細胞の分裂回数がヘイフリック限界に近づくと，細胞分裂を引き起こす遺伝子の活性を阻害する遺伝子の発現が誘導される．また，細胞分裂の停止にはテロメアDNAと呼ばれる繰り返し配列も関与している．テロメアDNAは染色体DNAの末端に存在して，染色体を安定化させる機能をもつ．この領域は細胞の分裂にともなう染色体の複製を繰り返すのにつれて短くなっていくため，"細胞分裂の回数券"と形容されている．世界初の体細胞クローンの哺乳類として生まれたヒツジのドリーは，1歳の時にすでにテロメアDNA領域が通常の6歳に相当する程度に短縮していた．ドリーは6歳の時に進行性の肺疾患にかかり，安楽死によって一生を終えた．ヒツジの寿命は15年間程度であるが，ドリーは6歳の時点で高齢個体に特徴的な関節炎を発症していた．このことは，テロメアDNAの長さが老化の進行に関与していることを示唆する．一方，老化が進行してもテロメアDNA領域は十分な長さが維持されている例もあり，個体の老化を説明するのに十分な証拠はまだない．

身体の消耗と摩耗説は，生物を工業機械のように考え，使うことによって徐々にすり減って使い古されることが老化の原因とする．わかりやすい例としては歯や関節などがある．筋肉や内臓でも，加齢とともに柔軟性が低下して機能が衰えていく．こうした変化は，上述のフリーラジカルによる損傷が原因と考えられている．

生体防御機能の低下説は，加齢にともなって免疫系の能力が低下することを老化の原因とする．新規の抗原に対しては，T細胞と呼ばれるリンパ球が防御機構を受け持つ．加齢とともにT細胞のストックが減っていき，高齢の個体では新規の抗原に対応できなくなると考えられている．また，加齢にともなって自己のタンパク質に対して抗体が作られてしまう確率が増し，その結果として重要なタンパク質が不活性化されてしまうことがある．

ホルモンと神経内分泌説は，ホルモンが成熟や生殖の制御と同時に老化にも影響を与えているとする．特に性ホルモンの分泌量の増減は様々な器官の健常性の維持に密接に関わっている．シロザケなどでは，急速な老化の進行を引き起こす"死のホルモン"が存在する（リックレフズとフィンチ，1996）．

以上，老化を引き起こす機構については分子，細胞，器官，個体のレベルで様々な仮説がある．これらはいずれも相反するものではなく，むしろ同じ現象を異なるレベルや側面から見ているといえる．したがって老化という複雑な生命現象は，これらのすべてが大なり小なり合わさって引き起こされていると考えるのが妥当であろう．

## 6-2 老化はなぜ起こるのか？

続いて，老化現象がどのように進化してきたのかを考えてみる．生存戦略や適応といった個体に有利に働く形質とは逆に，老化とは機能を減退させて個体を死へと導く不利な現象である．したがって，より多くの子孫を残せるからという説明は困難である．自然選択によって子孫を残すのに有利な形質が選ばれるのであれば，老化は最初に除かれそうなものである．しかし，不老不死は存在しない．この矛盾を解決して老化の進化を説明するものとして，有害遺伝子蓄積説（mutation-accumulation）と拮抗的多面発現説（antagonistic pleiotropy）の2つの仮説がある（マッケンジーら，2001）．

有害遺伝子蓄積説は，有害な作用を引き起こす遺伝子の発現時期を遅らせる機能をもつ遺伝子が存在することを前提としている．繁殖する前の若齢期に有害な遺伝子の発現が抑制されると，結果的により多くの子孫を残せる．したがって，若いうちは有害な遺伝子の発現が抑制されるように，この有害遺伝子の発現を抑制する遺伝子が選択される方向に進化する．一方，繁殖を終えた個体には自然選択が作用しない（淘汰を受けない）ため，有害遺伝子の発現を抑制する遺伝子は作用しなくなる．すなわち，老化は高齢期になって一斉に発現する有害遺伝子の作用によって引き起こされるとする説である．

拮抗的多面発現説は，若齢期では有利，高齢期には不利に働き（拮抗的），かつ広い範囲で複数の器官に影響を及ぼす（多面発現）遺伝子の存在を前提としている．すなわち，若い時に子孫を残すのに有利に働く遺伝子が，高齢期では逆に老化を引き起こす原因と考える．

これら2つの仮説はいずれも，特定の遺伝子をもつ個体が進化の過程で選択された結果として，老化という生命現象が生じたと考える．一方で，老化は遺伝子による支配下にはないと考える消耗と摩滅説がある．加齢とともに骨や関節は磨り減り，有毒な代謝産物が蓄積し，DNAやタンパク質は損傷する．これらの蓄積によって必然的に老化が起こる．この場合は老化に遺伝子は関与しておらず，したがって進化とは無関係である．

ヒトでは，母親と娘が同居している場合，娘が産む子供の数が多くなるという研究結果がある．こ

れは，祖母が孫の世話をすることで育児が容易になるためと説明されている．またバンドウイルカや マゴンドウクジラでも，孫を保護する行動が知られている．この場合は繁殖を終えた（閉経した）後 も自然選択が働くといえるものの，ごく一部の霊長類やクジラ目に限られた行動と考えるべきだろう． 魚類において，親が子を保護する行動は広く見られるものの，孫の保護をする観察例はない．

## §7. 寿命研究の今後の展望

　天寿を全うする"生理的寿命"と，運に左右された"生態的寿命"は全く別のものに見える．しかし，両者には関係があることがわかってきた．

　線虫の長寿変異株は，寿命が2倍に長くなって高温や有害化学物質に対する耐性も高い．しかし，この変異株は餌が制限された"空腹の"環境でも繁殖の抑制ができず，その結果，数世代の後に全滅してしまった（Walkerら，2000）．人間の手によって誕生した長寿でストレスに強い変異株は，空腹状態が当たり前の天然の環境では淘汰されてしまうのである．このことは，"生理的寿命"を決めている寿命遺伝子が，天然での"生態的寿命"の決定にも関わっていることを示唆している．

　天然では餌の量が常に変動する．同時に捕食者の数や種類も変わる．こうした環境で生き残って子孫を残すためには，いかに柔軟に生活史を変化させられるかが重要である（2章を参照）．生活史の多様性は，個体の繁殖戦略である．寿命は，ある個体が生まれてから死ぬまでの"時間"に過ぎない．しかし，その時間の長短が意味するものは，いかに生き残って繁殖したか，というある個体の生き様（生態）そのものである．

　生態学は，生物の生活史が有する多様性を丹念に観察することで，多くの理論をまとめてきた．しかし，理論の実証は困難なことが多い．例えば，"繁殖のコスト"は広く受け入れられている概念であるが，それを生じる一定量のエネルギーの実態とはなんだろうか．この疑問に答えるのに，寿命を制御する遺伝子は直接的な答えを導いてくれる．なぜ魚類の寿命には数ヶ月から百年以上という大きな違いがあるのか，なぜ種内でも寿命が異なるのか，など様々な問題の解明に挑戦していくことで，魚類生態学に新しい展開がもたらされると期待している．

〔吉永龍起〕

## 文　献

アーキング R.（2000）：老化のバイオロジー（鍋島陽一，北　徹，石川冬木訳），メディカル・サイエンス・インターナショナル．

Cailliet G.M. and Andrews A.H. (2008): Age-validated longevity of fishes: its importance for sustainable fisheries. In: Fisheries for Global Welfare and Environment, Tsukamoto K., Kawamura T., Takeuchi T., Beard T.D. Jr. and Kaiser M.J. (eds), TERRAPUB, Tokyo, 103-120.

Carey J.R. and Judge D.S. (2000): Longevity Records, Odens University Press.

Depczynski M. and Bellwood D. (2005): Shortest recorded vertebrate lifespan found in a coral reef fish, Current Biology, 15, 288-289.

FishBase: http://www.fishbase.org

福岡伸一（2009）：動的平衡，木楽舎．

Guarente L. and Kenyon C. (2000): Genetic pathways that regulate ageing in model organisms, Nature, 408, 255-262.

マッケンジー A.・ボール A.S.・ヴァーディ S.R.（2001）：生態学キーノート（岩城英夫訳），シュプリンガー・フェアラーク東京．

松原喜代松・落合　明・岩井　保（1965）：魚類学（上），恒星社厚生閣．

Patnaik B.K., Mahapatro N. and Jena B.S. (1994): Ageing in fishes, Gerontology, 40, 113-132.

高木由臣（2009）：寿命論，日本放送出版協会．

Terzibasi E., Valenzano D.R. and Cellerino A. (2007): The short-lived fish Nothobranchius furzeri as a new model system for aging studies, Experimental Gerontology, 42, 81-89.

リックレフズ R.E.，フィンチ C.E.（1996）：老化（長野　敬，平田　肇訳），日経サイエンス社．

Walker D.W., McColl G., Jenkins N.L., Harris J. and Lithgow G.L. (2000): Evolution of lifespan in C. elegans, Nature, 405, 296-297.

# 18章　採餌生態

> 動物にとって重大な関心事の1つは「餌をとること」である．魚類が餌をとる生態に関する問題を，様々な側面から考察するのが本章の趣旨である．食性を列挙するのでなく，とりわけ，最適採餌理論の視点から「何を食べるべきか」の問題を考えることと，一日のうちいつ頃食べているのかの問題に比較的多くの紙面を割いた．また，「採餌」と「摂餌」との異同など，用語をめぐる問題の混乱を解きほぐすことに努めた．

## §1. 採餌生態が語るもの

　本題に入る前に，少し採餌生態の面白さをお話ししておきたい．例えばシマヨシノボリ *Rhinogobius* sp. CB は雑食性で，消化管内容の大部分を占めるのは顕微鏡的な藻類だが，水生昆虫も食べている．ところが，藻類が食われているのは明るい時間帯に限られているのに，水生昆虫は昼夜を問わず，夜間にも結構食われている．なぜある種類の餌は特定の時間帯に食われ，別の種類の餌はそうでないのか．筆者にとってこの発見は，動物が何を食べているかを表す「食性」というものが，動物と餌生物との関係のドラマの結末を示すのであって，そのストーリーを語る手がかりにはなっても，ストーリー自体ではないことを教えてくれる経験だった．

　また，陸奥湾に流入する河川の河口部には，たいていビリンゴ *Gymnogobius breunigii* がたくさん見られる．本種を持ち帰って実験室の一定条件下において活動量を測ると，潮汐に対応するリズムが出現する．生息現場で採餌活動や移動活動を調べてみると，やはり潮汐に対応する活動のあることがわかる．ビリンゴは潮がひいた頃に盛んに餌をとるが，潮が満ちてくると浅い岸辺へ群で移動し，このときは餌をほとんどとらない．実はこの時間帯は，捕食者であるヌマチチブ *Tridentiger obscurus* が隠れ家から現れて，ビリンゴなど小魚を襲う時間帯なのである．ヌマチチブ自身もまた潮汐に対応する活動周期をもち，潮がひいた頃には大きな礫の下などの隠れ家にひきこもってしまう．ではなぜ，潮がひいた頃にヌマチチブは隠れ家に閉じこもるのか．それは自身の捕食者が上からやってくるためである．つまり，魚食性の鳥が，ここでは主にアオサギが，この時間帯に魚を捕食するのである．アオサギは浅い岸辺をゆっくり歩きながら，あるいは待ち伏せによって魚を捕食する．あまりに小さなサイズの魚は捕食対象にならないので，ビリンゴよりもヌマチチブにとっておそるべき捕食者なのである．このことは，動物の毎日の生活のあり方を決めている大きな要因の1つが捕食圧であることを如実に教えてくれたし，また，魚類ばかりでなく魚食性鳥類への関心をもつ契機となった．このように，「何を食べているか」の解明は，その背景に大きな広がりをもつ興味深い問題なのである．

## §2. 用語の問題「摂餌」と「採餌」ほか

魚が食物を取る行動に関する用語の使用について，しばしば錯綜した状況が見られる．無用の混乱を避けるために，ここで用語の異同について説明しておきたい．

まず，「摂餌」と「採餌」とはどう違うのか．漢字の「摂」は単純に「とる」を意味する．「摂政」などの例でもわかるように，「とる」対象は食物に限らない．一方「採」の意味するのは，たんに「とる」のではない．「採取」（探し求めてとる），「採用」（人物や意見などを選んで用いる），「採訪」（探しながら選んでとる）などの例でわかるように，「採」には「えらぶ」「探す」などの過程が包含されている（藤堂明保（編）学研漢和大字典 1978 学研）．そこで，「摂餌」はたんに「食物をとる」ことを意味し，一方「採餌」は，「探索したり選択したりして食物をとる」ことを意味する．なお「採餌」「摂餌」のように一般的ではないが，海洋動物を扱う分野では「索餌」という語も使用されており，「索餌回遊」（食物を求めての回遊）のように用いられる．

「採餌」の代わりに「採食」が，「摂餌」の代わりに「摂食」が，それぞれ同じ意味で使われることがある．どちらの使用頻度が高いのかは動物グループによって異なる．魚類では「採餌」が多いが，対照的に鳥類では「採食」の多用が目立つ．「鳥学用語集」（日本鳥学会, 1997）でも，foraging behavior は「採食行動」と訳されている．

かくも異なる状況には「餌」の意味についての解釈問題が潜んでいると推測される［例えば「鳥類学辞典」(2004, 昭和堂)］．「餌」を「えさ」と読めば，「餌」は動物を養うために与える食物を意味することが多いので，自分で食物をとる場合に用いるのは適切でないと考えたのかも知れない．なお，鳥類でもヒナに食物を与える際や，求愛時に異性に食物を与える場合には「給餌」といっている．しかし漢字の「餌」が意味するのは必ずしもそうでなく，広く「たべもの」の総称でもある［貝塚・藤野・小野（編）漢和中辞典, 1959，角川書店］．野生動物について「餌」の使用を避ける必要はないといえる．今後もしばらくは「採餌」「採食」の混在状態が続くのかも知れない．

最後に，英単語との対応について述べておく．動物が食物をとる行動に関して，英語文献では "feed" と "forage" の2つの語が用いられる．自動詞としての feed がたんに "take food"，"eat" の意味であるのに対し，forage には "search for forage（食料を求めて探し回る．この forage は名詞）" の意味が含まれている（The Concise Oxford Dictionary of Current English 第6版, 1976）．そこで，おおよそ「採餌」が forage に，「摂餌」が feed に，それぞれ意味的に近いであろう．したがって，動物が自分の適応度を最大にするようなやり方で食物を探して／選んでとる行動に関する理論 optimal foraging theory を「最適採餌理論」と訳すのは適切といえる．本文中でも以後，forage に対応する語として「採餌」を，feed に対応する語として「摂餌」とを使い分けることにする．

## §3. 食　性

### 3-1　食性の幅広さ

動物が何を食べているかの習性を「食性, food habit)」という．魚類には，食性の幅が狭いスペシャリスト（専門家）も，様々な食物をとるジェネラリスト（何でも屋）もいる．概して海洋や，陸水でも大きくて古く環境の安定したところでは特定の種類の餌が安定して存在するので，スペシャリストの進化を許す条件があった．例えばウロコ食いのスペシャリストは淡水・海水の双方に見られるし，

他の魚の寄生虫や傷んだ皮膚を取り除く掃除魚ホンソメワケベラ Labroides dimidiatus は TV の動物番組でもお馴染みである．このように特殊な食性をもつものが一方にある．

これに対して小規模な陸水は，餌条件も含めて概して環境の変動が大きく，そこに棲む魚種には雑食性のジェネラリストが多い．国内では，環境の変動の激しい水田・水路や溜池に棲むメダカやカダヤシ，タナゴ類，モツゴ Pseudorasbora parva などが，また河川の中流域に棲むオイカワ Zacco platypus，ウグイ Tribolodon hakonensis などが，いずれも動物質，植物質双方の餌をとっており，とる餌の態様も水中を浮遊するもの，植物などに付着するもの，底質の上にあったり半ば隠れていたりするもの，水面に浮かぶものなど多様である．これらの魚種の生息する環境では，季節的変化も含めて変動が大きく，何でも食べることができなければ生残は難しかったと容易に推察される．

## 3-2 形態と食性

魚の食性は形態と密接に関連している．体型を見ても，速い遊泳性をもつ魚を追跡して捕食する魚では紡錘形をしているし，サンゴ礁や岩礁の複雑な構造の間を探し回って採餌する魚では側扁しているなど，食性と関係がある．しかしとりわけ，摂餌に直接関係する器官は，その魚が何を食物とするかに直結している．例えば，成長したアユ Plecoglossus altivelis はクシ状の歯によって石の上の付着藻類を効率よく専食している．コイ科で顎歯をもたないにも関わらず魚食性のハス Opsariichthys uncirostris は，側面から見ると口が「へ」の字状で，くわえた獲物を逃がしにくいようになっている．

内部構造もまた食性と関係している．エラにある鰓耙（gill raker）は水を濾過して浮遊生物を消化管へ送り込むための器官であるが，プランクトンを主食とする魚では鰓耙がよく発達している．また，消化管の長さも植物を主食とする種では比較的長く，動物食のものでは短い．例として図 18-1 に鰓耙を示したフナ 3 種の場合では，主に植物プランクトンを食べるゲンゴロウブナ（Carassius cuvieri）は鰓耙がよく発達し消化管も長いのに対し，底生動物などをよく食べるキンブナ（Carassius buergeri subsp.1）は鰓耙の発達が悪いうえ消化管も短い．中間的な生活様式のギンブナ（Carassius langsdorfii）では形態

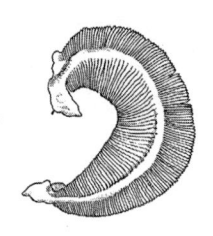

図 18-1 フナ類 3 種の鰓耙の比較．鰓弓の内側（図では左側）に櫛の歯状に並んだ構造が鰓耙である．A）キンブナ B）ギンブナ C）ゲンゴロウブナ キンブナは最も底生性が強く底生動物食に偏り，ゲンゴロウブナは遊泳性が強くプランクトン食に偏る．（加福，1970）

も中間的である．

## 3-3 成長に伴う食性の変化

鳥類や哺乳類では，幼鳥（幼獣）がひとたび親離れしてから以後は体型にも体サイズにも大きな変化を生じない．このような動物では，成長に伴う食性の変化は顕著でない．幼鳥（幼獣）は概して餌をとることが成鳥（成獣）より下手であり，経験を積むことで次第に上手になっていく．いわば幼鳥は「成鳥の未熟なもの」，幼獣は「成獣の未熟なもの」ということができる．

魚類の場合はどうだろうか．一般に魚類では成長に伴う体サイズ変化は甚だしく，その間に餌内容も変化するのが通例である．中には，例えば海では動物プランクトンを食べているのに，河川に遡上してからは付着藻類を専食するアユのように，生活史上劇的な変化を示す例もある．また，成魚になればそれぞれ種独特の食性を示す場合でも，概して生活史の初期には小さな動物プランクトンを食べ

る魚種は多い．このように，餌に関してだけでも幼魚は成魚と異なる上，通常は捕食者や捕食圧も異なる．さらに，棲み場や行動（成群性や活動時間帯など）も異なることが多い．そう考えると，幼魚は決して「成魚の未熟なもの」ということはできない．

ある程度まで成長すれば，それ以降は基本的に似た食性を示す．しかしそのような場合でも，体サイズが大きくなるにつれて餌内容も次第に変化していく．次にはこの現象を最適採餌理論から考察する．まずは最適採餌理論の解説からはじめよう．

### 3-4　最適採餌理論

動物が自分の適応度を最大にするにはどのように採餌すべきかを考察するのが最適採餌理論（optimal foraging theory）である．その中には，何を食べるべきか，どこで食べるべきか，餌の探索はどのように行えばよいか，いつ採餌すべきか，など様々な問題が含まれているが，ここでは主に，「何を食べるべきか」の問題を考察しよう．

一般に動物は，採餌活動に充てる時間［餌を探すのに要する「探索時間（searching time）」と，餌を探知した後に餌を処理する（追跡，捕獲，食べる，など一連の行動をいう）のに要する「処理時間（handling time）」とを合計した時間］内に餌から得た利益（代表的なものはエネルギーである）が高いほど適応度（fitness）が高くなる．換言すれば「採餌時間内に最大の利益をあげる」ことが重要なのである．くわしい論旨は参考文献（佐原，1987；粕谷，1990）に譲るが，このことは魚類の場合にとりわけ問題なく当てはまる．通常，動物の生息する環境の中には様々な種類の潜在的な餌が利用可能である．どの種類の餌をとれば適応度が大きくなるのだろうか．動物にとって最適の餌とは，処理コスト（通常，時間コストを考えることが多いが，エネルギーコストを考慮することもある）に対して，餌から得られる利益（通常は，餌から得られるエネルギーから，餌獲得に使った分を差し引いたエネルギー「純益」を考慮する）が大きくなるような種類の餌である．餌の質をほぼ等しいと仮定して，餌のサイズだけを問題とすれば，「最適サイズ」の餌があるはずである．小さ過ぎる餌は処理時間の割に利益が少なすぎ，一方，大きすぎる餌は，利益は高くとも処理に手間取りすぎて，いずれも好ましくない．以上の推論は，植物食の動物よりも動物食の動物の場合に素直に当てはまる．

次に考察すべきは，動物が実際にとっている餌の種類の範囲（これを「メニュー」と呼んでおく）の問題である．もし動物が最適な種類（サイズも含めて）の餌だけに固執し，それ以外の餌は探知しても無視しつづけるとすれば，多くの場合最適の餌が環境中に豊富にあるわけではないので，その餌を探索するのに時間がかかりすぎてしまうことになる．逆に，探知した餌は見境なく何でもとるとすれば，処理コストの割に利益の少ない餌がメニューに含まれてしまうので，これまた望ましいことではない．「採餌時間内に最大の利益をあげる」ことから考えて，「最適なメニュー」というものが存在するはずである．最適メニューの求め方は文献（佐原，1987；粕谷，1990）に譲るが，その手順から次のことが導かれる．一般に餌の豊富な環境下では食べる餌メニューの狭い「スペシャリスト（専門家）」が，逆に餌の乏しい環境下では様々な種類の餌をとる「ジェネラリスト（何でも屋）」がそれぞれ有利となる．このことは経験的に知られていることと符合する．次に，好ましい種類の餌（すなわち，エネルギー純益／処理時間の値の大きな餌）は，それ自身の密度に応じて食われるが，好ましくない餌はそれ自身の密度でなく，それよりも好ましい餌の密度に応じて食われる．実感として少々わかりづらいが，「好ましい餌がすでに十分にあるなら，それより劣る餌までわざわざ食べる必要は

ない―たとえその餌が多量にあろうとも」と考えれば，この行動も納得がいく．野外での食性調査でも例はあるが，実験的にも，水槽内のグッピー *Poecilia reticulata* に3種のミジンコ類を与えて，それぞれのミジンコがどれほど食われたかを調べると，「好ましい」と思われる種類が高密度にあるときは他の種類のミジンコはあまり食われていなかった（須永，1982）．

### 3-5 体サイズと餌サイズ

体サイズと餌サイズの関係を，図18-2に即して説明しよう．餌のサイズを横軸にとり，一定の餌重量を処理するのに要した時間を縦軸にとれば，それぞれの体サイズの魚において，凹型の曲線が得られる．これを「コスト曲線（cost curve）」といい，凹型曲線の最小値を与える餌サイズが最適餌サイズである．一般に魚が成長して体サイズが大きくなると，それに伴って最適の餌サイズも大きくなるばかりでなく，処理するのに適したサイズ範囲も広がっていく．適した餌のサイズが変化することは，適した餌の種類自体も変化することにつながる．実際，生活史のごく初期にはワムシやノープリウス幼生などの小さな動物プランクトンをとるが，ある程度体サイズが大きくなるとベントスを含む多様な餌をとるようになる例は多い．

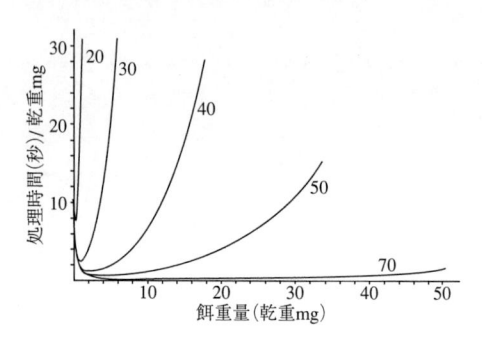

図18-2 様々な体サイズのブルーギルのコスト曲線．各曲線に付した数字はブルーギルの体長（mm）を示す．(Werner, 1974).

生活史の初期に，適した餌のサイズ範囲がごく狭く限られていることは，そのような餌にうまく遭遇するか否かが生残を決定する重要な要因となることを意味する．実際，海産魚では，ふ化した仔魚が餌として適した動物プランクトンのパッチに遭遇できるかどうかは生残にとって決定的な要因となる．しかし，この時期をうまく乗り切って成長できた個体はその後に様々なサイズ・種類の餌を扱うことが可能になり，以降の生残状況は大きく改善されることになる．多くの魚類の生存曲線は，顕著な初期死亡の後にはむしろ死亡の少なくなるタイプに該当するが，このことは成長に伴う餌利用の視点からも納得できることである．

## §4. 日周期と採餌

### 4-1 環境の日周期と採餌

魚類を含むほとんどの動物は，24時間を1サイクルとして日周期的に変化する環境の中で生活している．日周期的な環境変化のごく少ない棲み場としては，洞穴の中や，高緯度地方で冬季に厚い結氷に覆われた下などがあるが，それらは例外的な場所といえる．

日周期的な環境の変化は，物理・化学的なものと，生物学的なものとに分けることができる．前者には，水温，照度，水中の溶存酸素濃度などがあり，後者には餌の利用可能度，捕食圧，競争相手などが含まれる．生物を取り巻く温度の日変化に代表されるように，概して水中は陸上よりも物理的な変化が穏やかであることから，一般に水界では生物学的な要因のほうが日周期活動を形作るのに相対的に重要と考えられている．しかし例えば，水面が浮葉植物に覆われた小規模な池では，夏季に水中の溶存酸素濃度が劇的な日変化を示すことがあり，魚類の日周期活動にも重大な影響を与えている．これは生物的な要因が非生物的な環境変化を惹き起こしているケースといえよう．

魚類には，1日のうちで明るい時間帯にのみ採餌活動を行うメダカやアユなど厳密に昼行性のもの，

夜間に主に採餌活動するナマズ *Silurus asotus* やシマウキゴリ *Gymnogobius opperiens* など夜行性のもののほか，薄明時や薄暮時に採餌するアブラハヤ *Rhynchocypris lagowskii* や，中には明確な採餌活動周期をもたないものもある．魚の採餌活動周期の種々な様相については佐原（2007）を参照して欲しい．熱帯のサンゴ礁や温帯の湖沼，温帯の沿岸など様々な場所における魚類群集では，活動時間帯によって魚類を分けた場合，一般に昼行性の種が最も多数で半分から3分の2を占め，夜行性魚種は3分の1から4分の1程度であるという（Helfman, 1993）．注目すべきは，昼でも夜でも餌をとる魚種がけっこうあることで，とりわけハゼ類やカジカ類など底生魚にはその例が多い．底生魚に多い理由として，餌との遭遇が立体的というより平面的で，したがって遭遇率が比較的高いことや，水底では餌が底質に隠れていることが多く，したがって餌の探知には視覚以外の感覚を用いる利点があり，そのような感覚は夜間でも役に立つなどの理由が考えられる．また，通常夜行性とされているナマズやドジョウ *Misgurnus anguillicaudatus* などの魚種でも，飼育されている場合など条件さえよければ日中でも餌をとることは普通に見られる．

　上のことに関連して，昼と夜とで餌探知に用いる感覚の使い分けの問題がある．視覚が働くためにはある程度以上の照度が必要だが，嗅覚や味覚のような化学感覚，水の動きを感知する側線感覚などは低照度でも働く．このような，採餌に用いる感覚の昼夜での使い分けは魚類ばかりでなく他の動物群にもあり，例えば鳥でも，昼には主に視覚を用い，夜にはクチバシの鋭敏な触覚でゴカイなどを食べる例がシギ類などにある．しかし，とりわけ魚類には顕著な例が多い．昼と夜とでは利用しやすい餌の種類も異なることが多いので，したがって昼にとる餌と夜にとる餌とは種類が異なることになる．この点で注目すべきは，概して植物質の餌は明るい時間帯にだけ食われていることである．このことは，昼も夜も採餌するシマヨシノボリやヌマチチブなど雑食性のハゼ類が，動物質の餌をとるのは昼夜を問わないのに対し，植物質の餌をとるのは日中に限られていることにも現れているし，また沿岸の魚類群集でも，ブダイ *Calotomus japonicus* やニザダイ *Prionurus scalprum* など昼行性の藻類食者が様々いるのに，それに対応する夜行性の藻類食者がいないことにも特徴的に現れている．以上のような事情は，魚類以外の動物グループでは，例えば鳥類（コガモやカルガモなど），昆虫類（多くのガやカミキリムシなど），哺乳類（ヒメネズミなど）など，夜に植物質の餌をとるものが様々あることと対照的で際立っているとさえいえよう．

　採餌活動の日変化は，日周移動と関連していることがある．例えば海洋や大きな湖沼では，日周的な深浅移動を行う魚類の例は多い．また，湖沼では深浅移動ばかりでなく日周的な沿岸と沖との移動の例もある［ブルーギル（*Lepomis macrochirus*）：Baumann and Kitchell, 1974；mimic shiner（*Notropis volucellus*）：Hanychら，1983；tidewater silverside（*Menidia beryllina*）：Wurtsbaugh and Li，1985など多数］．通常，底層から表層に上昇するのは日没の頃である．動物プランクトン食魚の場合は，餌となるプランクトンの日周鉛直移動に合わせて自分も移動することで餌利用を行っているが，さらに，プランクトン食魚を追って魚食魚も移動を行う例もある．一方，浅海にすむ魚種では，採餌場所と休息場所とが離れており，特定の径路をたどって両者を往復する例も知られている．

## 4-2　採餌活動時間帯の季節変化

　魚類の採餌活動の日周期のあり方は年間を通して決して同じではない．一般に，採餌活動は水温の低下する冬季に低くなるので，この時期には日周期も顕著でなくなる．しかし，特に高緯度地方の河川に棲む魚類では，もっと目覚しい現象の見られることがある．それが採餌活動時間帯の季節的転換

である．例えば渓流性のサケ科魚類（ブラウントラウト *Salmo trutta*，大西洋サケ *Salmo salar* など）やコイ科のミノウ *Phoxinus phoxinus* では，夏には昼行性であるのが冬季には夜行性になると報告されている．このような「冬の夜行性」は低水温と結びついており，しばしば捕食圧のあり方と関連して解釈されている（Fraser ら，1995 ; Metcalfe and Steele, 2001）．つまり，水温の低い冬季には運動能力が低下するので，捕食者からの逃走能力も低下する．主要な捕食者は魚食性の哺乳類（カワウソなど）や鳥類（アオサギやカワウ，アイサ類など）で，これらは主に視覚によって魚を捕るので，捕食者の活動性が低下する夜間に活動するのだと説明されている．Metcalfe ら（1999）は，大西洋サケの幼魚が冬に夜行性に変わることを，後述の $\mu / f$ 最小化法則を基礎に考察している．しかし，実際に捕食圧の変化を野外で調べることは至難の業である．さらに他方では，夜行性から冬季にむしろ昼行性に変化するという，全く逆の報告例もある（Müller, 1978）．真相の究明には捕食者自体の活動性を含めての研究が必要であろう．

### 4-3 採餌活動の個体変異

魚類における採餌活動時間帯の問題は興味深いが，これに関連してほとんど研究されていない問題がある．それは，採餌活動の時間帯が同種でも「個体ごとに」異なっているかどうかという問題である．これは野外では確かめづらい問題であるが，室内実験ではいくつか研究例があり，例えばニジマス *Oncorhynchus mykiss* やアルプスイワナ *Salvelinus alpinus* では同一グループの中に「日中に採餌する個体」と「夜間にのみ採餌する個体」とが見られ，個体ごとの傾向は実験条件を変えてもなかなか変わらなかった（Alanärä and Brännäs, 1997）．一方，カラフトマス *Oncorhynchus gorbuscha* 幼魚では，68％の個体では日中に活動性が高く，残りの個体は夜間に活動性が高かった（Godin, 1981）．このような個体変異の問題はそれ自体研究例が少ないが，個体間競争や成長との関連性，周期活動の可塑性，あるいは同調要因といったような興味深い研究につながる可能性をもっている．

## §5. 潮汐周期と採餌

潮間帯 (intertidal zone または tidal zone) や潮下帯 (subtidal zone) に棲む魚種では，24 時間の日周期に加えて，典型的には約 12.4 時間周期の潮汐による環境変化にもさらされている．潮汐に伴う環境の変化には，物理・化学的には水位ばかりでなく水温，照度，水の動きなど多数のものが含まれ，棲み場によっては干出と水没とが繰り返される．これは明暗や温度の日周期以上に劇的な環境の変化といえよう．さらに，これらにともなって捕食圧や餌の利用可能度など生物学的な変化も生じる．潮汐が魚の採餌活動に影響を与えることは当然のことであるが，その関係は単純ではない．

普段は深みに居て干潮時には利用できない餌資源を，上げ潮にのって陸へ接近したときに利用する魚は，砂底にすむカレイ類（flounder *Platichthys flesus* ; Summers, 1980 ほか）や塩湿地に棲む *Fundulus*（Weisberg ら，1981）などに例がある．水位が高いときに盛んに採餌活動を行うのは潮間帯の岩礁に棲む底生魚も同様で，水位が低い時間帯は礫の下などに隠れ不活発である．これは，水位が低いときに陸上からやってくる捕食者（クロサギ他のサギ類など）を避けているからであろう．一方，潮が満ちると巣孔に潜ったり（ムツゴロウ *Boleophthalmus pectinirostris*），水を避けて水際の陸地で過ごしたり（トビハゼ *Periophthalmus modestus*）し，潮が引いたときに干潟で採餌する魚種もある．

潮汐のある場所は同時に日周期の影響も受けているので，そこに生息する動物は潮汐周期と日周期とが重なった複雑な採餌活動を行うと予測される．実例としては，浮泳生活から底生生活に移行する

時期のドロメ *Chaenogobius gulosus* 幼魚は，夜間には潮汐の状態いかんを問わず単独で水底にいて底生動物を食べるが，日中の干潮時にはやはり水底で底生動物を食べるが，潮が満ちると水中に成群して浮泳し，動物プランクトンを食べるという，潮汐周期と日周期とが重なった周期活動を示す（Sawara and Sato, 2005）．

　魚種ばかりでなく，体サイズによっても活動時間帯のあり方は異なる．先述のようにカレイの1種 flounder は上げ潮にのって深みから岸辺へやって来て，満潮時に餌（底生動物）を利用するが，体サイズの大きな個体が「昼の満潮」でも「夜の満潮」でも岸辺へやって来るのに対して，小さな個体がやって来るのは「夜の満潮」に限られる．これは主に昼の干潮時に採餌するアオサギからの捕食圧に関連しており，アオサギの捕食サイズ範囲を超えた大きな個体は昼でも夜でも構わないが，捕食サイズ範囲内の小さな個体は捕食を避けて夜にだけ接岸すると解される（Raffaelli ら，1990）．

## §6. 捕食リスクと採餌

　前節の最後の例にも述べたように，捕食リスクは採餌活動に制約を与えている．魚類を含むたいていの動物は，自分が餌をとるばかりでなく，自分が他の動物の餌にされないように行動せねばならない．一般に，採餌活動しているときは捕食者への警戒が薄くなるばかりでなく，餌探索や捕獲のために動き回って捕食者に目立つため，捕食に遭いやすい時でもある．そこで，動物は捕食リスクを軽減するために自分自身の採餌効率をいくぶん犠牲にしている．捕食リスクが採餌行動に影響を与える仕方は様々であり，餌をとりに行く距離（Dill, 1983）や，餌パッチの質（Milinski and Heller, 1978），棲み場選択の仕方（Werner ら，1983）など多岐にわたっている．

　ここで重大な問題が生じる．捕食リスクの一定の軽減は，採餌効率のどの程度の犠牲に相当するのだろうか？　これは難問である．捕食リスクは時間当たり捕食によって自分が死亡する確率（$\mu$）で測られるのに対して，採餌効率は時間当たり餌から得られるエネルギー純益（f）で測られる．これら2つは，いわば「通貨」が異なっているのだ．2つの通貨の「レート」がわからないと，適応度を最大にするにはどのくらい採餌効率を犠牲にしてでも捕食リスクを低下させるべきなのかは不明のままにとどまってしまう．

　この問題に，条件付きながら解答を与えたのは Gilliam and Fraser（1987）である．彼らは最適採餌理論を出発点に，次のように考えた．動物が時間当たり必要なエネルギーを満たすように採餌しながら，自分自身への捕食リスクを最小にするように振る舞うと仮定する．環境中には潜在的に利用可能な棲み場がいくつかあり，それぞれの棲み場は固有の $\mu$ と f とを備えていると考える．考察の過程は文献に譲るが，結果は興味深いものであった．この場合，動物が利用する棲み場は多くとも2つだけであり，また2つのうち1つが「餌もないが捕食にも遭わない（つまり $\mu$ も f も 0）」隠れ家であった場合，採餌に使う他方の棲み場は $\mu / f$ が最小の棲み場である．実際に，コイ科の creek chub（*Semotilus atromaculatus*）幼魚の行動を，creek chub の成魚を捕食者として実験的に調べたところ，この理論にほぼ当てはまるように幼魚は行動した．つまり，creek chub 幼魚は2つの棲み場を使い分けて一方を隠れ家とし，採餌に使うのは $\mu$（捕食リスク）／ f（採餌速度）が最小であるような棲み場だったのである．「隠れ家」は文字通りのものでなくともよく，例えば不活発で過ごす場合（したがって捕食者の目につきにくい場合）もそれに近いと考えると，Gilliam と Fraser の推論の一般性は

高いと思われる．

さらに，上記の「$\mu/f$最小化の法則」は空間的な採餌場所選択ばかりでなく，採餌時間帯選択の問題にも妥当する．その場合は，採餌に利用可能な時間帯がいくつかあり（例えば，日中，夜間，薄暮時など），それぞれが固有の$\mu$と$f$とを有していると考える．例えばClark and Levy（1988）は，そのような考えに立って湖沼のヒメマス *Oncorhynchus nerka* の最適採餌時間帯を考察して薄明薄暮時が最適であると推論し，それが実際の行動と一致することを確かめている．

### 6-1　$\mu/f$最小化法則と成長に伴う棲み場変化

ところで，一生の間に体サイズが大きく変化することが魚類の特徴であった．先述のようにその間に最適の餌サイズも変化するが，捕食者と捕食圧もまた変化する．このことは，$\mu/f$最小化の視点から，最適の棲み場が一生の間に変化していくことを意味する．例えば，湖のブルーギルの棲み場は成長に伴って，通常，沖帯からいったん沿岸の水草帯に移行し，次いで再び沖帯に戻る．この間に，利用する餌もプランクトンから底生動物や付着性の動物へ，再びプランクトンへと変化する（Werner and Hall, 1988）．一方，体サイズが大きくなるに従い捕食者と捕食圧も変わっていく．一般に，ある棲み場において$\mu/f$が最小であるような体サイズが存在し，それより体サイズが小さくても大きくても$\mu/f$は大きくなる．図18-3を使って説明しよう．棲み場Aにいる魚が成長して次第に体サイズが大きくなっていくと，棲み場Aでの$\mu_A/f_A$ははじめ減少していくが，いずれ最小値を超えて増大に転じる．すると，別の棲み場Bでの$\mu_B/f_B$がむしろ小さな値をとるようになる．このとき，棲み場をAからBへスイッチするのが魚にとって好ましい選択である．こうして，成長に伴って次々に棲み場を乗り換えていくのが最適の行動である．

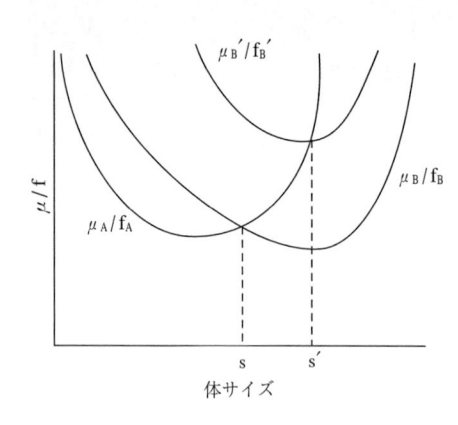

図18-3　体サイズの変化に伴う最適棲み場のスイッチングモデル．棲み場Aの，捕食リスクと採餌速度とをそれぞれ$\mu_A$と$f_A$棲み場Bのそれらを$\mu_B$と$f_B$とする．魚体が次第に大きくなると棲み場Aより棲み場Bのほうが$\mu/f$が小さくなり，棲み場Bのほうが適するようになる．そこで，体サイズがsに達したときに棲み場をAからBへスイッチするのがよい．もし棲み場Bの捕食リスクが高くなると，$\mu_B/f_B$の曲線は全体として上方へ移動し（$\mu_B'/f_B'$），その結果最適のスイッチ体サイズはsからs'に変化する．〔Werner and Gilliam, 1984の図を改変．原図ではfでなくg（成長速度）を用いている〕

以上のことから次のことが予測できる．同種の魚であっても$\mu$や$f$の値が異なる水系では，棲み場のスイッチングを行うときの体サイズはそれぞれ異なることが予測される．例えば，棲み場Bの捕食リスクが全体として高い水系では，棲み場Aから棲み場Bへのスイッチングは，もっと成長して体サイズが大きくなってからの方が適応的であることになる．同様に，例えば棲み場Bに新たに魚食魚が放流され，棲み場Bの$\mu_B$を上昇させたとしよう．この場合，$\mu_B/f_B$のグラフは図18-3中に示したように上方へ移動する．すると$\mu_A/f_A$と$\mu_B/f_B$の交点は右へ，つまり体サイズの大きい方へずれることになる．魚はそれまでよりも大きな体サイズになってから，棲み場Bに進出するように変化するだろう．実際，ブルーギル幼魚が棲み場をスイッチするときの体サイズをいくつかの湖で調べたところ，捕食者（オオクチバス *Micropterus salmoides*）の密度と関係があった（Werner and Hall, 1988）．

以上は成長に伴う棲み場の変化に関わるものであった．同様に，成長に伴う活動時間帯の変化を$\mu/f$最小化の視点から考察することも可能だろうが，残念ながら研究事例を筆者はまだ見ていない．何

よりも，時間帯による$\mu$の変化を定量的に計測するという難関を突破することが求められている．

(佐原雄二)

## 文献

粕谷英一 (1990)：行動生態学入門，東海大学出版会．

森田弘道・久保田競 (編) (1982)：現代の行動生物学2，摂食行動のメカニズム，産業図書．

佐原雄二 (1987)：魚の採餌行動，東京大学出版会．

佐原雄二 (編著) (2007)：青森県のフィールドから，野外動物生態学への招待，弘前大学出版会．

Alanärä A. and Brännäs E. (1997)：Diurnal and nocturnal feeding activity in arctic char and rainbow trout, Can. J. Fish. Aquat. Sci., 54, 2894-2900.

Baumann P. C. and Kitchell J. F. (1974)：Diel patterns of distribution and feeding of bluegill (Lepomis macrochirus) in Lake Wingra, Wisconsin, Trans. Am. Fish. Soc., 103, 255-260.

Clark C. W. and Levy D. A. (1988)：Diel vertical migrations by juvenile sockeye salmon and the antipredation window, Am. Nat., 131, 271-290.

Dill L. M. (1983)：Adaptive flexibility in the foraging behavior of fishes, Can. J. Fsih. Aquat. Sci., 40, 398-408.

Fraser N. H. C., Heggenes J., Metcalfe N. B. and Thorpe J. E. (1995)：Low summer temperatures cause juvenile Atlantic salmon to become nocturnal, Can. J. Zool./Rev. Can. Zool., 73, 446-451.

Gilliam J. F. and Fraser D. F. (1987)：Habitat selection under predation hazard, test of a model with foraging minnows, Ecology, 68, 1856-1862.

Godin J.-G. J. (1981)：Circadian rhythm of swimming activity in juvenile pink salmon (Oncorhynchus gorbuscha), Mar. Biol., 64, 341-349.

Hanych D. A., Ross M. R., Magnien R. E. and Suggars A. L. (1983)：Nocturnal inshore movement of the mimic shiner (Notropis volucellus)：a possible predator avoidance behavior, Can. J. Fish. Aquat. Sci., 40, 888-894.

Helfman G. S. (1993)：Fish behaviour by day, night and twilight, In Behaviour of teleost fishes (2$^{nd}$ ed.) (Pitcher T. J. ed.) Chapman and Hall. pp.479-512.

加福竹一郎 (1970)：消化管，魚類生理 (川本信之編)，恒星社厚生閣，pp.89-108.

粕谷英一 (1990)：行動生態学入門，東海大学出版会，316pp.

Metcalfe N. B., Fraser N. H. C. and Burns M. D. (1999)：Food availability and the nocturnal vs. diurnal foraging trade-off in juvenile salmon, J. Anim. Ecol., 68, 371-381.

Metcalfe N. B. and Steele G. I. (2001)：Changing nutritional status causes a shift in the balance of nocturnal to diurnal activity in European minnows, Functional Ecology, 15, 304-309.

Milinski M. and Heller R. (1978)：Influence of a predator on the optimal foraging behaviour of sticklebacks (Gasterosteus aculeatus L.), Nature, 275, 642-644.

森田弘道・久保田競 (編) (1982)：現代の行動生物学2，摂食行動のメカニズム，産業図書．

Müller K. (1978)：Activity and environmental rhythms, In Rhythmic activity of fishes (J. E. Thorpe ed.), Academic Press, pp.1-19.

Raffaelli D., Richner H., Summers R.and Northcott S. (1990)：Tidal migrations in the flounder (Platichthys flesus)., Mar. Behav. Physiol., 16, 249-260.

佐原雄二 (1987)：魚の採餌行動，東京大学出版会，122pp. (1987)

佐原雄二 (編著) (2007)：青森県のフィールドから 野外動物生態学への招待，弘前大学出版会，73pp.

Sawara Y. and Sato K. (2005)：Feeding activity rhythms of juvenile gobiid fish, Chaenogobius gulosus, at tidally different localities, Bull. Fac. Agr. Life Sci., Hirosaki Univ., 8, 29-36.

Summers R. W. (1980)：The diet and feeding behaviour of flounder Platichthys flesus (L.) in the Ythan estuary, Aberdeenshire, Scotland, Estuarine and Coastal Marine Science, 11, 217-232.

須永哲雄 (1982)：メダカ類の摂食行動，現代の行動生物学2 摂食行動のメカニズム (森田・久保田編)，産業図書，pp.181-198.

Weisberg S. B., Whalen R. and Lotrich V. A. (1981)：Tidal and diurnal influence on food consumption of a salt marsh killifish Fundulus heteroclitus, Mar. Biol., 61, 243-246.

Werner, E. E. (1974)：The fish size, prey size, handling time relation in several sunfishes and some implications, J. Fish. Res. Board Can., 31, 1531-1536.

Werner E. E. and Gilliam J. F. (1984)：The ontogenetic niche and species interactions in size-structured populations, Ann. Rev. Ecol. Syst., 15, 393-425.

Werner, E. E., Gilliam J. F., Hall D.J. and Mittelbach G. G. (1983)：An experimental test of the effects of predation risk on habitat use in bluegill, Ecology, 64, 1540-1548.

Werner E. E. and Hall D. J. (1988)：Ontogenetic habitat shifts in bluegill, The foraging rate-predation risk trade-off, Ecology, 69, 1352-1366.

Wurtsbaugh W. and Li H. (1985)：Diel migrations of a zooplanktivorous fish (Menidia beryllina) in relation to the distribution of its prey in a large eutrophic lake, Limnol. Oceanogr., 30, 565-576.

# 19章　捕食と被食

　　魚たちは，何を食べ，何に食べられているのか？　弱肉強食というルールに支配される自然界において，魚類はそれら自身や他の様々な餌生物・捕食者との「食う一食われる」関係のなかに生きている．本章では，魚類の捕食 (feeding) と被食 (predation) について，とくに海産魚の幼期（生後数ヶ月まで）に焦点をあてて解説する．海産魚には無数の分離浮性卵を産む種が多い．このことは，膨大な数の魚類が幼期に死亡し，親にまで成長して子孫を残すものはごく僅かであることを物語っている．生活史の初期に起こる大量死亡は「初期減耗」と呼ばれ，資源への加入量を左右する要因として世界中で多くの研究者から注目を集めてきた．さらに，魚類幼期における個体数のダイナミクスは，捕食・被食関係を通じて食物連鎖の上位・下位の生物群集にも強く影響する．生後間もない無数の魚類が大海原で餌をさがしあて，それらを捕食し自らの成長・生残の糧とする一方で，無数の天敵に捕食され人知れず死んでゆく………．そんなことが今この瞬間にも世界中の水面下の至る所で繰り返されている．魚類幼期の生き残りをかけた捕食と被食のドラマに思いをはせていただくのに本章が少しでも役立てば幸いである．

## §1. 捕　食

### 1-1　魚類はどのような餌を食べて育つか？

**1）一般的な餌料系列**　　多くの海産魚は，親から与えられた卵黄に依存してふ化後数日間過ごし，卵黄吸収を終える頃はじめての餌生物を捕食する．仔魚期には口が小さく，遊泳能力が低く，消化器官が未発達なため，運動能力に乏しく容易に消化できる餌生物が不可欠となる．主要な餌生物となるのは甲殻類のプランクトン幼生である．なかでも，多くの魚種に摂餌されるカイアシ類のノープリウス幼生（図 19-1）は魚類の「離乳食」ともいえる存在である．他には，渦鞭毛藻類，珪藻類，有鐘類，無脊椎動物の卵，二枚貝類幼生なども摂餌開始期の餌生物として利用される．

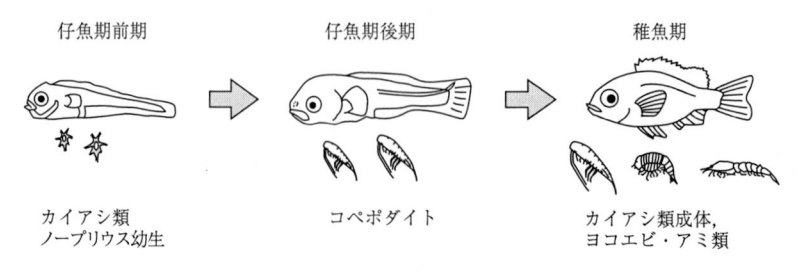

図 19-1　仔稚魚の成長にともなう主要餌料生物の変化．例としてマダイを示す．

仔魚の成長に伴い，より大型であるコペポダイト期のカイアシ類やカイアシ類成体へと主要餌料生物が変化する（図19-1）．タラ類，異体類を始めとする多くの魚種の仔魚において，体長5〜7mm程度の時期に生じるこの餌生物の変化は，より大型かつ運動能力の高い餌生物への転換であり，捕食する側の仔魚の捕食能力が，成長に伴い増大していることを反映している．仔魚期から稚魚期へ移行すると同時に，それまでの浮遊生活を中心とした生活様式から種ごとに異なる生息圏への移行を反映した餌料生物の転換・多様化が起こる（田中ら，2009）．例えば，マダイでは着底生活への移行に伴い，主要餌料がAcartia属などのカイアシ類成体へと変化した後，アマモ場周辺に生息する時期にはヨコエビ・アミ類なども捕食するようになる（図19-1）．

2）海産魚のなかの「変わり者」　大半の魚類が仔魚期にプランクトンの浮遊幼生を捕食する一方で，例外的な「食歴」を示す魚種もある．捕食対象となる餌生物の種類や大きさには，仔魚の口の大きさや捕食能力が強く反映される．相対的に口が小さいシロギスやクロダイに比べて口が大きいタチウオ，カサゴ，アジ類のように早期からコペポダイトなど大型の餌生物を捕食する場合や，ヒラメのように海域によっては尾虫類や枝角類が仔魚期後期の重要な餌生物となる場合もある．

仔魚期から比較的大型の餌生物を捕食する代表例がサバ科仔魚である．大きな口と眼をもち，高速で遊泳して仔魚期の早期からコペポダイトなどを捕食する．こうした高速で成長する仔魚の特性は「large prey-fast growth strategy」と呼ばれている（Hunter, 1981）．なかでも，瀬戸内海などの内湾を産卵場とし，摂餌開始期から魚類のみを捕食するサワラは極めつけの「変わり者」である．仔魚の性質はいたって凶暴で，水槽の中で少しでも餌が不足するとたちまち共食いをする（図19-2）．海産魚類の飼育に用いられるワムシやアルテミアなどの餌料生物を高密度で投与してもこれらを無視し，魚だけを選択的に捕食する魚類専門ハンターである．天然海域で採集したサワラ仔魚の胃内容物のうちほぼ100%を魚類が占める．このように摂餌開始期から魚類を捕食し続ける魚種は極めて稀である．サワラが属するサバ科のクロマグロ・マサバと比較しても，魚食（piscivory）の発現時期が早いことが明瞭である（図19-2）．魚種ごとに特有の食性は，各々の生残メカニズムと深く関わっていると考えられる．

## 1-2　仔稚魚の摂餌と生残

1）初期減耗要因としての飢餓　魚類は膨大な数の卵を産む（例えば，体重2kgのマダイでは800〜900万粒）．しかし，親にまで成長し子孫を残すのは数個体のみである．このことは同時に，膨

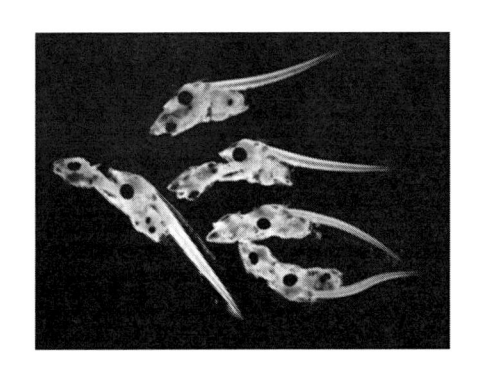

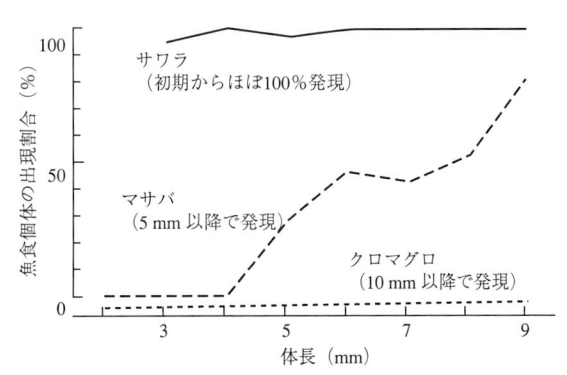

図19-2　水槽内で共食いするサワラ仔魚（ふ化後9日，摂餌開始3日後：写真）およびサバ科魚類3種の天然仔魚における魚食性の発現割合（体長ごとの個体数%：右図）．

大な数が親になる前に死亡することを意味する．数多くの卵を産み出す一方で，初期に大量に死亡すること（多産多死）は魚類の生活史の最大の特徴の1つであると同時に，資源変動を左右する主要因の1つとして古くから注目されてきた．1914年に提唱された「Critical Period 仮説」以降数十年にわたって「飢餓（starvation）」が魚類の初期減耗やその結果としての資源量変動を研究するうえでの中心的命題となり，これに対する数多くのアプローチがなされた．1970年代に提唱された「Match/mismatch 仮説」と「Ocean Stability 仮説」はいずれも餌料生物との時空間的一致／不一致が仔魚の生残，ひいては資源への加入過程に強く影響することに着目している（15章，25章に詳しい）．

卵からふ化して間もない仔魚では，体の構造が未発達で，運動能力に乏しく，餌不足に対する耐性が非常に低い．仔魚が摂餌を行わずに生残できる期間は，魚種や生息環境の水温により異なるものの，一般的には数日程度である．概ね低水温域に生息する魚種において長く，高水温域で短い．摂餌開始期から大型の餌を求めて高速で遊泳するサバ科魚種の仔魚では基礎代謝速度が高いために飢餓耐性が極めて低く，1～2日程度餌生物を捕食できなければ死亡する．飢餓耐性（starvation resistance）が低いタイプの魚種では，とりわけ餌生物との出会いが初期の生残を大きく左右する．

海産魚類を飼育する技術の発展に伴い，仔魚が飢餓にならずに生残するために必要な限界餌料生物密度を推定する試みが，欧米やわが国の研究者によりニシン・イワシ類，タラ類，カレイ類などを題材にした飼育実験，野外調査およびメソコズムと呼ばれる半閉鎖系実験を通じて盛んに行われてきた．現在のわが国では，ふ化後間もない仔魚の生残率を高い値で維持しながら飼育する場合には，シオミズツボワムシを1m$l$当たり5個体程度の密度で投与するのが基準となっている．仔魚の成長に伴う捕食能力の変化や魚種間での違いにより，限界餌料生物密度には差異があるものの，飼育条件下で仔魚が経験するような高い餌料生物密度が天然海域に常時存在するわけではない．すなわち，我々が飼育する仔魚は常にかなり「過保護」な餌料生物環境（feeding conditions）のもとで成長していることを意味する．では逆に，天然海域で，仔魚はどのようにして好適な餌料環境に遭遇し，飢餓を回避しているのだろうか？

天然海域における仔魚の餌料生物の分布密度は，時期や場所により大きく変動する．一般には陸域からの栄養供給が多い河口・内湾域で高く，1$l$当たり数千個体を上回る事例も報告されている．沖合・外洋域に向かうにつれてこの密度は低くなり，沿岸では20～50，外洋域では10～20或いはそれ以下のことも多い．さらに春季のブルーム時に餌生物密度が10倍程度に増加するといった季節的変動も認められる．天然海域における仔魚の餌料生物の分布密度は時空間的に均一ではなく（パッチ状分布），時には微細な空間スケールでも大きく変動するのが一般的である．このような餌料生物パッチと遭遇した仔魚は高い成長速度，高い確率で生残してゆくと想定される．

さらに，風，潮汐および海流などの作用により生じる乱流が，仔魚の摂餌成功率および生残率を高めうる（Houde, 2008）．最近のフィールド調査や飼育条件下における観察では，同一の餌料生物密度条件下であっても，乱流の作用により餌生物と捕食者との遭遇確率が高まるため，適度な乱流条件下におかれた仔魚の摂餌率や成長速度が高まるとの考えが，ストライプバス，タラ類，キハダマグロなどで実証されている．ただし，乱流強度が高すぎた場合にはこの関係が崩れるため，乱流強度と仔魚の摂餌・生残確率の関係を示す曲線は一般的にはドーム型となる．

2）**飢餓の回避** 一部の魚種では親が卵や仔魚を保護することもあるが，多くの海産魚では親が卵を放出した後，卵・仔魚は「放ったらかし」の状態に置かれる．餌料生物が高密度に分布する時期

や場所での産卵は，ふ化仔魚が好適な餌料環境に遭遇し，生き残ってゆく可能性を高める．産卵と餌生物の出現との時間的一致や，仔魚と餌生物の水平・鉛直的分布の一致はニシン類，タラ類，異体類，サバ類など多くの魚種で報告されている．

　サバ類・タラ類など，生活史の比較的早期に魚食性に移行する魚種のなかには，餌料生物（魚類）の産卵期よりも早期に産卵することにより，餌生物に対する体サイズのアドバンテージを獲得すると考えられるものが存在する．先述のサワラ（サバ科）では，さらに特化した産卵様式が確認されている．ふ化直後から魚類のみを専食するサワラ仔魚は，摂餌開始期（産卵から約10日）に餌料生物（魚類）の高密度分布に遭遇することが不可欠となるため，産卵と餌料生物の高密度域との時空間的一致が極めて顕著に表れる．主産卵場である瀬戸内海では，サワラ仔魚はイワシ類（カタクチイワシ，コノシロ，マイワシ）の仔魚を専食する．サワラの産卵期（仔魚の出現時期）は餌生物の出現ピーク時期と非常によく一致し，出現する海域もほぼ重なる（図19-3）．一般的に，サワラの初期餌料となる魚類の分布密度はカイアシ類などの甲殻類プランクトンに比べて圧倒的に低い．初期から魚だけを捕食するという特異な食性ゆえ，このような産卵様式を発達させていると考えられる（小路，2005）．

　逆に，好適な餌料生物環境にうまく遭遇できなくても高い確率で生残する特性を備えた仔魚もいる．わが国沿岸に分布するイカナゴ仔魚は強靱な飢餓耐性を備え，12日程度の飢餓に約半数の仔魚が耐える．仔魚が親からもらった卵黄（内部栄養）を消費するのと並行して餌料生物（外部栄養）も捕食するという，内部栄養と外部栄養の重複利用を摂餌開始期に行うことによるものと考えられている．

　3）「飢餓」から「被食」へ　　1980年代以降，それまで初期減耗の主要因として注目されてきた飢餓に比べて，被食の重要性に関する認識が広まった．Bailey and Houde（1989）はその理由として①飢餓を原因とする高い死亡率が殆ど報告されていない，②Critical periodに相当する時期に飢餓を原因として死亡率が急増するとの報告例がない，③潜在的な捕食者の生物量は魚卵・仔魚の量よりも多い，④最も高い死亡率は卵黄および摂餌開始前の卵黄仔魚期に観察される，⑤捕食者を除去したメソコズム（mesocosm）実験では，室内実験に比べて低い餌料生物密度で仔魚が生残する，⑥飼育

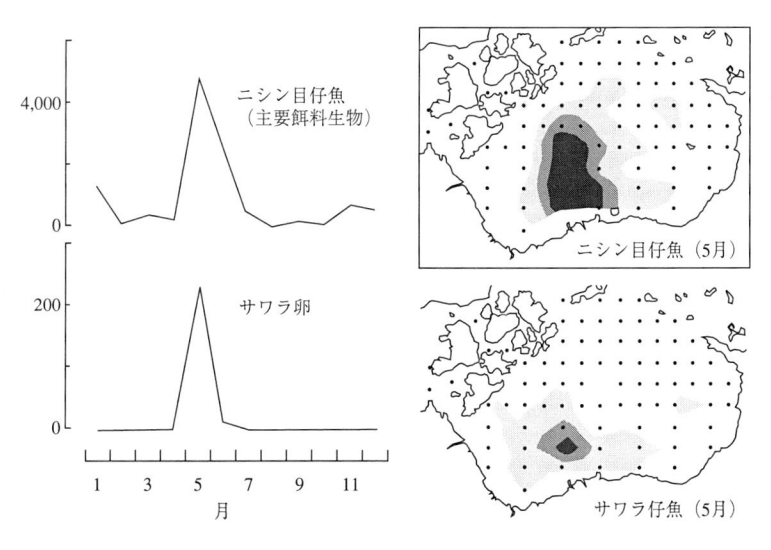

図19-3　瀬戸内海中央部におけるサワラ仔魚の主要餌料生物ニシン目仔魚（カタクチイワシ，コノシロ，マイワシ：左上段）とサワラ卵（左下段）の出現時期（縦軸は1,000m$^3$当たり個体数）および出現盛期（5月）におけるニシン目仔魚（右上段）とサワラ仔魚（右下段）の水平分布．サワラ卵・仔魚と餌料生物の出現が時空間的によく一致する．

技術の向上により天然海域と同レベルの餌料密度条件でも仔魚が生残するなどをあげている．ニシン類・異体類を中心に，被食による高い減耗率（mortality rate）の実測例や，被食が資源への加入量を左右する例も報告されている．

被食は，卵から仔稚魚期を経て資源に加入するまで全ての生活史段階において作用するという点からも重要である（Houde, 1987）．卵・卵黄仔魚期には，飢餓による死亡はほとんどなく，被食が主要因となる．また，水温などの物理環境や輸送も減耗要因として作用する．一方，摂餌を開始した後期仔魚では，飢餓が重要な減耗要因となるが，同様に被食や物理環境も作用する．さらに稚魚期には，遊泳・捕食能力や飢餓耐性が向上するため，物理・生物環境要因の影響を受けにくくなり，生活空間や餌を巡る競合などの密度依存的作用（density-dependent regulation）が働く（Houde, 2008；15章を参照）．

被食は，飢餓や物理環境など他の様々な要因の複合した「最終産物」であるとの認識も重要である．室内実験では栄養状態や水温条件が仔魚の被食確率を左右することが示されている．魚種の特性や海域によっては，被食に至るまでの過程で水温などの物理環境や餌料生物環境が間接的に作用し，最終的に被食が減耗要因として作用する場合が多いとの視点も重要であろう（山下，1994に詳しい）．

## §2. 被　食

### 2-1　捕食者

**1）多様な捕食者**　　卵・仔稚魚の捕食者は，渦鞭毛藻のように微細なものからクジラ類・鳥類のような大型生物まで多岐にわたる．仔稚魚の成長に伴い逃避能力が高まるため，高い捕食能力を備える魚類が相対的に重要な捕食者となる．捕食者の摂餌様式は，待ち伏せ型（カサゴ，ヒラメなどの底魚類），遊泳型（アカカマス，スズキなど），ルアーを使用するもの（チョウチンアンコウなど）など様々である．視覚に依存するもの（魚食性魚類），餌生物の活動による水流や化学物質を手がかりにするものなどの区分もできる．わが国沿岸域を成育場（nursery）とするヒラメの着底直後の夜間の捕食者としてキンセンガニやイカ類が注目されている．視覚に依存しない摂餌様式をとるものや暗条件に適応した捕食者が相対的に重要となると想定される夜間の被食に関する知見は乏しい．

**2）無脊椎動物**　　端脚類，アミ類，オキアミ類などの甲殻類や毛顎類は体サイズが小さく1個体当たりの捕食量は多くはないが，天然海域における個体数が膨大であるため卵・仔魚の重要な捕食者となりうる．カイアシ類のように，仔稚魚の餌生物となる一方で卵・仔魚の捕食者にもなるケースもある．生物量と捕食能力が大きいクラゲ・クシクラゲ類は捕食者として重要であり，これらによる被食がニシン類・異体類の加入量変動を左右することも知られている．

**3）魚類**　　生物量が多く，群れを形成し，海水ごと濾過して餌生物を捕食するタイプ（フィルター・フィーダー）の浮魚類の稚魚や成魚は，魚卵・仔魚の捕食者として大きなポテンシャルをもつ．ニシン類・ニベ類では胃内容物の約半分が魚卵・仔魚で占められた事例も報告されている．

魚食性魚類は生態学的地位が高く，生物量は少ないものの，特定の海域や魚種にとって重要な捕食者となる．沖合で浮遊生活を過ごしたのち沿岸へ加入すると同時に強い魚食性を示すブルーフィッシュは，幼魚期に1日当たり体重の約22％に相当する魚類を捕食する．魚食に特化したサワラ仔魚は体重の90～130％の魚類を毎日捕食する大食漢で，稚魚期の初期までにサワラ1尾が1,000尾以上のカタクチイワシ仔魚を捕食するとの試算もある（小路，2005）．ニシン・タラ・サバ類に認められる共

食い現象は，個体群の密度調節機構や生残戦略（survival strategy）としての役割を果たす可能性がある．捕食される側にとって共食いは減耗要因となる一方で，捕食する側にとっては生き残るための重要な栄養源となる．

**4）被食の研究手法**　餌を丸呑みする捕食者の場合には，それらの消化管内容物の観察により捕食された種やその数量を推定できる．餌を咀嚼したり短時間で消化したりする捕食者（甲殻類など）による被食実態を定量的に把握するのは困難な場合が多い．仔稚魚の耳石，眼のレンズ，筋肉組織，骨など体の一部を種判別に利用できる場合もある．抗原抗体反応を利用する免疫学的手法，DANマーカーを利用する分子生物学的手法などは，胃内容物の定性的な同定に有効である．近年盛んに応用されている安定同位体を用いる解析手法は，個々の食う－食われる関係をリアルタイムで特定するには不向きであるが，餌生物および捕食者の栄養段階の推定や食物連鎖の起源の把握には有効である（10章を参照）．

　実験条件下では，捕食者の摂食量，消化速度，餌生物への選択性，仔稚魚と捕食者のサイズ関係などを詳細に調べられるという利点がある．メソコズムによる被食実験では，より天然海域に近い条件下での被食減耗率の推定が可能である．しかしながら，実際に天然仔稚魚が遭遇する環境条件や捕食者は飼育条件下で設定できるように単純なものではなく，様々な要因が複雑に絡み合っているので注意が必要である．飼育実験の結果を天然海域に直接当てはめることは不可能であり，実態の把握には野外調査との比較や組み合わせが不可欠である．

## 2-2　被食に影響する要因

**1）食う－食われる関係**　一般に，魚卵や小型の仔魚ほど，これらを捕食する生物の種類や数が多いため，被食の機会は多い．仔稚魚とその捕食者との個々の関係を考えた場合，被食の危険性は，捕食者との遭遇確率と，捕食者に遭遇した後の捕食されやすさの総和により決まる（Bailey & Houde, 1989に詳しい）．体サイズが大きい仔魚ほど高い遊泳能力をもち活発に動き回るため，捕食者との遭遇確率は一般に体サイズに比例して直線的に増加する一方で，捕食されやすさは体サイズの増加に伴い減少する（Bigger is Better仮説）．捕食されやすさの減少様式は，捕食者のタイプ（待ち伏せ型，遊泳型など）により異なり，直線・曲線の形をとる場合や，一定サイズより大きい場合の捕食されやすさが0となる場合もある．例えば，待ち伏せ型の捕食者であるクラゲ類や遊泳型のオキアミ類に捕食される確率は，仔魚が成長して十分な体サイズあるいは逃避能力を獲得した段階で0となる．これに対して，高い遊泳能力をもつ魚類が捕食者の場合には，比較的長期間にわたり被食を受ける．以上のことを反映し，被食の危険性は，遊泳性の無脊椎動物（端脚類，アミ類）や濾過食の魚類に対しては仔魚の成長に伴い減少するが，クラゲ・ヤムシ類などの無脊椎動物や待ち伏せ型魚類に対してはドーム型となる．

　仔魚のサイズが同じ条件のもとでは，体型の差が捕食されやすさを左右することもある．仔魚の体型は細長いもの，体高が高いもの，棘を備えたものなど魚種により様々である．魚類を専食するサワラ稚魚を捕食者として，細長い体型をしたイワシ類（コノシロ）と体高が高いヒラメ仔魚が捕食される割合を比較した実験では，水槽中の比率（コノシロ：ヒラメ＝1：1）に比べて有意に高い割合でコノシロ仔魚が捕食された（図19-4）．コノシロの方が細長く，捕食者として用いたサワラ稚魚にとって食べやすかったのかも知れない．また，仔魚の体型と遊泳能力には一般的に関連があるので，体高の高いヒラメがコノシロに比べて高い逃避能力を発揮して高い確率で被食を回避できたとの解釈も

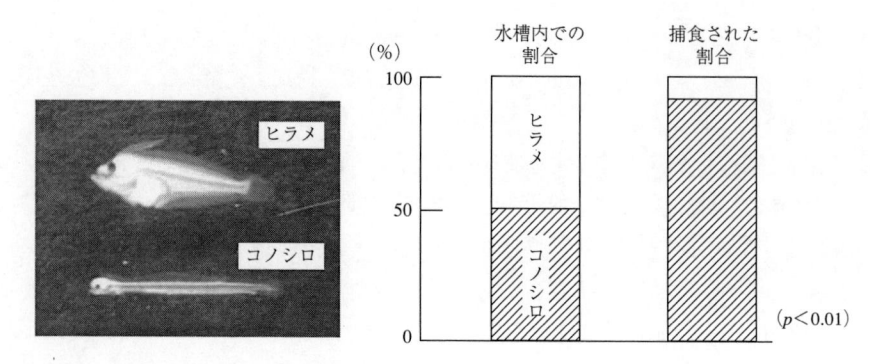

図 19-4 体型が異なる仔魚の捕食されやすさを比較した実験．細長い仔魚と体高が高い仔魚として，それぞれコノシロとヒラメを用いた（写真）．水槽内における割合（50％：50％）に比べて有意に高い割合でコノシロ仔魚が魚食性捕食者（サワラ稚魚）に捕食されたことを示す（右図）．

成り立つ．

**2）栄養状態** 仔魚の栄養状態は捕食されやすさを左右する要因として重要である．飢餓に陥った個体では捕食者から逃避する能力が低下し，被食の危険性が高まることがニシン・タラ類を用いた実験で検証されている．ストライプトバスでは越冬前の餌不足が，キュウリウオ属の1種では消化管内における吸虫・条虫の寄生状況が各仔稚魚の摂餌，成長および生残に影響する事例は，栄養状態が被食減耗を間接的に増大させうることを示す．天然仔魚の耳石日周輪（otolith daily ring）により個体ごとの成長履歴（growth trajectory）を逆算推定した近年のクロマグロ，サワラなどの研究では，好適な餌料生物環境に遭遇し高い成長を遂げた仔魚のみが自然界で選択的に生残していることが実証されている．捕食されたカタクチイワシ仔魚を魚食性魚類の胃内容物から摘出し，捕食されずに生き残った仔魚との間で成長を比較した研究では，過去に高成長を遂げた仔魚，すなわち栄養状態がよく捕食者を回避できた個体が選択的に生き残ったことが実証されている（高須賀，2006）．

**3）物理環境** 水温は，卵・および卵黄仔魚として過ごす期間の長さや仔魚の成長速度に直接作用して間接的に被食死亡に影響する．成長が遅れるほど被食にさらされる期間が長くなり，累積的被食が増大する（Stage Duration 仮説）．同時に，水温は餌生物や捕食者の出現動態に作用することを通じて被食に影響する重要な要因である．河口域に形成される高濁度環境は，スズキ，ストライプトバスなどの河口域依存性魚類仔稚魚の被食シェルターとして作用することが知られている．

溶存酸素濃度は，仔稚魚と捕食者の低酸素耐性が異なる場合に「食う-食われる」関係を左右する環境要因として興味深い．一般に，ある程度の遊泳能力を獲得した仔稚魚がクラゲ類に捕食される確率は極めて低い．溶存酸素濃度（DO）が 4mg/$l$ 以上ではほとんどのマダイ仔魚（体長 6mm 以上）がミズクラゲから逃避できるのに対し，DO が 2mg/$l$ 以下では，ミズクラゲに捕食される確率が有意に高まる（図 19-5）．ミズクラゲが強い低酸素環境耐性をもつことは，貧酸素化（hypoxia）が頻発するわが国の沿岸域で近年ミズクラゲの大量発生が相次ぐことと関連がありそうで興味深い（Shoji ら，2005）．

**4）構造物（藻場など）の存在** 藻場は稚魚の「ゆりかご（nursery）」と呼ばれてきた．これはどうやら漁師やダイバーの目撃をもとにした経験情報にとどまらないようである．定量的データは依然少ない状況にあるが，メキシコ湾に生息するニベ科仔稚魚では，藻場状構造物の存在により被食死亡率が低下することを示す実験結果がある．わが国のマダイ稚魚でも，魚食性魚類による被食率が

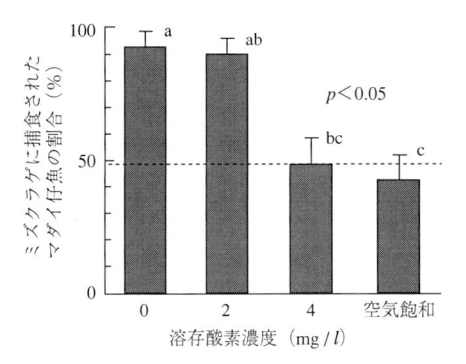

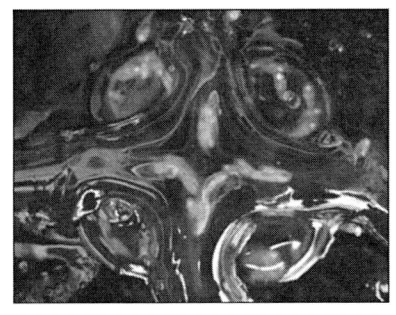

図 19-5　ミズクラゲ（傘径約 10cm）とマダイ仔魚（体長約 6mm）の「食う―食われる」関係に溶存酸素濃度が及ぼす影響．4mg/$l$ および空気飽和条件下では約半数の仔魚が逃避したが，貧酸素条件下（1 および 2mg/$l$）では被食率が有意に高かった（左図）．写真はマダイ仔魚を飽食したミズクラゲ．

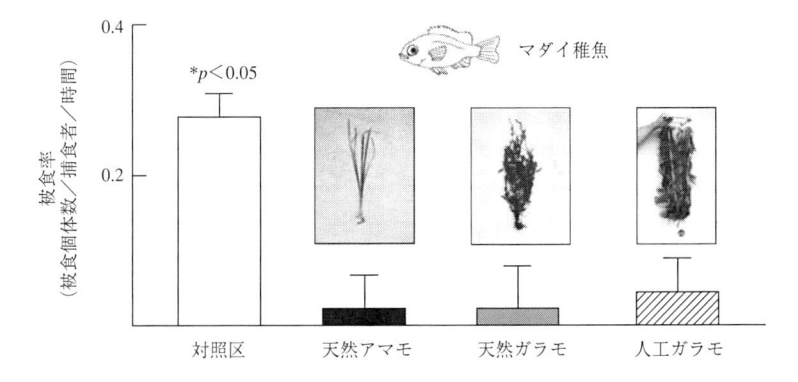

図 19-6　藻場の「被食シェルター」としての機能を評価するために行ったメソコズム実験．対照区（藻場が存在しない条件）では，魚食性魚類（スズキ）によるマダイ稚魚の被食率がアマモ，ガラモ，人工ガラモが存在する区に比べて有意に高かった．

アマモ，ガラモ，人工海藻などの存在により低下することがメソコズム実験により確かめられている（図 19-6）．稚魚の「ゆりかご」と考えられてきた藻場が，初期減耗要因として重要な被食を軽減する「シェルター（shelter）機能」をもつのであれば，これを考慮した沿岸開発や藻場造成への取り組みが期待される（小路，2009）．

### 2-3　被食の回避

**1）産卵生態**　一般に，餌生物が多いところには捕食者（predator）も多い．したがって，被食を回避することは，同時に飢餓のリスクが増えることを意味する．先述のイカナゴは温帯域では冬期に産卵する．捕食者の少ない環境を仔魚が経験できる一方で，餌不足に直面する可能性が高い．イカナゴ仔魚の内部栄養と外部栄養の重複利用は，被食と飢餓の両方の危険を軽減する役割を果たすと考えられる．

夜間に産卵するニシン類や潮汐サイクルに合わせて産卵するベラ類などの産卵様式は，産卵直後の卵の被食低減や，捕食者の少ない水域への移送を可能にするものであり，捕食圧の高い環境で生残確率を高めると考えることもできる．多くの魚類が球形に近い卵を産むのとは異なり，カタクチイワシやブダイは米粒型の卵を産む．同じ体積であっても最大の長さを増加させることにより被食率を低下させる効果をもたらすであろう．仔魚の体色・透明化や浮遊物への擬態も被食低減のための生き残り

に有利と考えられる．

**2）生息場の環境条件**　　陸域からの栄養供給が多い河口域では，仔稚魚の餌料生物となる動物プランクトンの分布密度が高い．しかしその一方で，水温，塩分，溶存酸素濃度などの物理環境が短期間のうちに大きく変動するため仔稚魚にとってストレスの多い環境といえる．仙台湾の河口域で成育するイシガレイでは，ストレスの指標とされるコルチゾル濃度が高い値を示すことから，魚食性魚類などの捕食者が進入しづらい低塩分域を生息場として利用することにより被食による死亡から逃れていると考えられる（Yamashitaら，2003）．また，低塩分かつ高濁度な環境が形成される有明海奥部の筑後川河口域では，スズキ稚魚の減耗率が低い（Shoji and Tanaka, 2007）．いずれの場合も，河口域の「過酷な環境」への適応が，被食リスクを低減させているといえる．

**3）成長速度と被食**　　被食により死亡する危険は，被食にさらされる期間の長さにも影響される．速く成長するほど累積的被食の危険が少なくなる．したがって，捕食圧が高い環境では，浮遊生活期を短期間で経過することが，稚魚期までの高い生残率に結びつく．冷水性の魚種には150日もの浮遊期間を過ごすものがいる一方で，熱帯・亜熱帯域に生息する魚種やサバ科魚類のなかには約10日で浮遊生活期を終えて稚魚期へ移行する魚種もある．浮遊生活期に高成長を遂げる魚種では同時に死亡率も高い．幼期における成長速度は，死亡率の高さを示す指標であるともいえる．

　魚類の生活史初期における「捕食」と「被食」はいずれも生残に関わる重要な行動的側面であり，対極的なものでありながら互いに密接な関係にあることがわかっていただけたであろう．「捕食」がままならない状況では栄養不足に陥り逃避能力（ability to avoid predators）が低下して「被食」により死亡する危険が増加する．餌生物が豊富な場所では活発に「捕食」して高成長（fast growth）を遂げられるが，同時に捕食者も多く集まるため「被食」の危険が増加する．「捕食」と「被食」が個体の成長速度や生残確率を規定し，ひいては資源への加入量の決定や個体群の変動にまで影響する場合もある．今後このようなメカニズムが様々な魚種や場所で解き明かされてゆくことを期待したい．　　（小路　淳）

## 文　献

Bailey K.M. and Houde E.D. (1989): Predation of eggs and larvae of marine fishes and the recruitment problem, *Advances in Marine Biology*, 25, 1-83.

Houde E.D. (1987): Fish early life dynamics and recruitment variability, *American Fisheries Society Symposium*, 2, 17-29.

Houde E.D. (2008): Emerging from Hjort's Shadow, *Journal of Northwest Atlantic Fisheries Science*, 41, 53-70.

Hunter (1981): Feeding ecology and predation of marine fish larvae, Marine Fish Larvae Morphology, Ecology, and relation to Fisheries (Lasker R ed), University of Washington Press, pp.33-77.

小路　淳（2005）：サワラの初期生残戦略と資源加入機構に関する研究，日本水産学会誌，71, 515-518.

小路　淳（2009）：藻場とさかな－魚類生産学入門－，成山堂書店，pp.1-187.

Shoji J, Masuda R., Yamashita Y. and Tanaka M.(2005): Effect of low dissolved oxygen concentrations on behavior and predation rates on fish larvae by moon jellyfish *Aurelia aurita* and by a juvenile piscivore, Spanish mackerel *Scomberomorus niphonius*, *Marine Biology*, 147, 863-868.

Shoji J. and Tanaka M. (2007): Density-dependence in post-recruit Japanese seaperch *Lateolabrax japonicus* in the Chikugo River, Japan, *Marine Ecology Progress Series*, 334, 255-262.

高須賀明典（2006）：カタクチイワシの生態と個体数変動，海の利用と保全（宮崎信之・青木一郎編），サイエンティスト社，pp. 3-36.

田中　克（編）（1991）：魚類の初期発育，恒星社厚生閣，pp.1-140.

田中　克・田川正朋・中山耕至（2009）：稚魚　生残と変態の生理生態学，京都大学学術出版会，pp. 1-387.

山下　洋（1994）：被食，魚類の初期減耗研究（田中　克・渡邊良朗編），恒星社厚生閣，pp. 60-71.

Yamashita Y., Tominaga O., Takami H. and Yamada H. (2003): Comparison of growth, feeding and cortisol level in *Platichthys bicoloratus* juveniles between estuarine and nearshore nursery grounds, *Journal of Fish Biology*, 63, 617-630.

# 20章　産卵と子の保護

> 魚類はわれわれと同じ脊椎動物だが，様々な点でその多様性に驚倒するばかりだ．ここでは魚類の産卵と子の保護について，われわれの想像を遙かに超えた多様で柔軟なあり方を見てみよう．産卵は魚の生活史の重大な局面として，生活史戦略のなかで捉えることが必要である．また，最も劇的な社会行動の1つとして，個体間関係を中心に行動戦略の面から捉えることも重要である．本章では適応度との関わりを説明しながら，後者のアプローチを中心に紹介したい．

## §1. 繁殖に関する基本概念

### 1-1 繁殖成功度

　脊椎動物の繁殖というのは，個体でいえば通常は自分の配偶子（卵か精子）と，性の異なる相手の配偶子とが合わさって子が生まれることである．ただし魚では，ギンブナ（箱山，2003）のように受精せずにクローンの子を残す例もあれば，マングローブ・キリフィッシュ（Sakakura & Noaks, 2000; 阪倉，2008）のように自家受精する種までいる．雄も雌もそれぞれ自分の子を少しでも多く残すために，様々な繁殖戦略（reproductive strategy）をもっている．例えば，どのくらい成長して繁殖を始めるか，どんな相手をどのようにして選ぶか（配偶者選択, mate choice）もあるし，子の保護（parental care）をするのかしないのか，保護をするなら誰がするのか，などなど繁殖に関するどの段階においても，繁殖成功度（reproductive success）を上げるための様々な戦略があろう．

　繁殖成功度は，文字通り繁殖に成功した度合いで，それは子どもの数で表される．適応度（fitness）はどのくらいその環境にフィット（適合）しているかという意味であるが，環境に合っているほど多くの子を残すことができると考えられることから，その個体が残した子の数で表され，つまり繁殖成功度と同じことになる．本来は成熟するまで生き延びた子の数であり，受精卵数と成熟までの生残率の積で表されるが，魚類の場合，野外で成熟まで追跡することは困難なので卵数で代用することが多い．また，雄と雌では繁殖成功度を上げる方策がまったく異なる．雄は大量の精子を生産することができるので繁殖成功は主に獲得した雌の数で決まるが，雌は自分が生産する卵の量や質が制限要因となるので雌の繁殖成功は餌や巣などの資源量によって決まる（Trivers, 1972）からである．

　形態や行動などの様々な形質は，基本的には適応度（＝繁殖成功度）を少しでも上げる方向へ進化する．つまり，一定の環境の下においては，適応度を最大にする形質に至るまで進化を続ける．あるいは，自身の形質だけでは適応度が決まらず，他者との関係によって適応度が変わる場合もある．例えば卵サイズと卵数を考えると，卵数も多いほどいいし，卵サイズも大きいほど生残率が高いが，雌のエネルギー量も腹腔の容量も限られているので，より大きな卵をより多くという訳にはいかない．こういう関係をトレードオフ（trade-off）といい，どちらかを上げるともう一方は下がる．成長と成

熟，休息時間と活動時間など，生物は常にトレードオフに直面し，どちらをどの程度重視するかを決定しなければならない．大きな卵ほど生き残る率は高いだろうが，少ししか作れない．大量にばらまくには，卵が小さくなり生残率は下がる．その間のどこかに，最もよい卵数と卵サイズがあるはずである．それぞれの生物の直面する環境によって異なるはずだが，生き残る子の数が最大となるような卵サイズと卵数が，最適戦略（optimal strategy）ということになる．小卵多産の魚もいるし大卵少産の魚もいるが，互いにそれがそれぞれの環境での最適戦略ということになる．ただし，いつも最適戦略が一定であるわけではない．あるいは，自身の形質だけでは適応度が決まらず，他者との関係によって適応度が変わる場合もある．例えばタンガニイカ湖の鱗食いの魚2種では，獲物への襲い方が異なり，底沿いに忍び寄り突進する方法と近くまで接近して跳びつく方法がある．この「襲い分け」があることによって，襲われる側からみると，どちらの方法で襲われるかわからないために有効な対策がとりにくく，両者が得をしている（堀，1993）．さらに多数派と少数派があるときには，多数派に対しては次第に経験値もあがることから多少の用心もできるが，少数派へはそうもいかず少数派が有利となるだろう．そのような場合には特に最適な行動が一定とはならず，振動することになる．つまり頻度依存淘汰が働くような例では，まわりの状況によって，その個体にとっての有利な戦略が変わることになる．

　行動生態学（behavioral ecology）では，どういう行動がどのようにしてその個体の適応度を上げているかという行動戦略や適応戦略，また，なぜそのような行動や生態が進化したかを考えることになる．戦略（strategy）という語は，もともと軍事用語であるが，適応度を上げるために個体のとる方策，という意味で使われる．魚類においては，繁殖に関する戦略もむろん見事なほど多彩である．

## 1-2　コストとベネフィット

　どんな行動にも，コストがかかる．コスト（費用）とベネフィット（利益）というのは経済用語からの転用である．経済とは異なりお金で計算はできないが，生物の払うコストは通常，時間とエネルギーである．コストが高ければ，結果的には次の繁殖のチャンスが減ったり，自分の生残率の低下を招くこともある．一方ベネフィットは個体の得る利益であるが，それは生残率の上昇であったり，子の数の増加であったりする．

　コストとベネフィットから，個々の生物はどのように意志決定（decision making）すべきであろうか．ある行動をしたとき，どんなにベネフィットが大きくてもコストがそれを上回れば，差し引いた結果はマイナスになる．同じベネフィットが得られるなら，コストを下げることができる別の行動に変えた方がよい．先にあげた最適戦略も，コストとベネフィットの兼ね合いで決まる．個々の生物はもちろんそうした計算をして行動しているわけではない．自然の選択圧がかかることによって，コストパフォーマンスの悪い個体は，そうではない個体に比べ適応度が下がり淘汰されると考えられる．例えば，配偶者選択においても，時間とエネルギーをかけて十分に吟味して選ぶ方がいつもよいとは限らない．捕食圧が非常に高ければ，危険にさらされながら相手を吟味して選ぶより，最初に出会った雄と配偶する方がましかもしれない．そこまで極端ではなくても，時間をかけて10個体の雄を丁寧に比べるより2～3個体を比べて「ましな」雄を選ぶ方がよいことはありそうだ．

　子の保護にも大きなコストがかかるので，雌雄のどちらが保護するかは大きな問題となる．相手が保護してくれるなら，自分はコストをかけずにベネフィットだけを得られるわけで，どちらの性であっても，相手に押しつけることができればその方が望ましい．したがってここでは雌雄の利害は対立

するのである．また保護の負担があまりにも大きいため，親が生涯に残す子の数が減るようでは，親は保護のエネルギーを軽減するように進化するだろう．ところが子どもからみると，後に生まれる兄弟よりも，むしろ自分だけを手厚く保護してほしい．つまりこの場合には，いつまでどの程度手厚く保護するか，されるか，親と子の利害が対立する．えらく計算高いと思われるかもしれない．もちろん前述したように，個々の生物が損得を計算したり考えたりしているのではなく，適応度が下がることによって淘汰されるため，結果としてそういうことになるのである．

### 1-3 雄は競い，雌は選ぶ

性選択（sexual selection）は，雄間競争（male-male competition）・雌間競争といった同性間の選択（intrasexual selection）と，雌が雄を選ぶ・雄が雌を選ぶ配偶者選択とに分けられる．同性間選択では，通常，雌間競争は問題にならず雄間競争が強い．これは，雄と雌の違いに起因する．雄は，微小で安上がりの配偶子である精子を大量に作り，雌は，大きくて栄養をたっぷり含む高価な配偶子である卵を少しだけ生産する．精子に比べて卵は貴重な資源なのである．そのうえ，精子を短期間に大量に作れる雄と，時間とエネルギーをかけて少数の卵を作る雌では，性比が等しい場合でも実効性比（operational sex ratio，OSR）からみると雄に偏り雌が希少となる．

実効性比とは雄と雌の存在比ではなく，その時点で繁殖可能な雄と雌の比であり，当然，通常は雄に大きく偏る．つまり，産卵・受精において，その時点で産卵の準備ができている希少な雌と卵を巡って，いつでも準備ができている多数の雄同士とそれらの精子が競争することになる．例えば雌は1週間に一度しか産卵しない場合，雄は毎日放精可能なので少なくとも雌を巡って7倍の雄が競争することになるし，その日の産卵を次々と雌が終えると，さらに実効性比は激しく偏り，雄間競争は熾烈になってゆく．そういうわけで，雌を獲得するために，好適な産卵場所になわばりを形成したり，ふ化率の高い巣を巧みに作って互いに競争する．あるいは雌に選んでもらえるように，目立つ体色や飾りを発達させたり熱心に求愛する．雄は競争し，勝った雄のみが高い繁殖成功を達成し，反対に競争に負けたアブレ雄はまったく子を残せない．一方，貴重な卵を生産する雌は通常は互いに競争しない．雄のなわばりや巣を評価して産卵場所を選んだり，求愛行動の頻度や体色や鰭の長さなどを基準として産卵相手を選ぶことになる．なわばりのよさなど直接の利益で相手を選ぶ場合と，子どもに伝わる遺伝子の優劣から相手を選ぶ場合が考えられるが，両者を区別することは簡単ではない．繁殖行動における雌雄の役割は一般に決まっており，「雄は競い，雌は選ぶ」のである．

ただし，少数ではあるが *Singnathus typhle* や *Nerophis ophidion* の 2 種のヨウジウオのように性的役割の逆転（sex-role reversal）の例もある（Berglund and Rosenqvist, 2003）．雄親による子の保護のコストの大きさ，雄が保護にかける時間と雌の卵生産にかかる時間の差，あるいは雌雄の生存率の相違によっては，雌雄の実効性比が雌に偏ることもあり，そうなると一転して雄を巡る雌間競争がおこり，雄が雌を選択する．さらには *N.ophidion* では雌が婚姻色をもち，雌のサイズが同じなら，婚姻色の大きさによって雄が雌を選択する．総じて性的役割は配偶システムと関係し，一夫多妻の種では性的役割が逆転する例があるが，一夫一妻の種では通常の性的役割が見られるとレビューされている．ところが日本にいるイシヨウジ *Corythoichthys haematopterus* は，Matsumoto and Yanagisawa (2001) によると，一夫一妻（単婚）であるにもかかわらず性的役割の逆転が観察された，最初の事例である．ここでいう役割の逆転は，雌が雄より広い行動圏をもち，雄より積極的に求愛し，配偶者をガードすることである．なぜこのような雌雄の役割の逆転がみられるのか．非常に興味深い．イシ

ヨウジの場合，雄の数が雌よりやや少なく，繁殖期半ばには雄の80％以上が卵を抱えているため，実効性比は極端に雌に偏ることから，性的役割の逆転がみられると推察されている．また最近報告された面白い例として，繁殖期の初期と後期には雄が，中期には雌が積極的に求愛するニジギンポのように，性的役割が季節によって切り替わる場合もある（Shibata and Kohda, 2006）．

## §2. 生活史戦略と繁殖

　産卵や子の保護といった繁殖行動の前に，繁殖のためには成熟が必要であり，これにもコストはかかる．成熟と成長はトレードオフの関係にある．成長に多くのエネルギーを振り分けると成熟への配分は少なくなるからである．いつまで成長しどこで成熟へ切り替えるかは，それぞれの生物にとって重要な生活史戦略の問題である．生物は常にこのようなトレードオフに直面するので，意志決定に際しては，限られた時間とエネルギーをそれぞれの条件に合わせて適切に配分すべきである．さらに今回の繁殖で使ってしまったエネルギーや時間は，その個体の生残率にも次回の産卵や子の保護にも影響を与えるから，生涯全体を通した得失によって行動が決定されるべきである．不利な選択をしたものはやがて淘汰される．

　初めにも述べたように，繁殖は生活史のなかでも重大な場面である．ここでは，産卵と子の保護など，繁殖行動に関わる幾つかの点について簡単に触れておこう．

### 2-1　繁殖開始齢と産卵期

　生物はどこかで成長を止め，あるいは速度を緩め，それまで成長にかけていたエネルギーを成熟に切り替える．いったいどのくらいの齢で，あるいはどのくらいの体サイズで繁殖を始め，どのくらいの期間繁殖するかについては，同じ種でもその個体の性や栄養状態によって異なる．また，水温・餌・社会的条件など外部環境の様々な要因によって可変である．

　成熟は光周期や水温などの外的要因を引き金として誘起され，成熟後に産卵期が始まる．産卵期はシロザケなどのように一生に一度の場合もあるが，周期性を示すことが多く，春産卵型，春夏産卵型，夏産卵型，秋産卵型，春秋産卵型，冬産卵型など，種や個体群さらには生息地によって様々に異なり，著しく多様である．さらには一産卵期に一度のものと，一産卵期に何度も産卵を繰り返すものがある．トビヌメリなどのように春と秋の二度の産卵期をもつものもあるし，アミメハギやタイリクバラタナゴなど春から秋までの長い産卵期をもつものもある．例えば，神奈川県油壺湾のアミメハギ（カワハギ科）は，5月下旬から10月初旬までの長い産卵期を示したが，これは場所によっても年によっても多少は異なる．またクダヤガラ（トゲウオ目クダヤガラ科）は神奈川県沿岸では2～3月に，岩手県沿岸では5～6月に産卵する．ニシンでは水温・光周期だけでなく遺伝的要因も産卵期に影響するので，系群によって産卵期が異なり，さらに餌の量によっても変わることが知られている．

　産卵日・ふ化日の相違が個体の生活史に強い影響を及ぼすことが琵琶湖のアユでわかっている（塚本，1988）．早生まれの個体は春先に早く遡上を始め，大サイズにまで成長するオオアユとなり，遅生まれの個体は小サイズのまま湖中に残留するコアユとなる．また，シワイカナゴ（トゲウオ目シワイカナゴ科）は，産卵期の初期に産まれたグループは，中期・後期に産まれたグループに比べ，仔魚期の成長や生残が非常に悪い（Narimatsu and Munehara, 1999）．

### 2-2　卵数と卵サイズ

雌は通常，体サイズの増加に伴い卵数が増加，すなわち子の数が増加するが，雄は通常，作る精子の量によって子の数が決まるわけではない．受精に足りるだけあれば，あとはどれだけ放精しても子の数は増えず，放卵する雌の卵数で子の数は決まる．ただし，精子競争がある場合は別である（後述）．雌の体サイズと卵サイズが正の相関を示す例がサケ科などで知られている．一方でアユのように親の体サイズと卵サイズに負の相関がある魚種もいる（井口，2001）．カタクチイワシでは親の体サイズとは相関しないが，水温と卵サイズには負の相関が認められるものもある（今井，2001）．また，シワイカナゴでは雌の体長と1回産卵数に相関はないが，これは，産卵頻度を調べると大きな雌ほど高く，繁殖期間中の総産卵数と雌の体サイズが相関するのではないかと考えられる（赤川，未発表）．ところが，アカハラヤッコでは雌の体サイズと産卵数は相関せず，しかも，産卵頻度の低い雌の産卵数が多いわけでもなく，産卵頻度と産卵期の成長量に負の相関が認められた（坂井，1997）．つまり，先にあげたシワイカナゴが雌雄異体の年魚であるのとは異なり，雌性先熟の性転換を行うアカハラヤッコでは，成長と繁殖のトレードオフで成長により多く投資して早く雄になる雌もいる．

トレードオフの説明の時，わかりやすい卵数と卵サイズの関係がよく例にあげられるが，実際に卵数が増すと卵が小さくなるといった関係が証明されているのは，クマノミやカタクチイワシなどでそれほど多くないようだ．また，卵サイズと産卵数については，Smith and Fretwell（1974）がいうように，親は適応度を最大にするために，資源をどのように子に分配すべきかを決めるべきであり，生き残る子の数を最大にするための，卵サイズと卵数のトレードオフの問題ということになる．卵サイズの問題については，後藤・井口共編「水生動物の卵サイズ」（2001，海游舎）に詳しい．

### 2-3　1回産卵・多回産卵

雌は生涯に1回だけ卵を産む1回産卵(semelparity)の場合と，何度も産卵する多回産卵(iteroparity)の場合があり，それぞれ別のトレードオフ構造が認められる（星野・西村，2001）．前者の例としてはサケ・マハゼ・アユなどがある．井口（1996）によると，アユは年魚で1回産卵型であり，アユの餌となる河川の付着藻類は冬季には激減するので，越冬して次の繁殖のチャンスを狙うより，コンディションの最もよい冬前の段階で繁殖する方が，適応度が高いと考えられる．ただし，1回産卵といっても，アユの雌は一晩に何十回にも分けて複数の雄と分割産卵するという．

多回産卵では，1シーズンの間だけ何度も産むタイプと，何年にもわたって産卵期ごとに産卵を繰り返すタイプがいる．例えば，キスは夏の間，ほぼ毎日のように産卵することが知られている．カリブ海のブルーヘッドラス（ベラ科）は1年中毎日決まった時刻に産卵する．多回産卵の場合には，シワイカナゴなどに見られるように，雌の卵巣内にサイズと発生段階の異なるいくつかの卵群が見いだされる（図20-1）．

1回産卵と多回産卵の場合で繁殖戦略が異なるのは当然である．1回産卵の場合には，親は自分の命を縮める危険を冒しても少しでも多くの子が生き残るような戦略をとるだろうが，次の産卵がある多回産卵の場合には，次のシーズンまで生き残る可能性との兼ね合いである．この1回に無理をするより次の産卵に期待し，長期的に最も高い繁殖成功をあげるような戦略をとるだろう．

### 2-4　子の保護と生活史戦略

子の保護が，その個体の将来の繁殖にどのように影響するかについても，しだいに様々なことがわかってきている．例えば，*Cottus gobio* は繁殖期の子育てによって，雄の摂餌量が減り，体重が落ち，死亡率が頂点を示す（Marconatoら，1993）．サンフィッシュ科のRock bassでは，巣を守っている

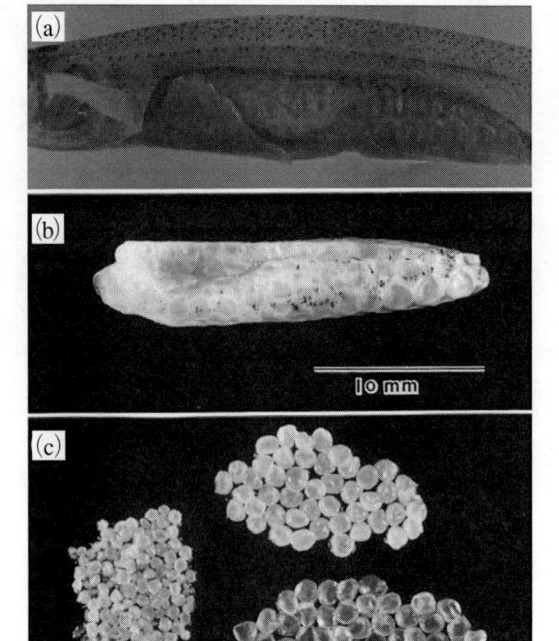

図20-1 シワイカナゴの雌．(a)：側面からみた体内の卵巣，(b)：取り出した卵巣，(c)：卵巣から取り出した卵は3群に分けられ，最も卵径の大きなグループは吸水して透明になっている．

間の雄の体重の減少と次の繁殖期までの生残率が相関する（Sabat, 1994）．このような場合，雄は現在の繁殖成功と将来のそれの可能性を比較し，どのような比率でエネルギーを配分するかという困難な問題に直面する．場合によっては，空腹に耐えられなかった雄が保護中の卵を食べて結果として将来の繁殖成功が高まる場合もある．もちろん，雌にとってこのようなケースは極めて不都合であり，雌は食卵の危険を避けるためにも，雄をよく選ばねばならない．雄にとっては，その年にどれだけ繁殖するか，子の保護に要するエネルギー，次の繁殖期までの成長と生き残る確率など，様々な条件から生活史戦略を立てねばならない．

逆に，アミメハギの雌では，ふ化までの2～3日間の卵保護中の摂餌量は減るが，保護以外の時期に雄より高い摂餌量を確保し，5月から10月にわたる長い繁殖期間中も肥満度は雄より有意に高い（Akagawa and Okiyama, 1997）．このような例では，保護による負担が将来の繁殖成功にさほど大きく影響しているとはいえず，同じ子の保護でも生活史戦略における意味合いはまったく異なる．

## §3. 産　卵

### 3-1　雌雄の分布，なわばりや巣の形成

基本的な考え方として，雌の分布は資源の分布によって決まり，雄の分布は雌の分布によって決まる（Emlen and Oring, 1977）．つまり，資源が偏って分布し，雌がその資源を求めて集中するなら，強い雄はそこになわばりを形成すれば多くの雌と配偶できるだろう．もし餌が薄く一様に分布するなら，雌は広く散らばるだろう．広く散らばった雌を雄が囲い込んで独占するのは困難である．資源の分布によって自ずと配偶システムが異なることになる．しかし，もし好適な産卵場所が限られており巣作りに適した場所が少ないなら，雄はその場所を占有してなわばりとし，そこによい巣を作れば多くの雌が産卵に訪れるから，雄は適応度を上げることができる．

なわばり（territory）と行動圏（home range）は異なる．なわばりは排他的に占有する領域であるが，行動圏は単に行動する範囲である．なわばりには，摂餌のための摂餌なわばりや，繁殖のための繁殖なわばりがあり，例えばセダカスズメダイでは，競争相手である同種雄から護る広い領域，藻食性魚類から護るやや広い領域（摂餌なわばり），卵捕食者から護る狭い領域，と3重のなわばりをもっている（桑村，2007）．

クダヤガラ（トゲウオ目クダヤガラ科）の雌雄は繁殖期には分布が異なっている（赤川，2003）．

雌はアマモ場に，雄は産卵床として利用されるホヤの多い岸壁沿いに生息する．細長い体をしたクダヤガラにとって，アマモ場は摂餌に有利で捕食圧が低いと考えられる．それに対して岸壁沿いは捕食圧が高く，実際，観察中になわばり雄が捕食される例もあった．しかし，岸壁沿いにはホヤが分布し，雌は産卵のためにホヤを訪れるので，雄は岸壁沿いのホヤの周辺になわばりを形成して雌の訪問を待つ．産卵期には，岸壁沿いではなわばり雄と産卵雌が採集されたが，アマモ場では雌ばかりで雄が採集されることはなかった．

　全個体がなわばりを作る場合と，そうでない場合がある．イトヨ（トゲウオ目トゲウオ科）やクダヤガラ（トゲウオ目クダヤガラ科）では，ほぼ全ての雄が巣やなわばりを作るが，シワイカナゴ（トゲウオ目シワイカナゴ科）では，一部の雄だけがホンダワラの周辺になわばりを作る．一般には雄の一部がなわばりを作る場合，それは体の大きな個体であるが，シワイカナゴではそうではない（赤川，2003）．しかも，卵がふ化する前に多くがなわばりを放棄する．なわばりは卵を獲得するためであり，雄は最近の配偶頻度をモニターして低くなったらなわばりを放棄していた（成松，2004）．コストのかかるなわばりを維持するだけのベネフィットがなくなれば当然放棄するわけだ．

### 3-2　配偶者選択

　先に述べたように通常，配偶者選択は雌が主に行い，選択基準は大きく分けると2種類ある．雄の作る巣や運ぶ餌など明らかな実利に関する場合と，直接の利益はないが雄から子に伝わる遺伝子の善し悪しに関する場合である．狩野（1996）によると，色の派手な雄を選ぶグッピーやイトヨ，鰭の大きさで選ぶソードテール，巣やなわばりの質で選ぶ場合には，多くの卵のある巣を選ぶトゲウオやスズメダイ，求愛場所の大きさで選ぶシクリッド，ディスプレイの頻度で選ぶグッピーなど多彩である．クロソラスズメダイでは，ディスプレイの頻度ばかりでなく場所やタイミングも重要だ．

　体の大きな雄の繁殖成功度が高いとき，雌が大きな雄を選んでいるからか，それとも大きな雄が雄間競争で勝つからか，判断が困難なことが多い．面白い例がある．コルテススズメダイでは，大きな雄が大きな巣をもち，雌は大きな雄を選んでいるようにみえる．しかし，同じ大きさの巣（植木鉢）を体サイズの違う雄に与えてみると，雌の選択は雄のサイズには関係ないことが明らかとなった．この場合，雌は巣の大きさで選ぶのだが，その前の雄間競争によって大きな雄が大きな巣を獲得しているということなのだ（Hoelzer, 1990）．なお，この実験では，巣として同じ大きさの植木鉢を与えてみるという発想が楽しい．

　雌が雄間競争を利用して配偶者選択をしていると考えられる場合もある．アミメハギでは，産卵直前の雌は早朝，産卵場所を探して藻場のなかをうろうろする．雄は産卵雌を探し，みつけると追尾する．次の雄が接近すると，雄同士は互いにディスプレイをして勝った雄が前に，負けた雄が後ろに並ぶ（図20-2a）雄間競争により強い雄は前方へ弱い雄は後方へ，諦めて行列を離れる雄もいて，時間が経つにつれ参加する雄は増減しながら産卵雌を追う行列が続く（図20-2b）．雌が産卵のために定位すると，行列に並ぶ雄が前から順に雌の両側に並び，通常は一雌多雄型産卵が行われる．行列の後方の雄は産卵に間に合わない（図20-2c）．数時間に及ぶ長い産卵行列の間に雄間競争によって順位が決まり，複数の雄が行列の順位に応じた繁殖成功度を得る．なお，1位と2位の雄は産卵雌を両側から囲むので，繁殖成功に大差ないと思われる（赤川，1997）．

### 3-3　受精様式

　受精様式は，陸上動物が体内受精であるのに対し，体内受精と体外受精に分かれる．体外受精には，

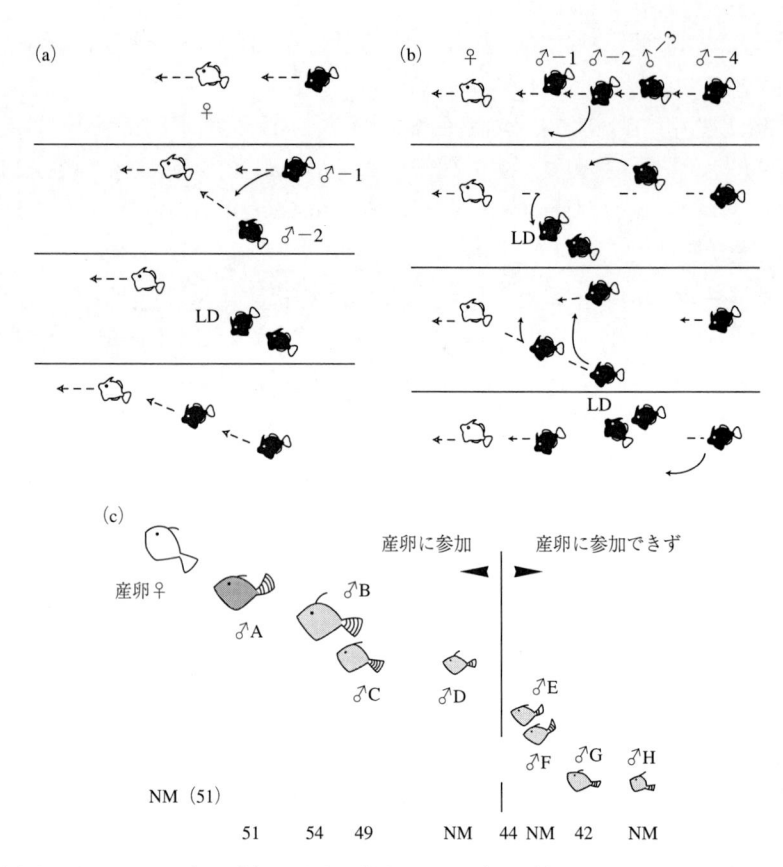

図20-2 (a)：産卵行列成立のメカニズム，(b)：産卵行列維持のメカニズム (c)：産卵行列の雄の順位・サイズと産卵参加 NM：標識がなく体サイズの分からない個体，LD：側面誇示 lateral display，数字は標準体長（mm）．

配偶子体内会合型というタイプも含まれる．

1) **体外受精**　硬骨魚類の大半がとる受精様式で，雌が卵，雄が精子を，タイミングを合わせて体外に放出し水中で受精が起こる．放卵放精で浮性卵をばらまく場合と，沈性粘着卵を基質に産む場合がある．体外受精では次項3-4で説明する産卵様式によって，異なる雄間競争，精子競争が起こる．

2) **体内受精**　陸上動物では広くみられるが，魚類では，硬骨魚類の一部と全ての軟骨魚類に限られる．これを行うためには，雄は何らかの方法で精子を雌の体内に送らねばならない．メダカの仲間では臀鰭の一部が長く延びていて交尾器として機能する．軟骨魚類では腹鰭の付属物が交尾器となっている．カサゴ・メバル・ウミタナゴなどでは肉質生殖突起による交尾が行われる．

体内で受精しても，卵がふ化する前に産卵すれば卵生に分類され，雌は受精卵を産む．体内でふ化してから産仔すれば胎生という．胎生のうち，卵黄のみを栄養として胎内の子が発達する場合には，卵胎生と呼ばれる．母親の体内での栄養摂取方法としては，胎盤状組織を通じての場合と，母親の胎内で先に生まれた胎仔がふ化前の同腹の卵（兄弟にあたる）を食べる卵食などがある．

3) **配偶子体内会合型**　ニジカジカ・クダヤガラなどでみられる．体外で受精するので，定義からすると体外受精に含まれるのだが，体内受精のような交尾行動を伴う．ところが，雌の体内では，精子が卵門まで到達するが受精はおこらず，海中に産卵された時，海水の刺激で受精が起こる（宗原，1996）．

雄にとって問題となるのは，父性の信頼度が低い体内受精や配偶子体内会合型の際に，どうやって確実に雌に自分の子を産んでもらうかであり，雌あるいは卵を独占するための何らかの手段を講じる必要がある．また，いつ交尾をすれば受精率が高いかによって対策も異なる．早く交尾をすればいい場合には，前の産卵を待ちうけて直後に交尾すればよい．ニジカジカでは，4回目の産卵まで，ほとんどの卵が1回目の雄の子という結果が報告されている（宗原，1996）．このような場合，2回目以降の産卵の直前に交尾してもほとんど無駄ということになる．逆に，産卵直前に交尾した雄の受精率が高い場合には，次の交尾を妨げるために雌をガードしたり，昆虫類のように雌が次の交尾を避けるように再交尾抑制物質を送り込んだり，雌にダメージを与えるような行動がある．魚類でも例えばサメやエイの仲間では，雄が雌と交尾する際に雌に噛みついてかなりのダメージを与え，次の交尾の妨害をしていることが観察されている．

### 3-4 産卵様式と代替戦術

産卵様式には大きく分けて2つのタイプがあり，ペア産卵と一雌多雄型産卵である．また，雌のみの産卵や他種との産卵もある．

**1）ペア産卵**　雌1個体と雄1個体で産卵するので，当然ながら雄にとっては競争相手のいないペア産卵が，雌の卵を独占できるので望ましい．どのようなペアが，どのように形成されるか，ペア雄はどのように他の雄によるスニーキングを排除するか，が問題となる．スニーキングとは，ペア産卵中に別の雄が飛び込んで放精する盗み放精のことで，スニーキングする雄のことをスニーカーという．

例えばアオサハギ（カワハギ科）では，セッカイカイメンの大孔に雌雄が腹部を押しつけて産卵するペア産卵を行う（図20-3）．カイメンの孔に産卵するという条件のため，複数の雄が同時に放精して受精することは無理である．潜って観察すると，産卵間近の雌を1尾の雄が追尾し，ライバルが現れると1対1の激しい威嚇と闘争が行われる．雄の体色は著しく変化し，互いに回りながら尾部を強くぶつける実際の闘争が行われる．勝った雄のみが雌を追尾してペア産卵する．またアオサハギではサイズの性的二型がみられ，雄は雌の数倍の体重がある．小型の雄には産卵に参加するチャンスがないため，このような性差が進化したのではないだろうか（赤川，2003）．

**2）一雌多雄型産卵**（群れ産卵やグループ産卵という用語も使われるが，複数の雌と複数の雄が群れを作って産卵するという誤解を招くおそれがあるので，ここでは一雌多雄型産卵と呼ぶ）群れで産卵しているように見えても，実は1個体の雌を追う複数の雄が基本で，それがいくつも入り交じることがあるというのが実態のようだ．この場合には，雌からどのくらいの位置で放精できるかと，競争相手に対する自分の精子の量が問題となる（3-6 精子競争の項を参照）．アオサハギと同様に藻場に生息する小型のカワハギ科魚類であるアミメハギでは，産卵の際に，行列前方に位置する強い雄から順に，雌を左右から挟んで一雌多雄型産卵を行う．アミメハギではサイズの性的二型はみられない．アオサハ

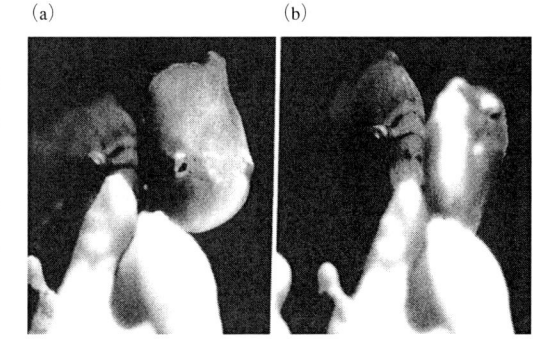

図20-3　アオサハギの産卵．(a)：産卵基質であるカイメンの大孔を覗いている雌（右）とその雌に顔を寄せる雄（左），(b)：産卵のため，斜め上向きの姿勢でカイメンに腹部を押しつける雌（右）と横に並ぶ雄．雄はこの後，雌と同様の姿勢をとり，放精した．

ギとは異なる雄間競争が行われているといえよう（赤川, 1997）．

**3）雌のみでの産卵**　交尾をして受精卵を産む場合，あるいは，配偶子体内会合型の未受精卵を産む場合，雌は単独で産卵することができる．ただし，この産卵の後，次の産卵のための交尾が続く場合には，交尾を狙う雄が産卵の終了を待つことが多いだろう．配偶子体内会合型であるクダヤガラでは，雌が雄のなわばりへ接近→雄の求愛→産卵→交尾と続くが，交尾を狙う雄によって産卵が失敗する場合もある．産まれた卵は，求愛している雄の子ではなく前回の産卵後に交尾した雄の子，またはもっと前に交尾した雄の子であるため，卵が捕食されても育たなくても，この雄は適応度が下がらず，交尾ができれば適応度が上がる．

また，珍しい例としては，日本のギンブナなどでみられるように，魚類では4つの科で無性生殖が報告されている（箱山, 2003）．雌の産む卵が，近縁種の雄の精子によって刺激を受けて発生を開始し，未受精のまま，母と遺伝的に等しいクローンが生まれるのだ．この場合には，雌と近縁種の雄とで産卵ということになる．近縁種の雄たちは，雌にだまされて放精して適応度が下がるかと思えば，産卵に惹かれて雄と同種の雌が集まるために得もしているらしい．さらには，世界で1例のみとのことだが，同時的雌雄同体のマングローブ・キリフィッシュでは，自分の精子で自分の卵を自家受精するという（Sakakura and Noakes, 2000）．魚の多様な産卵生態には，哺乳類であるわれわれは驚くばかりである．

### 3-5　雄の代替戦術（alternative tactics）

小型の雄にとって，雌を独占するペア産卵を行うことはなかなか困難である場合が多い．そこで，残されたチャンスは，小型雄が集まって一雌多雄型産卵を行うか，ペア産卵を行っているところに飛び込んで放精するスニーキング，または，なわばり雄が留守の隙に他の雄がそのナワバリに侵入して，訪れた雌とペアで産卵するストリーキングなどの行動をとることが知られている（スニーキングとストリーキングの用語は魚種によって逆になることもある）．つまり，雄には，繁殖成功をあげるための方策が1つに限られない場合があり，これかあれか（例えば，ペア産卵か一雌多雄型産卵か，なわばりを形成するかしないか，など），こうならばこうせよ（例えば，周りの雄より自分が大きかったらライバルを追い払ってペア産卵せよ，など），こうでなければああせよ（自分が最大でなければ，最大個体のなわばりの周りに居てチャンスを待て，など）といった自分と周りの関係に応じた複数の方策があり，代替戦術があることになる．アミメハギでは，婚姻色もない小型の雄が行列に直接参加せず，雌の下方などを遠巻きについて行き，産卵時になんとか割り込むという忍者のようなスニーキングを見せることがある．これも代替戦術だろう．

サケ科魚類における代替繁殖行動と「性内二型」については，小関（2004）が興味深い．スニーキングに有利な形態の進化や精子競争についても議論している．代替戦略ではまた，生活史に関するものも有名で，サクラマスのように，同じ雄でも海に下って生存率は低いが大きく成長して川に戻り高い繁殖成功を目指す雄と，川に残り，小さいうちに成熟してスニーカーとして繁殖に参加する雄に分かれ，それぞれ回遊型と残留型と呼ばれるような代替戦略である．

### 3-6　精子競争（sperm competition）

精子競争とは，1個体の雌の卵をめぐって，複数の雄が，互いに他の雄の精子を排除して自分の精子で卵を受精しようとする競争のことである．精子の量と質が問題となる．ペア産卵の場合には，雄は卵を受精するに十分な量の精子を放出すればよい．卵より安上がりといっても，精子もコストはか

かり，量は限られる．雄が何度も産卵するチャンスがある場合には，カリブ海にいるブルーヘッドラスのように，相手のもっている卵の量にあわせて，つまり，雌の卵数は体のサイズによって決まるので，雌の体サイズに合わせて精子を節約するというのもわかってきた（吉川，2001）．ところが，一雌多雄型産卵の場合にはそうはいかない．雌の卵を受精するに足る精子を出しても，もしライバルの雄がもっと多い精子を出していれば，自分の受精できる卵は半分以下ということになり，raffle's principle といって精子の量が相手より多ければ多いほど，多くの卵を獲得できることになる．そのためには，精巣が大きくなければならないし，作った精子をためておく貯精嚢があれば有利であろう．

例えばカワハギ科の数種の魚を比べてみよう．アミメハギは多くの場合，1個体の雌の両側を2～6個体の雄が取り囲んで産卵する典型的な一雌多雄型産卵を行う．雄の精巣はGSI（生殖腺体指数，100×生殖腺重量／体重）で5前後と大きく，その上，貯精嚢をもっている．ところがペア産卵を行うアオサハギ・テングカワハギ・ヨソギではGSIが1前後しかない．7種のカワハギ科魚類では産卵様式がはっきりしない種もあるが，体重と精巣重量の関係をみると（図20-4），3つのグループに分けられる．精子競争のないペア産卵が基本と考えられるテングカワハギ，アオサハギ，ヨソギの3種では体重に対して精巣が小さい．一方，アミメハギとウマヅラハギでは，体重に対して非常に大きな精巣と貯精嚢をもち，一雌多雄型産卵を行うための適応と考えられる．中間型のカワハギとウスバハギは精子競争がないわけではないが，アミメハギやウマヅラハギほどではないと考えると筋が通る（赤川・川瀬，未発表）．

さらに，同種内で，ペア産卵を行う大型の雄と一雌多雄型産卵を行う小型の雄がいる場合には，大型の雄より，小型の雄のGSIが高いという現象がみられることがあり，精子競争への適応であることが考えられる．先に代替戦略として紹介したサクラマスの回遊型と残留型では，体は前者が大きいのに対しGSIは後者が大きく，小関（2004）は，大きく成長しペア産卵を専らとする回遊型と，スニーカーとして精子競争にさらされる結果，体の割に大きな精巣をもつ残留型という2つのタイプにおける精子投資量の相違を明らかにし，「内なる性的二型」としている．

非常に興味深い精子多型現象とその進化的意味が，早川（2003）により報告されている．ヨコスジカジカの精液中の6割を占める異型精子には，精子競争に勝ち適応度を上げるための役割があるというのだ．異形精子には受精能力がないが，ライバルの精子をブロックし，自分の正型精子を早く確実に卵に届ける働きがあることがわかってきた．

## 3-7 浮性卵と沈性卵を産む魚の産卵戦略

卵は大きく分けると，水に浮く浮性卵と沈む沈性卵に

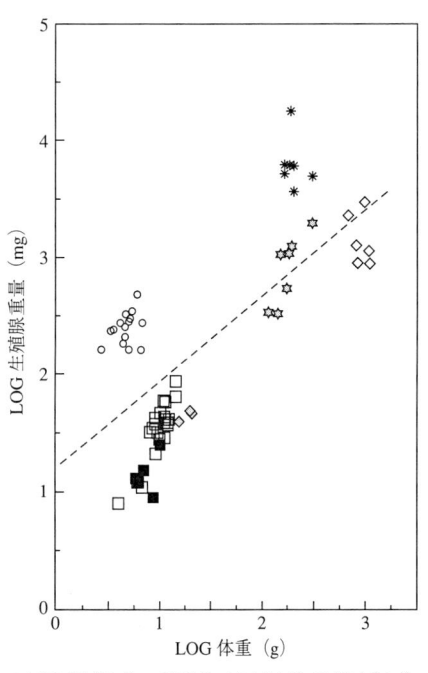

■：テングカワハギ，◆：ヨソギ，✿：カワハギ，□：アオサハギ，◇：ウスバハギ，＊：ウマヅラハギ，○：アミメハギ

図20-4 カワハギ科魚類7種の体重と生殖腺重量（どちらも対数値）．直線は全個体から算出した回帰直線（Y = 0.728X + 1.210, $R^2$ = 0.495）．アミメハギとウマヅラハギは回帰直線より上方に，カワハギとウスバハギは回帰直線上に，テングカワハギ・ヨソギ・アオサハギは回帰直線より下方に位置する．

分かれる．それぞれに様々な繁殖戦略がある．

1) 浮性卵を産む魚の産卵戦略　　浮性卵を産む魚では通常放卵放精し，卵の保護はしない．放卵放精する場合に重大な問題となるのは，いつ，どこで，産卵するかである．時刻でいえば多いのは薄明薄暮，潮汐でいえば大潮，それも満潮直後で，これから引き潮で流れが外へ向かうとき，いずれも卵・仔魚の生残が高く親の適応度を上げるためと考えられる．薄明薄暮は明るい日中より見えにくいため，分散する前の放卵直後の卵の捕食圧が低い．卵にとっては真っ暗な方がいいのだろうが，夜間では雌雄が受精のためのタイミングを合わせることが困難だろうし，魚食性魚類が多いので親の死亡率が高いだろう．そういうわけで薄明薄暮は親子の双方にとって望ましい産卵時刻といえよう．また，多くの場合，親は隠れ場所から数十cm あるいは水面まで産卵のために上昇する．リーフ内の水路のような潮の流れが速い場所へ移動しての産卵を行うことも知られている．リーフ内に多いプランクトン食魚や底生生物に食べられないよう，少しでも早くリーフの外へ分散させるためである．

　例えば，アカハラヤッコの雄は，日没の約1時間前から毎日，なわばり内の全ての雌に求愛する．雌雄はタイミングを合わせ20cm ほど上昇するが，プランクトン食魚がそばにいると産卵せず，何度も上昇を繰り返した後，ようやく雌は1日に1回だけ，日没頃に産卵する．卵は分散しながらゆっくりと水面まで上昇し，潮に流されていく（坂井，1997）．ミスジチョウチョウウオのペアの多くはなわばり内で産卵せず，新月または満月の夕方，潮の流れが外洋に向かっている場所まで，個体によっては300m も移動して産卵する（藪田，1997）．

　さらに，坂井（2003）によると，ホンソメワケベラは日中に産卵するが，サンゴ礁域では満潮にあわせるので，月齢とともに産卵時刻は毎日ずれる．ところが満潮時に沖合への流れが明確でない和歌山県白浜では，潮汐にかかわらず常に正午前後に産卵し，愛媛県宇和海船越では，この2つをミックスしたような産卵時刻を示す，という柔軟性を示した．その理由を，サンゴ礁域では薄明薄暮という本種にとって危険な時間帯にもかかわらず（クリーナーであるホンソメワケベラにとって，日中は安全だが体色が目立たないとかえって食べられる危険性が高い）子の生残を優先して産卵するのに対し，船越では体色の目立たない薄明薄暮を避け，高い上昇力（最大6.5m）を利用してプランクトン食魚のいない上方で日中に産卵するからではないかと推察している．

　また，産卵を同期し同じ場所で一度に多くの産卵が集中することで薄めの効果（dilution effect）を利用して卵の生残を図ることも考えられる．しかしその際には大量の子どものための餌も問題となる．流れや月齢にあわせるだけでなく，餌となるプランクトンの春の大増殖にもあわせて産卵期が決まるだろう．

2) 沈性卵を産む魚の産卵戦略　　沈性卵は，付着卵，不付着卵，纏絡卵に分かれる．アユの卵のように基質に付着したり，サケ・マスの卵のように付着しなかったり，メダカ・サンマ・トビウオのように纏絡糸によって絡まっていたりする．捕食を免れるために卵を隠すが保護は行わないタイプと，親による保護を行うタイプがある．付着の基質としては，岩穴や砂礫といった無生物の場合，海藻や海草など植物の場合，二枚貝やホヤのような動物を利用する場合などがある．無脊椎動物の体内へ産卵する場合には，その後の保護行動はみられない．どのような産卵基質を利用するか，雄による雌の獲得の仕方，雌による雄や基質の選択，子の保護の仕方なども多様であり，繁殖戦略も様々である．

　砕波帯の砂地に産卵するものもいる．有名なのはクサフグで，初夏の大潮の夕方，波打ち際に一斉

に押し寄せてバシャバシャと産卵する様子は三浦半島などで風物詩になっている．なるほど波打ち際とは卵が捕食されにくいうまい場所を選んだものである．同様に砕波帯で産卵するものにチカがいる．東北以北に分布するワカサギ属の魚なのであまり馴染みがないかもしれないが，岸辺の砂浜に産卵するまことに美味な魚である．

　次に無脊椎動物に産卵し親による保護を行わないタイプでは，タナゴ類が有名である．産卵基質である二枚貝の周囲に雄がナワバリを形成し，雌を誘導する．基質となる貝の種類や大きさや呼吸量などが選択要因となり，それによってふ化率が変わる．雌は産卵前には産卵管が伸び，二枚貝の出水管から産卵管を入れて産卵する．産卵後（時には産卵直前に），雄は二枚貝の上で放精する．スニーカーも多いので，雄にとって放精のタイミングは非常に重要である．子どもはふ化後も貝の内に留まり，数十日後，あるいは種類によっては越冬してから浮出するものもある．

　ホヤの囲鰓腔内に卵を挿入するクダヤガラでは，雄はホヤの周囲にナワバリを形成し，産卵のために雌が接近するのを待って誘引する．普段はアマモ場で生活する雌は産卵が近づくと雄のナワバリを訪問する．雌はホヤの上空で産卵し，卵塊が落ちる前に口でくわえて頭からホヤに突っ込み，卵塊を挿入する．挿入の最中から，ナワバリ雄を中心に雄たちは交尾しようと一斉に雌に近づく（図20-5）．そのために雌はせっかく産んだ卵のホヤ挿入に失敗することもある．ホヤに入らなかった卵がふ化する可能性はほとんどない．つまり，クダヤガラでは産卵直後に交尾が行われるので，雌がいま産んだ卵の父親はこのホヤになわばりを形成している雄ではなく，前回の産卵直後あるいはもっと前に交尾した雄だと考えられる．挿入に失敗しても雄にとって自分の子ではないので問題にならない．ただし，雌が同じ雄（とホヤ）を訪れて産卵を繰り返すとすれば，同じペア産卵ということになり，雄による挿入妨害は自分の適応度を下げることになるが，野外でどうなっているのかはわかっていな

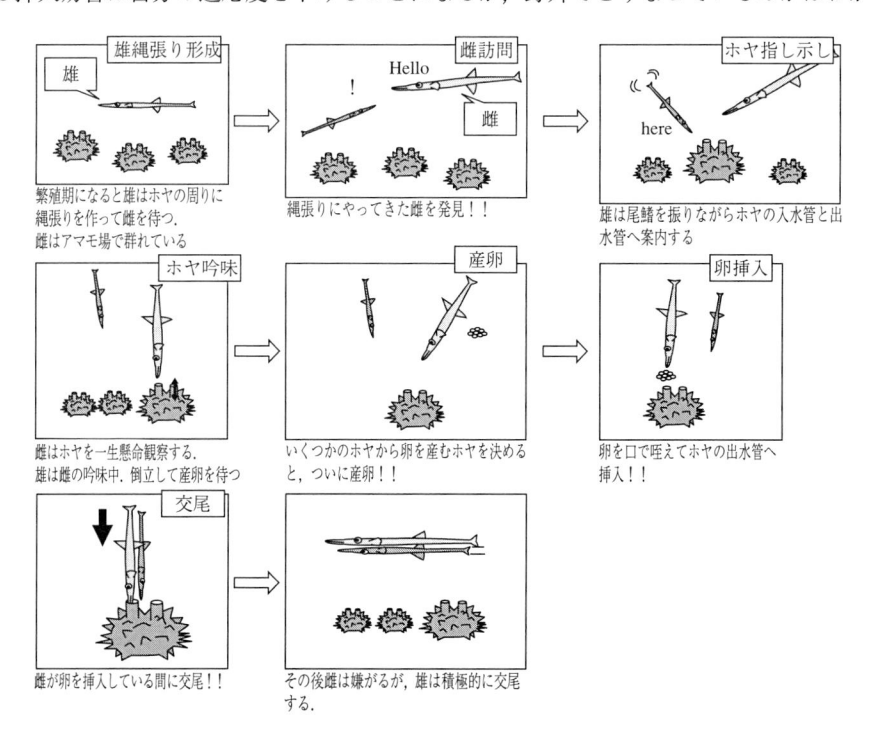

図20-5　クダヤガラのホヤへの産卵と交尾（作図は青木真知子氏による）

い（赤川，2003）．

　またアミメハギのように，アマモなどの海草やホンダワラ・ノコギリモクなどの褐藻，紅藻・緑藻類，貝の空き殻，コケムシなどの動物，さらには人間の張ったロープや塩ビ管，流れてきた板きれまで，要するに何でも基質として利用する魚もいる．しかし，本種の雌は早朝，時間をかけて動き回り産卵場所を入念に選び，その間，多くの雄が産卵雌を追って行列を作る．雌の産卵場所は決まってないので，雄はなわばりを作って産卵雌を待つわけにはいかない．雄たちは行列の順位を争い，勝った雄が前に出る．雌が産卵場所を決めて定位すると，前方の雄から順に雌の両側を囲んで放精する．雄は放精後すぐ離れて，次の雌を探すが，雌は留まって卵塊を口で押して薄い膜状に伸ばし，ふ化まで2～3日ファニングをして保護をする．雌のみによる保護がみられるのは魚類では少数派である．

## 3-8　産卵行動の進化と謎の産卵

　産卵行動の進化については，近縁種の様々な産卵行動のデータを集め比較することによって，その道筋を推定することができる．ただし配偶システムや子の保護と分けて考えるわけにはいかない．いくつかの分類群で配偶システムと産卵行動の進化について興味深い研究と推定がなされているが，まだまだ実際の産卵行動のデータが少ない．

　ここでは配偶システムの進化について考えてみよう．例えば川瀬（1999）は，モンガラカワハギ上科魚類の繁殖行動に関して，モンガラカワハギ科とカワハギ科に分けて，前者は一様であり，後者は非常に多様であることを指摘している．形態をもとにした類縁関係から繁殖行動の進化を考えると，モンガラカワハギ科は中層で分離浮性卵を産むような祖先種から分化して，沈性付着卵を産むようになったと推察している．沈性付着卵を産むグループとしては，卵径は非常に小さく（直径0.47～0.55mm；川瀬，1999），卵数は多いという分離浮性卵を産む種に近い特性を示す．また，カワハギ科で最も原始的とされるカワハギとヨソギでは，底質へ産卵すること，また塊でなくばらばらになって砂粒へ付着することなどモンガラカワハギ科との共通点が多く見られる．モンガラカワハギ科で配偶システムが知られている7種は，ハレム型一夫多妻かなわばり訪問型複婚である．カワハギ科は4種で配偶システムが知られているが，一夫一妻（ヨソギ・テングカワハギ）・ハレム型一夫多妻またはなわばり訪問型複婚（カワハギ）・非なわばり型複婚（アミメハギ）と多様である．

　トゲウオ目（シワイカナゴ科・クダヤガラ科・トゲウオ科）では，求愛行動については，シワイカナゴの雄による求愛誘引行動のように最も単純な突進となわばりへの復帰から始まり，ジグザグダンスを含む非常に複雑なイトヨの雌雄のチェインリアクションの求愛に至る行動の複雑化が見られる（赤川，2003）．また，産卵基質をみると（図20-6），ホヤを利用するクダヤガラ（★）以外は，付着基質として植物を利用する．分岐点に卵塊を固めるだけのシワイカナゴを巣の前段階(a)と考えると，クダヤガラ科の*A.flavidus*では卵は露出するが，雌を呼ぶために海藻を束ねて構造物（原始的な巣；b）を作るともいえる．トゲウオ科のスピナキア属では，雄の粘液は糸状と糊状の2種あって，糸状粘液で海藻を束ねた上，糊状粘液で海藻を付着して，海藻分岐点に産んだ卵をやや隠蔽する(c)．さらにトミヨ属のように水草上に鳥のような巣作りをして，中に産卵するのが本格的な巣の段階(d)で，最も特化したイトヨでは底質を掘って水草を集め，粘液で固めて巣作りをする(e)という進化の構図も考えられる（図20-6）．

　さて，謎の産卵といえば，ウナギの産卵は古来より解けない謎であった．どこでどうして産んでいるものか，人々の夢とロマンをかき立ててきた．なにしろ，ウナギは日本人の大好物なのに，ウナギ

の幼生がレプトケファルスでありそれが変態
したシラスウナギが冬に接岸してくるのに，
産卵については行動はおろか場所すらわかっ
ていなかったのである．つい最近になってよ
うやく，西マリアナ海嶺の海山域でふ化後ま
もないレプトケファルスが獲れ，産卵場が特
定されて（Tsukamoto, 2006）大ニュースと
なった．2008年にはなんと成熟した親ウナ
ギも産卵場の海山域で獲れた．次は是非，産
卵行動が知りたいものだ．どうやって，産卵
場である海山付近で雌雄が出会い，どのよう
にして求愛し，どんな雄間競争や配偶者選択
をおこなっているのだろうか，謎はつきない．

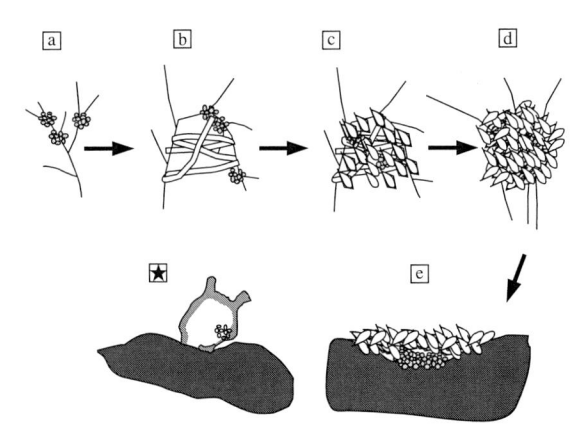

図20-6　トゲウオ目の巣の進化の推定

## §4．子の保護

　大半の魚は放卵放精で浮性卵を産み，保護をしない．しかし，全体からすると少数ではあるが，114科もの魚類において多少なりとも保護をする魚種が知られている（桑村，1996）．保護といっても，交尾後の雌が体内で受精卵を保護する場合，産卵後の僅かの間だけ捕食者を攻撃して卵を守る場合から，何十日も卵の傍につきっきりで世話をする場合，さらにはふ化後も仔魚の保護をしたり餌を与える場合まである．世話をするなかには，鰭や口を用いて水流を卵にかけ酸素を供給するものや，ゴミや死卵を取り除いて卵を掃除するものもいる．子の保護は，配偶子に対する直接の投資以外で，直接・間接的に子の生残や繁殖成功に寄与する親の投資として定義される．親は時間やエネルギーのコストをかけて子の生き残りを増やす，つまり，コストと差し引きして自分の適応度をあげるような子の保護を行う．

### 4-1　誰が保護するか

　この問題が最もユニークで興味深いかもしれない．桑村（2007）は，配偶システムとの強い関係を示した上で，ゲームモデルと系統的制約から説明している．父親だけ，母親だけ，両親で，ヘルパーが手伝って，同種や他種への托卵と様々であるが，これらの中で，父親だけによる保護が最も多い．哺乳類は雌が単独で子の保護を担当するのがほとんどであるから，我々からみると父親が保護を担当する魚類は奇妙なようだが，交尾をして雌が体内運搬型で保護し，産まれてからも雌が母乳によって子を育てる哺乳類の方がむしろ例外的でひどく偏っているともいえる．鳥類では両親で保護するのが最も多い．多くの場合，ふ化まで卵を絶え間なく暖めふ化後も雛を暖めたり餌をやったりと親の負担の重い鳥類では，片親では子が育たない．一夫一妻で両親による子の保護を行うのは，このように，そうしなければ子が育たないという制約があるのが普通で，魚類においても同じである．

　両親で保護する魚類では，父親と母親で同じことを行う場合と，例えば父親は捕食者を追い払って卵をガードし，母親は卵に水流を送ったり死卵を取り除いて直接世話をするといった役割分担がある場合がある．どちらにしても，片親でも子が育つ場合には，雄による卵や巣の遺棄も見られる．保護者は親以外の場合もある．親以外の個体が子育てを手伝う場合，ヘルパーと呼ぶ．ヘルパーは先に生

まれた兄弟姉妹である場合が多いが，そうでないこともある．

托卵という，鳥類のカッコウで有名な特殊な子の保護を行う魚類もいる．ムギツクではオヤニラミへの托卵が進化している（馬場，1997）．また，托卵ナマズはアフリカのタンガニイカ湖の不思議なナマズだ．このナマズの子は，口内保育を行うシクリッドの口内以外では見つからず，シクリッドの産卵に紛れて産み付けられ，口のなかで先にふ化し，シクリッドのふ化仔魚を食べ尽くして成長するという（Sato,1986; 佐藤，1993）．

さらには，ニジカジカでは同種の非血縁者による保護（宗原，1996）が見られる．雄は自分の子でなくても保護をするようだ．自分の子と間違えて保護する場合もあるだろうが，イトヨのように，他の雄の巣から卵を盗み，自分の巣に運んで保護をするものもいる．これはむろん，巣内に卵があることによって雌が産卵しに来るので，自分の適応度が上がるためであると考えられる．

### 4-2　保護様式

保護様式も様々であるが，大きく分けると次の3タイプに分かれる（桑村，1996）．

**1）体内運搬型（internal bearing）**　体内受精をする魚では，交尾をして，受精後産卵または産仔までの間，雌が体内で保護することになる．したがって，体内運搬型の保護では，保護者は必ず雌となる．同じ体内運搬型でもウミタナゴ類は胎生であるが，カサゴ類には卵を産むものと胎生のものがいる．シーラカンスは胎生である．軟骨魚類はみな体内受精をする体内運搬型であるが，卵で産むネコザメ類やガンギエイ類もいるし，胎生のものもいる．子を産むものでは，胎盤様の部分から栄養を分泌し胎児に供給するアカエイ類のようなタイプもあるし，後から排卵される卵を胎児が食べて育つ卵食型のネズミザメ類のような場合もある．

**2）体外運搬型（external bearing）**　産卵後，雄または雌あるいは両親が卵を口や育児嚢の中，腹部表面・鰭・頭部などに入れたり付着させて運搬して保護する．①の雌による体腔内の保護の場合のみを体内とみなし，口内や育児嚢内は，体内でなく体外と見なす．シクリッド類（桑村，1997）・テンジクダイ類（奥田，2001）は口内保育，ヨウジウオ・タツノオトシゴ類は雄の育児嚢や腹部表面，カミソリウオは雌の鰭の育児嚢，コモリウオの雄のように頭部のフックに卵の房を引っかけて守るという奇想天外な魚もいる．ヨウジウオ・タツノオトシゴ類では雄の育児嚢に毛細血管が発達し，卵への酸素や栄養の供給が明らかになっているものもある．

**3）見張り型（guarding）**　沈性付着卵を基質や底質に産み付け，周囲に留まって卵を保護する．基質は，海藻・水草から岩・岩穴など多様である．トゲウオ科のように，水草などで巣を作りその中に産卵した卵を雄が守る場合や，海藻・海草や貝殻などに付着させ，薄く引き延ばした卵塊をふ化するまで雌が守るアミメハギのような例がある．同じカワハギ科でも，カワハギは砂底で産卵後数分だけ見張り，ヨソギは砂底で産卵後，雌雄でふ化まで見張る（川瀬，1999）．シワイカナゴのように，卵塊がホンダワラ類に固着して外れなくなるまでの30分から1時間ほどだけ，雄が卵塊を突き固め，見張る例もある．

### 4-3　保護のコストとベネフィット

保護を行うのは親の適応度がそれによって上がるからである．保護そのものにはコストがかかるから，適応度の上昇，つまり，子の生き残りがどのくらい増えるかというベネフィットが，保護に要するコストと比べて高くないと保護行動は進化しないことになる．しかし，保護行動にかかるコストはどのようなものだろうか？　保護の場合においても生物の支払うコストとは，時間とエネルギー，あ

るいは生存率の低下や残す子の数の減少である．保護中の親は，そうでない場合に比べて捕食されやすく，生き残る時間を縮めているし，その間，次の繁殖相手を探す時間を失っている場合もある．保護行動のために摂餌のチャンスを失うと同時に，ファニングなどによるエネルギーの消費が嵩る．コストは低いとはいえない．

　コストは雌と雄とでは異なる．例えば，次の卵が準備できていない雌が保護する場合には，保護するために摂餌ができなければ，次の産卵を遅らせるという不利を招く大きなコストとなる．一方，何度も産卵に参加することのできる雄にとって，保護することによりそのチャンスを失うコストは大きい．逆に自分のなわばりで複数の卵を保護する雄なら，同じ保護のための時間で，多くの卵をまとめて保護すれば効率がよく，卵1個当たりの保護コストは低くなる．雄の保護行動を見た雌が産卵に来れば，コストを上回るベネフィットが得られる．また，両親で保護しないと子が残らない場合には，両親でコストを負担しなければならない．両親がそろわないと，ベネフィットは得られない．

### 4-4　子の保護の進化

　魚類における子の保護は雄だけによるものが最も多く，雌だけによる保護が多い哺乳類や，両親による保護が多い鳥類と甚だしく異なっていることや，両親による保護や雌だけによる保護もみられることから，その進化については興味深い．桑村（1997）はシクリッドの子の保護について，まず配偶システムと子の保護の担当者の強い関連を読み取っている．一夫一妻と両親による子育て，ハレム型一夫多妻・なわばり訪問型複婚と雌のみによる保護といった組み合わせである．シクリッドの子の保護方法は見張り型か口内保育で，最初は口内保育を行い子の成長に伴い見張り型保護に変わるものもある．アフリカのタンガニイカ湖では，130種あまりで子の保護方法と保護の担当者が確認されているが，雄のみによる保護は1例も見つかっていない．魚類一般では保護を行う場合，雄のみによる保護が一般的であるのと対照的である．Gross and Sargent（1985）による魚類の子の保護の進化仮説では，無保護から，まず雄のみによる保護が進化し，そこに雌が加わり両親による保護となり，さらに雄が抜け落ちて雌のみによる保護となる道筋が示されたが，シクリッドではどうもその方向とは違うようだ．担当者を見ると，見張り保護では両親による場合と雌のみの場合が同じくらいの例数があり，見張り保護の前に口内保育を行うものでは両親による場合が多く，口内保育だけを行う場合には雌のみが多い．桑村（1997）は系統関係とも照らし合わせた上で，シクリッドと近縁のベラ科・スズメダイ科の保護様式を併せて考察して次のような進化経路を推定している．無保護→雄見張り型（ベラ科），雄見張り型→両親見張り型（スズメダイ科），両親見張り型→雌見張り型→雌口内保育（シクリッド）．また，シクリッドにおける保護方法と保護の担当者が関連していることも指摘し，前者では見張り型保護から口内保育へ，後者では両親による保護から雌のみによる保護への進化が示唆される．

　またカジカ類については，非交尾型から交尾型へ，雄卵保護から卵隠蔽への進化が示唆されている（宗原，1999）．非交尾型から交尾型が進化する際，交尾に対する雌のリアクションが未発達でも，雄の一方的な交尾行動だけで交尾は成立し，交尾する雄は交尾しない雄より圧倒的に適応度が高くなることが説明されている．交尾はカジカ類のなかで多系統的に進化した可能性が高い．また，卵保護から卵隠蔽へは，交尾一雄卵保護型では繁殖期が進むにつれて自分の子でない卵を保護することになる雄が保護を放棄しやすい状況になり，卵が高い捕食圧にさらされることになる．これは雌にとって非常に望ましくないので，雌は雄の保護に頼らず，卵を隠蔽する方向へ進化したと考えられる．

カワハギ科のアミメハギにおいてなぜ雌だけが保護を担当するように進化したか，というのは面白いテーマである．保護中の雌を隔離すると，普段は保護しない雄が保護を行うことがある（赤川，未発表）．保護雄の出現率は，場所や年により異なり，生息密度に関連して変化する（密度が高いと保護雄は少なく，低いと多い）と思われるが，様々な率（12.5〜84.6%）で保護雄が見られた．ただし保護雄は最後まで保護することもあるが途中でいなくなることもある．雄の保護中に雌を戻すと両親で保護するかというと，雌は保護雄を攻撃して追い払おうとする．もしかすると，ペア産卵しヨソギのように両親で保護していたものが，一雌多雄型産卵を行うようになり，そうなると，雄にとって自分の子は一部になるので，食卵や保護の遺棄がおき，雌は雄を排除して単独で保護するようになったのかもしれない．つまり雄には卵を保護する性質が遺存するということ，そして，その性質は普通は発現せず，保護雌がいなくなった場合にのみ発現するということだ．

卵保護と卵サイズの関係については，原田・酒井（2001）が共進化も視程に入れて興味深い議論を展開している．魚類では大型個体ほど大きな卵を産み，子の保護が発達しているほど大きな卵を産む例が様々な種やグループで報告されている．高い保護の質は最適卵サイズを上げ，大きい卵サイズは高い保護の質（当然コストがかかる）を有利にする．もちろんここでの有利とは，適応度をあげる，つまり，生き残る子の数を増すという意味である．

## § 5. 最後に

魚類の産卵と子の保護について，面白い研究を紹介しながら，基本的なあり方を簡単に纏めたつもりだが，初めに述べたように，魚類のあり方の多様で柔軟なことは，我々哺乳類とは比べようもない．しかしながら，我々と同様に，また他の全ての生物と同様に，魚類にも進化の圧力がかかり，その環境において少しでも多くの子を残す方向に行動や生態が進化してきたはずであり，その結果これほど多様で柔軟なあり方が残ったというのは，生命の故郷である海に脊椎動物の祖として発し適応放散した魚類の存在の不思議を示しているのかもしれない．ここに紹介したのはわかっていること全体から見るとごく僅かな部分にすぎない．さらにわかっていることは，実態のほんの僅かな部分であるのだから，これからの皆さんにとっていくらでも研究の余地があるというものである．例えば産卵生態や行動がまったくわかっていない種がどれだけいることか．たといいくらかはわかっている種や個体群であっても，なぜそのような行動や生態が進化したのか，環境とどのように関わっているのか，変異は，メカニズムはどうなっているのか？　解明すべき課題は無数にある．謎はつきない．挑戦してほしい．

(赤川　泉)

## 文献

赤川　泉（1997.）：アミメハギの雌はどのようにして雄を選ぶか，魚類の繁殖戦略　2，海游舎，pp.92-125.

赤川　泉（1999）：トゲウオ目魚類の繁殖行動　シワイカナゴの系統的位置とトゲウオ目における行動の進化，魚の自然史　水中の進化学（松浦啓一・宮正樹編著），北海道大学図書刊行会，pp.196-212.

赤川　泉（2003）：トゲウオ目魚類における繁殖行動の多様性と進化：シワイカナゴ・クダヤガラからイトヨ・トミヨをみる，トゲウオの自然史　多様性の謎とその保全（後藤　晃・森　誠一編著），北海道大学図書刊行会，pp.117-132.

赤川　泉（2008）：ホヤに卵を産む不思議なクダヤガラを研究する，海洋生物学入門，東海大学出版会，pp95-123.

Akagawa I. and Okiyama M.（1997）: reproductive and feeding ecology of *Rudarius ercodes* in different environments, *Ichtyol. Res.*, 44, 82-88.

Blumer L.S.（1979）: Male parental care in the bony fishes, *Q.Rev.Biol.*, 54, 149-161.

Emlen S.T. and Oring L. W. (1977): Ecology, Sexual selection, and the evolution of mating systems, *Science*, 197, 215-223.

Gross M.R., and Sargent R. C. (1985): The evolution of male and female parental care in fishes, *Amer Zool.*, 25, 807-822..

箱山 洋 (2003):フナの有性・無性集団の共存, 魚類の社会行動2 (中嶋裕康・狩野賢司共編), 海游舎, pp.85-111.

原田泰志・酒井聡樹 (2001):卵サイズモデル 子の保護と親のサイズ, 水生動物の卵サイズ (後藤 晃・井口恵一朗共編), 海游舎, pp.209-233.

堀 道雄 (1993):多様な種間関係と多種共存, シリーズ地球共生系6, タンガニイカ湖の魚たち 多様性の謎を探る (堀 道雄編), 平凡社, pp.120-142.

Hoelzer, G.A. (1990): Male-mael competition and female choice in the Cortez damselfish, Stegastes rectifraenum, *Anim Behav*, 40, 339-349.

星野 昇・西村欣也 (2001):水圏生物に共通の一般原則モデルで考える, 水生動物の卵サイズ (後藤 晃・井口恵一朗編), 海游舎, pp.103-128.

井口恵一朗 (2001):個体から集団レベルの適応 アユ, 水生動物の卵サイズ (後藤 晃・井口恵一朗編), 海游舎, pp.43-64.

井口恵一朗 (1996):アユの生活史戦略と繁殖, 魚類の繁殖戦略1 (桑村哲生・中嶋康裕共編), 海游舎, pp. 42-77.

今井千文 (2001):水温と孵化後の生き残り カタクチイワシ, 水生動物の卵サイズ (後藤 晃・井口恵一朗編), 海游舎, pp.22-42,.

狩野賢司 (1996):魚類における性淘汰, 魚類の繁殖戦略1 (桑村哲生・中嶋康裕共編), 海游舎, pp.78-133.

川瀬裕司 (1999):モンガラカワハギ上科魚類の繁殖行動とその進化, 魚類の自然史 水中の進化学 (松浦啓一・宮正樹編著), 北海道大学図書刊行会, pp.181-195.

小関右介 (2004):サケ科魚類における河川残留型雄の繁殖行動と繁殖形質, 魚類の社会行動3 (幸田正典・中嶋康裕共編), 海游舎, pp.151-183.

桑村哲生 (1996):魚類の繁殖戦略入門, 魚類の繁殖戦略1 (桑村哲生・中嶋康裕共編), 海游舎, pp.1-41.

桑村哲生 (1997):シクリッドの子育て 母性の由来, 魚類の繁殖戦略2 (桑村哲生・中嶋康裕共編), 海游舎, pp.126-156.

桑村哲生 (2007):子育てする魚たち 性役割の起源を探る, 海游舎.

Marconato A., Bisazza A, and Fabris M. (1993): The cost of parental care and egg cannibalism in the river bullhead, *Cottus gobio* L. (Pisces, Co A.ttidae), *Behav. Ecol. Sociobiol.*, 32, 229-37.

宗原弘幸 (1999):カジカ類における交尾行動の進化, 魚の自然史 水中の進化学 (松浦啓一・宮正樹編著), 北海道大学図書刊行会, pp.163-180.

Narimatsu Y. and Munehara H. (1999): Spawn date dependent survival and growth in the early life stages of Hypoptychus dybowskii (Gasterosteiformes), *Can. J. Fish. Aquat. Sci.*, 56:1849-1855.

成松庸二 (2004):なぜシワイカナゴの雄はなわばりを放棄するのか, 魚類の社会行動3 (幸田正典・中嶋康裕共編), 海游舎, pp.49-81.

奥田 昇 (2001):構内保育型テンジクダイ類の雄による子育てと子殺し, 魚類の社会行動1 (桑村哲生・狩野賢司共編), 海游舎, pp.153-194.

大西信弘 (2004):なわばり型ハレムをもつコウライトラギスの性転換, 魚類の社会行動3 (幸田正典・中嶋康裕共編), 海游舎, pp.117-150.

Sabat, A.M. (1994): Costs and benefits of parental effort in a blood-guarding fish (Ambloplites rupestris, Centrarchidae), *Behav. Ecol.*, 5, 195-201.

坂井陽一 (1997):ハレム性魚類の性転換戦術――アカハラヤッコを中心に, 魚類の繁殖戦略2 (桑村哲生・中嶋康裕共編), 海游舎, pp.37-64.

Sakakura, Y. and Noakes D.L.G. (2000): Age, growth, and sexual development in the selffertilizing hermaphroditic fish *Rivulus marmoratus*, *Envir. Biol. Fish.*, 59: 309-317.

阪倉良孝 (2008):「恋をしない魚」のプロフィール, 月刊アクアライフ, 2008-5, 144-145.

Sato T. (1986): A brood parasitic catfish of mouthbrooding cichlid fishes in lake Tanganyika, *Nature*, 323, 58-59.

佐藤 哲 (1993):口の中は本当に安全か? 托卵するナマズ, シリーズ地球共生系6, タンガニイカ湖の魚たち 多様性の謎を探る (堀道雄編), 平凡社, pp.170-180.

Shibata J. and Kohda M. (2006): Seasonal sex role changes in the blenniid Petroscirtes breviceps, a nest brooder with paternal care, *Fish Biol.*, 69, 203-214.

Smith, C. C. and Fretwell S. D. (1974): The optimal balance between size and number of offspring, *Am. Nat.*, 108, 499-506.

鈴木克美・日置勝三・田中洋一・岩佐和裕 (1979):水槽内で観察されたタテジマヤッコ *Genicanthus lamaeck* 及びトサカヤッコ G. semifasciatus の産卵習性・卵・仔魚及び性転換, 東海大学紀要海洋学部, 12, 149-165.

Trivers R.L. (1972): Parental investment and sexual selection. (ed. by B. Campbell), Sexual selection and the Descent of Man. Aldine, 1972, pp.136-179.

塚本勝巳 (1988.):アユの回遊メカニズムと行動特性, 現代の魚類学 (上野輝彌・沖山宗雄編), 朝倉書店, pp.100-133.

Tsukamoto K. (2006):Spawning of eels near a seamount, *Nature*, 439 (7079), 929-929FEB23 2006

藪田慎司 (1997):チョウチョウウオ類の多くは, なぜ一夫一妻なのか, 魚類の繁殖戦略2 (桑村哲生・中嶋康裕共編), 海游舎, pp.65-91.

吉野美和・荒木香織・鈴木宏易・赤川 泉 (2009):サンゴタツの求愛行動・配偶者選択と配偶システム, 東海大学海洋研究所研究報告, 30, 21-29.

# 21章　攻　撃

> 攻撃行動は「同種の相手を身体的に傷つけようとする行動」と定義され（クレーマ，1990），イソギンチャクなどの腔腸動物から昆虫，魚類，鳥類，哺乳類に至るまで広範な動物種で普遍的に認められている（Archer, 1988）．近年では行動生態学の進展により，攻撃行動を動物の生き残り戦略として解釈するゲーム理論を中心に多くの知見が集積されてきている（例えば Maynard-Smith, 1985；クレブス・デイビス，1987）．そして魚類は，その種と生活史の多様性から，攻撃行動を理解するための格好のモデル生物群となっている．本章では，前述のクレーマの定義に基づき，魚類の攻撃行動が生物学的にどのような機構（メカニズム）をもち，生態学的にどのような意義があるのか概説する．

## §1．攻撃行動研究の黎明

近代動物行動学の始祖ローレンツ（1970）は，攻撃性（aggression）が食欲や性欲と同様に内発性のものであり，攻撃行動（aggressive behavior）は脳内の攻撃中枢を介して解発される，すなわち，攻撃行動が本能から生じる生得的な行動であると解釈した．攻撃本能説に賛否両論はあるが，動物個体群における順位制（dominance hierarchy, peck order）や，なわばり（territory）の中に生態学的機能性を認めて攻撃行動の解発機構について考察したローレンツの学説は，現在でも大きな評価を受けている．ローレンツ以降に攻撃行動は1つの大きな学問分野として研究が進められた．

### 1-1　イトヨの攻撃行動

高等脊椎動物では，シカ類の雌を巡る雄同士の闘争，ニワトリのつつきの順位，鳥類の繁殖期の闘争など，攻撃行動の例には枚挙にいとまがない．魚類において古典的かつ有名な攻撃行動の研究例としては，まずノーベル賞受賞者のティンベルヘン（1955）によるトゲウオの1種であるイトヨ *Gasterosteus aculeatus* の繁殖期の行動をあげなければならない．イトヨは通常は群れて生活をするが，繁殖期になるとまず雄が群れから離れて自分のなわばりを選ぶ．なわばりをもつ雄の背は緑色がかり，身体の下部は赤色の婚姻色を呈する．そして，他のイトヨの雄がなわばりに入ってくると，背中の棘を立て，口を開けて相手に突進して攻撃を加える．一方，全身が銀色の婚姻色をもつ雌に対しては求愛行動を示す．繁殖期のイトヨの雄が，どの程度のなわばりの範囲を占有し，どのような外部刺激によって解発されるかについても，ティンベルヘンは簡便な実験方法によって精査している．イトヨの雄はよそのなわばりに自ら進んで進入することはしないが，この雄をガラス管に収容して別のなわばりをもつ雄に提示すると，なわばりを保有している雄がガラス管内の雄に対して攻撃行動を示す．また，なわばりを保有する雄に対して，いくつかの模型を提示することにより，なわばり雄は同属種の雄のみならず，身体の下側が赤い物体であれば魚の形をしていなくても攻撃行動を示すことが

明らかになった（図21-1）．すなわち，イトヨの雄の攻撃行動は，なわばり内に限定される行動であり，攻撃行動を引き起こす要因は，なわばり内に進入した物体の色という信号刺激であるということが証明されたのである．これらの実験は，繁殖期の魚の攻撃行動のメカニズムを簡便かつ明確な実験モデルで証明した点で，マイルストーンともいうべき成果であろう．

### 1-2　アユの摂餌なわばり

わが国での魚類のなわばりに関する代表的な研究には，川那部浩哉らのアユ Plecoglossus altivelis の一連の研究があげられよう（川那部，1969；宮地，1994）．春に海から遡上してくるアユの稚魚は，若魚となって河川の中流域で石に生える藻類をはむようになる．このとき，藻類の多く生える石を中心におよそ $1m^2$ のなわばりをもつ大型の個体が出現し，他個体の侵入に対して激しい攻撃行動を示す．この習性を利用した漁法が友釣りである．ただし，アユのなわばりは，生息する河川域の個体の数によって決まることもわかっている．すなわち，通常の個体密度では，なわばり個体とそれ以外の群れアユとに分かれるが，個体密度がある値を超えて高くなると，なわばりは崩壊して全ての個体が群れるようになる．先ほど記した $1m^2$ というなわばりの大きさと個体密度が，なわばりの決定要因として重要であるらしい．この現象について，アユのなわばり行動とは，氷河期に個体の成長を保証するために必要な藻類を得る面積（$1m^2$）がなわばりとして固定され，現在に至るまで習性として残っているという説が提唱された（川那部，1976）．その後の研究によって，アユのなわばりが必ずしも専有面積のみで規定されるものではないということが明らかになったが（井口，1996），アユのなわばりという生命現象を生物学的意義から進化学的考察にまで発展させたこの一連の研究は，色あせることはない．

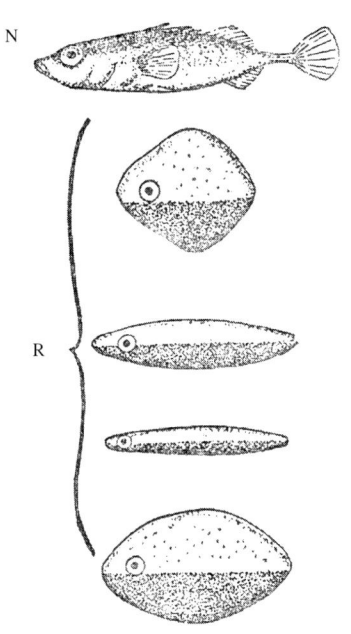

図 21-1　イトヨの雄に戦いを誘発する実験に用いられた模型．イトヨそっくりの銀白色の模型（N）は滅多に攻撃されない．一方，下側を赤く塗ってある模型（R）は激しく攻撃される．ティンベルヘン（1955）より引用．

## §2．繁殖と摂餌に関わる攻撃行動

### 2-1　適応度

生物は多様な生活史戦略を示すが，個体としての生命活動を維持するための個体努力と，より多くの子孫を残すための繁殖努力との2つが重要な要素である．したがって，各々の個体は，餌を確実にとって自身が生き残り，かつ次世代の数を最大限増やすようにふるまう．そのふるまいが，行動となって現れる．したがって，個体の評価は，一生の間に残すことのできた子の数，すなわち適応度（繁殖成功度，fitness）によって決まるといってもよい（クレブス・デイビス，1987）．ここに，攻撃行動の分け方の代表例として Moyer（1968）の分類（表21-1）がある．ここで分類された攻撃行動のほとんどが繁殖や成長に関わっていることに注目したい．各々の個体が，繁殖成功度を最大にするようにふるまえば，当然配偶者をめぐる競争が起こり，競合者を排除するための攻撃行動が必要になるからである．例えば，先にあげたアユの若魚のなわばりは，繁殖期の前に形成される摂餌と成長のた

表 21-1　Moyer (1968) による攻撃行動の分類

| |
|---|
| 1）雄性間の攻撃性：見慣れない個体に対する反応（実際には雌も含む）|
| 2）恐怖による攻撃性：追い詰められた場合の逃避反応 |
| 3）興奮性の攻撃性：痛みや欲求不満など外部刺激に対する反応 |
| 4）なわばり防衛：なわばりへの侵入者に対する反応 |
| 5）母性による攻撃性：他個体による子への個体間干渉を排除するための反応 |
| 6）条件付けによる攻撃性：学習による強化刺激に対する反応 |
| 7）繁殖に関連した攻撃性：配偶者を巡る競争 |

めのなわばりであるが，実は繁殖とも密接なつながりをもつことが明らかになっている（井口，1996）．特に雌について見ると，なわばりを防衛することによって得られる餌でより大きく成長し，産卵期により多くの卵を抱えられるという利益がある．一方，なわばり個体は，他個体を攻撃することによって自らも傷ついたり，捕食者に見つかるといったリスクも負う．このリスクを利益が上回った結果として，なわばりを防衛する生態学的意義が見いだされる．もちろん，なわばりをもつことのできなかったアユもまた，生き残りのための戦術を変化させて群れるようになり，「不利な条件下で最善を尽くす」（Dawkins, 1980）のである．

### 2-2 淡水魚の攻撃行動研究

魚類は多用な生活史特性を示し，繁殖様式も様々であるから，繁殖成功度を定量的に評価する行動生態学の格好のモデルとなってきた．わけても淡水魚，あるいはサケ科魚類やアユのように生活史の一部を淡水域で送る魚についての行動研究が非常に多い（後藤・前川，1989）．これは，海洋に比べて河川・湖沼などの淡水域の方が人間にとって比較的観察しやすいフィールドであることと，淡水魚の方が海水魚よりも飼育が比較的容易なために定量的な実験設定が組み立てやすいことによる．日本でもまた，多くの研究があり（本書2〜4, 7, 14, 17, 22章を参照のこと），沢山の成書も出ている（桑村・中嶋，1996, 1997；桑村・狩野，2001；中嶋・狩野，2003；幸田・中嶋，2004など）．

淡水域での魚類の攻撃行動の研究例として，三重大学や北海道大学の演習林内の河川で行われた中野繁の一連の研究（中野，2003）をみてみよう．山地河川に生息するサケ科魚類は，水生動物の他に，川面に落下する陸生無脊椎動物を多く摂餌する．アマゴ *Oncorhynchus masou* を個体識別して，フィールドにおいて個体ごとに行動と成長量を詳細に記録したところ，個体の空間利用と摂餌行動のパターンが明らかになった．すなわち，なわばりをもつ優位個体（dominant）は表層から中層付近を排他的に占有して摂餌なわばりを形成したのに対し，劣位個体（subordinate）はこのような空間防衛を行わず，主に底層付近で広い摂餌圏を利用した．なわばりをもつ個体の中では，順位の高い個体ほど餌の供給源である淵の流れ込みに近い場所，つまり，流下動物を摂餌する上で好適な場所を占有し，大型の餌を高い頻度で捕食した．さらに，優位個体は観察期間中により大きな成長量を示した．これらのことから，優位個体はなわばりを占有することで，より多くのエネルギーを得，より高い成長量を獲得したことが定量的に示された．中野はこの研究手法を精力的に展開し，1種類の観察に留まらず，イワナの仲間のオショロコマ *Salvelinus malma* とアメマス *S. leucomaenisu* が何故同じ流程の河川に生息しないのか，季節的に摂餌行動となわばりがどのように変化するのかを明らかにし，サケ科魚類の種間競争の中で餌という資源の分割がどのようにして起こるのかを明らかにした．さらに，森

林と河川の食物網の相互依存にまで研究は拡大し，いわゆる「里山」の重要性を提起するにまで至った．個体レベルの行動の詳細な観察から，山と川の食物連鎖に至るまでの膨大な量の研究は，定量的なデータに基づいた科学的に精度の高いもので，世界的にも評価が高い．一連の中野の論文は「観る」ことの結晶であり，忍耐強い観察と洞察力に裏打ちされたものである．

## §3．攻撃行動の生理学的・遺伝学的メカニズム

### 3-1 攻撃行動とホルモン

繁殖期に特有の生理現象は，攻撃行動の発現にも強く関わっている．例えば，生殖腺刺激ホルモン，副腎皮質刺激ホルモン，甲状腺刺激ホルモンといった繁殖や代謝に関わるホルモンのレベルが，魚類の攻撃行動を調節することはよく知られている（Munro and Pitcher, 1983）．また，脊椎動物の成長に強い作用をもち，代謝活性を上げるとともに摂餌動因を促進する，成長ホルモン（growth hormone）についても興味深い結果が得られている．例えば摂餌なわばりを防衛する優位個体は，より多く餌を採ることで高成長が得られるから，成長ホルモンもまた攻撃行動に影響を与えるという仮説が，ニジマスを使って確かめられている（Jönssonら，1998）．ニジマス稚魚の腹腔内に成長ホルモンが染み出すようにしたカプセルを挿入した個体は，成長ホルモンを含まないカプセルを挿入した個体よりも攻撃行動が高い頻度で起こることが明らかになったのである．繁殖に直接関わりのない稚魚期のニジマスの攻撃行動にも，体内の生理的な変化が関与していることの証拠といえよう．

脊椎動物は，高ストレス下におかれると，視床下部—下垂体系を介して代謝に関わるステロイドホルモンであるコルチゾル（cortisol）の血中濃度が上昇することが知られており，血中コルチゾル濃度の測定は脊椎動物のストレスの指標として広く用いられている手法である（Koolhaasら，1999）．魚類でも，例えばニジマス *Oncorhynchus mykiss* にストレスを与えると，血中コルチゾル濃度は数分のオーダーで急上昇する（Pottinger and Moran, 1993）．また，ニジマスの優位個体の血中コルチゾル濃度が平常時のそれと変わらないのに対し，攻撃を受ける劣位個体のそれは高ストレス時と同等の高い値を示す（Pottinger and Carrick, 2001）．また，次節で詳述するが，ブリの稚魚は群れの中で順位制をもち，劣位個体はもっぱら優位個体からの攻撃を受け，この劣位個体のコルチゾルレベルも非常に高い（図21-2）．つまり，劣位個体は優位個体から攻撃を受けることで，強いストレス状態にある．しかし，先のニジマスの例では，優位個体の一部にもコルチゾルレベルの高い個体がおり，なわばりを防衛するために頻繁に攻撃行動を起こすこともまた，ストレスの要因となっている．ある個体群の中で，優位になる個体は少数であるから，攻撃する対象となる劣位個体の数は当然多くなる．したがって，優位個体は，常によい餌を得て高成長が保証されるわけではなく，なわばりを維持するために多くの劣位個体を攻撃することで相当のエネルギーを使い，場合によっては劣位個体の一部の個体と順位が入れ

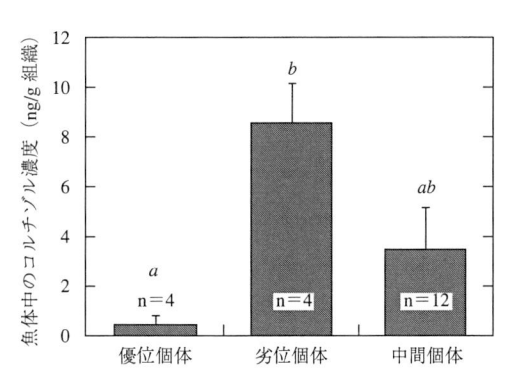

図21-2 ブリ稚魚の群れの中の順位とコルチゾル濃度．20尾の個体群中，優位個体，劣位個体，およびその他の個体（中間個体）の組織中コルチゾル濃度を示した．縦棒は標準誤差を，アルファベットは統計的な有意差を表す（a<b；Duncan 's New Multiple Range Test, $p<0.05$）．Sakakuraら（1998）より改変．

替わるリスクを負っているということが，生理学的にも示されているのである（Sakakuraら，1998）．

### 3-2 攻撃行動と遺伝

攻撃性は遺伝的な影響も強く受ける．カワマス *Salvelinus fontinalis* の稚魚は攻撃性が非常に高いのに対し，同属のレイクトラウト *S. namaycush* の稚魚は攻撃性が弱く，なわばりももたない．Ferguson and Noakes (1983) はこの性質に着目して，カワマスの雌とレイクトラウトの雄をかけ合わせた雑種第一世代（F1）と，逆の組み合わせで交配したF1について攻撃性を調べたところ，カワマスを母親とする雑種は攻撃性が強く，レイクトラウトを母親とする雑種は攻撃性が低かった．さらに，レイクトラウトの雌とカワマスの雄から生まれたF1の雄に，カワマスの雌をかけ合わせてできたF2は，F1よりもより強い攻撃性を示した．このことから，攻撃性は遺伝形質として次世代に受け継がれ，しかも母系遺伝するということが考えられる．

攻撃行動を含む魚類の行動は，遺伝的なプログラムに沿って成長とともに発現・発達する．そのプログラムは，個体密度・餌条件などの生物環境要因と，水温・光条件などの物理環境要因によって修飾を受け，さらには過去の闘争経験の学習（Hsuら，2006）という要素までもが複雑に絡み合った結果として攻撃行動が現れる．したがって，現時点では魚類の「攻撃行動を引き起こす遺伝子や物質」の特定は困難であるが，近年急速に発達している分子生物学と神経生理学の融合研究（植松ら，2002）は，この問題の核心に迫る有効な研究手法であると考える．

## §4. 初期生活史の中での攻撃行動

### 4-1 なぜ個体発生過程を追うのか？

生殖はそれ自体が劇的な生理的変化を伴う現象であることから，生殖に伴って起こる攻撃行動の解発メカニズムや生態的意義の解釈は複雑になる可能性がある．したがって，攻撃性の本質に迫るには生殖によるマスキング効果を考える必要のない未成熟個体群の順位制や単純な興奮性の攻撃行動を扱った方がよいとも考えられる．さらに，攻撃性の萌芽期である初期発育過程に注目して，攻撃行動の発達メカニズムと解発機構を研究することにより，魚類の攻撃性の生態的意義や生理的メカニズムをより深く理解することが可能になると考えられる．例えば，天然水域でも飼育環境でも，仔稚魚の共食い（sibling cannibalism）はしばしばみられる現象である．共食い現象は攻撃行動の結果生じる摂食行動と理解することができる．すなわち，共食いは広義に解釈して攻撃行動の一表現型であるといえよう．これまで，天然水域における仔稚魚の共食い現象は，遊泳力が乏しく餌に出会う機会の少ない仔稚魚期の生き残り戦略の1つと解釈されているが，まだその生態的意義は明らかではない．また，共食いに限らず攻撃行動の個体発生過程やその生理的メカニズム，生態的意義については不明な点が多く残されている．この疑問に迫るために，筆者らはこれまで知見が乏しく，種苗生産過程と種苗放流初期での大きな減耗要因となっている攻撃行動および共食いの個体発生過程を取り上げて研究を進めてきたので，その一部を紹介する（Sakakura and Tsukamoto, 1999）．

### 4-2 ブリの攻撃行動の個体発生（ontogeny）

魚類の行動研究は，飼育の比較的容易な淡水魚が主流であると先述したが，近年の種苗生産技術の著しい進展により，わが国では40種を超える海産魚が，卵から稚魚に至るまでの生活史初期を人為的に管理され，生産されている．このことから，これまで困難であった海産仔稚魚の行動観察が可能

となり，多くの知見が集積されつつある．種苗生産の過程では，共食いによって生産している魚が死亡する減耗が大きな問題となる場合がある．例えば，ブリの種苗生産過程では，共食い（図21-3の写真参照）や個体のつつき合いによって死亡する個体が非常に多く，問題となっていた．筆者は，日本栽培漁業協会五島事業場（現水産総合研究センター五島栽培漁業センター）の水量90tという巨大な種苗生産水槽でブリの行動をつぶさに観察する機会を得て，ブリの攻撃行動の個体発生を調べることに着手した．水槽によっては攻撃行動が頻発しているのに，攻撃行動の全くみられない水槽もある．また，攻撃行動ではなく身体を強く折り曲げて静止する，「Jの字姿勢（J-posture）」と名付けた行動（図21-3のイラスト参照）がみられる場合もあった．よくよく観察すると，攻撃行動のみられる水槽のブリは，Jの字姿勢のみられる水槽よりも発育の進んだ魚たちであった．どうやら，ある時期から攻撃行動は起こるらしい．

そこで，ブリの種苗生産を行う大型飼育水槽と小型実験水槽において，攻撃行動の個体発生過程を詳細に観察した．飼育水槽・実験水槽のいずれにおいても仔魚期には攻撃行動は全く観察されなかったが，発育段階が稚魚に移行すると同時に攻撃性が発現し，以後発達することが明らかになった（図21-3）．ブリの稚魚期とは，身体に横縞が現れ，流れ藻に集まるようになるいわゆるモジャコの時期に相当する．そのため，実際に天然モジャコの生態調査をしたところ，共食いが普遍的に見られる現象であることを見いだした．ブリ稚魚の攻撃行動は飼育環境内の異常行動ではなかったのである．飼育水槽内の同一日齢の仔稚魚の体長のばらつきは仔魚期には日齢に伴って漸増したが，稚魚期では減少し，以後一定の値を保つ傾向が見られた．こうした成長変異の推移は攻撃性の発現・発達と深い関わりをもつものと考えられた．すなわち，変態前後の成長変異の増大は攻撃性の発現と発達によって加速された．その結果として生じた大きな体サイズの変異が攻撃行動を共食いにまで導き，これによって成長の遅い小サイズが間引かれて，成長変異は減少したと解釈される．また，Jの字姿勢は仔魚期のごく一時期に観察され，稚魚期に入り攻撃行動が発現すると全く観察されなくなった（図21-3）．後述するように，Jの字姿勢と攻撃性には強い相関があり，後期仔魚期にJの字姿勢を頻繁に示す個体は，稚魚期に攻撃性の強い個体になることがわかった．

### 4-3 攻撃行動を修飾する要因

ブリ稚魚の攻撃行動は環境の影響をどのように受けるのかを調べるため，個体密度，空腹条件，体サイズ差，水温，照度をとりあげて，各要因について実験してみた．その結果，個体密度の減少，空腹時間の増大，一群内の体サイズ差，照度低下，水温上昇などの環境要因は，攻撃性を増大させることがわかった．摂餌動因は共食いの発現している稚魚期同様に仔魚期にも存在する．それにも関わらず，この時期にはサイズが大きく違った組み合わせでも攻撃行動が全く観察されなかった．また稚魚期の攻撃行動においては自分より大きなサイズの個体を攻撃する事例も実際に観察

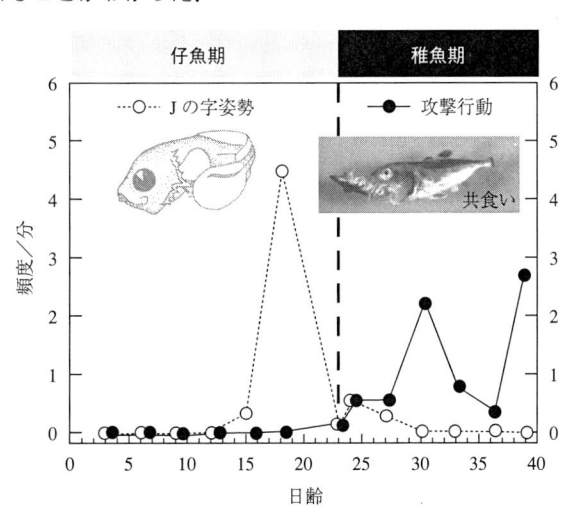

図21-3 ブリの攻撃行動とJの字姿勢の発達過程．●は攻撃行動，○はJの字姿勢の頻度の中央値．Sakakura and Tsukamoto (1998) より改変．

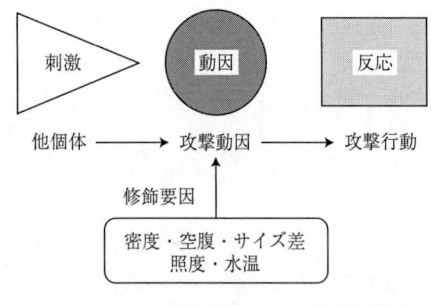

図 21-4　ブリの攻撃行動のモデル．刺激（他個体）と反応（攻撃行動・追尾行動）の間に動因を置き，攻撃動因と仮定した．各種要因（密度・空腹・サイズ差・照度・水温）はこの攻撃動因に働いて，そのレベルを変化させる．動因レベルが変化することにより，同一の刺激に対し攻撃行動の頻度が変化する．Sakakura and Tsukamoto (1998) より改変

された．これらのことから，本種の攻撃行動や共食いは単純に摂餌行動の一形態とは片づけられない．すなわち，ブリの攻撃行動や共食いには，摂餌動因以外に心理的動機付けとして攻撃性の動因（drive）が存在する（図21-4）．ブリ稚魚の攻撃性を修飾する環境要因は，すべてある個体群中の攻撃個体に特異的に働き，その攻撃動因のレベルを変化させる．その結果，攻撃行動の閾値が変化し，外部刺激が同一レベルであったとしても，反応として攻撃頻度が変わってくるものと推測された．

### 4-4　ブリ稚魚の群れの社会構造と生態学的意義

ブリ稚魚の群れの社会構造と行動の個体変異を画像解析装置によって個体識別をして詳細に観察すると，攻撃頻度が高い個体（優位個体），攻撃頻度が低い個体（中間個体），全く攻撃行動の見られない個体（劣位個体）の3つの階層に分かれた．個体を替えて観察を繰り返したところ，この3つの階層は，ほぼ一定割合の優位個体（20％），中間個体（20％）および劣位個体（60％）からなっており，順位制に似た社会構造が形成されていることが明らかになった．また，優位個体を取り除くと，新たに中間個体が優位個体になることから，これらの階層は群れ構成員相互の力関係によって変化する相対的順位である．なお，以上の全ての実験において攻撃個体と非攻撃個体の身体の大きさには差がなかったことから，ブリの攻撃性がサイズ差のみで生じるものではないこともわかった．さらに，1水槽の中のブリ稚魚の優位個体の耳石を標識し，もとの水槽に戻して1週間後に再び優位個体を取り出して耳石標識を調べたところ，特定のブリ稚魚の優位個体の攻撃性は少なくとも1週間にわたって維持されることが明らかになった．これまで仔魚や稚魚の個体識別による観察は困難であるとされてきたが，このようにビデオ画像解析と耳石標識を用いた個体識別技法により体サイズの小さな仔稚魚でも個体レベルでの行動観察ができるようになっている．

攻撃性や共食いの発現時期と，その生態的意義は魚種によって異なるものと考えられる．例えば，サバ類は仔魚期に共食いが激しく，群れ行動の発現する稚魚期には共食いがなくなる．これは，共食いが同種の他個体を餌として認識した摂餌行動の一形態であるという考え（food cache）とよく符合する（田中，1983）．しかし，流れ藻に付いて群れを作るブリ稚魚の場合は，群れの構成員の体サイズを揃えるために攻撃行動が機能しているものと考えられる．

### 4-5　仔魚から稚魚への行動変化

ブリの仔魚をJの字姿勢を強く示す個体と示さない個体に分け，前者に耳石標識を施した後，稚魚になるまで両者を一緒に飼育した．その後この稚魚群を優位個体と劣位個体にわけて両群に含まれる耳石標識個体の割合を調べ，Jの字姿勢と攻撃行動の関連を検討した．その結果，優位個体の方にJの字姿勢を示していた標識個体が多く含まれていた．これより後期仔魚期にJの字姿勢を強く示す個体は稚魚になって攻撃行動を強く示すようになることが明らかになった．後期仔魚期のJの字姿勢は，その消失と攻撃行動の始まりが時期的によく一致することからも，稚魚期の攻撃行動の前駆的行動と考えられた．最近，ヒラメについても同様に，変態期に特異的に見られるΩ（オーム）姿勢を強く示

す個体は，稚魚期に移行すると攻撃性の強い個体になり，成長速度の速いことが明らかになり（Sakakura, 2006），攻撃行動を示すようになる発育段階以前に，攻撃性の萌芽や成長速度を予測する指標となる行動のあることが明らかになりつつある．

　変態は，形態・生理・生態のドラスティックな変化を伴うため（14章），その際に中枢神経系と行動もまた大きく変化することは明白である．今後，神経生理学的なアプローチが，脳神経系の発達と仔稚魚の行動発現の関係を理解するための重要な手法になると考えている．また，行動の発現・発達を研究していく上で，「遺伝的要因と環境要因はどのように関わっているのか？」という疑問が常につきまとう．この疑問に答えるためには，供試魚に遺伝的に均一な個体，すなわちクローン個体を用いた行動実験が有力な手段となるであろう（Iguchi ら, 2001）．筆者らは現在，自家受精によりクローン個体を生み出す海産魚マングローブ・キリフィッシュ *Kryptolebias marmoratus* を用いた行動の個体発生過程の観察を進めており，生物学的にも大変興味深い特性をもった本種をモデル魚種にして，さらに研究を発展させられると考えている．


　魚類は群れなどの集団を形成する．成魚になると単独で生活するような種類であっても，初期生活史，すなわち体サイズの小さな浮遊性の仔魚期に集団を形成することは多い．これらのことから，魚類の生態を理解しようとする際に，集団（個体群）の適応度をみるという研究も多い．しかしながら，個体群の構成要員である個体が全て同じ行動をとるわけではない．攻撃行動は，集団の中の行動の個体差を表す端的な例であるといえる．したがって，魚類の攻撃行動の研究は，単に生命現象を追うだけではなく，各々の個体が適応度を最大にするためにふるまった結果が，個体群あるいは種としても適応度を包括的に最大にするように調整することになるのかどうか，という生態学の大きな問いに対する答を見つけるためにも重要な分野であるといえよう．また，攻撃行動のメカニズムを探ることは，応用学的な意味においても重要である．例えば，増養殖の過程で問題となっている共食いの防除法などの飼育技法の改善や，飼いやすい養殖魚の指標行動として攻撃行動を育種形質として選抜していくなど，水産の現場への展開を得られる可能性は極めて高い．

（阪倉良孝）

## 文　献

Archer J. (1988): The behavioural biology of aggression, New York, Cambridge University Press, pp.257.

Dawkins R. (1980): Good strategy or evolutionary stable strategy?, Sociobiology (Barlow, G.W. and Silverberg, J. eds.), Westview Press, pp. 331-367, 1980.

Ferguson M. M. and Noakes D. L. G. (1983): Behaviour-genetics of lake charr (*Salvelinus namaycush*) and brook charr (*S. fontinalis*): observation of backcross and F2 generations, *Z. Tierpsychol.*, 52, 72-86.

後藤　晃・前川光司（1989）：魚類の繁殖行動，東海大学出版会．

Hsu Y., Earley, R. L. and Wolf, L. L. (2006): Modulating aggression through experience, Fish Cognition and Behavior (Brown C., Laland K. and Krause J. eds.), Blackwell Publishing, pp.396-118.

井口恵一朗（1996）：アユの生活史戦略と繁殖，魚類の繁殖戦略 1（桑村哲生・中嶋康裕編），海游舎，pp.46-77.

Iguchi K., Matsubara, N. and Hakoyama, H. (2001): Behavioural individuality assessed from two strains of cloned fish, *Animal Behaviour*, 61, 351-356.

Jönsson E., Johnsson, J. I. and Björnsson, B. T. (1998): Growth hormone increases aggressive behavior in juvenile rainbow trout, *Hormones and Behavior*, 33, 9-15.

片野　修（1991）：個性の生態学―動物の個性から群集へ―，京都大学学術出版会．

川那部浩哉（1969）：川と湖の魚たち，中公新書．

川那部浩哉 (1976)：びわ湖アユのなわばりについて，氷期遺存習性説による一考察，生理生態，17, 395-399.

Koolhaas J.M., Korte, S.M., De Boer, S.F., Van Der Vegt, B.J., Van Reenen, C.G., Hopster, H., De Jong, I.C., Ruis, M.A.W. and Blokhuis, H.J., (1999): Coping styles in animals: Current status in behavior and stress-physiology, *Neuroscience and Biobehavioral Reviews*, 23, 925-935.

幸田正典・中嶋康裕（2004）：魚類の社会行動3，海游舎.

クレーマ J.（1990）：攻撃とは何か，どうぶつ社.

クレブス J. R.・デイビス N. B.（1987）：行動生態学（原著第2版），蒼樹書房.

桑村哲生・狩野賢司（2001）：魚類の社会行動1，海游舎.

桑村哲生・中嶋康裕（1996）：魚類の繁殖戦略1，海游舎.

桑村哲生・中嶋康裕（1997）：魚類の繁殖戦略2，海游舎.

ローレンツ K.（1970）：攻撃―悪の自然誌―，みすず書房.

Maynard-Smith J.（1985）：進化とゲーム理論―闘争の論理―，産業図書.

宮地伝三郎（1994）：アユの話，岩波書店.

Moyer K.E.（1968）: Kinds of aggression and their physiological basis, *Comm. Behav. Biol. A.*, 2, 65-87.

Munro A. D. and Pitcher T. J.（1983）：Hormones and agonistic behavior in fish. Control Processes in Fish Physiology (Rankin J. C. Pitcher T. J., and Duggan R. T. eds.), Croom Helm, pp. 155–175.

中野 繁（2003）：川と森の生態学―中野繁論文集―，北海道大学図書刊行会.

中嶋康裕・狩野賢司（2003）：魚類の社会行動2，海游舎.

Pottinger T.G.. and Carrick T.R.（2001）：Stress responsiveness affects dominant-subordinate relationships in rainbow trout, *Hormones and Behavior*, 40, 419-427.

Pottinger T.G. and Moran T.A.（1993）：Differences in plasma cortisol and cortisone dynamics during stress i two strains of rainbow trout (*Oncorhynchus mykiss*), *Journal of Fish Biology*, 43, 121-130.

Sakakura Y., Tagawa M. and Tsukamoto K.（1998）：Whole-body cortisol concentrations and ontogeny of aggressive behavior in yellowtail (*Seriola quinqueradiata* Temminck & Schlegel; Carangidae), *General and Comparative Endocrinology*, 109, 286-292.

Sakakura Y. and Tsukamoto K.（1999）：Ontogeny of aggressive behaviour in schools of yellowtail *Seriola quinqueradiata*, *Environmental Biology of Fishes*, 56, 231-242.

Sakakura, Y.（2006）：Larval fish behavior can be a predictable indicator for the quality of Japanese flounder seedlings for release, *Aquaculture*, 257, 316-320.

田中 克（1983）：海産仔魚の摂餌と生残―Ⅷ 被捕食(1)，海洋と生物, 28, 344-351.

ティンベルヘン（1955）:動物のことば―動物の社会行動―，みすず書房.

植松一眞・岡 良隆・伊藤博信（2002）：魚類のニューロサイエンス―魚類神経科学研究の最前線―，恒星社厚生閣.

# 22章　なわばり

> なわばりとは何だろう．よく口や耳にする言葉であるが，いざ説明するとなると難しい．平たく言うと，「動物が防衛している区域」のことである．脊椎動物のなわばり研究は，鳥類を対象に始まった．魚のなわばりも古くから知られていたが，野外で魚のなわばりが詳しく研究されるようになったのは，スキューバ潜水が普及してからのことである．魚類は種類が多く，生活や繁殖様式も，さらには生息環境も多様であり，様々ななわばりが明らかにされてきた．ここでは，魚類に特異的に見られているなわばりを紹介し，なわばりの分類，攻撃対象，重複性などについて検討する．

## §1. 研究の歴史

　脊椎動物のなわばり（territory）の研究は，他の生態的研究の場合と同様に，鳥類や哺乳類で始まった．「動物が単独や群れで他個体を排除し，独占して使用する区域」などとされるなわばりの定義は，鳥類での研究に基づいている．この定義はその後様々な動物群で用いられるようになる．なわばりを巡る個体間の関係は，動物の社会関係のうち最も一般的かつ重要なものの1つである．実際，なわばりに関する研究論文は数多い．

　国内外での魚類のなわばりの研究史をざっと見てみよう．国内での魚類のなわばり研究が本格的にはじまったのは，何と言ってもアユであり，磯魚や河川上流域でのサケ科魚類がこれに続いた．水槽飼育下でのなわばり研究も戦後間もなくなされるが，主流にはならない．国内では，なわばりは個体群や社会の問題として捉えようとする傾向が強かった（4章を参照）．このため，魚類のなわばり研究も主に野外調査としてなされた．幸いにも研究対象となる魚種が豊富で水も清澄だった日本ではそれができた．しかし，陸上からでは川やタイドプールの魚の詳細な行動観察は難しく，そのこともあってか，国内ではなわばり行動そのものの研究は，1980年頃まではあまり進まなかった．

　海外の事情は日本とはかなり対照的である．海外で戦前・戦後，魚のなわばりがよく研究されたのは欧州のイギリス，オランダ，ドイツなどである．これらの国では淡水魚種数（沿岸性の海産魚種も）が貧弱であり，主に行動観察はトゲウオなどを材料に水槽飼育下で研究された．よい研究対象魚がないため，アフリカ（植民地）から持ち込んだカワスズメ類なども水槽飼育し，一連の詳細な行動研究がなされた．そして動物行動学の流れの中で，鍵刺激の分析も含め詳細ななわばり（攻撃）行動の研究がなされた．

　1970年代，さらに1980年代になると，欧米でも国内でもスキューバ潜水による野外調査が盛んになってくる．調査地域は温帯の岩礁性魚類，珊瑚礁魚類やアフリカや中南米の熱帯湖の魚類，さらには冷帯の海産魚にも及ぶ．魚類のなわばり研究も例外ではなく，この頃から水中での詳細ななわば

り行動の観察がなされていった．1980年以降は，国内でも行動生態学の観点が浸透してゆく．この頃から国内でも飼育観察や実験によるなわばり行動研究が本格的に行われはじめる．

## §2. なわばりの経済学

なわばりは行動生態学研究にとって好材料の1つである．なわばり行動が，利益と出費の差額として検討できるからである．その研究例は多いが，厳密な実証研究は容易ではない．

なわばりを維持することで利益が得られる一方で，なわばりの維持には，時間やエネルギーの出費や闘争での負傷や捕食の危険という損失がかかる．理論的には，なわばりをもつことで得られる利益から防衛にかかる出費と損失（コスト）を引いた値（ここでは純利益と呼ぶ）がある程度大きい場合（純利益＞A），なわばりが維持されることになる（図22-1）．Aは，なわばりをもたない場合の純利益である．なわばり防衛のコストが利益を上回るようでは，もはやなわばりどころではない．アユのなわばり行動と摂餌行動の関係をみてみよう（図22-2）．他個体の侵入頻度が増加するにつれ，侵入者を追い出すのに忙しく，その分，餌の藻類を食う頻度が下がることがよくわかる．高い侵入頻度の状態が長く続くようだと，ほとんど餌を食えずなわばりを維持する意味は失われてしまい，放棄した方が「まし」ということになる．事実，生息密度が高くなってくると，アユはなわばりを解消し群れ生活をはじめるのである（井口，1996）．河川中流域でのアユのなわばりサイズはだいたい$1m^2$であるが，多くの動物でなわばりサイズの変異が多い．図22-1は，「利益-コスト」の純利益が最大になる時のなわばりサイズが所有者にとり最も都合がよく，これが最適なわばりサイズとなることを示すモデルである．

図22-3にタンガニイカ湖での藻食魚モーレイ*Tropheus moorei*の摂餌なわばりを示す（Kohda, 1991）．浅い場所では小さいなわばりが，深くなる程大きななわばりが維持されていることがわかる．餌である藻類の生産性は陽が強くあたる浅場がもっとも高く，深くなるとぐんと低くなる．浅場の岩は藻で覆われうっすらと緑色にぬめっているが，深場では岩の上には藻はほとんどなく，岩の地肌はざらざらしている．競争者の侵入頻度と侵入者への攻撃頻度も浅場ほど高いが，これらも深くなるほど（なわばりが大きくても）ぐんと低くなる．浅場では摂餌1回当たりの藻の摂取量も多く利益は最大と予想されるが，防衛コストも高い（図22-1b）．逆に深場では，利益もコストも低い（図22-1c）．このようにモーレ

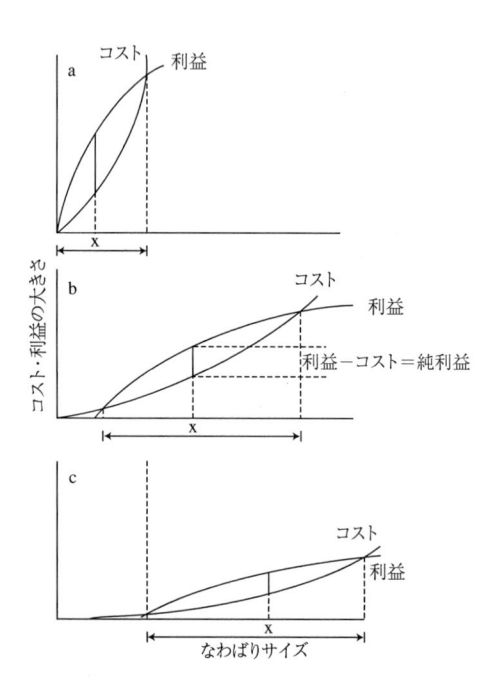

図22-1 なわばり維持でのコストと利益の関係を示すモデル．なわばりが大きくなるにつれ，利益は増えるがいずれ頭打ちとなる（使いきれない）．防衛コストはなわばりが大きくなると増大する．利益がコストを上回る範囲がなわばり維持の可能な範囲であり，「利益—コスト」（純利益）が最大になる値xが最適なわばりサイズとなる．なわばりをもつ場合，(a)：資源の豊富な場所では利益も多いが，侵入者も多くコストが高いのでサイズは小さくなる．(c)：資源の悪い場所ほど利益も少ないがコストも低いので，なわばりサイズは大きくなると予想される．ただし，利益・コストを正確に測定した実証研究は，タイヨウチョウなど一部に限られる．

イのなわばりサイズの水深での変異は，コストと利益の関係として考えることができる．

行動生態学の見方は，なわばりを個体の問題として捉え，それまでの個体群密度の調整機構として機能する（なわばりは個体群維持のため進化した）との群淘汰の考えを退けることになる．なわばりをもつという性質は，なわばりをもつ個体がもたない個体よりもより多くの子供を残せる（＝より繁殖成功が高い）ため，自然淘汰により進化してきたのだと考えられる．群淘汰での説明ではなく，その経済性からなわばりを個体レベルで説明したのは，行動生態学の大きな成果であるが，むろんそれでなわばりのすべてが理解できるわけではない．これから，魚特有に見られるなわばりやそれに関連する行動を紹介する．ここで紹介する魚類のなわばりから得られる知見は，魚だけにあてはまるのではなく，動物のなわばり一般に拡張できることがおわかりただけると思う．

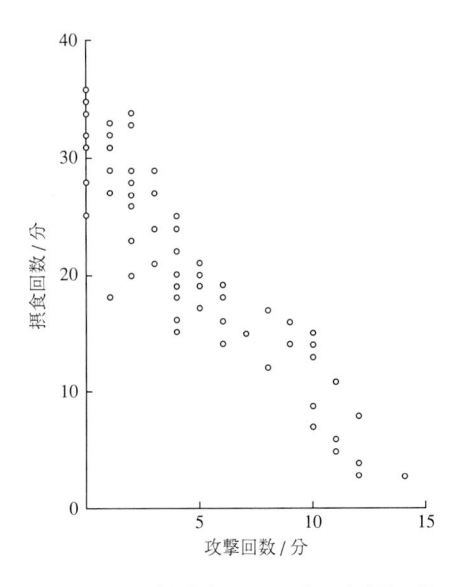

図 22-2 なわばりをもつアユが侵入者を追い払う頻度と藻を食む頻度．侵入者への攻撃頻度が上がると，摂食頻度が減少することがわかる．

## §3. 二重なわばり・三重なわばり

鳥類での研究から，これまで動物は 1 つのなわばりをもつと見なされてきた．魚類でも同様に考えられてきた．しかし，そうではない例が見つかってきた．「二重なわばり」や「三重なわばり」である．観察されたのは，いずれも珊瑚礁やタンガニイカ湖という，種多様性が高く競争種も多い魚類群集に生息するスズメダイ科やカワスズメ科魚類である（図 22-5；Kohda, 1984, 1997；幸田, 1993, 2003a）（私はセダカスズメダイで三重なわばりを発見したとき，驚きのあまり溺れそうになった．興奮さめやらぬ翌日，フィールドから研究室へ葉書きを送った．「トラ・トラ・トラ．ワレ三重縄張り発見セリ」．メールもない 1982 年，大学院の夏のことである）．

藻食性のスズメダイ類やタンガニイカ湖の岩場に棲む藻食性カワスズメ類には，餌資源を確保するための「摂餌（採食・採餌）なわばり」を維持する種が少なくない．この摂餌なわばりをもつ種では，雌雄に関係なく個々の個体がこのなわばりを年中もっている（表 22-1）．その主な攻撃対象は，スズメダイ類では多種多様な藻食性魚類（藻類も食べる雑食性魚類も含まれる；Low, 1971; Ebersole, 1977；Kohda, 1981, 1984），カワスズメ類では主に同属魚（これら藻食性カワスズメ類では食べる藻類が属ごとで特化しており，同属魚が主な餌の競争者となる）である（Takamura, 1984；Kohda, 1984）．いずれの種も摂餌域からこれら競争者を排除し摂餌なわばりとしている．餌の競争者だけを選択的に排除してい

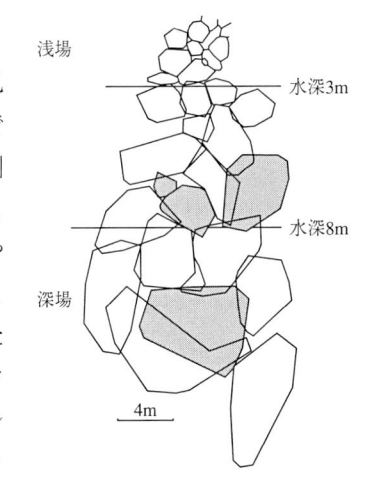

図 22-3 タンガニイカ湖の岩礁域でのトロフェウス・モーレイ *Tropheus moorii* の摂餌なわばり配置図．黒塗りは他種（*Petrochromis orthognatus*）の摂餌なわばり．深くなるほどなわばりが大きくなる．（Kohda, 1991 から）

表 22-1 スズメダイ類 5 種と藻食性カワスズメ類 9 種の雌雄でのなわばりの有無. ( ) 内は攻撃対象. ○は有, ×は無を示す. いずれの魚種でも雄の配偶なわばりは同種雄に, 巣場所なわばりは潜在的な卵捕食者(他種魚)に向けられる. 摂餌なわばりは, 雌雄ともに餌の競争者(主として他種魚)に向けられている. 雌が摂餌なわばりをもつ種では, 雄は三重なわばりに, 雌が摂餌なわばりをもたない種では, 雄もそれをもたず, 二重なわばりになることがわかる. 温帯性スズメダイ類では, 摂餌なわばりは雌雄とも 1 年中維持するが, 雄の配偶なわばりと子保護なわばりは繁殖期だけにあらわれる.

| 魚種 | 雄 | | | 雌 |
|---|---|---|---|---|
| | 配偶なわばり | 摂餌なわばり | 子保護(巣)なわばり | 摂餌なわばり |
| **スズメダイ科** | | | | |
| セダカスズメダイ | ○ (同種雄) | ○ (藻食魚類) | ○ (卵捕食魚) | ○ (藻食魚類) |
| S. プラニフロンス | ○ (同種雄) | ○ (藻食魚類) | ○ (卵捕食魚) | ○ (藻食魚類) |
| P. ミクロレピス | ○ (同種雄) | ○ (藻食魚類) | ○ (卵捕食魚) | ○ (藻食魚類) |
| ナガサキスズメダイ | ○ (同種雄) | × | ○ (卵捕食魚) | × |
| スズメダイ | ○ (同種雄) | × | ○ (卵捕食魚) | × |
| **カワスズメ科** | | | | |
| T. モーレイ | ○ (同種雄) | ○ (同属魚) | ○ (卵捕食魚) | ○ (同属魚) |
| Pt. ポリオドン | ○ (同種雄) | ○ (同属魚) | ○ (卵捕食魚) | ○ (同属魚) |
| Pt. トレワバサエ | ○ (同種雄) | ○ (同属魚) | ○ (卵捕食魚) | ○ (同属魚) |
| Pt. オルソグナータス | ○ (同種雄) | ○ (同属魚) | ○ (卵捕食魚) | ○ (同属魚) |
| Pt. ファミューラ | ○ (同種雄) | ○ (同属魚) | ○ (卵捕食魚) | × |
| Pt. ファスキオラータス | ○ (同種雄) | × | ○ (卵捕食魚) | × |
| Ps. クルビフロンス | ○ (同種雄) | × | ○ (卵捕食魚) | × |
| C. フルキフェル | ○ (同種雄) | × | ○ (卵捕食魚) | × |
| O. ナスータス | ○ (同種雄) | × | ○ (卵捕食魚) | × |
| L. ダ-デナイ | ○ (同種雄) | × | ○ (卵捕食魚) | × |

Kuwamura, 1987 ; 幸田, 1993 ; Kohda, 1995 より.
属名:S = *Stegastes*, P.= *Pomacentrus* , T.= *Tropheus*, Pt. = *Petrochromis*, Ps. = *Pseudosimochromis*, C. = *Cyasopharinx*, O. = *Ophtalmochromis*, L. = *Limnotilapia*
調査地ではファミューラの雌は摂餌なわばりをもたず, ファスキオラータスの群れに混じり, 混群を作っている.

るわけで, この選択的排除はかなり効率的ななわばり防衛といえる.

これらの魚種の雄の摂餌なわばりの中には産卵巣があり, 訪れた雌はそこで産卵する. 雄は, さらに産卵巣の周辺だけ(直径にして約 1m)を潜在的な卵の捕食者から防衛するのである(図 22-4). これは「卵保護(巣)なわばり」と呼ばれる. なわばりをもつこれらの雄を取り除くと, 卵(仔稚魚の場合もある)は攻撃していた種の魚にすぐに食われてしまう. 例えばセダカスズメダイの場合, 卵は 1 時間以内でベラ類やチョウチョウウオ類などに食い尽くされ, 餌はニザダイ科のハギ類やブダイ類の多数の個体に食われてしまう. このように摂餌なわばり, 卵保護なわばりは, それぞれ餌や卵を侵入魚から防衛する機能をもっているのである.

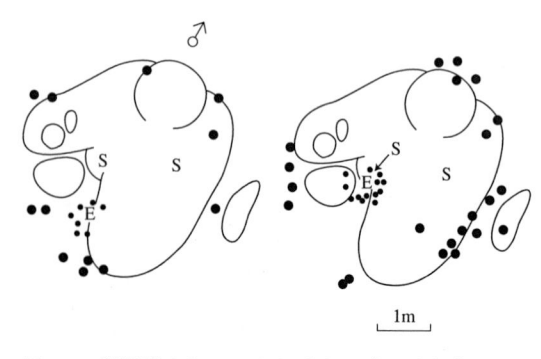

図 22-4 卵保護をしているセダカスズメダイ(*Stegastes altus*)雄のなわばり(同一雄). 曲線は海底地形. S は隠れ家, E は卵のある巣場所を示す. 大きな黒点は餌の競争者が攻撃排除された点, 小さな黒点は卵の潜在的捕食者が攻撃された点. 卵のある巣場所が変わるのにともない子保護なわばりの位置は変わるが, 摂餌なわばりの位置は変わらないことがわかる. また繁殖期でも卵がない場合, 卵保護なわばりは失われる. (Kohda, 1984 から)

さらに, スズメダイであれカワスズメであれ, いずれの種の雄も産卵に先立ち同種雌を求愛し巣へ導くことが観察される. 雌への求愛誇示行

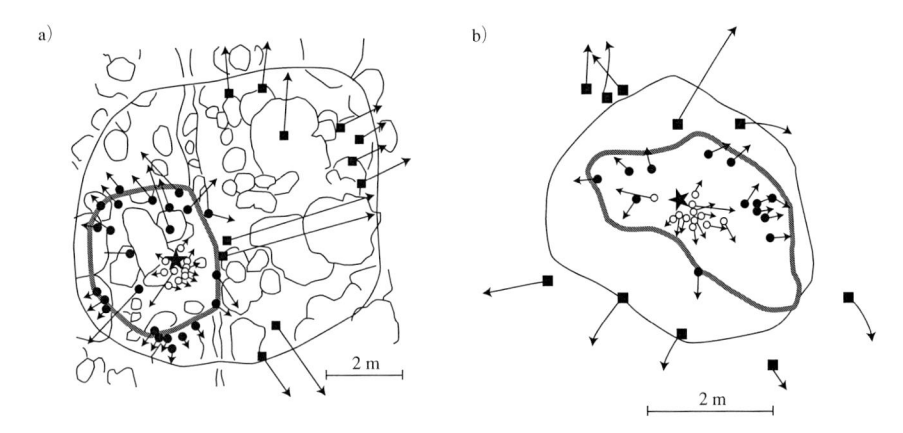

図 22-5 セダカスズメダイ (a) とタンガニイカ湖のカワスズメの一種，ポリオドン (*Petrochromis polyodon*) (b) の雄の三重なわばり．白丸は卵の捕食者，黒丸は餌の競争者，黒四角は同種雄の，それぞれ被攻撃地点と逃避軌跡．巣場所（★），摂餌域（太い黒線の内側），雌探索および求愛域（細い実線の内側．摂餌なわばりの外に広がる）．(a) の細い線は海底地形．なわばりサイズは2種で異なるが，なわばりの基本形態は同じである．ともに巣なわばりは巣の周辺，摂餌なわばりは摂餌域に，配偶なわばりは雌への求愛場所に広がる．(Kohda, 1984；幸田未発表資料から)

動がなされる場所は，ふつう摂餌なわばりの遠く外側にまで広がり，その広い求愛場所は同種の雄個体に対してのみ防衛されるのである（図 22-5）．このようななわばりは「配偶なわばり」と呼ばれ，雌への求愛場所を確保するためのなわばりとみなせる．配偶成功をあげるうえで雄にとり重要ななわばりといえる．スズメダイ類では，配偶なわばりと卵保護なわばりは雄が繁殖期の間だけ維持するのに対し，摂餌なわばりは雌雄ともに1年中維持する．このように1尾の雄がもつ配偶なわばり，摂餌なわばり，卵保護なわばりは，その攻撃対象，空間配置さらに維持される時期も互いに異なっており，容易に区別ができる（図 22-6）．すなわち，これらの魚種の雄は，配偶・摂餌・卵の保護という3つの別々の資源をそれぞれ確保するためのなわばりを，同時に重ねあわせて維持しているのである．これらをまとめて三重なわばりと呼ぶ．

摂餌なわばりをもたない種類では，雌雄ともに摂餌なわばりをもっていない（表 22-1）．例えば，同じ *Petrochromis* 属でも，普段は群れで藻類を食べるファスキオラータス（*P. fasciolatus*）や別属のカービフロンス（*Pseudosimochromis curbifrons*）は，雌雄ともに摂餌なわばりをもたない（4章社会の「群れ」を参照）．繁殖している雄は，配偶なわばりと巣なわばりしかもたないのである（Kuwamura, 1987）．スズメダイ類でも同じである．プランク

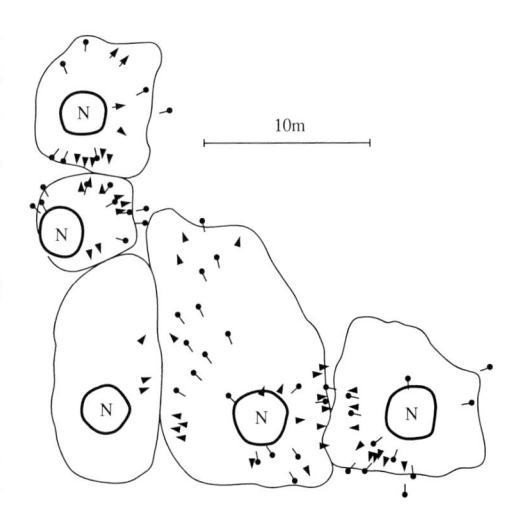

図 22-6 セダカスズメダイの雄5尾の三重なわばりの分布．摂餌なわばりの位置（太い黒線），卵保護なわばりの位置（N），雌探索域（大きな細い実線の内側），同種雄を攻撃しかけた地点（矢印），雌に求愛した地点（黒丸．黒丸の短い線分は誘導される巣場所の方向を示す）．同種雄を攻撃する場所は雌探索域と対応している．配偶なわばりの大きさや配置は雌求愛域と対応しており，摂餌なわばりとは独立していることがわかる．配偶なわばり，摂餌なわばり，卵保護なわばりは，決して同心円状に配置しているのではない．夏場の繁殖期が終わると，卵保護なわばりと配偶なわばりは消える．(Kohda, 1984 から)

トン食のナガサキスズメダイやスズメダイは普段は群がりないし群れで餌をとる．繁殖期になると雄は群れを離れ営巣し，訪れる雌に対し求愛し産卵をさせる．雄たちは配偶なわばりと卵保護なわばりをもつ．これらの雄が維持する配偶なわばりと卵保護なわばりをあわせて二重なわばりと呼ぶ．摂餌なわばりをもつ魚種の雄は，繁殖期にこの二重なわばりをさらに合わせもつことで三重なわばりを維持することになる（幸田 2003a,b）．なお，二重なわばりは基質産卵性のベラ科など様々な科の魚類でも，簡単にではあるが記載されている．

## §4．なわばり分類

なわばりの分類も鳥類の観察事例に基づいてなされてきた（表22-2）．いずれの分類も動物は1つのタイプのなわばりを維持していると考えている．鳥類学者の Mayr（1935）は，
　　A型なわばり：ペアで繁殖する鳥類で，その中ですべての活動を行うなわばり（全目的なわばり），
　　B型なわばり：その中で交尾，営巣するが摂餌は外で行うなわばり（多目的なわばり），
　　C型なわばり：求愛と交尾だけをするなわばり（配偶なわばり）
　　D型なわばり：巣だけが防衛されるなわばり（巣なわばり）
の4つを提唱した．A型とB型なわばりは，「繁殖なわばり」と呼ばれることもある．このなわばり分類などをもとに，伊藤（1978）は表22-2で示す6つのなわばりを提唱した．E型がねぐらや隠れ家を，F型が餌だけを防衛するなわばりである．これらの分類に従うと魚類の二重なわばりや三重なわばりはどう分類されるだろうか．

　求愛，産卵，営巣，摂餌のすべての活動がその中でなされる三重なわばりはA型なわばりにあてはまるだろう．二重なわばりは，餌を採る場所によってA型なわばりかあるいはB型なわばりになるだろう．しかし，先ほどみたように三重なわばりは，互いに別個の，配偶なわばり・摂餌なわばり・子の保護（巣）なわばりを同じ雄が同時に維持したものと見なすべきでもある．これら3つのなわばりは，攻撃する対象，防衛する空間，守るべき資源も異なっており，時期的にも独立に維持されているのである（幸田, 2003a,b）．すなわち，三重なわばりでは雄は，C，D，F型なわばりという3つの「単機能なわばり」を重ねあわせて維持しているのである（表22-2）．同じく二重なわばりではCとD型をあわせもっている．このように二重，三重なわばりから見ると，従来のA型，B型なわばりという多目的（繁殖）なわばりは，単機能なわばりが重なったものとみなす方が実際にあっている．A型なわばりは，C，D，F型が合わさったものであり，B型はCとDが重なったものとなる．そもそも，動物の個体がなわばりをもつ際の動機付けという面で考えても，雌を求める性的なもの，餌を求めてのもの，そして子供の安全確保は，いずれもまったく異なっている．

表22-2　鳥類の研究に基づいて作られた，なわばり分類（伊藤，1978から）．

| | |
|---|---|
| A型 | 隠れ場所，求愛，交尾，造巣，大部分の食物集めを行う大きな防衛区域（全目的型なわばり, All purposes territory） |
| B型 | 交尾，営巣を含むが，食物はその外で取る大きな防衛区域（多目的型なわばり, Multi-purposes territory） |
| C型 | 求愛と交尾だけを行い，巣作りをしない防衛区域（配偶なわばり, Mating territory） |
| D型 | 巣とそのまわりの小さな区域（子保護（巣）なわばり, Brood guarding (nesting) territory） |
| E型 | 休息場所，隠れ場所，塒を防衛する小さな区域（塒，隠れ家なわばり, Roosting territory） |
| F型 | 繁殖に無関係に食物を保証する防衛区域（摂餌（採食，餌）なわばり, Feeding territory） |

（　）：なわばりの名称．

このようななわばりの例もある．タンガニイカ湖のペッフェリーは，雌が卵や子供を口内保育するカワスズメである．朝，複数の雄が砂地に石が点在する配偶区域に集まり，同種雄に対する配偶なわばりを維持する．そこへは雌が産卵に訪れる．朝の産卵が終ると雄は配偶区域から離れた岩場へと移動しエビを専食する．そこでは摂餌なわばりを維持する（Ochi, 1993）．この魚の場合，雄は明らかに2つの単機能なわばりを，場所をかえて維持しているのである．

魚での二重，三重なわばりを見てくると，鳥類でも全（多）目的なわばりは1つのなわばりなのではなく，単機能なわばりが同所的かつ同時的に維持されたもの，とみなすべきだと思われる．しかし，全（多）目的なわばりであっても，その攻撃対象が同種個体だけしかいない場合は，なわばりの多重性はなかなか表面化してこない．温帯の鳥類のなわばりでは，求愛と交尾の時期（なわばりは大きい），抱卵期（小さい），育雛期（大きい）と，同種個体に対するなわばりサイズが繁殖ステージに応じて変化することがよく知られている．これは，なわばりの多重性が現れたものと考えられる．求愛，交尾の時期には配偶なわばりを，抱卵期には巣なわばりをもつと見なせる．どうやら鳥類の全（多）目的なわばりも，単一のなわばりではなさそうである．鳥類での三重なわばりは，摂餌なわばりを餌の競争種に対し防衛する（つまり種間縄張りをもつ）熱帯域のハチドリなどで期待される．

## §5. なわばりの防衛対象（種内なわばりと種間なわばり）

これまでは，なわばりの攻撃対象は同種個体であるとする見方が主流であったし，今でもその意見は根強い（例えば，伊藤，1978, 1987; 濱尾，2004）．また，近縁種の間で起こるなわばり攻撃は，同種との「見誤り」により生じるのだとする見方も多かった（ローレンツ，1970）．スズメダイ類やカワスズメ類の二重・三重なわばりでは，同種雄と他種魚の被攻撃地点は明らかに異なる．つまりなわばり雄は同種雄と他種魚（三重なわばりの場合は，餌の競争者とそれ以外のもの）を「正しく」見分けており，彼らの種間攻撃は見誤り説では到底説明できない．

雌への求愛場所を防衛する配偶なわばりでは，すべての種において攻撃は同種の雄だけに向けられている（表22-1）．表22-1の2科以外の魚類でも，配偶なわばりが明らかである場合，知られるすべてのケースで，その攻撃対象は同種雄個体である．雌をめぐり競争関係となる相手はむろん同種の雄でしかなく，このため配偶なわばりはどのような生物群集であろうが，同種雄から防衛されることとなる（ただし性役割が逆転し，雌が配偶なわばりをもつ場合，その攻撃対象は同種雌になる）．これに対し，藻食性のスズメダイ類やカワスズメ類の摂餌なわばりは，同種個体だけではなく餌の競争種からも防衛される種間なわばりになっている．様々な潜在的な卵捕食魚に対し防衛される卵保護なわばりも他種に対する種間なわばりである．このように，魚類では競争者や潜在的な競争者（子供の捕食者を含め）がいる場合，生態的資源を守るなわばりは，それら競争種をも排除する種間なわばりとなることがむしろ普通である（Kohda, 1984, 1997; 幸田，2003a,b）．先ほど述べたように，これらの雄を除去すると，防衛すべき餌あるいは卵や仔稚魚は，排除していた侵入種にすぐに消費されてしまう（Kohda, 1984）．

一方，京都府下のアユのように，競争者がいない場合は，当然ながらなわばりの防衛対象は同種個体だけになる．しかし，同じ藻類を専食するボウズハゼが分布する南日本の河川では，アユはこのハゼも排除するのである．スズメダイ類やカワスズメ類の場合，珊瑚礁や熱帯湖という多様な競争者が生存する種多様性の高い魚類群集に生息するからこそ，種間なわばりをともなう二重なわばりや三重

なわばりが顕在化したのである．

　生態的資源を防衛する場合，他種競争者が存在すると種間なわばりになるが，なわばり所有者と他種侵入者との競争の程度は様々である．例えば藻食魚のなわばり所有者にとり，同じ大きさの侵入者であっても，何でも食べる種類に比べ自分と同じ藻類だけを専門に食べる侵入者の方が，競争の程度は遥かに高い．摂餌なわばりを防衛する際，セダカスズメダイは藻類専食のハギ類に対しては摂餌なわばりの最も外側で激しく攻撃するのに対し，雑食のキタマクラやブダイに対しては，攻撃の程度が弱く，なわばり境界の内側で攻撃される（Kohda, 1984）．このことは，同属のスズメダイの一種（Myerberg & Thresher, 1974）や，ベントス食のカワスズメ（Matsumoto & Kohda, 2004）の摂餌なわばりでも報告されている．さらに同様のことは，卵保護なわばりでも知られている（Nakano & Nagoshi, 1990）．タンガニイカ湖の基質産卵性のカワスズメの一種トアエ *Neolamprologus toae* は，巣の周辺に卵（子）保護なわばりを形成する．仔魚食性の最も危険な魚は巣から最も遠くで攻撃され，仔魚捕食の危険の程度がやや低いベントス食魚種はやや内側まで，そして危険性の低い藻食魚は巣の近くまで接近が許される．このように同じ種間なわばりでも，競争の程度に応じ攻撃の程度を変えることが多い．なわばりの所有者は，多様な競争者をかなり細かく見分けられるようであり，そして競争の程度に応じた攻撃の強さの調整は，なわばり防衛の上で効果的だと思われる．

　では，種間なわばりをもつスズメダイ類などのなわばり所有者は，どのように侵入者を見ているのだろうか．種認識の問題である．セダカスズメダイ（セダカ）は全長5cm以上の侵入魚のうち，体高比（＝体高／尾叉長×100）が32以上の魚種を系統，体色，体模様に関係なく攻撃している．私は，彼らが摂餌なわばりから競争者を攻撃するのが，侵入者の平たい体型の魚であることをプラスティック板で作ったモデルを用いて示した（Kohda, 1981）．南日本の沿岸魚では体高比32以上の平たい魚には藻食・雑食魚が多いのである．セダカは，①セダカの攻撃を引き起こす鍵刺激は侵入者の平たい形である，②平たい形の侵入者を攻撃することで，結果的に餌の競争者を排除している，というのが私の結論であった（Kohda, 1981）．しかし，この実験は「経験剥奪実験」をしていない．つまり，セダカの攻撃行動は，他種魚の餌の食べ方を見て，どれが競争者であるかを学習したという可能性を完全に否定できておらず，学習の結果各個体が平たい形の魚を攻撃するようになった可能性が残る．またそれにより攻撃すべき魚のイメージをつくったのかもしれない．近縁種で学習により攻撃対象が変わることを示した研究もある（Losey, 1982）．しかし，その後種間なわばりでのなわばり所有者の種認知の問題についてはほとんど研究がなされてない．この問題についても，今後古典的行動学の枠を超えた研究が必要である．

　藻食性スズメダイ類やカワスズメ類を別にすれば，これまで魚類でも，そして鳥類でも種間なわばりの報告は多いとはいえない．その理由はいくつか考えられる．①温帯域という競争種が比較的少ない場所での研究が多かったこと．ここでは主な競争者は同種個体であり，種内なわばりになることが多い．京都府のアユや温帯での鳥類のなわばりがこれにあたる．②繁殖生態の研究にともない配偶なわばりが研究されることが多かったこと．配偶なわばりは種間なわばりにはならない．そして，③たとえ他種への攻撃が観察されても，研究対象として取り上げられなかった．なわばりは種内の問題だとする観点ではたまに起こる他種への攻撃は無視されてしまう．鳴禽類を研究している複数の同僚研究者によると，温帯の小鳥類でも，巣の周辺では卵や雛の潜在的捕食者である他種の鳥などに対して「巣なわばり」をもつことが多いとのことである．しかし，これが論文として記載されることはまず

ない．今後は種間関係やギルド群集を考える上でも，種間なわばりにもっと焦点があてられるべきかと思われる（4章の種間社会を参照）．

## §6. 二重，三重なわばりによる多種共存

藻食のなわばり性スズメダイやカワスズメ類は，同所的に複数種が共存していることが多い．タンガニイカ湖の浅い岩礁域では *Petrochromis* 属の複数種がなわばりを接し共存している（図22-7；Kohda, 1998）．図の調査区では大きく優位なポリオドンの雄の他にトレワバサエ，ファミューラが共存している．これら3種のなわばり雄はいずれも三重なわばりをもつ．このなかで最も大きく優位なポリオドンの雄は大きな配偶なわばりをもつために，その摂餌なわばりは互いに離れ，その間にはポリオドンの雌の他に劣位なトレワバサエやファミューラの摂餌なわばりが入り込む．さらにトレワバサエやファミューラの雄同士も，同種雄に対する配偶なわばりのため，やはり雄同士の摂餌なわばりは間置き的に配置される．このように配偶なわばりのため，雄は摂餌なわばりで生息地を埋め尽くすことが難しい．つまり強い種内競争（配偶なわばり）のため雄の摂餌なわばりは間置きに配置され，劣位種の共存を可能にしているのである．この共存機構はモデル研究により一般化されている（Mikamiら，2004）．このように，種内・種間なわばりを含む三重なわばりは，近縁種共存をはじめ群集構造にも大きく影響している．

種間なわばりをもつスズメダイ類も同所的に数種が共存していることが多い．Sale（1978）は，これらの魚がなわばりをもてるかどうかは，競争力の差異ではなく，定着時に空間の空きがあるかどうかといういわば「運」によるのだと考えた（くじ引き仮説）．そしてこの「運」の効果はいろいろな実験で確認されている．摂餌なわばりをもつスズメダイの雄は三重なわばりをもつ．これらスズメダイ類の共存でも，配偶なわばりでの同種雄間の強い排他性が近縁種共存に機能している可能性は高いが，研究はまったくない．

## §7. なわばり重複と体長差の原理

哺乳類や鳥類とは対象的に，魚類は性成熟後も成長を続ける（非限定成長）という特徴をもつ．そのため，個体群内で個体の体長に大きな変異があることが多い．体長が大きく異なる個体間では必要な資源が異なり，それに伴い競争関係が弱まることがある．その結果，体長が異なる個体間では排他的な関係が弱まり，同種個体のなわばりが大幅に重複する

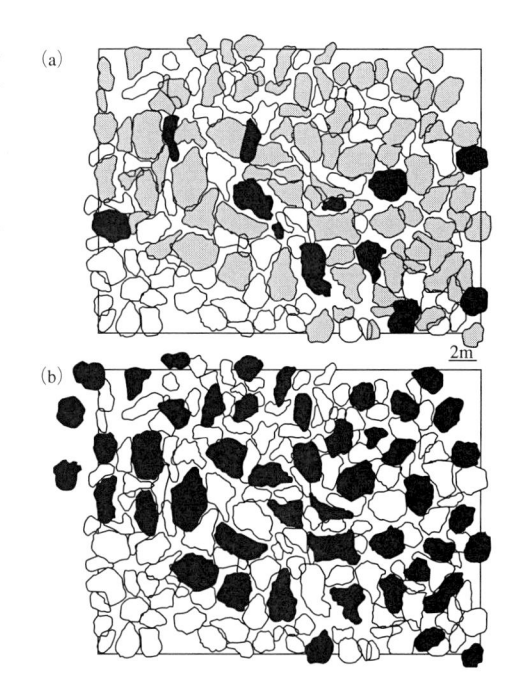

図22-7 浅い岩場で共存する藻食性のカワスズメ3種，ポリオドン（*P. polyodon*），トレワバサエ（*P. trewavasae*），ファミューラ（*P. famula*）の3種の摂餌なわばりの空間配置．a) ポリオドン（ぼかし塗りの区域），トレワバサエ（白抜きの区域），ファミューラ（黒塗りの区域．雄のみ）．b) ポリオドンの雄の摂餌なわばり（黒塗り）とそれ以外の摂餌なわばり（白抜き）．最も優位なポリオドンの雄の摂餌なわばりは，配偶なわばりのため間置き配置になっている．ファミューラの雄の摂餌なわばりも同様に間置き配置になっている．この間置き配置は3種の共存を促進している．（Kohda, 1998から）

ことが知られている．これは「なわばり重複」（territory overlapping）と呼ばれる現象である．このなわばり重複，成体のサイズの変異が小さい鳥類や哺乳類で見られることはない．

摂餌なわばりにおけるなわばり重複の例として，タンガニイカ湖のベントス食魚ロボキローテス（ロボ：*Lobochilotes labiatus*；Kohda and Tanida, 1996; Kohda ら，2008）やタカノハダイ（松本，2003）などがあげられる．ロボのなわばりは，(a)～(g)の7つのサイズクラスの個体がのべ6回なわばりを重複させる（図22-8）．ロボの場合その特殊な口器の形態のため，サイズクラスが隣り合う個体間でも利用する摂餌場所が異なり，餌資源の分割（ニッチ分化）が起こっているのである（Kohdaら，2008；図22-9）．なわばりを重複させる隣接サイズクラスの個体間では大きな個体が優位となるが，サイズクラスがある程度離れると干渉はなくなる．一方，サイズが似た同じサイズクラスの個体同士は資源重複が大きく競争関係にあり，なわばり関係が維持される（Kohda ら，2008）．ロボの場合，隣接する個体間でのサイズ比率（大／小）はほぼ平均1.28であり，この値は偶然の組み合わせとは統計的に有意に異なる．この数値はハッチンソン則（Hutchinson's rule）での共存する競争種間の平均サイズ比1.28とほぼ同じである（この規則は近縁種や資源競争種は，体サイズを違え資源分割することで共存することがあるという経験則であるが，例外が多く論争の決着はまだついていない）．ロボのなわばり重複はギルド構造のモデルシステムとも呼べる存在であり，ハッチンソン則を強く支持する（Kohda ら，2008）．現在これらの魚類のなわばり重複と動物群集（ギルド）での「サイズの違いに基づく資源分割（とニッチ分化）」という類似性やその成立条件などについて，研究が進められている（Buston & Cant, 2006; Kohda ら，2008）．

なわばり重複は，配偶なわばりでも起こる（Fujita, 1997）．体内受精魚であるカサゴは12月頃交

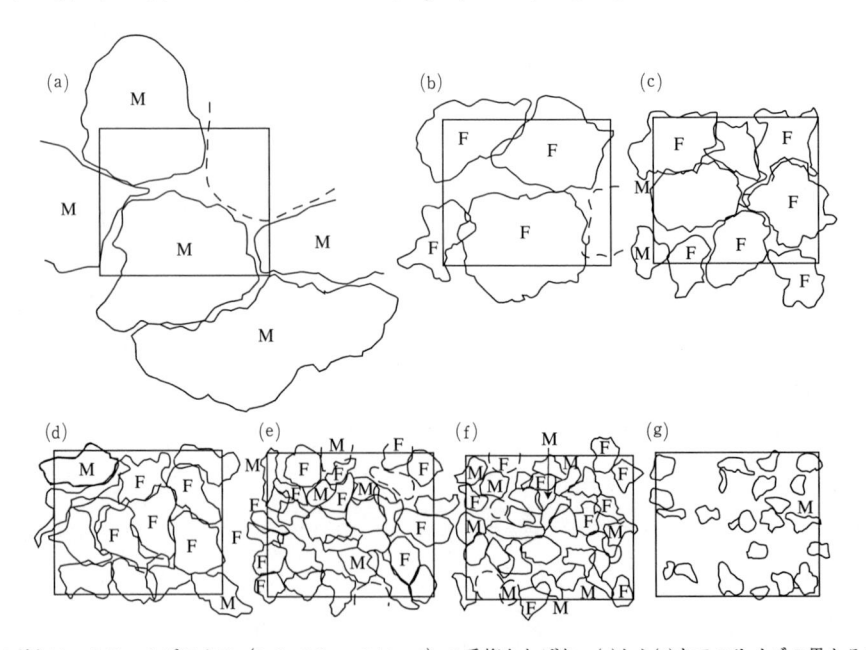

図22-8 ロボキローテス・ラビアタス（*Lobochilotes labiatus*）の重複なわばり．(a)から(g)までのサイズの異なる個体のなわばりが都合7回も重複している．しかし同じサイズクラスの個体はなわばりを張り合い，なわばり重複はおこらない．全長（cm）は(a)：27～30, (b)：20～22, (c)：16～17, (d)：13～14, (e)：10～11, (f)：7～9, (g)：5～7．M：雄，F：雌．最大クラス(a)は大型の雄だけであるが，他のクラスには雌雄が含まれる．四角形は同じ調査区を示す．隣接するサイズクラスの個体間では，ニッチ分化が起こり，競争関係が弱まっている．このような種内での重複なわばりは，成体の大きなサイズ変異がない鳥類や哺乳類では見られない．（Kohda ら，2008から）．

図 22-9 ロボキローテス．今まさに，隙間で餌をとろうとしている．

尾期を迎え，雄はこの時期にだけ配偶なわばりを維持する．カサゴの交尾は，大きな雄は大きな雌と，小さな雄は小さな雌とのあいだで起こる．最大クラス（全長約 30cm）の雄は大きななわばりをもち，互いになわばりを張り合う．彼等はなわばり内にいる大型の雌に求愛する．中型や小型の雄は同サイズの雄同士でなわばりを張り合い，それぞれ中型，小型の雌に求愛する．そしてサイズの異なる雄間ではなわばりは大幅に重複するのである．カサゴではサイズの異なる雄が都合 3～4 回なわばりを重複させているが，重複個体間では求愛・交尾対象である雌個体のサイズがずれており，やはり「資源分割」が起こっている．なわばりが重複する雄個体間では，大きな雄が優位となる．

以上のようにサイズの違いで資源分割ができる魚類がなわばりをもつ場合，似たサイズの個体はなわばり関係になるが，サイズの異なる個体間ではなわばり重複がおこり，そこでは体長依存の順位関係が認められることになる．このように同種個体間で，体長の差異が小さい場合はなわばり関係に，大きい場合には行動圏を重複させ順位関係になる現象は「体長差の原理（size principle）」と呼ばれる（Kuwamura, 1984）．しかし，ここでは体長の差より体長の比率が大事なのであり，「体長比の原理」と呼ぶべきかと思われる．

## §8. 紳士協定・親愛なる敵現象

鳥類や哺乳類では，なわばりが一旦確立すると隣接個体はすみやかに互いを認知し，直接的な闘争を避けるようになることが知られている．隣人同士は互いになわばり境界を尊重し普通は越境しない．これが守られると隣人同士は互いに害を及ぼす敵ではなくなり，無駄な争いをしなくて済むことになる．このため，なわばりの所有者は隣人とよそ者を識別し，境界線も心得ない新参者がなわばり近くに来ると容赦しないが，侵入しない隣人には寛容になる．このような関係では，極めて高い社会性が保たれているといえる．このような隣人関係は「紳士協定」や「親愛なる敵効果（dear enemy effect）」と呼ばれ，鳥類では数多くの報告がある．なわばり闘争は，時間やエネルギーのロス，怪我や被食の危険を伴うため，この紳士協定はなわばり闘争を減らすため，隣接者双方にとり利益があると考えられる．

最近，魚類にもこの隣人関係があることが水槽実験で検証された（例えば Leiser and Itzkovitz,

1999).対象魚種は南米産カワスズメである.魚もこのくらいのことはするのである.鳥類では,この紳士協定が「しっぺ返し」(tit-for-tat)戦略に基づくことが示唆されている(Godard, 1993; Hyman, 2002; Nowakら, 2004).つまり裏切って隣のなわばりに侵入すれば,相手から大きな罰を受けるという条件があると,互いになわばり境界を尊重し紳士協定を守るというのである.魚類でも同じ原理で紳士協定が維持されている可能性は十分考えられるが,今のところ研究例はまったくない.

小型の底生性の魚類のもつ縄張りは小さく,その姿は丸見えの状態で観察できる.鳥や哺乳類ではこうはいかない.大雑把に言うとなわばりサイズの直径は,魚なら数m,鳥なら100m,大型哺乳類ならkm単位が普通である.なわばりサイズは4桁も5桁も違うのである.鳥類ではすぐ視界から消えてしまうし,そもそも野生の中型大型哺乳類は遠くからでも目撃することが難しい.さらに魚では水槽飼育観察・実験も容易に行える.種数が多いのも魚であるし,種間なわばりとなると,もはや魚の独壇場である.なわばり重複にいたっては魚でしか見られない.魚類だからできる,魚類でしかできないなわばり研究もある.行動生態学のコスト・利益の視点からのなわばり経済の研究は一段落した気配がある.しかし,なわばりの研究は文中で述べた課題の他に新たな課題も今後も見つかってくるだろう(4章も参照).魚類のなわばり研究では,今後も面白い成果がいくつも出てくるだろうし,これからの発展が大いに期待される.

(幸田正典)

## 文献

Buston P.M. and Cant M.A. (2006) : A new perspective on size hierarchies in nature: patterns, causes, and consequences, *Oecologia*, **149**, 362-372.

Ebersole J.P. (1977) : The adaptive significance of interspecific territoriality in the reef fish *Eupomacentrus leucostictus, Ecology*, **58**, 914-920.

Fujita, H. (1997) : Reproductive ecology of the viviparous scorpionfish *Sebastiscus marmoratus*, 大阪市立大学,学位(理学)論文.

Godard R. (1993) : Tit for tat among neighboring hooded warblers, *Behav. Ecol. Sociobiol.*, **33**, 45-50.

濱尾章二(2004):生態学事典(巌佐庸他編集),共立出版,pp. 443-444.

堀道雄(1993):タンガニイカ湖の魚たち(堀道雄編),平凡社, pp. 120-142.

Hyman J. (2002) : Conditional strategies in territorial defense: do Carolina wrens play tit for tat? , *Behav. Ecol.*, **13**, 664-669

井口恵一郎(1996).:魚類の繁殖戦略1,海游舎, pp. 42-77.

伊藤嘉昭(1978):比較生態学,岩波書店.

伊藤嘉昭(1987):動物の社会,東海大学出版会.

幸田正典(1993):タンガニイカ湖の魚たち,平凡社, pp.143-160.

幸田正典(2003a):生態学事典,(巌佐庸他編),共立出版, pp.444-445.

幸田正典(2003b):魚類の社会行動2(中嶋,桑村編),海游舎, pp. 1-35.

Kohda M. (1981) : Interspecific territoriality and agonistic behavior of a temperate pomacentrid fish, *Eupomacentrus altus* (Pisces: Pomacentridae), *Z. Tierpsychol.*, **56**, 205-216.

Kohda M. (1984) : Intra- and interspecific territoriality of a temperate damselfish *Eupomacentrus altus* (Teleostei: Pomacentridae), *Physiol. Ecol. Japan.*, **21**, 35-52.

Kohda M (1991) : Intra- and interspecific social organization among three herbivorous cichlid fishes in Lake Tanganyika, *Jpn., J., Ichthyol.*, **38**, 147-163.

Kohda M. (1995) : Territoriality of male cichlid fishes in Lake Tanganyika, *Ecol. Freshw. Fish*, **4**, 180-184.

Kohda, M. and Tanida K. (1996) : Overlapping territory of the benthophagous cichlid fish, *Lobochilotes labiatus*, in Lake Tanganyika, *Env. Biol. Fish.*, **45**, 13-20.

Kohda M. (1997) : Fish Communities in Lake Tanganyika. (eds. Kawanabe H, Hori M., Nagoshi M) Kyoto University Press, Kyoto, pp. 105-120.

Kohda M., Shibata J., Awata S., Gomagano D., Takeyama T., Hori M. and Hek D. (2008) : Niche differentiation depends on body size in a cichlid fish: a model system of a community structured according to size regularities, *J. Anim. Ecol.*, **77**, 859-868 .

Kuwamura T. (1984) : Social structure of the protogynous fish *Labroides dimidiatus, Publ. Seto Mar. Biol. Lab.*, **29**, 117-177.

Kuwamura T. (1987): Male mating territory and sneaking in a mouthbrooder, *Pseudosimochromis curvifrons, J. Ethol.*, 5, 203-206.

Leiser J.K. and Itzkowitz M. (1999) : The benefits of dear enemy recognition in three-contender convict cichlid (*Cichlasoma nigrofasciatum*) contests, *Behaviour*, 136, 983-1003.

Losey G.S. Jr. (1982) : Ecological cues and experience modify interspecific aggression by the damselfish, *Stegastes fasciolatus, Behaviour*, 81, 14-37.

Lorents, K (ローレンツ, K) (1970):攻撃 (日高, 久保訳), みすず書房.

Low R.M. (1971) : Interspecific territoriality in a pomacentrid reef fish, *Pomacentrus flavicauda* Whitley, *Ecology*, 52, 648-654, (1971).

松本一範 (2003):魚類の社会行動2 (中嶋, 狩野編), 海游舎.

Matsumoto K. and Kohda M. (2004) : Territorial defense against various food competitors in the Tanganyikan benthophagous cichlid *Neolamprologus tetracanthus, Ichthyol. Res.*, 51, 354-359.

Mayr E. (1935) : Bernard Altum and territory theory, *Proc. linn. Soc.*, 45-46, 24-38.

Mikami O.K., Kohda M. and Kawata M. (2004) : A new hypothesis for species coexistence: male-male repulsion promotes coexistence of competing species, *Popul. Ecol.*, 46, 213-217 .

Myrberg A.A. and Thresher R.E. (1974) : Interspecific aggression and its relevance to the concept of territoriality in reef fishes, *Amer. Zool.*, 14, 81-96.

Nakano S. and Nagoshi M. (1990) : Brood defence and parental roles in a biparental cichlid fish *Lamprologus toae* in Lake Tanganyika, *Ichthyol. Res.*, 36, 468-476.

Nowak M.A., Sasaki A., Tayler C. and Fudenberg D. (2004) : Emergence of cooperation and evolutionary stability in finite population, *Nature*, 428, 646-650.

Ochi H. (1993) : Maintenance of separate territories for mating and feeding by males of a maternal mouthbrooding cichlid, *Gnathochromis pfefferi*, in Lake Tanganyika, *Jpn. J. Ichthyol.*, 40, 173-182.

Sale P. (1978) : Coexistence of coral reef fishes. – A lottery for living space, *Env. Biol. Fish.*, 3, 85-102.

Taborsky M. (1994) : Advanced in the Study of Behavior 23 (Slater P.J., Rosenblatt J.S., Snowdon C.T., Milinski M. eds.) , Academic Press, pp. 1-100.

Takamura K. (1984) : Interspecific relationships of Aufwuchs-eating fishes in Lake Tanganyika, *Env. Biol. Fish.*, 10, 225-241.

Thresher R.E. (1976) : Field analysis of the territoriality threespot damselfish, *Eupomacentrus planifrons* (Pomacentridae), *Copeia*, 1976, 266-276.

# 23章　群れ行動

> 　生物は生息空間にランダムあるいは均一に散らばることはまれであり，通常なんらかの集中分布を示す．水たまりの表面に集まったミジンコからニホンザルの社会集団まで，動物の集中分布には広く「群れ」という言葉が適用される．なかでも魚類の群れは，サイズのそろった個体が一定の距離を保ち，また各個体の動きが同調して，全体があたかも1つの生物であるかのように動きながら有機的な機能をもつという点で特徴的である．
>
> 　食卓に上る魚の多くは，群れをつくる魚である．すべての魚のうちおよそ半分は少なくとも稚魚期には群れを形成し，そのうち半分は成魚になってからも群れを維持する（Shaw, 1978）．それでは，群れをつくることには，どのような利点があるのだろうか？　群れが全体として有機的に機能するために，魚たちはどんな工夫を凝らしているのか？　どの感覚器が関与しているのか？　生まれてすぐに群れをつくれるのか？　本章では，群れに関するこれらの古典的な疑問に答えるとともに，関連分野の最新の知見を紹介することに努めた．

## §1. 群れの機能の多様性

　そもそも外洋にいる生物では，魚でなくてもイルカもイカもオキアミも，魚の群れとよく似た群れをつくる（図23-1）．このことから，水中という三次元空間を自由に往来する海洋生物にとって，群れをつくるというのは少なからず有利なことであるに違いない．多くの分類群の魚種が，群れという行動を平行進化させたと考えるのが自然であろう．

　一方で，群れを形成しない魚もいる．カサゴやカレイ類のように海底生活を基本とする魚では，群れ行動はあまり一般的ではない．

　群れの機能について議論する際，群れに加わることのコストと利益について常に考えを巡らす必要がある（Pitcher and Parrish, 1993）．群れをつくれば，いくつかの利益がある反面，群れをつくることによってかえって敵から目立つこともあるし，餌不足に陥るかもしれない．魚はしばしば両者を天秤にかけ，群れを形成するか単独で留まるかの選択をしているのだ．

　「魚はなぜ群れをつくるのか」という問いに対しては，古来多くの説があげられてきたが（井上, 1981；有元, 2007），それらのうち比較的広く受け入れられているものについて5つに分けて整理することができる（益田, 2006）．すなわち，捕食者の回避，索餌の最適化，学習の場，繁殖相手の確保，そして回遊精度の向上の5点である．

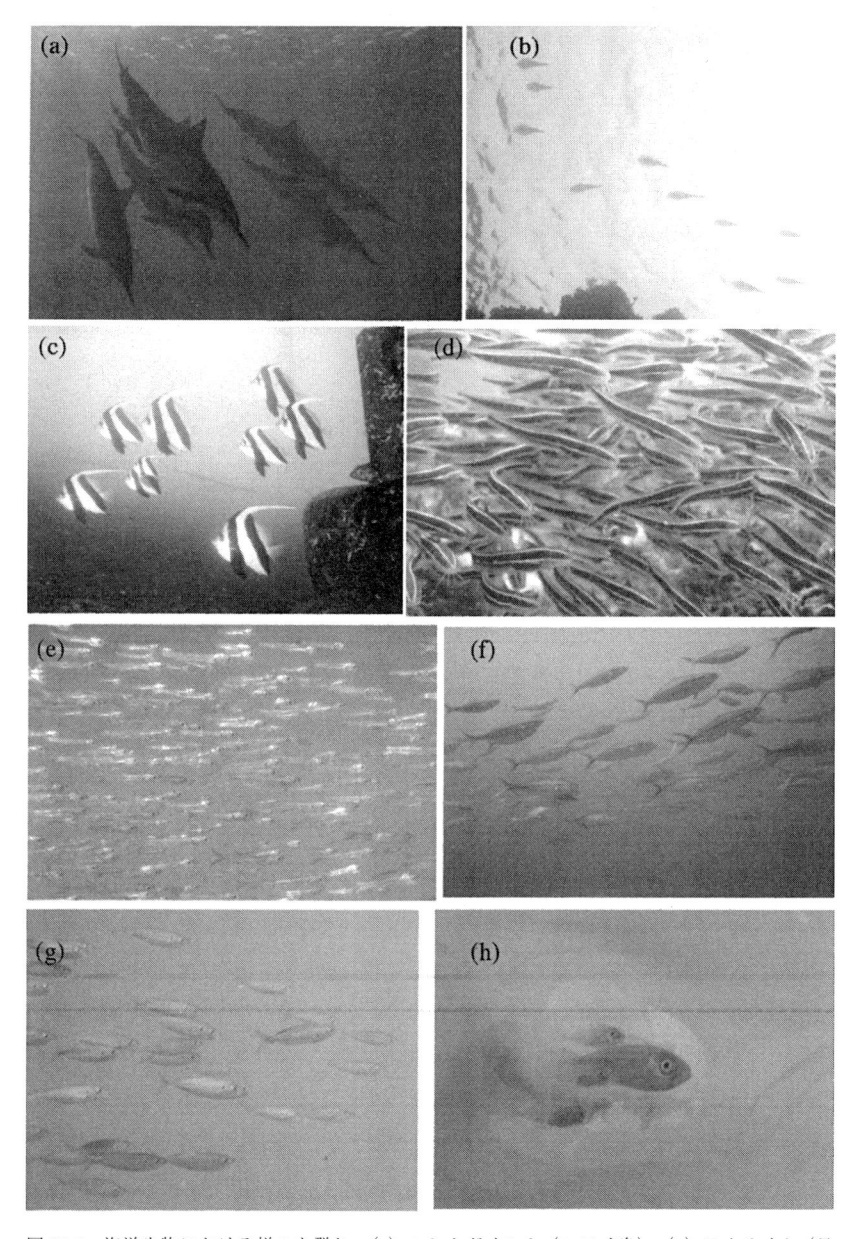

図 23-1 海洋生物における様々な群れ．(a) ハシナガイルカ（ハワイ島），(b) アオリイカ（丹後町），(c) ムレハタタテダイを狙うカサゴ（右端タイヤの上）（清水市三保），(d) ゴンズイ（舞鶴市長浜），(e) カタクチイワシ稚魚（宮津市越浜），(f) ツムブリ（屋久島），(g) マアジの群れの中のタカベ（前から6番目，宮津市島陰），(h) エチゼンクラゲに隠れるマアジ稚魚（網野町）．

## §2. 群れの捕食者回避機能

多くの魚種において，群れは対捕食者行動(anti-predator behavior)の1つとして位置づけられる．捕食を回避する上での群れの機能として，被食リスクの希釈効果(dilution effect)と呼ばれるものがある．もし仮に，ある動物が単独でいても複数でいても，捕食者に遭遇する確率はあまり変わらず，かつ捕食者が他の個体をつかまえている場合に自分が逃げ切れるとしたら，群れに加わることは断然

有利である．この説明は，鳥類や哺乳動物の群れの意義として特に理にかなっている（Krause and Ruxton, 2002）．魚の場合，透明度が非常によい環境であっても，30 m 離れた群れを見つけるのは困難であるのに対し，単独でいても数 m の距離から見つかってしまう．そこで，遭遇率や発見率という点で，希釈の効果には説得力がある．ただし，捕食者は群れの近くにいるものだ，という反論もあるし，また，超音波で群れを探知するクジラ類や，もちろん魚群探知機を利用する人類にとっては，単独でいる魚より群れでいる魚の方が発見しやすい．さらに，外洋であれば捕食者も群れている場合が多い．

小さい魚が多数集まって大きく見せるという単純な行動は実はかなり有効で，特に捕食者が単独でしかも群れが捕食者よりはるかに大きくなると威圧や幻惑の効果は十分である．餌となる生物が多数いると，特定の個体に狙いをつけにくいため，捕食者に迷いが生じる．また，たとえある個体に狙いをつけたあとでも，視野の周囲で群れの他の個体が通りすぎると，捕食者としては惑わされて捕食にしくじる場合が多い．

群れによる対捕食者行動については，Magurran らが詳しく調べている（Magurran ら，1990）．例えばコイ科の川魚であるミノウ *Phoxinus phoxinus* の 20 尾の群れが摂餌しているところに，捕食者であるパイク *Esox lucius* のモデルをゆっくりと近づけると，モデルが 1m くらい離れたところにあるうちに偵察の個体が気づき，群れに知らせるため，群れは徐々に警戒態勢をとる．ところが群れの構成尾数が 3 尾の場合は，モデルの接近にはなかなか気づかず，モデルが 30 cm の距離まで近づいた時点であわてて摂餌をやめるという．

## §3．摂餌，学習，繁殖その他の機能

群れの中で伝わる情報は，外敵の情報だけでなく，餌場の情報についても同じである．魚の餌となる生物もまた，海の中に均一に分布するのではなく，所々にかたまってパッチ状に分布する．そこで，群れが全体として拡がって餌を探し，餌場を見つけたらそこで集中的に摂餌する，という光景を海の中でもよく見かける．ミノウ，キンギョ，そしてフクドジョウ *Noemacheilus barbatulus* などの魚において，群れを構成する魚の個体数が増えるほど，餌場を早く見つけることができるとの報告がある（Pitcher and Parrish, 1993）．「餌を手分けして探す」とか「目がたくさんある効果」といった表現はやや擬人的であり，むしろ他の個体が餌を見つけたらそれを横取りするとの解釈が現実に近い．

群れは学習の場ともなる．学習には，自らの経験に基づくもの以外に，他の個体の経験の観察を通しての学習がかなりの割合を占める．群れという場はまさにそうした観察学習(observational learning)の場となっていると考えられる．Reebs (2000) は golden shiner *Notemigonus crysoleucas*（北米原産のコイ科の淡水魚）の 12 個体の群れのうち 1 個体のみに餌場に関する情報を学習させたところ，他の未学習個体はこの学習個体がもつ情報に従って容易に餌を得たことを報告している．

多くの群れでは雄と雌が混在しているため，群れでいれば繁殖の相手を探す手間は省ける．マアジやマサバのような魚では，外見では雄と雌の区別はつきがたく，同じ群れで混然一体となっていて，繁殖のときだけ雌雄が役割を果たすことになる．ただし，雄雌の色や形が著しく異なる魚では事情が違ってくる．筆者自身が学部生時代，卒業研究の材料として扱っていたサクラダイ *Sacura margaritacea* という魚は，体長 10 cm を超えた頃に雌から雄に性転換し，雌は淡いオレンジ色，雄は鮮やかな赤で体側にくっきりとした白い斑点をもつようになる．繁殖期には雄は複数の雌を周囲に

従えるのだが，繁殖期以外には雄ばかり，あるいは雌ばかりの群れをしばしば見かける．サルでは雄ばかりが徒党を組んで群れの乗っ取りを企てることがあるのだそうだが（杉山，1990），サクラダイの雄がそのような高度な悪巧みをしているとも考えにくい．同じ模様同士で集まった方が群れとしての幻惑効果が高いため，普段は雌同士・雄同士で群れをつくり，繁殖期には多少のリスクを犯しても雌の中に雄の点在した群れとなるのであろう．実際，繁殖期の雄のサクラダイがウツボに捕食される光景も潜水中に目撃した．

回遊の精度については，サケの回遊を思い浮かべて頂きたい．サケは生まれた川のにおいを憶えていて，そこから数千 km もの距離を回遊し，磁気コンパスをもとに生まれた川に帰ってくる．ただし，川のにおいの記憶も，磁気コンパスも，個体ごとではあいまいで，しばしば他の川に迷い込んでしまうサケもいる．そこで，多数の群れでいれば，個体レベルでの誤差は相殺されて，より正確に生まれた川の方角へ戻れるというものだ．実際，個体数の多いマスノスケ Oncorhynchus tshawytscha の群れでは，生まれた川を間違う確率は低いとの知見もある（Quinn and Fresh, 1984）．

群れの機能に関する魅力的な仮説として，遊泳の効率を高めるというものがある．先に泳ぐ魚の斜め後ろにいると，渦を利用して，単独で泳ぐよりも速く泳げる，という説だ．マラソンや競輪で，先頭選手より少し後ろにいた方が有利というのに似ている．ただしこれについては実証的な論文はほとんどなく，ニシン Clupea harengus の群れを構成する個体は渦を利用できる場所には必ずしもいなかったと Partridge（1982）は報告している．恐らく群れの機能としては，前述の捕食者回避や摂餌効率の向上が重要であり，これらの機能に適した位置を魚は選ぶため，遊泳効率のよい位置では必ずしも泳がないのであろう．一方，群れにより遊泳効率を高めている傍証としては，ヨーロピアンシーバス Dicentrarchus labrax の群れでは，群れの末尾の個体は先頭個体に比べて尾鰭を振る回数が少なくて済むとの観察もある（Herskin and Steffensen, 1988）．

群れでいると，酸素を消費しにくい，病気にかかりにくい，餌をよく食べて成長がよいなどの報告もある．これらについてはしかし，注意が必要である．というのは，普段から単独でいるような魚では，同種の他個体を見せると酸素の消費がかえって増えることも知られているからだ（Krause and Ruxton, 2002）．その魚種の生態に近い状態のときに，いわば心理的に安定して，餌をよく食べ，病気にもかかりにくいのかもしれない．

## §4．群れ維持の感覚器と生理的メカニズム

多くの魚は，視覚に依存して群れを維持している．こうした魚では，視覚を奪った状態では群れは作れなくなるし，照度を一定のレベル（照度閾値，light intensity threshold）以下に下げると群れが解体する．群れの照度閾値は，眼径サイズによってほぼ決まる（Miyazaki ら，2000）．眼が大きい魚はより多くの光を集めることができるため，低い照度でも群れを維持できる．一方，体が小さく眼も小さい稚魚たちは一般に鳥目であり，人間の視覚で十分に見える 0.1 ルクス程度の明るさでも群れの維持が困難となる．

温帯の岩礁域に多いアイゴの稚魚は，昼間は 500 尾程度の群れを形成していたものが，日没とともに群れを解体して，夜間は各個体が海藻や岩の陰で眠り，日の出頃にまた群れを形成する（図23-2）．これとちょうど逆なのが多くの鳥類で，昼間は単独もしくは少数の群れでいて，夜間にのみ大群で営巣する（上田，1990）．鳥も稚魚も，鳥目であるという点では共通であるが，捕食圧のかか

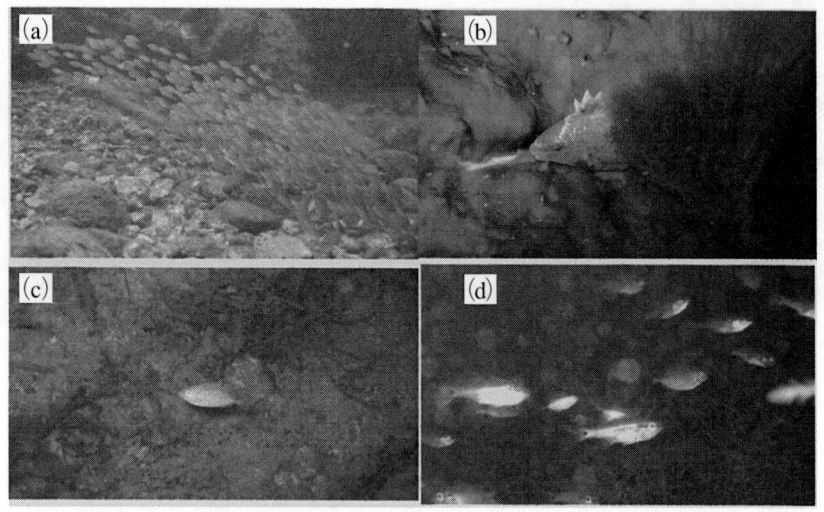

図 23-2 (a) アイゴの稚魚は昼間は 100～500 尾程度の大群を形成し，海藻を貪食する（13:30 pm）．(b) 夜間は海藻や岩の蔭で眠る（0:20 am）．(c) 日の出直後，単独で極めて無防備なアイゴ（6:10 am）．(d) ネンブツダイの群れに加わりながら，同種個体を見つけて群れを作り始める（6:20 am）．いずれも 2003 年 10 月，福井県高浜町音海にて撮影．

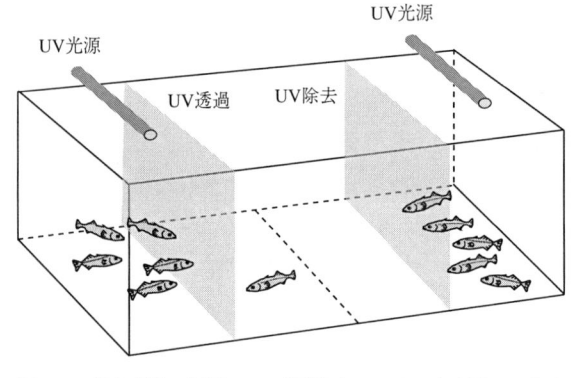

図 23-3 群れ個体の視認に UV が関与していることを調べるための実験水槽．水槽上方から UV を照射し，中央の個体が UV 透過フィルター越しの同種個体を選択することを確認した（Modarressie ら，2005 より作図）

り方には大きな違いがあると考えられる．鳥たちは夜行性の捕食者への対策として集団で営巣するのに対し，稚魚たちは昼は視覚捕食者を幻惑すべく群れを形成し，夜間は嗅覚捕食者の注意を惹かぬよう分散するのであろう．

群れをつくる魚には縞模様の魚が多い（図 23-1c, d）．これは，自らは他の個体との位置関係を保ちやすく，かつ外敵からは全体が分断色となって見えにくいためと考えられている．

魚類ではさらに，人間の眼には見えない紫外線（UV）を群れ形成に利用しているとの報告もある．トゲウオ *Gasterosteus aculeatus* にガラス越しに同種個体を見せた場合，UV 除去フィルターを通すより，UV 透過フィルターを通して見た同種個体により強く誘引されるという（Modarressie ら，2006；図 22-3）．

群れの維持において，視覚に次いで重要と考えられているのが側線感覚である．タラ科の魚であるポラック *Pollachius virens* では，視覚を奪った状態でも群れに加わることができるが，視覚を奪うと同時に側線神経を切ると，もはや群れには加われなくなるという（Pitcher ら，1976）．側線は水の動きを感知する感覚器であり，魚は群れの他個体との位置関係の微調整をこの側線を用いて行っている．

マアジとマサバは，いずれも典型的な群れを形成する魚であるが，飼育水槽を観察していると，マアジの稚魚の群れは夜間に解体するのに対し，マサバは夜間も群れを維持している（益田，未発表）．マサバの群れをスケトウダラ，シロザケおよびチカ *Hypomesus japonicus* の群れと比較した鈴木（2006）の研究によれば，マサバは側線感覚を利用して他個体の動きに同調する能力が強いという．

これにより本種は，夜間でも群れを維持することが可能となっているのであろう．

昆虫の群れでは一般に，フェロモン(pheromone)と呼ばれる化学伝達物質が重要な役割を果たすとされるが（藤崎，2001），魚類の群れの維持においては，化学感覚は視覚や側線感覚に比べると重要度は低いと考えられる．そうした中で，ゴンズイの群れ維持におけるフェロモンの役割は興味深い．ゴンズイには，同じ群れの他個体の出すフェロモンを感知する能力があり，群れ維持にも関与している（木下，1975）．

群れを構成する魚の個体間距離(nearest neighbor distance)は，同じ魚種でも状況に応じて変化し，索餌の際には拡がるのに対し，警戒すると個体間距離の狭いコンパクトな群れになる傾向がある．餌を探すときにはある程度散らばった方が効率がよいし，外敵に襲われそうになったときには，外側にいる個体が群れの中に入り込もうとするため群れが凝縮されるものと考えられる．個体間距離は魚の種類によっても異なり，マイワシやカタクチイワシ，ニシンなどプランクトン食の魚は体長の0.5倍程度の狭い距離を保つのに対し，サワラやクロマグロ，ツムブリなどの魚食性の魚では1.5倍程度と拡がるのが一般的である（図22-1e,f；Masudaら，2003）．

アユの場合，天然稚魚と人工ふ化稚魚で個体間距離は異なり，後者の方がコンパクトな群れをつくる．さらに，同じアユの群れでも，水温を上げると個体間距離は拡がり，下げると狭まる（塚本，1988）．魚は環境の情報を取捨選択し，群れ行動をとるか，とらないかを判断する．アユの場合，水温の上昇は餌を探す，あるいはその場から移動するなどの，また水温の下降は索餌を止めて防御態勢に入る行動の引き金となっているとすれば，上記のアユの例は説明がつく．

環境情報は，視覚・嗅覚・機械感覚などの感覚器から，脳へと伝えられ，群れ行動が引き起こされる．それでは群れをつくろうという指令は，魚の脳内ではどのような作用機序となっているのであろうか．河川にいる時期のシロザケ稚魚の脳室に様々なホルモンや神経伝達物質を投与した実験によると，成長ホルモン刺激ホルモン（GHRH）を注射した個体は，他個体を追尾して群れをつくり河を下る行動が顕著に現れる（小島，2007）．これは，脳内の物質により魚の心理状態が変わり，それに応じて群れの形状が変化したものと考えられる．

## §5．群れの離合集散と構成員数

群れを構成するメンバーは，かなり頻繁に入れ替わる．外洋で採集されるブリの稚魚の群れについて，耳石からふ化日を調べると，同じ群れでサイズの近い稚魚でもふ化日にはかなり幅があることから，同じ日時に生まれた仔魚がそのまま1つの群れになるわけではない，ということがわかる（Sakakura and Tsukamoto, 1997）．また，実際の群れを海や川で観察した結果から，ニシンでは14分に1回，カダヤシ Fundulus diaphanus では1分に1回，群れが離合集散していたとの報告もある（Croftら，2003）．

群れを構成する個体数もまた，魚のおかれた状況によって異なるようだ．餌を与えると群れは解体して群れ構成個体数は減り，捕食者のモデルを見せると散らばっていた少数の群れ同士がかたまり，大きな群れを構成するようになる（Hoareら，2004）．

「魚は何尾集まったら群れと呼べるか」との疑問に対して，Partridge（1982）は自信をもって「3尾」と答えている．その根拠としては，彼の行った実験によれば，水槽に2尾しか入れていない場合，一方の魚が常に先に来る傾向が出てしまうが，3尾にすれば，どの個体も交替で先頭を泳ぐようになる

からだ．Partridge は魚の群れの特性として上下関係のないことを強調しており，「3尾から群れ」なのだそうだ．

　群れを形成することに利点がある反面，群れの構成員数が増えれば餌不足などの不利益も生じる．そこで，群れを形成する上での最適の数というのが考えられる．筆者が潜水観察を行っていたシマアジ *Pseudocaranx dentex* では，5cm 程度の稚魚では 100 尾を超える群れを形成し，10〜20cm では 50 尾程度，30cm を超えると数尾，そして 1m 近い個体は単独でいるのを観察した．成長につれて群れを形成するのに最適な個体数が減るとの解釈も可能な一方で，わが国におけるシマアジのように個体数が比較的少ない魚では，外敵による捕食や漁獲によって数が減ってくる可能性もある．

　Krause and Ruxton（2002）の総説によれば，野外で観察される魚の群れ構成員数は，理論上最適とされる数よりも多い場合が一般的なのだそうだ．この現象については，魚が個体レベルで群れに加わるかどうかを判断しているため，と説明されている．例えば，捕食者回避の有利さと餌不足の不利のバランスを考慮して，個体当たりの利益が最大になる群れサイズが仮に 20 個体であったとする．そこに 1 尾の魚が現れた場合，単独で留まるよりは，20 個体の群れに加わる方を必ず選ぶであろう．その結果，全体としては最適な個体数よりはわずかに多い数となる．これが繰り返されることによって，適正な数よりもはるかに多い構成員数の群れができあがることになる．現象としては，ヒトが大都市へと集中した結果，大都市での平均的な生活の質が劣化することとよく似ている．

## §6．群れ構成員の均一性

　「魚の群れにリーダーはいない」とアリストテレスは断言している（島崎，1968）．水槽内の魚の群れをビデオカメラで録画して追跡してみると，確かに先頭の個体は通常入れ替わる．群れの中にサイズの異なる個体を入れた場合にはしかし，大型の個体が先頭を泳ぐ傾向がある．大きい個体が先を泳ぎ，小さい個体が追従して泳ぐが，遊泳力に差があるため，ときに引き離されてしまう．水槽の中では大サイズの魚が休んでいる間に小サイズの魚は追いつくが，実際の海であれば，おそらく別の群れになっているところであろう．

　レオ・レオニの有名な絵本「スイミー」では，黒い色をした小魚の主人公スイミーが，赤い小魚の群れ全体の目玉模様となることにより，捕食者を撃退することになっている（レオニ，1969）．現実の魚の群れではしかし，色や形の異なる個体は，捕食者に狙われやすい．

　群れの中にサイズの異なる個体が混じっていた場合，マイノリティーが捕食されやすいとの報告もある．小サイズ 5 尾と大サイズ 25 尾のミノウの群れ，あるいは大サイズ 5 尾と小サイズ 25 尾の群れを捕食者のオオクチバスに遭遇させた場合，いずれの場合も数の少ない方のサイズが捕食されやすかったという（Theodorakis, 1989）．

　複数の魚種の入りまじった混群というのもしばしば見かける．温帯域の海では，異なる魚種がほぼ同数ずついる群れというのはあまり見ることはない．典型的なのは，ブリの群れにカンパチが 1 尾混じるとか，マアジの群れをよく見るとタカベが 1 尾いる，といった状況である（図 22-1g）．本来，同じ魚種同士で群れをつくりたいところなのに，その海域で同種個体の数が少ないと，仕方なく他の魚種の群れに加わるのであろう．

　一方で，サンゴ礁域で潜水すると，積極的に異魚種で群れを形成しているかに見える例にもしばしば遭遇する．これについては，外敵を見つけるにも餌を見つけるにも魚種ごとに得意分野があり，異

なる魚種が群れをつくる方が有利なためと解釈されている（Lukoschek and McCormick, 2002）．異種混群は熱帯の霊長類および鳥類でも知られている（杉山，1990；上田，1990）．

## §7. 群れ行動の個体発生

生まれてすぐに群れをつくる魚というのはあまりおらず，通常は稚魚期に入ってから群れを形成するようになる．マアジでもマサバでも，体の鰭や骨格が十分に発達していない仔魚期には群れは作れない．一方で，胎生魚のグッピー *Poecilia reticulata* のように，産み出されてすぐに群れをつくるものもいる（Magurran, 1990）．

ここで，群れ行動の計測方法について述べておこう．群れをつくった魚は，分散した状態よりも個体間の距離が狭くなる．そこで，個体間距離がしばしば群れの基準に用いられる（図23-4a）．個体間距離のごく一般的な値は体長の1倍程度であるが，前述のとおり魚種ごと，あるいは魚の置かれた状況に応じて個体間距離は変化する．また個体同士のなす角度（頭位交角，separation angle）は，魚の向きがランダムであれば平均値は90度になり，向きがそろうほど0に近い値となる．つまり，個体間距離が狭くなり，また頭位交角が0に近づけば，群れ行動が発現した証拠となろう．

個体間距離や頭位交角は，群れ行動を録画したビデオの静止画面から求められる反面，水槽の中で2個体が並んでほとんど動かない状態でも群れを形成したと判断されてしまう．実際の群れはしかし，ある個体が他の個体と並んで泳ぐという行動の集積である．こうしたダイナミックな行動を指数化するには，乖離遊泳指数（separation swimming index, SSI）という値を計算するとよい（Masudaら，2003；図23-4b, c）．SSIは，魚が並行遊泳するほど0に近づき，逆方向へ泳げば2に，またランダムに動けば約1.5になる．

さて，上記の指数を使って，飼育水槽や実験水槽の稚魚の遊泳する様子をビデオに撮影し解析した結果によれば，シマアジやブリ，マサバなどの魚で，群れを形成し始めるのは体長10～15mm頃からである．シマアジの群れを使った研究では，こうした群れ行動の発現の初期段階として，視覚による相互誘引性が体長10mmを超えた頃に発現する（益

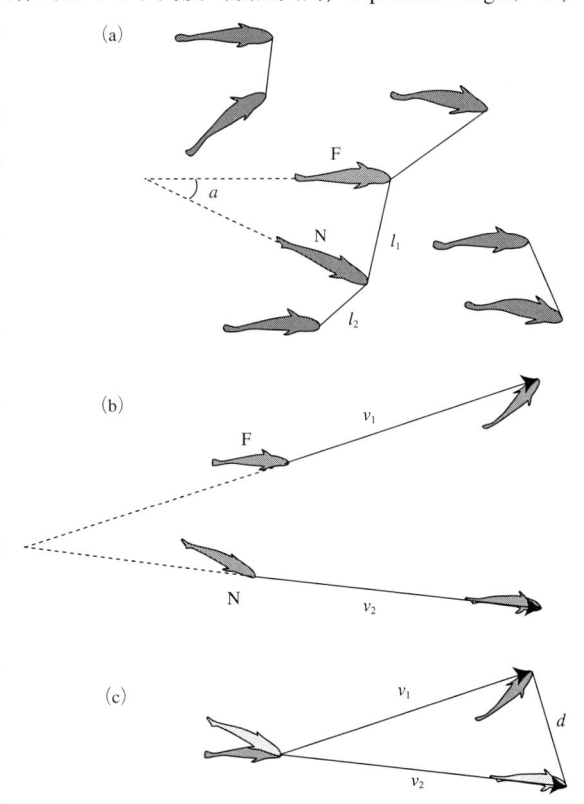

図23-4　群れのパラメーターの測定方法．(a) 個体Fから最も近いのは個体Nであり，個体Fの隣接個体間距離は$l_1$，またNにとっての隣接個体間距離は$l_2$．同様に各個体について測定して，平均値を求める．頭位交角$a$についても同様．(b) 乖離遊泳指数では，まず焦点個体Fと隣接個体Nを決め，それぞれの一定時間（例えば1秒）後までの移動をベクトルで表す．(c) Nの移動ベクトルの始点をFの移動ベクトルの始点へ平行移動し，両ベクトルの終点の距離を$d$とする．このとき，乖離遊泳指数は$2d/(v_1+v_2)$で表される（$v_1$と$v_2$はそれぞれ両ベクトルの長さ）．

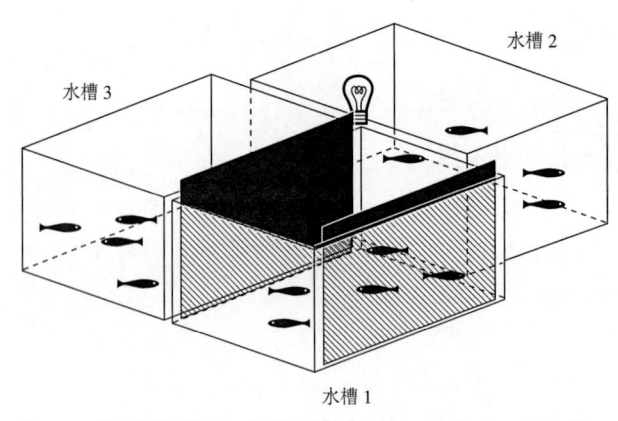

図23-5 群れの情報伝達の観察用水槽．水槽1の両壁面には電極板があり，3水槽の中心上部に備え付けてある電球と，変圧器を通して並列に接続されている．水槽3からは水槽1は見えないようになっている．水槽1の魚に電気刺激を与えた際の群れ行動の変化が，水槽2の魚を経由して水槽3の魚へ伝達されるかどうかを解析する（Nakayamaら，2007より）

田，2005）．明るい所に集まる性質（光走性，phototaxis）や，動くものに付随して泳ぐといった性質（目標走性，telotaxis）は，体長4〜6mmで既に発現している．群れを支える視覚や遊泳などの反射的な動きは仔魚期の早い時期に準備されており，これらをコントロールする中枢系が完成して初めて，稚魚は群れを形成する．

脳神経系の発達が群れ行動の発現の必要条件であることを示すために，脊椎動物の脳の主要構成脂肪酸であるドコサヘキサエン酸(docosahexaenoic acid, DHA)を投与した区と欠乏させた区で群れ行動の発達を比較した．その結果，DHA欠乏のブリは群れを形成しなかった．同様の結果はマサバやナンヨウアゴナシ *Polydactylus sexfilis* でも得られている（益田，2005）．これらの仔稚魚は，DHA欠乏の条件でも餌を食べて成長し，目標走性を示し，そしてパッチも形成するが，群れはつくらない．したがって，群れ行動の発現には，感覚器官や運動器官の発達に加えて，これらを統合する高度な脳神経系の発達が不可欠であるといえる．

広い海の中に散らばっていた仔魚同士は，どうやって同種個体を見つけて群れを形成するのだろうか．シマアジの場合，生まれてわずか3日目から，明るいところに集まる性質が顕著に現れる（Masuda and Tsukamoto, 1999）．もしある海域で生まれた仔魚が同じ程度の明るさの水深を好んでそこにとどまれば，これらの仔魚は同じ水塊に運ばれて移動することになり，稚魚期になってもある程度近い場所に同種個体が集まることも可能であろう．そして10mmを超えた頃から，実験水槽では浮いている物に寄りつく性質の現れることが確認されている．広い海の中では，例えば流木などの目印があれば，そこに稚魚が集まり，集まった個体同士が群れを形成することができる．

天然海域のマアジについて，上記仮説の傍証が得られている．近年日本海に漂着しているエチゼンクラゲには，かなりの割合でマアジの稚魚がついている．大きいものでは5cm程度のマアジもついているが，最小では体長6mmほどの個体もいる．そして，エチゼンクラゲについているマアジでは，サイズのばらつきがかなり大きい（図23-1h）．もし外洋で出会った個体同士が群れをつくっていたならば，小さい個体は大きい個体について泳ぐことはできず，必ずサイズの揃った個体同士が群れになる．少数の群れにもかかわらずサイズのばらつきがあるのは，それぞれのマアジがクラゲを見つけて近づき，クラゲ周辺で出会った個体同士が群れを形成しつつある状態を反映したものであろう．

魚の群れの機能は，稚魚期のごく早い時期に完成するのだろうか．どうやらそうでもないらしい，ということが最近の研究でわかってきた．マサバの場合，飼育水槽での並行遊泳は，体長10mmで既に見られる．これらのマサバ稚魚を実験水槽に移し，群れに電気ショックを与えた際の行動の変化が，視覚によって伝達されるかどうかを調べた（図23-5）．その結果，10mmの頃のマサバはまだ情報伝達をすることはできず，体長25mm程度になってようやくこの能力が備わってくる．本章の前

半で述べた群れの機能は，いわば階層的な構造をもつと考えられる．すなわち，捕食者回避に最低限必要な群れによる希釈や幻惑などの効果は稚魚期の初期に現れるのに対し，より高次な群れ内の情報伝達能力は，もっと後になって現れる．そしてマサバの群れの情報伝達能力の発現は，脳の視蓋の発達とよく対応している（Nakayamaら，2007）．

## §8. 群れ行動の進化

　これまで述べてきた通り，主として対捕食者戦略として有効な群れ行動が，それぞれの魚種の得意とする感覚器に依存して平行進化を遂げたことは明らかである．一方で，同じ魚種の異なる集団で群れ行動をとるものととらないものがいる例も報告されている．カリブ海のトリニダードの川にすむグッピーでは，それぞれの河川に生息するグッピーの対捕食者行動が異なり，魚食性のカワエビのいる河川のグッピーは群れを形成しやすく，捕食者のいない河川のグッピーは群れを形成せずになわばりを作る（Magurranら，1993）．これら異なる集団のグッピーの行動特性は，各河川産のグッピーを実験室に持ち帰り繁殖させた子孫にも受け継がれることから，群れ形成の傾向は遺伝的な要因に支配されていることがわかる．

　こうした河川間の群れ特性の違いに着目して，行動の進化に関する移植実験も行われている．1957年に捕食者の多い河川にいたグッピーが捕食者のいない河川に移植された．Magurranらは移植34年後のこれらグッピーの行動を調べており，もとの河川の個体群よりも群れを形成しにくい行動が進化したことを報告している．一方，移植して16年後の個体群では，有意な行動の差は認められなかった．1年に3世代の繁殖サイクルを送るグッピーにとって，群れ行動を有意に進化させるには，50世代では十分でなく，100世代あれば有効ということになろう．

## §9. 群れ研究の展望

　魚の種類，発育段階，そして環境条件によって，群れは異なった形状をとりうる．群れの生態的機能が多様であり，また群れ行動が様々な魚類群で平行進化を遂げているため，群れ行動について一般化するのは難しい．とはいえ，対捕食者戦略として多くの魚種がとっている群れ行動が，魚の心理状態を反映しているとしたら，脊椎動物の心理モデルとして，群れ行動は好個の材料となるであろう．

　「魚の群れは，人類に食料をもたらしたのみならず，考える上での糧をもたらした」とは，群れ研究のパイオニアであるShaw（1978）の言葉である．古くはアリストテレスが『動物誌』の中で群れについてたびたび言及しており（島崎，1968），以来，魚の群れは，行動生態学者や心理学者の間に常に新しい話題を提供してきた．

　人類が群れ行動を逆手にとって魚類を乱獲してきたことは，紛れもない事実である．目の粗い漁網で警戒状態に陥れて魚群をコンパクトにし，最後に目の細かい網ですくうのが，定置網や巻き網の基本的な仕組みである．群れ行動への理解が，魚を採り尽くすことではなく，これら有用な生物資源を適正に管理することへと応用されるように願いたい．

（益田玲爾）

## 文　献

有元貴文（2007）：魚はなぜ群れで泳ぐか，大修館書店．
Croft D., Krause J., Couzin I. D. and Pitcher T. J.（2003）: When fish shoals meet: outcomes for evolution and fisheries, *Fish Fisheries*, **4**, 138-146.

藤崎憲治（2001）：カメムシはなぜ群れる？　離合集散の生態学，京都大学学術出版会．

Hoare D. J., Couzin I. D., Goddin J. G. J. and Krause J. (2004)：Context-dependent group size choice in fish, *Anim.Behav.*, **67**, 155-164．

井上　実（1981）：魚群　―その行動―．海洋出版．

Herskin J. and Steffensen J. F.（1998）：Energy savings in sea bass swimming in a school, measurements of tail beat frequency and oxygen consumption at different swimming speeds, *J. Fish Biol.*, **53**, 366-376．

木下治雄（1975）：ゴンズイの群行動，運動と行動（岡島昭・丸山工作編），岩波書店，pp.135-154．

Krause J. and Ruxton G. D.（2002）：Living in groups, Oxford University Press.

レオ・レオニ（1969）：スイミー，好学社．

Lukoschek V. and McCormick M. I.（2002）：A review of multi-species foraging associations in fishes and their ecological significance, Proc. 9$^{th}$ Int. Coral Reef Sympo. **1**, 467-474.

Magurran A. E.（1990）：The adaptive significance of schooling as an anti-predator defence in fish, *Ann. Zool. Fennici.*, **27**, 51-66.

Magurran A. E., Seghers B. H. ,Carvalho G. R. and Shaw P. W.（1993）：Evolution of adaptive variation in antipredator behaviour, *Mar. Behav. Physiol.*, **23**, 29-44.

益田玲爾（2005）：魚類の群れ行動の発達心理学，海洋と生物，**37**, 410-415．

益田玲爾（2006）：魚の心をさぐる　―魚の心理と行動―，成山堂書店．

Masuda R. and Tsukamoto K.（1999）：School formation and concurrent developmental changes in carangid fish with reference to dietary conditions, *Env. Biol. Fish.*, **56**, 243-252.

Masuda R., Shoji J., Nakayama S. and Tanaka M.（2003）：Development of schooling behavior in Spanish mackerel *Scomberomorus niphonius* during early ontogeny, *Fish. Sci.*, **69**, 772-776．

Miyazaki T., Shiozawa S., Kogane T., Masuda R., Maruyama K., and Tsukamoto K.（2000）：Developmental changes of the light intensity threshold for school formation in the striped jack *Pseudocaranx dentex*, *Mar. Ecol. Prog. Ser.*, **192**, 267-275．

Modarressie R., Rick I. P. and Bakker T. C.（2005）：UV matters in shoaling decisions, *Proc. R. Soc.*, B **273**, 849-854．

Nakayama S., Masuda R. and Tanaka M.（2007）：Onset of schooling behavior and social transmission in chub mackerel *Scomber japonicus*, *Behav. Ecol. Sociobiol.*

小島大輔（2007）：シロザケ *Oncorhynchus keta* の降河行動発現に関する生態生理学的研究，北里大学博士論文．

Partridge B. L.（1982）：The structure and function of fish schools, *Scient. Am.*, **245**, 114-123．

Pitcher T. J. and Parrish J. K.（1993）：Functions of shoaling behaviour in teleosts. in "Behaviour of teleost fishes" (ed by Pitcher TJ), 363-439, Chapman & Hall.

Pitcher T. J., Partridge B. L. and Wardle C. S.（1976）：A blind fish can school, *Science*, **194**, 963-965.

Quinn T. P. and Fresh K.（1984）：Homing and straying in Chinook salmon (*Oncorhynchus tshawytscha*) from Cowlitz River Hatchery, Washington, *Can. J. Fish. Aquat. Sci.*, **41**, 1078-1082.

Reebs S. G.（2000）：Can a minority of informed leaders determine the foraging movements of a fish shoal? ,*Anim. Behav.*, **59**, 403-409.

Sakakura Y. and Tsukamoto K.（1997）：Age composition in the schools of juvenile yellowtail *Seriola quinqueradiata* associated with drifting seaweeds in the East China Sea, *Fish. Sci.*, **63**, 37-41.

Shaw E.（1978）：Schooling fishes, *Amer. Sci.*, **66**, 166-178.

島崎三郎（訳）（1968）：アリストテレス全集 7，岩波書店．

杉山幸丸（1990）：サルはなぜ群れるのか，中公新書．

鈴木勝也（2006）：物理モデルを用いた魚群行動特性の定量的評価に関する研究，北海道大学博士論文．

Theodorakis C. W.（1989）：Size segregation and the effects of oddity on predation risk in minnow shoals, *Anim. Behav.*, **38**, 496-502.

塚本勝巳（1988）：アユの回遊メカニズムと行動特性，現代の魚類学（上野輝彌・沖山宗雄編），朝倉書店，pp. 100-133．

上田啓介（1990）：鳥はなぜ集まる!?　―群れの行動生態学―，東京化学同人．

# 24章　共　生

　地球上に存在する生物は，単独で存在するわけではない．すべて他の生物となんらかの相互作用をもって暮らしている．異なる生物種間の関係において，食物連鎖で結ばれる"捕食"，"被食"や生息場所・餌をめぐる"競争"は，生物群集構造における主要な相互作用として注目されてきた．一方，"共生"は特殊な現象と捉えられ，以前はあまり重視されていなかった．しかし，理解が進むにつれて共生が生態系を形成する基本的で重要な種間関係の1つであることが認識され，近年，共生現象は急速に注目を集めるようになった．共生は進化にも深く関わっている．シアノバクテリアや好気性細菌が他の細胞に取り込まれ，それぞれ葉緑体とミトコンドリアに変わり，やがてこれらの真核生物から植物と動物が生まれてきたことは，細胞内共生が共進化を生んだ好例といえる．本章では，魚類の共生を生物種間の利害関係によってタイプ分けし，それぞれの実例をあげて概説する．

## §1. 共生の定義

### 1-1　生物の共生

　共生（symbiosis）は，地球上の広範な生物群で観察される．陸上植物や藻類では，菌類との共生関係が古くから知られている．なかでもマメ科植物と窒素固定・供給の役割を担う根粒菌の共生の関係は，典型的な例として広く知られている．動物界に目を向けると，地球上で最も種数の多い昆虫では，昆虫同士，植物，菌類との共生など多様な形がある．最もよく知られているのは，アリとアブラムシの共生である．植物の葉にびっしりと集まっているアブラムシは，肛門から糖分やアミノ酸を含んだ分泌物「甘露」という甘い蜜を出す．アリはこの蜜をもらう代わりに，テントウムシやクモなどの外敵などからアブラムシを守る．一方で，アブラムシは体内でブフネラという大腸菌に近縁の細菌とも密接な共生関係にある．アブラムシは菌細胞と呼ばれる特殊な細胞をもち，この中に植物の師管液から必須アミノ酸などを合成するブフネラが共生している．アブラムシはブフネラなしでは生命を維持することはできず，ブフネラを親から子へと受け継ぐ．ブフネラも進化の過程で多くの遺伝子を失い，アブラムシの細胞内でしか分裂・増殖することができなくなっている．この絶対的な共生関係は，およそ2億年にわたり世代間で引き継がれてきたという（Moranら，1993）．共生は地球上の生物の間でむしろ普遍的にみられる生命現象なのである．

### 1-2　共生の定義

　共生とは，2種以上の異なる生物種が，互いの存在によって一方または双方が利益を得る関係である．語源はギリシャ語の「共に生きる（living together）」という意味で，ドイツの自然科学者Heinrich Anton de Baryによって名づけられた．生態学的な共生の概念は，同じ生息場所に居るだけ

でなく，互いに行動的あるいは生理的に緊密な結びつきを定常的に保っていることを意味する（岩波生物学辞典 第4版より）．共生は生物種間の利害関係を基準において，次の3つに大別されるのが一般的である（図24-1）．

1. 相利共生（mutualism）　　双方が利益を得る関係
2. 片利共生（commensalism）片方に利益・不利益を与えずにもう片方が利益を得る関係
3. 寄生（parasitism）　　　　片方が利益を得てもう片方が不利益を被る関係

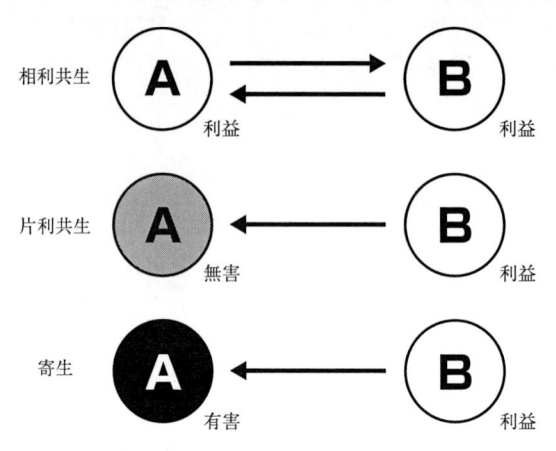

図24-1　共生タイプの概念図

　これらの関係は，捕食者 - 被食者関係や競争の関係，あるいは協同も相互利益もない密接な種間関係から生じたもので，これが双方の側においてコストを最小限にする一方で，利益を最大限にするように自然選択されて進化してきた結果，両者とも利益を得るようになれば相利共生に，片方の利益のために他方が搾取されるような関係になれば寄生となる．しかし，多種多様な生物が複雑に関わり合い，常に変動し続ける生態系においては，これら3タイプの共生を互いに明瞭に区別できない場合も多い．また，生物相互のバランスや生息環境によって共生関係は可変的である．同一現象であっても着目する時空間スケールによって利害が変わってくることもあり得る．さらに，相方が直接的に関わり合う共生のほかに，間接的な共生もあるという．例えば，キタアメリカフジツボ *Balanus glandula* は二枚貝の一種 *Mytilus californianus* を捕食するヒトデ *Pisaster ochraceus* の行動によって利益を得ている（Paine, 1966）．フジツボと同じニッチにある二枚貝をヒトデが排除してくれるため，間接的にヒトデと共生していると解釈されるのである．食物連鎖に着目した様々な研究によって，こうした多くの間接的な共生の関係が観察されているものの，これを評価するのは難しい．多くの場合，ある生物の変化は周囲の様々な環境や生物に同時あるいは連鎖的に影響するために，生物種間の明瞭な対応関係は識別しにくい．こうした関連性を明らかにするためには，双方の利益とコストを定量評価する必要がある．

### 1-3　共進化
　互いに密接な相互作用をもつ生物種間では，一方の生物における適応進化に伴って，もう一方がこれに対応して同時に進化を起こす可能性が考えられる．この複数種が相互に影響を与えながら進化する現象は共進化（coevolution）と呼ばれ，こうした概念はダーウィン（Charles Robert Darwin）に

よって注目されていた．ダーウィンは，マダガスカル固有のラン科植物の一種 *Angraecum sesquipedale* の距（きょ）と呼ばれる花の萼（がく）や花弁の基部にある袋状の突起の形状に着目して，このランの距の奥の蜜腺まで届き得る長い口吻をもつ送粉者が存在することを予測した（Darwin, 1862）．後にこの距と同等の長さの口吻をもつキサントパンスズメガ *Xanthopan morganii* が実際に発見された．こうした植物と送粉昆虫の間で進化した相利共生は多くみられるが，寄生や敵対的な競争の関係においても軍拡的な共進化はおきる．これは，Leigh Van Valen によって提唱された「赤の女王仮説（Red Queen's Hypothesis）」として知られている（Van Valen, 1973）．これは科の絶滅の法則を説明するための理論で，ある種が適応進化することによって，それと競争関係にある他種が生存するために攻撃や防御に関わる形質を適応進化させるというものである．そうした相互の競争的な進化のレースは継続し続けなければならないことから，軍拡競争に例えられる．この仮説の名前の由来は，Lewis Carroll の著書「鏡の国のアリス」に登場する赤の女王がアリスに向かって言う "It takes all the running you can do, to keep in the same place（その場に留まるには，全力で走り続けなければならない）" という台詞に基づく．近年では同じ2種間で起こる共進化であっても，生物間相互作用の方向や強さによって地域個体群で動態が異なる事例も報告されており，個体群レベルでの共進化についても議論されるようになった（Thompson, 1999）．

### 1-4 魚類の共生

魚類の共生にも，他の分類群と同様に相利共生から寄生まで様々な形が存在する．魚類が生息している環境は多岐にわたり，淡水域から外洋域，熱帯から極域，生物活動の盛んな浅海域から全く光の届かない深海域まで，それぞれの環境に適応して独自に進化を遂げている．それゆえ，陸上には存在しない水圏環境に特有の共生の形も存在する．こうした魚類の生態は，これまでダイビングや深海潜水艇などの野外観察によって明らかにされてきた研究事例が多い．特に視覚的な観察が比較的容易な熱帯のサンゴ礁域では，魚類の共生についての行動生態学的な研究が進んでいる．

## §2. 相利共生

相利共生は，双方が影響し合って適応度がともに増加する積極的な相互関係で，共進化の関係が多くみられる．魚類の相利共生も，長い進化の過程で互いの適応度を上げるための自然選択の結果，確立されたものと考えられている．最近では，魚類の相利的な共生関係の動態や維持機構，相互の依存度の強さ，その生態・進化的意義について，室内実験やゲーム理論モデル，分子系統学的手法を用いて実証・評価しようとする研究も行われている．

### 2-1 クマノミとイソギンチャク

スズキ目スズメダイ科クマノミ亜科 Amphiprioninae は全世界の熱帯・亜熱帯のサンゴ礁域に28種が生息し，イソギンチャクと共生することが知られている（Fautin and Allen, 1997）．イソギンチャクの触手には異物に触れると毒針を発射する刺胞細胞があり，餌となる魚を麻痺させて捕食したり，外敵から身を守ったりする．ところが，クマノミの体表は刺胞細胞の働きを抑える粘液に覆われているため，イソギンチャクの刺胞はクマノミに対して反応しない．このため，クマノミは大型イソギンチャクの周囲を生息範囲にして，捕食者などの外敵から身を守ることができる．また，イソギンチャクを産床としても利用する．一方，クマノミはイソギンチャクの触手の間のゴミを摂餌したり，イソギンチャクを餌とする魚をクマノミが追い払ったり，クマノミの食べ残しをイソギンチャクが餌とす

るなどして利益を得る．クマノミが共生しているイソギンチャクは，クマノミが共生していない水槽のイソギンチャクより高い成長を示すともいわれている（Holbrookら，2008）．このように，クマノミとイソギンチャクの共生関係は，互いの存在によって利益を得る典型的な相利共生と考えられているが，クマノミがイソギンチャクを齧るといった報告もある．

　クマノミ類がイソギンチャクと共生する種数や共生の依存度は，種類によって異なる．カクレクマノミ *Amphiprion ocellaris* に代表されるように，イソギンチャクの触手の中からほとんど離れない種もいれば，クマノミ *Amphiprion clarkii* のように，イソギンチャクからかなり離れて遊泳する種もいる．後者はダイバーにぶつかってくるほど攻撃性も高く，10種類以上のイソギンチャクと共生していることが知られている．ミスジリュウキュウスズメダイ属のミツボシクロスズメ *Dascyllus trimaculatus* など数種類の魚も，幼魚期には大型のイソギンチャクや枝サンゴと共生する（Schmitt and Holbrook, 1999）．但しクマノミに比べてイソギンチャクへの依存度は低く，成長に従ってイソギンチャクから離れて生活するようになる．Santini and Polacco（2006）によると，分子系統学的に原始的なクマノミのグループは，細長い体形で丸い尾部をもち，岩場の割れ目に身を隠すのに適しており，共生するイソギンチャクの種類は少ない．クマノミの形態と行動生態の進化の関係は単純ではないものの，岩場に隠れる性質をもった祖先種から，地理分布の拡大していく過程で，やがてイソギンチャクと共生して身を守るスタイルを確立していったと推測されている（Santini and Polacco, 2006）．

### 2-2　ハゼとテッポウエビ

　スズキ目ハゼ亜目 Gobioidei は，2,000種類以上が全世界の淡水域，汽水域，浅い海水域のあらゆる環境に生息し，最も繁栄している魚類の1つである．その生態は実に多様性に富んでいる．この中で，およそ100種のハゼと20種のテッポウエビが共生の関係にあるといわれている（野村，2003）．砂泥底に生息するこれらのハゼは，テッポウエビの巣穴に同居している．テッポウエビはこの巣穴の改修と拡張を行う．ハゼは外敵が接近した時に視覚の劣るテッポウエビ類に代わってタコやエビなどの外敵をいち早く発見し，体を細かく震わせてテッポウエビにサインを送る．テッポウエビはこのサインを触覚で感知すると，すぐに巣穴に潜り込む（Preston, 1978；Karplus, 1987）．こうしたハゼとテッポウエビの共生関係において，種の組み合わせはほぼ固定されているという（野村，2003）．

　エビ類に一方的に依存して共生するハゼもいる．カリフォルニアの潮間帯に生息するハゼの一種 *Typhologobius californiensis* は，眼は退化して皮下に埋没し，色素も退化している（MacGinitie, 1939）．このハゼはエビの一種 *Callianassa affinis* の巣穴に同居しているが，このエビはハゼがいなくても観察されていることから，いまのところ片利共生と捉えられている．日本に生息するイドミミズハゼ *Luciogobius pallidus* も眼は退化しており，ヨコヤアナジャコ *Upogebia yokoyai* の巣穴から多く発見されているものの，その生態にはまだ謎が多い（伊谷ら，1996）．

### 2-3　掃除する魚

　スズキ目ベラ科に属するホンソメワケベラ *Labroides dimidiatus* やソメワケベラ *Labroides bicolor* は，他の魚の口や鰓の中の食べ残しや体表に付いた寄生虫を摂餌するという特異な行動を示すため，掃除魚（cleaner fish）と呼ばれる．一方掃除される側の魚は依頼魚（client fish）と呼ばれ，掃除魚と相利共生の関係にある．依頼魚はチョウチョウオ，ギンガメアジ，クエ，ハタなど，サンゴ礁魚に多くみられる．

　依頼魚は掃除魚を発見すると近寄っていく．依頼魚は掃除魚の鮮やかな体色と尾鰭を振る特徴的な

遊泳方法により，相手を認識していると考えられている（Grutter, 2004）．掃除魚は依頼魚の周囲を遊泳しながら，鰓や口の中にも入り込み，食べ残された餌をその尖った口でついばむ．依頼魚はベラが掃除しやすいように，口や鰓蓋を開けて協力することもある．依頼魚の中には魚食性の強い魚種も含まれており，これらの魚類は掃除魚と相利的な関係にあるときには基本的には協力的で，掃除魚を攻撃したり捕食したりすることはない．しかし，時には依頼魚の攻撃行動もみられたり，逆に掃除魚が依頼魚の粘液を食べたりすることもあり，依頼魚の捕食性の有無，互いの行動パタンや体サイズの関係，周辺環境などの様々な条件によって，その適応度は可変的である（Bshary and Côté, 2008）．こうした掃除共生は，共生の成立機構やその進化的安定性を理解するためのゲーム理論のアプローチからもよいモデルとして研究が進められている．

掃除魚に対する依頼魚の視覚的評価能力を水槽内で試した実験では，依頼魚は掃除魚を視覚的に判断する能力のあることが示唆された（Bshary and Grutter, 2006）．依頼魚からのみ掃除魚が見えるようにマジックミラーで三分割された水槽の中央の実験区に依頼魚のフタスジタマガシラ *Scolopsis bilineata* を入れ，その両側の実験区には，依頼魚を模したモデルと掃除魚のホンソメワケベラを対にして入れた（図24-2）．片方の実験区の依頼魚モデルにのみエビの小片を付けて，ホンソメワケベラがそれをついばむ行動をしたところ，依頼魚は擬似的に掃除行動を示しているこのホンソメワケベラに興味をもつことがわかった．また，掃除魚は単独で掃除するよりも雌雄のペアの掃除魚のほうが依頼魚との共生関係が成立しやすいことも実験的に検証がなされている（Bsharyら，2008）．

また興味深いのは，こうした共生関係を利用して掃除魚に擬態した偽掃除魚（false cleaner fish）が存在することである．スズキ目イソギンポ科のニセクロスジギンポ *Aspidontus taeniatus* は，ホンソメワケベラとよく似た体形と白地に黒帯の特徴的な体色をもつ．その和名からも明示であるように，ニセクロスジギンポは，ホンソメワケベラと勘違いして近寄ってきた依頼魚の皮膚や鰓を鋭い歯で齧り取って素早く逃げるという行動を示す．このような偽掃除魚が存在するにも関わらず，ベラ類との相利共生関係が存続しているのは，偽掃除魚の数が掃除魚に比べて圧倒的に少ないか，偽掃除魚による被害が掃除魚からもたらされる利益に比べて軽微であるためかもしれない．

他の魚を掃除する共生関係は，ベラ科の魚以外にモエビ科のアカシマシラヒゲエビ *Lysmata amboinensis* やシロボシアカモエビ *L. debelius*，オトヒメエビ科のオトヒメエビ *Stenopus hispidus* などにもみられる．これらのエビ類は，熱帯浅海の岩礁やサンゴ礁の岩穴に棲み，依頼魚となるウツボ，ニザダイ，ハタなど大型底生魚の体表を這って，魚の食べ残しや寄生虫を摂餌する．魚食性の強いこ

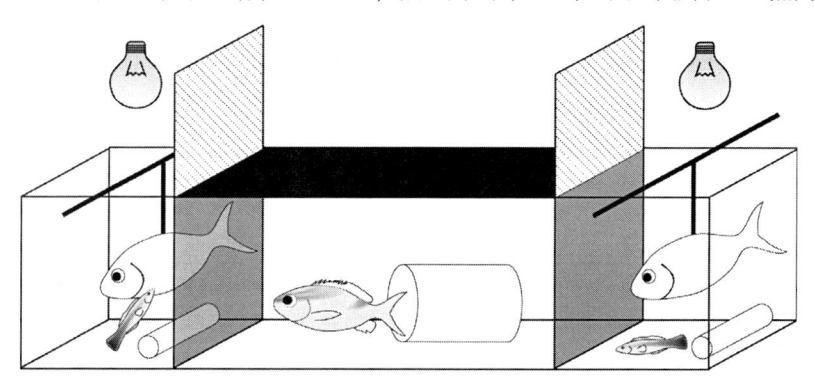

図24-2 掃除魚ホンソメワケベラと依頼魚の行動実験（Bshary and Grutter, 2006 を改変）

れらの魚の捕食を防いでいるのは，掃除するエビの鮮やかで特徴的な体色と，長い触角を振り回す動作が標識の役目を果たしているためと考えられている．掃除する側とされる側の間で，こうしたシグナルがどのように進化してきたのか興味深い課題である．

### 2-4 発光する魚

発光生物は，海では熱帯の浅海域から光の全く届かない深海域まで多くの種類にみられ，発光の目的は，サーチライト，暗視野スコープ，カムフラージュ，威嚇，防御，擬態，誘引，種間・雌雄間のコミュニケーションなど，実に多様である．海洋環境のなかで効果的な機能をもつ発光だが，発光バクテリアとの共生によって発光の作用を得ている魚類は，共生発光型（他力発光型）と呼ばれる．これらの魚類がもつ発光器は通常管状または袋状をしており，その中に外部から取り込まれた発光バクテリアが共生している（尼岡，2009）．発光器に定着したバクテリアは発光器の内壁の腺細胞から栄養を得ている．

発光器官の位置や形は魚種によって異なる．例えば，沿岸域に生息するキンメダイ目マツカサウオ科に属するマツカサウオ *Monocentris japonica* は，下顎中央に1対の卵円形の発光器をもち，ここに発光バクテリアが共生して薄い緑色に発光する（図24-3）．発光によって小さなエビやカニなどの餌生物を誘引して捕食する．内湾の砂泥底や汽水域に生息しているスズキ目ヒイラギ科のヒイラギ *Nuchequula nuchalis* は，消化管の一部が変化した発光器をもち（Dunlapら，2008），ここから出た光は銀白色の内壁をもつ鰾に反射して体外に光を発する．繁殖期の求愛サインや下方から見上げる捕食者から身を隠すためのカウンターシェーディングとして発光していると考えられている．ヒイラギに共生するバクテリアは，垂直伝播によって次世代に受け継がれ，宿主に依存した遺伝子進化を遂げている（Wadaら，1999；Ikejimaら，2004）．

発光バクテリアと共生する共生発光型の魚類の他に，キンメモドキのように発光エビやウミホタルなどを捕食することで，その小動物がもっている発光物質を蓄積し，これを使って発光する魚や，ハダカイワシやワニトカゲギスなど自身が発光基質を作り出す自己発光魚もいる．これらは同様の発光機能を得るために，共生とは別の戦術を選んだ例といえる．

### 2-5 栽培する魚

サンゴ礁に生息する藻食性のスズメダイ類は，藻類の群集する浅海域になわばりをもっている．多くの種類は様々な藻類が混在する比較的広い海域になわばりをもつのに対し，琉球列島の浅いサンゴ域に生息するクロソラスズメダイ *Stegastes nigricans* は，限定された狭い範囲に強いなわばり行動を示すことが知られている．ここでは餌としているハタケイトグサ以外の藻類を除藻したり，なわばりに侵入する藻食者を迅速に追い払ったりすることによってこのなわばりを集約的に管理し，単相の「藻園」を維持しているという（Hata and Kato, 2002）．クロソラスズメダイをはじめとした数種類のスズメダイ類の藻園とその周辺海域から藻類を採集してイトグサ類の種類を調べたところ，クロソラスズメダイ

図24-3 発光バクテリアと共生するマツカサウオ．矢印は発光器の位置を示す，上顎を持ち上げるとよく見える

の藻園で優占するハタケイトグサはそこにしか生育せず，その藻園からクロソラスズメダイを実験的に排除すると，これまで除藻されていた他の藻類が繁茂して単相イトグサの藻園は消失する（Hata and Kato, 2003）．すなわち，ハタケイトグサはクロソラスズメダイの管理下でしか生育できない．一方，クロソラスズメダイは藻園でのみ摂餌し，消化率のよいハタケイトグサに栄養を依存しているため，相利共生関係にあると考えられている．ハタケイトグサの他にも，数種類のスズメダイ類と種特異的な共生関係にあるイトグサ類も存在しており，相互の依存度は種によって異なる（Hata and Kato, 2006）．魚類がその主餌となる1種類の植物だけを管理・維持している例はこれまで知られておらず，興味深い魚類と植物の共生の形といえる．

## §3. 片利共生

外洋に生息するシマアジ，ブリ，イシダイ，マサバなどの稚魚は，表層に漂う流れ藻やクラゲ，時には流木や人工物などの漂流物と"共生"して生活することが知られている（23章参照）．Kingsford (1993) は，16科もの種類の稚魚がこうした漂流物と関係をもっていると報告している．漂流物に寄り添って泳ぐ稚魚は，捕食者から身を隠しながら且つ輸送のコストやエネルギー消費を節約しつつ移動することができ，摂餌機会の増加にも有利である．このように，片利共生は相手に不利益にならない形で一方的に寄り添って利益を得ている．

### 3-1 コバンザメ

コバンザメの仲間はスズキ目のコバンザメ科 Echeneidae に属する硬骨魚で，サメとはいっても軟骨魚類のサメとは全く異なる分類群に属する．頭部の背面に背鰭に起源をもつ小判型の大きな吸盤をもつ．この吸盤を使ってサメ類や大型の硬骨魚類，ウミガメ類，クジラ類などの海洋生物に吸い付き，成長に伴ってより大型で高速遊泳する宿主に移行する（Brunnschweiler, 2006）．また，コバンザメは体の小さい稚魚期には宿主の餌の食べ残しを摂餌しやすい頭部など，宿主の様々な部位に吸着するが，成魚になると，腹部，背部，側面などある程度決まった部位に付くようになる（Brunnschweiler and Sazima, 2006）．

コバンザメは，"ヒッチハイク"をして宿主とともに移動することにより，移動のコストを減らすだけでなく，外敵から身を守り，共生相手の餌の食べ残しや寄生虫・排泄物を摂餌する．コバンザメは，宿主へ吸着する時には吸盤を宿主の体の平らな面に当て，吸盤の縁にある肉質の膜を立てて，吸盤内を陰圧にする．さらに中で後方に倒れている板状の襞を起こして真空状態を強くすることにより吸着力を増す．宿主が速く泳げば泳ぐほど襞を起き上がらせ，より強力な真空状態を作って吸着させる．この吸盤は進化の過程で，より吸着力を強化させるように発達してきた（O'Toole, 2002）．コバンザメの機能形態的な変化は吸盤だけでなく，体は抵抗を減少するように押しつぶされて伸張した体形となり，自力で活発に遊泳することがなくなったために鰾は退化している．また宿主の種類の嗜好性は強くなり，これは宿主の種類を限定することによって，雌雄の繁殖の機会を増やすためと推測されている（O'Toole, 2002）．近年ではコバンザメの吸着行動は，掃除魚と同様に，宿主の寄生虫や病気・怪我した組織を除去している可能性も指摘され（Mucientesら, 2008），共生することによって宿主も利益を得ている可能性も指摘されている．双方の利害関係は，生物種や両者の数量のバランス，吸着部位などによって可変的といえる．

### 3-2 カクレウオ

アシロ目カクレウオ科 Carapidae に属するカクレウオ（隠れ魚）の仲間は，海底のベントスに対して片利共生の生態をもつ．体形は細長く尾部は伸長し，体表は滑らかで，ナマコ，ウニ，ヒトデ，ホヤなどの棘皮動物や貝類の体内に隠れ棲む習性をもつ．昼間は宿主の体内に潜み，夜間は摂餌のために外へ出て活動するが，宿主からあまり離れることはない．宿主にされるナマコの種類は，カクレウオの種類によってほぼ決まっており，例えば，シモフリカクレウオ Encheliophis gracilis は大型のバイカナマコやジャノメナマコなどを隠れ家にしている．カクレウオは，幼生期の第1期は浮遊生活を送り，第2期には背鰭，体長が短くなるなどの形態的な変化を伴い，この時期に共生生活に移行すると考えられているが，その生態はよくわかっていない部分が多い．

## §4. 寄　生

一方の生物がもう一方の存在によって不利益を被る寄生の関係は，生物界に普遍的である．他方に依存して利益を得る生物は寄生者（parasites），寄生されて不利益を被る生物を宿主（host）という．ちなみに魚類はほぼすべての種類が何らかの寄生虫を保有しており（小川，2005），特別珍しい生活形態ではない．寄生虫の研究が進んでいるコイでは，100種を超える寄生虫がいるともいわれる（小川，2005）．淡水性の二枚貝であるイシガイ目 Unionoida の多くは，グロキディウム幼生 glochidium と呼ばれる発生初期に魚の鰓や鰭に寄生する．宿主である魚類は，サケ科魚類をはじめ，タナゴ類，ヨシノボリ類などが知られている．なおグロキディウム幼生は，成長すると寄生から底生生活に移行する．また逆に，魚類が寄生者の場合もあり，生活史のある一時期にのみ他種あるいは他個体に依存して寄生生活を送ることが多い．繁殖または栄養補給と関連して，寄生という生活史戦略が進化，適応してきた例が観察される．

### 4-1 托卵魚

卵の世話を他の個体に托する動物の習性のことを托卵（brood parasitism）という．托卵行動は，魚類のほかにも鳥類や昆虫類でみられる．他の種に対して行う場合を「種間托卵」，同種に対して行う場合を「種内托卵」という．種間托卵でよく知られているのは鳥類のカッコウで，自分の卵をオオヨシキリ，ホオジロ，モズなど他の鳥類の巣内に産む．宿主の雛より先にふ化した体の大きなカッコウの雛は他の卵を巣から落として，宿主の親鳥からもらう餌を独占する．

タンガニイカ湖に生息するナマズ目モコクス科シノドンティス属の Synodontis multipunctatus は，カッコウと同じ托卵行動をもつことから，カッコウナマズの和名で呼ばれる．口内保育を行うカワスズメ科のシクリッドが産卵して卵を口に含むときに，カッコウナマズのペアがすばやく割り入って産卵し自分たちの受精卵もシクリッドに口内保育させる．ナマズの仔魚は口腔内でシクリッドの仔魚よりも先にふ化して，宿主の卵やふ化したばかりの子を食べて成長する（佐藤，1993）．また，西日本と朝鮮半島の河川に生息するコイ科のムギツク Pungtungia herzi は，オヤニラミやドンコ，ギギ，ヌマチチブなど，卵を保護する性質をもつ魚を利用して托卵する（Baba and Karino, 1998）．広大な海域で大量の浮遊性卵を産む海産魚と違って，限られた淡水の空間で比較的少数の卵を産む淡水魚では，親が卵や子供を保護する行動に時間やエネルギーのコストを費やすことが多い．托卵行動が淡水魚のいくつもの分類群でみられるのは，淡水魚のこうした繁殖生態の特性を巧妙に利用して，卵や子供を世話するコストを減らす戦略を選び，生き残ってきたためであろう．

### 4-2 矮雄

寄生は異なる種間で一般的であるが，生殖に関わる同種内の雌雄の間でも寄生関係は存在する．その例として，深海に生息するチョウチンアンコウ亜目 Ceratiina の魚がある．雌雄は顕著な性的二型を示し，雄の体サイズは雌の 3 分の 1 ～ 13 分の 1 程度しかない（Nelson, 2006）．雌と比較して極端に小さいこうした雄は「矮雄」と呼ばれ，雌に寄生して生活する．

雄の寄生様式は，次の 3 つのタイプに大別される（尼岡，2009；表 24-1）．「一次付着型」は，繁殖期に両顎にある歯で雌の体に強く噛みつき付着するが，雌の組織と結合することはなく，繁殖期が過ぎると雌から離れて生活するタイプである．「任意寄生型」は，寄生してもしなくても生活できるが，一度寄生すると完全に雌の体に癒合するタイプ，そして「真性寄生型」は，雌に寄生しないと生存することができないタイプである．任意寄生型もしくは真性寄生型の雄は，雌を発見するとその体に噛みつき，やがて組織が癒着する．この時，雄の鰓孔に通じる咽頭孔は塞がり，雌の血管が伸長してきて，雄は酸素・栄養供給を完全に雌に依存するようになる．生殖に必要な精巣以外の機能は退化し，生殖が終わると雄は雌の体に同化する．

チョウチンアンコウ亜目にみられるこうした同種の雌雄関係は，異なる種間の寄生関係とは異なり，雄は宿主である雌に依存して生存しているものの，それによって種として繁殖成功の利益を得ているため，これを寄生と呼ぶのは適当ではないかもしれない．暗黒の深海の厳しい環境条件下で，魚類が雌雄の出会いの機会を確保して繁殖するために，独自に適応進化してきた繁殖様式といえる．

表 24-1 チョウチンアンコウ亜目の 3 つの寄生型

| | | | |
|---|---|---|---|
| 一次付着型 | Centrophrynidae | | *Centrophryne* |
| | Himantolophidae | チョウチンアンコウ科 | *Himantolophus* チョウチンアンコウ属 |
| | Diceratiidae | フタザオチョウチンアンコウ科 | *Diceratias* フタザオチョウチンアンコウ属 |
| | | | *Bufoceratias* |
| | Melanocetidae | クロアンコウ科 | *Melanocetus* クロアンコウ属 |
| | Thaumatichthyidae | | *Thaumatichthys* |
| | | | *Lasiognathus* |
| | Oneirodidae | ラクダアンコウ科 | *Lophodolos* |
| | | | *Pentherichthys* |
| | | | *Chaenophryne* ラクダアンコウ属 |
| | | | *Oneirodes* ユメアンコウ属 |
| | | | *Spiniphryne* |
| | | | *Danaphryne* |
| | | | *Microlophichthys* |
| | | | *Phyllorhinichthys* |
| | | | *Dolopichthys* |
| | | | *Puck* |
| | | | *Chirophryne* |
| 任意寄生型 | Oneirodidae | ラクダアンコウ科 | *Bertella* バーテルセンアンコウ属 |
| | | | *Leptacanthichthys* |
| | Caulophrynidae | ヒレナガチョウチンアンコウ科 | *Caulophryne* |
| 真性寄生型 | Ceratiidae | ミツクリエナガチョウチンアンコウ科 | *Cryptopsaras* ミツクリエナガチョウチンアンコウ属 |
| | | | *Ceratias* ビワアンコウ属 |
| | Neoceratiidae | | *Neoceratias* |
| | Linophrynidae | オニアンコウ科 | *Linophryne* オニアンコウ属 |
| | | | *Photocorynus* |
| | | | *Borophryne* |
| | | | *Haplophryne* |

### 4-3 ヤツメウナギ類

ヤツメウナギ目のヤツメウナギ科 Petromyzontidae は，脊椎動物の中でも最も原始的な分類群で，顎をもたないことから無顎類と呼ばれる．ヤツメウナギ類にも寄生関係がみられる．円口類のヤツメウナギ類はすべて淡水域でふ化して，アンモシーテス ammocetes と呼ばれる幼生となる．この幼生期には，眼は皮下に埋没し，口内に歯がなく，繊毛運動により泥中の有機物や藻類を摂餌する．通常3～5年間で変態するが，このとき摂餌様式は2つに分かれる．寄生生活を送らず海へと回遊しない種は「非寄生種」と呼ばれ，変態期には腸が退縮することから，摂餌はしないと推測されている（山崎・後藤，2000）．一方，変態後に海に回遊して吸盤状の口を使って大型魚に吸着し，血液や体液を吸い取ったり肉片を抉ったりして摂餌する種は「寄生種」と呼ばれ，日本にはカワヤツメ属のカワヤツメ Lethenteron japonicum やミツバヤツメ属のミツバヤツメ Lampetra tridentate が生息している．しかしカワヤツメの中には，寄生しない非回遊型の生活様式をもつ矮小成熟個体がいる．これは寄生性回遊型のカワヤツメあるいはその祖先種から出現したと推測されており（Yamazaki ら，1998），こうした生活史多型からやがて生殖的隔離が起こり，種分化したものと考えられている（山崎・後藤，2000）．ヤツメウナギ類は，寄生の進化生態学的な意義やメカニズムのみならず，脊椎動物の進化を理解するためのモデル生物としても興味深い．

## §5. おわりに

本章では，これまで知られている魚類の共生の事例を中心に紹介してきたが，その数は陸上の鳥類や哺乳類に比べて少ない．その要因のひとつに，陸上生物との生活史特性の違いがあげられる．鳥類や哺乳類の場合，血縁関係のあるグループで移動することが多い．これに対して魚類は，生活史の早い段階で卵や仔魚は分散したり，発育段階や季節によって生活する環境が大きく変化したりすることもあるため，一定の環境に留まることが他の分類群に比べて少ない．また，魚類は体サイズの大きさが生残や繁殖の成功に大きく関わるので，成長にコストを多く費やす傾向にある．鳥類・哺乳類ではほぼすべての親が卵または子供を保護するのに対して，魚類は一般的に多産であり，これを保護するには多大なエネルギーを要する．したがって，魚類のなかで子の世話をするのは僅か20％程度といわれている（Gross and Sargent, 1985）．本章では托卵魚の例も紹介したが，保護を行う種類でさえ片親のみが子の保護にあたるのが殆どで，両親による保護は少ない．他の分類群に比べて積極的な共生関係が少ないのは，こうした水圏環境に生息する魚類特有の生態が反映されているものと考えられる．これに加えて，魚類の共生研究が陸上と比べて遅れているのは，やはり水中の現象であるために観察方法に大きな制限を受けていることがその一因となっている．それゆえ，種間関係どころかそれぞれの種の生態すらよくわかっていないことも多い．しかし本章で紹介したように，共生によって海を移動する魚，栽培する魚，掃除する魚，発光する魚など，海の中には特有の興味深い共生関係も多くみられる．1977年には，ガラパゴス諸島の水深2,500mの深海で熱水噴出孔が世界で初めて観察され，太陽光による光合成に依存しない新たな生態系が発見された．そこには，地熱で熱せられた高温の海水が噴出する深海底に未知の新種生物が続々と発見され（Lonsdale, 1977），熱水中の硫化水素などの化合物からエネルギーを有機合成するバクテリアとチューブワームやシロウリガイなどの無脊椎動物の間で新しいタイプの共生関係も見つかった．未知の領域の多い海の中から，これからも数多くの興味深い共生関係が発見されるものと思われる．

（黒木真理）

# 文　献

尼岡邦夫（2009）：深海魚 暗黒街のモンスターたち，ブックマン社．

Baba R. and Karino K.（1998）：Countertactics of the Japanese aucha perch *Siniperca kawamebari* against brood parasitism by the Japanese minnow *Pungtungia herzi*, *Journal of Ethology*, 16, 67-72.

Bshary R.and Cote I.M.（2008）：New perspectives on marine cleaning mutualism, Fish Behaviour (Ed. by Magnhagen, C., Braithwaite V., Forsgren E.and Kapoor B.) Enfield, New Hampshire, Science Publishers.

Bshary R.and Grutter A.S.（2006）：Image scoring and cooperation in a cleaner fish mutualism, *Nature* 441, 975-978.

Bshary R., Grutter A.S., Willener A.S.T. and Leimar O.（2008）：Pairs of cooperating cleaner fish provide better service quality than singletons, *Nature*, 455, 964-966.

Brunnschweiler J.M.（2006）：Sharksucker-shark interaction in two carcharhinid species, *Marine Biology*, 27, 89-94.

Brunnschweiler J.M. and Sazima I.（2006）：A new and unexpected host for the sharksucker (*Echeneis naucrates*) with a brief review of the echeneid-host interactions, JMBA2 Biodiversity Records, http://www.mba.ac.uk/jmba/pdf/5434.pdf.

Darwin Charles（1862）：On the various contrivances by which British and foreign orchids are fertilised by insects, and on the good effects of intercrossing., London, John Murray, pp. 197-20

Dunlap P.V., Davis K.M., Tomiyama S, Fujino M. and Fukui A.（2008）：Developmental and Microbiological analysis of the Inception of bioluminescent symbiosis in the marine fish *Nuchequula nuchalis* (Perciformes: Leiognathidae), *Applied and Environmental Microbiology*, 74, 7471-7481.

Dunn D.F., Devaney D.M. and Roth B.（1980）：*Stylobates*, A shell-forming sea anemone (Coelenterata, Anthozoa, Actiniidae), *Pacific Science*, 34, 379-388.

Fautin D.G. and Allen G.R.（1997）：Anemone fishes and their host sea anemones, Revised edition, Western Australian Museum, Perth.

Gross M.R. and Sargent R.C.（1985）：The evolution of male and female parental care in fishes, *American Zoologist*, 25, 807-822.

Grutter A.S.（2004）：Cleaner fish use tactile dancing as pre-conflict management strategy, *Current Biology*, 14, 1080-1083.

Hata H. and Kato M.（2002）：Weeding by the herbivorous damselfish *Stegastes nigricans* in monocultural algae farms, *Marine Ecology Progress Series*, 237, 227-231.

Hata H. and Kato M.（2003）：Demise of monocultural algal farms by exclusion of territorial damselfish, *Marine Ecology Progress Series*, 263, 159-167.

Hata H. amd Kato M.（2006）：A novel obligate cultivation mutualism between damselfish and *Polysiphonia algae*, *Biology Letters*, 2, 593-596.

Holbrook S.J., Brooks A.J., Schmitt R.J., Hannah L. and Stewart H.L.（2008）：Effects of sheltering fish on growth of their host corals, *Marine Biology*, 155, 521-530.

Ikejima K., Ishiguro N.B., Wada M., Kita-Tsukamoto K., Ishida M.（2004）：Molecular phylogeny and possible scenario of pony fish (*Perciformes:Leiognathidae*) evolution, *Molecular Phylogenetics and Evolution*, 31, 904-909.

伊谷　行・相沢直宏・田名瀬英朋（1996）：ヨコヤアナジャコの巣穴から採集されたイドミミズハゼ，南紀生物，38, 53-54.

岩波生物学辞典 第4版（1996）：岩波書店．

Karplus I.（1987）：The association between gobiid fishes and burrowing alpheid shrimps, *Oceanography and Marine Biology Annual Review*, 25, 507-562.

Kingsford M.J.（1993）：Biotic and abiotic structure in the pelagic environment: importance to small fishes, *Bulletin of Marine Science*, 53, 393-415.

Lonsdale P.（1977）：Clustering of suspension-feeding macrobenthos near abyssal hydrothermal vents at oceanic spreading centers, *Deep Sea Research*, 24, 857-863.

MacGinitie G.E.（1939）：The natural history of the blind goby, Typhlogobius californiensis Steindachner, *American Midland Naturalist*, 21, 489-505.

Moran, N.A., Munson M.A., Baumann P. and Ishikawa H.（1993）：A molecular clock in endosymbiotic bacteria is calibrated using the insect hosts, Proceedings of the Royal Society of London Series B, 253, 167-171.

Mucientes G., Mucientes R., Queiroz N., Pierce S.J., Sazima I., BrunnschweilerJ.M.（2008）：Is host ectoparasite load related to echeneid fish presence?, *Research Letters in Ecology*, 28, 1-4.

Nelson J.S.（2006）：Fishes of the world, 4th edition, John Wiley and Sons Inc., New York.

野村恵一（2003）：日本に産するハゼ類と共生するテッポウエビ類の分類学的検討，日本生物地理学会会報，58, 49-70.

小川和夫（2005）：魚類寄生虫学，東京大学出版会．

O'Toole B.（2002）：Phylogeny of the species of the superfamily Echeneoidea (Perciformes: Carangoidei: Echeneidae, Rachycentridae, and Coryphaenidae), with an interpretation of echeneid hitchhiking behaviour, *Canadian Journal of Zoology*, 80, 596-623.

Paine R. T.（1966）：Food web complexity and species

diversity, *The American Naturalist*, 100, 65-75.

Preston J.L. (1978): Communication systems and social interactions in a goby-shrimp symbiosis, *Animal Behaviour*, 26, 791-802.

佐藤 哲 (1993): 口の中は本当に安全か?—托卵するナマズ, タンガニイカ湖の魚たち—多様性の謎を探る (堀道雄編), 平凡社.

Santini S. and Polacco G. (2006): Finding Nemo: Molecular phylogeny and evolution of the unusual life style of anemonefish, *Gene*, 385, 19-27.

Schmitt, R.J. and Holbrook, S.J. (1999): Settlement and recruitment of three damselfish species, larval delivery and competition for shelter space, *Oecologia*, 118, 76-86.

Thompson J.N. (1999): Specific Hypotheses on the Geographic Mosaic of Coevolution, *American Naturalist*, 153, 1-14.

Van Valen L. (1973): A new evolutionary law, Evolutionary Theory 1, 1-30.

Wada M., Azuma N., Mizuno N. and Kurokura H. (1999): Transfer of symbiotic luminous bacteria from parental *Leiognathus nuchalis* to their offspring, *Marine Biology*, 135, 683-68.

山崎裕治・後藤 晃 (2000): ヤツメウナギ類における系統分類と種分化研究の現状と課題, 魚類学雑誌, 47, 1-28.

Yamazaki Y., Sugiyama H. and Goto A. (1998): Mature dwarf females and males of the arctic lamprey, *Lethenteron japonicum*, *Ichthyological Research*, 45, 404-408.

# 25章　個体数変動

> 海産魚類は陸生動物に比べて著しく多産である．産み出された夥しい数の子の多くは生活史初期に死亡し，生き残ったわずかの個体が次世代を形成する．初期死亡率の変動によって年級ごとに個体数は大きく年変動し，それが資源量の変動となって現れる．近年の研究によって，資源量変動はレジームシフトと呼ばれる海洋生態系の構造的変動によってもたらされることがわかってきた．大変動をくり返す種と，長年にわたって安定している種の違いを，海洋生態系の特性の南北差から考える．

## §1. マイワシ類の個体数変動

### 1-1　個体数変動の歴史

　魚類の個体数は大きな幅で変動する．個体数増減の記録は，資源として利用される魚種において長期間にわたって残されている．漁獲は食料を得るための人間の営みであるが，それから得られる資料は野生生物の個体数密度を調べた長期にわたる貴重な採集記録と考えることができる．

　日本のマイワシ漁業は，1980年代に史上最高の豊漁期を迎えた．北海道東部沖合の道東海域では，1970年代半ばまでマイワシ *Sardinops melanostictus* はまったく見られず，まき網漁船はもっぱらマサバ *Scomber japonicus* を漁獲対象としていた．1974年と1975年にマサバに混じってそれぞれ344トンと501トンのマイワシが漁獲されたのが，大豊漁の前触れだった．翌1976年には突然道東海域にマイワシの大群が出現し，1975年の500倍以上の26万トンも漁獲され，まき網漁業の漁獲対象はマサバからマイワシへと劇的に入れ替わったのである．1970年代後半から1980年代初めに急増したマイワシは，道東海域の4ヶ月間の漁期（7月〜10月）に，1983〜1987年の5年間連続して毎年100万トン，個体数にして100億尾を超えて釧路港へ水揚げされた．しかし，やはり大豊漁は長くは続かなかった．1989年からは一転して激減し始め，1993年には1987年の1/1000の1,100トンとなり，その2年後の1995年にマイワシは道東海域から完全に姿を消した．

　水産資源学では，鱗や耳石などの年齢形質を用いて漁獲物の年齢を個体別に査定する．査定された年齢データによってある年の年齢別漁獲尾数を求め，長年にわたって蓄積された年齢別漁獲尾数の時系列にコホート解析と呼ばれる手法を適用して，年々の年齢別資源尾数を求めることができる．日本のマイワシは，太平洋系群と対馬暖流系群に分けられており，道東漁場はマイワシ太平洋系群が夏季に索餌のために来遊して集合する海域である．マイワシ太平洋系群の資源尾数を見ると，1986年の5,500億尾をピークに1980〜87年の8年間，約4,000億尾を超える高水準が続いた後，1988年から激減を開始したことがわかる（図25-1）．年齢別資源尾数に，年齢ごとの平均体重をかけて全年齢を総計すると，その年の資源重量（資源量）を求めることができる．太平洋系群の資源量が最も大きかったのは1987年の1,950万トンであった．その後の激減によって，2003年の資源尾数は23億尾，

資源量は10万トンと，1987年以降の16年間で1/200以下に減少したのである．

## 1-2 　生活史特性と死亡率変動

マイワシは，1回の産卵で体重1g当たり数百の卵を産み出すので（Morimoto ,1999），体重100gの雌は，1回当たり数万の卵を産むことになる．またマイワシは1産卵期に複数回産卵する多回産卵魚（multiple spawner）である（Murayamaら,1994）．大型の雌は1産卵期に10万粒近くの卵を産み，数年にわたる生涯産卵数は数十万に達する．成体の大きさにかかわらず，海産魚類の卵の平均直径は1.0mmである（Fuiman, 2003）．したがってマグロ類などのように成体が大型で卵巣も大きい種は著しく多産である．

マイワシの卵は分離浮性卵（pelagic egg），つまり比重が海水とほぼ同じで，産み出された後に一つひとつがばらばらになって海水中を漂う性質の卵である．海産魚類の多くは分離浮性卵を産する．ある海域でマイワシが群れを作って産卵すると，産卵直後にはその海域の卵分布密度は著しく高い．口径45cmのプランクトンネットを水深150mから海面まで曳き上げると，時として数万を超える卵が採集されることがある．これは，産卵海域において産卵から間もない時間帯に行われた採集の結果である．産み出された夥しい数の卵は，拡散（diffusion）によって産卵海域における卵分布の中心からしだいに遠ざかるとともに，流れによって分布中心が移動する移流（advection）の結果，産卵された位置から下流方向に分散（dispersal）して広い範囲に分布域を拡大する．西日本沖で産み出された卵が，黒潮によってどのように移動・分散するかを調べた模擬実験では，産卵後2〜3週間で西日本から東日本の沿岸域に到達する群がある一方で，房総半島沖まで流される群もあることがわかった（Heathら，1996）．移動能力がほとんどない卵や仔魚が，生まれて数週間で1,000 kmもの距離を移動して分布範囲を拡大するという生態は，陸生動物では考えられないことである．

このような急速な分散の結果，卵や仔魚の分布密度は時間的に急速に低下する．物理的性質がマイワシ卵に近い粒子を，日向灘の黒潮域で数千万粒放流した後，放流した水塊をブイで標識してプランクトンネットで追跡採集した結果では，放流2日後にはごくわずかの粒子しか採集されなくなった（小林ほから，1985）．黒潮域における強い分散の結果である．産卵期に黒潮域の広い産卵場で断続的に産卵が行われると，産み出されて間もない高密度分布域が低密度分布域の中に点在するという集中分布（patchy distribution）を示すことになる．

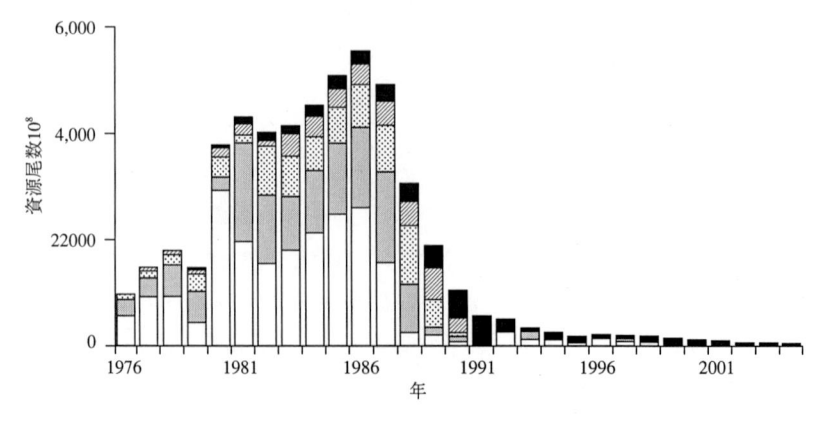

図25-1　マイワシ太平洋系群の年齢別資源尾数．各柱の下から上に向かって順に0，1，2，3，4歳以上．総資源尾数は1986年に5,500億を超えたが，1988年以降に激減した．

移流と拡散によって急速に分布域を拡大した仔魚がたどり着く海域が，仔魚の生き残りにとって好適であるとは限らない．黒潮流域の沖合い側は一般に餌密度が小さく，マイワシ仔魚の生残率が低いと考えられる（Zenitani ら，1998）．一方，黒潮の沿岸側の海域は，餌密度は高いが捕食者密度も高いために，被食による死亡確率が高いかもしれない．分散によって分布密度が急速に低下するマイワシ仔魚の生残率を野外観測データから直接推定することは難しい．閉鎖的な内湾で，分離浮遊卵から生まれた仔魚の生残率を推定した例では，1 日当たり死亡率が 30％を超えることはめずらしくない（Leak and Houde ,1987，; Houde, 1987）．この場合には 10 日後の生残率は 1％となる．

野外採集で得られた仔稚魚の日齢を耳石日輪数から求め，加齢に伴う個体数密度の減少過程から生残曲線を描くことができる（図 25-2）．日本の太平洋側海域に分布するサンマ仔稚魚の生残曲線を求めた例では，1 日当たり瞬間死亡係数（daily instantaneous mortality coefficient）が 0.05〜0.15 の範囲にあり，体長 40mm を超えて群れ行動を示すようになるまでの死亡率は 78.0〜99.8％と大きな幅で年変動する（Watanabe ら，2003）．このような生活史初期における死亡率の年変動が，資源への新規加入量（recruitment abundance）の年変動となって現われ，新規加入量の変動傾向が，大きな個体数変動となって現われる．サンマのように世代時間（generation time）が約 1 年間で，個体の大部分が毎年更新される魚種では，年々の新規加入量変動がそのまま個体数変動となって現われるために，資源量は鋸歯状に年変動する．マイワシのように，世代時間が 2〜3 年間で，資源への加入後数年間にわたって漁獲され続ける個体群では，個体数が数年〜10 年にわたって傾向的に変動する．

多くの浮魚類の性比（sex ratio，雌 1 個体に対する雄個体数の比）は 1 である．平均的に見れば，雌が生涯に産み出した卵から 2 個体が親魚の平均年齢まで生き残れば，個体群全体の個体数は変動しないことになる．したがって，多産な種ほど成体に達するまでの生残率は低いことになる．成体に達するまで長い時間を要する種では累積生残率が著しく低くなるために，必然的に多産になるのである．マイワシ太平洋系群で，先に述べたような 2 桁以上の個体数の大変動が起こったということは，生まれた卵が親魚になるまでの生残率に大きな変動が起こったことを意味する．

実際にどのようなことが起こったのかを見てみよう．1980 年から 2000 年の間の年級群（year class）水準を 0 歳魚の資源尾数で見ると，1987 年までは毎年 2,000 億尾前後の新規加入があったことがわかる（図 25-1）．ところが，1988 年以降，年々の新規加入尾数（図 25-1 の 0 歳魚）が 1987 年までの 1/10 以下に突然減少した．マイワシ太平洋系群を対象に，複数の機関が協力して卵分布の定量調査が行われている．その結果を見ると，1980 年代を通して産卵量が増加し，例外的に高い値であった 1986 年を除くと，1990 年に最高値に達したことがわかる．また，ふ化した卵黄仔魚の豊度は産卵量と正相関，卵黄を吸収し尽くした後に餌を食べ始める摂餌開始時期を過ぎた体長 8 mm 前後の仔魚の豊度は卵黄仔魚豊度と正相関したことが明らかにされており，産卵後約 2 週間の間に，新規加入量の激減を説明するような死

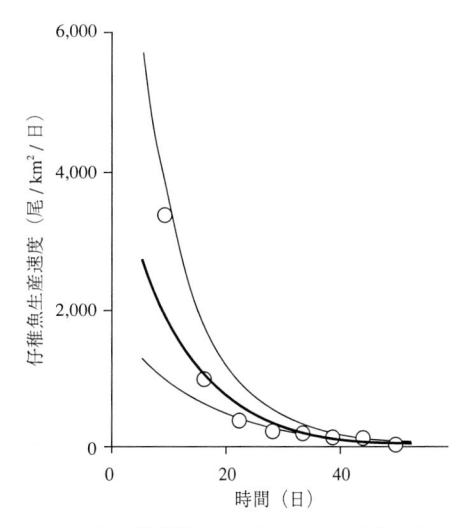

図 25-2 冬季黒潮域におけるサンマ仔稚魚の生残曲線．縦軸は 1 日当たり海面 1km² 当たりの生産尾数．細線は 95％信頼限界．ふ化後数週間のうちに個体数密度が急減する．

亡率の大きな経年変動はなかった（Watanabe ら, 1995）．摂餌開始期仔魚の生残率の年変動によって魚類の年級群水準が大きく年変動すると考える Critical Period 仮説（Hjort, 1914）や, 仔魚生残率の年変動を海洋環境との関連で具体的に説明する Match/Mismatch 仮説（Cushing, 1975）, Ocean Stability 仮説（Lasker, 1975）は, 魚類個体数変動を説明する中心的な考え方であったが, マイワシ太平洋系群の激減過程はこのような考え方では説明できなかった．1988 年以降も産卵量が多く, それに比例して摂餌開始期を過ぎた仔魚の豊度も高かったにもかかわらず, それらが死亡した結果, 資源へと加入しなかったため, すなわち摂餌開始期終了後の自然死亡率の上昇によって, マイワシの新規加入量激減が起こったのである．

## 1-3　新規加入量の決定

黒潮域の産卵場において, 卵仔魚が急速に北東方向へ分布中心を移動させつつ拡散し, ふ化後 2, 3 週間で四国沖から房総半島東方沖に達することを考えると, マイワシの年級群水準は, 黒潮域の産卵場ではなく, 房総半島東方沖合いの黒潮続流域とその北側の黒潮親潮移行域において決定されることになる．海老沢・木下（1998）は, マイワシ太平洋系群の新規加入量が激減した 1988 年以降, 冬季における親潮の南下勢力が著しく弱くなったことを示した．黒潮親潮移行域におけるこのような海洋環境変化とマイワシの新規加入量変動が同期して起こったことも, 新規加入量水準が移行域で決定されたことを示している．黒潮域の産卵場で, 冬～早春に生まれた卵仔魚が, 黒潮によって房総半島沖の移行域まで輸送される間に体長 15～20mm に成長して以降の生態が, 新規加入量決定の鍵を握ることがわかった．

資源量激減過程において, 黒潮親潮移行域でマイワシ仔稚魚に何が起こったのであろうか．マイワシ太平洋系群の産卵量と 0 歳魚として資源へ加入した尾数との比を見ると, 卵として産み出されてから資源へ加入する約 1 年間の生残率が大きく変動したことがわかる．1978～87 年の 10 年間は 1986 年を除いて 1/10000 以上であったのに対して, 1988, 89 年は 0.1/10000 に, 1990, 91 年には 0.01/10000 に低下したのであることがわかる（図 25-3）．この 4 年間の生残率が極端に低かったことを直接の原因として, マイワシ太平洋系群は激減を開始した．1992 年以降生残率はやや回復したが, 0.1/10000 － 0.9/10000 と 1987 年以前より 1 桁低い．このような低い生残率という自然条件下で, 加入した少ない数の未成魚に対して強い漁獲圧を加えたことによって, マイワシ太平洋系群の個体数は 1992 年以降も減少を続けたのである（渡邊, 2007）．

黒潮続流は, 北赤道海流が東シナ海に入って黒潮となり, 日本の太平洋岸を北東流した後に房総沖を東方へ向かって流れる亜熱帯性の暖流である（図 25-4）．一方, 千島列島から北日本沿岸へと南下する親潮は, 千島列島の海峡を通って太平洋へ出たオホーツク海の

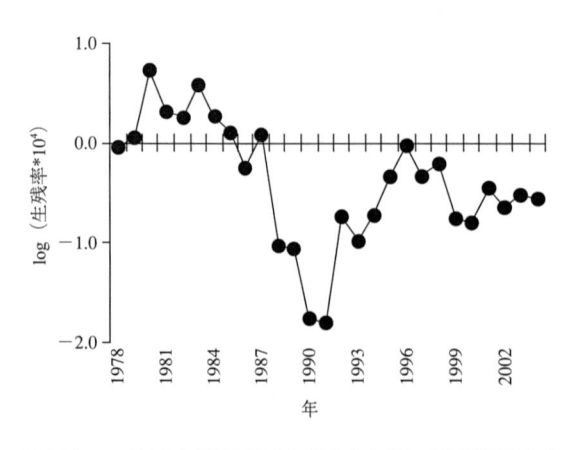

図 25-3　マイワシ太平洋系群の卵期から 0 歳魚の資源加入時までの生残率．縦軸は 1 万倍した生残率の対数で示した．1988～1991 年の生残率が極端に低かったために, マイワシ資源は激減した．

水と東カムチャツカ海流とが混合して形成される亜寒帯性の寒流である．性質の異なる2つの海流が混合する黒潮親潮移行域では，黒潮続流から派生する北上暖水や暖水塊と南下する親潮とが入りくんで，複雑な海洋構造を形成する．南北幅およそ500kmの黒潮親潮移行域を挟んで海表面水温には10℃もの差があり，黒潮と親潮の勢力が季節的にも経年的にも変動することによって移行域の環境は時間的に大きく変動する．このような移行域を春から初夏に北上する0歳魚群の死亡率が年によって大きく異なるために，マイワシ太平洋系群の個体数は2桁以上の幅で変動したのである．

この海域における0歳魚の死亡率が年によって大きく異なる原因はまだ特定できない．一般的に言えば，食えないことと食われることすなわち，餌生物および捕食生物との関係が天然個体群の死亡率を決定する．現時点では，1988年から4年間の死亡率が極端に高かったことを説明する餌生物密度や捕食生物密度の極端な変動は，黒潮親潮移行域では観測されていない．

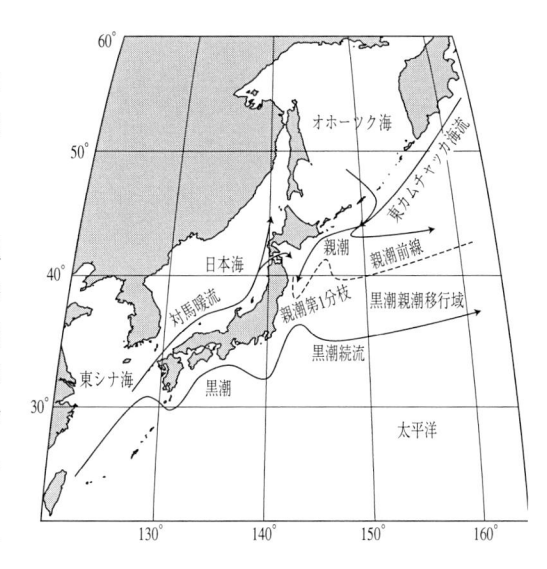

図25-4 西部北太平洋の海流．亜熱帯性の黒潮続流と亜寒帯性の親潮前線の間の黒潮親潮移行域は，暖流と寒流が混ざり合う海域で，複雑な海洋構造をもつ．サンマやマイワシの稚魚は，春から夏に親潮域に向かってこの海域を北上回遊する．

### 1-4 レジームシフト

太平洋には3種のマイワシ属魚類が分布する．日本周辺海域のマイワシ，カリフォルニア海流域とカリフォルニア湾に分布する *Sardinopos caeruleus*（カリフォルニアマイワシ），チリ・ペルー沖のフンボルト海流域に分布する *S. sagax*（チリマイワシ）である．これら3魚種の漁獲量を並べてみると，それらの増減傾向がよく一致しているように見える（図25-5）．チリマイワシの資料は1960年以降に限られるが，これら3種のマイワシ類は1930年代と1980年代にいずれも漁獲量の極大期を迎えた．

1980年代中盤から，マイワシを初めとする海洋生物資源の増減傾向が地理的に遠く離れた海域において同期していることが認識され始めた．マイワシ類の例で見るように，短期間における大規模な海水の交換が考えられない遠く離れた海域間の同期的変動は，それが海洋によってではなく大気によって媒介されることを示すと考えられ，このような地球規模の気象変動，大洋規模の海象変動と，種々の海洋生物資源の増減傾向が研究された．1990年代に入ってこれら三者が数十年周期で同期的に変動していることが明らかになるに至って，「海洋生態系のレジームシフト」という認識が形成された．すなわち，風系や気圧配置などの気象現象が全球規模でひとつの状態から別の状態へ変化するのにともなって，水温・流系・鉛直混合などの海象現象が大洋規模で変化し，それに対応して海洋生態系における基礎生産，二次生産，生物資源生産の構造的枠組み（regime）が不連続に転換（shift）するという認識である．

太平洋に分布する3種のマイワシ類の場合を具体的に見てみよう．北太平洋中央部の北緯30～65°，東経160°～西経140°の海域の冬季における海面平均気圧は北太平洋指数（NPI North Pacific

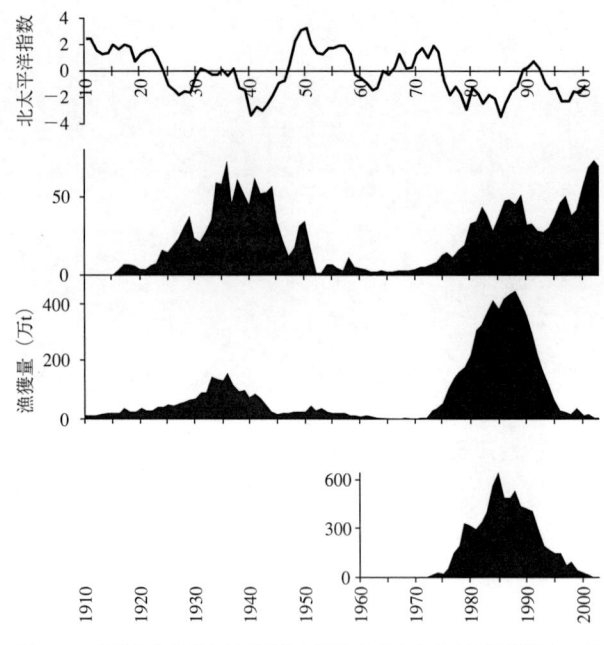

図25-5 冬季北太平洋の海面平均気圧から求めた北太平洋指数と，それに同期するマイワシ類漁獲量の変動．漁獲量はカリフォルニアマイワシ（上），マイワシ（中），チリマイワシ（下）．遠く離れた海域のマイワシ資源が同期的に変動し，それが気候指数と関連する．

Index）と呼ばれ，この海域で冬季に発達するアリューシャン低気圧の勢力を指標する．アリューシャン低気圧の勢力は，北太平洋における冬季気象の支配的要因で，北太平洋指数が低く低気圧勢力が強い冬には，西部北太平洋で北西の季節風が強く，冬〜春の海表面水温は低くなり，東部北太平洋では逆に海表面水温が低くなる（Chavezら，2003）．アリューシャン低気圧の勢力が弱い年代には，反対に西部北太平洋の水温が高く，東部では低くなる傾向にある．

1910年以降の北太平洋指数の変動とマイワシ類の漁獲量を対応させると，北太平洋指数が低くアリューシャン低気圧の勢力が強い1930年代と1980年代に太平洋全域でマイワシ類が豊漁，勢力が弱い年代には不漁となったことがわかる（図25-5）．アリューシャン低気圧の勢力変化という気象現象が，表面水温で指標されるような海洋環境の変動を通して，マイワシ類の個体数増減傾向を決定していると見ることができる．

西部北太平洋についてより詳しく見てみよう．冬季における親潮勢力の強さを，親潮が北日本の沖合いを南下する第1分枝（図25-4）の南下程度によって表すと，マイワシ太平洋系群の0歳魚死亡率が著しく高くなった1988〜1991年の4年間，第1分枝の南下勢力が弱まったことがわかった（海老沢・木下，1998）．さらにこれに北太平洋指数を重ねると，この4年間は北太平洋指数が高く，アリューシャン低気圧が弱かったこともわかった．すなわち，1988〜1991年にアリューシャン低気圧の勢力が弱くなり，親潮第1分枝の南下が弱まったことと，マイワシの死亡率が著しく高くなり新規加入量が激減したことが，みごとに対応するのである（Watanabe, 2009）．

1992年以降北太平洋指数が低下傾向にあり，親潮第1分枝はやや勢力を強めたことと，マイワシの死亡率が低下傾向にあることも符合する．冬季における親潮第1分枝の勢力が，どのような過程を経てマイワシの死亡率変動につながるのか，その生態学的過程はまだわかっていない．親潮第1分枝の勢力や，海表面水温の変動によって指標される海洋生態系の変動が，マイワシ0歳魚の餌環境や被食死亡にどのように影響するのか，海洋環境とマイワシの生態学を統合する学際的研究が求められる．

## §2. 大変動する種と安定な種

### 2-1 卵の性質と個体数変動幅

個体数が大きな幅で変動する例を，マイワシ類について見た．しかし，すべての魚種で個体数が大

変動するわけではない。一般にウミタナゴ *Ditrema temmincki* などの胎生種や，テンジクダイ *Apogon lineatus* など親が子を保護するような種では，生活史初期における死亡率が小さく，個体数変動幅が小さいと考えられるが，これら魚種の長期の個体数変動資料は存在しない．板鰓類に見られるように，胎生種は一般に少産で個体数が安定していると考えられるが，フサカサゴ科 Scorpaenidae の胎生種は体内でふ化した仔魚をその直後に出産するので産仔数が著しく多く，生活史初期の死亡率が大きくかつその変動幅も大きい可能性がある．

　分離浮性卵を産む海産魚では，マイワシの例に見たように2桁以上の幅で個体数が大きく変動するのに対して，粘着卵を産む種では個体数変動幅が小さい傾向にある．マイワシと同様に温帯性の小型浮魚類であるサンマ *Cololabis saira* の漁獲量は，1950年代の高水準期の58万トンと1960年代後半の低水準期の6万トン台との差は1桁と比較的小さい．サンマは，長径1.9mm，短径1.7mmの楕円形で付着糸（纏絡糸）をもつ卵を流れ藻などの浮遊物に産み付ける．ふ化仔魚は全長およそ7mmとマイワシの2倍以上の大きさで，機能的な目，口をもち，ふ化直後から活発に遊泳して摂餌する．このように形態的・機能的に発達した仔魚として生まれるサンマの仔稚魚期における死亡率は比較的小さい．1990～1998年に黒潮域で生まれた仔稚魚の1日当たり瞬間死亡係数を求めた結果では，秋季の黒潮親潮移行域で0.107±0.37，冬季の黒潮域で0.077±0.003，春季の黒潮親潮移行域で0.060±0.013であった．マイワシの卵豊度と摂餌開始期終了後の仔魚豊度（Watanabeら，1995）の比から概算される1981～1990年の1日当たり瞬間死亡係数0.32±0.05と比べると，サンマの初期死亡係数は小さい．生活史初期における死亡率が比較的小さいことは，サンマの個体数変動幅が1桁程度と小さいことと関連している．

　分離浮性卵を産む魚種でも，マグロ・カツオ類など大型の魚食性魚類の個体数変動幅は大きくない．水産総合研究センター資料によると，日本のカツオ *Katsuwonus pelamis* 漁獲量は1973年以降の30年間26万トンから47万トンの2倍の幅で安定しており，中西部太平洋のカツオの資源量変動幅は500～1,200万トンと推定されている．ビンナガ *Thunnus alalunga* の資源量も安定しており，1966年以降の推定資源量は30～50万トンの範囲にあった．これらの熱帯性種に比べると温帯性のマグロ類であるクロマグロ *Thunnus orientalis* の変動幅はやや大きく，1952年以降で資源量は6～16万トンの幅で変動し，年々の資源加入尾数も1952年以降500万から4,000万尾と10倍近い幅で変動した．マグロ・カツオ類成魚の体長は大きく卵巣重量も大きいが，産み出す卵は直径約1.0mmと海産魚類の平均的な大きさである．したがって，マグロ類の産卵数は数百万から千数百万と夥しい数に上り，全長3mm未満の未発達な仔魚としてふ化することから，生活史初期における死亡率は著しく高いと考えられる．にもかかわらず熱帯域を産卵場とするカツオ・マグロ類の個体数変動幅が小さいのはなぜであろうか．また，亜熱帯海域で生まれて，生活史初期に温帯域から亜寒帯域へと北上回遊するクロマグロの変動幅が，熱帯域に生息するカツオ・マグロ類より大きいのはどのようなしくみによるのであろうか．

### 2-2 生息海域と個体数変動幅

　ニシン科魚類は低緯度海域に起源があると考えられている．日本周辺海域でも低緯度海域に多くの種が分布し，亜寒帯水域に分布するのはニシン *Clupea pallasii* とマイワシのみ，亜寒帯水域で生活史を完結するのはニシン1種のみである．ニシン属魚類 *Clupea* はニシン科魚類の中で派生的であると位置づけられ（Whitehead, 1985），ニシン科魚類の高緯度水域への適応の結果分化した種と考えら

れる．ニシン科魚類の中で，ニシンは沈性粘着卵を産し，ふ化仔魚の全長は約 8mm とマイワシなどに比べてはるかに大きい．にもかかわらずニシン漁獲量の変動幅は著しく大きい．卵の性質やふ化仔魚の大きさのみによって，個体数変動幅の大きさが決まっているわけではなさそうである．マグロ類で見られたような，緯度方向での生息海域の違いと変動様式の違いの関係に着目して，長期にわたる資料が得られるニシン科魚類の種による個体数変動様式の違いを見てみよう．

ニシン科魚類の中では，ニシンやマイワシの他に，ウルメイワシ *Etrumeus teres*，キビナゴ *Spratelloides gracilis*，コノシロ *Konosirus punctatus*，サッパ *Sardinella zunasi* などが資源として利用されており，これらの種で漁獲量変動の資料が得られる．キビナゴは沿岸の砂礫に沈性粘着卵を産み付ける種で，熱帯海域に分布の中心があり，西日本沿岸はキビナゴの分布の北縁にあたる．ウルメイワシは西日本から東シナ海および南シナ海北部に分布する亜熱帯種である．日本周辺では黒潮域と対馬暖流域に生息し，分離浮性卵を産する．マイワシも西日本から中部日本の沖合で分離浮性卵を産む．稚魚は分布域を北に拡大し，太平洋系群は親潮前線を越えて親潮水域内でプランクトンを食べて生物量を増大させる．ニシンは北太平洋とその付属海の亜寒帯から北極水域に生息する種で，沿岸の藻類や海草類に沈性粘着卵を産み付ける．

分離浮性卵を産するマイワシとウルメイワシを較べると，マイワシは 1930 年代と 1980 年代の極大期の後に激減したが（図 25-5），ウルメイワシは，レジームシフトに伴うと考えられるこのようなマイワシの大変動とは無関係に，1956 年以降 2.4〜6.8 万トンの範囲内で安定している．沈性粘着卵を産むキビナゴとニシンを比較すると，キビナゴの長崎県の漁獲量は 700 トンから 2,100 トン，鹿児島県の漁獲量も 900 トンから 2,600 トンの範囲で，ウルメイワシとほぼ同様に 3 倍程度の幅で変動しているのに対してニシンは大きな幅で年変動を繰り返しつつ傾向的に減少し，1950 年代以降極度の低水準が続いている．19 世紀末に約 100 万トン漁獲された北海道サハリン系ニシンは，1950 年代に北海道沿岸の産卵場から姿を消したのである（花村，1963）．

このように見ると，卵の性質に関わらず，高緯度の亜寒帯水域に依存して生物量を増加させるニシンやマイワシでは漁獲量変動幅が大きく，熱帯や亜熱帯水域に生息する種では変動幅が小さいという傾向が見られる．ウルメイワシやキビナゴは生まれて 1 年以内の群が漁獲量中に大きな割合を占めるので，漁獲量変動が年々の新規加入量変動を表していると考えてよい．しかし，ニシンやマイワシは数年級から十数年級群が漁獲対象になるので，新規加入量水準の変動を見るためには，ある年齢時の資源尾数を知る必要がある．マイワシについてはまき網漁場へ加入する 0 歳時資源尾数を，ニシンについては沿岸の産卵場へ来遊する 4 歳魚資源尾数を見ることにする．毎年生まれるマイワシの資源尾数は，図 25-1 に示すように 1980 年級の 2,900 億尾から 1991 年級の 53 億尾まで 50 倍以上の幅で変動する．ニシンでは 1933 年級の 0.18 億尾から 1939 年級の 66.8 億尾まで 300 倍以上の幅で変動した（図 25-6）．このように，低緯度水域に生息していたと考えられる祖先種から分化した現生のニシン科魚類の中で，祖先種に近い低緯度水域に生息するキビナゴやウルメイワシの個体数変動幅は数倍程度と小さいのに対して，温帯水域で生まれた後に亜寒帯水域まで索餌回遊して生物量を増大させるマイワシでは，低緯度水域の種より 1 桁変動幅が大きく，亜寒帯水域で生活史を完結させるニシンでは 2 桁変動幅が大きいことがわかる．

### 2-3　高緯度水域への適応と大変動

ニシン科魚類の中で，高緯度水域に対する依存度が大きい種ほど個体数変動幅が大きい傾向がある

ことは，低緯度水域に生息していた祖先種が北方の海域へ進出する過程で，個体数変動幅が大きくなったことを表すと考えられる．上に見たニシン科魚類 4 種の生物学的特性をみてみよう．宮古湾では，2〜3 月にふ化したニシンは 8 月末には体長 150mm に達する．これに対して，春生まれのキビナゴはその年の秋に 60mm を超えて産卵する（Shirafuji ら，2007）．マイワシやウルメイワシは，ふ化後半年で体長 120 mm 前後に成長する．ニシンは高緯度水域の早春に生まれて，低水温下でも他の 3 種より高速度で成長する．体重に対する生殖腺重量の比（GSI）を見ると，ニシンでは 20% 前後であるのに対して，キビナゴやウルメイワシでは，10% 前後と小さい．体重の違いを考慮すると，ニシンはキビナゴやウルメイワシより多くのエネルギーを短期間に行われる産卵に集中して繁殖投資する．マイワシが 2 歳以降 3〜5 年間にわたって，ニシンでは 3 歳以降 5〜10 年間にわたって繰り返し産卵するのに対して，キビナゴやウルメイワシは 1 年間を超えて産卵を継続することがない．このような生物学的特性に着目して，緯度方向での個体数変動様式の違いを考えてみる．

1） **成長速度** トウゴロウイワシ科の *Menidia menidia*（Conover and Present, 1990），スズキ科の *Morone saxatilis*（Conover ら，1997），メダカ科の *Fundulus heteroclitus*（Schultz ら，1996）などでは，高緯度水域に生息する個体群ほど大きい成長速度を示すことが知られている．これは環境勾配に対抗する変異（counter-gradient variation）と呼ばれ，共通の環境条件下での飼育実験によってそれが遺伝的基礎をもつことが確認されている．すなわち，同一種の中で高緯度水域に生息する個体群ほど遺伝的に成長速度が大きいということである．*M. menidia* の成長実験では，低緯度の個体群に比べて高緯度の個体群が 70% 多く摂餌し，成長効率（gross growth efficiency）も高い結果，高成長が達成されることがわかった（Present and Conover, 1992）．これらの研究は，同一種内でも緯度方向の環境勾配に対応した成長速度勾配が遺伝的基礎をもって存在することを示す．さらに Yamahira and Conover（2002）は，*M. menidia* とその近縁種 *M. peninsulae* について飼育実験を行い，高緯度の種および個体群ほど成長速度の反応規準（growth reaction norm）が低水温側に位置していること，したがって，遺伝的基礎をもつ成長速度変異は，種を跨いで生じていることを示した．高緯度水域に生息する種や個体群は，春から夏にかけての短い成長可能期間に高速で成長して，成熟や越冬に必要な体長を短期間のうちに達成する必要がある．ニシン科魚類において，亜寒帯水域に生息するニシンが最も速い成長速度を見せることは，亜寒帯水域の春から夏の著しく高い生物生産力を利用して稚魚が高速で成長する能力を発達させた結果であると考えられる．成長期間が春から夏に集中す

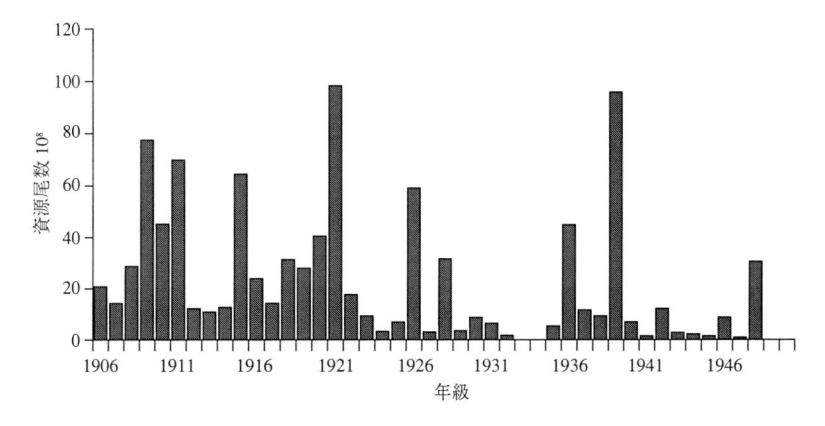

図 25-6 北海道春ニシン 4 歳魚の資源尾数．資源への加入尾数が年々大きく変動する．

る結果，高緯度水域の種はこの季節の生産力変動の影響を強く受けることを避けられない．

2) **卵生産速度**　成長速度に緯度方向の傾斜があるのと同様に，卵生産速度にも南北傾斜があることが知られている．Kokita (2003) は，ソラスズメダイ *Pomacentrus coelestes* を沖縄県瀬底島，鹿児島県坊津，房総半島小湊から採集して水槽内で成熟・産卵させたところ，小湊の群の単位体重・時間当たり卵生産量が最も多かった．これについて Kokita (2004) は，小湊の群は瀬底島に比べて短い産卵期に高速で卵を産出する能力を発達させたと考えた．ニシン科魚類において，沖縄島のキビナゴは周年産卵し，串本でも1〜3月を除いて産卵期が9ヶ月に及ぶ．またウルメイワシも夏季の数ヶ月を除いて10ヶ月間に卵が採集される．これに対してマイワシは，1980年代の産卵親魚資源量水準が高かった年代には2，3月に年間総産卵量の85%以上を集中し，数千兆粒という夥しい量の卵を産み出した（Watanabe ら，1996）．また北海道・サハリン系ニシンは，北海道の日本海沿岸で，南部では4月，北部では6月に産卵し，各海域での産卵期は約1ヶ月間に集中する．このように，ニシン科魚類についても高緯度に生息する種ほど短い産卵期に集中的な産卵を行うこと，したがって産卵期前には集中的に卵を生産することがわかる．時間的に集中した産卵は，生まれた群が成長と生残に好適な環境に恵まれると爆発的に個体数が増加する一方で，環境条件が悪いと全滅の危険性も大きい．

3) **繰り返し産卵**　最大体長が50 cmを超える大型のニシン科魚類 *Alosa sapidissima* は，北米大陸東岸に広く分布する遡河性の種である．北緯30°から47°の母川に回帰した雌個体中に占める経産個体（repeat spawner）の割合を見ると，北緯35°以南ではほぼすべてが初回産卵雌であったのに対して，35°以北では緯度に比例して経産雌の割合が増加し，北緯45°では70%に達した（Leggett and Carscadden, 1978）．*A. sapidissima* は母川回帰性の強い種であることから，このような繰り返し産卵（iteroparity）に関する生態的差異は，遺伝的な基礎をもつと考えられている．すなわち，低緯度水域では初回産卵の後に死亡するのに対して，高緯度水域の個体群ほど初回産卵の後も生残して翌年再び産卵する雌の割合が遺伝的に高いということである．*A. sapidissima* の新規加入量変動は，産卵期の河川水温変動と密接に関連している（Marcy, 1976）．予測不能の大きな環境変動によって再生産成功の年変動が大きい場合，繰り返し産卵は個体数を安定化させ，絶滅確率を低下させる（Ricker, 1954; Murphy, 1968; Schaffer, 1974; Katsukawa ら，2002）．熱帯・亜熱帯水域に比べて温帯以北の水域の環境は予測不能に変動するので，繰り返し産卵という繁殖戦略は，高緯度水域に分布する個体群の個体数を安定化させる機能をもつと理解される．

ニシン科魚類において，熱帯や亜熱帯水域に分布中心があるキビナゴやウルメイワシは，長い産卵期を1回経験し，その中でおそらく数回の産卵を行って生涯を閉じる．これに対して温帯海域で生まれて亜寒帯へ北上回遊するマイワシが2〜3歳以降3〜5年間にわたって繰り返し産卵し，亜寒帯水域で生活史を完結するニシンは，3〜4歳以降5〜10年にわたって毎年早春の産卵期に繰り返し産卵を行う．北米大陸東岸の *A. sapidissima* で見られる繰り返し産卵の緯度方向の傾斜に照らして考えると，現生のキビナゴなどのような産卵期を1回しか経験しないニシン科魚類の祖先種が，中高緯度へ進出してマイワシやニシンを分化させるのに伴って，繰り返し産卵という特性を発達させたと考えることができる．すなわち季節的，経年的に大きくかつ予測不能に変動する環境下で，絶滅の危険を回避して確実に遺伝子を残すために繰り返し産卵という危険分散戦略（bet-hedging strategy）をとっていると解釈される．

**2-4　繁殖戦略と個体数変動**

変動が大きい環境に対して適応的な繁殖戦略をとっているにもかかわらず，ニシンやマイワシの新規加入量変動がウルメイワシやキビナゴに比べて桁違いに大きいということは高緯度水域における産卵期の時空間的集中の危険性をよく表している．それほどの危険をおかして高緯度水域に依存する繁殖を行うことの利点は何か．その答えを，ニシンやマイワシの資源量高水準期における生物量の大きさに見出すことができる．北海道春ニシンの漁獲量は19世紀末に100万トン近くに達した．定置網という魚群を待って獲る漁法で4～6月の約3ヶ月間に北海道沿岸で100万トン近くを漁獲したということから，その莫大な資源量を推し量ることができる．またマイワシ太平洋系群について見ると1987年には漁獲量が292万トンを記録し，この年の推定資源量は1,950万トンに達した．このような圧倒的な生物量は，移行域北部から親潮域の生物生産力を利用することで初めて達成可能なのである．

　マイワシ太平洋系群の親魚資源量は1986～1989年の4年間に1,000万トンを超えた．このような資源量高水準期のマイワシの産卵生態と，現在のような低水準期の産卵生態を比較すると興味深いことがわかる．資源量高水準期のマイワシは，2, 3月に年間産卵量の85％以上を黒潮流域を中心として産出した（Watanabeら，1996）．すなわち，ニシンのように産卵活動を短期間に集中させ，黒潮にのせて大量の仔魚を黒潮続流域以北の海域に分散させることによって，移行域以北の生物生産力を利用して生物量を増大させ，高水準の資源量を維持したのである．これに対して，資源量低水準期の2000年以降を見ると，マイワシの産卵期は11月（年間総産卵量の12.4％）～5月（同11.6％）と7ヶ月間に及び，最も産卵量が多い3月でも産卵量が年間産卵量の32.6％を占めるに過ぎない（渡邊・高橋2007）．このように時間的に分散した産卵生態は，9月を除いてほぼ周年産卵するウルメイワシ太平洋系群の産卵生態と類似する．このように見ると，マイワシは，資源量低水準期にはウルメイワシ的な産卵生態によって，低水準ながら安定した再生産を行い，レジームシフトに伴って資源量を増加させることができる時期に入ると産卵活動を早春の黒潮域に集中させて，大量の仔稚魚を高緯度水域に送り込むことで，爆発的な資源量増加を実現するという繁殖戦略をもつと理解することができる．おそらくマイワシは，高緯度水域の生物生産力を利用して生物量を増大させる生態を獲得する過程で，資源量低水準期に見られるウルメイワシ的な繁殖生態から，高水準期のようなニシン的な繁殖生態を発達させたのであろう．

　海産魚類の多くは，海水という媒体に卵仔魚を浮遊させて広範囲に子を分散させ，たどり着いた海域の環境によって子の死滅か生残かが決まるという繁殖を行う．膨大な無駄に思える広い範囲への分散という繁殖戦略は，時空間的に大きく変動する海洋環境の中できわめて有効に機能してきた．その結果として海産魚類は2万数千種という多様性と数十億トンの生物量を獲得して，世界の海洋で繁栄している．しかし，広範囲への分散を可能にする多産という特性は，死亡率のわずかな変動による個体数の大きな変動を不可避にする．個体数の大きな変動は，海産魚類が選択した繁殖戦略の必然的結果と言えるであろう．

〔渡邊良朗〕

## 文　献

Chavez F.P., Ryan J., Lluch-Cota S.E. and Ñiquen M. (2003) : From ahocnovies to sardines and back: Multidecadal change in the Pacific Ocean, *Science*, **299**, 217-221.

Conover D.O. and Present T.M.C. (1990) : Countergradient variation in growth rate: compensation for length of the growing season among Atlantic silversides from different latitudes, *Oecologia*, **83**, 316-324.

Conover D.O., Brown J.J. and Ehtisham A. (1997) :

Countergradient variation in growth of young striped bass (*Morone saxatilis*) from different latitudes, *Can. J. Fish. Aquat .Sci.*, **54**, 2401-2409.

Cushing D.H. (1975) : Marine Ecology and Fisheries, Cambridge University Press, London.

海老沢良忠・木下貴博 (1998) : 房総〜三陸海域の水温環境とマイワシの再生産指数について, 茨城水試研報, **36**, 49-55.

Fuiman L.A. (2003) : Special consideration of fish eggs and larvae, Fisheries Science (Fuiman L.A., Werner R.G. ed), Blackwell Publishing, pp.1-32.

花村宣彦 (1963) : 北海道春ニシン (*Clupea pallasii*. Cuvier et Valenne) の漁況予測に関する研究, 北水研報, **26**, 1-66.

Heath M., Zenitani H., Watanabe Y., Kimura R. and Ishida M. (1998) : Modelling the dispersal of larval Japanese sardine, *Sardinops melanostictus*, by the Kuroshio current in 1993 and 1994, *Fish. Oceanogr.*, **7**, 335-346.

Hjort J. (1914) : Fluctuations in the great fisheries of northern Europe viewed in the light of biological research. Rapports et Proces-vervaux des Reunions, *Conseil International pour l'Exploration de la mer*, **20**, 1-228.

Houde E.D. (1987) : Comparative growth, mortality, and energetics of marine fish larvae: Temperature and implied latitudinal effects, *Fish. Bull.*, **87**, 471-495.

Katsukawa Y., Katsukawa T., Matsuda H. (2002) : Indeterminate growth is selected by a trade-off between high fecundity and risk avoidance in stochastic environments, *Population Ecology*, **44**, 265-272.

小林雅人 (1992) : 模擬卵を用いた卵の水平分散の見積もり, 月刊海洋, **24**, 332-336.

Kokita T. (2003) : Potential latitudinal variation in egg size and number of a geographically widespread reef fish, revealed by common-environment experiment, *Mar. Biol.*, **143**, 593-601.

Kokita T. (2004) : Latitudinal compensation in female repfoductive rate of a geographically widespread reef fish, *Env. Biol. Fish.*, **71**, 213-224.

Lasker R. (1975) : Field criteria for the survival of anchovy larvae: the relationship between inshore chlorophyll maximum layers and successful first feeding, *Fish. Bull.*, **73**, 453-462.

Leak J.C. snd Houde E.D. (1987) : Cohort growth and survival of bay anchovy Anchoa mitchilli larvae in Biscayne Bay, Florida, *Mar. Ecol. Prog. Ser.*, **37**, 109-122.

Leggett W.C. and Carscadden J.E. (1978) : Latitudinal variation in reproductive characteristiss of American shad (*Alosa sapidissima*): Evidence for population specific life history strategies in fish, *J. Fish. Res. Bd. Can.*, **35**, 1469-1478.

Marcy B.C. (1978) : Early life history studies of American shad in the lower Connecticut River and the effects of the Connecticut Yankee plant, The Connecticut River Ecological Study Monograph No 1, p 141-168, The American Fisheries Society, 1976. (referred from Leggett and Carscadden.

Morimoto H. (1999) : Relationship between batch fecundity and egg size in Japanese sardine *Sardinops melanostictus* in Tosa bay and off Kii channel, southwestern Japan from 1990 to 1993, *Fish. Sci.*, **64**, 220-227

Murayama T., Shiraishi M. and Aoki I. (1994) : Changes in ovarian development and plasma-levels of sex steroid-hormones in the wild female Japanese sardine (*Sardinops melanostictus*) during the spawning period, *J. Fish. Biol.*, **45**, 235-245.

Present T.M.C. and Conover D.O. (1992) : Physiological basis of latitudinal growth differentces in *Menidia menidia*: variation in consumption or efficiency, *Functional Ecology*, **6**, 23-31.

Shirafuji N., Watanabe Y., Takeda Y. and Kawamura T. (2007) : Maturation and spawning of Spratelloides gracilis in the temperate waters around Cape Shionomisaki, Japan, *Fish. Sci.*, **73**, 623-632.

Schultz E.T., Raynolds K.E. and Conover D.O. (1996) : Countergradient variation in growth among newly-hatched Fundulus heteroclitus (L.): geographic differentces revealed by common-environment experiments, *Functional Ecology*, **10**, 366-374.

Schaffer W.M. (1974) : Optimal reproductive effort in fluctuating environments, *Am. Nat.*, **108**, 783-790.

渡邊良朗 (2007) : マイワシ資源減少の2つの局面, 日水誌, **73**, 754-757.

渡邊良朗・高橋素光 (2007) : イワシ類の生態とレジームシフト, レジームシフトと資源管理理論, 成山堂書店, pp.141-155.

Watanabe Y. (2009) : Recruitment variability of small pelagic fish populations in the Kuroshio-Oyashio transition region of the western North Pacific, *J. Northw. Atl. Fish. Sci.*, **41**, 197-204.

Watanabe Y., Zenitani H. and Kimra R. (1995) : Population decline of the Japanese sardine *Sardinope melanostictus* owing to recruitment failures, *Can. J. Fish. Aquat. Sci.*, **52**, 1609-1616.

Watanabe Y., Zenitani H. and Kimra R. (1996) : Offshore expansion of spawning of the Japanese sardine *Sardinope melanostictus* and its implication for egg and larval survival, *Can. J. Fish. Aquat. Sci.*, **53**, 55-61.

Watanabe Y., Kurita Y., Noto M., Oozeki Y. and Kitagawa D. (2003) : Growth and survival processes of Pacific saury *Cololabis saira* in the Kuroshio-Oyashio Transition waters, *J. Oceanogr.*, **59**, 403-414.

Whitehead P.J.P. (1985) : King herring: His place amongst the clupeoids, *Can. J. Fish. Aquat. Sci.*, **42**(Supple. 1), 3-20.

Yamahira K. and Conover D.O. (2002) : Intra- vs interspecific latitudinal variation in growth: adaptation to temperture or seasonality?, *Ecology*, **83**, 1252-1262.

Zenitani H., Nakata K. and Inagake D. (1996) : Survival and growth of sardine larvae in the offshore side of the Kuroshio, *Fish. Oceanogr.*, **5**, 56-62.

# 26章　外来魚による生態系の撹乱

　外来生物の侵入は，生物多様性を脅かす主要因の1つとされ，河川や湖沼など閉鎖的性格の強い水域では，侵入した外来魚が在来の生態系を著しく撹乱する事例が相次いでいる．海外ではヨーロッパを中心に，魚類が下位の栄養段階へと食物連鎖を通じて波及的に影響を与えるトロフィック・カスケード効果に期待して，水域の水質の改善や有用魚種の資源増のため，捕食者として特定の魚種を積極的に導入するバイオマニピュレーションが試みられている．こうした生態学的操作を撹乱と呼ぶべきかどうかは意見が分かれるところであるが，現在，日本国内の水域生態系では，こうしたバイオマニピュレーションとはまったく異なる，魚類の侵入が大きく関与した撹乱が生じている．それがブラックバスの一種・オオクチバスを始めとする動物食の傾向が強い外来魚の大規模な侵攻による在来生物群集の撹乱である．

　ここではまず，様々な魚種が積極的に移殖（translocation）・放流された例として北アメリカ・五大湖を，また侵略性の著しく高い魚種が増加して魚類群集が激変した例としてアフリカ・ヴィクトリア湖を紹介する．そして国内では，在来の生態系・生物群集に深刻な影響を与えている特定外来生物のオオクチバスとブルーギルに焦点を当て，それらの侵入に伴う生物群集の変化について琵琶湖と伊豆沼を中心に概観し，現在取り組まれている対策と見え始めてきた効果，今後の展望について紹介する．日本における魚類の遺伝的撹乱の概要に関しては中井（2004a）を参照されたい．

## §1. 海外における生態系撹乱

### 1-1　古典的な外来魚導入例

　数々の外来魚の侵入・定着を経験した水域として最もよく知られた例は，北アメリカ・五大湖であろう．魚類を含む様々な外来種の侵入経緯や影響に関する総説（Millsら，1993）によれば，五大湖に定着した外来魚は25種に達する．近代的種苗放流の技術が普及し始めた18世紀後半以降，この水域へはサケ科魚類を中心に数多くの魚種が積極的に導入され，外来の25種のうち移殖，すなわち意図的な導入もしくはそれへの混入が侵入経路とされるものは18種を数える．それらは主に漁業・遊漁の対象魚と釣りの餌となる小型魚（ベイトフィッシュ）である．いくつもの動物食の大型魚が漁業や遊漁の対象となりうる生息密度で定着したことが，五大湖（the Great Lakes）の在来魚類群集に大きな変化をもたらしたことは想像に難くない．また，こうした魚類の移殖が，外部寄生性甲殻類のチョウや，魚病を発症させる少なくとも3種の病原生物を随伴していたとされている．

　五大湖では，最下流のオンタリオ湖とその上流側のエリー湖との間に位置するナイアガラの滝が自

然の「魚止め」として機能していたが，これを迂回するためのウェランド運河が開削・改修されたことにより，ヤツメウナギ科のウミヤツメ sea lamprey が大西洋から遡上し，エリー湖をはじめとする上流側の湖へと侵入するようになった．この魚は，成魚に変態後，鋭い歯が密生した吸盤状の口で魚の体表に取り付いて吸血するため，サケ科の有用魚種に対して大きな打撃を与える．このようにして運河伝いに五大湖に到達した魚種は，イリノイ・ミシガン運河を経由してミシシッピ川から侵入した2種を含め6種を数える（このうち3種は移殖による導入もなされている）．

また，運河の開削により海外からの貨物船が五大湖との間を頻繁に往来するようになり，その結果，五大湖に到着した貨物船のバラストに満たされたヨーロッパの内陸水が排出される機会が増大し，それに混入した外来種が1970年代以降確認され始め，特に1980年代以降にバラスト水混入起源と推測されるヨーロッパ由来の多様な淡水生物が定着している．1988年に確認された後またたく間に広範な水域に定着した固着性二枚貝・カワホトトギスガイ（ゼブラガイ）は，その代表例で，湖の生態系を激変させ利水活動に深刻な影響を与えている．そして，魚類でも，この貝を後追いするようにバラスト水経由で侵入したとされるパーチ科のラフやハゼ科のラウンドゴビーなど4種が定着し，新たな生態的影響が生じるのではないかと憂慮されている（Mills ら，1993）．五大湖は最終氷期の氷床が衰退した跡にできた比較的新しい湖だが，成立年代の古い古代湖（ancient lakes）など固有性の高い魚種の生息する水域では，外来魚が固有種の絶滅を招いたと考えられる事例も存在する．南アメリカのティティカカ湖（Lake Titicaca，チチカカ湖）は，キプリノドン科（カダヤシ目）の *Orestias* 属が適応放散を遂げた古代湖として知られている．この湖へは，1942年にニジマスが導入されたのを皮切りに，1950年代にはブラウントラウト，カワマス，レイクトラウト，ペヘレイなどが相次いで移殖された．これらの魚種による被食と餌をめぐる競争の結果，1972年までには *Orestias* 属の固有種2種が絶滅したとされている（Harrison and Stiassny, 1999）．フィリピン・ミンダナオ島にあるラナオ湖では，コイ科バルブス亜科の *Puntius* 属魚類が湖に固有の系統群を形成していたが，湖にウロハゼ属の一種 *Glossogobius giuris* をはじめ複数の魚種が侵入・定着し，現在では，この系統群の多くの種（18種中15種）が，すでに絶滅または絶滅が危惧される状況にあると推測されている（Kornfield and Carpenter, 1984; Harrison and Stiassny, 1999）．

こうした事例は他にも数多く知られ，外来種の侵入・増加が固有種をはじめとする在来種の減少・絶滅をもたらした可能性が指摘されている．しかし，これらの"古典的な"事例では，経時的変化に関する情報が不十分であったり，他の要因による環境劣化が同時進行していたりするなどの事情もあって，外来種の隆盛と在来種の衰退との間の因果関係については推測の域を出ないものが多い．

### 1-2 ヴィクトリア湖の悲劇

**1）ナイルパーチの激増とカワスズメの大量絶滅**　　1980年代になると，後に史上最大の外来生物による影響として紹介されることになる悲劇的な出来事が，アフリカ最大の淡水湖・ヴィクトリア湖（Lake Victoria）で起きた．その原因となったのは，魚食性が強く体長2m，体重200kgを超えて成長するアカメ科のナイルパーチ Nile perch である．この魚は，その名が示すとおりナイル川水系に自然分布し，ヴィクトリア湖から流出するヴィクトリアナイル川が注ぐアルバート湖には在来種として生息するが，ヴィクトリアナイル川の途中に位置するマーチソン滝の激流を隔ててはるか上流にあるヴィクトリア湖とそれに隣接するキョーガ湖には生息していなかった．

ヴィクトリア湖は，その南に連なる巨大な古代湖であるタンガニイカ湖やマラウィ湖と並び，カワ

スズメ科魚類 cichlid fishes の適応放散による著しい種分化の舞台として知られ，未記載種を含めた生息種数は500種を超えると推定されていた（Witte, 1984）．20世紀初頭にナイロン製の魚網が導入され，1950年ごろには，カワスズメ類のうち大型のティラピア類の資源が枯渇した．残るカワスズメ類の大多数はハプロクロミス属 haplochromines に属し，地元住民にとっても小型で骨っぽく価値が低かった．そこで，より高い資源価値が期待される魚種として，ナイルティラピアが1950年代初頭に，ナイルパーチが1950年半ばにヴィクトリア湖水系に放流された．およそ30年の潜伏期を経た1980年代半ば，突然ナイルパーチの増加が湖の東部で確認され始め，数年のうちに，この巨大外来魚の激増の波は広大な湖の全域を席巻した．時を同じくしてカワスズメ類のうち約200種の生息が確認できなくなり，その絶滅を推測せざるを得ない状況となっている（Witteら，1999；ゴールドシュミット，1999）．

　2）**環境変化の負の連鎖と新たな変化**　ナイルパーチによって打撃を受けたカワスズメ類は，湖内での適応放散により多様な餌ニッチを占めていた．そのうち，植物プランクトン食のカワスズメ類が激減したことは，消費されない植物プランクトンの増殖を招き，それが湖水の透明度の低下と深底部の低酸素化を促進した．その一方で，利用価値の高いナイルパーチの登場は，ヨーロッパ資本による輸出用の加工工場の進出をもたらした．これにより湖周辺地域に新しい雇用形態と貨幣経済がもたらされ，社会構造が急速かつ劇的に変容したことで，様々な社会問題が生み出されている．また，冷凍設備のない湖岸地域では，熱帯気候下で巨大な肉の塊であるナイルパーチを処理する最も簡便な方法が油で揚げる加熱処理であることから，そのための燃料を手近に入手するために湖の周辺で森林伐採が加速度的に進行した．このことが湖への土壌の流出を増加させ，湖水の富栄養化を促進し，水の濁りと酸素不足をさらに深刻化させるという負の連鎖が生じている（Witteら，1999）．

　ナイルパーチの爆発的増加以後，沖合表層では小型のコイ科の遊泳魚・ダガーとヌマエビ科の小型のエビ類とが優占するようになり，それぞれカワスズメ類との餌をめぐる競合の緩和と捕食圧の低下が原因だと考えられている．ダガーとエビ類は，カワスズメ類が激減した現在のヴィクトリア湖において，ナイルパーチの主要な餌資源にもなっている．また，魚類を餌とするヒメヤマセミの捕食行動にも，魚類群集の変容にともない，大きな変化が生じている（Witteら，1999）．

　さらに，カワスズメ類の中で雄の婚姻色が発達するグループでは，種分化を促進しそれを維持する主要なメカニズムの1つとして視覚による性選択が考えられているが，湖水の透明度の低下により配偶相手の選択が曖昧になったため，種間の交雑が生じていることが確認されている（Seehausenら，1997）．一方，ナイルパーチは過剰漁獲により資源量が減少したために捕食圧が低下したと推測され，一部のカワスズメ類は生息密度が上昇し始めている．増加傾向が顕著な種は，近縁種と比較して低透明度下における視覚能力がより高い種である（Witteら，2000）．ナイルパーチの爆発的増加により激変したヴィクトリア湖の魚類の多様性は，貴重な要素を失いながらも，新しい方向に向けて急速に変わり始めている．

## §2. 日本国内の事例：琵琶湖と伊豆沼を中心に

### 2-1　侵略的外来魚の侵入と増殖

　1）**オオクチバスとブルーギルの全国拡大**　日本国内では1970年代になって，新しいスタイルの釣りとしてルアー釣りの人気が高まるにつれ，その好適な対象魚として北アメリカ原産のサンフィ

ッシュ科のオオクチバス largemouth bass が急速に生息域を拡大し，2001 年には全都道府県で確認されるにいたった（丸山，2002）．最後に侵入を受けた北海道では，その後積極的な駆除対策に取り組み，2007 年には「ブラックバス一掃宣言」を出している．1960 年に国内に持ち込まれたブルーギル bluegill もまた，導入当初には積極的な養殖・放流事業に失敗したにもかかわらず，オオクチバスの後を追うように国内分布を拡大し，現在は全都道府県での生息が記録されている（Kawamura ら，2006）．

この 2 種のサンフィッシュ科魚類は，雄親魚が自分の仔（卵・仔魚，オオクチバスの場合は稚魚も）を保護し，動物食に偏った食性を示しながら水域内で激増することで，侵入先の生物群集に深刻な打撃を与える．そのため，2005 年施行の外来生物法（Invasive Alien Species Act）が規定する特定外来生物に指定された．魚類群集への影響が最も顕著に生じ，その問題性が社会的に広く認識されるようになったのは，世界有数の古代湖として知られる琵琶湖（Lake Biwa）においてであった．

なお，オオクチバスとブルーギルに関しては，特に以下の 3 つの文献が参考になる．

①水産庁外来魚対策検討委託事業報告書「ブラックバスとブルーギルのすべて」．両外来魚の全国的な生息拡大を受け，1989 年度から 1991 年度にかけて水産庁が全国内水面漁業協同組合連合会に委託した業務報告書（全国内水面漁業協同組合連合会，1992）．

②『川と湖沼の侵略者 ブラックバス－その生物学と生態系への影響』．いわゆる「ブラックバス問題」をめぐる対立が顕在化し，日本魚類学会が自然保護委員会を設置して政策要望などを行いながら，ブラックバスをめぐる現状をまとめた単行本（日本魚類学会自然保護委員会，2002）．

③「ブラックバス・ブルーギルが在来生物群集及び生態系に与える影響と対策」．環境省が，外来生物法の制定を前に，受益者の多いオオクチバスを規制対象とすべきかどうかを判断するため，既存の知見・情報を収集し，検討委員会で議論しながら取りまとめた資料集（環境省，2004）．

**2）琵琶湖におけるオオクチバス・ブルーギルの盛衰** オオクチバスとブルーギルのうち，琵琶湖に先に侵入したのはブルーギルで，1965 年に現存する最大の内湖・西ノ湖で野外確認されたのが最初である．琵琶湖内では，1968 年に西ノ湖から流出する長命寺川の河口付近で初記録され，1970 年代前半には琵琶湖の北端から南端にいたるほぼ全域で記録されるようになった．しかし，当時はブルーギルの影響を危惧する意見はほとんど見られず，定着の成功を「琵琶湖にも生態的地位が空いていた」ことに求めている（寺島，1980）．

外来魚による琵琶湖の激変は，この後に起きるオオクチバスの爆発的増加によって口火が切られた．オオクチバスは，全国的にみられた急速な分布拡大の過程で，琵琶湖でも 1974 年に初めて捕獲された．潜伏期を経た 1983 年，沿岸域で群れ泳ぐ未成魚が目撃されるなど増加の兆しが確認され，1980 年代後半には激増のピークに達した．しかし，1990 年になると，オオクチバスは突然に減少し始め（前畑，1990），その漁獲量は 1990 年代半ばまで減少傾向が続き，それ以後，外来魚駆除事業が強化される 1999 年までは横ばいで，生息量に大きな変化がないことを示している．オオクチバスの急減と時期を同じくして置き換わるように，それまで鳴りを潜めていたブルーギルが 1993 年ごろから増加し始め，1990 年代の後半にとくに南湖で著しく増加した（中井，2002a，2010a）．

**3）伊豆沼におけるオオクチバスの増加** 琵琶湖から遅れることおよそ 20 年，宮城県の伊豆沼［Izunuma (lake)］では 1992 年にオオクチバスが漁業で捕獲された．その後 1996 年にまとまって捕

獲されてからは毎年漁獲され続けている（高橋，2002）．一方，これまでたまにしか捕獲されなかったブルーギルが，近年，その小型個体が継続的に捕獲されるようになり，湖内で定着した可能性がある（藤森，私信）．

**2-2 既存の生物群集への影響**

**1）琵琶湖と伊豆沼における生物群集の変化** オオクチバスやブルーギルが侵略的外来種（invasive alien species）として問題視されるのは，侵入先において著しく増加し，それらの捕食圧により既存の生物群集の多様性が著しく損なわれる事例が相次いでいるためである（中井，2004b）．

琵琶湖では，激増したオオクチバスが減少に転じてから後の1994年から1995年にかけて，沿岸域の魚類群集が滋賀県水産試験場によって調査された（滋賀県水産試験場，1996）．その結果は，1990年以降，目立って減少したとされるオオクチバスが，その時点でなお魚類の総重量の30％を超えて最も多く，それに次いでブルーギルが約17％を占めるというものであった．その後1990年代後半にブルーギルは激増し，1999年には湖内の推定生息量は，ブルーギル2,500トン，オオクチバス500トンと，ブルーギルがオオクチバスの5倍に達した．琵琶湖漁業の漁獲統計データは，オオクチバスが増加し始めた1980年代前半以降，生活史のなかで湖の沿岸域にかかわりのある魚種の漁獲量が減少し続けていることを示している（中井，2002a）．

オオクチバスが激増した前後での魚類群集の変化は，別の形でも示されている（図26-1）．琵琶湖の南端に近い琵琶湖文化館前では，投網による捕獲で30種確認されていた魚種のうち9種（30％）が消失，15種（50％）が顕著に減少したとされる（前畑，1993）．伊豆沼においても，オオクチバスが増え始めた1996年と4年後の2000年とを比較すると，定置網の漁獲データでは両年の捕獲個体数がともに0である5種を除いた20種のうち，7種（35％）が消失，6種（30％）が顕著な減少（1/2以下）を示した（小畑，2006）．減少または消失した魚種を体サイズ別にみると，琵琶湖では30種のうち小型魚種（全長12cm以下）では93％（13種/14種）であったのに対し，中・大型魚種（全長12cm超）では69％（11種/16種）にとどまり，伊豆沼においても，上記20種のうち小型魚種では90％（9種/10種）だったのに対し，中・大型魚種では4種（40％）であった．このように，琵琶湖でも伊豆沼でも，オオクチバスが増加した後，既存の魚類では小型種がより速やかかつ顕著に衰退したことが見てとれる．さらに，オオクチバスによる捕食の影響は，中・大型魚種の稚魚や未成魚に対しても及ぶと考えられ，そのことは伊豆沼において，1996年から2000年にかけて中・大型魚種の小型個体が激減していることからも示され

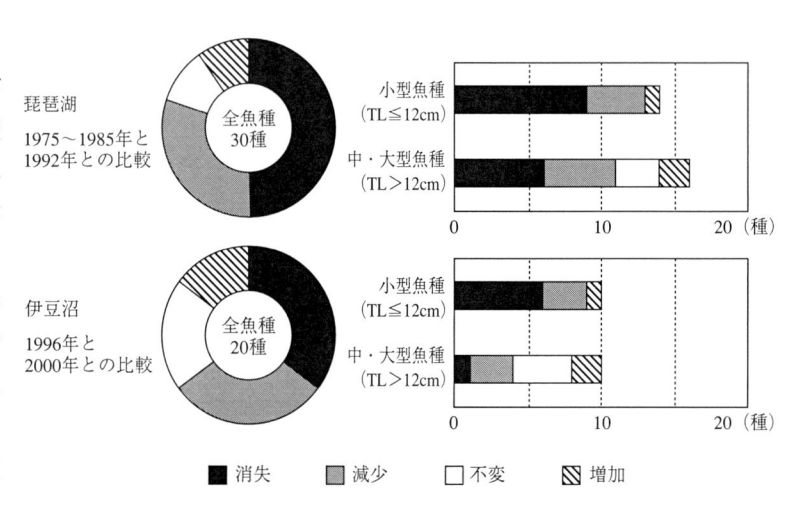

図26-1 琵琶湖と伊豆沼におけるオオクチバス激増前後の魚類相の比較．データの出典は，琵琶湖：前畑（1993），伊豆沼：小畑（2008）．

凡例：■ 消失　▨ 減少　□ 不変　▧ 増加

琵琶湖 1975～1985年と1992年との比較　全魚種30種
伊豆沼 1996年と2000年との比較　全魚種20種

ている（高橋, 2002）．

伊豆沼では，オオクチバスの激増がもたらした魚類群集の変化は，魚類を餌とする鳥類群集の組成や，特定の魚類を幼生の寄主として必要とするイシガイ科二枚貝類の世代交代にも，間接的に影響していることが示唆されている（嶋田, 2006；進東, 2006）．ヴィクトリア湖のナイルパーチと同様，オオクチバスの生態的影響は様々な動物群集に及び，生態系全体にも波及しているものと推測される．

2）**他の水域における生物群集への影響** オオクチバスがブルーギルと同調して増加したことに伴う魚類群集の変化を追跡した事例としては，京都市の深泥池（竹門ら, 2002）や滋賀県の堅田内湖（中川・鈴木, 2007）などがある．オオクチバスやブルーギルの侵入・定着の影響は，同一水域の経時的変化をとらえる以外に，複数の水域の生物群集の組成を比較することでも，推測することができる（中井, 2004b）．

秋田県内では，ため池のオオクチバスを駆除するために水抜きをする際に，魚類群集の組成を記録した一連のデータを比較したところ，オオクチバスが重量比でも個体数比でも最も優占した状況が示され，池から希少種を含む在来魚種が消失する場合のあることや，生き残った魚類がオオクチバスの捕食できない大型個体のみであることなどが明らかになった（杉山, 2003；中井, 2004b）．

東京都の皇居外苑の濠における魚類群集調査では，13 の濠のうちオオクチバスとブルーギルが生息する8つの濠では，両種ともに生息しない5つの濠と比較して，ジュズカケハゼやモツゴなど在来魚種の生息密度が極端に低いことが示された（自然環境研究センター, 2004；中井, 2004b）．

埼玉県比企丘陵のため池群を対象とした同様の比較でも，魚類のモツゴやヨシノボリ類だけでなく，甲殻類のエビ類（ザリガニを含む），昆虫類のトンボの幼虫などの生息密度が，オオクチバスとブルーギルの生息する場合に低くなるという結果が得られている（Maezono and Miyashita, 2003）．

サンフィッシュ科魚類の原産地・アメリカ合衆国においても，東北部の100を超える湖沼を対象とした調査で，侵入による影響を最も顕著に示す魚種がオオクチバスで，その負の影響はとりわけ小型で鰭に棘のない魚種に対して強く現れるとの結果が得られている（Whittier and Kincaid, 1999）．

3）**生態的影響に関係した食性** このような生物群集の激変は，動物食に偏った食性を示すオオクチバスやブルーギルがしばしば激増して起こると考えられる．オオクチバスは，水域の群集組成を反映した選択性を示しながらも，比較的大型で活発に動く水生動物である魚類，大型甲殻類，水生昆虫を主食とすることが，数多くの水域で明らかにされている（環境省, 2004）．ブルーギルは，オオクチバスが餌として利用する水生動物に加え，貝類やミミズ類，ミジンコ類，水生植物にいたるさらに多様な生物を捕食する（Azuma, 1992; Yonekura ら, 2002; 環境省, 2004）．

琵琶湖においてオオクチバスの増加の前後に魚類相の激変をとらえた琵琶湖文化館前で，まさに激増の途上にあった1985年のオオクチバスの食性分析結果は，その後消失したものを含め多様な魚種が実際に捕食されていたことを示している（桑原ら, 1985）．さらに，オオクチバスの稚魚は，雄親の保護から独立した直後より，魚食性を示すことが伊豆沼で確認されている（高橋, 2002）．

ブルーギルは，オオクチバスよりも相対的に体サイズも口のサイズも小さいため，捕食できる対象も体サイズが小さなものに限定されるが，しばしば生息密度が極めて高くなるため，既存の多くの魚種との間で餌をめぐる競争が生じる可能性がある．さらに, ブルーギルは，ときに非常に多くの他魚種の稚魚を捕食し，さらに魚卵を好んで食べることが知られており，他魚種の存続にも捕食による直接的な影響を与えるおそれもある．滋賀県大津市のため池では，ブルーギルの侵入・増加と同調して，

モツゴの個体群が壊滅した例がある（遊磨ら，1997）．

**4）絶滅危惧種の保全上の問題**　オオクチバスやブルーギルの定着により，在来生物群集が劇的に変化する場合，しばしばそこに絶滅危惧種（endangered species）が含まれる．そのため，これらの外来魚の生息拡大は，すでに存続を脅かされている水生生物にとって保全上の危機にもなっている（中井，2002b）．

オオクチバスの増加後に姿を消した魚種として，琵琶湖ではイチモンジタナゴやカワバタモロコ，伊豆沼ではゼニタナゴなど，環境省のレッドリストの上位に位置するものが含まれている（中井，2002b；高橋，2002；環境省自然環境局野生生物課，2007）．日本魚類学会が実施したオオクチバス，コクチバス smallmouth bass，ブルーギルの生態的影響に関するアンケート調査（淀ら，2004）では，全国767水域において，昆虫類13種以上，エビ類2種，魚類37種以上，両生類2種，鳥類2種以上に対する「被害」が報告された（淀ら，2004）．そのなかには，環境省レッドリストの絶滅危惧I類（IA類＋IB類）13種，絶滅危惧II類5種，準絶滅危惧5種が掲載されており，種の保存法（絶滅のおそれのある野生動植物の種の保存に関する法律）の定める国内希少野生動植物種に指定されたベッコウトンボ（絶滅危惧I類）とイタセンパラ（絶滅危惧IA類）も含まれている．

外来生物法が施行された後，環境省は「オオクチバス等防除モデル事業」を6水域で開始したが，それらの実施地の選定理由にも，絶滅危惧種の生息に対する脅威が前面に出ている．羽田沼（栃木県大田原市）は国内希少野生動植物種のミヤコタナゴの生息地保護区，藺牟田池（鹿児島県薩摩川内市）は同じくベッコウトンボの生息地保護区に指定され，犬山市のため池群には絶滅危惧IA類のウシモツゴや絶滅危惧I類のマダラナニワトンボの生息地が含まれている．残る3水域は，琵琶湖，伊豆沼と片野鴨池（石川県加賀市）で，これらはすべてラムサール条約の登録湿地である．

### 2-3　生息抑制の試みとその効果

**1）琵琶湖での外来魚駆除事業**　琵琶湖では1983年にオオクチバスの増加の兆候が見られ，翌1984年から，滋賀県は漁業者による駆除対策を開始した．漁獲を促進するため，食用としての有効利用をめざし「ビワバス」という愛称が提案され，1987年度から漁獲統計に「ぶらっくばす」の項目が登場する．オオクチバスは，1980年代後半にピークに達した後，こうした駆除事業が効果を上げたのか，餌となる魚類やエビ類が枯渇したためか，あるいは釣獲圧の強さのためか，1990年を境に衰退した（前畑，1990）．

その一方で，1993年ごろからブルーギルが特に南湖で著しく増加したことを受け，1999年から滋賀県による外来魚駆除事業が強化された．この時点で試算されたのが，オオクチバス500トン，ブルーギル2,500トンという先述の推定値であった．以後，漁業者に対しては漁獲量に応じて経費が支援され，その支援枠の拡大に伴って外来魚の漁獲量は増加した．2003年度からは釣った外来魚のリリース禁止を規定した「琵琶湖のレジャー利用

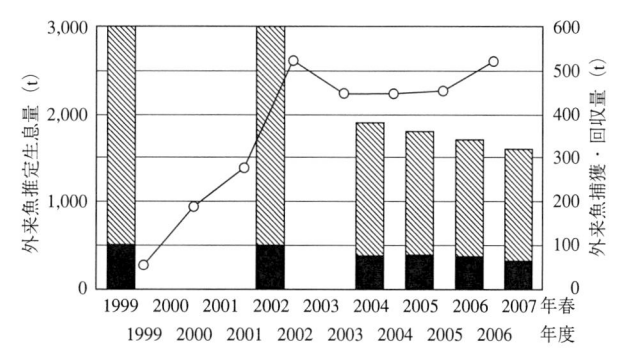

図26-2　琵琶湖における外来魚2種の推定生息量（棒グラフ）と捕獲・回収量（折れ線グラフ）の推移．
▨：ブルーギル，■：オオクチバス

の適正化に関する条例」の施行に伴う釣り人からの回収も加わり，外来魚の年間回収量は400～500トン台で推移している．外来魚の推定生息量は，より正確を期すべく新たな算出方法を採用した2004年春以降，2007年春まで毎年漸減する傾向にある（図26-2；堤ら，2008）．しかし，近年，オオクチバスの減少傾向が鈍り，それへの捕獲圧の強化が必要であると滋賀県水産課では指摘している．

外来魚の生息抑制と時を同じくして，琵琶湖ではエビ類の漁獲量が増加し，春先のホンモロコの釣果が各地で高まるなど，一部に回復の兆候が認められ，外来魚による捕食圧の低減が効果を発揮していると考えられる．

2)「伊豆沼方式」のオオクチバス駆除　伊豆沼では，繁殖に携わる雄親魚を誘引して産卵床を形成させ，雌が産み付けた卵や仔魚とともに雄親魚を捕獲する人工産卵床という装置の設置や，親の保護から独立後間もない時期に湖岸沿いに群泳する稚魚のすくい取り，さらに漁業活動のなかで当歳魚や大型魚を選択的に狙った漁獲方法などを組み合わせた，「伊豆沼方式」のオオクチバス駆除方法を確立した（環境省東北地方環境事務所・宮城県伊豆沼・内沼環境保全財団，2006; 高橋，2006）．この「伊豆沼方式」では，漁業者の協力を得る一方で，人工産卵床の製作・設置や稚魚のすくい取りには市民参加を積極的に取り入れる連携を図っていることが特徴的である．その概要については，細谷・高橋（2006）を参照されたい．2004年秋の漁獲調査では，早くも一部の小型魚種では個体数が顕著に増加し，中・大型魚種についても稚魚・幼魚に対して捕食圧が低下したことにより個体数の回復が見て取れる（小畑，2006）．

3) 皇居外苑・牛ヶ淵の顛末　皇居外苑にある13の濠のうち，オオクチバスとブルーギルは8つの濠に生息し，それらの水域ではモツゴやジュズカケハゼといった小型魚種が著しく少ないのが大きな特徴だった．その1つ牛ヶ淵では，2002年度末に干し上げを行い，オクチバスとブルーギルをほぼ完全に排除した．ちょうど，ブラックバスをめぐる利用側と規制側との対立が激化してきた時期で，「モツゴが優占し，オオクチバスがゼロに近い」という調査の速報値に利用側が飛びついた．しかし，調査の結果を重量比で見ると捕食者として個体サイズが極端に大きいオオクチバスの割合が一気に高まり，さらに，この干し上げによる捕獲が年度初めから様々な方法を試みオオクチバスとブルーギル

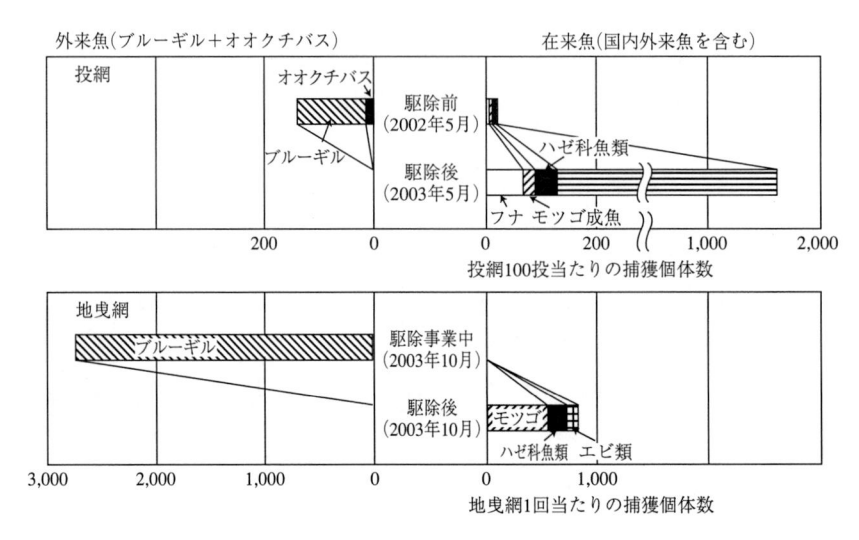

図26-3　皇居外苑牛ヶ淵における外来魚駆除事業前後での魚類相の比較．（データ：自然環境研究センター，2004）．

を捕獲し続けてなお残った両種を根絶するためのものであることを考慮すると，この濠ではもともとブルーギルだけでなくオオクチバスも十分に優占していたことが示された（中井，2004b）．

さらに興味深いことに，この干し上げにより両外来種をほぼ完全に排除した後，2003年5月の投網による調査では，それまでまったく確認されていなかったモツゴやフナ類の稚魚が多数捕獲され，さらに10月の地曳網調査でもモツゴやハゼ科魚類の個体数が著しく増加した（図26-3）．この結果は，外来魚による捕食圧が在来魚種の初期生活史に著しい負の影響を与えていたこと，およびその捕食圧を低減させることにより在来魚種が速やかに回復する可能性を示している（自然環境研究センター，2004）．このように，外来魚の生息抑制の結果，魚類やエビ類の生息状況がめざましく改善することは，いくつもの外来魚駆除の現場で確認されている．

## §3．外来魚対策の今後

### 3-1　生息抑制の目標：根絶か低密度管理か

ため池や濠など人工的な止水域で，ほぼ完全に干し上げることができる場合には，外来魚を根絶もしくはそれに近い状態に追い込むことが期待できる（中井，2009a）．一方，このように干し上げのできない湖沼や河川などの自然水域や，ダム湖などの大規模な人工水域では，外来魚を根絶することが難しいことから，駆除自体を無駄だと諦めてしまいやすい．しかし，オオクチバスやブルーギルといった外来魚の問題点は，それが及ぼす侵略的影響，具体的には強大な捕食圧が被食者の資源量の減衰や個体群の存続を脅かすことにある．ゆえに，外来魚の影響が憂慮される水域における緊急の対策は，外来魚の生息をできるだけ抑制し，その強い影響を軽減・緩和することである．

外来魚対策の目標は根絶が理想であるが，それが難しい水域も多い．しかし，たとえ琵琶湖や伊豆沼のように広大な水域であっても積極的な生息抑制の効果が出始めていることを考えれば，生息抑制の目標として「低密度管理」を掲げて取り組むことが，中間目標を見据えながら具体的なロードマップを描くためにも，現実的な取り組みであると考えられる（中井，2009b）．

その際に，漁業が営まれている水域では，日常の漁労活動のなかに外来魚の効率的な捕獲作業を組み込むことが鍵となるだろう．そして，その前提条件として，外来魚を持続的に低密度に抑えるためには，まずは生息量を十分に減少させることが必要であることは，いうまでもない．

### 3-2　「伊豆沼方式」の課題と展開

では，いかにして生息量を減らすかであるが，ため池のように干し上げて外来魚を根絶することが困難な水域において，最近，いわゆる「伊豆沼方式」が注目を集めている．この駆除方式の最大のセールスポイントは，人工産卵床（3辺を衝立で囲んだほぼ正方形のプラスチックトレイに砂利を敷いた装置）の設置と稚魚のすくい取りにある．どちらも，オオクチバスという対象生物の行動や習性に加えて，伊豆沼という現場の環境特性をもうまく考慮した画期的な方法で，インターネット上でマニュアルも提供され，この方法が多くの水域で試みられている．特定外来生物に指定された外来魚の生息抑制は，取り組みの裾野を広げていく必要があり，こうした普及・啓発活動の役割はますます重要となる．だからこそ，ここではあえて伊豆沼方式の留意点を示しておきたい．

伊豆沼はほぼ全域が砂泥底で覆われているため，オオクチバスの産卵に適した砂礫底はほとんどない．そのため，人工産卵床に敷かれた砂利が雄の繁殖個体を強く誘引すると考えられる．つまり，伊豆沼のように好適な産卵基質が不足した水域では，人工産卵床の設置が有効だと期待される．このこ

とは，逆に，砂礫底など好適な産卵基質が十分に存在する場合には，人工産卵床が高い誘引効果を示さない可能性を予想させ，実際，予想通りの事例も出始めている．すなわち，効果的な手法がその効果を十分に発揮するには特定の条件が必要であることを十分に理解したうえで，当該水域での有効性を見極めることが求められる（中井，2010a）．人工産卵床については，その制約を打開すべく，筆者らは，吊り下げ式人工産卵床の仕様・設置方法の開発を進めている（中井，2010b）．

### 3-3 ブルーギル対策の必要性

外来生物法が施行された2005年の年度途中から，環境省は「オオクチバス等防除モデル事業」を琵琶湖や伊豆沼を含む6つの水域で開始した．ところで，伊豆沼を除く5水域ではオオクチバスに加えてブルーギルが量的に優占している．ブルーギルは，オオクチバスと同じサンフィッシュ科に属し，卵や仔魚の保護を行うという共通点をもちながら，産卵床を密集させた繁殖コロニーを形成し，親から独立した稚魚は群れずに分散するため，オオクチバスを対象に開発された人工産卵床や稚魚のすくい取りが有効に機能しない．したがって，今後はブルーギルを対象にした有効な生息抑制手法を開発していくことが不可欠である（中井，2010a）．幸いなことに，2004～2006年度に，水産庁は影響把握と防除方法を検討する「ブルーギル食害影響調査」プロジェクトを実施している．その成果には数多くのヒントが含まれていると期待されるので，それを参考にしてもらいたい．

行動や習性の異なるオオクチバスとブルーギルは多様な水域環境に定着しており，各所で様々な防除の取り組みが試行され，中には好成績をあげている手法もある．大切なのは，有効な手法にはそれを成功にいたらしめる理由があることを慎重に吟味し，適用範囲や限界を見定めることである．それなくしては，せっかくの努力が失敗に終わり，関係者の士気をくじくことにもなりかねない．成功にはそれを導いてくれる条件があり，失敗にはそれを生み出す原因があることを，忘れてはならない．

（中井克樹）

## 文献

Azuma, M.（1992）: Ecological release in feeding behavior, the case of bluegill in Japan, *Hydrobiologia*, 243/244, 269-276.

ゴールドシュミット，T.（1999）: ダーウィンの箱庭 ヴィクトリア湖（丸 武志訳），草思社．

Harrison, I. J. and Stiassny, M. L. J.（1999）: The quiet crisis: a preliminary listing of the freshwater fishes of the World that are extinct or "missing in action", Extinctions in Near Time: Causes, Contexts, and Consequences（MacPhee, R. D. E., ed.）, Kluwer Academic / Plenum Publishers, New York. pp.271-332.

細谷和海・高橋清孝（編）（2006）: ブラックバスを退治する～シナイモツゴ郷の会からのメッセージ，恒星社厚生閣．

Kawamura, K., Yonekura, R., Katano, O., Taniguchi, Y. and Saitoh, K.（2006）: Origin and dispersal of bluegill sunfish, *Lepomis macrochirus*, in Japan and Korea, *Molecular Ecology*, 15, 613-621.

環境省（編）（2004）: ブラックバス・ブルーギルが在来生物群集及び生態系に与える影響と対策，自然環境研究センター．

環境省自然環境局野生生物課（2007）: レッドリスト 汽水・淡水魚類，http://www.env.go.jp/press/file_view.php?serial=9944&hou_id=8648．

環境省東北地方環境事務所・宮城県伊豆沼・内沼環境保全財団（2006）: ブラックバス駆除マニュアル～伊豆沼方式オオクチバス駆除の実際，環境省東北地方環境事務所．

Kornfield, I. and Carpenter, K.（1984）: The cyprinids of Lake Lanao, Philippines: taxonomic validity, evolutionary rates and speciation scenarios, Evolution of Fish Species Flocks（Echelle, A. A. and Kornfield, I., eds.）, University of Maine at Orono Press, pp.69-84.

Maezono, Y. and Miyashita, T.（2003）: Community-level impacts induced by introduced largemouth bass and bluegill in farm ponds in Japan, *Biological Conservation*, 109, 111-121.

前畑政善（1990）: 琵琶湖のブラックバス・その後，淡水魚保護，125-128.

前畑政善（1993）: 琵琶湖文化館周辺水域（南湖）における

魚類の動向, 滋賀県立琵琶湖文化館研究紀要, (11), 43-49.
丸山　隆 (2002)：バスフィッシングと行政対応の在り方, 川と湖沼の侵略者ブラックバス－その生物学と生態系への影響（日本魚類学会自然保護委員会編）, 恒星社厚生閣, pp. 99-125.
Mills, E. L., Leach, J. H., Carlton, J. T. and Secor, C. L. (1993)：Exotic species in the Great Lakes: A history of biotic crises and anthropogenic introductions, *Journal of Great Lakes Research*, 19, 1-54.
中川雅博・鈴木誉士 (2007)：琵琶湖の堅田内湖に生息するフナ属魚類を中心とした主要コイ科魚類の季節的消長, 関西自然保護機構会報, 29 (1), 27-38.
中井克樹 (2002a)：琵琶湖における外来魚問題の経緯と現状, 生物の科学 遺伝, 56 (6), 35-41.
中井克樹 (2002b)：「ブラックバス問題」の現状と課題, 川と湖沼の侵入者ブラックバス－その生物学と生態系への影響, 恒星社厚生閣, pp. 127-147.
中井克樹 (2004a)：移殖放流がもたらす在来淡水魚の遺伝的撹乱, 環境情報科学, 33, 21-25.
中井克樹 (2004b)：ブラックバス等の外来魚による生態的影響, 用水と排水, 45, 48-56.
中井克樹 (2008)：外来魚問題への対策 (1) －外来魚の素性－. (社) 日本水産資源保護協会季報, 518, 3-7.
中井克樹 (2009a)：外来魚問題への対策 (2) －ため池の水抜きによる外来魚駆除－. 同, 522, 3-8.
中井克樹 (2009b)：琵琶湖の外来魚問題～歴史と展望～. 地理, 54 (4), 58-67.
中井克樹 (2010a)：オオクチバス等の外来魚を対象とした防除の現状：「モデル事業」の課題. 種生物学会 編, 外来生物の生態学－進化する脅威とその対策, 文一総合出版, pp. 95-109.
中井克樹 (2010b)：外来魚問題への対策 (4) －外来魚の繁殖を食い止める－. (社) 日本水産資源保護協会季報, 524, 3-9.
日本魚類学会自然保護委員会（編） (2002)：川と湖沼の侵略者ブラックバス－その生物学と生態系への影響, 恒星社厚生閣.
小畑千賀志 (2006)：伊豆沼におけるバス駆除とその効果, ブラックバスを退治する～シナイモツゴ郷の会からのメッセージ（細谷和海・高橋清孝編）, 恒星社厚生閣, pp. 90-94.
Seehausen, O., van Alphen, J. J. M. and Witte, F. (1997)：Cichlid fish diversity threatened by eutrophication that curbs sexual selection, *Science*, 277, 1808-1811.
滋賀県水産試験場（編） (1996)：琵琶湖及び河川の魚類等の生息状況報告書, 滋賀県水産試験場.
嶋田哲郎 (2006)：オオクチバスが水鳥群集に与える影響, ブラックバスを退治する～シナイモツゴ郷の会からのメッセージ（細谷和海・高橋清孝編）, 恒星社厚生閣, pp. 37-42.
進東健太朗 (2006)：伊豆沼・内沼におけるゼニタナゴと二枚貝の生息状況, ブラックバスを退治する～シナイモツゴ郷の会からのメッセージ（細谷和海・高橋清孝編）, 恒星社厚生閣, pp. 43-47.
自然環境研究センター (2004)：平成15年度環境省請負業務報告書 皇居外苑濠移入種対策事業報告書, 自然環境研究センター.
杉山秀樹 (2003)：オオクチバス駆除の現場から (2), ないすいめん, 33, 5-14.
高橋清孝 (2002)：オオクチバスによる魚類群集への影響－伊豆沼・内沼を例に, 川と湖沼の侵略者ブラックバス－その生物学と生態系への影響（日本魚類学会自然保護委員会編）, 恒星社厚生閣, pp. 47-59.
高橋清孝 (2006)：伊豆沼方式バス駆除方法の開発と実際, ブラックバスを退治する～シナイモツゴ郷の会からのメッセージ（細谷和海・高橋清孝編）, 恒星社厚生閣, pp. 29-36.
竹門康弘・細谷和海・村上興正 (2002)：深泥池～外来魚の保革調査と駆除事業, 外来種ハンドブック（日本生態学会編）, 地人書館, pp. 269-271.
寺島　彰 (1980)：ブルーギル－琵琶湖にも空いていた生態的地位, 日本の淡水生物－侵略と撹乱の生態学（川合禎次・川那部浩哉・水野信彦編）, 東海大学出版会, pp. 63-70.
堤　茂和・土井　典・中井克樹 (2008)：滋賀県の外来生物に対する取組の経緯と新しい条例の施行, 都市緑化技術, 55, 18-21.
Whittier, T. R. and Kincaid, T. M. (1999)：Introduced fishes in northeastern USA lakes: Regional extent, dominance, and effect of native species richness, *Transactions of the American Fisheries Society*, 128, 769-783.
Witte, F. (1984)：Ecological differentiation in Lake Victoria haplochromines: comparison of cichlid species flocks in African lakesm, Evolution of Fish Species Flocks (Echelle, A. A. and Kornfield, I. eds.), University of Maine Press, pp. 155-167.
Witte, F., Goudswaard, P. C., Katunzi, E. F. B., Mkumbo, O. C., Seehausen, O. and Wanink, J. H. (1999)：Lake Victoria's ecological changes and their relationships with riparian societies, Ancient Lakes: Their Cultural and Biological Diversity (Kawanabe, H., Coulter, G. W. and Roosevelt, A. C. eds.), Kenobi Productions, pp. 189-202.
Witte, F., Msuku, B. S., Wanink, J. H., Seehausen, O., Katunzi, E. F. B., Goudswaard, P. C. and Goldschmidt, T. (2000)：Recovery of cichlid species in Lake Victoria: an examination of factors leading to differential extinction, *Reviews in Fish Biology and Fisheries*, 10, 233-241.
淀　太我・向井貴彦・谷口義則・中井克樹・瀬能　宏・丸山　隆 (2004)：自然保護委員会が行ったサンフィッシュ科3種による被害実例アンケートの結果報告. 魚類学雑誌, 52, 74-80.

Yonekura, R., Nakai, K. and Yuma, M. (2002) : Trophic polymorphism in introduced bluegill in Japan, *Ecological Research*, 17, 48-54.

遊磨正秀・田中哲夫・竹門康弘・中井克樹・渕側祐一・小原明人・今泉眞知子・佐藤　浩・土井田幸郎（1997）：瀬田月輪大池における魚類群集の変遷—12 年間の生物学実習の結果より，滋賀医科大学基礎学研究, 8, 19-36.

全国内水面漁業協同組合連合会（編）(1992)：水産庁外来魚対策検討委託事業報告書「ブラックバスとブルーギルのすべて」, 全国内水面漁業協同組合連合会.

# 索引

## あ行

アーカイバルタグ 145
r-戦略 17
アイソザイム（アロザイム） 89
亜寒帯水域 294
アスペクト比 81
亜熱帯水域 294
アミノ酸 90
アミ類 166
アユ 16,251
アラゴナイト結晶 100
アリューシャン低気圧 292
安定同位体 110
異型精子 233
移行的推定 30
意志決定 224
移植 299
伊豆沼 302
　――方式 306
イタセンパラ 305
イチモンジタナゴ 305
1回産卵 227
1回繁殖 199
一妻多夫 32
一雌多雄型産卵 231
一夫一妻 32
一夫多妻 32
遺伝距離 47
遺伝子型頻度 44
遺伝子多様度 46
遺伝子頻度 44
遺伝子流動 48
遺伝的多様性 46
遺伝的浮動 48
緯度クライン 68
繭牟田池 305
イラストマータグ 132
移流 288
インスリンシグナル伝達系 200
隠蔽種 92
ヴィクトリア湖 300
鰾 148
牛ヶ渕 306
ウナギ 16
海ウナギ 66
ウミヤツメ 300
ウルメイワシ 294
永年温度躍層 2,5
栄養塩 6
　――類 117
栄養関係 112

栄養段階 116
餌資源の分割 260
エソロジー 120
Sr/Ca比 104
エネルギー収支 177
$F$統計量 47
沿岸域 1
鉛直混合 117
塩分 3
　――履歴 105
塩類細胞 169
横臥行動 130
オオクチバス 302
　――等防除モデル事業 305
大山市のため池群 305
雄間競争 35,225
尾鰭 74,81
親潮勢力 292
温血動物 151
温度慣性 155
温度標識表 103

## か行

カイアシ類 165
外温動物 151
海水型両側回遊 65
解発メカニズム 60
回遊 128,129,267
　――型 65
　――環 57
　――魚 121
　――行動 60
　――の原則 61
　――履歴 105
外洋域 1
海洋回遊 58
海洋生態系のレジームシフト 291
外来魚駆除事業 305
外来生物法 302
海流 4
乖離遊泳指数 271
拡散 288
　――抵抗 113
学習 246,264,266
　――能力 127
河川回遊 58
加速度データロガー 147
片野鴨池 305
カツオ 293
活性酸素 201
カムコーダー 156

カラー標識 140
カリフォルニア海流域 291
カリフォルニアマイワシ 291
カワスズメ（科魚）類 251,300
カワバタモロコ 305
カワホトトギスガイ（ゼブラガイ） 300
カワマス 300
環境勾配 295
環境収容力 17
環境省レッドリスト 305
乾重量 76
岩礁域 11
飢餓 215,216,
　――耐性 216
危険分散戦略 296
寄生 276,277,282
基礎生産 8
北太平洋指数 292
拮抗的多面発現説 202
機能の反応 179
キビナゴ 294
鰭部 74
記銘 64
奇網 154
求愛場所 255
究極要因 20-22,24
境界層 113
共進化 240,276
共生 275
協同的一妻多夫 36
共同繁殖 36
漁業 16
局所的な内温性 154
魚食 215
寄与率 116
ギルド（群集）構造 32
近縁種共存 259
銀化 162
近交係数 47
躯幹部 74
くじ引き仮説 259
クラゲ 128
繰り返し産卵 296
クリッターカム 156
クローン 232
黒潮親潮移行域 290
クロマグロ 293
群集構造 259
群淘汰 253
経験剥奪実験 258

| | | |
|---|---|---|
| 蛍光標識法　103 | 栽培漁業　130 | 種苗生産　246 |
| 計数形質　76 | サクラマス　15 | 種分化　51,57,85 |
| K-戦略　17 | サッパ　294 | 寿命　14,195 |
| 血縁ヘルパー　39 | サバ型変態　162 | ──決定遺伝子　199 |
| ゲノム　91 | サンゴ礁域　11 | 順位　30,124 |
| 減耗率　218 | 三重なわばり　253 | ──制　242 |
| 降河回遊　65 | 酸素安定同位体比　107 | 瞬間死亡係数　289 |
| 後期仔魚　79 | 産熱速度　155 | 馴致　130 |
| 皇居外苑の濠　304 | サンマ　293 | 条件付戦略　66,184 |
| 攻撃行動　124,242 | 産卵期　226 | 照度閾値　267 |
| 攻撃性　242 | 産卵基質　234 | 初期減耗　172,174 |
| 攻撃対象　255 | 産卵場　57 | ──率　15 |
| 硬骨　77 | 産卵戦略　234 | 初期生活史　246 |
| 高次消費者　119 | 産卵様式　231 | 食性　204,205,207,208 |
| 甲状腺ホルモン　165 | 産卵量　289 | ──解析　111 |
| 高成長　222 | 残留型　66 | 食物網　112 |
| 行動観察　141 | シェルター　221 | ──解析　111 |
| ──用標識　132 | 紫外線　268 | 食物連鎖　9,113 |
| 行動圏　28,228 | 自家受精　232,249 | 処理時間　207 |
| 行動生態学　19,24,25,27,120,224 | 仔魚　79161,247 | シラス期　162 |
| 口内保育　35,238,239 | 至近要因　20,21,24 | 臀鰭　74,81 |
| 後発生変態　162 | 刺激　61 | 餌料生物環境　216 |
| 向流式熱交換機　154 | 資源尾数　294 | シロザケ　13,148 |
| コクチバス　305 | 資源防衛型一夫多妻　34 | 親愛なる敵効果　28,261 |
| コスト　224 | 雌性先熟　182,183185,187,190 | 進化　121,273 |
| ──曲線　208 | 雌性ホルモン　185,188,189,191,192 | 新規加入量　289 |
| 個体間距離　269,271 | 耳石　100,173,197,269 | 真空活動　62 |
| 古代湖　300 | 日周輪（日輪）　167, 220, 289 | 人工産卵床　306 |
| 五大湖　299 | 自然選択　52 | 浸透圧調節　6 |
| 個体識別　27,132 | 自然淘汰理論　27 | 侵略的外来種　303 |
| 個体発生　121,127,246 | 自然標識　132 | 水温　3,5 |
| 固定　73 | 実効性比　225 | ──履歴　104 |
| 古典的一妻多夫　36 | 湿重量　76 | 随伴　30 |
| コドラート　123 | しっぺ返し　262 | 水流走性　126 |
| コノシロ　294 | ──戦略　31,262 | 頭蓋内温性　155 |
| 子の保護　223,227,237 | 質量分析　107 | スキューバ（潜水）　122,251 |
| ──様式　32 | 社会生物学　19 | ストレス　245 |
| コホート　173,196 | 種　92 | ストローク周波数　149 |
| ──生命表　14 | 集団　42,84,94 | ストロンチウム　168 |
| コルチゾル　165 | ──行動　158 | ──安定同位体比　107 |
| 混群　29 | 集中的な産卵　296 | スニーカー　231 |
| 根絶　307 | 集中分布　288 | ──雄　32 |
| | 周年産卵　297 | スニーキング　231 |
| **さ 行** | 雌雄の対立　34,38 | 成育場　218 |
| 再演性変態　162 | 雌雄の役割　225 | 生活史　12 |
| 採集　73 | 種間社会　32 | ──形質　12 |
| サイズ選択的減耗　178 | 種間順位　31,32 | ──戦略　17,226,228,243 |
| 再生産　172 | 種間なわばり　28,32,257 | ──多型　15 |
| 再生率　136 | 種間比較　151 | 正型精子　233 |
| 最適個体間距離　61 | ジュズカケハゼ　306 | 生残戦略　219 |
| 最適採餌理論　205,211 | 受精様式　229 | 精子競争　35,232 |
| 最適戦略　224 | シュノーケリング　122,123 | 精子多型現象　233 |
| 鰓耙　206 | 種の保存法　305 | 生殖隔離　51,57 |

| | | |
|---|---|---|
| 性選択　225 | 多数回繁殖　199 | **な　行** |
| 生息域　10 | 脱出理論　63 | 内温動物　151 |
| 生存曲線　196 | 多目的なわばり　256 | 内部標識形質　102 |
| 生態区分　2 | 探索時間　207 | ナイルティラピア　301 |
| 生態系の健全性　119 | 淡水型両側回遊　65 | ナイルパーチ　300 |
| 成長速度勾配　295 | 淡水感潮域　167 | 波打ち際　10 |
| 成長ホルモン　245 | 炭素安定同位体比　107 | なわばり　28,130,228,242,251,273 |
| 成長率　132 | 血合筋　154 | ──重複　260 |
| 成長履歴　102,220 | 稚魚　79,161,247 | ──の分類　256 |
| 性的二型　35,231 | ──のすくい取り　306 | ──訪問型複婚　35 |
| 性的役割の逆転　225 | 着底　164 | 南極　146 |
| 性比　225 | ──摩耗　166 | 軟骨　77 |
| 生物的輸送　115 | 潮間帯　210 | 二次イオン質量分析法 108 |
| 脊索　77 | 長寿記録　197 | 二次性徴　83 |
| ──末端上屈　162 | 直達発生　162 | ニジマス　300 |
| 脊椎骨　77,84 | チリマイワシ　291 | 二重なわばり　253 |
| セダカスズメダイ　253 | 沈性卵　78,233 | ニシン　293 |
| 摂餌行動　124 | 釣り　129 | ──科魚類　293 |
| 摂餌なわばり　29,254 | 吊り下げ式人工産卵床　308 | 偽掃除魚　279 |
| 絶滅危惧種　137,305 | DNA データバンク　95 | 日輪　173 |
| 背鰭　74,81 | 低塩分適応能　169 | 日齢査定　102 |
| 前期仔魚　79 | 定温動物　151 | 日周鉛直移動　166,209 |
| 潜砂行動　166 | 底生生活　161 | 日周輪　100 |
| 選択的潮汐移動　63 | 底生稚魚　166 | ニッチ分化　31,260 |
| 選択的潮汐輸送　164 | ティティカカ湖(チチカカ湖)　300 | 熱伝導係数　155 |
| 全長　74 | 低密度管理　307 | 年級群　172 |
| 全目的なわばり　256 | ティラピア類　301 | 粘着卵　293 |
| 相互誘引性　126,271 | データロガー　141,145 | 濃縮係数　116 |
| 掃除魚　278 | 適応度　21-23,25,223,243 | |
| 双方向性転換　182,183,189,191 | デロメア DNA　201 | **は　行** |
| 相補的棲み分け　32 | 纏絡卵　234 | ハーディ・ワインベルグ平衡　44 |
| 相利共生　276,277 | 頭位交角　271 | バイオテレメトリー　144 |
| 遡河回遊　13,65 | 同位体効果　110 | バイオロギング　144 |
| 側線　268 | 同位体濃縮　111 | 配偶システム　32,225 |
| ソラスズメダイ　296 | 動因　59,247,248 | 配偶子体内会合型　230 |
| | 同義置換　90 | 配偶者選択　35,223-225,229 |
| **た　行** | 同時的雌雄同体　182 | 配偶なわばり　254 |
| 体外運搬型　238 | 同性間選択　225 | パイレーツ雄　33 |
| 体外受精　229 | 固定　80 | 白筋　149 |
| 代替戦術　23,232 | 動的繁殖戦略　17 | 波長分散型 EPMA　168 |
| 代替戦略　185 | 道東海域　287 | 発光　280 |
| 代替繁殖戦術　32 | 逃避能力　222 | パッチ　125 |
| 体長差の原理　261 | 頭部　74 | ハッチンソン則　260 |
| 体長・有利性モデル　182 | 動物行動学　19,20,120 | ハプロクロミス属　301 |
| 体内運搬型　238 | 透明度　301 | バラスト　300 |
| 体内受精　229 | 通し回遊　59 | 腹鰭　74,81 |
| 大陸棚　1 | 特定外来生物　302 | 春の華　117 |
| ダガー　301 | ドコサヘキサエン酸　272 | ハレム型一夫多妻　33 |
| 多回産卵　227 | とびだし行動　62 | 繁殖　12,264,266 |
| ──魚　288 | とびはね行動　61,130 | ──寄生　33 |
| 托卵　238,282 | 共食い　246 | ──コロニー　308 |
| 多産 288 | 友釣り　243 | ──成功　27 |
| ──多死　13 | トレードオフ　18,24,223 | ──成功度　23,223 |

――戦略　223
　　――のコスト　18
羽田沼　305
反応　61
反発力　61
PITタグ　141
pH　8
比較心理学　120
干潟　11
光走性　272
非限定成長　259
微細輪紋　101
尾叉長　74
被食　214,217,289
尾忠類　165
尾椎骨　77
非同義置換　90
尾部　74
ヒメヤマセミ　301
標識部位　138
標準体長　74
表層　2
　　――・底層カップリング　115
表面電離型質量分析法　107
ヒラメ　148
微量元素　107
鰭切り標識　132
琵琶湖　302
　　――のレジャー利用の適正化に関する条例　305
ピンガー　144
貧酸素化　220
頻度依存淘汰　224
ビンナガ　293
VIソフトタグ　141
部位的異温性　154
フィンクリッピング法　104
富栄養化　301
フェロモン　269
ふ化日推定　102
腹椎骨　77
父性解析　95
父性の信頼度　231
父性の操作　37
浮性卵　78,233
付着卵　234
普通筋　154
物質循環　112
物理的輸送　115
不付着卵　234
浮遊仔魚　166
浮遊生活　161
ブラウントラウト　300

ブルーギル　302
　　――食害影響調査　308
プロラクチン　165
分散　288
分子生態学　99
分子時計　87
フンボルト海流域　291
分離浮性卵　288
分類　80
ペア産卵　231
ベッコウトンボ　305
ベネフィット　224
ペヘレイ　300
ヘルパー　237
変温動物　151
変態　82,161
　　――を経る発生　162
片利共生　276,281
芳香化酵素　185,188,191,192
ボウズハゼ　257
捕食　214
　　――圧　204,207,208,210-212
　　――者　221
保全遺伝学　99
母川回帰　63
保存　73
ホルモン　269
ホンモロコ　306

ま行

マイクロサテライトDNA　91
マイクロタグ　141
マイワシ　287
マグロ・カツオ類　293
マングローブ・キリフィッシュ　249
深泥池　304
密度依存（従属）　179
密度依存的作用　218
密度依存的補償作用　180
密度効果　179
密度独立　179
ミトコンドリアDNA　89
見張り型　238
　　――の保護　35
ミヤタナゴ　305
無効輸送　175
無性生殖　232
胸鰭　74,81
群がり　29
群れ　29,128,129,264
メイトガード　37
雌擬態雄　33

雌防衛型一夫多妻　34
メソコズム　217
目標走性　272
モジャコ　247
モツゴ　304
藻場　11

や行

八木アンテナ　147
焼き入れ標識　132
夜行性　268
優位個体　244
有害遺伝子蓄積説　202
有効集団サイズ　48
有光層　6
雄性先熟　182,183,188,189
雄性ホルモン　185,188,189
融合結合プラズマ質量分析法　107
幽門垂　168
宥和行動　30
ゆりかご　220
溶存酸素　177
寄りつき行動　127

ら,わ行

ライントランゼクト　123
ラウンドゴビー　300
ラフ　300
ラムサール条約　305
乱婚　32
卵サイズ　227
卵数　227
ランダム配偶　35
卵保護なわばり　254
利益と出費　252
陸封型　66
両側回遊　65
リリース禁止　305
齢　14
レイクトラウト　300
冷血動物　151
レジームシフト　175
劣位個体　244
レック型一夫多妻　35
レプトセファルス期　161
老化　195,198
ロボキローテス　260
矮雄　283

アルファベット

3 Step Model　60

索　　引　　315

## A

ability to avoid predators　222
acclimatization　130
advection　288
AFLP(amplified fragment length polymorphism)法　96
age　14
aggregation　29
aggression　242
aggressive behavior　242
allele frequency　44
alternative strategy　185
alternative tactics　23,232
amphidromy　65
anadromy　65
anal fin　74
ancient lakes　300
antagonistic pleiotropy　202
archival tag　145
aromatase　185

## B

behavioral ecology　19,25,224
behavioral observation　141
bet-hedging strategy　296
Bigger is Better 仮説　178,219
bio-logging　144
biological transport　115
biotelemetry　144
bluegill　302
bone　77
boundary layer　113
brand marking　132
brood parasitism　282

## C

Camcorder　156
carrying capacity　17
cartilage　77
catadromy　65
caudal fin　74
cichlid fishes　301
cleaner fish　278
coevolution　276
cohort　173
colored mark　140
commensalism　276
comparative psychology　120
conditional strategy　66,184
cooperative breeding　36
cooperative polyandry　36
coral reef　11
cost curve　208

cost of reproduction　18
countercurrent heat exchanger　154
cranial endothermy　155
criptic species　92
Critical Period 仮説　174,175,290
critically endangered species　137
Crittercam　156

## D

daily instantaneous mortality coefficient　289
dark muscle　154
data logger　141,145
dear enemy effect　28,261
decision making　224
Deep Sea Looking (DSL) カメラ　156
demersal egg　78
density dependent　179
density independent　179
density-dependent compensatory process　180
density-dependent regulation　218
diadromy　59
dietary analysis　111
diffusion　288
diffusive resistance　113
dispersal　288
dominance hierarchy　30,242
dominant　244
dorsal fin　74
drive　59,248

## E

ecosystem health　119
ectotherm　151
effective population size　48
Elastomer tag　132
endangered species　305
endotherm　152
escapement behavior　62
ethology　19,120
evolution　121
external bearing　238
false cleaner fish　279

## F

fast growth　222
feeding　214
feeding conditions　216
female defence polygyny　34
fin　74
$F_{IS}$　47
fitness　21,223,243

food chain　114
food habit　205
food web　112
───── analysis　111
fork length　74
$F_{ST}$　47
$F$-statistics　47

## G

gene diversity　46
gene flow　48
genetic distance　47
genetic drift　48
genotype frequency　44
gill raker　206
Glossogobius giuris　300
growth hormone　245
growth rate　132
growth trajectory　220
GSI　233
guarding　238

## H

$h$　46
handling time　207
haplochromines　301
Hardy-Weinberg equilibrium　44
head　74
home range　228
homeotherm　151
Hutchinson's rule　260
hypoxia　220

## I

ICP-MS　107
imprinting　64
individual discrimination　132
internal bearing　238
intertidal zone　210
invasive alien species　303
Invasive Alien Species Act　302
isotope effect　110
iteroparity　227,296
Izunuma (lake)　302

## J

jumping behavior　61,130
juvenile　79,161

## K

kelp coast　11

## L

Laird-Gomperz 式　177
Lake Biwa　302
Lake Titicaca　300
Lake Victoria　300
largemouth bass　302
larva　79, 161
leptocepharus stage　162
life history　12
　——　strategy　17
　——　traits　12
light intensity threshold　267
light muscle　154
line transect　123

## M

male-male competition　225
mark for behavioral observation　132
marked part　138
marking by fin-clipping　132
Match/Mismatch 仮説　290
mate choice　223
mesocosm　217
metamorphosis　161
mevistic character　76
micro tag　141
migration loop　57
mixed-species school　29
mortality rate　218
MTV－polygamy　35
multiple spawner　288
mutation-accumulation　202
mutual attraction　126
mutualism　276

## N

natural mark　132
natural selection　52
$N_e$　48
nearest neighbor distance　269
neritic zone　1
Nile perch　300
notochord　77
nursery　218, 220
nutrients　117
Nyquest frequency　147

## O

Ocean Stability 仮説　174, 290
oceanic zone　1
oceanodromy　58
ODNN　61
*Oncorhynchus keta*　148

onotogeny　121
operational sex ratio　225
optimal strategy　224
*Orestias* 属　300
otolith daily ring　220

## P

*Paralichthys olivaceus*　148
parasitism　276
parental care　223
patchiness　125
patchy distribution　288
PCR(polymerase chain reaction)　88
peck order　242
pectoral fin　74
pelagic egg　78, 288
pelagic-benthic coupling　115
pelvic fin　74
pheromone　269
phototaxis　272
physical transport　115
physostomi　148
pinger　144
piscivory　215
PIT tag　141
Plankton Contact 仮説　175
poikilotherm　151
population　42
postlarva　79
potamodromy　58
predation　214
predator　221
prelarva　79
primary production　8
proximate causes　21
*Puntius*　300

## Q

quadrat　123

## R

Random Escapement Hypothesis　63
recruitment abundance　289
red muscle　154
regeneration rate　136
regional endothermy　154
regional heterothermy　154
reproductive isolation　51
reproductive strategy　223
reproductive success　223
repulsion　61
resource defence polygyny　34
rete mirabile　154

RFLP (restricted fragment length polymorphism) 法　96
rheotaxis　126
RNA/DNA 比　180
rocky shore　11

## S

sea eel　66
sea lamprey　300
searching time　207
selective tidal transport　63
semelparity　227
separation angle　271
separation swimming index　271
sex-role reversal　225
sexual conflict　34
sexual selection　225
shelter　221
sibling cannibalism　246
SIMS　108
SINE(short interspersed repetitive element　91
size advantage model　182
size principle　261
size selective mortality　178
smallmouth bass　305
smoltification　162
sociobiology　19
specialized feeder　170
speciation　51
sperm competition　232
spring bloom　117
stable isotope　110
Stage Duration 仮説　178, 220
standard length　74
starvation　216
　——　resistance　216
subordinate　244
surf zone　10
survival strategy　219
swim bladder　148
symbiosis　275

## T

tail　74
telotaxis　272
temporally dynamic reproductive strategy　17
territory　28, 228, 242, 251
　——　overlapping　260
the Great Lakes　299
thyroid hormone　165
tidal flat　11

| | | |
|---|---|---|
| tidal zone 210 | trophic level 116 | VI soft tag 141 |
| tilting behavior 130 | trophic relationship 112 | Von Bertalanffy 式 177 |
| TIMS 107 | trunk 74 | |
| tit-for-tat 262 | | **W** |
| total length 74 | **U** | white muscle 154 |
| trade-off 223 | ultimate causes 21 | whitebait stage 162 |
| transitive inference 30 | | |
| translocation 299 | **V** | **Y** |
| trophic enrichment 111 | vacuum activity 62 | Yagi antenna 147 |

| | |
|---|---|
| 魚類生態学の基礎 | 編者　塚本　勝巳 |
| 2010年8月30日　初版第1刷発行 | 発行者　片岡　一成 |
| 2013年6月5日　第2刷発行 | 発行所　恒星社厚生閣 |
| 2014年3月25日　第3刷発行 | 〒160-0008　東京都新宿区四谷三栄町3-14 |
| 2015年3月30日　第4刷発行 | 電話 03(3359)7371(代) |
| 2017年3月1日　第5刷発行 | http://www.kouseisha.com/ |
| 2018年3月5日　第6刷発行 | 印刷・製本：㈱デジタルパブリッシングサービス |
| 2021年5月10日　第7刷発行 | ©Katsumi Tsukamoto, 2024　Printed in Japan |
| 2024年2月5日　第8刷発行 | |

ISBN978-4-7699-1229-3　C3045
定価はカバーに表示してあります

**JCOPY** ＜出版者著作権管理機構　委託出版物＞

本書の無断複写は著作権上での例外を除き禁じられています．複写される場合は，その都度事前に，出版者著作権管理機構（電話 03-5244-5088, FAX03-5244-5089, e-mail:info@jcopy.or.jp）の許諾を得て下さい．

# 好評発売中

## 水圏生物科学入門

会田勝美 編

B5判・256頁・定価(本体3,800円+税)

水生生物をこれから学ぶ方の入門書。幅広く海洋学、生態学、生化学、養殖などの基礎はもちろん、現在の水産業が直面する問題をも簡潔にまとめた。主な内容と執筆者　1．水圏の環境（古谷　研・安田一郎）2．水圏の生物と生態系（金子豊二・塚本勝巳・津田　敦・鈴木　譲・佐藤克文）3．水圏生物の資源と生産（青木一郎・小川和夫・山川　卓・良永知義）4．水圏生物の化学と利用（阿部宏喜・渡部終五・落合芳博・岡田　茂・吉川尚子・木下滋晴・金子　元・松永茂樹）5．水圏と社会とのかかわり（黒倉　寿・松島博英・黒萩真悟・山下東子・日野明徳・生田和正・清野聡子・有路昌彦・古谷　研・岡本純一郎・八木信行）

## 増補改訂版 魚類生理学の基礎

会田勝美・金子豊二 編

B5判・278頁・定価(本体3,800円+税)

魚類生理学の定番テキストとして好評を得た前書を、新知見の集積にふまえ内容を大幅に改訂。生体防御、生殖、内分泌など進展著しい分野の新知見、魚類生理の基本的事項を的確にまとめる。主な目次
●総論（鈴木譲・植松一眞・渡部終五・会田勝美）●神経系（植松・山本直之）●呼吸・循環（難波憲二・半田岳志）●感覚（植松・神原淳・山本）●遊泳（塚本勝巳）●内分泌（天野勝文・小林牧人・金子豊二・会田）●生殖（小林・大久保範聡・足立伸次）●変態（三輪理・田川正朋）●消化・吸収（三輪・黒川忠英）●代謝（会田・潮秀樹）●浸透圧調節・回遊（金子・渡邊壮一）●生体防御（鈴木・末武弘章）

## 水産資源のデータ解析入門

赤嶺達郎 著

B5判・180頁・定価(本体3,200円+税)

本書は水産資源のみならず、生物資源管理を十全に行うための基礎となるデータ解析について、対話形式で平易に解説した入門書。これまであまり紹介されていない水産資源解析の歴史や、確率分布を用いた数値計算・モデル構築の基本を丁寧に説明。前著「水産資源解析の基礎」と併用することで、資源解析の全てをマスターできる。
目次　1．水産資源解析の歴史　2．連立方程式の解法　3．混合正規分布　4．成長式あれこれ　5．個体数推定は難しい？　6．ベイズ統計と生態学　7．落ち穂拾い　8．標準偏差の不偏推定は n−1 で割る？　9．ウォリスの公式再び　10．オイラー　11．円周率と確率分布

## 水圏生化学の基礎

渡部終五 編

B5判・248頁・定価(本体3,800円+税)

進展著しい生化学分野の基礎を、水生生物を主な対象としてコンパクトにまとめる。最新の知見はもとより教育上の要請を十分取り込み、本文中のコラム、巻末の解説頁で重要事項を丁寧に説明した本書は、生化学を学ぶ方の恰好のテキスト。〔主な内容と執筆者〕1．序論（渡部終五）2．生体分子の基礎（松永茂樹）3．タンパク質（尾島孝男・落合芳博）4．脂質（板橋　豊・大島敏明・岡田　茂）5．糖質（伊東　信・潮　秀樹・柿沼　誠）6．ミネラル・微量成分（緒方武比古）7．低分子有機化合物（潮・松永・渡部）8．核酸と遺伝子（木下滋晴・豊原治彦）9．細胞の構造と機能（近藤秀裕・山下倫明）

## 新版 魚病学概論

小川和夫・飯田貴次 編

B5判・204頁・定価(本体3,800円+税)

魚病学の教科書『魚病学概論』を執筆者も交代して全面改訂。国際的な観点から水産防疫の情報を更新し、動物福祉の面で麻酔法を追加。目次　第1章　序論／第2章　魚類の生体防御と耐病性育種／第3章　ウイルス病／第4章　細菌病／第5章　真菌病／第6章　寄生虫病／第7章　環境性疾病／第8章　栄養性疾病／第9章　病原体の検査法とその関連技術［§1．概説／§2．病理組織学的検査法／§3．免疫学的検査法／§4．ウイルス学的検査法／§5．細菌学的検査法／§6．真菌学的検査法／§7．寄生虫学的検査法／§8．血液検査および生理学的検査法／§9．麻酔法］／索引・宿主（学名）一覧

**恒星社厚生閣**